JN217359

scikit-learn と TensorFlow による実践機械学習

Aurélien Géron 著
下田 倫大 監訳
長尾 高弘 訳

O'REILLY®
オライリー・ジャパン

Hands-On Machine Learning with Scikit-Learn and TensorFlow

Concepts, Tools, and Techniques to
Build Intelligent Systems

Aurélien Géron

Beijing · Boston · Farnham · Sebastopol · Tokyo

日本語版の内容について、株式会社オライリー・ジャパンは最大限の努力をもって正確を期していますが、本書の内
容に基づく運用結果について責任を負いかねますので、ご了承ください。

監訳者まえがき

　機械学習の有用性が広まるにつれ、多くの方が機械学習に興味を持ち、機械学習について知りたいと考えるようになってきています。自身の新しいスキルセットとして機械学習を加えたい、業務で機械学習を活用して新しいビジネスを生みだしたい、という方は非常に多いように思います。このような流れを受け、機械学習の初学者をターゲットとした、機械学習の概要や特定のライブラリの使い方を説明した書籍がここ数年で数多く出版されてきました。実際に、数年前と比較して、多くの方が機械学習に関しての基本的な用語や概念を理解している状態になっていると感じます。

　機械学習の概要レベルを理解した人たちは、次に、機械学習を「現実的な問題に活用する」ことを求め始めています。なぜなら、機械学習を学ぶ理由としては、機械学習自体に対する知的好奇心が大勢を占めているわけではなく、機械学習を活用することによって得られる恩恵の方に大きな興味があるからです。端的に言うと、機械学習を「使う」ことに興味があります。しかし、「機械学習の概要を理解する」ことと「機械学習を理解し、自分の仕事に利用する」ことには大きな隔たりがあります。そして、私の知る限り、この隔たりを適切に埋めるための書籍や情報は世の中にほとんど存在していません。なぜでしょうか？　そのような書籍に求められることとしては、機械学習の理論的な側面を押さえつつ、現実的な問題を用意し、サンプルデータを選定し、機械学習で問題を解決に導く、この一連の流れを機械学習の手法ごとに体系立てて丁寧に解説していくことが挙げられます。

　これには大きな労力がかかるため、労力を上回るほどのモチベーションを持って執筆に取り組む必要があります。日々新しい技術が登場し、その技術のビジネス応用例が登場する、まさに生き馬の目を抜くような業界で戦っている機械学習の専門家達にとっては、どうしても二の足を踏んでしまうような執筆となっていました。そんな状況の中、本書は出版されました。著者の機械学習に関する高い専門性とエンジニアリング力により、まさに世の中に必要とされている「機械学習を使えるようになる」ための書籍となっています。原著出版後の評価の高さから、本書の有用性は十分うかがえます。

　本書をおすすめするポイントは多くありますが、3つにまとめてみました。

- 機械学習のライブラリとして、ディープラーニング以外の機械学習には scikit-learn、ディープラーニングには TensorFlow と明確に用途を定めていること。また、機械学習の手法として、ベーシックなものから、ディープラーニングや強化学習まで幅広くカバーしていること。TensorFlow に関しても分散処理のメカニズムや実装まで踏み込んで解説していること。

- アルゴリズムの説明に終始するのではなく、実際の業務で必要となる項目も網羅されていること。

- 書籍のタイトルの「実践」が示す通り、すべてのコードが GitHub 上で公開されており、すべての手順が追試可能であること。章末問題も答えが提供されており、理解度の確認もできること。

　特に 3 点目は非常に重要なポイントで、書籍を読んでわかった気になるだけではなく、実際に手を動かしながら理解を深めることができます。また、GitHub のリポジトリは日々アップデートが重ねられているため、プログラミング言語やライブラリの最新のバージョンの事情にも追随しています。著者は GitHub 上での質問にも積極的に回答しています。英語に抵抗のない方でしたら、GitHub 上のやり取りを追いかけたり、質問をすることで、より深い理解が得られます。本書をすべて読み通して理解するには、非常に多くの時間と労力がかかるでしょう。しかし、得られるものは大きいはずです。腰を据えて、じっくりサンプルプログラムと格闘しながら理解を進めていくことで、本書を購入する際に思い描いていた「機械学習を使えるようになる」状態にたどり着けると思います。本書とともに、機械学習の初学者を脱する第一歩を踏み出してみましょう。

2018 年 4 月

下田倫大

はじめに

機械学習の爆発的な流行

　ジェフリー・ヒントンらは、2006 年に最先端の精度（98% 以上）で手書きの数字を認識できるディープニューラルネットワークの訓練方法を示す論文[†1]を発表した。彼らはこのテクニックに「深層学習」（deep learning）という名前を付けた。当時、ディープニューラルネットワークを訓練することは不可能だと広く考えられており[†2]、ほとんどの研究者たちは 1990 年代以降そのような考え方を捨てていた。しかし、この論文によって科学コミュニティのディープニューラルネットワークに対する関心は復活し、それからわずかな間に、深層学習は単に可能なだけではなく、（膨大な計算能力と膨大なデータの助けを借りれば）ほかの機械学習（ML）テクニックではとても太刀打ちできないようなとてつもない課題を達成できることが示された。この熱狂は、機械学習のほかの分野にもすぐに広がっていった。

　早送りで 10 年後にやってくると、機械学習はすでにコンピュータ業界を支配している。今日では、ウェブ検索結果のランキング、スマホの音声認識、お勧めビデオ、囲碁の世界チャンピオンに対する勝利など、今日のハイテク製品が見せてくれる手品の大半は ML で作られている。いつの間にか ML は車を運転するようになっているだろう。

プロジェクトのなかでの機械学習

　読者のみなさんも、機械学習に興味をそそられ、この船に乗りたいと思っていることだろう。

　自作のロボットに自前の頭脳を与えたいだろうか。顔を認識できるようにしたいだろうか。それとも歩き回ることを教えたいだろうか。

　あるいは、会社が山のようにデータを抱えているなら（ユーザーのログ、財務データ、製品デー

[†1]　ヒントンのホームページ http://www.cs.toronto.edu/~hinton/ に掲載されている。

[†2]　確かに汎用性の高いものではないが、1990 年代でもヤン・ルカンの深層畳み込みニューラルネットワークはイメージ認識で非常によい成績を生んでいた。

タ、機械式センサーのデータ、ホットラインの統計情報、人事レポートなど）、どこを見ればよい
かがわかってさえいれば、たとえば次のような隠された宝石を掘り出せるかもしれない。

- 顧客をセグメントに分け、個々のグループのために最良のマーケティング戦略を見つける。
- よく似た顧客が買っているものに基づいて、個々の顧客に商品を勧める。
- 不正取引の可能性があるものを見破る。
- 来年の収益を予測する。
- その他多数（https://www.kaggle.com/wiki/DataScienceUseCases）。

　理由が何であれ、みなさんは機械学習を身につけて自分のプロジェクトに組み込むことに決めた
わけだ。すばらしい。

目標とアプローチ

　本書は、みなさんが機械学習についてはほとんど何も知らないことを前提として書かれている。
目標は、みなさんがデータから学習できるプログラムを実際に作るために必要な概念、感覚、ツー
ルを提供することだ。

　本書は、もっとも単純でもっともよく使われているもの（線形回帰など）から、コンテストの勝
者になる深層学習テクニックまで、非常に多くのテクニックを取り上げる。

　しかし、独自バージョンのアルゴリズムを作るのではなく、本番対応の Python フレームワーク
として実際に作られているものを使うことにする。

- scikit-learn（http://scikit-learn.org/）は、非常に使いやすいにもかかわらず、多くの機
  械学習アルゴリズムを効率よく実装しているため、機械学習の入門的な勉強の教材としてと
  ても優れている。
- TensorFlow（http://tensorflow.org/）は、データフローグラフを使って分散数値演算を行
  うより複雑なライブラリである。TensorFlow は、数千台のマルチ GPU サーバーで計算を
  分散処理して、非常に大規模なニューラルネットワークを効率よく訓練、実行することがで
  きる。TensorFlow は Google で開発され、Google の大規模機械学習アプリケーションの
  多くを支えている。2015 年 11 月にオープンソース化された。

　本書は、実際に動作するプログラム例とほんの少しの理論とで直観的に機械学習の理解を深めて
いくハンズオンのアプローチを尊重する。ラップトップを取り出さなくても本書を読むことはで
きるが、https://github.com/ageron/handson-ml から Jupyter ノートブックの形で入手できる
コード例で実際に試してみることを強くお勧めする。

日本語版について

　本書（日本語版）の翻訳対象は、書籍（原書"Hands-On Machine Learning with Scikit-Learn and TensorFlow"）とし、GitHub などの外部リソースは今後も継続的にメンテナンスが行われ、変更が加えられることが想定されるため翻訳対象外とする。

予備知識

　本書は、みなさんが Python プログラミングのある程度の経験を持ち、Python の主要な科学計算ライブラリ、特に、NumPy（http://numpy.org/）、Pandas（http://pandas.pydata.org/）、Matplotlib（http://matplotlib.org/）をよく知っていることを前提として書かれている。

　また、水面下で行われていることを知りたいなら、学部レベルの数学（解析学、線形代数、確率論、統計学）も十分理解していなければならない。

　まだ Python をよく知らない読者は、http://learnpython.org/ が学習の出発点としてよい。python.org のオリジナルのチュートリアル（https://docs.python.org/3/tutorial/）もよい。

　Jupyter を使ったことがない読者は、**2 章**でインストール方法と基礎を説明する。道具箱のなかに入れておく価値のある素晴らしいツールである。

　Python の科学ライブラリをあまりよく知らないなら、提供の Jupyter ノートブックにちょっとしたチュートリアルがある。Jupyter ノートブックには線形代数のチュートリアルも含まれている。

ロードマップ

　本書は 2 部構成になっている。
　第 I 部「機械学習の基礎」は、次のテーマを扱う。

- 機械学習とは何か。機械学習が解決しようとしている問題。機械学習システムの主要なカテゴリや基本概念。
- 典型的な機械学習プロジェクトの主要なステップ。
- モデルをデータに適合させて学習する方法。
- コスト関数の最適化。
- データの処理、クリーニング、準備。
- フィーチャー（特徴）の選択と操作。

- モデルの選択と交差検証を使ったハイパーパラメータの微調整。
- 機械学習の主要な問題。特に、過小適合と過剰適合（バイアスと分散のトレードオフ）。
- 次元の呪いと戦うための訓練データの次元削減。
- もっとも一般的な学習アルゴリズム。線形回帰と多項回帰、ロジスティック回帰、k 近傍法、サポートベクトルマシン（SVM）、決定木、ランダムフォレスト、アンサンブルメソッド。

第 II 部「ニューラルネットワークと深層学習」は、次のテーマを扱う。

- ニューラルネットワークとは何か。ニューラルネットワークの得意分野。
- TensorFlow を使ったニューラルネットワークの構築と訓練。
- もっとも重要なニューラルネットワーク・アーキテクチャ。順伝播型ニューラルネットワーク（FNN）、畳み込みニューラルネットワーク（CNN）、再帰型ニューラルネットワーク（RNN）、LSTM（長期短期記憶）ネットワーク、オートエンコーダ。
- ディープニューラルネットワークを訓練するためのテクニック。
- 大規模なデータセットに対するニューラルネットワークのスケーリング。
- 強化学習（RL）。

第 I 部は主として scikit-learn を使うのに対し、第 II 部は TensorFlow を使う。

焦って深海に飛び込んではならない。深層学習が機械学習でももっとも面白い分野だということは間違いないが、先に基礎をマスターしなければならない。しかも、ほとんどの問題は、ランダムフォレストやアンサンブルメソッドなどの NN よりも単純なテクニック（第 I 部で取り上げるもの）で十分解決できる。深層学習がもっとも適しているのは、イメージ認識、音声認識、自然言語処理などの複雑な問題であり、十分なデータ、計算資源、忍耐心を持っていることが前提となる。

その他の教材

　機械学習を勉強するための教材はたくさんある。Coursera のアンドリュー・ングの講義（https://www.coursera.org/learn/machine-learning/）、ジェフリー・ヒントンのニューラルネットワークと深層学習の講義（https://www.coursera.org/ourse/neuralnets）はとてもすばらしいが、どちらもかなりの時間をつぎ込む必要がある（数ヵ月）。

　scikit-learn の非常に優れたユーザーガイド（https://www.coursera.org/ourse/neuralnets）など、機械学習を扱っている面白いウェブサイトもたくさんある。優れた対話的教材を提供している Dataquest（https://www.dataquest.io/）、Quora（http://goo.gl/GwtU3A）で紹介している ML ブログなども面白いだろう。そして、深層学習のウェブサイト（http://deeplearning.net/）

には、学習を深めるための優れた参考資料リストがある。

もちろん、機械学習の入門書は本書以外にもたくさんあり、特に次のものが優れている。

- "Data Science from Scratch" Joel Grus, O'Reilly & Associates Inc 2105. 『ゼロからはじめるデータサイエンス─Python で学ぶ基本と実践』Joel Grus 著、菊池彰訳、オライリー・ジャパン 2017. 本書は機械学習の基礎を説明し、主要アルゴリズムの一部を純粋 Python で実装する（文字通りゼロから）。

- "Machine Learning: An Algorithmic Perspective 2nd" Stephen Marsland, Chapman and Hall 2014. 本書は機械学習の優れた入門書で、広い範囲のテーマを深く扱っており、Python のコード例もある（0 からだが、NumPy は使っている）。

- "Python Machine Learning 2nd" Sebastian Raschka, Packt Publishing 2017. 本書も機械学習の優れた入門書であり、Python のオープンソースライブラリ（Pylearn 2 と Theano）を利用している。

- "Learning from Data" Yaser S. Abu-Mostafa, Malik Magdon-Ismail, and Hsuan-Tien Lin, AMLBook 2017. ML に理論的にアプローチしており、特にバイアスと分散のトレードオフ（**4 章**参照）について、深い洞察が得られる。

- "Artificial Intelligence: A Modern Approach, 3rd Edition" Stuart Russell and Peter Norvig, Pearson Education 2016. 機械学習を含むとてつもない数のテーマを扱った優れた（そして巨大な）本である。ML を広い視野で考えるために役立つ。

勉強のための優れた方法として、最高レベルの ML プロフェッショナルと言える人々の支援と知見のもとに、実世界の問題でスキルを磨ける Kaggle.com などの ML コンテストに参加することも検討するとよい。

本書の表記

本書では、次の表記を使用する。

太字（**Bold**）
　強調、参照先、新しい用語などを示す。

等幅（`Constant width`）
　変数や関数の名前、データベース、データ型、環境変数、文、キーワードなどのプログラム要素とプログラムリストに使用する。

　小さなテクニックや、ちょっとしたうんちくを表す。

 ヒント、提案、または一般的な注意事項を表す。

 警告または注意を表す。

サンプルコードの使用

補助資料（サンプルコードや演習問題など）は、https://github.com/ageron/handson-ml（英語）からダウンロードできる。

本書が目標としているのは、読者が仕事をやり遂げる手助けをすることである。一般に、本書に含まれているサンプルコードは、読者の皆さんのプログラムやドキュメンテーションで使っていただいてかまわない。本書のコードの相当部分を再利用しようとしているのでなければ、私たちに連絡して許可を求める必要はない。例えば、プログラムを書く際に本書のコードのいくつかの部分を使う程度であれば、許可は不要だ。コードのサンプル CD-ROM の販売や配布を行いたい場合は、許可が必要である。本書のサンプルコードの相当量を、自分のプロダクトのドキュメンテーションに収録する場合には、許可が必要だ。

出典を表記していただけると感謝するが、出典の表記を要求するつもりはない。出典の表記には、一般に、タイトル、著者、出版社、ISBN を含める。例えば、"Hands-On Machine Learning with Scikit-Learn and TensorFlow" Aurélien Géron, O'Reilly, 978-1-491-96229-9"（日本語版『scikit-learn と TensorFlow による実践機械学習』Aurélien Géron 著、オライリー・ジャパン、ISBN978-4-87311-834-5）のような形だ。サンプルコードの使い方が公正使用の範囲を逸脱したり、上記の許可の範囲を越えるように感じる場合には、permissions@oreilly.com に英語で問い合わせてほしい。

お問い合わせ

本書に関する意見、質問等は、オライリー・ジャパンまでお寄せいただきたい。連絡先は次の通り。

株式会社オライリー・ジャパン
電子メール japan@oreilly.co.jp

オライリーがこの本を紹介する Web ページには、正誤表やコード例などの追加情報が掲載されている。次の URL を参照のこと。

https://shop.oreilly.com/product/0636920052289（原書）
https://www.oreilly.co.jp/books/9784873118345（和書）

この本に関する技術的な質問や意見は、次の宛先に電子メール（英文）を送付いただきたい。

bookquestions@oreilly.com

オライリーに関するその他の情報については、次のオライリーの Web サイトを参照してほしい。

https://www.oreilly.co.jp
https://www.oreilly.com/（英語）

謝辞

機械学習について多くのことを教えてくれた Google の同僚たち、特に YouTube ビデオ分類チームの人々に感謝したい。彼らがいなければ、このプロジェクトに着手することはできなかっただろう。また、私個人にとっての ML の権威である Clement Courbet、Julien Dubois、Mathias Kende、Daniel Kitachewsky、James Pack、Alexander Pak、Anosh Raj、Vitor Sessak、Wiktor Tomczak、Ingrid von Glehn、Rich Washington、そして YouTube パリのすべての人たちに感謝の言葉を捧げたい。

忙しい生活のなかの時間を割いて私の本を細かく査読して下さったすばらしい人々にも大変感謝している。Pete Warden は、TensorFlow についての私の疑問に答えるとともに、**第 II 部**を査読し、面白いヒントをたくさんくれた。そしてもちろん、TensorFlow コアチーム のメンバーである。彼のブログ（https://petewarden.com/）は是非チェックすべきだ。**第 II 部**を徹底的に査読してくれた Lukas Biewald にも大変感謝している。彼は隅々までチェックの目を光らせ、すべてのコードをテストし（多くの誤りを見つけてくれた）、優れた提案をたくさん出してくれた。彼の熱意は周囲の人々に伝染する力がある。彼のブログ（https://lukasbiewald.com/）とすばらしいロボット（https://goo.gl/Eu5u28）は必見である。同じく**第 II 部**を徹底的に査読し、特に **16 章**で誤りを見つけ、すばらしいヒントを提供してくれた Justin Francis にも感謝している。TensorFlowについての彼のブログ（https://goo.gl/28ve8z）も是非見ていただきたい。

第 I 部を査読し、非常に役に立つフィードバックを提供し、わかりにくい節を指摘して改善方法を提案してくれた David Andrzejewski にも大変感謝している。彼のウェブサイト（http://www.david-andrzejewski.com/）を是非見ていただきたい。**第 I 部**を査読して多くのヒ

ント、提案を与えてくれた Eddy Hung、Salim Semaoune、Karim Matrah、Ingrid von Glehn、Iain Smears、Vincent Guilbeau にも感謝している。それから、元数学教師で、今はアントン・チェーホフのすばらしい翻訳家である義父の Michel Tessier にも感謝したい。彼は、私の数学に関する疑問と数式の記法について力になってくれるとともに、線形代数についての Jupyter ノートブックを査読してくれた。

　そしてもちろん、兄の Sylvain に「ありがとう」を言いたい。彼はすべての章を査読し、すべてのコードをテストし、ほぼすべての節についてフィードバックを返してくれるとともに、最初の行から最後の行までずっと私を励ましてくれた。大好きだよ。オライリーのすばらしいスタッフのみなさん、特に、鋭いフィードバックを返してくれるとともに、いつも明るく励まし、力になってくれた Nicole Tache にとても感謝している。このプロジェクトの成功を信じ、扱う範囲を決める上で力になってくれた Marie Beaugureau、Ben Lorica、Mike Loukides、Laurel Ruma にも感謝している。書式設定、asciidoc、LaTeX に関する技術的な質問に答えてくれた Matt Hacker と Atlas チームのすべての人々にも感謝している。そして、最終的な査読を担当し、無数の修正を加えてくれた Nick Adams と製作チームのみなさんにも感謝している。

　最後になったが、愛する妻、Emmanuelle と Alexandre、Remi、Gabrielle の 3 人のすばらしい子どもたちにも最大限の感謝の気持ちを伝えたい。彼らは本書の仕事を応援してくれ、多くの質問をして（ニューラルネットワークはとても 7 歳児には教えられないなどと誰が言ったのだろうか）、クッキーとコーヒーを持ってきてくれた。これ以上の幸せがあるだろうか。

2016 年 11 月 26 日
オーレリアン・ジェロン

目次

第I部
機械学習の基礎

1章
機械学習の現状

「機械学習」（Machine Learning：ML）という言葉を聞いてほとんどの人がイメージするのはロボットだろう。尋ねる相手によって、頼れる執事か恐ろしいターミネーターかの違いはあるかもしれないが。しかし、機械学習は未来の夢物語ではない。今すでにあるものなのだ。実際、**OCR**（Optical Character Recognition：光学的文字認識）などの特殊な分野では何十年も前から使われている。とは言え、メインストリームのテクノロジとして世界を席巻し、数億人の人々の日常生活の向上に役立った最初の ML アプリケーションが登場したのは、1990 年代になってからだった。**スパムフィルタ**（spam filter）のことである。自己意識を持つスカイネットの域には達していないものの、スパムフィルタは技術的に機械学習と認められるものである（実際、スパムフィルタの学習能力は大したもので、メールにスパムのフラグを立てなければならないケースはごくまれになった）。その後、おすすめ商品の提案から音声検索まで、数百種にも上る ML アプリケーションが開発され、数百の製品やサービスで目立たないながらも日常的に使われるようになっている。

機械学習はどこから始まり、どこで終わるのだろうか。機械が何かを**学習**（learn）するとは、正確にはどのような意味なのだろうか。Wikipedia のコピーをダウンロードすると、そのコンピュータは本当に「何かを学習する」のだろうか。突然、今までよりも賢くなるのだろうか。この章ではまず、機械学習とは何なのか、なぜ機械学習を使いたいと思うときがあるのかというところから話を始めていく。

機械学習とは何かがわかったら、いよいよ機械学習大陸の探検に出かけるわけだが、その前に地図を見て、大陸内の主要な地域やもっとも目立つランドマークについて学んでおきたい。教師あり学習と教師なし学習、オンライン学習とバッチ学習、インスタンスベース学習とモデルベース学習の違いを頭に入れよう。次に、典型的な ML プロジェクトのワークフローをながめ、直面する課題がどのようなものかを検討し、機械学習システムを評価、調整するための方法を説明する。

この章では、すべてのデータサイエンティストが頭のなかに叩き込んでおかなければならない基本概念（および専門用語）をたくさん紹介する。この章は概要を俯瞰的に説明するものになる（ちなみに、コードがあまりない唯一の章である）。書かれているのはすべて比較的単純なことだが、本書の続きの部分を読むためには、ここで説明することをしっかりと頭に叩き込まなければならな

い。コーヒーをいれて早速始めよう。

 機械学習の基本をよくご存知の方は、ここを読み飛ばして **2 章**に進んでいただいてかまわない。自信がない場合は、章末の問題に答えてから、この章を読むかどうかを考えるとよいだろう。

1.1　機械学習とは何か

　機械学習とは、コンピュータが**データから学習**できるようにするためのコンピュータプログラミングについての科学である。

　もう少し広い定義としては次のようなものがある。

> 機械学習は、明示的にプログラミングせずにコンピュータに学習能力を与えるための学問分野である。
>
> ——アーサー・サミュエル, 1959

　もっと技術的な定義としては、次のものがある。

> コンピュータプログラムは、経験 E によってタスク T に対する測定指標 P で測定した性能が上がるとき、T について E から学習すると言われる。
>
> ——トム・ミッチェル, 1997

　たとえば、スパムメールの例（たとえばユーザーがスパムのフラグを付けたもの）と正常なメールの例（スパムではないということで「ハム」と呼ばれることもある）を与えると、スパムフィルタがスパムを見分けられるようになるなら、そのスパムフィルタは機械学習プログラムである。システムが学習のために使うデータ例のことを**訓練セット**（training set）と呼ぶ。そして、個々のデータ例のことを**訓練インスタンス**（training instance）、あるいは**標本**（sample）、**サンプル**と呼ぶ。スパムフィルタの場合、タスク T とは新しいメールにスパムのフラグを付けるかどうかを判断することであり、経験 E は**訓練データ**、性能指標 P はまだ定義していないが、たとえば、正しく分類されたメールの割合を使えばよい。この性能指標のことを**精度**（accuracy）と呼び、分類のタスクでよく使われる。

　Wikipedia のコピーをダウンロードするだけなら、コンピュータはデータが増えただけで、急に何かの仕事をうまくこなすようになるわけではない。だから、これは機械学習ではない。

1.2　なぜ機械学習を使うのか

　従来からのプログラミングテクニックを使ってスパムフィルタを書くとすればどうなるかについて考えてみよう（**図1-1**）。

1. まず、スパムの一般的な特徴に注目する。たとえば、タイトルによく現れる語句（4U、credit card、free、amazing といったもの）があることに気付くだろう。そのほかにも、送信者名、メール本体などにパターンがあることに気付くことがある。
2. 気付いたパターンごとに検出アルゴリズムを書く。すると、プログラムはいくつかのパターンが見つかったメールにスパムのフラグを付ける。
3. プログラムをテストし、十分よい結果が得られるまで、1、2 のステップを繰り返す。

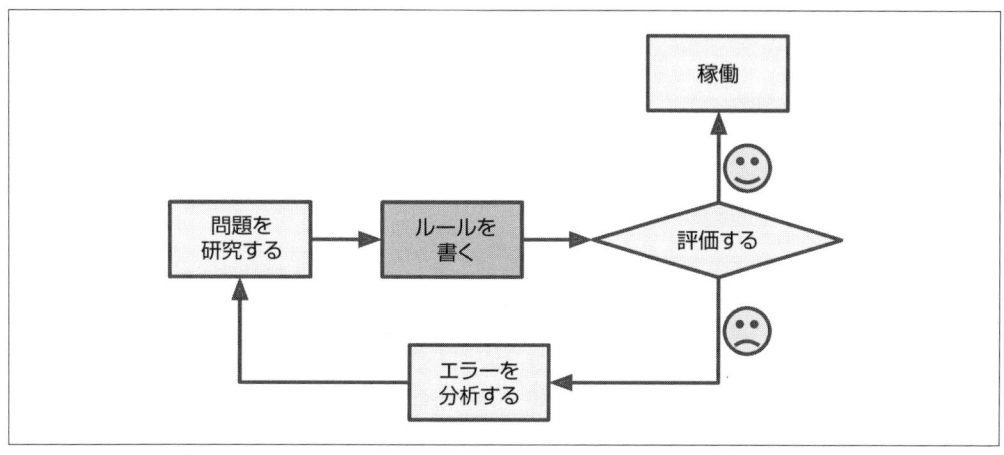

図1-1　従来のアプローチ

　この問題は単純なものではないので、プログラムは複雑なルールの長いリストを含んだものになるだろう。その分、メンテナンスが大変になる。

　それに対し、機械学習テクニックを使ったスパムフィルタは、ハムのデータ例と比べてスパムのデータ例で異常に多く見られる語句を検出し、スパムを見分けるために使える語句を自動的に学習する（**図1-2**）。プログラムはずっと短くなり、メンテナンスしやすくなり、正確にもなる。

　スパマーは、4U を含むメールがブロックされることに気付くと、代わりに For U と書くようになるかもしれない。従来のプログラミングテクニックを使ったスパムフィルタは、For U を含むメールにフラグを付けるように書き換えなければならなくなる。スパマーがスパムフィルタを出し抜こうとし続ける限り、新しいルールを永遠に書き続けなければならない。

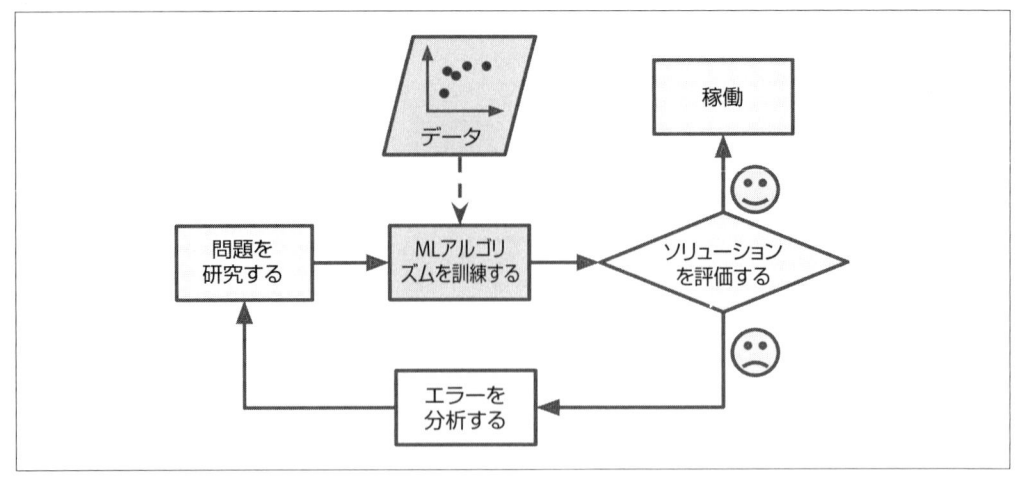

図1-2　機械学習のアプローチ

　それに対し、機械学習テクニックを使ったスパムフィルタは、ユーザーがスパムのフラグを付けるメールに For U が異常に多く含まれることに自動的に気付き、人間が特に何かをしなくても For U が含まれるメールにフラグを付けるようになる（**図1-3**）。

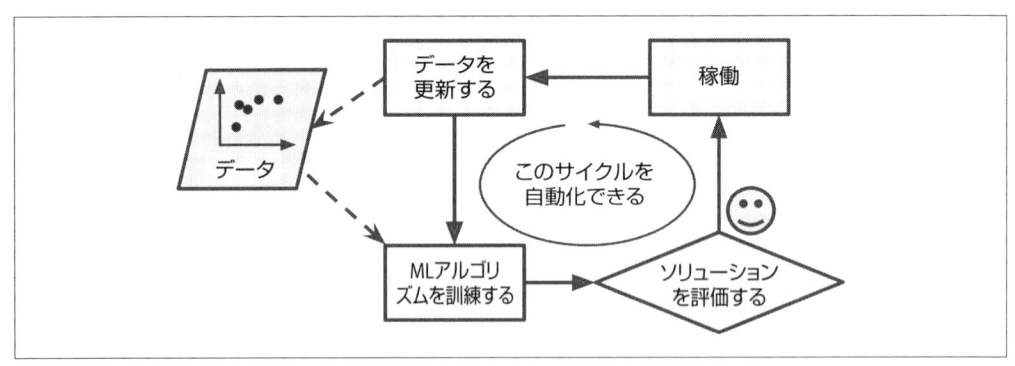

図1-3　機械学習は変化に自動的に対応する

　機械学習は、従来のアプローチでは複雑になりすぎる問題や既知のアルゴリズムがわかっていない問題でも力を発揮する。たとえば、音声認識について考えてみよう。単純なところから始めるために、たとえば one と two のふたつの単語を見分けられるプログラムを書くものとする。two という単語は破裂音（T）で始まるので、破裂音の強さを測定するアルゴリズムをハードコードし、それを使って one と two を見分けようと考えるかもしれない。しかし、このテクニックでは、ノイズも混ざる環境で数百、数千万の異なる人々が数十種もの言語でしゃべる数千、数万の単語を見分けるところまでスケールアップしていくことはとてもできない。最良のソリューション（少なくとも現状で）は、個々の単語の発音例の録音を多数与えると自分で学習するアルゴリズムを書くこ

とだ。

　最後に、機械学習は人間の学習を支援することができる（**図1-4**）。MLアルゴリズムを調べれば、何を学習したかがわかる（アルゴリズムによっては難しい場合もあるが）。たとえば、十分訓練を積んだスパムフィルタを調べれば、スパムを見分けるためにもっとも効果的だとアルゴリズムが考えている単語や単語の組み合わせのリストが得られる。ここから予想外の相関関係や新しいトレンドが見つかり、問題の理解が深まることがある。

　大量のデータを掘り下げるためにMLのテクニックを使うと、すぐにはわからなかったパターンを見つけられることがある。これを**データマイニング**（data mining）と言う。

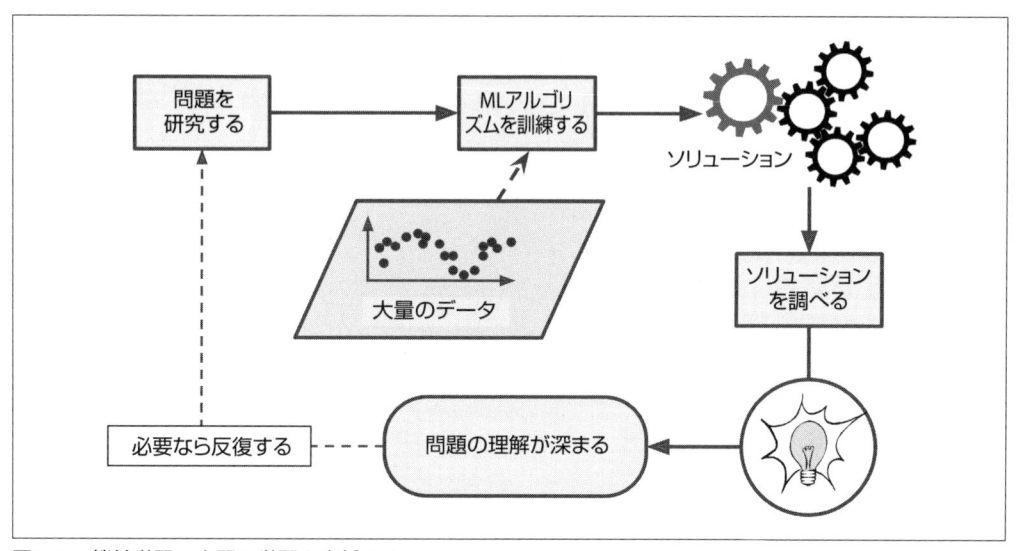

図1-4　機械学習は人間の学習を支援できる

　これらをまとめると、機械学習は次のような問題を得意とする。

- 既存のソリューションでは、手作業による大量のチューニングや、ルールの長いリストが必要な問題。ひとつの機械学習アルゴリズムがあれば、コードが単純化され、性能が上がることが多い。
- 伝統的な方法ではよいソリューションが作れないような複雑な問題。最良の機械学習テクニックならソリューションを見つけられる。
- 変動する環境。機械学習システムなら新しいデータに対応できる。
- 複雑なシステムや大量のデータについての知見の獲得。

1.3　機械学習システムのタイプ

機械学習システムのタイプは非常に多いので、次の基準に基づいて大きく分類すると役に立つ。

- 人間の関与のもとで訓練されるかどうか（教師あり、教師なし、半教師あり、強化学習）。
- その場で少しずつ学習できるかどうか（オンライン、バッチ学習）。
- 単純に新しいデータポイントと既知のデータポイントを比較するか、科学者が行うように訓練データからパターンを見つけ出して予測モデルを構築するか（インスタンスベース、モデルベース学習）。

これらの基準は相互排他的ではない。好きなように組み合わせて使うことができる。たとえば、最新のスパムフィルタは、スパムとハムのデータ例を使って訓練された深層ニューラルネットワークモデルを使ってその場で学習していくかもしれない。これは、オンライン、モデルベース、教師あり学習システムに分類される。

それでは、この基準をもっと詳しく見ていこう。

1.3.1　教師あり／教師なし学習

機械学習システムは、訓練中に受ける人間の関与の程度、タイプによって分類できる。主要なカテゴリは、教師あり学習、教師なし学習、半教師あり学習、強化学習である。

1.3.1.1　教師あり学習

教師あり学習（supervised learning）では、アルゴリズムに与える訓練データのなかに**ラベル**（label）と呼ばれる答えが含まれている（**図1-5**）。

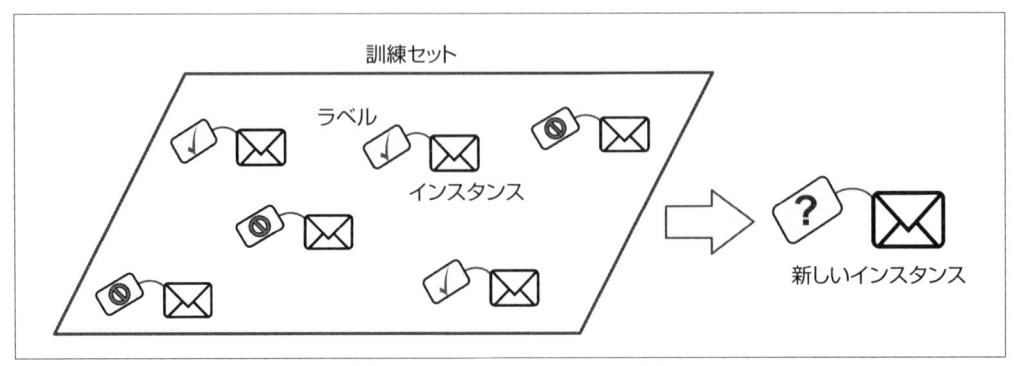

図1-5　教師あり学習のラベル付き訓練セット（たとえばスパムの分類）

　教師あり機械学習のタスクとしてまず思いつくのは**分類**（classification）である。よい例がスパムフィルタだ。スパムフィルタには、**クラス**（class、この場合はスパムかハムか）が明示されたメールの例を大量に与えて訓練し、新しいメールの分類方法を学習させる。

　教師あり学習は、**予測子**（predictor）と呼ばれる一連の**特徴量**（feature、走行距離、使用年数、ブランド、その他）から**ターゲット**（target）の数値（中古車の価格）を予測する**回帰**（regression）[†1]と呼ばれるタスクでも使われる（**図1-6**）。回帰システムを訓練するには、予測子と**ラベル**（この場合は価格）を含む多くの中古車データを与える必要がある。

　機械学習では、**属性**（attribute）はデータタイプ（たとえば、「走行距離」）を表すのに対し、**特徴量**（feature）は一般に属性と値（たとえば、「走行距離 +15,000 マイル」）を表す（ただし、特徴量は文脈次第でさまざまな意味になり得る）。しかし、**属性**と**特徴量**を同じ意味で使う人も多い。

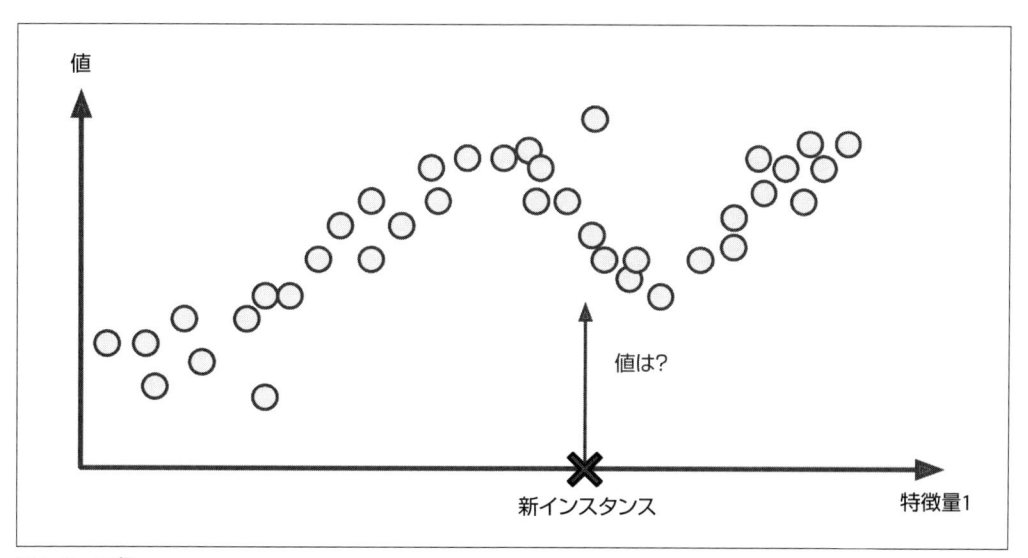

図1-6　回帰

　一部の回帰アルゴリズムは分類にも使えるし、逆も成り立つことに注意しよう。たとえば、**ロジスティック回帰**（logistic regression）は一般に分類に使われるが、特定の分類に属する確率の数値（たとえば、「20% の確率でスパム」）を出力することもできる。

　もっとも重要な教師あり学習アルゴリズムの一部（本書で取り上げるもの）を挙げておこう。

[†1]　この奇妙な感じの名前は、フランシス・ゴルトンが作った統計学用語に由来している。彼は、背の高い人々の子どもたちが親よりも背が低くなる傾向があることを研究していたが、子どもたちの方が背が低くなるということから、この現象を**平均への回帰**（reggression to the mean）と呼んだ。変数間の相関関係を分析するために彼が使った方法にもこの名前が使われている。

- k 近傍法
- 線形回帰
- ロジスティック回帰
- サポートベクトルマシン（SVM）
- 決定木とランダムフォレスト
- ニューラルネットワーク[†2]

1.3.1.2　教師なし学習

教師なし学習（unsupervised learning）では、みなさんの推測通り、訓練データにラベルはついていない（**図1-7**）。システムは、誰にも教わらずに学習しようとする。

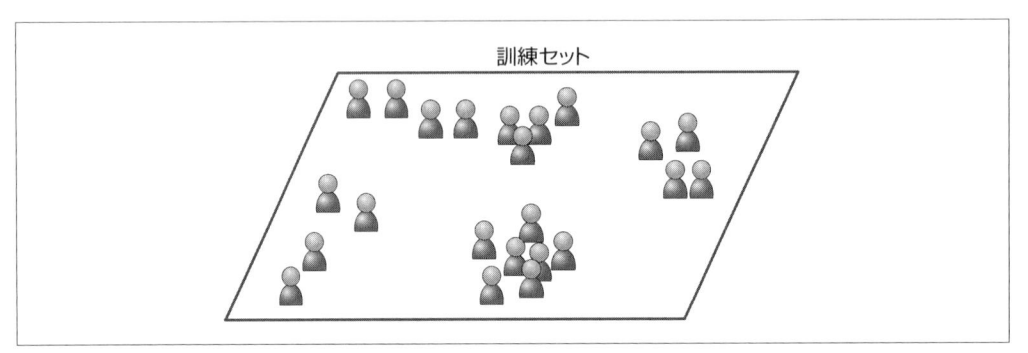

図1-7　教師なし学習ではラベルのない訓練セットが使われる

　もっとも重要な教師なし学習アルゴリズムの一部を挙げておこう（次元削減は **8章**で取り上げる）。

- クラスタリング
    - k 平均
    - 階層型クラスタ分析（HCA）
    - EM アルゴリズム（expectation maximization：期待値最大化法）
- 可視化と次元削減
    - PCA（principal component analysis：主成分分析）
    - カーネル PCA
    - LLE（Locally-Linear Embedding：局所線形埋め込み）

[†2]　ニューラルネットワーク・アーキテクチャのなかには、オートエンコーダ、制限付きボルツマンマシンなどのように教師なし学習にすることができるものもある。また、DBN（deep belief network）や教師なし事前訓練のように半教師あり学習にもなり得る。

- t-SNE（t-distributed stochastic neighbor embedding：t 分布型確率的近傍埋め込み法）
- ● 相関ルール学習
  - アプリオリ
  - eclat

　たとえば、ブログの訪問者についてのデータがたくさんあるので、**クラスタリング**（clustering）アルゴリズムを使って、類似する訪問者の集団を見つけようとしているものとする（**図1-8**）。この場合、どの時点でも、訪問者がどの集団に属するかをアルゴリズムに教えることはない。クラスタリングアルゴリズムは、人間の助けを借りずにつながりを見つける。たとえば、40% の訪問者はマンガ好きの男性で夜中にブログを読んでいるのに対し、20% の訪問者は若い SF ファンで週末に訪問しているといったことがわかる。**階層型クラスタリング**アルゴリズムを使えば、各集団をさらに下位集団に分割できる。すると、それぞれの集団に合わせて投稿を書き分けるために役立つだろう。

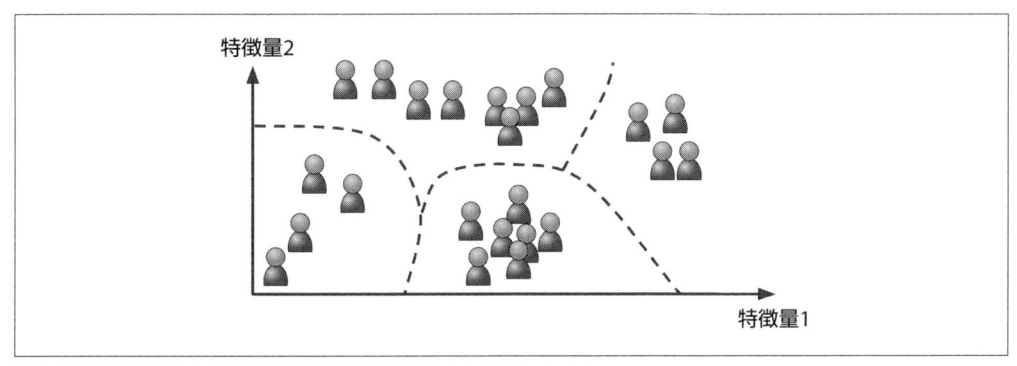

図1-8　クラスタリング

　可視化（visualization）アルゴリズムも教師なし学習アルゴリズムのよい例である。この種のアルゴリズムに大量の複雑なラベルなしデータを与えると、プロットしやすい 2 次元、3 次元表現が返される（**図1-9**）。これらのアルゴリズムはできる限り構造を残そうとする（たとえば、入力空間の別々のクラスタが可視化のなかで重なり合わないようにする）ので、データがどのような構造になっているのかが理解でき、おそらく予想外のパターンを見つけられる。

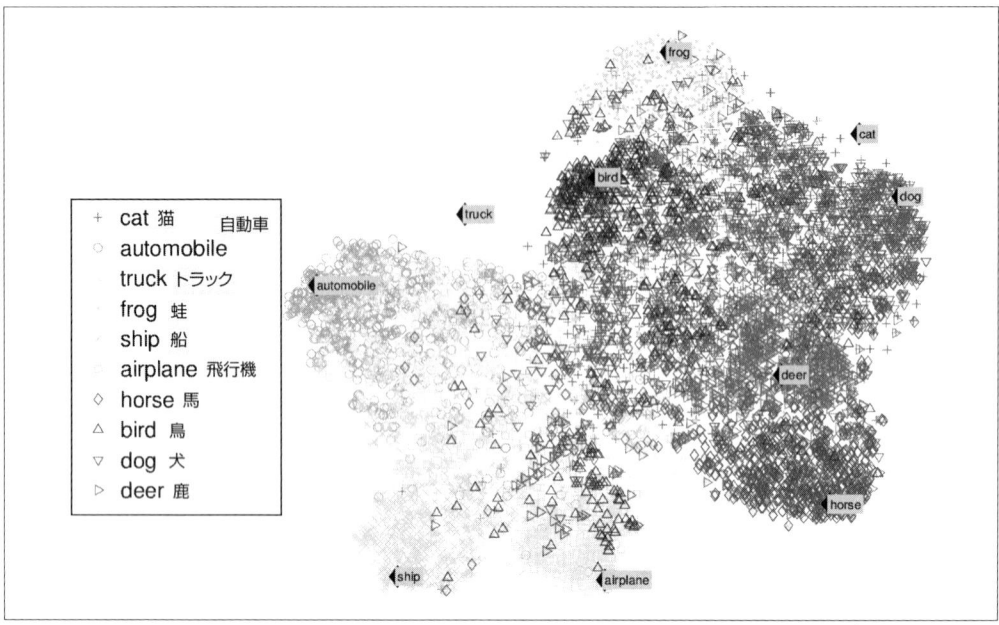

図1-9　セマンティッククラスタを強調しているt-SNEによるビジュアライゼーションの例[†3]

　可視化に関連して、情報をあまり失うことなく、データを単純化することを目標とする**次元削減**（dimension reduction）というタスクもある。そのための方法のひとつは、複数の相関する特徴量をひとつにまとめるというものだ。たとえば、車の走行距離は、使用年数と非常に高い相関を示すかもしれない。すると、次元削減アルゴリズムは、これらふたつをひとつの特徴量（車の老朽度）にまとめる。

> ほかの機械学習アルゴリズム（たとえば教師あり学習アルゴリズム）にデータを与える前に、次元削減アルゴリズムを通して訓練データの次元を減らしておくとよいことが多い。大幅に高速化され、データが消費するディスク、メモリスペースが削減され、場合によっては性能が上がることもある。

　教師なし学習の重要なタスクとしては、**異常検知**（anomaly detection）もある。たとえば、詐欺防止のために異常なクレジットカード取引を見つけたり、欠陥品を洗い出したり、ほかの学習アルゴリズムに送る前にデータセットから自動的に外れ値を取り除いたりすることだ。この種のシステムは正常なインスタンスで訓練され、新しいインスタンスを与えると、正常に近いか異常に近いかを判断する（**図1-10**）。

[†3]　動物と乗り物がくっきりと分かれ、馬が鹿の近くに集まり、鳥とは距離を取っていることがわかる。Socher, Ganjoo, Manning, and Ng,(2013)の許可に基づき収録。

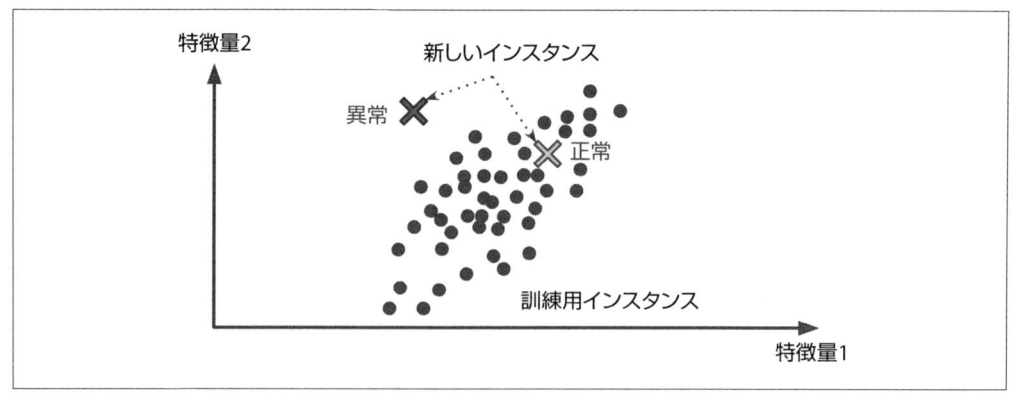

図1-10　異常検知

　教師なし学習でよく見られるタスクのタイプとしては、大量のデータを掘り下げて属性の間から面白い関係を見つけ出す**相関ルール学習**もある。たとえば、スーパーマーケットを経営しているものとする。売上記録に対して相関ルール分析を行うと、バーベキューソースとポテトチップを買う人はステーキ肉も買っていくことがわかるので、それらの商品を近くに配置すると売上が増えるかもしれない。

1.3.1.3　半教師あり学習

　一部のアルゴリズムは、一部だけラベルが付けられたデータを扱う。通常は、ラベルのないデータがたくさんあるのに対し、ラベルがついたデータはわずかという形になる。これを**半教師あり学習**（semisupervised learning）と呼ぶ（**図1-11**）。

　Google Photos のような一部の写真ホスティングサービスはこれのよい例である。このサービスは、家族写真をすべてアップロードすると、自動的に人物 A が写真 1、5、11 に写っているのに対し、人物 B は写真 2、5、7 に写っているということを認識する。これはアルゴリズムの教師なしの部分（クラスタリング）である。あとは、人物 A、B が実際に誰なのかがわかればよい。ひとりについてひとつずつラベルを提供するだけで[†4]、写真に写っている全員が誰なのかがわかる。これは写真の検索で役に立つ。

　ほとんどの半教師あり学習アルゴリズムは、教師なしアルゴリズムと教師ありアルゴリズムを結合したものである。たとえば、**DBN**（deep belief network）は、**制限付きボルツマンマシン**（restricted Boltzmann machines：RBM）という教師なしコンポーネントを積み上げたものになっている。教師なしで RBM を逐次的に訓練してから、教師あり学習テクニックでシステム全体を微調整するのである。

---

†4　これは、システムが完璧に機能している場合の話である。実際には、同じ人なのに複数のクラスタが作られることがよくあり、よく似た人を間違えたりすることもときどきある。そのため、ひとりにつき複数のラベルを提供し、マニュアルで不要なクラスタを削除しなければならない。

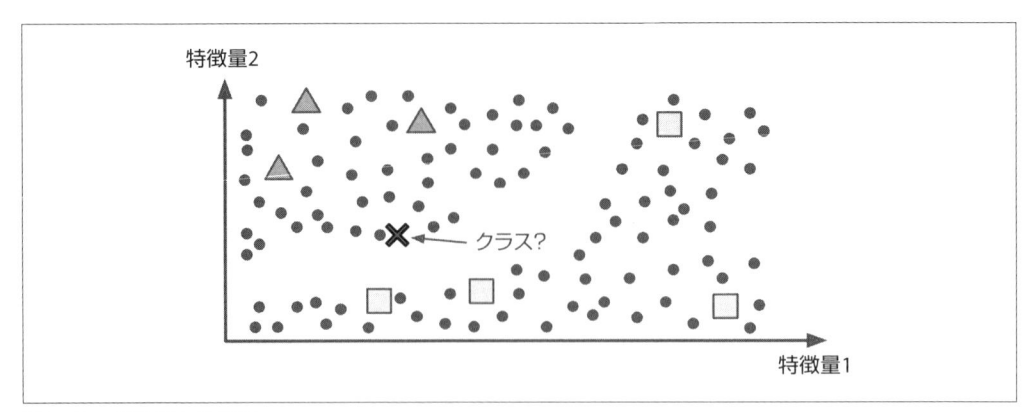

図1-11　半教師あり学習

1.3.1.4　強化学習

　強化学習（reinforcement learning）は、非常に特異な種類である。学習システム（この分野ではエージェント：agent と呼ぶ）は、環境を観察し、行動を選択して実行し、**報酬**（reward）を得る（**図1-12** のように、マイナスの報酬として**ペナルティ**：penalty を受ける場合もある）。エージェントは、**方策**（policy）と呼ばれる最良の戦略を自分で学習していき、時間とともに高い報酬を得るようになる。方策は、特定の状況に置かれたときにエージェントが選ぶべき行動を決める。

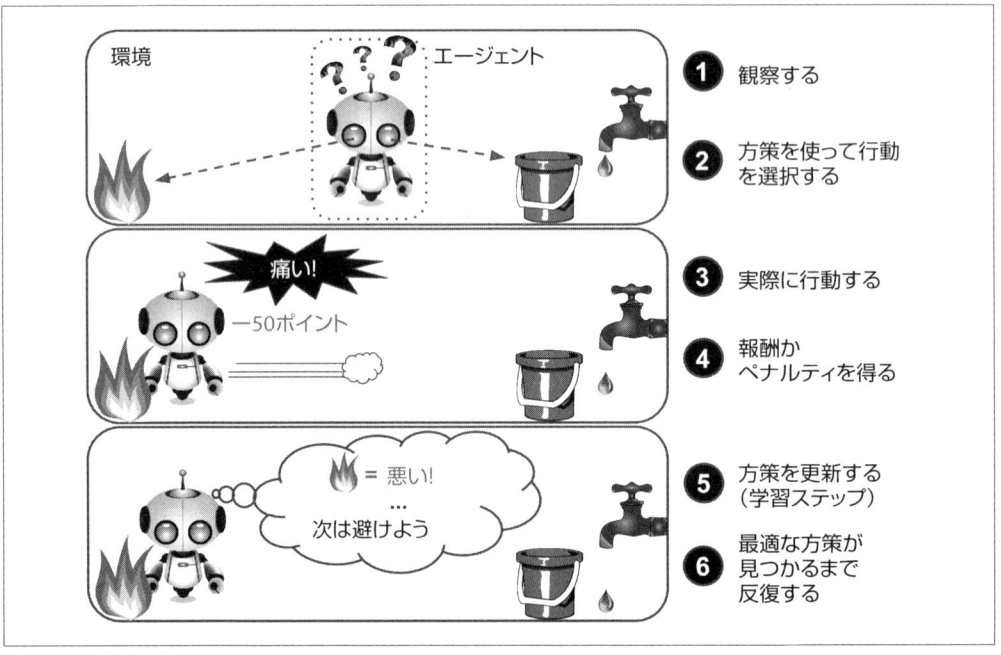

図1-12　強化学習

たとえば、ロボットの多くは、歩き方を学習するために強化学習アルゴリズムを搭載している。DeepMind の AlphaGo プログラムも強化学習のよい例である。AlphaGo は、2017 年 5 月に囲碁の世界チャンピオン、Ke Jie を破って新聞の見出しを飾った。AlphaGo は、数百万もの対局を分析して勝利のための方策を学習しさらに、自分自身との間で多くの対局をこなしていた。なお、チャンピオンとの対局では学習がオフになっていたことに注意しよう。AlphaGo は、自分が学習した方策だけを使って勝ったのである。

1.3.2　バッチ学習とオンライン学習

　機械学習システムは、入力データストリームから少しずつ学習できるかどうかによっても分類できる。

1.3.2.1　バッチ学習

　バッチ学習（batch learning）では、システムは少しずつ学習することができない。訓練するときには、すべての訓練データを与えなければならないのである。一般に、この処理には大量の時間と計算資源が必要になるので、オフラインで行われることが多い。まず、システムを訓練しておいてから、本番稼働させ、それ以上学習させずに実行し続ける。システムは、デプロイされる前に学習したことだけを使って動作する。これは**オフライン学習**（offline learning）と呼ばれる。

　バッチ学習システムに新しいデータについての知識（たとえば、新しいタイプのスパム）を与えたいときには、完全なデータセット（新データだけでなく、もとのデータも含めたデータ全体）を使って 0 から新バージョンのシステムを訓練しなければならない。そして、古いシステムを止め、新しいシステムに入れ替えるのである。

　もっとも、機械学習システムの訓練、評価、稼働のプロセス全体を自動化するのはごく簡単なことなので（**図1-3**）、バッチ学習システムでも変化に対応することはできる。単純にデータを更新し、必要な範囲で新バージョンを 0 から訓練すればよい。

　このソリューションは単純でうまく動作することが多いが、フルセットのデータを使った訓練にはかなりの時間がかかることがあるので、新システムの訓練は 24 時間ごとか週に 1 度といったペースにしかならないだろう。変化の激しいデータに対応しなければならない場合（たとえば、株価予測）には、もっと機敏に反応できるソリューションが必要になる。

　また、フルセットのデータで訓練するためには、大量の計算資源（CPU、メモリスペース、ディスクスペース、ディスク I/O、ネットワーク I/O ほか）が必要になる。大量のデータを抱えていて毎日 0 から自動訓練するようなシステムを作ると、金銭的コストが非常に高くなる。データが極端に多い場合には、バッチ学習アルゴリズムは単純に使えない場合さえある。

　システムが自律的に学習できなければならなくて、リソースが非常に限られている場合（たとえば、スマホアプリや火星探査機）には、大量の訓練データを持ち歩き、毎日何時間もかけて訓練するのでは、アプリが成り立たない。

　しかし、差分的に学習できるアルゴリズムを使えば、これらすべての条件で状況が改善される。

1.3.2.2　オンライン学習

オンライン学習（online learning）では、ひとつずつ、あるいは**ミニバッチ**（mini-batch）と呼ばれる小さなグループで逐次的にインスタンスのデータを与えると、システムは差分的に訓練される。毎回の学習ステップは高速でコストがかからないので、システムはデータが届くとその場ですぐにデータの学習を済ませられる（**図1-13**）。

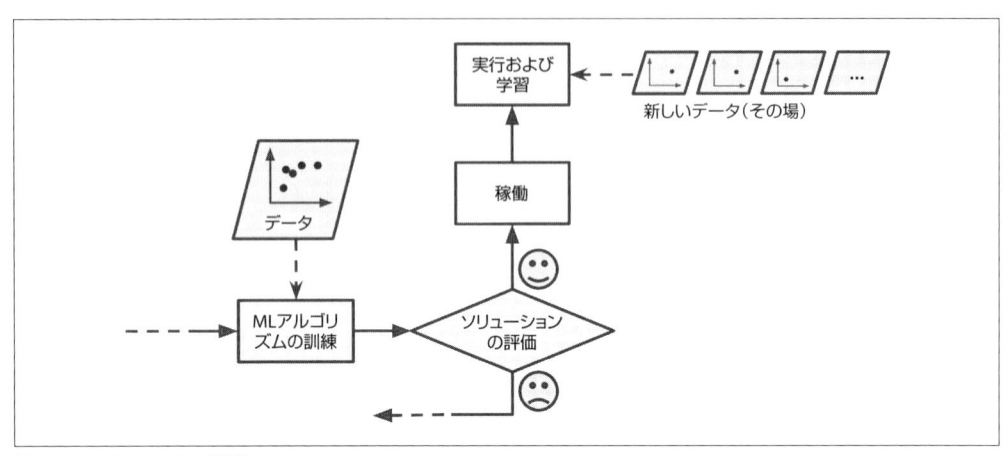

図1-13　オンライン学習

　オンライン学習は、継続的なフローとしてデータ（たとえば株価）を受け取り、すばやく、または自律的に変化に対応しなければならないシステムで効果を発揮する。計算資源が限られているときにも効果がある。オンライン学習システムは、新しいインスタンスのデータについての学習をすると、もうそのデータは不要なので捨ててしまってよい（以前の状態にロールバックしてデータを「リプレイ」できるようにしたい場合は話が別だが）。これで必要なストレージスペースは大幅に削減される。

　オンライン学習アルゴリズムは、1台のマシンのメインメモリ（主記憶）に入り切らないほど大きな訓練データセットを使うシステム（これを**アウトオブコア**：out-of-core と呼ぶ）でも使える。アルゴリズムはデータの一部をロードし、データをもとに訓練を実行し、データをすべて処理し終わるまで処理を繰り返す（**図1-14**）。

　この処理全体を通常オフラインで行う（つまり、生きた本番システムで行うわけではない）。そのため、**オンライン学習**という用語は紛らわしいかもしれない。**差分学習**（incremental learning）という用語を使うことを検討すべきだ。

　オンライン学習には、変化するデータにどれくらいの速さで対応するかを示す**学習速度**（learning rate）という重要な指標がある。学習速度を速くすれば、システムは新しいデータにすぐに対応す

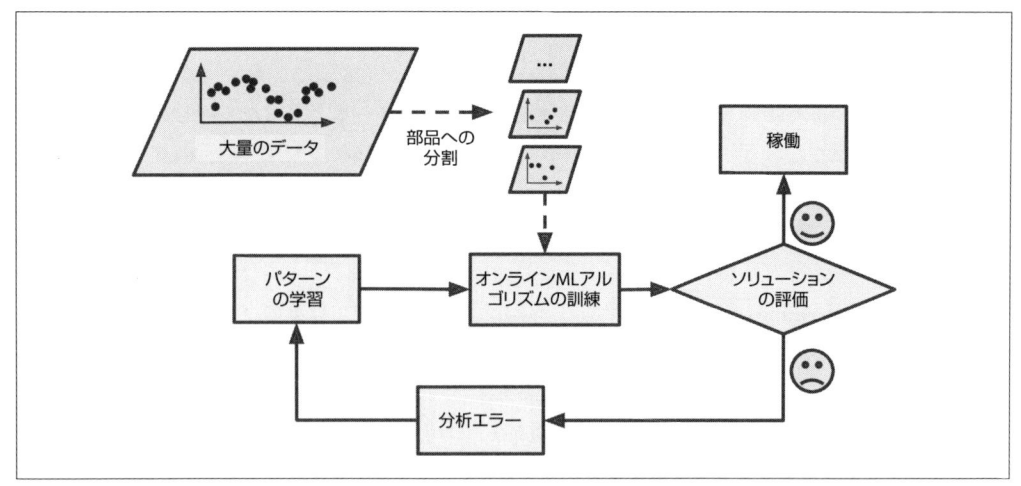

図1-14 オンライン学習を使った極端に大きなデータセットの処理

るが、古いデータをすぐに忘れる傾向も持つことになる（最新タイプのスパムにしかフラグを付けないスパムフィルタは困るだろう）。逆に、学習速度を遅くすれば、システムには慣性が働くようになる。つまり、学習するのが遅くなるものの、新しいデータに含まれるノイズや現実をよく表しているとは言えないデータポイントのシーケンスに影響を受けにくくなる。

　オンライン学習の大きな問題は、システムに不良なデータが与えられると、システムの性能が次第に下がっていくことだ。オンラインシステムの場合、クライアントがその性能低下に気付くだろう。たとえば、不良データはロボットの誤作動しているセンサーや、サーチ結果を上げるためにサーチエンジンにスパムを送っている人から送られてくる。このリスクを軽減するためには、システムをしっかりとモニタリングして、性能の低下を検出したら、すぐに学習をオフにする（可能なら、以前の機能する状態に戻す）必要がある。入力をモニタリングして、異常なデータには反応することも考えた方がよいかもしれない（たとえば、異常検出アルゴリズムを使って）。

1.3.3　インスタンスベース学習とモデルベース学習

　機械学習システムは、**汎化**（generalize）の方法によっても分類できる。機械学習のタスクの大半は予測である。つまり、訓練用のデータ例を与えられれば、システムは今まで見たこともないような形でそれらのデータ例を汎化できなければならない。訓練データで高い性能を示すのはよいことだが、それだけでは不十分だ。本当の目標は、新しいインスタンスに対して高い性能を示すことである。

　汎化にはインスタンスベース学習とモデルベース学習のふたつの主要アプローチがある。

1.3.3.1 インスタンスベース学習

おそらくもっともつまらない形の学習は、丸暗記だろう。丸暗記によるスパムフィルタを作れば、ユーザーが今までにスパムのフラグを付けたことのあるメールとまったく同じメールにフラグを付けるだけになるだろう。最悪なソリューションとまでは言わなくても、最良のソリューションでないことは確かだ。

既知のスパムメールとまったく同じメールにフラグを付けるのではなく、既知のスパムメールによく似ているメールにもフラグを付けるようにしたい。そのためには、ふたつのメールの**類似度の尺度**（measure of similarity）が必要である。ふたつのメールの類似度の（非常に初歩的な）尺度としては、共通する単語の数が考えられる。この場合、既知のスパムメールと共通する単語の数が多いメールにスパムのフラグを付けることになる。

これを**インスタンスベース学習**（instance-based learning）と呼ぶ。システムはデータ例を丸暗記し、新しいケースに対しては、類似度の尺度を使って汎化するのである（**図1-15**）。

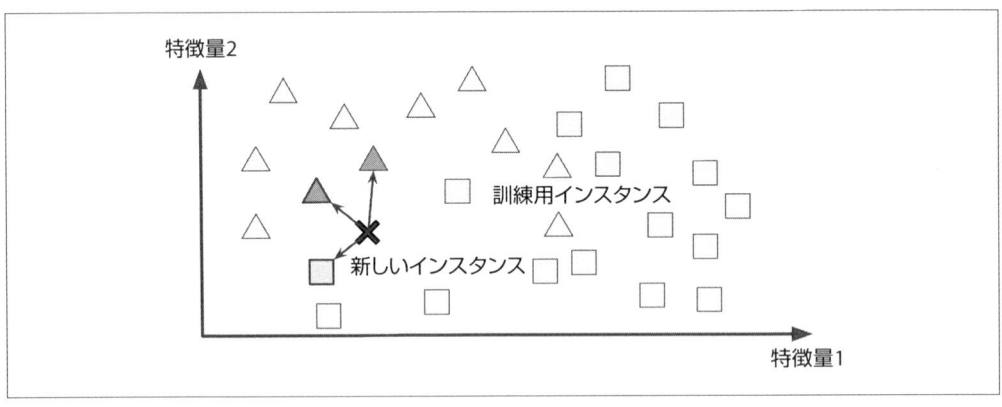

図1-15　インスタンスベース学習

1.3.3.2 モデルベース学習

汎化には、データ例全体からモデルを構築し、そのモデルを使って**予測**するという方法もある。これを**モデルベース学習**（model-based learning）と呼ぶ（**図1-16**）。

たとえば、お金によって人が幸せになるかどうかを知りたいと思い、OECD のウェブサイト（https://goo.gl/0Eht9W）から"Better Life Index"内の"Life satisfaction"（暮らしへの満足度）、IMF のウェブサイト（http://goo.gl/j1MSKe）から"GDP per capita"（1 人あたり GDP）をダウンロードして、ふたつの表を結合し、1 人あたり GDP でソートしたとする。**表1-1** はその一部を示している。

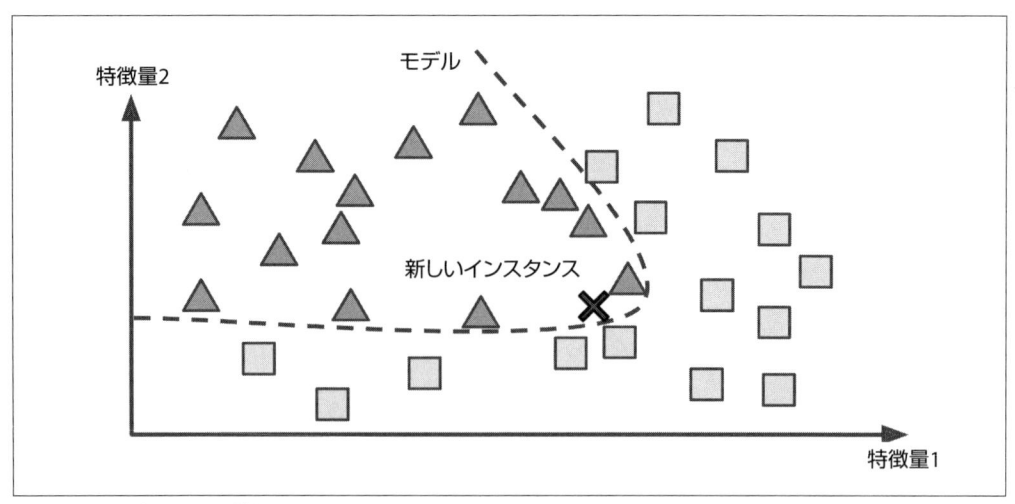

図1-16　モデルベース学習

表1-1　お金によって人はより幸せになれるか

国	1人あたり GDP（USD）	生活の満足度
ハンガリー	12,240	4.9
韓国	27,195	5.8
フランス	37,675	6.5
オーストラリア	50,962	7.3
アメリカ	55,805	7.2

　無作為に国をいくつか選んでデータをプロットしてみよう（**図1-17**）。

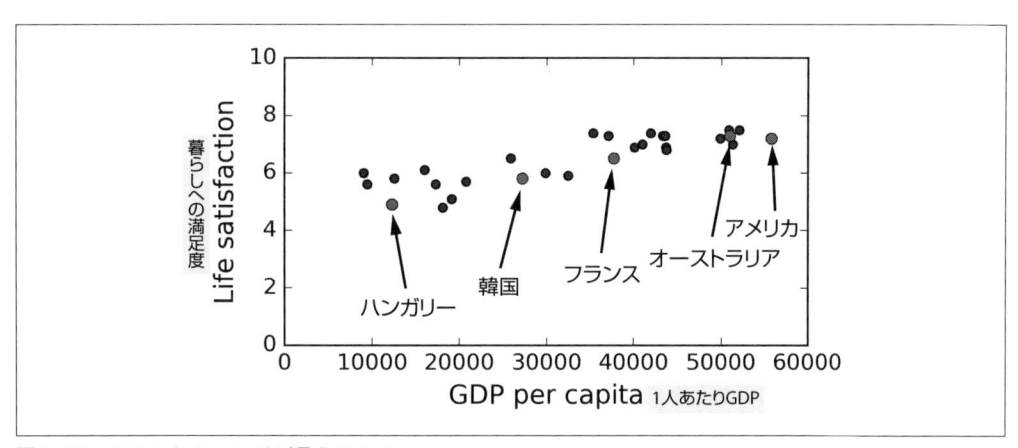

図1-17　ここからトレンドが見えるか？

　グラフからははっきりとしたトレンドがつかめる。データには**ノイズ**がある（部分的にトレ

ンドから外れている）が、国の 1 人あたり GDP が上がれば、おおよそ線形に「暮らしへの満足度」も上がる。そこで、「暮らしへの満足度」（life_satisfaction）を 1 人あたり GDP（GDP_per_capita）の線形関数としてモデリングすることにしよう。このステップを**モデルの選択**（model selection）と呼ぶ。「暮らしへの満足度」のために「1 人あたりの GDP」というひとつの属性だけによる線形モデルを選択したのである（**式1-1**）。

式 1-1　単純な線形モデル

$$\text{life\_satisfaction} = \theta_0 + \theta_1 \times \text{GDP\_per\_capita}$$

このモデルには、θ_0 と θ_1 のふたつの**モデルパラメータ**（model parameter）がある[5]。**図1-18**に示すように、これらのパラメータを操作すれば、このモデルはあらゆる線形関数を表現できる。

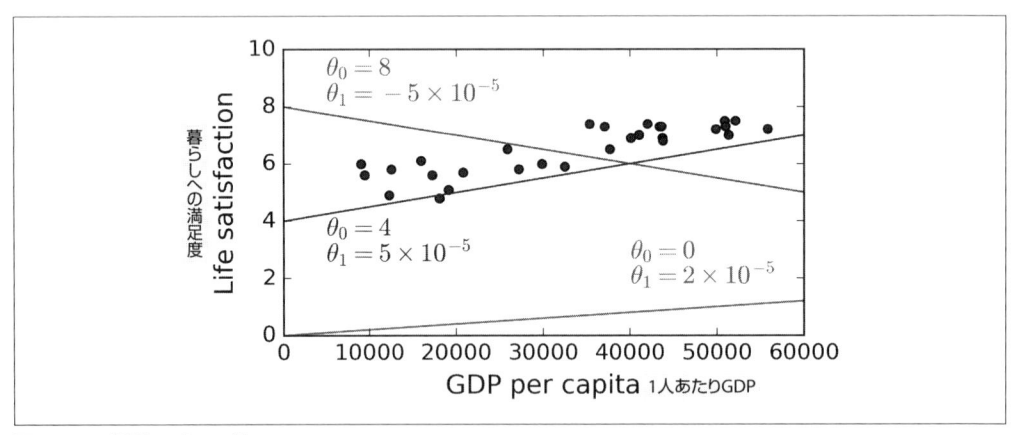

図1-18　線形モデルの例

　モデルを使えるようにするには、θ_0 と θ_1 のパラメータの値を定義する必要がある。値をいくつにすれば、モデルの性能は最高になるだろうか。この問いに答えるためには、性能の指標を指定しなければならない。モデルがどれだけ**よい**かを測定する**適応度関数**（utility function またはfitness function）か、モデルがどれだけ**悪い**かを測定する**コスト関数**（cost function）を使う。線形回帰問題では、一般に線形モデルの予測と訓練用のデータ例との距離を測定するコスト関数が使われる。

　ここで、線形回帰アルゴリズムの出番がやってくる。このアルゴリズムに訓練用のデータ例を与えると、データ例にもっとも適合する線形モデルのためのパラメータを見つけ出してくれるのである。これをモデルの**訓練**（training）と呼ぶ。私たちの例では、線形回帰アルゴリズムは、最適なパラメータとして $\theta_0 = 4.85$、$\theta_1 = 4.91 \times 10^{-5}$ を返してくる。

---

[5]　慣習として、モデルパラメータはギリシャ文字の θ で表されることが多い。

　これで**図1-19** に示すように、私たちのモデルは線形モデルとしてはもっとも訓練データに適合したものになった。

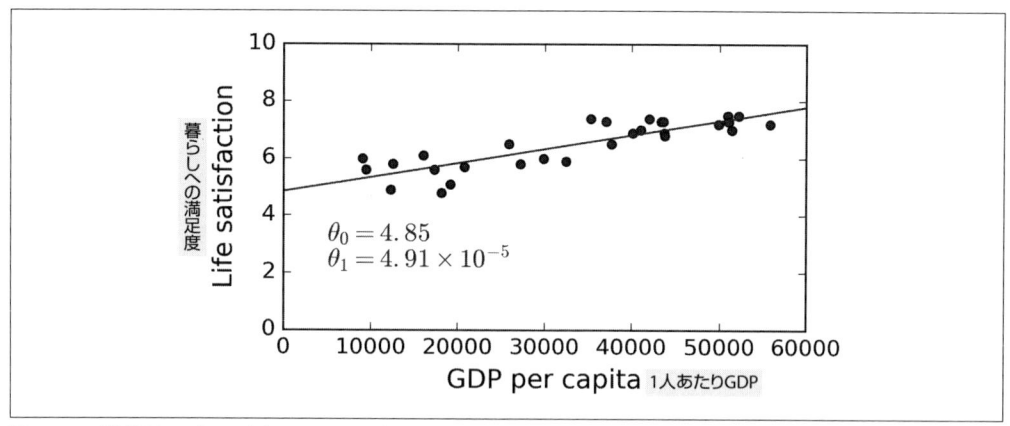

図1-19　訓練用のデータ例にもっとも適合する線形モデル

　これで予測のためにモデルを使う準備が整った。たとえば、キプロスの人々の「暮らしへの満足度」を知りたくても、OECD データからは答えは得られない。しかし、モデルを使えば、よい予測値が得られる。キプロスの 1 人あたり GDP を調べると、22,587 ドルだということがわかる。この値にモデルを適用すると、「暮らしへの満足度」は $4.85 + 22,587 \times 4.91 \times 10^{-5} = 5.96$ 前後になるはずだということがわかる。

　みなさんにもっと興味を持っていただくために、データをロードし、準備して[6]、可視化のための散布図を作り、線形モデルを作って予測を行う[7]Python コードを見ていただこう（**例1-1**）。

例1-1　scikit-learn を使って線形モデルを訓練、実行するコード

```
import matplotlib
import matplotlib.pyplot as plt
import numpy as np
import pandas as pd
import sklearn

# データをロードする
oecd_bli = pd.read_csv("oecd_bli_2015.csv", thousands=',')
gdp_per_capita =
pd.read_csv("gdp_per_capita.csv",thousands=',',delimiter='\t',
                        encoding='latin1', na_values="n/a")

# データを準備する
```

---

[6]　このコードは、`prepare_country_stats()` がすでに定義されていることを前提として書かれている。この関数は、GDP と「暮らしへの満足度」データを結合してひとつの Pandas データフレームにまとめる。

[7]　まだこのコードがよくわからなくてもかまわない。scikit-learn については、あとの章で説明する。

```
country_stats = prepare_country_stats(oecd_bli, gdp_per_capita)
X = np.c_[country_stats["GDP per capita"]]
y = np.c_[country_stats["Life satisfaction"]]

# データを可視化する
country_stats.plot(kind='scatter', x="GDP per capita", y='Life
satisfaction')
plt.show()

# 線形モデルを選択する
model = sklearn.linear_model.LinearRegression()

# モデルを訓練する
model.fit(X, y)

# キプロスの例から予測を行う
X_new = [[22587]]  # キプロスの 1 人あたり GDP
print(model.predict(X_new)) # 出力 [[ 5.96242338]]
```

 このコードで代わりにインスタンスベースのアルゴリズムを使うと、キプロスの 1 人あたり GDP にもっとも近い国はスロベニア (20,732 ドル) だということがわかる。そして、OECD データによれば、スロベニアの「暮らしへの満足度」は 5.7 だということがわかるので、キプロスの「暮らしへの満足度」も 5.7 だと予測できる。少しズームアウトして、1 人あたり GDP がスロベニアの次にキプロスに近い国、その次の国を調べると、ポルトガルとスペインであり、「暮らしへの満足度」はそれぞれ 5.1 と 6.5 である。これら 3 カ国の平均を取ると、5.77 であり、モデルベースの予測と非常に近い値になる。この単純なアルゴリズムを **k 近傍法** (k-nearest neighbors) と呼ぶ (この例では $k = 3$)。

上のコードで線形回帰モデルではなく、k 近傍法を使いたい場合、たった 1 行を書き換えるだけでよい。たとえば次の行を、

```
model = sklearn.linear_model.LinearRegression()
```

次のように書き換えるのである。

```
model = sklearn.neighbors.KNeighborsRegressor(n_neighbors=3)
```

うまくいくようなら、モデルはよい予測をしている。そうでなければ、属性 (就業率、健康、大気汚染など) を増やすか、より大量の、またはより高品質の訓練データを使うか、より強力なモデル (たとえば、多項回帰モデル) を選択する必要がある。

これらをまとめよう。

- データを検討する。
- モデルを選択する。
- 訓練データに基づいてモデルを訓練する (つまり、コスト関数を最小に抑えるモデルパラメータ値を探す。

● 最後に、モデルがまずまずの性能で汎化してくれるだろうと考えて、新しいケースに対して
モデルを適用し、予測を行った（これを**推論**：inference と呼ぶ）。

典型的な機械学習プロジェクトはこのようにして進む。**2 章**では、実際にプロジェクトを最初か
ら最後まで体験していただく。

ここまででもかなりのことを学んだ。機械学習とは実際のところ何なのか、なぜ役に立つのかを
知り、ML システムのもっとも一般的な分類方法と典型的なプロジェクトのワークフローがどうな
るかも知った。次に、学習を失敗させ、正確な予測を妨害するものについて学ぼう。

1.4　機械学習が抱える難問

機械学習の主要なタスクは、学習アルゴリズムを選択して何らかのデータを対象としてアルゴリ
ズムを訓練することなので、単純に言えば、問題の原因となるのは、「まずいアルゴリズム」と「ま
ずいデータ」である。まずいデータの例から見ていこう。

1.4.1　訓練データ例の品質の低さ

小さな子どもにりんごとは何かを教えたいなら、りんごを指さして「りんご」と言えばよい（お
そらく、これを何度か繰り返すことになる）。すると、子どもはあらゆる色、形のりんごを認識で
きるようになる。まさに天才的だ。

機械学習はまだその域には達していない。ほとんどの機械学習アルゴリズムは、大量のデータ例
を与えなければ正しく動作するようにはならない。ごく単純な問題でも、数千個のデータ例が必要
で、イメージ認識や音声認識などの複雑な問題では、数百万個のデータ例が必要になる（既存のモ
デルの一部を再利用できる場合を除き）。

データの途方もない有効性

2001 年に発表されたある有名な論文（http://goo.gl/R5enIE）のなかで、Microsoft の研
究者、ミシェル・バンコとエリック・ブリルは、十分なデータを与えれば、非常に異なる機械
学習アルゴリズム（ごく単純なものも含む）が、複雑な自然言語の曖昧性解消問題[8]に対して
ほぼ同じ程度の性能を示すことを明らかにした（**図1-20**）。

著者たちは、「この結果から考えると、アルゴリズムの開発とコーパスの開発のどちらに時間
と費用をかけるべきかについて私たちは再考を迫られているのかもしれない」と言っている。

複雑な問題では、アルゴリズムよりもデータのほうが大切だという考え方は、2009 年に発
表されたピーター・ノービグらの"The Unreasonable Effectiveness of Data"（データの法外
な効果）という論文（http://goo.gl/q6LaZ8）[9]によってさらに支持を集めるようになった。

しかし、中小規模のデータセットは今でもごく一般的であり、訓練データの入手がいつも簡単でコストがかからないわけではないので、アルゴリズムを捨ててしまうにはまだ早いということに注意していただきたい。

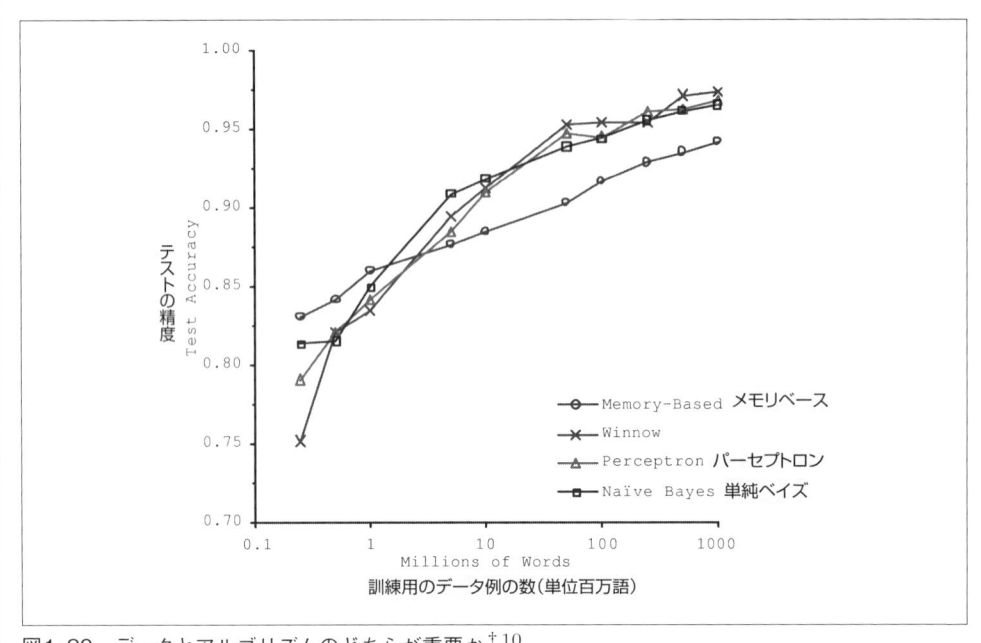

図1-20 データとアルゴリズムのどちらが重要か[10]

1.4.2　現実を代表しているとは言えない訓練データ

　汎化の性能を上げるためには、訓練データが汎化の対象となる新データをよく代表するものになっていることがきわめて重要である。これはインスタンスベース学習でもモデルベース学習でも変わらない。

　たとえば、先ほど線形モデルを訓練するために使った国の集合は、すべての国を完全に代表できているとは言えないものだった。いくつかの国のデータが使われていなかったのである。**図1-21**は、それらの国を加えたときにデータがどうなるかを示している。

　もとのモデルは点線だったのに対し、このデータから線形モデルを訓練すると実線のようになる。ご覧のように、省略した国を少し追加しただけでモデルは大きく変わるだけでなく、単純な線

---

†8　たとえば、英文の文脈に基づいて、to、two、tooをどのように書き分けるかを判断すること。

†9　図は、許可に基づいて、"Learning Curves for Confusion Set Disambiguation" Banko and Brill,(2001)から引用している。

†10　"The Unreasonable Effectiveness of Data" Peter Norvig et al,(2009)

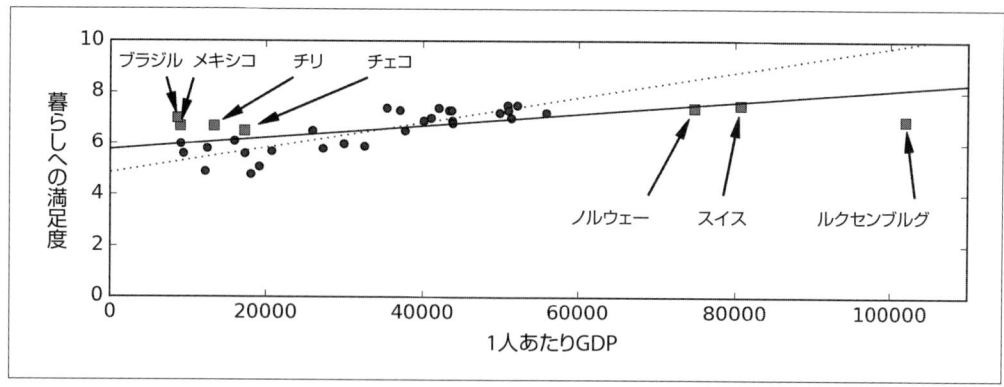

図1-21　世界をよりよく代表している訓練データ

形モデルではうまく機能しないことまではっきりする。非常に豊かな国がほどほどに豊かな国よりも住人にとって幸せだとはかならずしも言えず、逆に、一部の貧しい国が多くの豊かな国よりも幸せに感じられる場合もあるように見える。

　現実を代表できていない訓練データを使うと、非常に貧しい国や非常に豊かな国では特に正確な予測が得られないモデルができてしまう。

　汎化の対象となるデータをよく代表する訓練セットを使うことが非常に大切だ。これは、口で言うよりも難しいことが多い。サンプルが小さすぎれば、**サンプリングノイズ**（つまり、偶然によって代表的でないデータが混ざる）の影響が大きくなるが、非常に大きなサンプルを使っても、サンプリングの方法に欠陥があれば、代表的なデータを集められない場合がある。これを**サンプリングバイアス**（sampling bias）と呼ぶ。

サンプリングバイアスの例

　サンプリングバイアスの例としておそらくもっとも有名なのは、ランドン対ルーズベルトで戦われた 1936 年のアメリカ大統領選の調査だろう。Literary Digest 誌は、約 1,000 万人の人々に手紙を送って大規模な調査を行った。240 万の回答が得られ、同誌は自信を持って、ランドンが 57% の投票を集めて勝利すると予測した。しかし、実際にはルーズベルトが投票の 62% を集めて勝利したのである。問題は、Literary Digest 誌のサンプリングの方法にあった。

- まず、調査票を送る住所の情報を得るために、**Literary Digest** は電話帳、雑誌呼応読者リスト、クラブのメンバーリストといったものを使ったが、こういったものには比較的裕福な人々が記載される傾向にあるため、共和党に投票する人が比較的多い（だからランドン支持になる）。

- 第 2 に、調査票を受け取った人の 25% 未満しか回答していない。ここでも、政治に あまり関心がない人、Literary Digest に好感を持たない人、その他重要な集団に属す る人々を排除してサンプリングにバイアスが生まれている。これは**非回答バイアス** （nonresponse bias）と呼ばれる特別なタイプのサンプリングバイアスである。

別の例も紹介しよう。ファンクミュージックのビデオを認識するシステムを構築したいもの とする。訓練セットの選び方としては、たとえば、YouTube で func music を検索して得られ たビデオを使うことが考えられる。しかし、これは YouTube のサーチエンジンが YouTube にあるすべてのファンクミュージックから代表的なものを返すことが前提となっている。実 際には、検索結果は人気のあるアーティストに偏る傾向がある（そして、ブラジルに住んで いる場合には、ジェームズ・ブラウンとは似ても似つかない「ファンキカリオカ」のビデオが どっさり返されてくる）。では、どうすれば大規模な訓練セットを手に入れることができるだ ろうか。

1.4.3　品質の低いデータ

当然ながら、訓練データに誤り、外れ値、ノイズがたくさん含まれている場合（たとえば、測定 品質の低さのために）、システムが背後に隠れているパターンを見つけるのは難しくなり、システ ムの性能が高くなる可能性は下がる。訓練データをクリーンアップするために時間を割くとよい 場合が多い。実際、ほとんどのデータサイエンティストは、作業時間のかなりの部分をデータのク リーンアップのために使っている。たとえば、次のようなことをするのである。

- 一部のインスタンスが明らかに外れ値なら、単純に取り除いてしまうか、マニュアルで誤り を修正した方がよい。
- 一部のインスタンスがいくつかの特徴量を持たない場合（たとえば、顧客の 5% が年齢を指 定していない場合）、属性を完全に無視してしまうか、それらのインスタンスを無視するか、 欠損値を補うか（たとえば、年齢の中央値で）、特徴量を持つモデルと持たないモデルを訓 練するかといった対策のなかからどれか適切なものを選ばなければならない。

1.4.4　無関係な特徴量

よく言われるように、ゴミを入れればゴミしか出てこない。学習が可能になるのは、訓練データ に関係のある特徴量が十分に含まれ、無関係な特徴量が多すぎないときに限られる。機械学習プロ ジェクトを成功させるためには、訓練のために適切な特徴量を揃えることが大切だ。このプロセス は、**特徴量エンジニアリング**（feature engineering）と呼ばれ、次の作業から構成される。

- **特徴量選択**（feature selection）：既存の特徴量から訓練にもっとも役立つ特徴量を選択する。
- **特徴量抽出**（feature extraction）：既存の特徴量を組み合わせて、より役に立つひとつの特徴量を作る（以前説明した次元削減アルゴリズムが役に立つ）。
- 新データの収集による新しい特徴量の作成。

まずいデータの例をたくさん見てきたので、まずいアルゴリズムの例も少し見ておこう。

1.4.5　訓練データへの過学習

　海外旅行に行き、タクシーの運転手に法外な料金を取られたとする。その国のタクシードライバーは**全員泥棒**だと言いたくなるかもしれない。過度な汎化は、私たち人間があまりにもたびたび行ってしまうことだ。そして、私たちが注意していなければ、機械も同じ罠に陥ることがある。機械学習では、このことを**過学習**（overfitting）と呼ぶ。モデルが訓練データに対しては高い性能を示すが、あまり汎化しないことである。

　図1-22 は、訓練データに強く過学習している暮らしへの満足度の高次多項式モデルの例を示している。訓練データでは、単純な線形モデルよりもはるかに高い性能を発揮するが、このような予測を信じることができるだろうか。

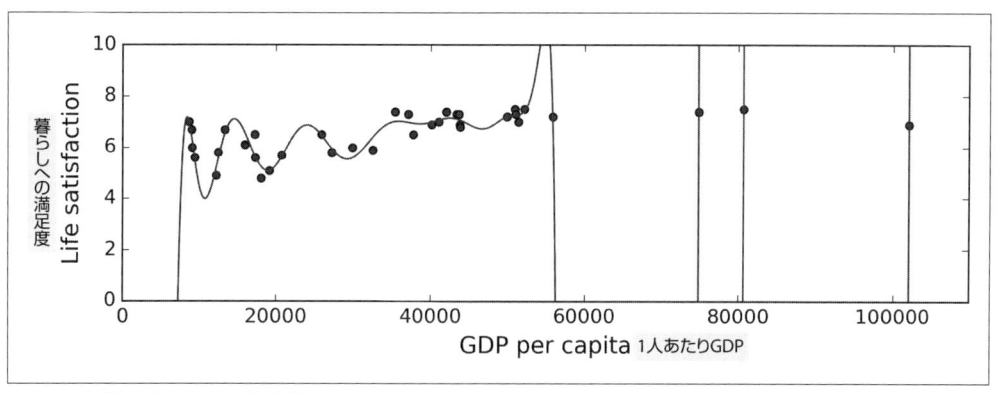

図1-22　訓練データへの過学習

　深層ニューラルネットワークのような複雑なモデルは、データに含まれる微妙なパターンを見つけられるが、訓練データにノイズが多く含まれていたり、訓練データの規模が小さすぎたりすると（サンプリングノイズが入る）、モデルはノイズからパターンを検知してしまう。当然ながら、このようなパターンは新しいインスタンスに対して適切に汎化しない。たとえば、国名のような役に立たない情報を含む多数の属性を「暮らしへの満足度」モデルに与えると、複雑なモデルは、訓練データのなかの国名に w が含まれている国々の「暮らしへの満足度」はいずれも 7 よりも大きい

ことに気付くかもしれない。New Zealand が 7.3、Norway が 7.4、Sweden が 7.2、Switzerland が 7.5 である。しかし、w が含まれている国名のルールは、Rwanda や Zimbabwe にも汎化すると自信を持って言うことができるだろうか。このパターンは、明らかに訓練データのなかの偶然の産物だが、モデルには、パターンが本物なのか、単純にデータ内のノイズのためなのかを見分けることはできない。

> 過学習は、訓練データの量やノイズの割合に比べてモデルが複雑すぎるときに起きる。解決方法としては、次のようなものが考えられる。
>
> - パラメータの少ないモデルを選んだり（たとえば、高次多項式モデルではなく、線形モデルを選ぶ）、訓練データのなかの属性を減らしたり、モデルに制約を与えたりして、モデルを単純化する。
> - もっと多くの訓練データを集める。
> - 訓練データのなかのノイズを減らす（たとえば、データの誤りを修正したり、外れ値を取り除く）。

モデルを単純化し、過学習のリスクを軽減するために、モデルに制約を与えることを**正則化**（regularization）と呼ぶ。例えば、以前定義した線形モデルは θ_0 と θ_1 のふたつのパラメータを持っている。すると、学習アルゴリズムは、訓練データに合わせたモデルの修正のために 2 という**自由度**を持つことになる。つまり、直線の高さ（θ_0）と傾斜（θ_1）のふたつを操作できるということである。ここで、$\theta_1 = 0$ という条件を強制すると、アルゴリズムの自由度は 1 だけになり、制限を加える前と比べてデータを適切に適合させるのはきわめて難しくなるだろう。できることは、訓練データにできる限り近くなるように直線を上下に動かすことだけになる。実に単純なモデルである。ここで、アルゴリズムが θ_1 を変えることを認めつつ、小さな値に制限すれば、学習アルゴリズムは自由度 1 と自由度 2 の間になる。自由度 2 のモデルよりは単純だが、自由度 1 のモデルよりは複雑なモデルが作られる。汎化の性能を上げるためには、データの完全な適合とモデルの単純性の維持の間で上手くバランスを取らなければならない。

　図 1-23 は 3 つのモデルを示している。点線はいくつかの国のデータがない状態で訓練した最初のモデル、破線はすべての国のデータを使って訓練した第 2 のモデル。実線は第 1 のモデルと同じデータを使って正則化の制約を加えたものである。正則化によって角度が緩やかになり、訓練データへの適合は下がったが、新しい例に対する汎化の性能は上がっている。

　学習中の正則化の程度は、**ハイパーパラメータ**（hyperparameter）で制御できる。ハイパーパラメータは、学習アルゴリズムのパラメータである。そのため、学習アルゴリズム自体の影響を受けない。ハイパーパラメータは訓練の前に設定しなければならず、訓練中は一定に保たれる。正則化ハイパーパラメータを非常に高い値に設定すると、ほとんどフラットなモデルになる（傾斜が 0 に近づく）。学習アルゴリズムが訓練データに過学習することはほぼ確実になくなるが、よいソリューションを見つける可能性も低くなる。ハイパーパラメータのチューニングは、機械学習シス

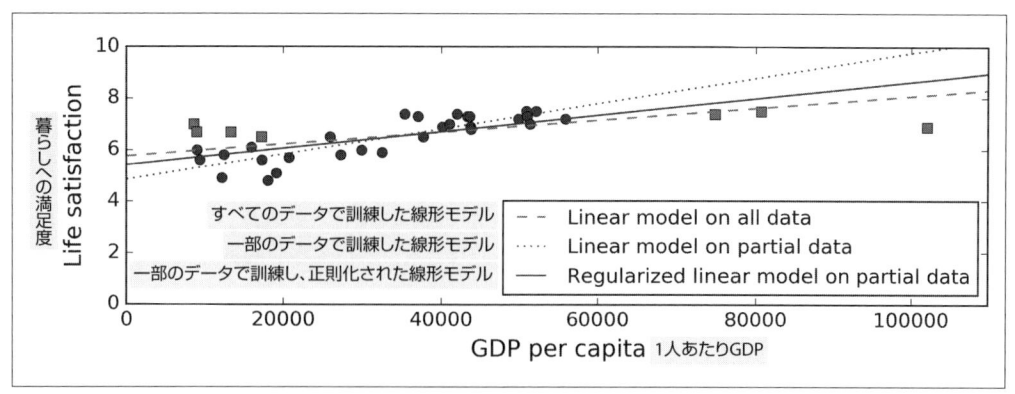

図1-23　正則化によって過学習のリスクは軽減される

テムを作るときの重要な要素になる（詳しい例は、次の章で示す）。

1.4.6　訓練データへの過小適合

過小適合（underfitting）は、みなさんの推測通り、過学習の逆である。モデルが単純過ぎてデータの背後に隠れている構造を学習できない状態を指す。たとえば、「暮らしへの満足度」の線形モデルは、過小適合になりがちだ。現実はモデルよりもはるかに複雑なので、訓練データを対象とするときでも、モデルによる予測は否応なく不正確なものになる。

この問題を解決する主要な方法は次の通りである。

- パラメータが多いより強力なモデルを選ぶ。
- 学習アルゴリズムに与える特徴量をもっとよいものにする（特徴量設計）。
- モデルに対する制約を緩める（たとえば、正則化ハイパーパラメータを小さくする）。

1.4.7　1歩下がって復習しよう

今までの間に、みなさんは機械学習について多くのことを学んできた。しかし、非常に多くのコンセプトを説明してきたので、少し置いてきぼりになったような気分になっているかもしれない。そこで、1歩下がって俯瞰的に全体を見直してみよう。

- 機械学習は、コードで明示的にルールを示さなくても、データから学習してタスクをうまくこなすマシンを作ることである。
- ML システムにはさまざまなタイプのものがある。教師ありかなしか、バッチかオンラインか、インスタンスベースかモデルベースかなどである。
- ML プロジェクトは、データを集めて訓練セットを作り、学習アルゴリズムに訓練セットを与える。モデルベースのアルゴリズムは、パラメータをチューニングしてモデルが訓練セッ

トに適合するようにして（つまり、訓練セット自体を与えたときによい予測結果が得られるようにする）、新しいデータを与えたときにもよい予測ができることを期待する。アルゴリズムがインスタンスベースなら、サンプルをそのままの形で学習し、同じような方法を使って新しいインスタンスに汎化する。

- 訓練セットが小さすぎたり、データが全体を代表するものでなく、ノイズが多かったり、無関係な特徴量で汚染されていたりすると、システムの性能は上がらない（ゴミを入れればゴミしか出てこない）。モデルは、単純すぎても（過小適合になる）複雑すぎても（過学習になる）よくない。

　この章で取り上げなければならない重要なテーマはあとひとつだけだ。モデルを訓練したあと、新しいインスタンスにも汎化することを「期待」するだけでは満足できないだろう。モデルを評価し、必要に応じて微調整したいところだ。

1.5　テストと検証

　モデルが新しいデータに適切に汎化するかどうかを確かめるには、実際に新しいデータを与えて試してみるしかない。モデルを本番稼働して性能をモニタリングするのも方法のひとつだが、モデルの性能がとてつもなく悪い場合、ユーザーから苦情が殺到するだろう。明らかに、これは最高の方法ではない。

　それよりも集めたデータを**訓練セット**（training set）と**テストセット**（test set）に分割する方がよい。名前からもわかるように、訓練セットを使ってモデルを訓練し、テストセットを使ってモデルをテストする。新しいデータを与えたときの誤り率を**汎化誤差**（generalization error）、または**標本外誤差**（out-of-sample error）と呼ぶ。テストセットを使ってモデルを評価すると、汎化誤差の推定値が得られる。この値は、見たことのないインスタンスに対してモデルがどの程度の予測性能を発揮するかを示す。

　訓練誤差が低い（つまり、訓練セットに対するモデルの予測にほとんど誤りがない）ものの、汎化誤差が高い場合、そのモデルは訓練データに過学習しているということになる。

　一般には、データの 80% を訓練に使い、20% をテストのために取り分けておく。

　そのため、モデルの評価はごく単純な話になる。テストセットを使えばよい。たとえば、ふたつのモデル（たとえば、線形モデルと多項式モデル）のうちのどちらを使ったらよいか迷っているものとする。どのようにして決めればよいだろうか。たとえば、両方を訓練し、テストセットを使ってどちらの方が汎化性能が高いかを比較すればよい。

　線形モデルの方が汎化性能が高いものとして、しかし過学習を避けるためにある程度の正則化を加えたいものとする。問題は、正則化ハイパーパラメータの値をどのようにして選ぶかだ。たとえば、このハイパーパラメータのために100個の異なる値を使って100種の異なるモデルを訓練するという方法が考えられる。そして、汎化誤差がもっとも低い（たとえば5%）モデルを作れるハイパーパラメータを見つけたとする。

　ところが、このモデルを本番稼働させてみると、期待したほどの性能が得られず、15%の誤差が生まれる。何が起きたのだろうか。

　問題は、テストセットを使って汎化誤差を複数回測定していることである。**そのテストにとって最良のモデルを作るためにモデルとハイパーパラメータを調整していたのである。**

　この問題の解決方法は、一般にテストセットのほかに**検証セット**（validation set）と呼ばれる第2のセットを取り分けておくことだ。訓練セットを使ってさまざまなハイパーパラメータで複数のモデルを訓練し、検証セットでもっとも高い性能を示したモデルとハイパーパラメータを選ぶ。満足なモデルが得られたら、テストセットを使って1度限りの最終テストを行い、汎化誤差の推測値を得る。

　検証セットのために訓練データを「無駄」にし過ぎないためによく使われているのは、**交差検証**（cross-validation）というテクニックである。訓練セットを複数のサブセットにきれいに分割し、サブセットの別々の組み合わせを使って各モデルを訓練し、残ったサブセットで検証する。モデルのタイプとハイパーパラメータを選択したら、訓練セット全体を対象とし、選択したハイパーパラメータを使って最終的なモデルを訓練する。そして、テストセットを使って汎化誤差を測定する。

ノーフリーランチ（タダ飯なし）定理

　モデルは、観察を単純化したものである。単純化とは、新しいインスタンスに汎化しそうにない過剰な細部を捨てるということだ。しかし、どのデータを捨ててどのデータを残すかを決めるためには、**前提**（assumption）を設けなければならない。たとえば、線形モデルは、データが基本的に線形で、インスタンスと直線の間の距離はノイズであり、無視しても問題ないという前提を設けている。

　デビッド・ウォルパートは、1996年の有名な論文（http://goo.gl/3zaHIZ）[†11]で、データに対して前提条件を何も設けなければ、あるモデルを別のモデルよりもよいと評価する理由はないことを実証した。これを**ノーフリーランチ**（no free lunch: NFL）定理と呼ぶ。あるデータセットで最良のモデルは線形モデルであり、別のデータセットではニューラルネットワークになる。**アプリオリ**によりよい性能が得られるモデルはない（定理の名前はここから来ている）。どのモデルがもっともよいかをはっきりと知るためには、それらすべてを評価してみるしかない。しかし、そのようなことは不可能なので、現実には、データに対して何らかの合理的な前提条件を設け、合理的ないくつかのモデルだけを評価する。たとえば、単純なタス

クではさまざまなレベルの正則化を加えた線形モデルを評価し、複雑な問題ではさまざまな
ニューラルネットワークを評価するのである。

1.6　演習問題

　この章では、機械学習でもっとも重要な概念、コンセプトの一部を説明した。次章以降では、
もっと深いところに入ってコードを書く。しかし、その前に次の問いに答えられることを確かめて
おこう。

1. 機械学習はどのように定義すればよいか。
2. 機械学習が力を発揮する問題の 4 つのタイプを挙げられるか。
3. ラベル付きの訓練セットとは何か。
4. 教師あり学習の応用分野のなかでとくによく見られる 2 つは何か。
5. 教師なし学習がよく使われる 4 つの応用分野は何か。
6. さまざまな未知の領域を探索するロボットで使える機械学習アルゴリズムのタイプはどのよう
   なものか。
7. 顧客を複数の集団にセグメント化するためにはどのようなタイプのアルゴリズムを使うか。
8. スパム検出は、教師あり学習問題、教師なし学習問題のどちらとして構成すればよいか。
9. オンライン学習システムとは何か。
10. アウトオブコア学習とは何か。
11. 類似度の尺度を使って予測する学習アルゴリズムはどのようなタイプのものか。
12. モデルのパラメータと学習アルゴリズムのハイパーパラメータは、何が違うのか。
13. モデルベースの学習アルゴリズムは何を探し求めるか。成功するためにもっともよく使われる
    戦略は何か。どのようにして予測をするのか。
14. 機械学習が抱える大きな難問のうち、4 つを言えるか。
15. モデルが訓練データに対しては高い性能を発揮するのに、新しいインスタンスにはうまく汎化
    しない場合、何が起きているのか。3 つの解決方法を言えるか。
16. テストセットとは何か。テストセットが必要なのはなぜか。
17. 検証セットの目的は何か。
18. テストセットを使ってハイパーパラメータを調整すると、どのような問題が起きるか。
19. 交差検証とは何か。検証セットよりも優れているのはなぜか。

　演習問題の解答は、**付録 A** を参照のこと。

---

†11 "The Lack of A Priori Distinctions Between Learning Algorithms" D. Wolperts (1996)

2章
エンドツーエンドの
機械学習プロジェクト

　この章では、最近、不動産会社に採用されたデータサイエンティストになったつもりで、プロジェクト[†1]を最初から最後まで体験していただこう。主要なステップは次に示す通りだ。

1. 全体の構図をつかむ。
2. データを手に入れる。
3. 洞察を得るためにデータを見つけ出し、可視化する。
4. 機械学習アルゴリズムが処理しやすいようにデータを準備する。
5. モデルを選択して訓練する。
6. モデルを微調整する。
7. ソリューションをプレゼンテーションする。
8. システムを本番稼働、モニタリング、メンテナンスする。

2.1　実際のデータの操作

　機械学習を学ぶときには、人工的なデータセットではなく、実世界のデータで実際に実験してみるとよい。幸い、素材としては、あらゆる分野の無数のオープンデータセットがある。データが得られる場所としては、次のようなものがある。

- 人気のあるオープンデータリポジトリ
  - カリフォルニア大学アーバイン校 ML リポジトリ（http://archive.ics.uci.edu/ml/）
  - Kaggle データセット（https://www.kaggle.com/datasets）
  - Amazon の AWS データセット（http://aws.amazon.com/fr/datasets/）

---

†1　プロジェクト例は、まったくのフィクションである。目標は、不動産取引の実際について学ぶことではなく、機械学習プロジェクトの主要なステップを具体的に説明することだ。

- メタポータル（オープンデータリポジトリのリスト）
  - http://dataportals.org/
  - http://opendatamonitor.eu/
  - http://quandl.com/
- 人気のあるオープンデータリポジトリのリストが含まれているその他のページ
  - Wikipedia の ML データセットリスト（https://goo.gl/SJHN2k）
  - Quora.com の質問に対する回答（http://goo.gl/zDR78y）
  - reddit の Datasets subreddit（https://www.reddit.com/r/datasets）

　この章では、StatLib リポジトリ[2]（**図2-1**）のカリフォルニアの住宅価格のデータセットを使うことにした。このデータセットは、1990 年のカリフォルニア州の調査から得られたデータであり、新しくないが（当時は、ベイエリアでもいい家を買えた）、学習用に優れている点がいくつもあるので、最新データのようなつもりで使っていくことにしよう。また、学習の目的のために、分類用の属性をひとつ追加し、いくつかの特徴量を取り除いている。

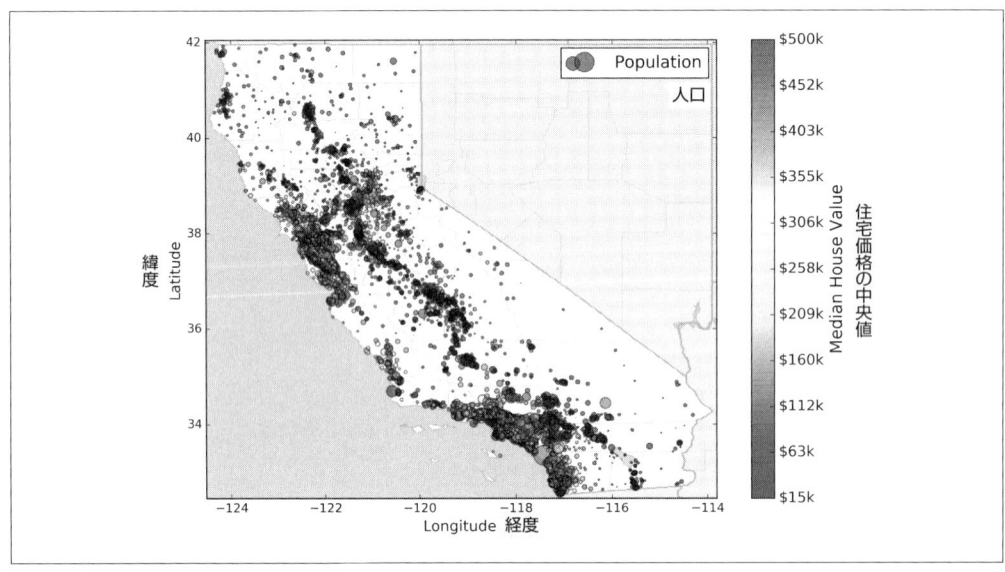

図2-1　カリフォルニアの住宅価格

---

[2]　オリジナルのデータセットは、"Sparse Spatial Autoregressions, Statistics & Probability Letters 33, no. 3" R. Kelley Pace and Ronald Barry,(1997):291-297 を参照。

2.2　全体像をつかむ

　機械学習ハウジング株式会社にようこそ。あなたが最初に与えられた仕事は、カリフォルニア州の国勢調査データを使ってカリフォルニアの住宅価格のモデルを作ることである。このデータには、カリフォルニア州の各国勢調査細分区グループの人口、収入の中央値、住宅価格の中央値といった指標が含まれている。細分区グループは、合衆国国勢調査局がサンプルデータを公開している最小の地理的単位である（一般に、細分区グループには、600人から3,000人の人口がある）。細分区グループでは長いので、「区域」と呼ぶことにしよう。

　あなたのモデルは、このデータを使って学習し、ほかのすべての指標から任意の区域の住宅価格の中央値を予測できなければならない。

あなたは几帳面なデータサイエンティストなので、まず最初に、機械学習プロジェクトチェックリストを取り出してくる。**付録B**に掲載されているものからスタートするとよいだろう。このリストはほとんどの機械学習プロジェクトで役に立つはずだ。しかし、あなたのニーズに合わせて修正するのを忘れないようにしていただきたい。この章では、チェックリストの多くの項目を潰していくが、自明だからとか、あとの章で詳しく説明するからといった理由で省略するものもある。

2.2.1　問題の枠組みを明らかにする

　上司には、まずビジネスサイドの目的が何なのかを尋ねよう。モデルを構築することは、たぶん最終的な目標ではない。会社はこのモデルをどのように使うつもりで、何を得たいのだろうか。これが重要なのは、問題をどのように組み立てていくか、どのアルゴリズムを選択するか、モデルの評価のためにどのような性能指標を使うか、どれくらいの労力をかけるべきかといったことがこれによって左右されるからだ。

　上司は、ほかの多くの**信号**（signal）[†3]とともに、モデルの出力（区域の住宅価格の中央値の予測値）をほかの機械学習システムに与えるのだと答える（**図2-2**）。この下流のシステムは、その地域に投資する価値があるかどうかを判断する。収益に直接影響を与えるので、これを正しく判断することはきわめて重要である。

---

†3　機械学習システムに与えられる情報は、シャノンの情報理論にちなんで**信号**（signal）と呼ばれることがよくある。S/N（信号雑音比）を上げることが目標になる。

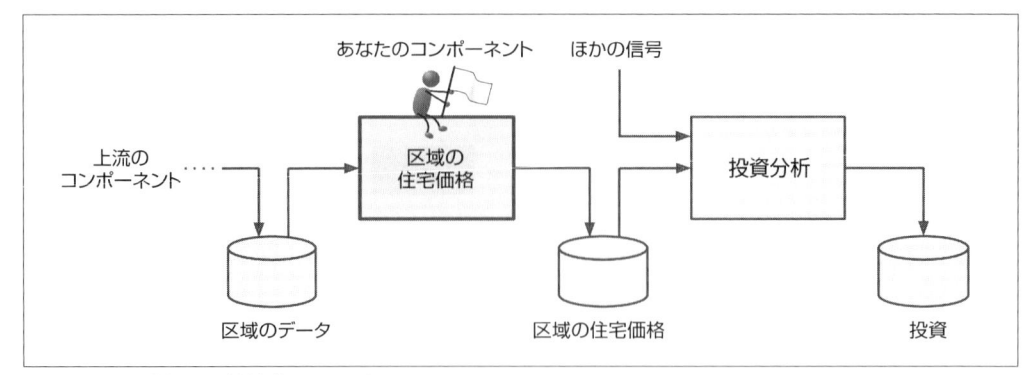

図2-2　不動産投資の機械学習パイプライン

パイプライン

　データ処理**コンポーネント**（component）をつなげたものをデータ**パイプライン**（pipeline）と呼ぶ。機械学習システムでは、操作するデータが大量にあり、行わなければならないデータ変換もたくさんあるので、パイプラインが作られることが非常に多い。

　コンポーネントは一般に非同期的に実行される。個々のコンポーネントは、大量のデータを取り出し、それを処理して、ほかのデータストアに結果を書き込む。すると、その後のいつかの時点でパイプラインの次のコンポーネントがそのデータを取り出し、自分の処理結果を書き込む。これが繰り返されるのである。個々のコンポーネントは、かなり自己完結的になっている。コンポーネントとコンポーネントの間のインターフェイスは、単純にデータストアである。こうすると、システムは把握しやすく（データフローグラフの助けを借りれば）、複数のチームが別々のコンポーネントに専念できる。さらに、コンポーネントが障害を起こした場合、下流のコンポーネントは、壊れたコンポーネントが最後に出力したデータを使って、正常に実行を続けられる（少なくともしばらくの間は）。そのため、このアーキテクチャは、かなり堅牢になる。

　しかし、適切なモニタリングを組み込んでいなければ、障害を起こしたコンポーネントがあることにしばらく気付かない場合がある。すると、データが古くなり、システム全体の性能が落ちてしまう。

　次に尋ねるべきことは、現在のソリューション（あれば）がどのようなものかだ。既存ソリューションは、性能の比較対象になることが多く、問題解決のヒントが得られることも多い。上司によれば、区域の住宅価格は専門家がマニュアルで推計しているということだ。あるチームは、住宅価格の中央値を集められない時、区域の最新情報を集め、複雑な規則を使って推計値を導き出してい

る。これは時間とコストがかかり、推計結果はそれほどよくない。

　チームが実際の住宅価格の中央値を得られる場合、しばしば推定値が 10% 以上も外れていることに気づく。これは、その区域に関する他のデータを考慮して、区域の住宅価格の中央値を予測するモデルを訓練することが有用だと会社が考えているからである。国勢調査データは、他のデータと同じく数千もの区域の住宅価格の中央値を含むため、このような目的に利用する巨大なデータセットに見える。

　これらの情報が揃えば、システム設計に取り掛かれる。まず、問題を構成していかなければならない。教師あり学習、教師なし学習、強化学習のどれか。分類、回帰、その他のタスクか。バッチ学習とオンライン学習のどちらを使うべきか。先に進む前に、少し時間を割いてこれらの問いに自分で答えてみていただきたい。

　答えは見つかっただろうか。まず、**ラベル付き**の訓練データが与えられる（個々のインスタンスには、期待される出力、すなわち住宅価格の中央値が含まれている）ので、これは典型的な教師あり学習のタスクである。また、値の予測を求められているので、典型的な回帰のタスクである。より専門的に言えば、複数の特徴量（区域の人口、収入の中央値など）を使って予測をするので、**多変量回帰**（multivariate regression）問題である。**1 章**の問題は、1 人あたりの GDP というひとつの特徴量だけから暮らしへの満足度を予測したので、**単変量回帰**（univariate regression）問題である。そして、システムに継続的にデータフローが届くわけではないので、変化するデータにすばやく対応する必要は特にない。そして、データはメモリに十分収まる程度の量なので、プレーンなバッチ学習で問題はないだろう。

　データが膨大な場合は、バッチ学習を複数のサーバーで実行できるように分割するか、**MapReduce** というテクニックを使って、オンライン学習テクニックを使えばよい。

2.2.2　性能指標を選択する

　次のステップは性能指標の選択である。回帰問題の典型的な性能指標は、**平均二乗誤差**（Root Mean Square Error：RMSE）である。これは、どの程度の誤差がシステムの予測に含まれるのかについて、大きな誤差に重みを付けた上で示す。**式2-1** は RMSE を計算する数式である。

式 2-1　平均二乗誤差（RMSE）

$$\mathrm{RMSE}(\boldsymbol{X}, h) = \sqrt{\frac{1}{m} \sum_{i=1}^{m} \left(h(\boldsymbol{x}^{(i)}) - y^{(i)} \right)^2}$$

記法

　この式には、本書全体を通じて使う機械学習の世界の一般的な記法が含まれているので、説明しておこう。

- m は、RMSE を計算しているデータセットのインスタンス数。
  - たとえば、2,000 区域の検証セットの RMSE を評価する場合、$m = 2,000$ である。
- $x^{(i)}$ は、データセットの i 番目のインスタンスに含まれるすべての特徴量の値（ラベルを除く）のベクトルで、$y^{(i)}$ は、i 番目のインスタンスのラベル。
  - たとえば、データセットの最初の区域が北緯 33.91 度西経 118.29 度にあり、人口が 1,416 人で、収入の中央値が 38,372 ドル、住宅価格の中央値が 156,400 ドルなら（さしあたり、ほかの特徴量は無視する）、$y^{(1)}$ は次のようになる。

$$x^{(1)} = \begin{pmatrix} -118.29 \\ 33.91 \\ 1,416 \\ 38,372 \end{pmatrix}$$

$$y^{(1)} = 156,400$$

- X はデータセットのすべてのインスタンスの特徴量の値（ラベルを除く）を含む行列である。インスタンスごとに 1 行ずつで、i 番目の行は、$x^{(i)}$ の転置行列に等しく、$(x^{(i)})^T$ と表記される[†4]。
  - たとえば、最初の区域が今説明した通りなら、行列 X は次のようになる。

$$X = \begin{pmatrix} (x^{(1)})^T \\ (x^{(2)})^T \\ \vdots \\ (x^{(1999)})^T \\ (x^{(2000)})^T \end{pmatrix} = \begin{pmatrix} -118.29 & 33.91 & 1,416 & 38,372 \\ \vdots & \vdots & \vdots & \vdots \end{pmatrix}$$

- h は、システムの予測関数で、**仮説**（hypothesis）とも呼ばれる。システムにインスタンスの特徴量ベクトル $x^{(i)}$ を与えると、システムはインスタンスの予測値 $\hat{y}^{(i)} = h(x^{(i)})$ を返す（$\hat{y}$ を「y ハット」と読む）。
  - たとえば、システムが第 1 区域の住宅価格の中央値を 158,400 ドルと予測した場合、

[†4]　転置演算子は、列ベクトルを行ベクトルに変換する（逆も行う）。

$$\hat{y}^{(1)} = h(\boldsymbol{x}^{(1)}) = 158,400 \text{ で、この区域の予測誤差は } \hat{y}^{(1)} - y^{(1)} = 2,000 \text{ となる。}$$

- RMSE($\boldsymbol{X}, h$) は、データ例の集合に対して仮説 h を使ったときのコスト関数である。

スカラー値（m や $y^{(i)}$ など）や関数（h など）に対しては小文字の斜字、ベクトル（$x^{(i)}$ など）に対しては小文字の太字、行列（$\boldsymbol{X}$ など）に対しては大文字の太字を使う。

　回帰の性能指標としては一般に RMSE が望ましいものとされているが、ほかの関数を使った方がよい場合もある。たとえば、外れ値となる区域が多数ある場合について考えてみよう。そのような場合は、**平均絶対誤差**（mean absolute error：MAE）を使うことを考えるとよい。**平均絶対偏差**（mean absolute deviation）と呼ばれることもある（**式2-2**）。

式 2-2　平均絶対誤差

$$\mathrm{MAE}(\boldsymbol{X}, h) = \frac{1}{m} \sum_{i=1}^{m} \left| h(\boldsymbol{x}^{(i)}) - y^{(i)} \right|$$

　RMSE と MAE は、どちらもふたつのベクトルの距離を測定する方法である。さまざまな距離の指標、**ノルム**（norm）があり得る。

- 誤差の二乗の総和の平方根（RMSE）は、**ユークリッドノルム**（Euclidian norm）に対応する。これは、人々が普通に考える距離の概念である。これは ℓ_2 **ノルム**とも呼ばれ、$\| \cdot \|_2$ または単に $\| \cdot \|$ と表記される。
- 誤差の絶対値の総和（MAE）は ℓ_1 **ノルム**で、$\| \cdot \|_1$ と表記される。これは、直交する道に沿った形でしか移動できない都市でふたつの位置の間を移動するときの距離を計算するのと同じなので、**マンハッタンノルム**（Manhattan norm）とも呼ばれる。
- より一般的に、n 個の要素を含むベクトル $\boldsymbol{v}$ の ℓ_k **ノルム**は、$\| \boldsymbol{v} \|_k = (| v_0 |^k + | v_1 |^k + \cdots + | v_n |^k)^{\frac{1}{k}} \cdot \ell_0$ と定義される。ここで、ℓ_0 はベクトルの非ゼロ要素の数を、ℓ_∞ はベクトルの絶対値の最大を示す。
- ノルムの添字が大きくなればなるほど、大きな値を重視し、小さな値を無視する方向に傾く。RMSE が MAE よりも外れ値の影響を受けやすいのはそのためである。しかし、外れ値が指数的に減少するときには（ベル型曲線のように）、RMSE は高い性能を発揮し、一般に望ましい指標だと考えられている。

2.2.3　前提条件をチェックする

　最後に、今までに設けてきた前提（あなたのものも他人のものも含め）をリストアップして確か

めるようにしたい。こうすると、早い段階で重大な問題を見つけられる場合がある。たとえば、あなたのシステムが出力した区域の住宅価格は、下流の機械学習システムに与えられるので、この値がそのように使われることを前提としている。しかし、下流のシステムが実際には与えられた価格をカテゴリ（たとえば、低、中、高）に変換し、価格自体ではなく、カテゴリを使っていたらどうだろうか。そのような場合、完璧に正しい価格を計算することは必要とされていない。単に正しいカテゴリがわかればよい。だとすると、この問題は回帰ではなく、分類のタスクとして構成しなければならない。

　しかし、下流のシステムを担当するチームと話をしてみると、単なるカテゴリではなく、実際の価格情報が本当に必要だということがわかった。これで準備は完了し、青信号が出た。コーディングを始めよう。

2.3　データを手に入れる

　それでは、実際に手を動かすことにしよう。躊躇せずにラップトップを開き、Jupyterノートブックで次のコード例を実際に動かしてみよう。完全なJupyterノートブックは、https://github.com/ageron/handson-ml から入手できる。

2.3.1　ワークスペースを作る

　まず、Pythonをインストールしなければならない。おそらく、すでにインストールされているはずだが、ないなら、https://www.python.org/で入手すればよい[5]。

　次に、機械学習コードとデータセットのためのワークスペースディレクトリを作らなければならない。ターミナルを開き、次のコマンド（$プロンプトの後ろの部分）を入力しよう。

```
$ export ML_PATH="$HOME/ml"        # パスは好みで変えてよい
$ mkdir -p $ML_PATH
```

　NumPy、Pandas、Matplotlib、scikit-learn というPythonモジュールが必要である。これらすべてのモジュールがインストールされたJupyterをすでに実行している場合には、**2章「2.3.2 データをダウンロードする」**まで読み飛ばしてかまわない。まだない場合には、これら（およびその依存コード）をインストールする方法は多数ある。OSのパッケージングシステム（たとえば、Ubuntuのapt-get、macOSのMacPortsかHomeBrew）を使ってAnacondaなどのScientific Pythonディストリビューションをインストールして、そのパッケージングシステムを使うか、Python自身のパッケージングシステムであるpip（Python 2.7.9以降、Pythonのバイナリインストーラにデフォルトで組み込まれている）を使えばよい[6]。pipがインストールされているかど

---

† 5　Python 3の最新バージョンをお勧めする。Python 2.7+でも快適に動作するはずだが、非推奨になっている。もしPython 2を利用しているなら、`__future__ import division, print_function, unicoe_literals`をコードの先頭に加えなければならない。

† 6　ここでは、Linux、macOSシステムのbashシェルでpipを使ってインストールする手順を示す。システムによってコマンドには修正が必要である。WindowsではAnacondaをインストールすることをお勧めする。

うかは、次のコマンドで確かめられる。

```
$ pip3 --version
pip 9.0.1 from [...]/lib/python3.5/site-packages (python 3.5)
```

pip は新しいバージョンをインストールしておきたい。バイナリモジュールインストール（すなわち wheel）をサポートするために、少なくとも、1.4 よりも新しいものがよい。pip は、次のように入力すればアップグレードできる[†7]。

```
$ pip3 install --upgrade pip
Collecting pip
[...]
Successfully installed pip-9.0.1
```

隔離された環境の作成

隔離された環境で作業したいなら（ライブラリのバージョンで矛盾を起こさずに別のプロジェクトの仕事もできるようにするために、そうすることを強くお勧めする）、次の pip コマンドを実行して virtualenv をインストールしよう。

```
$ pip3 install --user --upgrade virtualenv
Collecting virtualenv
[...]
Successfully installed virtualenv
```

そして、次のように入力すれば、隔離された Python 環境を作ることができる。

```
$ cd $ML_PATH
$ virtualenv env
Using base prefix '[...]'
New python executable in [...]/ml/env/bin/python3.5
Also creating executable in [...]/ml/env/bin/python
Installing setuptools, pip, wheel...done.
```

この環境をアクティブにしたいときには、ターミナルを開いて次のように入力すればよい。

```
$ cd $ML_PATH
$ source env/bin/activate
```

隔離された環境がアクティブになっている間、pip を使ってインストールしたパッケージはこの隔離環境にインストールされ、Python がアクセスできるのはそれらのパッケージだけになる（システムのサイトパッケージにもアクセスしたい場合には、virtualenv

---

[†7] このコマンドを実行するためには管理者権限が必要かもしれない。その場合は、コマンドの前に sudo を付けていただきたい。

> の--system-site-packages オプションで環境を作らなければならない。詳しくは、virtualenv のドキュメントを読んでいただきたい）。

あとは、次の単純な pip コマンドで必要なすべてのモジュールとその依存コードをインストールできる。（virtualenv を使っていないなら、管理者権限が必要になるか、あるいは--user オプションを加える必要がある）。

```
$ pip3 install --upgrade jupyter matplotlib numpy pandas scipy scikit-learn
Collecting jupyter
  Downloading jupyter-1.0.0-py2.py3-none-any.whl
Collecting matplotlib
  [...]
```

インストールをチェックするには、次のようにして必要なモジュールのインポートを試みればよい。

```
$ python3 -c "import jupyter, matplotlib, numpy, pandas, scipy, sklearn"
```

出力もエラーもないはずだ。そして、次のコマンドで Jupyter を起動する。

```
$ jupyter notebook
[I 15:24 NotebookApp] Serving notebooks from local directory: [...]/ml
[I 15:24 NotebookApp] 0 active kernels
[I 15:24 NotebookApp] The Jupyter Notebook is running at: http://localhost:8888/
[I 15:24 NotebookApp] Use Control-C to stop this server and shut down all
kernels (twice to skip confirmation).
```

これでターミナル内で Jupyter サーバーが実行され、ポート 8888 をリスンするようになる。ブラウザを開いて http://localhost:8888/に移動すれば、このサーバーにアクセスできる（通常は、サーバーを起動したときに自動的に行われる）。空のワークスペースディレクトリが表示されるだろう（先ほどの virtualenv の指示に従っていれば、env ディレクトリだけがあるはずだ）。

では、New ボタンをクリックし、適切なバージョンの Python を選択して新しい Python ノートブックを作ろう（**図2-3**）[8]。

こうすると、次の3つのことが行われる。まず第1に、ワークスペースに Untitled.ipynb という名前の新しいノートブックが作られる。第2に、このノートブックを実行するために Jupyter Python カーネルが起動される。第3に、新しいタブが開かれ、この新しいノートブックが表示される。まず、ノートブックの名前を Housing に変更する（こうすると、ファイル名は自動的に、Housing.ipynb に変わる）。Untitled をクリックし、新しい名前を入力して Rename をクリックすればよい。

ノートブックにはセルのリストが含まれており、個々のセルには実行可能コードか整形された

---

[8]　Jupyter は複数のバージョンの Python、さらには Python 以外の R や Octave などの言語にも対応している。

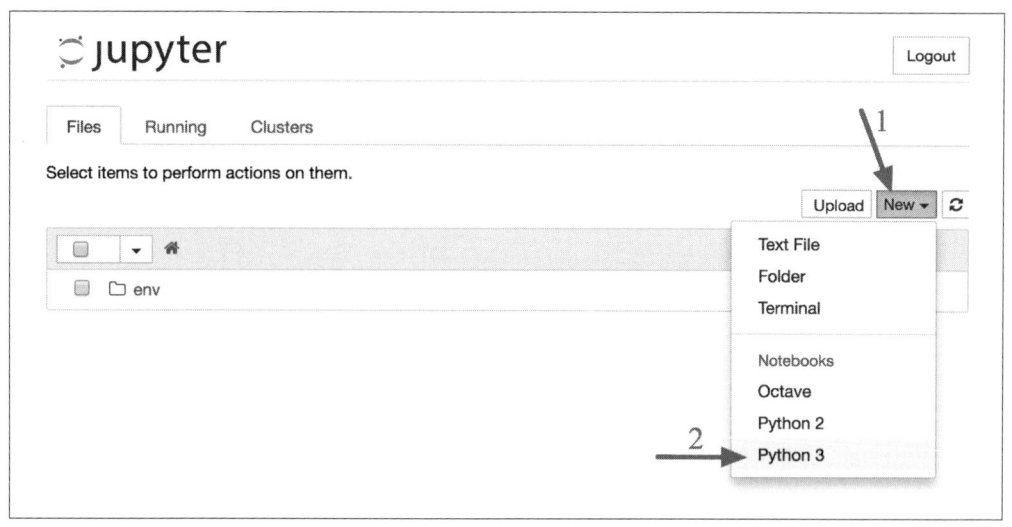

図2-3　Jupyter のなかのワークスペース

テキストが含まれている。現在のところ、ノートブックには In [1]:というラベルの空のセルが含まれている。print("Hello world!") と入力して再生ボタン（**図2-4**）をクリックするか、[Shift-Enter] を押してみよう。すると、セルの内容はこのノートブックの Python カーネルに送られ、カーネルがセルの内容を実行し、出力を返してくる。結果はセルのすぐ下に表示され、ノートブックの末尾に達しているので、新しいセルが自動的に作成される。Jupyter の Help メニューの User Interface Tour を実行すれば、基本的な操作方法を学ぶことができる。

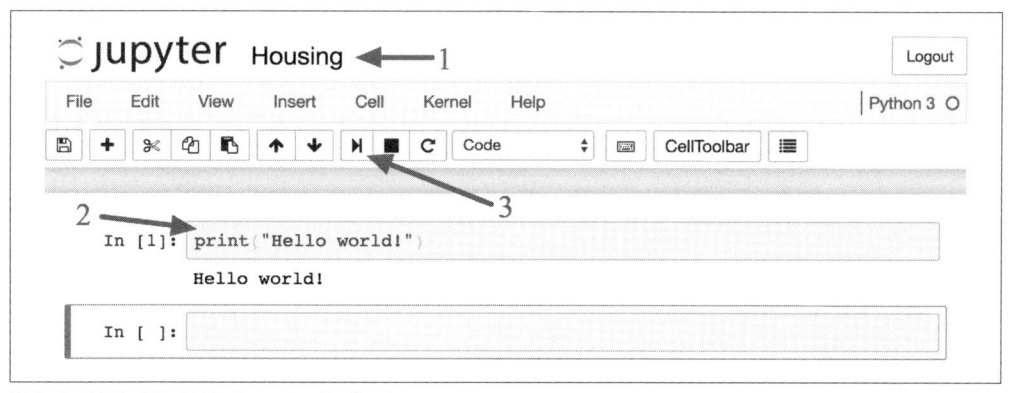

図2-4　Hello World Python ノートブック

2.3.2　データをダウンロードする

　普通なら、データはリレーショナルデータベース（またはその他のデータストア）に格納さ

れ、複数のテーブル／ドキュメント／ファイルに散らばっているだろう。データにアクセスするには、まず認証情報とアクセス権限を手に入れ[9]、データスキーマに慣れる必要がある。しかし、このプロジェクトでは話ははるかに単純で、housing.tgz という圧縮ファイルをダウンロードすればよい。このファイルには、すべてのデータが格納された housing.csv という CSV（comma-separated value）ファイルが含まれている。

　ウェブブラウザを使ってファイルをダウンロードし、tar xzf housing.tgz を実行してファイルを解凍し、CSV ファイルを取り出してもよいのだが、そのための小さな関数を作る方が望ましい。データがよく変わる場合には、関数があれば最新データが必要になったときに実行できる小さなスクリプトを作れる（または、一定間隔で自動的に最新データを入手するジョブをスケジューリングしてもよい）。複数のマシンにデータセットをインストールしなければならない場合にも、データのフェッチプロセスを自動化しておくと役に立つ。

　データをフェッチするための関数は、次の通りである[10]。

```
import os
import tarfile
from six.moves import urllib

DOWNLOAD_ROOT = "https://raw.githubusercontent.com/ageron/handson-ml/master/"
HOUSING_PATH = os.path.join("datasets", "housing")
HOUSING_URL = DOWNLOAD_ROOT + "datasets/housing/housing.tgz"

def fetch_housing_data(housing_url=HOUSING_URL, housing_path=HOUSING_PATH):
    if not os.path.isdir(housing_path):
        os.makedirs(housing_path)
    tgz_path = os.path.join(housing_path, "housing.tgz")
    urllib.request.urlretrieve(housing_url, tgz_path)
    housing_tgz = tarfile.open(tgz_path)
    housing_tgz.extractall(path=housing_path)
    housing_tgz.close()
```

　これで、fetch_housing_data() を呼び出すと、ワークスペースに datasets/housing ディレクトリを作り、housing.tgz をダウンロードし、housing.csv ファイルを抽出して同じディレクトリに保存するようになる。では、Pandas を使ってデータをロードしよう。ここでも、データをロードするための小さな関数を作る。

```
import pandas as pd

def load_housing_data(housing_path=HOUSING_PATH):
    csv_path = os.path.join(housing_path, "housing.csv")
    return pd.read_csv(csv_path)
```

　この関数は、すべてのデータを格納した Pandas の DataFrame オブジェクトを返す。

---

†9　安全ではないデータストアにコピーすることが禁止された非公開フィールドなど、法的な制約のチェックも必要になる。

†10　実際のプロジェクトでは、このコードを Python ファイルに保存するところだが、さしあたりは Jupyter ノートブックに直接書いてしまってよい。

2.3.3 データの構造をざっと見てみる

では、DataFrame の head() メソッドを使って、最初の5行を覗いてみよう（**図2-5**）。

```
In [5]:  housing = load_housing_data()
         housing.head()
```

Out[5]:

	longitude	latitude	housing_median_age	total_rooms	total_bedrooms	populatio
0	-122.23	37.88	41.0	880.0	129.0	322.0
1	-122.22	37.86	21.0	7099.0	1106.0	2401.0
2	-122.24	37.85	52.0	1467.0	190.0	496.0
3	-122.25	37.85	52.0	1274.0	235.0	558.0
4	-122.25	37.85	52.0	1627.0	280.0	565.0

図2-5　データセットの先頭5行

　各行がひとつの区域を表している。属性は、longitude（経度）、latitude（緯度）、housing_median_age（築年数の中央値）、total_rooms（部屋数）、total_bedrooms（寝室数）、population（人口）、households（世帯数）、median_income（収入の中央値）、median_house_value（住宅価格の中央値）、ocean_proximity（海との位置関係）の10個である（**図2-5**には、最初の6個が表示されている）。

　info() メソッドを使えば、データについての情報、特に総行数、各属性のタイプと null ではない値の数がわかるので便利である（**図2-6**）。

```
In [6]:  housing.info()

         <class 'pandas.core.frame.DataFrame'>
         RangeIndex: 20640 entries, 0 to 20639
         Data columns (total 10 columns):
         longitude              20640 non-null float64
         latitude               20640 non-null float64
         housing_median_age     20640 non-null float64
         total_rooms            20640 non-null float64
         total_bedrooms         20433 non-null float64
         population             20640 non-null float64
         households             20640 non-null float64
         median_income          20640 non-null float64
         median_house_value     20640 non-null float64
         ocean_proximity        20640 non-null object
         dtypes: float64(9), object(1)
         memory usage: 1.6+ MB
```

図2-6　Housing の情報

　データセットのインスタンス数は 20,640 で、機械学習の常識からするとかなり小さいが、最初

に扱うものとしてはまったく問題ない。`total_bedrooms` 属性には、null ではない値が 20,433個しかないことに注意しよう。これは、この特徴量を持たない区域が 207 あるということである。このことにはあとで注意を払う必要がある。

`ocean_proximity` を除き、すべての属性のタイプは数値である。`ocean_proximity` のタイプは `object` で、`object` はあらゆるタイプの Python オブジェクトを格納できるが、このデータは CSV ファイルからロードされていることがわかっているので、実際には `object` はテキスト属性である。先頭 5 行の出力を見ると、`ocean_proximity` の値は繰り返しになっており、おそらくこの属性はカテゴリを示すものになっている。`value_counts()` を使えば、どのようなカテゴリがあってそれぞれのカテゴリに何個の区域が含まれるかを調べることができる。

```
>>> housing["ocean_proximity"].value_counts()
<1H OCEAN     9136
INLAND        6551
NEAR OCEAN    2658
NEAR BAY      2290
ISLAND           5
Name: ocean_proximity, dtype: int64
```

ほかのフィールドもみてみよう。`describe()` メソッドを実行すると、数値属性の集計情報が表示される（図2-7）。

In [8]: `housing.describe()`

Out[8]:

	longitude	latitude	housing_median_age	total_rooms	total_bedr
count	20640.000000	20640.000000	20640.000000	20640.000000	20433.0000
mean	-119.569704	35.631861	28.639486	2635.763081	537.870553
std	2.003532	2.135952	12.585558	2181.615252	421.385070
min	-124.350000	32.540000	1.000000	2.000000	1.000000
25%	-121.800000	33.930000	18.000000	1447.750000	296.000000
50%	-118.490000	34.260000	29.000000	2127.000000	435.000000
75%	-118.010000	37.710000	37.000000	3148.000000	647.000000
max	-114.310000	41.950000	52.000000	39320.000000	6445.0000

図2-7　個々の数値属性の集計

`count`、`mean`（平均）、`min`、`max` の各行は、説明不要だろう。null 値は無視されていることに注意していただきたい（たとえば、`total_bedrooms` の `count` は 20,640 ではなく、20,433 になっている）。`std` 行は、標準偏差（値の散らばり具合）を示している[11]。25%、50%、75% の各

---

†11　標準偏差は一般に σ（ギリシャ文字シグマの小文字）で表され、平均からの偏差の二乗平均の平方根である。特徴量が一般的なベル型の正規分布（またはガウス分布とも呼ばれる）の場合、$68 - 95 - 99.7$ ルールが適用される。それは、値の約 68% が 1σ 以内、値の 95% が 2σ 以内、値の 99.7% が 3σ 以内に存在するというものである。

行は、対応する**パーセンタイル**（percentile）を示している。パーセンタイルというのは、観測値のグループのうち下から数えて指定された割合の観測値の値がどうなっているかを示す。たとえば、下から数えて 25% の区域の `housing_median_age` は 18 年、50% の区域では 29 年、75% の区域では 37 年である。これらは、25 パーセンタイル（または第 1 四分位数）、中央値、75 パーセンタイル（または第 3 四分位数）と呼ばれることが多い。

　個々の数値属性についてヒストグラムをプロットしてみるのも、扱っているデータの感じをつかむためには効果的である。ヒストグラムは、指定された値の範囲（横軸）に含まれるインスタンスの数（縦軸）を示す。

　この属性を一度にプロットすることも、データセット全体に対して `hist()` メソッドを呼び出すこともできる。各々の数値属性毎のヒストグラムをプロットする（**図2-8**）。例えば、800 以上の区域が約 100,000 ドル相当の `median_house_value` であることがわかる。

```
%matplotlib inline    # Jupyter ノートブック内のみ
import matplotlib.pyplot as plt
housing.hist(bins=50, figsize=(20,15))
plt.show()
```

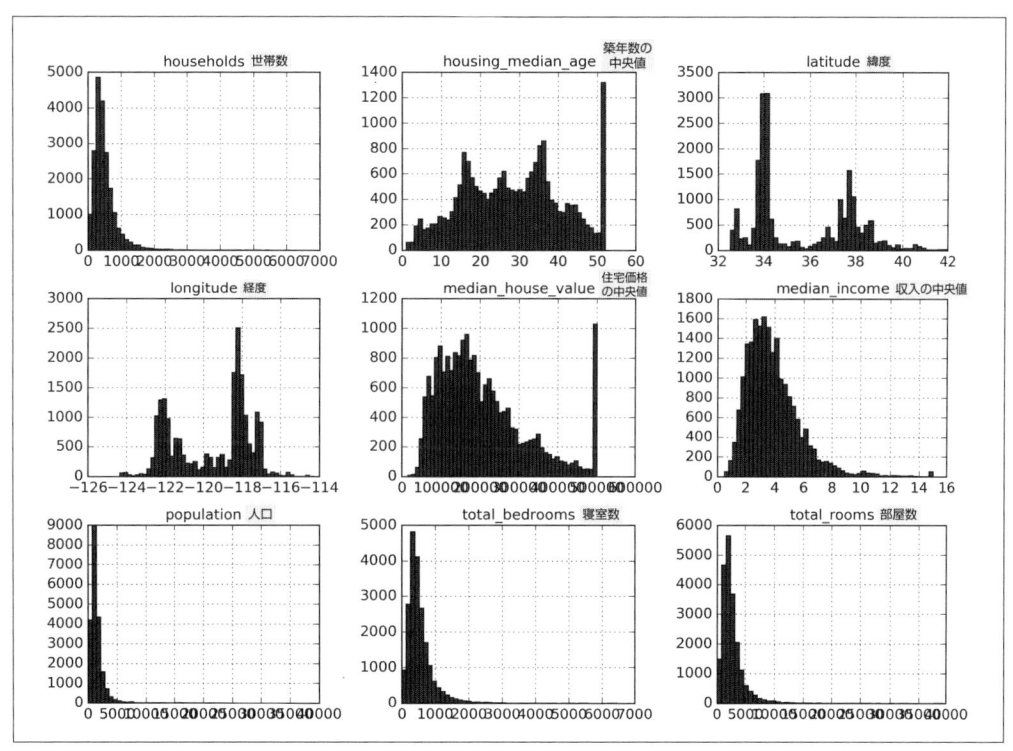

図2-8　個々の数値属性のヒストグラム

hist() メソッドは Matplotlib に依存しており、Matplotlib はユーザーが指定したグラフィカルバックエンドに画面表示を依存している。そのため、グラフをプロットするためには、Matplotlib が使うバックエンドをあらかじめ指定しておかなければならない。もっとも簡単なのは、Jupyter の魔法のコマンド、%matplotlib inline を使うものだ。こうすると、Matplotlib が Jupyter 自身のバックエンドを使って描画するように Jupyter に指示することができる。プロットはノートブック自体のなかで行われるようになる。なお、Jupyter はセル実行時に自動的にプロットを表示するため、Jupyter ノートブックでは、show() 呼び出しはオプションだということに注意していただきたい。

ヒストグラムから気付くことがいくつかある。

1. まず第 1 に、収入の中央値（median_income）は米ドルで表現されていないように見える。データを収集したチームと協力してチェックすると、値をスケーリングした上で、上限を 15（実際には 15.0001）、下限は 0.5（実際には 0.4999）に切ってあるという。機械学習では、前処理済みの属性を使うのはごく普通のことであり、かならずしも問題ではないが、データがどのように計算されたかは理解しておくようにしたい。

2. 築年数の中央値と住宅価格の中央値も上限を切ってある。後者はターゲット属性（ラベル）なので、特に重大な問題である。価格がその限界を越えないことを機械学習アルゴリズムが学習してしまう恐れがある。これが問題かどうかはクライアントチーム（あなたのシステムの出力を使うチーム）と協力してチェックする必要がある。50 万ドルを越えても正確な予測が必要だということであれば、選択肢はふたつある。

    a. 上限を越えている区域の正しいラベルを集める。

    b. 訓練セットからそれらの区域を取り除く（50 万ドルを越える値を予測したときにシステムの評価が下がるので、テストセットからも取り除く）。

3. これらの属性は、スケールがまちまちである。この問題については、この章のあとの方で特徴量のスケーリングを扱うときに説明する。

4. 最後に、多くのヒストグラムが**テールヘビー**（tail heavy）になっている。つまり、中央値の左側よりも右側が大きく広がっている。このような形になっていると、一部の機械学習アルゴリズムはパターンを見つけにくくなることがある。そういった属性については、あとでベル型の分布に近づくように変換する。

これで、あなたが扱うデータがどのようなものかについてかなり理解が深まったはずだ。

ちょっと待った。データをもっと見る前に、テストセットを作ってその内容は見ないようにしなければならない。

2.3.4 テストセットを作る

　この段階でデータの一部を自発的に取り分けて封印するのは奇妙な感じがするかもしれない。データはまだざっと見てみただけであり、どのアルゴリズムを使うべきかを決める前にデータについてもっと多くのことを学んでおくべきではないのだろうか。確かにそうだが、人間の脳は恐るべきパターン検出能力システムであり、過学習の恐れがある。テストセットを見ると、思いがけず面白そうなパターンが見つかり、そのために特定のタイプの機械学習モデルを選ぶように誘導されるかもしれない。そのようなテストセットを使って汎化誤差を推定すると、推定が楽観的になりすぎ、期待通りの性能を発揮できないシステムを本番稼働させることになってしまう。これを**データスヌーピングバイアス**（data snooping bias：データの盗み見によって入る偏見）と呼ぶ。

　テストセットの作成は、理論的にはごく単純な話だ。無作為に一部のインスタンス（一般的にはデータセットの 20%）を取り出し、それを見ないように封印することだ。

```
import numpy as np

def split_train_test(data, test_ratio):
    shuffled_indices = np.random.permutation(len(data))
    test_set_size = int(len(data) * test_ratio)
    test_indices = shuffled_indices[:test_set_size]
    train_indices = shuffled_indices[test_set_size:]
    return data.iloc[train_indices], data.iloc[test_indices]
```

　そして、この関数を次のようにして使う。

```
>>> train_set, test_set = split_train_test(housing, 0.2)
>>> print(len(train_set), "train +", len(test_set), "test")
16512 train + 4128 test
```

　これでテストセットを作ることはできるが、完璧ではない。プログラムをもう 1 度実行すると、別のテストセットが作られてしまう。これを繰り返していると、あなた（あなたの機械学習アルゴリズム）はデータセット全体を見てしまう。このようなことは避けなければならない。

　この問題は、たとえば最初のランで使ったテストセットを保存し、その後のランでもそれをロードすれば解決できる。あるいは、`np.random.permutation()` を呼び出す前に乱数生成器の種を設定し（たとえば、`np.random.seed(42)`）[†12]、いつも同じ結果が生成されるようにする方法もある。

　しかし、これらふたつの解決方法は、次に更新されたデータセットをフェッチした瞬間に破綻する。そこでよく使われているのは、各インスタンスの識別子を使って（インスタンスが一意で変更されない識別子を持っていることが前提となる）、インスタンスがテストセットに属するべきものかどうかを判断する方法である。たとえば、各インスタンスの識別子のハッシュを計算し、ハッシュの最後のバイトだけを保存して、この値が 51（256 の 20%）以下ならインスタンスをテスト

[†12]　人々が乱数の種として 42 を設定するのをよく見かけるかもしれないが、この数字には「生命、宇宙、そして万物についての究極の問いに対する答え」以外に特別な性質はない。

セットに送る。こうすれば、データセットをリフレッシュしても、テストセットは複数のランを通じて一定に保たれる。新しいテストセットには、新しいインスタンスの 20% が含まれるが、以前訓練セットに含まれていたインスタンスはいっさい入り込まない。実装例を次に示しておこう。

```
import hashlib

def test_set_check(identifier, test_ratio, hash):
    return hash(np.int64(identifier)).digest()[-1] < 256 * test_ratio

def split_train_test_by_id(data, test_ratio, id_column, hash=hashlib.md5):
    ids = data[id_column]
    in_test_set = ids.apply(lambda id_: test_set_check(id_, test_ratio, hash))
    return data.loc[~in_test_set], data.loc[in_test_set]
```

しかし、住宅価格データセットには、識別子の列がない。そのような場合、もっとも単純な方法は、行番号を ID にすることだ。

```
housing_with_id = housing.reset_index()   # ID 列を追加する
train_set, test_set = split_train_test_by_id(housing_with_id, 0.2, "index")
```

　行番号を一意な識別子として使う場合には、新データはデータセットの末尾に追加されるようにして、行が削除されないようにしなければならない。そのようなことはできないという場合には、一意な識別子を作るためのもっとも安定した方法を試してみるとよいだろう。たとえば、区域の緯度と経度は数百万年は安定していることが保証されている。そこで、次のようにしてふたつの値を組み合わせればよい[13]。

```
housing_with_id["id"] = housing["longitude"] * 1000 + housing["latitude"]
train_set, test_set = split_train_test_by_id(housing_with_id, 0.2, "id")
```

　scikit-learn には、さまざまな方法でデータセットを複数のサブセットに分割する関数がいくつか含まれている。もっとも単純なのは、先ほど定義した split_train_test とほぼ同じことを行うが、ふたつの機能が追加されている train_test_split である。追加機能のひとつは、先ほどの説明のように乱数生成器の種を設定する random_state 引数、もうひとつは複数のデータセットに同じ行番号を与え、同じインデックスでデータセットを分割する機能である（これは、ラベルのために別個の DataFrame があるときなどに非常に役に立つ）。

```
from sklearn.model_selection import train_test_split

train_set, test_set = train_test_split(housing, test_size=0.2, random_state=42)
```

　さて、今まで説明してきたのは、純粋に無作為なサンプリング方法である。データセットが十分大規模ならそれでよいのだが（特に属性数との相対的な割合で）、そうでなければ、大きなサンプ

---

[13] 実際には、位置情報はかなり粒度が粗く、多くの区域がまったく同じ ID を持ち、同じデータセット（テストまたは訓練）に入ることになる。これは、不幸なサンプリングバイアスを生む場合がある。

リングバイアスを持ち込む危険がある。たとえば、調査会社が 1,000 人の人に電話をかけて質問をするときには、電話帳で無作為に 1,000 人の人々を拾い出すわけではない。人口全体を代表するような 1,000 人になるように努力する。たとえば、米国の人口は女性が 51.3%、男性が 48.7% なので、ていねいに実施されている調査では、サンプルでも同じ比率を守ろうとする。つまり、513 人の女性と 487 人の男性に尋ねるのである。これは、**層化抽出法**（stratified sampling）と呼ばれている。人口全体を**層**（stratum）と呼ばれる同種の下位集団に分割し、各層から適切な数のインスタンスをサンプリング抽出し、テストセットが人口全体の代表になるようにするのである。純粋に無作為なサンプリングを使うと、12% の確率で、女性が 49% よりも少なく、54% よりも多い歪んだ検証セットをサンプリングしてしまう。どちらの場合でも、調査結果は大きくバイアスがかかったものになるだろう。

さて、専門家と話してみたところ、収入の中央値は、住宅価格の中央値を予測する上で非常に重要な属性だと言われたとする。テストセットは、データセット全体のさまざまな収入カテゴリを代表するものにしたいところだ。収入の中央値は連続的な数値属性なので、まず、収入カテゴリという属性を新たに作る必要がある。収入の中央値のヒストグラムをもっとよく見てみよう（**図2-8** に戻ろう）。収入の中央値の大半は、2～5 万ドルの周辺に集まっているが、一部の値は 6 万ドルを大きく越えている。データセットの各層に十分な数のインスタンスがあることが重要で、そうでなければ層を重視することがバイアスになってしまう。つまり、層の数が多くなり過ぎないようにしなければならないし、各層は十分に大きくなければならない。次のコードは、収入の中央値を 1.5 で割り（収入カテゴリの数を減らすため）、ceil で端数を切り上げ（離散したカテゴリを作るため）て、5 以上のカテゴリをすべて 5 にまとめるという方法で収入カテゴリ属性を作る。

```
housing["income_cat"] = np.ceil(housing["median_income"] / 1.5)
housing["income_cat"].where(housing["income_cat"] < 5, 5.0, inplace=True)
```

これらの収入カテゴリは**図2-9** で表している。

これで収入カテゴリに基づき、層化抽出をする準備が整った。scikit-learn の StratifiedShuffleSplit クラスを使えばよい。

```
from sklearn.model_selection import StratifiedShuffleSplit

split = StratifiedShuffleSplit(n_splits=1, test_size=0.2, random_state=42)
for train_index, test_index in split.split(housing, housing["income_cat"]):
    strat_train_set = housing.loc[train_index]
    strat_test_set = housing.loc[test_index]
```

テストセットで収入カテゴリごとの割合を見ることができるようになった。

```
>>> strat_test_set["income_cat"].value_counts() / len(strat_test_set)
3.0    0.350533
2.0    0.318798
4.0    0.176357
5.0    0.114583
```

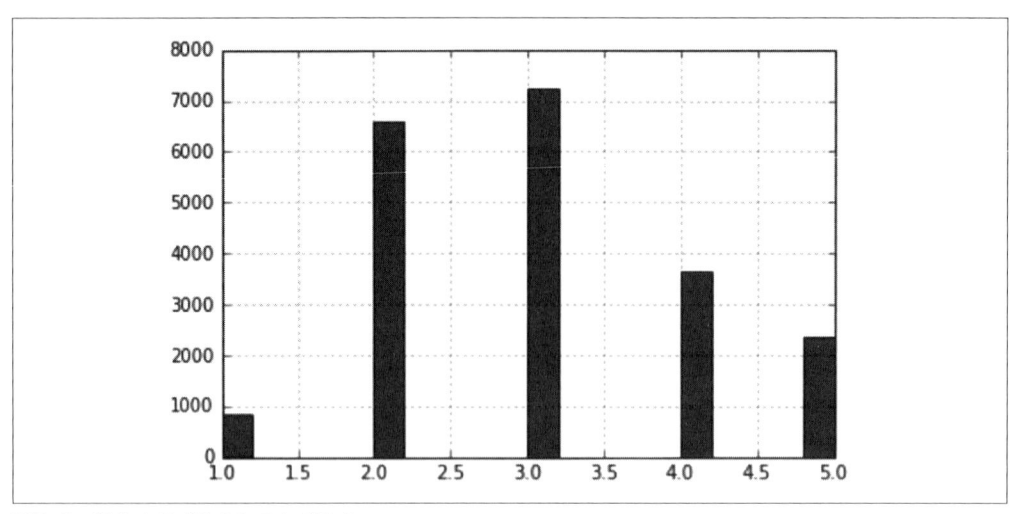

図2-9　収入カテゴリのヒストグラム

```
    1.0     0.039729
Name: income_cat, dtype: float64
```

　同じようなコードを使ってデータセット全体の収入カテゴリの割合も調べることができる。**図2-10** は、データセット全体、層化抽出法を使って生成したテストセット、無作為抽出で生成したテストセットで、収入カテゴリごとの割合を比較したものである。ご覧のように、層化抽出法で生成したテストセットの収入カテゴリごとの割合はデータセット全体の割合とほぼ同じだが、無作為抽出で生成したテストセットではかなり歪みが出ている。

| | 全体 | 無作為抽出 | 層化抽出 | 無作為誤差率 | 層化抽出誤差率 |
	Overall	**Random**	**Stratified**	**Rand. %error**	**Strat. %error**
1.0	0.039826	0.040213	0.039738	0.973236	-0.219137
2.0	0.318847	0.324370	0.318876	1.732260	0.009032
3.0	0.350581	0.358527	0.350618	2.266446	0.010408
4.0	0.176308	0.167393	0.176399	-5.056334	0.051717
5.0	0.114438	0.109496	0.114369	-4.318374	-0.060464

図2-10　層化抽出と無作為抽出のサンプリングバイアスの比較

　ここで `income_cat` 属性を取り除き、データを元の状態に戻しておこう。

```
for set_ in (strat_train_set, strat_test_set):
    set_.drop("income_cat", axis=1, inplace=True)
```

テストセットの生成のためにかなりの時間を使ったが、それには十分な理由があった。これは無視されがちだが、機械学習プロジェクトのきわめて重要な部分である。さらに、この考え方の多くは、あとで交差検証を取り上げるときにも使われる。では、データの探索という次のステージに移ることにしよう。

2.4　洞察を得るためにデータを研究、可視化する

今までは、操作しようとしているデータがどのような種類のものかをざっくりと理解するためにデータをちらっと見ただけだった。ここでは、もう少し深くデータを理解することが目標になる。

まず、テストセットは封印して、訓練セットだけを探るようにしなければならない。また、訓練セットが非常に大きい場合には、素早く簡単に操作できるように、探索セットを抽出すべきだ。私たちの場合、訓練セットはごく小規模なものなので、フルセットを直接操作してよい。それでは、訓練セットを壊さずにデータを探索するために、訓練セットのコピーを作っておこう。

```
housing = strat_train_set.copy()
```

2.4.1　地理データの可視化

地理情報（緯度と経度）が含まれているので、データを可視化するために、すべての区域の散布図を作ってみてもよい（**図2-11**）。

```
housing.plot(kind="scatter", x="longitude", y="latitude")
```

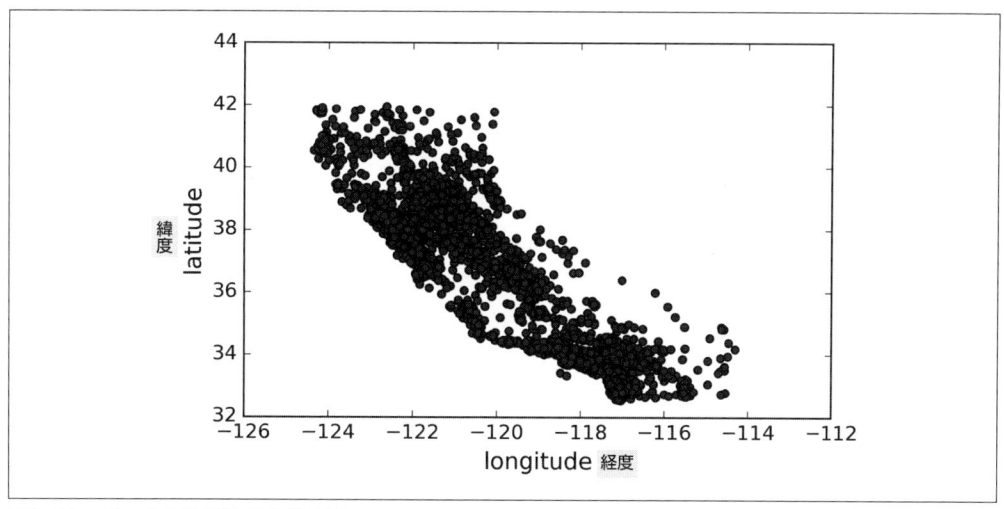

図2-11　データの地理情報の散布図

　確かにカリフォルニアだということはわかるが、それ以外、特別なパターンを見つけるのは難しい。alpha オプションに 0.1 を設定すると、データポイントの密度が高い場所が可視化しやすくなる（**図2-12**）。

```
housing.plot(kind="scatter", x="longitude", y="latitude", alpha=0.1)
```

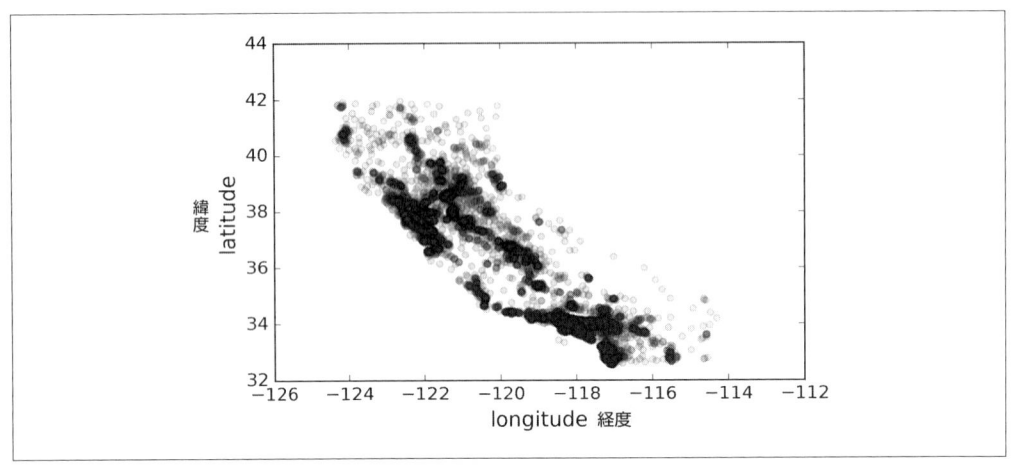

図2-12　高密度の地域を強調するよりよいビジュアライゼーション

　これでだいぶよくなった。高密度の地域、すなわちベイエリアとロスアンゼルス、サンディエゴ、特にサクラメントとフレズノを中心とするセントラルバレーがはっきりとわかる。

　より一般的に言えば、人間の脳は画像からパターンを見つけ出すことがとても得意だが、パターンが目立つようにするには、可視化パラメータを操作しなければならない場合がある。

　では、次に住宅価格を見てみよう（**図2-13**）。個々の円の半径は区域の人口を表し（s オプション）、色は価格を表す（c オプション）。jet と呼ばれる定義済みのカラーマップ（cmap オプション）を使用する。青（低い値）から赤（高い値）までの範囲とする[14]。

```
housing.plot(kind="scatter", x="longitude", y="latitude", alpha=0.4,
    s=housing["population"]/100, label="population", figsize=(10,7),
    c="median_house_value", cmap=plt.get_cmap("jet"), colorbar=True,
)
plt.legend()
```

　このイメージからは、住宅価格が位置（たとえば、海の近く）、人口密度と密接な関係を持っていることがわかる。これはすでにわかっていたことだろう。おそらく、クラスタリングアルゴリズムを使って主要なクラスタを見つけ出し、クラスタの中心との距離を表す新しい特徴量を追加すると役に立つ。太平洋との距離の属性も役に立つかもしれない。ただし、北カリフォルニアでは、海

---

[14]　グレイスケールで本書を読んでいる場合には、ベイエリアからサンディエゴまでの海岸線の大部分を赤ペンで塗り、サクラメントのあたりに黄色い点を付けるとよい。

岸沿いの住宅価格はそれほど高くないので、これは単純なルールではない。

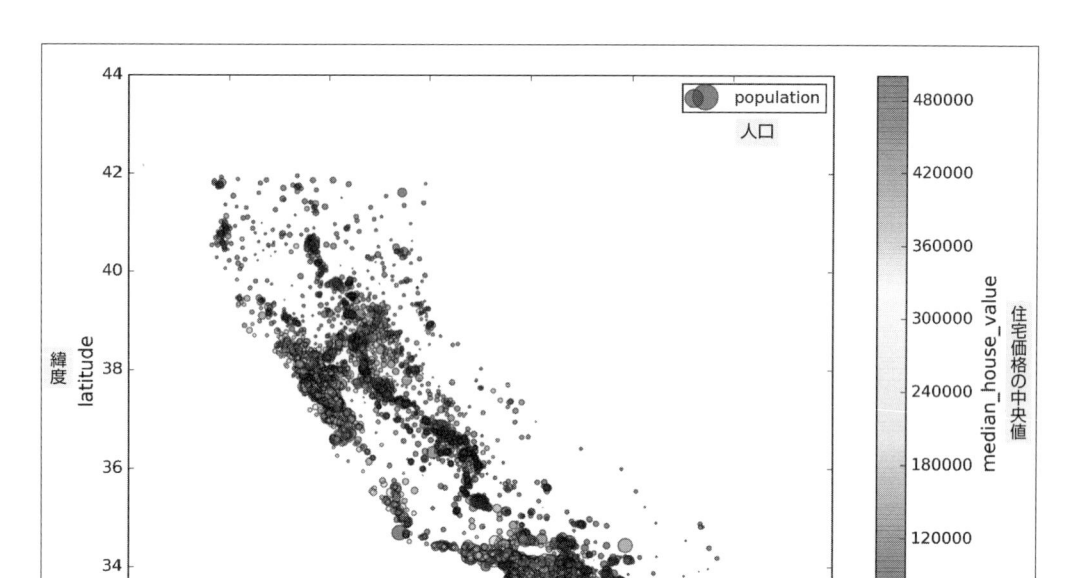

図2-13 カリフォルニアの住宅価格

2.4.2 相関を探す

データセットがそれほど大きくないので、corr() メソッドを使ってすべての属性のペアに関して**標準相関係数**（standard correlation coefficient、または**ピアソンの r**：Peason's r）を計算するのは簡単だ。

```
corr_matrix = housing.corr()
```

では、個々の属性と住宅価格の中央値の間にどの程度の相関があるかを見てみよう。

```
>>> corr_matrix["median_house_value"].sort_values(ascending=False)
median_house_value    1.000000
median_income         0.687170
total_rooms           0.135231
housing_median_age    0.114220
households            0.064702
total_bedrooms        0.047865
population            -0.026699
longitude             -0.047279
latitude              -0.142826
```

```
Name: median_house_value, dtype: float64
```

　相関係数は、−1 から 1 までの範囲である。1 に近ければ、強い正の相関があるという意味になる。たとえば、収入の中央値が高くなると、住宅価格の中央値も高くなりやすい。それに対し、係数が −1 に近くなると、強い負の相関がある。経度と住宅価格の中央値の間には弱い負の相関があることがわかる（つまり、北に向かうと、住宅価格はわずかに下がる傾向がある）。そして、係数が 0 に近いときには、線形相関はない。**図2-14** は、横軸と縦軸の相関係数とともに、さまざまな線形相関を描いたグラフを示している。

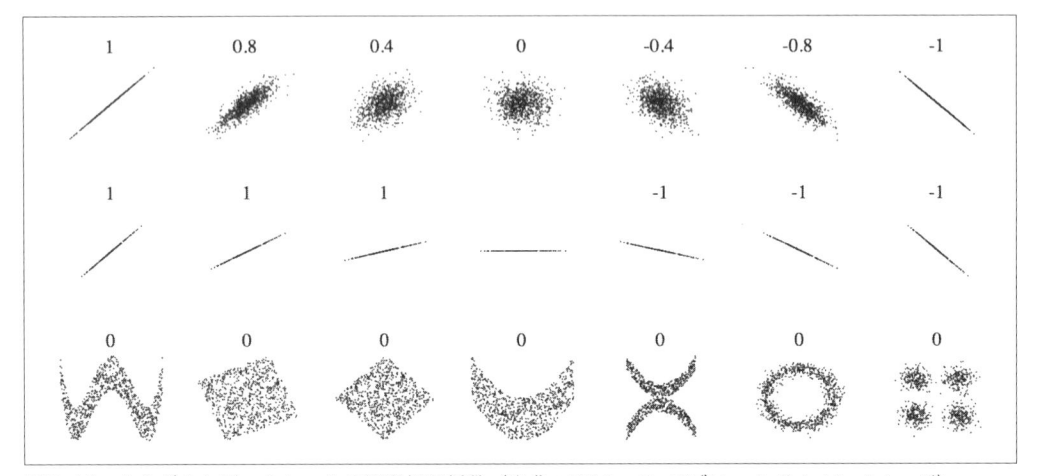

図2-14　さまざまなデータセットの標準相関係数（出典：Wikipedia パブリックドメインイメージ）

 相関係数は、線形相関（x が上がると、y も上がるか下がるかする）を表すだけである。非線形の関係（たとえば、x が 0 に近づくと、y が一般に上がる）はまったく捕捉できない。図の最後の行を見ると、横軸と縦軸の関係は明らかに独立ではないにもかかわらず、相関係数はどれも 0 になっていることに注意しよう。これらは非線形の関係の例である。また、2 行めは、相関係数が 1 か −1 に等しいときの例を示しているが、相関係数と直線の傾き具合には何の関係もない。インチ単位の身長とフィート単位やナノメーター単位の身長の相関係数は 1 である。

　属性間の相関は、Pandas の `scatter_matrix` 関数でもチェックできる。この関数は、すべての数値属性とほかのすべての数値属性の間の関係を描き出す。数値属性は 11 個あるので、$11^2 = 121$ 種類のプロットが作られるが、それではページに収まりきらないので、住宅価格の中央値ともっとも相関が高い一部の属性だけに注目することにしよう（**図2-15**）。

```
from pandas.plotting import scatter_matrix

attributes = ["median_house_value", "median_income", "total_rooms",
```

```
                        "housing_median_age"]
scatter_matrix(housing[attributes], figsize=(12, 8))
```

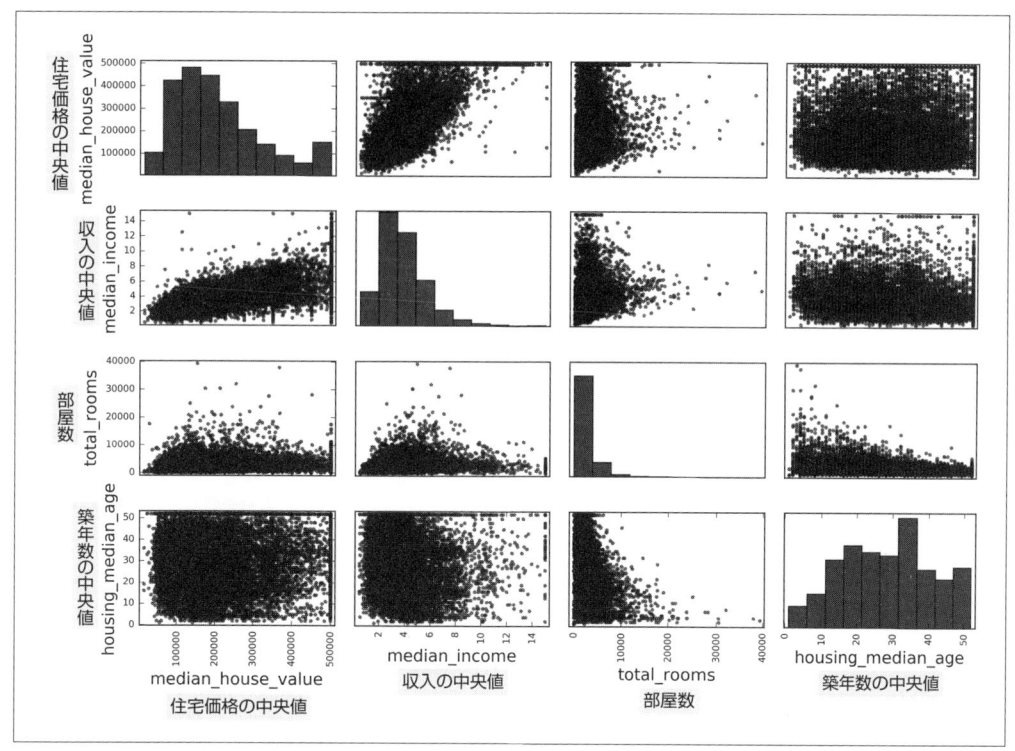

図2-15　散布図行列

　主対角線（左上から右下）は、同じ変数どうしの相関を描いても直線が並ぶだけなので、意味が
ない。そこで、Pandas は各属性のヒストグラムを表示している（ほかのオプションもある）。詳し
くは、Pandas のドキュメントを参照していただきたい。

　住宅価格の中央値を予測するためにもっとも使える値は収入の中央値なので、その相関を表す散
布図を大きく表示しよう（**図2-16**）。

```
housing.plot(kind="scatter", x="median_income", y="median_house_value",
             alpha=0.1)
```

　この図からはいくつかのことがわかる。まず第1に、相関が本当に非常に強いことである。上向
きの傾向がはっきりと現れ、点はあまり散らばっていない。第2に、以前触れた価格の上限の設定
が、50万ドル近辺の横線という形ではっきりと現れている。しかし、この図には、これよりも少
し目立たない直線もある。45万ドル近辺の横線、35万ドル近辺の横線、そして28万ドル近辺に
もおそらく横線があり、それよりも低いところにも横線がある。アルゴリズムがこのようなデータ

の癖を再現しないように、対応する区域を訓練セットから取り除くようにしたい。

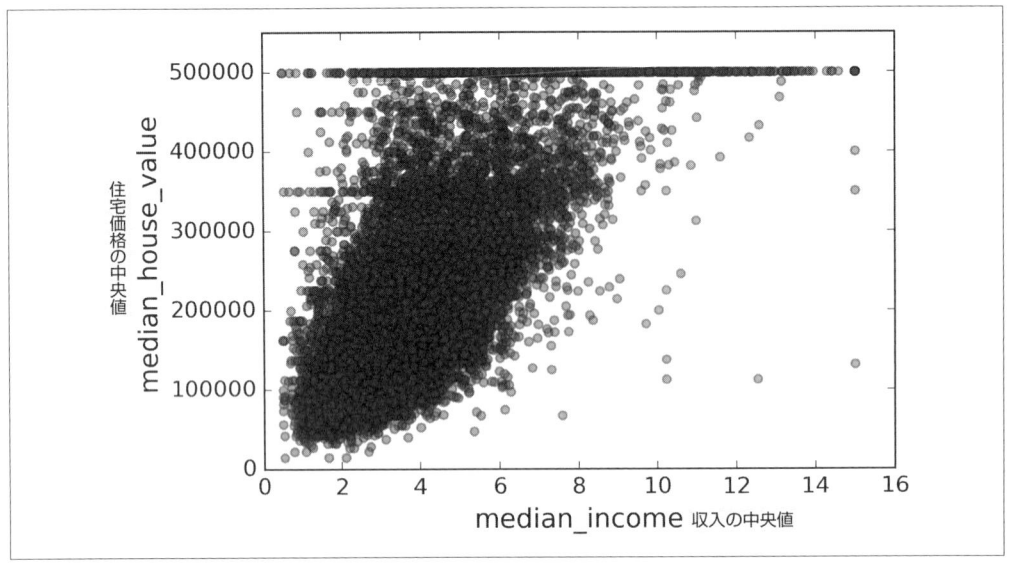

図2-16 収入の中央値と住宅価格の中央値の相関関係

2.4.3 属性の組み合わせを試してみる

前節では、データを探索して洞察を得るためのいくつかの方法がわかったことだろう。また、機械学習アルゴリズムにデータを与える前にクリーンアップしておきたいデータの癖も見つかった。そして、属性間、特にターゲット属性とその他の属性の間に面白い相関関係を見つけることができた。さらに、一部の属性にはテールヘビーな分布があることもわかったので、そのような属性は変換したい（たとえば、対数を計算して）。もちろん、プロジェクトによってどこまでわかるかは大きく異なるが、一般的な考え方はほぼ同じである。

機械学習アルゴリズムに渡せるようにデータを実際に準備する前に、最後にしておきたいことがもうひとつある。さまざまな属性を結合してみることだ。たとえば、区域の部屋数の合計がわかっても、区域の世帯数がいくつかがわからなければあまり意味はない。本当に知りたいのは、世帯あたりの部屋数である。同様に、寝室の総数もそれ自体では意味がない。部屋数と比較してみたいはずだ。そして、世帯あたりの人数も、面白いそうな属性の組み合わせ方である。こういった新属性を作ってみよう。

```
housing["rooms_per_household"] = housing["total_rooms"]/housing["households"]
housing["bedrooms_per_room"] = housing["total_bedrooms"]/housing["total_rooms"]
housing["population_per_household"]=housing["population"]/housing["households"]
```

改めて相関行列を見ると、次のようになる。

```
>>> corr_matrix = housing.corr()
>>> corr_matrix["median_house_value"].sort_values(ascending=False)
median_house_value          1.000000
median_income               0.687160
rooms_per_household         0.146285
total_rooms                 0.135097
housing_median_age          0.114110
households                  0.064506
total_bedrooms              0.047689
population_per_household    -0.021985
population                  -0.026920
longitude                   -0.047432
latitude                    -0.142724
bedrooms_per_room           -0.259984
Name: median_house_value, dtype: float64
```

　新設の `bedrooms_per_room` 属性の方が、部屋数や寝室数よりも住宅価格の中央値に対して高い相関関係を持っている。寝室数／部屋数の割合が低い家の方が値段が高くなる傾向があるのは明らかだ。また、世帯あたりの部屋数の方が、区域の部屋数の合計よりも意味のある情報になっている。当然ながら、家が大きければ大きいほど、値段も高くなるはずだ。

　データ探索のこの部分は、徹底的なものである必要はない。ポイントは、よい出発点を見つけて、早く洞察をつかみ、最初のプロトタイプとして十分によいものを手に入れることだ。しかし、この部分は反復的なプロセスになる。プロトタイプを動かしてその出力を分析すると、さらに洞察が得られ、そこからこの探索ステップに戻ってくることがある。

2.5　機械学習アルゴリズムに渡せるようにデータを準備する

　では、機械学習アルゴリズムのためにデータを準備しよう。次のような理由から、マニュアルで準備をするのではなく準備作業をする関数を作りたいところだ。

- 関数を作れば、どのデータセットに対しても簡単に変換を再現できる（たとえば、次に新しいデータセットを得たとき）。
- 次第に将来のプロジェクトで再利用できる変換関数のライブラリが整備されていく。
- 本番システムでこれらの関数を使えば、新しいデータをアルゴリズムに与える前に変換できる。
- さまざまな変換方法を試し、どの組み合わせがもっともうまく機能するかを簡単に試せるようになる。

　しかし、まず最初にクリーンな訓練セットに戻した上で（`strat_train_set` をコピーして）、予測子とラベルを分けておこう。かならずしも、予測子とターゲット値にまったく同じ変換をかけるわけではないのである（`drop()` はデータのコピーを作るので、`strat_train_set` に影響を

与えないことに注意しよう）。

```
housing = strat_train_set.drop("median_house_value", axis=1)
housing_labels = strat_train_set["median_house_value"].copy()
```

2.5.1　データをクリーニングする

　ほとんどの機械学習アルゴリズムは欠損特徴量を処理できないので、それに対応するための関数を作っておこう。先ほど気付いたように、`total_bedrooms` 属性には欠損値があるので、それに対処するのである。選択肢は 3 つある。

- オプション 1：対応する区域を取り除く。
- オプション 2：属性全体を取り除く。
- オプション 3：何らかの値を設定する（0、平均、中央値など）

DataFrame の `dropna()`、`drop()`、`fillna()` メソッドを使えば、これらは簡単に実現できる。

```
housing.dropna(subset=["total_bedrooms"])     # オプション1
housing.drop("total_bedrooms", axis=1)        # オプション2
median = housing["total_bedrooms"].median()   # オプション3
housing["total_bedrooms"].fillna(median, inplace=True)
```

　オプション 3 を選ぶ場合、訓練セットの中央値を計算し、それを訓練セットの欠損値に入れていくが、計算した中央値自体も忘れずに保存しておこう。あとで、システムを評価したくなったときに、欠損値をその値に置き換えなければならない。また、システムが本番稼働したときには、新しいデータの欠損値を置き換えるためにやはりその値を使う。

　scikit-learn が欠損値をうまく処理してくれる Imputer というクラスを持っているので、使い方を説明しよう。まず、各属性の欠損値をその属性の中央値で置き換えることを指定して、Imputer のインスタンスを作る。

```
from sklearn.preprocessing import Imputer

imputer = Imputer(strategy="median")
```

　中央値は数値属性でなければ計算できないので、テキスト属性の `ocean_proximity` を取り除いたデータのコピーを作る必要がある。

```
housing_num = housing.drop("ocean_proximity", axis=1)
```

　`fit()` メソッドを使えば、訓練データに `imputer` インスタンスを適合させられる。

```
imputer.fit(housing_num)
```

imputer はすでに個々の属性の中央値を計算し、`statistics_` インスタンス変数に結果を格納している。欠損値があったのは `total_bedrooms` だけだったが、システムが本番稼働したあとでやってくる新しいデータにほかの欠損値が含まれていないという保証はないので、すべての数値属性に imputer を適用しておいた方が安全だ。

```
>>> imputer.statistics_
array([ -118.51 , 34.26 , 29. , 2119.5 , 433. , 1164. , 408. , 3.5409])
>>> housing_num.median().values
array([ -118.51 , 34.26 , 29. , 2119.5 , 433. , 1164. , 408. , 3.5409])
```

このように「訓練した」imputer を使い、欠損値を学習した中央値に置き換えて訓練セットを変換する。

```
X = imputer.transform(housing_num)
```

結果は、変換された特徴量を格納する Numpy 配列である。この値は、簡単に Pandas の DataFrame に戻せる。

```
housing_tr = pd.DataFrame(X, columns=housing_num.columns)
```

---

scikit-learn の設計

Sckikit-Learns の API は、非常に見事に設計されている。その主要な設計原則（http://goo.gl/wL10sI）は、次の通りである[†15]。

- **一貫性**：すべてのオブジェクトが首尾一貫した単純なインターフェイスを持っている。
    - **推定器**：データセットに基づいてパラメータを推定できるオブジェクトは **推定器**（estimator）と呼ばれる（たとえば、imputer は推定器である）。推定自体は `fit()` メソッドが呼び出されたときに行われており、`fit()` の引数はデータセットだけ（あるいは、教師あり学習アルゴリズムとラベルを格納する第 2 データセットのふたつ）である。推定プロセスを方向づけるその他のパラメータはハイパーパラメータと考えられ（imputer の `strategy` など）、インスタンス変数として設定しなければならない（一般に、コンストラクタへの引数として渡す）。
    - **変換器**：一部の推定器は、データセットを変換することもできる（たとえば、imputer など）。このようなものを **変換器**（transformer）と呼ぶ。ここでも API はごく単純で、変換は、変換対象のデータセットを引数とする `transform()` メソッドで行われる。戻り値は、変換後のデータセットである。変換器には、`fit()` を呼び出してから `transform()` を呼び出すのと同じ意味を持つ

　　　　　　　fit_transform()という便利なメソッドもある（ただし、fit_transform()
　　　　　　　は最適化されていて、ふたつのメソッドを呼び出すよりもはるかに高速に実行され
　　　　　　　る場合がある）。

　　　　　－　**予測器**：最後に、一部の推定器は、データセットを与えられると、予測をすることが
　　　　　　　できる。このようなものを**予測器**（predictor）と呼ぶ。たとえば、前章で取り上げ
　　　　　　　た1人あたりGDPから「暮らしへの満足度」を計算するLinearRegression
　　　　　　　（線形回帰）モデルは、予測器の一種である。予測器には、新しいインスタンスを格
　　　　　　　納するデータセットを引数とし、対応する予測のデータセットを返すpredict()
　　　　　　　というメソッドがある。予測器には、テストセット（および、教師あり学習アルゴ
　　　　　　　リズムの場合は対応するラベル）を引数として予測の品質を測定するscore()メ
　　　　　　　ソッドもある[16]。

　　　●　**インスペクション**：推定器のハイパーパラメータは、すべて公開インスタンス変数
　　　　　を通じて直接アクセスでき、推定器の学習後のパラメータは、すべてアンダースコ
　　　　　アをサフィックスとする公開インスタンス変数を介してアクセスできる（たとえば、
　　　　　imputer.statistics_）。

　　　●　**クラスの増加の抑制**：データセットは、自家製のクラスではなく、NumPy配列または
　　　　　SciPy疎行列で表現される。ハイパーパラメータは、Pythonの通常の文字列または数
　　　　　値である。

　　　●　**合成**：既存の部品はできる限り再利用できるようになっている。たとえば、あとで説明
　　　　　するように、一連の無作為な変換器のあとに最後に推定器が続く推定器のパイプライン
　　　　　を簡単に作れる。

　　　●　**妥当なデフォルト**：scikit-learnは、ほとんどのパラメータに妥当なデフォルト値を提
　　　　　供しており、動作する基本システムをすばやく作れるようになっている。

2.5.2　テキスト／カテゴリ属性の処理

　先ほど、テキスト属性であるために中央値を計算できないocean_proximity属性を取り除
いた。

```
>>> housing_cat = housing["ocean_proximity"]
>>> housing_cat.head(10)
17606    <1H OCEAN
18632    <1H OCEAN
14650    NEAR OCEAN
```

---

[15]　設計原則の詳細については、"API design for machine learning software: experiences from the scikit-learn project" L. Buitinck, G. Louppe, M. Blondel, F. Pedregosa, A. Muller, et al.(2013)を参照していただきたい。
[16]　予測器のなかには、予測に対する自信を測定するメソッドを提供しているものもある。

```
3230         INLAND
3555        <1H OCEAN
19480        INLAND
8879        <1H OCEAN
13685        INLAND
4937        <1H OCEAN
4861        <1H OCEAN
Name: ocean_proximity, dtype: object
```

いずれにしても、ほとんどの機械学習アルゴリズムは数値属性の方が操作しやすいので、テキストラベルを数値に変換しよう。このために、Pandas の factorize() 関数を使って、各々のカテゴリを異なる数値へとマッピングすることができる。

```
>>> housing_cat_encoded, housing_categories = housing_cat.factorize()
>>> housing_cat_encoded[:10]
array([0, 0, 1, 2, 0, 2, 0, 2, 0, 0])
```

この方がよい。housing_cat_encoded は純粋な数値データである。factorize() メソッドはカテゴリのリストも返す（<1H OCEAN は 0 にマップされ、NEAR OCEAN は 1 にマッピングされた）。

```
>>> housing_categories
Index(['<1H OCEAN', 'NEAR OCEAN', 'INLAND', 'NEAR BAY', 'ISLAND'], dtype='object')
```

この表現には、ML アルゴリズムが近接した値は離れた値よりも近いと勘違いするという問題がある。もちろん、値にそんな意味はない（たとえば、カテゴリ 0 とカテゴリ 4 は、カテゴリ 0 とカテゴリ 2 よりも近い）。この問題を解決するための方法としてよく使われているのは、カテゴリごとに 1 個のバイナリ属性を作るというものだ。カテゴリが<1H OCEAN ならある属性を 1 にする（そうでなければ 0 にする）、カテゴリが NEAR OCEAN なら別のある属性を 1 にする（そうでなければ 0 にする）。1 個の属性だけが 1（ホット）になり、ほかの属性はすべて 0（コールド）になるので、これを**ワンホットエンコーディング**（one-hot encoding）と呼ぶ。

scikit-learn は、整数のカテゴリ値をワンホットベクトルに変換する OneHotEncoder エンコーダを提供している。それでは、このカテゴリをワンホットベクトルにエンコードしてみよう。

```
>>> from sklearn.preprocessing import OneHotEncoder
>>> encoder = OneHotEncoder()
>>> housing_cat_1hot =
encoder.fit_transform(housing_cat_encoded.reshape(-1,1))
>>> housing_cat_1hot
<16512x5 sparse matrix of type '<class 'numpy.float64'>'
    with 16512 stored elements in Compressed Sparse Row format>
```

fit_transform() が受けつけるのは 2 次元配列だが、housing_cat_encoded が 1 次元

配列なので、形状変換が必要である[†17]。また、出力が NumPy 配列ではなく SciPy の**疎行列**（sparse matrix）だということに注意しよう。これは、数千ものカテゴリを持つカテゴリ属性が含まれているようなときには、とても役に立つ。ワンホットエンコーディングを実行したあとに得られる行列には数千もの列があり、1行あたり1個の1を除けば0の山だ。ほとんど0の情報を格納するために膨大なメモリを消費するのは無駄なので、疎行列は0以外の要素の位置だけを格納する。疎行列は通常の2次元配列とほとんど同じように使えるが[†18]、NumPy の（密）行列に変換したいときには、toarray() を呼び出せばよい。

```
>>> housing_cat_1hot.toarray()
array([[ 1.,  0.,  0.,  0.,  0.],
       [ 1.,  0.,  0.,  0.,  0.],
       [ 0.,  1.,  0.,  0.,  0.],
       ...,
       [ 0.,  0.,  1.,  0.,  0.],
       [ 1.,  0.,  0.,  0.,  0.],
       [ 0.,  0.,  0.,  1.,  0.]])
```

CategoricalEncoder クラスを使えば、両方の変換（テキストカテゴリから整数カテゴリへの変換と整数カテゴリからワンホットベクトルへの変換）を1度に実行できる。これは scikit-learn 0.19.0 以前には含まれていないが、まもなく追加される予定のため、本書を読んだ時点で既に利用可能になっている可能性がある。そうでない場合は、この章の Jupyter ノートブックから取得すれば良い（コードは Pull Request # 9151 からコピーされている）。

```
>>> from sklearn.preprocessing import CategoricalEncoder # あるいはノートブックから取得
>>> cat_encoder = CategoricalEncoder()
>>> housing_cat_reshaped = housing_cat.values.reshape(-1, 1)
>>> housing_cat_1hot = cat_encoder.fit_transform(housing_cat_reshaped)
>>> housing_cat_1hot
<16512x5 sparse matrix of type '<class 'numpy.float64'>'
    with 16512 stored elements in Compressed Sparse Row format>
```

デフォルトでは CategoricalEncoder の出力は疎な行列であるが、密な行列が良ければ "onhot-dense" をエンコーディングに指定することができる。

```
>>> cat_encoder = CategoricalEncoder(encoding="onehot-dense")
>>> housing_cat_1hot = cat_encoder.fit_transform(housing_cat_reshaped)
>>> housing_cat_1hot
array([[ 1.,  0.,  0.,  0.,  0.],
       [ 1.,  0.,  0.,  0.,  0.],
       [ 0.,  0.,  0.,  0.,  1.],
       ...,
       [ 0.,  1.,  0.,  0.,  0.],
       [ 1.,  0.,  0.,  0.,  0.],
```

[†17] NumPy の reshape() 関数は、ひとつの次元に指定なしを意味する −1 を指定できるようになっている。ここに指定すべき値は、配列の長さとその他の次元から推定される。

[†18] 詳細は SciPy のドキュメントを参照。

```
[ 0.,  0.,  0.,  1.,  0.]])
```

エンコーダの `categories_` インスタンス変数を使用して、カテゴリのリストを取得できる。これは、各カテゴリ属性のカテゴリの 1 次元配列を含むリストである（この場合では、カテゴリ属性が 1 つしかないため、1 つの配列を含むリストとなる）。

```
>>> cat_encoder.categories_
[array(['<1H OCEAN', 'INLAND', 'ISLAND', 'NEAR BAY', 'NEAR OCEAN'], dtype=object)]
```

 カテゴリ属性が多数のカテゴリとなる場合（国コード、職業、種など）、ワンホットエンコーディングは大きな数の入力特徴量となる。トレーニングが遅くなり、パフォーマンスが低下する可能性がある。 この場合、埋め込みと呼ばれる、より高密度の表現を作成することが必要になるが、ニューラルネットワークの理解が必要となる（詳細は **14 章**を参照）。

2.5.3　カスタム変換

scikit-learn は役に立つ変換器をたくさん提供しているが、カスタムクリーンアップや特定の属性の結合のようなタスクでは、独自の変換器を書く必要がある。独自変換器でも、scikit-learn の機能（たとえばパイプライン）をシームレスに使えるようにしたいところだが、scikit-learn は継承ではなくダックタイピングに依拠しているので、クラスを作って `fit()`（`self` を返すもの）、`transform()`、`fit_transform()` の 3 つのメソッドを実装するだけでそのような変換器を作れる。そして、あとのふたつのメソッドは、`TransformerMixin` を基底クラスに追加すれば、それだけで手に入る。また、基底クラスに `BaseEstimator` を追加すれば、自動ハイパーパラメータチューニングに役立つ `get_params()` と `set_params()` のふたつのメソッドが手に入る。次に示すのは、以前説明した寝室数と部屋数を結合した属性を追加するための小さな変換器クラスの例である。

```python
from sklearn.base import BaseEstimator, TransformerMixin

rooms_ix, bedrooms_ix, population_ix, household_ix = 3, 4, 5, 6

class CombinedAttributesAdder(BaseEstimator, TransformerMixin):
    def __init__(self, add_bedrooms_per_room = True): # *args、**kargs なし
        self.add_bedrooms_per_room = add_bedrooms_per_room
    def fit(self, X, y=None):
        return self   # ほかにすることなし
    def transform(self, X, y=None):
        rooms_per_household = X[:, rooms_ix] / X[:, household_ix]
        population_per_household = X[:, population_ix] / X[:, household_ix]
        if self.add_bedrooms_per_room:
            bedrooms_per_room = X[:, bedrooms_ix] / X[:, rooms_ix]
            return np.c_[X, rooms_per_household, population_per_household,
                         bedrooms_per_room]
        else:
```

```
              return np.c_[X, rooms_per_household, population_per_household]

attr_adder = CombinedAttributesAdder(add_bedrooms_per_room=False)
housing_extra_attribs = attr_adder.transform(housing.values)
```

　この例では、変換器は、デフォルトで True がセットされた add_bedrooms_per_room とい うハイパーパラメータを持っている（妥当なデフォルトを用意しておくと役に立つことが多い）。 このハイパーパラメータがあると、機械学習アルゴリズムにとってこの属性を追加した方がよいか どうかを簡単に調べられる。一般に、ハイパーパラメータを追加すれば、自分では 100% の確信を 持てないデータ準備のステップをオン／オフできるようになる。データ準備ステップの自動化を進 め、自動的に試せる組み合わせを増やせば増やすほど、すばらしい組み合わせを見つけられる可能 性が高くなる（そして、多くの時間の節約につながる）。

2.5.4　特徴量のスケーリング

　データに対して実行しなければならない変換のなかでも特に重要なもののひとつが**特徴量のス ケーリング**（feature scaling）である。ごく一部の例外を除き、機械学習アルゴリズムは、入力の 数値属性のスケールが大きく異なると性能を発揮できない。住宅価格データにもこれは当てはま る。総部屋数は 6 から 39,320 までの大きな範囲になっているのに、収入の中央値は 0 から 15 ま での範囲である。なお、ターゲット値のスケーリングは一般に不要だということに注意していただ きたい。

　すべての属性のスケールを統一するためによく使われている方法としては、**最小最大スケーリン グ**（min-max scaling）と**標準化**（standarization）のふたつがある。

　最小最大スケーリング（多くの人々はこれを**正規化**: normalization と呼んでいる）は、ごく単 純な方法で、0 から 1 までに収まるように値をスケーリングし直すだけである。値から最小値を引 き、最大値と最小値の差で割ればよい。scikit-learn は、この目的のために MinMaxScaler とい う変換器を提供している。また、何らかの理由で範囲を 0 から 1 までにしたくないときに範囲を変 えられる feature_range ハイパーパラメータもある。

　標準化はこれとは大きく異なる。まず、値から平均値を引き（そのため、標準化された値の平均 はかならず 0 になる）、その値を分散で割って得られる分布が単位分散になるようにする。最小最 大スケーリングとは異なり、標準化には上下限がなく、特定の範囲には収まらないので、一部のア ルゴリズムではそれが問題になる（たとえば、ニューラルネットワークは、入力値が 0 から 1 まで の範囲に収まっていることを前提とすることが多い）。しかし、標準化は最小最大スケーリングよ りも外れ値の影響が小さくなる。たとえば、ある区域の収入の中央値が 100 だとする（何かの間違 いにより）。この場合、最小最大スケーリングでは、0 から 15 までの範囲のほかの値は 0 から 0.15 までの範囲に押し込まれてしまうが、標準化ならそのような大きな影響は出ない。scikit-learn は、 標準化のために StandardScaler という変換器を用意している。

ほかの変換と同様に、テストセットを含むデータセット全体ではなく訓練データだけにスケーラを適合させることが大切だ。スケーラが訓練セットとテストセット（および新データ）の両方の変換に使えるのは、そのように適合させたときだけである。

2.5.5　変換パイプライン

　今までの説明からもわかるように、データ変換のステップはいくつもあり、それを正しい順序で実行しなければならない。幸い、scikit-learn には、そのような変換シーケンスを実行しやすくする Pipeline クラスがある。次に示すのは、数値属性のための小さなパイプラインである。

```
from sklearn.pipeline import Pipeline
from sklearn.preprocessing import StandardScaler

num_pipeline = Pipeline([
        ('imputer', Imputer(strategy="median")),
        ('attribs_adder', CombinedAttributesAdder()),
        ('std_scaler', StandardScaler()),
    ])

housing_num_tr = num_pipeline.fit_transform(housing_num)
```

　Pipeline のコンストラクタは、引数として、変換ステップのシーケンスを定義する名前／推定器のペアのリストを取る。最後の推定器以外は、変換器でなければならない（つまり、fit_transform() メソッドを持たなければならない）。名前は何でも好きなもの（ダブルアンダースコア"__"を含まない限り）でよい。

　パイプラインの fit() メソッドを呼び出すと、すべての変換器の fit_transform() が逐次的に呼び出される。このとき、引数として前の呼び出しの出力が渡される。そして、最後の推定器に達すると、その fit() メソッドが呼び出される。パイプラインは、最後の推定器と同じメソッドを外から呼び出せるようにする。この例では、最後の推定器は変換器でもある StandardScaler なので、パイプラインはシーケンスに含まれるすべてのデータ変換を適用する transform() メソッドを持つ（fit() を呼び出してから transform() を呼び出す代わりに使える fit_transform メソッドもある）。

　今、パイプラインに直接 Pandas の数値以外のカラムを含んでいる DataFrame を与えることができると良い、そうすると、数値のカラムを手作業で NumPy 配列へ抽出する必要はなくなる。scikit-learn には、Pandas の DataFrame を処理する機能はない[19]が、簡単なカスタム変換器を書くことができる。

---

†19　ただし、属性固有の変換をしやすくする ColumnTransformer クラスを導入するプルリクエスト#3886を参照していただきたい。また、pip3 install sklearn-pandas を実行すれば、同じような目的の DataFrameMapper クラスを入手できる。

```
from sklearn.base import BaseEstimator, TransformerMixin

class DataFrameSelector(BaseEstimator, TransformerMixin):
    def __init__(self, attribute_names):
        self.attribute_names = attribute_names
    def fit(self, X, y=None):
        return self
    def transform(self, X):
        return X[self.attribute_names].values
```

DataFrameSelector は必要な属性を選択し、残りを破棄し、DataFrame の結果を Numpy 配列に変換することでデータを変換する。これにより、Pandas の DataFrame を利用し、数値のみを処理するパイプラインを簡単に書くことができる。そのパイプラインは数値属性のみを選択する DataFrameSelector で始まり、以前に議論した前処理のステップが続く。また、DataFrameSelector を利用してカテゴリ属性を選択し、次に CategoricalEncoder を適用するだけで、LabelBinarizer を適用するカテゴリ属性用の別のパイプラインを簡単に書くことができる。

```
num_attribs = list(housing_num)
cat_attribs = ["ocean_proximity"]

num_pipeline = Pipeline([
        ('selector', DataFrameSelector(num_attribs)),
        ('imputer', Imputer(strategy="median")),
        ('attribs_adder', CombinedAttributesAdder()),
        ('std_scaler', StandardScaler()),
    ])

cat_pipeline = Pipeline([
        ('selector', DataFrameSelector(cat_attribs)),
        ('cat_encoder', CategoricalEncoder(encoding="onehot-dense")),
    ])
```

これら 2 つのパイプラインをどのように 1 つのパイプラインに統合するのだろう？ 答えは、scikit-learn の FeatureUnion クラスを利用することだ。変換器のリスト（変換器パイプライン全体になり得る）にそのクラスを与える transform() メソッドが呼び出されると、各変換器の transform() メソッドが並列に実行され、各々の出力を待ち、結合した上で結果を返す（そして、もちろん、fit() メソッドは各変換器の fit() メソッドを呼び出す）。数値とカテゴリの属性双方を処理するパイプライン全体は次のようになる。

```
from sklearn.pipeline import FeatureUnion

full_pipeline = FeatureUnion(transformer_list=[
        ("num_pipeline", num_pipeline),
        ("cat_pipeline", cat_pipeline),
    ])
```

そして、パイプライン全体は、次のようにすれば実行できる。

```
>>> housing_prepared = full_pipeline.fit_transform(housing)
>>> housing_prepared
array([[-1.15604281,  0.77194962 ,  0.7433089 , ...,  0.          ,
         0.         ,  0.          ],
       [-1.17602483,  0.6596948  , -1.1653172 , ...,  0.          ,
         0.         ,  0.          ],
       [...]
>>> housing_prepared.shape
(16512, 16)
```

2.6　モデルを選択して訓練する

　ついにここまで来た。今までに、問題を構成し、データを入手して探索し、機械学習アルゴリズムのためにデータを自動的にクリーンアップ、準備する変換パイプラインを書いてきて、ついに機械学習モデルを選択、訓練する準備が整ったのである。

2.6.1　訓練セットを訓練、評価する

　今までのステップのおかげで、みなさんが思っているのと比べて仕事ははるかに単純になっている。まず、前章で行ったように、線形回帰モデルを訓練してみよう。

```
from sklearn.linear_model import LinearRegression

lin_reg = LinearRegression()
lin_reg.fit(housing_prepared, housing_labels)
```

　これで終わりだ。使える線形回帰モデルがもう作られている。訓練セットの一部のインスタンスで試してみよう。

```
>>> some_data = housing.iloc[:5]
>>> some_labels = housing_labels.iloc[:5]
>>> some_data_prepared = full_pipeline.transform(some_data)
>>> print("Predictions:", lin_reg.predict(some_data_prepared))
Predictions: [ 210644.6045 317768.8069 210956.4333 59218.9888 189747.5584]
 >>> print("Labels:", list(some_labels))
Labels: [286600.0, 340600.0, 196900.0, 46300.0, 254500.0]
```

　予測は正確だとは言えないが、動作はしている（たとえば、第1の予測は実際の値の2/3程度である）。scikit-learn の mean_squared_error 関数を使ってこの回帰モデルの訓練セット全体に対する RMSE を測定してみよう。

```
>>> from sklearn.metrics import mean_squared_error
>>> housing_predictions = lin_reg.predict(housing_prepared)
>>> lin_mse = mean_squared_error(housing_labels, housing_predictions)
>>> lin_rmse = np.sqrt(lin_mse)
>>> lin_rmse
68628.198198489219
```

これは何もないよりはいいかもしれないが、決してすばらしい成績ではない。ほとんどの区域の `median_housing_values` は、120,000 ドルと 265,000 ドルの間なので、68,628 ドルの予測誤差は満足できる水準ではない。これは、訓練データに過小適合しているモデルの例である。このようになるのは、特徴量がよい予測ができるほどの情報を提供していないか、モデルの性能が低いということだ。前章でも説明したように、過小適合を解決するための王道はより強力なモデルを選ぶか、訓練アルゴリズムによりよい特徴量を与えるか、モデルの制約を緩めるかである。このモデルは正則化されていないので、最後の選択肢はなくなる。特徴量を増やすこともできるが（たとえば、人口のログ）、まずはより複雑なモデルを試してみることにしよう。

`DecisionTreeRegressor` を訓練してみることにする。これはデータに含まれる複雑な非線型の関係も見つけられる強力なモデルである（決定木は **6 章**で詳しく説明する）。コードは次のようなものになる。

```
from sklearn.tree import DecisionTreeRegressor

tree_reg = DecisionTreeRegressor()
tree_reg.fit(housing_prepared, housing_labels)
```

モデルを訓練したので、訓練セットで評価してみよう。

```
>>> housing_predictions = tree_reg.predict(housing_prepared)
>>> tree_mse = mean_squared_error(housing_labels, housing_predictions)
>>> tree_rmse = np.sqrt(tree_mse)
>>> tree_rmse
0.0
```

え、誤差なし？ このモデルが本当にそんなに完全なものになることがあるのだろうか。もちろん、モデルがデータに過学習している可能性の方がはるかに高い。どうすれば、それを確かめられるだろうか。自信の持てるモデルを本番稼働する準備が整うまではテストセットに手を付けたくないので、訓練セットの一部を訓練、一部を検証のために使う必要がある。

2.6.2 交差検証を使ったよりよい評価

決定木モデルを評価するためのひとつの方法は、`train_test_split` 関数を使って訓練セットを小さな訓練セットと検証セットに分割し、小さい方の訓練セットでモデルを訓練して検証セットで評価するものだ。少し手間だが、難しすぎるようなことはいっさいなく、うまく機能する。

もうひとつの優れた方法は、scikit-learn の**交差検証**（cross-validation）である。次のコードは **K 分割交差検証**（K-fold cross-validation）を行う。つまり、訓練セットを**フォールド**（fold）と呼ばれる 10 個の別々のサブセットに無作為に分割し、1 個のフォールドを評価用に残し、その他 9 個のフォールドで訓練して、決定木モデルを 10 回訓練、評価するのである。結果は、10 個の評価スコアから構成されたベクトルになる。

```
from sklearn.model_selection import cross_val_score
scores = cross_val_score(tree_reg, housing_prepared, housing_labels,
                         scoring="neg_mean_squared_error", cv=10)
tree_rmse_scores = np.sqrt(-scores)
```

 scikit-learn の交差検証機能は、コスト関数（低い方がよい）ではなく有用関数（高い方がよい）を受けつけるので、スコア関数は、実際には MSE の逆（つまり負数）になる。上のコードで平方根を計算する前に-scores を計算しているのはそのためだ。

結果を見てみよう。

```
>>> def display_scores(scores):
...     print("Scores:", scores)
...     print("Mean:", scores.mean())
...     print("Standard deviation:", scores.std())
...
>>> display_scores(tree_rmse_scores)
Scores: [ 70232.0136482    66828.46839892   72444.08721003   70761.50186201
          71125.52697653   75581.29319857   70169.59286164   70055.37863456
          75370.49116773   71222.39081244]
Mean: 71379.0744771
Standard deviation: 2458.31882043
```

　このように評価すると、決定木は先ほどよりも優れたものではないように見える。それどころか、線形回帰モデルよりも性能が低いようだ。交差検証を使えば、モデルの性能の推定だけではなく、推定がどれだけ正確か（すなわち、標準偏差）も測定できる。決定木のスコアは 71,379 で、一般に ± 2,458 の幅がある。ひとつの検証セットを使っただけでは、この情報は得られない。しかし、交差検証にはモデルを何度も訓練するコストがかかるため、いつもできるとは限らない。

　念のため、線形回帰モデルでも同じスコアを計算してみよう。

```
>>> lin_scores = cross_val_score(lin_reg, housing_prepared, housing_labels,
...   scoring="neg_mean_squared_error", cv=10)
...
>>> lin_rmse_scores = np.sqrt(-lin_scores)
>>> display_scores(lin_rmse_scores)
Scores: [ 66782.73843989 66960.118071 70347.95244419 74739.57052552
          68031.13388938   71193.84183426   64969.63056405   68281.61137997
          71552.91566558   67665.10082067]
Mean: 69052.4613635
Standard deviation: 2731.6740018
```

　やっぱりそうだ。決定木モデルは過学習の度合いがひどく、線形回帰モデルよりもかえって性能が低い。

　最後にあとひとつ、RandomForestRegressor モデルを試してみよう。**7 章**で詳しく説明するが、ランダムフォレストは特徴量の無作為なサブセットを使って多数の決定木を訓練し、それらの予測の平均を取る。ほかの多数のモデルを基礎としてモデルを構築することを**アンサンブル学習**（ensemble learning）と呼び、ML アルゴリズムの性能を上げる優れた方法になることが多い。ほ

かのモデルと基本的に同じなので、コードの大半は省略する。

```
>>> from sklearn.ensemble import RandomForestRegressor
>>> forest_reg = RandomForestRegressor()
>>> forest_reg.fit(housing_prepared, housing_labels)
>>> [...]
>>> forest_rmse
21941.911027380233
>>> display_scores(forest_rmse_scores)
Scores: [ 51650.94405471 48920.80645498 52979.16096752 54412.74042021
          50861.29381163  56488.55699727  51866.90120786  49752.24599537
          55399.50713191  53309.74548294]
Mean: 52564.1902524
Standard deviation: 2301.87380392
```

これはずいぶん成績がよくなっている。ランダムフォレストはとても有望に見える。しかし、訓練セットに対する成績が検証セットに対する成績よりもかなり低くなっていることに注意しなければならない。これは、このモデルがまだ訓練セットに過学習しているということだ。過学習の解決方法は、モデルを単純化するか、モデルに制限を加える（つまり正則化する）か、訓練データを大幅に増やすかである。しかし、ランダムフォレストに深入りしてハイパーパラメータの調整に時間を掛けすぎてしまう前に、機械学習アルゴリズムのさまざまなカテゴリに属するほかの多くのモデルを試してみる必要がある（異なるカーネルによる複数のSVM：サポートベクトルマシンやニューラルネットワークなど）。目標は、少数（2個から5個）の期待できるモデルのリストを作ることだ。

 実験したすべてのモデルを保存しておこう。そうすれば、必要になったときにどのモデルにでも簡単に戻ってくることができる。そして、ハイパーパラメータと訓練したパラメータ、交差検証のスコア、実際の予測もすべて残しておこう。そうすれば、モデルタイプ同士の比較や誤差のタイプの比較が簡単にできる。scikit-learn モデルは、Python の pickle モジュールか sklearn.externals.joblib を使えば簡単に保存できる。大規模な NumPy 配列のシリアライズでは、sklearn.externals.joblib の方が効率がよい。

```
from sklearn.externals import joblib

joblib.dump(my_model, "my_model.pkl")
# あとで次のようにしてロード
my_model_loaded = joblib.load("my_model.pkl")
```

2.7　モデルを微調整する

期待できそうなモデルのリストができたとする。次にそれらのモデルを微調整していく必要がある。そのための方法をいくつか見ていこう。

2.7.1　グリッドサーチ

　ひとつの方法は、最適なハイパーパラメータ値の組み合わせを見つけるまで、マニュアルでハイパーパラメータを操作するものである。これはかなり面倒な作業であり、多くの組み合わせを試す時間はないかもしれない。

　そこで、scikit-learn の GridSearchCV にサーチをさせればよい。どのハイパーパラメータを操作するか、その値として何を試すかを指定すると、GridSearchCV は、指定から得られるハイパーパラメータ値のすべての組み合わせを交差検証で評価する。たとえば、次のコードは、RandomForestRegressor のハイパーパラメータ値の最高の組み合わせを探す。

```python
from sklearn.model_selection import GridSearchCV

param_grid = [
    {'n_estimators': [3, 10, 30], 'max_features': [2, 4, 6, 8]},
    {'bootstrap': [False], 'n_estimators': [3, 10], 'max_features': [2, 3, 4]},
  ]

forest_reg = RandomForestRegressor()

grid_search = GridSearchCV(forest_reg, param_grid, cv=5,
                           scoring='neg_mean_squared_error')

grid_search.fit(housing_prepared, housing_labels)
```

ハイパーパラメータが取るべき値について手がかりがない場合には、単純に 1、10、100、1,000 のような 10 の累乗の連続を試すとよい（この例の n_estimators ハイパーパラメータのように、もっと粒度の細かい検索が必要なら、もっと小さな値を使えばよい）。

　この param_grid は、まず最初の dict に含まれる n_estimators、max_features は、ハイパーパラメータ（今の段階では、これらのハイパーパラメータの意味はわからなくてよい。**7章**で詳しく説明する）の $3 \times 4 = 12$ 通りの組み合わせを評価してから、第 2 の dict のハイパーパラメータの $2 \times 3 = 6$ 通りの組み合わせを評価する。ただし、2 度目の評価では、bootstrap にデフォルトの True ではなく、False をセットする。

　結論としては、このグリッドサーチは、RandomForestRegressor のハイパーパラメータの $12 + 6 = 18$ 通りの組み合わせで、個々のモデルを 5 回ずつ訓練する（5 フォールドの交差検証を使っているため）。言い換えれば、$18 \times 5 = 90$ ラウンドの訓練を行う。かなり時間がかかるかもしれないが、処理終了後に次のようにすれば、最高のパラメータの組み合わせがわかる。

```python
>>> grid_search.best_params_
{'max_features': 8, 'n_estimators': 30}
```

8 と 30 は評価した最大値なので、もっと高い値もさらに評価して、スコアが上がり続けるかどうかを確かめた方がよいだろう。

また、次のようにすれば最良の推定器を直接得ることができる。

```
>>> grid_search.best_estimator_
RandomForestRegressor(bootstrap=True, criterion='mse', max_depth=None,
           max_features=8, max_leaf_nodes=None, min_impurity_decrease=0.0,
           min_impurity_split=None, min_samples_leaf=1,
           min_samples_split=2, min_weight_fraction_leaf=0.0,
           n_estimators=30, n_jobs=1, oob_score=False, random_state=42,
           verbose=0, warm_start=False)
```

GridSearchCV を初期化するときに refit=True（デフォルト）を使った場合、GridSearchCV はクロス交差を使って最良の推定器を見つけたあと、訓練セット全体を使って推定器を訓練し直す。通常、与えるデータを増やせば性能は上がるので、これはよい方法である。

そしてもちろん、評価のスコアもわかる。

```
>>> cvres = grid_search.cv_results_
>>> for mean_score, params in zip(cvres["mean_test_score"], cvres["params"]):
...     print(np.sqrt(-mean_score), params)
...
63647.854446 {'n_estimators': 3, 'max_features': 2}
55611.5015988 {'n_estimators': 10, 'max_features': 2}
53370.0640736 {'n_estimators': 30, 'max_features': 2}
60959.1388585 {'n_estimators': 3, 'max_features': 4}
52740.5841667 {'n_estimators': 10, 'max_features': 4}
50374.1421461 {'n_estimators': 30, 'max_features': 4}
58661.2866462 {'n_estimators': 3, 'max_features': 6}
52009.9739798 {'n_estimators': 10, 'max_features': 6}
50154.1177737 {'n_estimators': 30, 'max_features': 6}
57865.3616801 {'n_estimators': 3, 'max_features': 8}
51730.0755087 {'n_estimators': 10, 'max_features': 8}
49694.8514333 {'n_estimators': 30, 'max_features': 8}
62874.4073931 {'n_estimators': 3, 'bootstrap': False, 'max_features': 2}
54643.4998083 {'n_estimators': 10, 'bootstrap': False, 'max_features': 2}
59437.8922859 {'n_estimators': 3, 'bootstrap': False, 'max_features': 3}
52735.3582936 {'n_estimators': 10, 'bootstrap': False, 'max_features': 3}
57490.0168279 {'n_estimators': 3, 'bootstrap': False, 'max_features': 4}
51008.2615672 {'n_estimators': 10, 'bootstrap': False, 'max_features': 4}
```

この例では、max_features ハイパーパラメータに 8、n_estimators ハイパーパラメータに 30 を設定したときに最良のソリューションが得られる。この組み合わせの RMSE スコアは 49,694 で、デフォルトのハイパーパラメータ値を使ったときのスコア（52,564）よりも少しよく

なっている。おめでとう、あなたの最良のモデルをうまく微調整できたのだ。

> データ準備ステップの一部はハイパーパラメータとして扱えることを忘れないようにしよう。たとえば、グリッドサーチは、確信の持てない特徴量を追加するかどうかを自動的に判別する（たとえば、カスタムで作った `CombinedAttributesAdder` 変換器の `add_bedrooms_per_room` ハイパーパラメータを使って）。ハイパーパラメータは、外れ値、欠損した特徴量、特徴量選択、その他さまざまなものの最良の処理方法を自動的に見つけるためにも使える。

2.7.2　ランダムサーチ

　グリッドサーチは、前の例のように比較的少ない数の組み合わせを探るときにはよいが、ハイパーパラメータの**探索空間**（search space）が大きいときには、代わりに `RandomizedSearchCV` を使った方がよい場合が多い。このクラスは `GridSearchCV` クラスと同じように使えるが、すべての組み合わせを試すのではなく、指定された回数だけ個々のハイパーパラメータのためにランダムな値を選び、それらを組み合わせて評価する。このアプローチには、大きなメリットがふたつある。

- ランダムサーチをたとえば 1,000 回繰り返すと、個々のハイパーパラメータについて 1,000 種類の異なる値を試せる（グリッドサーチのようにハイパーパラメータごとに数個の値だけを試すのではなく）。
- ハイパーパラメータサーチのための計算資源の予算を管理しやすくなる。単純にイテレーションの回数を設定するだけでよい。

2.7.3　アンサンブルメソッド

　性能のよいモデルを組み合わせてみるというのも、システムを微調整する方法のひとつだ。グループ「アンサンブル」は、個別の最良のモデルよりも高い性能を発揮することが多い（決定木を組み合わせたランダムフォレストが個別の決定木よりも高い性能を発揮するように）。特に、個別のモデルが大きく異なるタイプの誤差を出すときには効果が高い。**7 章**で詳しく説明する。

2.7.4　最良のモデルと誤差の分析

　最良のモデルをよく調べてみると、問題について深い洞察が得られることがよくある。たとえば、`RandomForestRegressor` は、正確な予測のために個々の属性の相対的な重要性の大小がどうなっているかを示すことができる。

```
>>> feature_importances = grid_search.best_estimator_.feature_importances_
>>> feature_importances
array([ 7.33442355e-02,    6.29090705e-02,    4.11437985e-02,
        1.46726854e-02,    1.41064835e-02,    1.48742809e-02,
        1.42575993e-02,    3.66158981e-01,    5.64191792e-02,
        1.08792957e-01,    5.33510773e-02,    1.03114883e-02,
        1.64780994e-01,    6.02803867e-05,    1.96041560e-03,
        2.85647464e-03])
```

この重要性のスコアの横に対応する属性名を表示してみよう。

```
>>> extra_attribs = ["rooms_per_hhold", "pop_per_hhold", "bedrooms_per_room"]
>>> cat_encoder = cat_pipeline.named_steps["cat_encoder"]
>>> cat_one_hot_attribs = list(cat_encoder.categories_[0])
>>> attributes = num_attribs + extra_attribs + cat_one_hot_attribs
>>> sorted(zip(feature_importances, attributes), reverse=True)
[(0.36615898061813418, 'median_income'),
(0.16478099356159051, 'INLAND'),
(0.10879295677551573, 'pop_per_hhold'),
(0.073344235516012421, 'longitude'),
(0.062909070482620302, 'latitude'),
(0.056419179181954007, 'rooms_per_hhold'),
(0.053351077347675809, 'bedrooms_per_room'),
(0.041143798478729635, 'housing_median_age'),
(0.014874280890402767, 'population'),
(0.014672685420543237, 'total_rooms'),
(0.014257599323407807, 'households'),
(0.014106483453584102, 'total_bedrooms'),
(0.010311488326303787, '<1H OCEAN'),
(0.0028564746373201579, 'NEAR OCEAN'),
(0.0019604155994780701, 'NEAR BAY'),
(6.0280386727365991e-05, 'ISLAND')]
```

この情報に基づいて、あまり役に立たない特徴量を取り除いてみよう（たとえば、ocean_
proximity カテゴリで役に立つカテゴリは明らかにひとつだけなので、その他は取り除いて
みる）。

　また、システムが生み出してしまう特定の誤差に注目し、なぜそのような誤差が出るのか、どう
すれば問題を解決できるのかも検討してみるべきだ。

2.7.5　テストセットでシステムを評価する

　モデルをしばらくいじっているうちに、十分な性能を発揮するシステムが得られる。ここま
で来たら、いよいよテストセットでそのモデルを評価することになる。このプロセスに特別な
部分はない。テストセットの予測子とラベルを取り出し、full_pipeline でデータを変換し
（fit_transform() ではなく、transform() を呼び出すこと）、テストセットを使って最終
モデルを評価する。

```
final_model = grid_search.best_estimator_

X_test = strat_test_set.drop("median_house_value", axis=1)
y_test = strat_test_set["median_house_value"].copy()

X_test_prepared = full_pipeline.transform(X_test)

final_predictions = final_model.predict(X_test_prepared)

final_mse = mean_squared_error(y_test, final_predictions)
final_rmse = np.sqrt(final_mse)    # => 47,766.0 と評価
```

　ハイパーパラメータの微調整をしっかり行った場合、評価から得られる性能は、交差検証で測定した性能よりもわずかに低くなるのが普通だ（システムは検証データに対して性能が高くなるように微調整されているので、未知のデータセットではそこまでの性能が出ないことが多い）。この例ではそのようなことにはなっていないが、もしそうであっても、テストセットでの数値を上げるためにハイパーパラメータをいじりたくなる気持ちを抑えなければならない。

　これでプロジェクトは本格稼働の準備段階に入った。ソリューションのプレゼンテーションを行い、ドキュメントを書こう。プレゼンテーションでは、わかりやすいビジュアライゼーションと記憶に残る言葉、たとえば、「住宅価格の予測では、収入の中央値がナンバーワンの予測子です」を使い、自分が学んだこと、機能したものとそうでないもの、設けた前提条件、システムの限界などをはっきりと示すことが大切だ。

2.8　システムを本番稼働、モニタリング、メンテナンスする

　おめでとう。プレゼンテーションが評価され、本番稼働が認められた。ソリューションを本番稼働できるようにする準備が必要だ。特に、システムに本番システムの入力データソースをつなぎ、テストを書くことが重要な仕事となる。

　また、一定間隔で本番環境でのシステムの性能をチェックし、性能が落ちたときにアラートを生成するモニタリングコードも書かなければならない。モニタリングは、突然の障害だけでなく、性能の低下を捕捉するために重要な意味を持つ。新しいデータを使って定期的にモデルを訓練しない限り、時間とともにデータが変わるとモデルは「腐って」くるので、性能が低下してくるのはごく普通のことだ。

　システムの性能を評価するには、システムの予測をサンプリングして評価する必要がある。評価には、一般に人間による分析が必要になる。分析者は、その分野の専門家かクラウドソーシングプラットフォーム（Amazon Mechanical Turk や CrowdFlower など）の作業者である。いずれにしても、システムに人間による評価のパイプラインをつなぐ必要がある。

　システムの入力データの品質を評価することも忘れてはならない。信号の品質低下（たとえば、センサーが誤作動してでたらめな値を送ってきたり、ほかのチームの出力が劣化してきたりした場合）によってシステムの性能がわずかに下がる場合があるが、アラートを生成するところまで性能

が劣化するまではある程度の時間がかかるだろう。システムの入力をモニタリングしていれば、このような兆候を早い段階で捕捉できる。オンライン学習システムでは、入力のモニタリングが特に重要である。

　最後に、モデルは、新鮮なデータを使って定期的に訓練するようにしたい。また、このプロセスはできる限り自動化すべきだ。これを怠ると、6か月ごとにモデルを作り直さなければならなくなり（6か月で済めばまだよい方だ）、システムの性能は時間の経過とともに激しく変動するようになる。システムがオンライン学習システムなら、定期的にシステムの状態のスナップショットを保存し、機能していた最後の状態に簡単にロールアウトできるようにすべきだ。

2.9　試してみよう

　この章を読んで、みなさんには、機械学習プロジェクトがどのようなものか、イメージをつかんでいただけたことと思う。この章では、訓練して優れたシステムを作るためのツールの一部も紹介した。ご覧になったように、仕事の大半はデータの準備のステップにある。モニタリングツールを作り、人間による評価パイプラインを準備し、定期的なモデルの訓練を自動化することだ。もちろん、機械学習アルゴリズムも大切だが、高度なアルゴリズムの探索にばかり時間を使ってプロセス全体のことを考える時間が足りなくなるよりも、プロセス全体をしっかりと把握し、3〜4種類のアルゴリズムを知っている方がおそらくよい。

　あなたがまだそうでなければ、今すぐラップトップを開き、興味のあるデータセットを選んで、プロセス全体の A から Z までを実際にしてみよう。出発点としては、http://kaggle.com/のようなコンテストのサイトがよい。遊べるデータセットが手に入り、明確な目標を持つことができる。そして、人々が経験をシェアしてくれる。

2.10　演習問題

　この章の住宅価格のデータセットを使って次の問題に答えなさい。

1. SVM 回帰を試してみよう。kernel="linear"（C ハイパーパラメータにさまざまな値を指定する）、kernel="rbf"（C、gamma ハイパーパラメータにさまざまな値を指定する）としてさまざまなハイパーパラメータを試していただきたい。これらのハイパーパラメータの意味については、今のところ気にしなくてよい。最良の **SVR** 予測器の性能はどのくらいか。
2. GridSearchCV の代わりに RandomizedSearchCV を使うように努力しなさい。
3. データ準備のパイプラインに変換器を追加して、もっとも重要な属性だけを選ぶようにしなさい。
4. データの準備作業を完全に行うとともに、最終的な予測を行うひとつのパイプラインを作りなさい。

5. `GridSearchCV` を使っていくつかの準備のオプションを自動的に探りなさい。

　これらの演習問題の解答は、https://github.com/ageron/handson-ml のオンライン Jupyter ノートブックに書かれている。

3章
分類

　1章では、教師あり学習のタスクでもっとも一般的なものは回帰（値の予測）と分類（クラスの予測）だということに触れた。2章では、線形回帰、決定木、ランダムフォレスト（これらについては、あとの章で改めて詳しく説明する）などのさまざまなアルゴリズムを使って住宅価格の予測という回帰のタスクを掘り下げていった。この章では、分類システムについて詳しく見ていこう。

3.1　MNIST

　この章では、MNIST データベースを使う。MNIST は、高校生や合衆国国勢調査局の職員が手書きした 70,000 個の数字画像のデータセットである。個々の画像には、表している数値のラベルが付けられている。このデータセットは非常によく使われてきたので、機械学習の Hello World と呼ばれることも多い。新しい分類アルゴリズムが登場するたびに、MNIST でどの程度の性能が出るのかが関心を集める。機械学習を学ぶ人々は、遅かれ早かれ MNIST に挑むことになる。

　scikit-learn には、よく使われるデータセットをダウンロードするためのヘルパー関数が多数含まれている。MNIST もそのようなデータセットのひとつである。次のコードは、MNIST データセットをフェッチする[†1]。

```
>>> from sklearn.datasets import fetch_mldata
>>> mnist = fetch_mldata('MNIST original')
>>> mnist
{'COL_NAMES': ['label', 'data'],
 'DESCR': 'mldata.org dataset: mnist-original',
 'data': array([[0, 0, 0, ..., 0, 0, 0],
        [0, 0, 0, ..., 0, 0, 0],
        [0, 0, 0, ..., 0, 0, 0],
        ...,
        [0, 0, 0, ..., 0, 0, 0],
```

[†1]　sckit-learn は、デフォルトで$HOME/scikit_learn_dataディレクトリにダウンロードしたデータセットをキャッシュしている。

```
       [0, 0, 0, ..., 0, 0, 0],
       [0, 0, 0, ..., 0, 0, 0]], dtype=uint8),
 'target': array([ 0.,  0.,  0., ...,  9.,  9.,  9.])}
```

scikit-learn がロードするデータセットは、一般にほぼ同じ辞書構造になっている。

- DESCR キーは、データセットの説明を格納する。
- data キーは、インスタンスごとに 1 行、特徴量ごとに 1 列という形の配列を格納する。
- target キーは、ラベルの配列を格納する。

これらの配列を見てみよう。

```
>>> X, y = mnist["data"], mnist["target"]
>>> X.shape
(70000, 784)
>>> y.shape
(70000,)
```

70,000 個の画像があり、個々の画像には 784 個の特徴量がある。これは、各画像が 28×28 ピクセルで、個々の特徴量は 0（白）から 255（黒）までの値でピクセルの明度を表しているからである。データセットのなかの数字をひとつ覗いてみよう。インスタンスの特徴量ベクトルを取り出し、28×28 の配列に形状変換し、Matplotlib の imshow() 関数で表示するだけのことだ。

```
%matplotlib inline
import matplotlib
import matplotlib.pyplot as plt

some_digit = X[36000]
some_digit_image = some_digit.reshape(28, 28)

plt.imshow(some_digit_image, cmap = matplotlib.cm.binary,
           interpolation="nearest")
plt.axis("off")
plt.show()
```

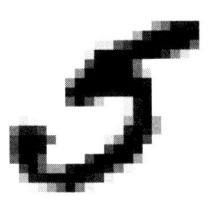

これは 5 のように見えるが、実際にラベルはそうだと言っている。

```
>>> y[36000]
5.0
```

図3-1 は、MNIST データセットのなかのその他の画像の一部を示している。これを見るだけでも、分類タスクの複雑さが実感できるだろう。

図3-1　MNISTデータセットに含まれる数字の画像の一部

ちょっと待った！ データを詳しく調べる前に、テストセットを作って封印しなければならないはずだ。MNIST データセットは、実際にはすでに訓練セット（最初の 6 万画像）とテストセット（後ろの 1 万画像）に分かれている。

```
X_train, X_test, y_train, y_test = X[:60000], X[60000:], y[:60000], y[60000:]
```

さらに、訓練セットをシャッフルしておこう。そうすれば、交差検証のフォールドが同じようなものになる（いくつかの数字がないフォールドができては困る）。また、一部の学習アルゴリズムは訓練インスタンスの順序の影響を受け、同じようなインスタンスが立て続けに登場すると性能が

劣化するが、シャッフルすればそのようなことのないデータセットが得られる[†2]。

```
import numpy as np

shuffle_index = np.random.permutation(60000)
X_train, y_train = X_train[shuffle_index], y_train[shuffle_index]
```

3.2　二項分類器の訓練

とりあえず、問題を単純化して1個の数字だけを識別できるようにしてみよう。たとえば5である。この5検出器は、5と5以外のふたつのクラスだけを区別できる**二項分類器**（binary classifier）の例である。この分類タスクのターゲットベクトルを作ろう。

```
y_train_5 = (y_train == 5)   # 5 に対しては True、それ以外の数字に対しては False
y_test_5 = (y_test == 5)
```

では、分類器を選んで訓練しよう。scikit-learn の SGDClassifier クラスを使って、**確率的勾配降下法**（Stochastic Gradient Descent：SGD）の分類器から試してみるのが出発点としてはよい。この分類器には、非常に大規模なデータセットを効率よく扱えるという長所がある。その理由の一部は、後述のように SGD が訓練インスタンスを1度にひとつずつ独立に扱うことにある（そのため、SGD は**オンライン学習**にも向いている）。それでは、SGDClassifier を作り、訓練セット全体で訓練してみよう。

```
from sklearn.linear_model import SGDClassifier

sgd_clf = SGDClassifier(random_state=42)
sgd_clf.fit(X_train, y_train_5)
```

 SGDClassifier は訓練の無作為性に依存している（名前のなかに「確率的」が含まれているのはそのためである）。結果を再現したい場合は、random_state パラメータを設定しなければならない。

これで分類器を使って数字の5の画像を検出できる。

```
>>> sgd_clf.predict([some_digit])
array([ True], dtype=bool)
```

分類器は、この画像が5（True）を表していることを推測している。この特定の例については正しく推測できたようだ。それでは、このモデルの性能を評価してみよう。

[†2]　たとえば時系列データ（株価の推移や天候の変化）のように、データのシャッフルがまずい場合もある。この問題については、次章で深く掘り下げる。

3.3　性能指標

　分類器の評価は回帰器の評価よりもはるかに難しいので、この章は、かなりの部分をこのテーマのために割くことになる。使われている性能指標は非常に多いので、ここでもう1杯コーヒーを用意して、新しい概念や頭字語をたくさん学ぶ心の準備をしておこう。

3.3.1　交差検証を使った正解率の測定

　モデルの評価には、2章でも使った交差検証を使うとよい。

交差検証の実装

　scikit-learn が提供してくれるものよりも交差検証をきめ細かく管理しなければならなくなることがときどきある。そのような場合には、自分で交差検証を実装すればよい。交差検証の実装は、実際にはかなり簡単である。次のコードは、scikit-learn の cross_val_score() 関数とほぼ同じことを行い、同じ結果を出力する。

```python
from sklearn.model_selection import StratifiedKFold
from sklearn.base import clone

skfolds = StratifiedKFold(n_splits=3, random_state=42)

for train_index, test_index in skfolds.split(X_train, y_train_5):
    clone_clf = clone(sgd_clf)
    X_train_folds = X_train[train_index]
    y_train_folds = y_train_5[train_index]
    X_test_fold = X_train[test_index]
    y_test_fold = y_train_5[test_index]

    clone_clf.fit(X_train_folds, y_train_folds)
    y_pred = clone_clf.predict(X_test_fold)
    n_correct = sum(y_pred == y_test_fold)
    print(n_correct / len(y_pred))  # 0.9502, 0.96565, 0.96495 を出力
```

　StratifiedKFold クラスは、層化抽出（2章）を行って、各クラスの比率に合ったフォールドを作る。コードは各イテレーションで分類器のクローンを作り、訓練フォールドを使ってそのクローンを訓練し、テストフォールドを使って予測を行う。そして、正しい予測の数を数え、正しい予測の割合を出力する。

　それでは、cross_val_score() 関数を使って、3フォールドのK分割交差検証でSGDClassifier モデルを評価してみよう。K分割交差検証とは、訓練セットをK個（この場合は3個）のフォールドに分割し、検証用のフォールド以外のフォールドを使って訓練したモデ

ルで検証用のフォールドを評価するものだということを思い出そう（**2章**）。

```
>>> from sklearn.model_selection import cross_val_score
>>> cross_val_score(sgd_clf, X_train, y_train_5, cv=3, scoring="accuracy")
array([ 0.9502 ,  0.96565,  0.96495])
```

　なんと、95% もの**正解率**（正しい予測の割合：accuracy）が出ている。すばらしい数字ではないだろうか。いや、あまり興奮しすぎないうちに、すべての画像を「5 以外」クラスに分類するダム分類器の結果を見てみよう。

```
from sklearn.base import BaseEstimator

class Never5Classifier(BaseEstimator):
    def fit(self, X, y=None):
        pass
    def predict(self, X):
        return np.zeros((len(X), 1), dtype=bool)
```

　このモデルの正解率はどれくらいだろうか。実際に見てみよう。

```
>>> never_5_clf = Never5Classifier()
>>> cross_val_score(never_5_clf, X_train, y_train_5, cv=3, scoring="accuracy")
array([ 0.909  ,  0.90715,  0.9128 ])
```

　うそではない。90% 以上の正解率を示しているのである。これは、画像の約 10% が 5 だからだということに過ぎない。いつも 5 で**ない**と予測していれば、約 90% の確率で当たる。ノストラダムスもびっくりである。

　これは、分類器の性能指標として正解率が一般に好まれない理由を示している。特に**歪んだデータセット**（skewed dataset）、つまり一部のクラスがほかのクラスよりも出現頻度が高いデータセットでは正解率はあてにならない。

3.3.2　混同行列

　分類器の性能の評価方法としては**混同行列**（confusion matrix）の方がはるかに優れている。基本的な考え方は、クラス A のインスタンスがクラス B に分類された回数を数えるというものである。たとえば、分類器が 5 の画像を 3 と混同した回数は、混同行列の第 5 行第 3 列を見ればわかる。

　混同行列を計算するためには、まず、実際のターゲットと比較できる予測の集合が必要である。テストセットを使って予測してもよいが、今の段階ではさしあたりテストセットには手を触れずに残しておこう（テストセットは、本番稼働に回せる分類器が完成しているプロジェクトの最後の段階だけで使うべきだということを忘れないようにしよう）。代わりに、cross_val_predict() 関数を使えばよい。

```
from sklearn.model_selection import cross_val_predict

y_train_pred = cross_val_predict(sgd_clf, X_train, y_train_5, cv=3)
```

cross_val_predict() 関数は、cross_val_score() 関数と同様に K 分割交差検証を行うが、評価のスコアではなく、個々のテストフォールドに対する予測結果を返すのである。そのため、訓練セットの個々のインスタンスに対するクリーンな予測が得られる（クリーンとは、訓練中にデータを見ていないモデルで予測が行われるという意味である）。

これで、confusion_matrix() 関数を使って混同行列を得る準備が整った。この関数には、単純にターゲットクラス（y_train_5）と予測されたクラス（y_train_pred）を渡せばよい。

```
>>> from sklearn.metrics import confusion_matrix
>>> confusion_matrix(y_train_5, y_train_pred)
array([[53272,  1307],
       [ 1077,  4344]])
```

混同行列の各行は**実際のクラス**、各列は**予測したクラス**を表す。行列の第 1 行は 5 以外の画像（**陰性クラス**：negative class）であり、そのうち 53,272 件は正しく 5 以外と分類され（**真陰性**：true negative）、1,307 件は誤って 5 と分類されている（**偽陽性**：false positive）。それに対し、行列の第 2 行は 5 の画像（**陽性クラス**：positive class）であり、そのうち 1,077 件は誤って 5 以外と分類され（**偽陰性**：false negative）、4,344 件は正しく 5 と分類されている（**真陽性**：true positive）。分類器が完全なら真陽性と真陰性だけで、混同行列で 0 以外の値が含まれるのは主対角線（左上から右下）だけになる。

```
>>> confusion_matrix(y_train_5, y_train_perfect_predictions)
array([[54579,     0],
       [    0, 5421]])
```

混同行列は盛りだくさんの情報を与えてくれるが、もっと簡潔な指標がほしい場合もある。注目すべき情報は、陽性の予測の正解率である。これを分類器の**適合率**（precision）と呼ぶ（**式3-1**）。

式 3-1　適合率

$$\text{precision} = \frac{TP}{TP + FP}$$

TP は真陽性の数、FP は偽陽性の数である。

完璧な適合率をお手軽に実現するには、1 個の陽性予測を行い、それをかならず正しいものにすることである（適合率=1/1=100%）。しかし、それでは分類器は 1 個の陽性インスタンス以外のインスタンスを無視してしまうことになり、あまり役に立たない。そこで、適合率は一般に**再現率**（recall）と呼ばれる別の指標と併用される。再現率は、**感度**（sensitivity）とか**真陽性率**（true positive rate：TPR）とも呼ばれる。これは分類器が正しく分類した陽性インスタンスの割合である（**式3-2**）。

式 3-2　再現率

$$\mathrm{recall} = \frac{TP}{TP + FN}$$

FN はもちろん偽陰性の数である。

混同行列で頭が混乱してしまったという方には、**図3-2** が役に立つかもしれない。

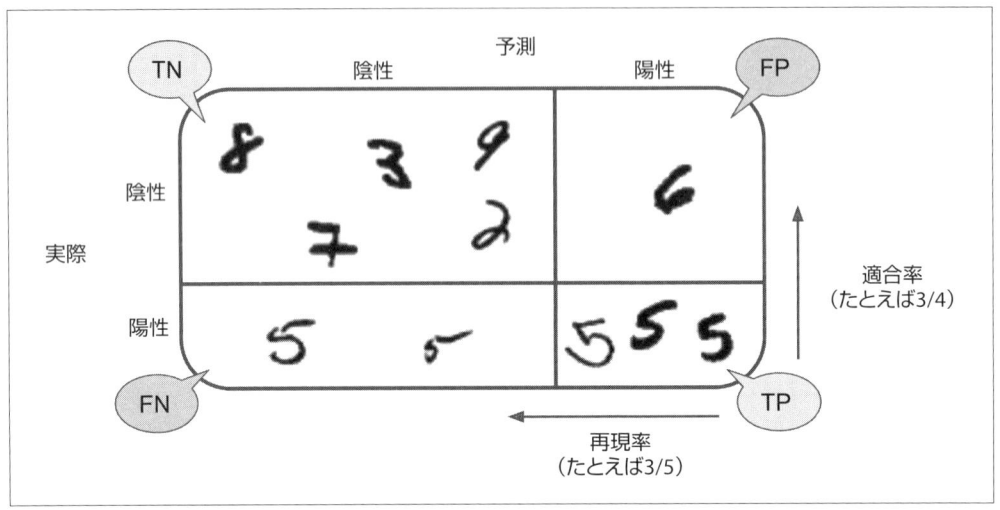

図3-2　混同行列と指標

3.3.3　適合率と再現率

　scikit-learn は、適合率や再現率を含む分類器の性能指標を計算するための関数を複数提供している。

```
>>> from sklearn.metrics import precision_score, recall_score
>>> precision_score(y_train_5, y_train_pred)    # == 4344 / (4344 + 1307)
0.76871350203503808
>>> recall_score(y_train_5, y_train_pred)  # == 4344 / (4344 + 1077)
0.80132816823464303
```

　適合率を見ると、あなたの 5 検出器は以前ほどすばらしいものには見えないだろう。この画像は 5 だと言っていても、その予測が正しいのは、わずか 77% のときだけである。しかも、すべての 5 の 80% しか検出できない。

　特にふたつの分類器を比較するための単純な方法が必要な場合などには、適合率と再現率をひとつにまとめた **F 値**（F_1score）が便利である。F 値は適合率と再現率の**調和平均**（harmonic mean）である（**式3-3**）。通常の平均がすべての値を同じように扱うのに対し、調和平均は低い値にそうで

ない値よりもずっと大きな重みを置く。そのため、適合率と再現率の両方が高くなければ、分類器のF値は高くならない。

式3-3 F値

$$F_1 = \frac{2}{\dfrac{1}{\text{precision}} + \dfrac{1}{\text{recall}}} = 2 \times \frac{\text{precision} \times \text{recall}}{\text{precision} + \text{recall}} = \frac{TP}{TP + \dfrac{FN + FP}{2}}$$

F値は、`f1_score()` 関数を呼び出せば計算できる。

```
>>> from sklearn.metrics import f1_score
>>> f1_score(y_train_5, y_train_pred)
0.78468208092485547
```

F値は、適合率と再現率が同じように高い分類器を高く評価するが、いつもそれが望ましいわけではない。適合率の方が重視される場合や再現率の方が重視される場合があるだろう。たとえば、子どもに見せても安心なビデオを検出する分類器を訓練している場合、多くのよいビデオを排除しても（再現率が低い）安全なビデオだけを選ぶ（適合率が高い）分類器の方が、再現率が高くても少数の非常に危険なビデオが入り込む分類器よりもよいだろう（そのような場合は、分類器による選択をチェックする人間のパイプラインを追加した方がよいだろう）。それに対し、監視ビデオから万引き犯を見つける分類器を訓練している場合には、再現率が99%であれば、適合率が30%しかなくても、その分類器は使えるはずだ（確かに警備員は偽陽性のアラートを受けるが、ほとんどすべての万引き犯を捕まえられる）。

残念ながら、両方を上げることはできない。適合率が上がれば再現率が下がり、逆もまた成り立つ。**適合率と再現率はトレードオフの関係にある。**

3.3.4　適合率と再現率のトレードオフ

なぜ適合率と再現率がトレードオフになってしまうのかを理解するために、SGDClassifierがどのように分類を判断するかを詳しく見てみよう。SGDClassifier は、個々のインスタンスに対して、**決定関数**（decision function）に基づいてスコアを計算し、そのスコアがしきい値よりも高ければ、インスタンスは陽性クラスに、そうでなければ陰性クラスに分類される。**図3-3** は、最低スコア（左端）から最高スコア（右端）までのさまざまな数字を示している。**決定しきい値**（decision threshold）を中央の矢印（ふたつの5の間）に置くと、しきい値の右側には4個の真陽性（実際に5）と1個の偽陽性（実際には6）が含まれることになる。そのため、ここをしきい値とすると、適合率は80%になる（5個のうちの4個）。しかし、6個ある5のうち、分類器が検出しているのは4個だけなので、再現率は67%（4/6）になる。しきい値を上げると（右側の矢印）、偽陽性だった6が新陰性になって適合率は上がる（この場合は100%）が、1個の真陽性が偽陰性になってしまうため再現率は50%に下がる。逆に、しきい値を下げれば再現率は上がるが、適合

率が下がる。

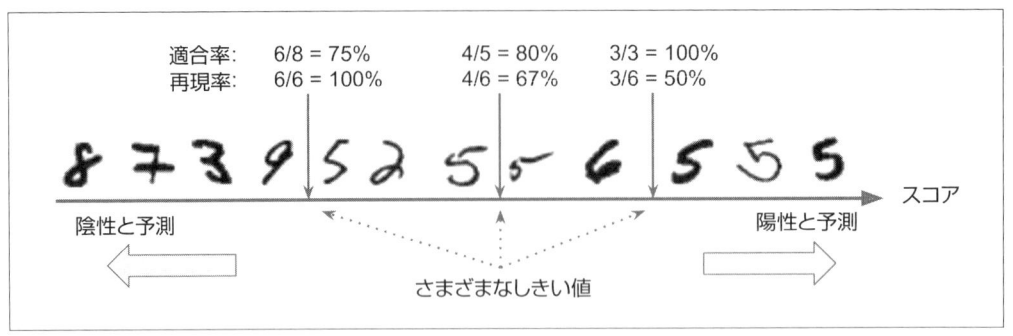

図3-3　決定しきい値と適合率と再現率のトレードオフ

　scikit-learn は、しきい値を直接設定できるようにはなっていないが、予測のときに使う決定スコアにはアクセスできるようになっている。分類器の predict() メソッドを呼び出す代わりに decision_function() メソッドを呼び出すと、各インスタンスのスコアが返される。そこで、使いたいしきい値とスコアを比較して予測を決めていけばよい。

```
>>> y_scores = sgd_clf.decision_function([some_digit])
>>> y_scores
array([ 161855.74572176])
>>> threshold = 0
>>> y_some_digit_pred = (y_scores > threshold)
array([ True], dtype=bool)
```

　しきい値 0 を使っているので、このコードは predict() メソッドと同じ結果（すなわち True）を返す。では、しきい値を引き上げてみよう。

```
>>> threshold = 200000
>>> y_some_digit_pred = (y_scores > threshold)
>>> y_some_digit_pred
array([False], dtype=bool)
```

　しきい値を上げると再現率が下がることが確認できる。画像は実際には 5 を表しており、しきい値が 0 なら分類器は正しく分類できるが、しきい値が 200,000 に上げられると間違った分類をしてしまう。

　では、どのしきい値を使うかはどのようにして判断すればよいのだろうか。まず、cross_val_predict() 関数を使って訓練セットのすべてのインスタンスのスコアを計算し、今度は予測ではなく、決定スコアを返させる。

```
y_scores = cross_val_predict(sgd_clf, X_train, y_train_5, cv=3,
                             method="decision_function")
```

precision_recall_curve() 関数にこのスコアを渡して、可能なあらゆるしきい値の適合

率と再現率を計算する。

```
from sklearn.metrics import precision_recall_curve

precisions, recalls, thresholds = precision_recall_curve(y_train_5, y_scores)
```

最後に、Matplotlibを使ってしきい値の関数として適合率と再現率をプロットする（**図3-4**）。

```
def plot_precision_recall_vs_threshold(precisions, recalls, thresholds):
    plt.plot(thresholds, precisions[:-1], "b--", label="Precision")
    plt.plot(thresholds, recalls[:-1], "g-", label="Recall")
    plt.xlabel("Threshold")
    plt.legend(loc="center left")
    plt.ylim([0, 1])

plot_precision_recall_vs_threshold(precisions, recalls, thresholds)
plt.show()
```

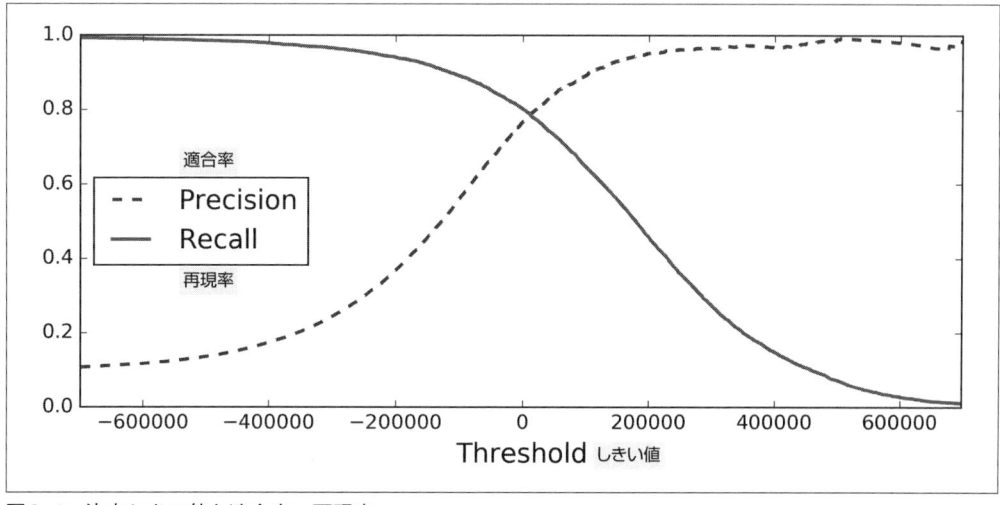

図3-4　決定しきい値と適合率、再現率

　**図3-4**で適合率の曲線の方が再現率の曲線よりもでこぼこしているのはなぜだろうと思われたかもしれない。実は、適合率はしきい値をあげたときに下がることがときどきあるのだ（一般的には上がるはずだが）。**図3-3**に戻り、中央のしきい値からスタートして、数字ひとつ分右に移動したときにどうなるかを見れば、理由がわかる。適合率は 4/5（80%）から 3/4（75%）に下がってしまう。それに対し、再現率はしきい値を上げれば下がる一方なので、曲線がなめらかになる。

　これで、しきい値を調整して、適合率／再現率のバランスをタスクの性質に合わせられるようになった。適合率と再現率のバランスの取り方としては、**図3-5**のように、適合率と再現率を直接対比させる方法もある。

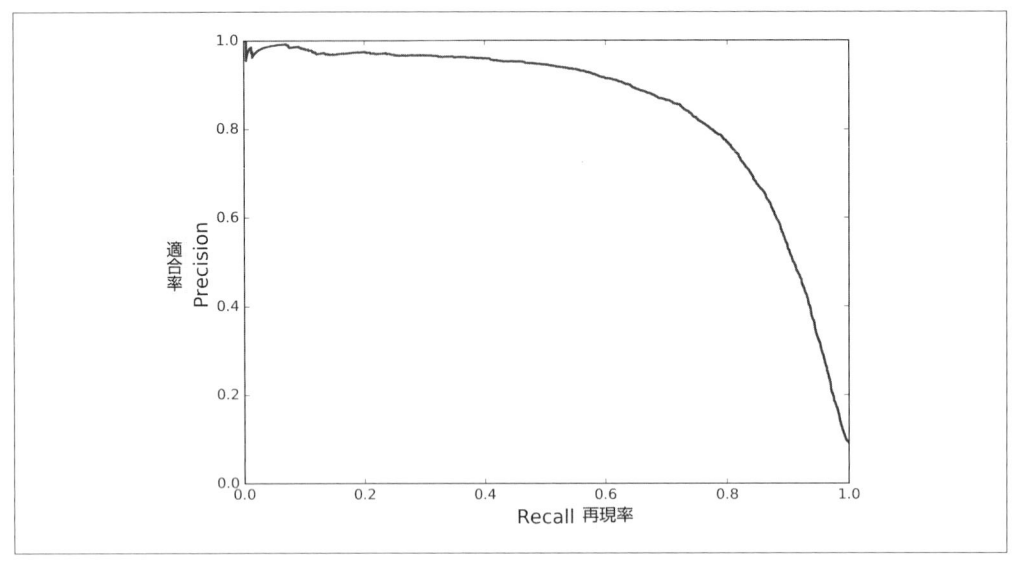

図3-5　適合率と再現率

　再現率が 80% を越えたあたりから適合率が急速に落ちていくことがわかる。そのような急降下が始まる直前のところで適合率と再現率のバランスを取りたいところだ。たとえば、再現率 60% のあたりである。しかし、もちろんどこを選ぶかはプロジェクト次第である。

　たとえば、90% の適合率を目指すことにしたとする。最初の図を少し拡大して見ると、70,000前後のしきい値を使う必要があるということがわかる。その場合、予測は分類器の predict() メソッドではなく、次のコードで行う。

```
y_train_pred_90 = (y_scores > 70000)
```

では、このようにして行った予測の適合率と再現率をチェックしてみよう。

```
>>> precision_score(y_train_5, y_train_pred_90)
0.86592051164915484
>>> recall_score(y_train_5, y_train_pred_90)
0.69931746910164172
```

　これはすばらしい。適合率が 90% の（あるいはそれに十分に近い）分類器が手に入った。ご覧のように、ほとんどどのような適合率の分類器でも簡単に作ることができる。単にしきい値を十分高くするだけだ。しかし、それでよいのだろうか。適合率がいくら高くても、再現率が低すぎれば使いものにならない。

誰かが「99% の適合率を目指そう」と言ったら、「再現率はどのくらいで？」ということを尋ねるべきだ。

3.3.5 ROC 曲線

　二項分類器では、**ROC 曲線**（Receiver Operating Characteristic：受信者動作特性曲線）もツールとしてよく使われる。これは適合率／再現率のグラフとよく似ているが、再現率に対する適合率ではなく、**偽陽性率**（false positive ratio：FPR）に対する**真陽性率**（true positive rate：TPR、再現率のもうひとつの名前）をプロットしたものである。FPR は、誤って陽性と分類された陰性インスタンスの割合である。これは、1 から**真陰性率**（true negative ratio：TNR）を引いた値と等しい。TNR は、正しく陰性に分類された陰性インスタンスの割合で、**特異度**（specificity）とも呼ばれる。そのため、ROC 曲線は 1− **特異度**に対する**感度**（sensitivity：再現率のこと）をプロットした曲線だと言うことができる。

　ROC 曲線を描くためには、roc_curve() 関数を使ってさまざまなしきい値での TPR と FPR を計算する必要がある。

```
from sklearn.metrics import roc_curve

fpr, tpr, thresholds = roc_curve(y_train_5, y_scores)
```

　これで Matplotlib を使えば、FPR に対する TPR をプロットすることができる。次のコードは、**図3-6** のようなプロットを作る。

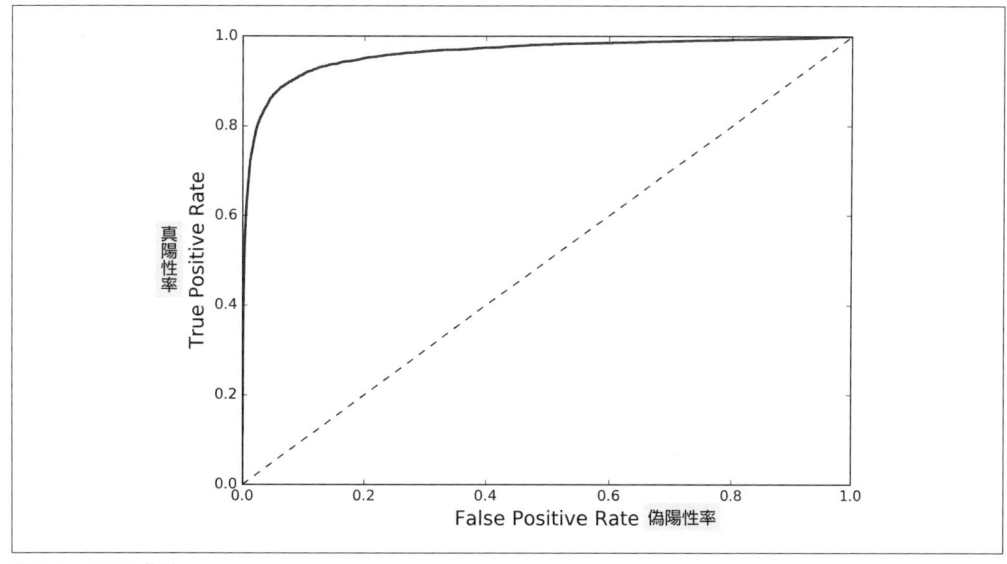

図3-6　ROC 曲線

```
def plot_roc_curve(fpr, tpr, label=None):
    plt.plot(fpr, tpr, linewidth=2, label=label)
    plt.plot([0, 1], [0, 1], 'k--')
    plt.axis([0, 1, 0, 1])
    plt.xlabel('False Positive Rate')
    plt.ylabel('True Positive Rate')

plot_roc_curve(fpr, tpr)
plt.show()
```

ここでもトレードオフがある。再現率（TPR）が上がれば上がるほど、偽陽性（FPR）も上がるのである。点線は、純粋に無作為な分類器の ROC 曲線を表している。すぐれた分類器は、ROC 曲線がこの線からできる限り左上の方に離れた位置を通るものである。

分類器の比較には、**AUC**（area under the curve：曲線の下の面積）が使える。完璧な分類器は **ROC AUC** が 1 になるのに対し、純粋無作為分類器の ROC AUC は 0.5 になる。scikit-learn は、ROC AUC を計算する関数を提供している。

```
>>> from sklearn.metrics import roc_auc_score
>>> roc_auc_score(y_train_5, y_scores)
0.96244965559671547
```

 ROC 曲線は PR（適合率／再現率）曲線と非常によく似ているので、どちらを使ったらよいか迷うかもしれない。目安としては、陽性クラスが珍しいとか、偽陰性よりも偽陽性の方が気になるというときに PR 曲線を使い、それ以外のときは ROC 曲線を使うとよい。たとえば、先ほどの ROC 曲線と ROC AUC スコアを見ると、この分類器はかなり性能が高いと思うかもしれないが、それは主として陽性（5）が陰性（5 以外）と比べて少ないからである。それに対し、PR 曲線を見れば、この分類器には改善の余地が十分にある（曲線はもっと右上隅に近付けられる）ことが明らかになる。

では次に RandomForestClassifier を訓練し、SGDClassifier との間で ROC 曲線と ROC AUC スコアを比較してみよう。まず、訓練セットの各インスタンスに対するスコアを手に入れなければならないが、RandomForestClassifier クラスには、動作の都合上の理由から、decision_function() メソッドがない。その代わり、RandomForestClassifier には predict_proba() メソッドがある。一般に、scikit-learn の分類器は、これらふたつのなかのどちらか片方を持っている。predict_proba() メソッドは、インスタンスあたり 1 行でクラスあたり 1 列の配列を返す。個々の要素は、与えられたインスタンスが与えられたクラスに属する確率を示す（たとえば、画像が 5 を表す確率は 70% など）。

```
from sklearn.ensemble import RandomForestClassifier
```

```
forest_clf = RandomForestClassifier(random_state=42)
y_probas_forest = cross_val_predict(forest_clf, X_train, y_train_5, cv=3,
                                    method="predict_proba")
```

しかし、ROC 曲線をプロットするために必要なのは、確率ではなくスコアである。この問題は、陽性クラスの確率をスコアとして使えば簡単に解決できる。

```
y_scores_forest = y_probas_forest[:, 1]    # score = 陽性クラスの確率
fpr_forest, tpr_forest, thresholds_forest = roc_curve(y_train_5,y_scores_forest)
```

これで ROC 曲線を描く準備が整った。第 1 の ROC 曲線もプロットすると、比較できて便利である（**図3-7**）。

```
plt.plot(fpr, tpr, "b:", label="SGD")
plot_roc_curve(fpr_forest, tpr_forest, "Random Forest")
plt.legend(loc="lower right")
plt.show()
```

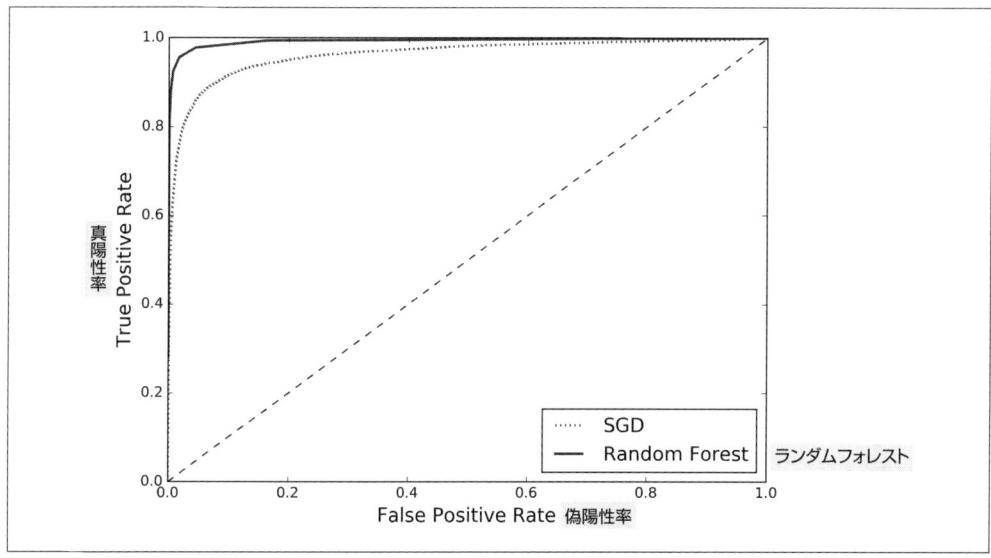

図3-7　ROC曲線を比較する

図3-7を見ると、RandomForestClassifier の ROC 曲線の方が SGDClassifier の ROC 曲線よりもかなりよい感じがする。ROC AUC スコアも、RandomForestClassifier の方がはるかによい。

```
>>> roc_auc_score(y_train_5, y_scores_forest)
0.99312433660038291
```

適合率と再現率も計算してみよう。適合率が 98.5% で再現率が 82.8% となる。なかなかのも

のだ。

　今までに二項分類器の訓練、タスクの適切な指標の選択、交差検証を使った分類の評価、ニーズに合った適合率／再現率のバランスの取り方、ROC 曲線と ROC AUC スコアを使ったさまざまなモデルの比較を説明した。それでは、5 かどうかだけではなくもっと多くの数字を検出できるようにしよう。

3.4　多クラス分類

　二項分類器はふたつのクラスの間の区別をするだけだったが、**多クラス分類器**（multiclass classifier、**多項分類器**：multinomial classifier とも呼ばれる）は、ふたつ以上のクラスを見分けることができる。

　一部のアルゴリズム（ランダムフォレスト分類器や単純ベイズ分類器など）は多クラスを直接処理できるが、そうでないアルゴリズム（サポートベクトルマシン分類器や線形分類器など）は厳密に二項分類器である。しかし、複数の二項分類器を使って多クラス分類を行うための方法はいくつも考え出されている。

　たとえば、数字の画像を 10 個のクラス（0 から 9 まで）に分類できるシステムを作りたければ、個々の数字のために 10 個の二項分類器（0 検出器、1 検出器、2 検出器……）を訓練すればよい。画像を分類するときには、個々の分類器の決定スコアを比較し、もっとも高いスコアを出力した分類器のクラスを選ぶ。これを **OVA 法**（one-versus-all）と呼ぶ（**OVR 法**：oner-versus-rest とも言う）。

　二項分類器の訓練方法としては、数字のすべてのペアに対して二項分類器を訓練するというものもある。0 と 1 を区別するものでひとつ、0 と 2 を区別するものでひとつ、1 と 2 を区別するものでひとつという形である。これを **OVO 法**（one-versus-one）と呼ぶ。N 個のクラスがある場合、$N \times (N-1)/2$ 個の分類器を訓練しなければならない。MNIST 問題の場合、45 個の二項分類器を訓練することになる。分類では、ひとつの画像に対して 45 個のすべての分類器を実行し、もっとも多くの勝利を収めたクラスを選ぶ。OVO 法の最大の利点は、訓練セットのうち、区別しなければならないふたつのクラスに属するインスタンスだけを対象として分類器を訓練できることである。

　一部のアルゴリズム（サポートベクトルマシンなど）は、訓練セットのサイズが大きくなると遅くなるので、そのようなアルゴリズムでは、OVO 法を使って、大規模な訓練セットで少数の分類器を訓練するよりも、小さな訓練セットで多数の分類器を訓練する方が仕事が早くなる。しかし、大半の二項分類アルゴリズムでは、OVA の方がよい。

　scikit-learn は、他クラス分類のために二項分類アルゴリズムを使おうとすると、それを検出し、自動的に OVA 法を実行する（ただし、SVM 分類器では OVO 法が使われる）。`SGDClassifier` でこれを試してみよう。

```
>>> sgd_clf.fit(X_train, y_train)  # y_train_5 ではなく y_train
>>> sgd_clf.predict([some_digit])
array([ 5.])
```

これは簡単だ。このコードは、5 かそれ以外かというターゲットクラスを使った訓練セット（y_train_5）ではなく、0 から 9 までのもともとのターゲットクラスを使った訓練セット（y_train）を使って SGDClassifier を訓練し、予測する（この場合は、正しい数字を）。水面下では、scikit-learn は本当に 10 個の二項分類器を訓練し、画像に対するそれぞれの決定スコアを計算し、もっとも高いスコアを獲得したクラスを選択している。

decision_function() メソッドを使えば、これが本当だということがわかる。インスタンスごとに 1 個ではなく、10 個のスコアが返されるのである。

```
>>> some_digit_scores = sgd_clf.decision_function([some_digit])
>>> some_digit_scores
array([[-311402.62954431, -363517.28355739, -446449.5306454 ,
        -183226.61023518, -414337.15339485,  161855.74572176,
        -452576.39616343, -471957.14962573, -518542.33997148,
        -536774.63961222]])
```

最高スコアは、実際に 5 のスコアだということがわかる。

```
>>> np.argmax(some_digit_scores)
5
>>> sgd_clf.classes_
array([ 0.,  1.,  2.,  3.,  4.,  5.,  6.,  7.,  8.,  9.])
>>> sgd_clf.classes_[5]
5.0
```

 分類器は、訓練時に値の順序で classes_ 属性にターゲットクラスのリストを格納する。この場合、classes_ 配列内の各クラスのインデックス（添字）はクラス自体と一致する（たとえば、インデックス 5 のクラスは 5 のクラスである）が、一般的にはそこまで幸運にはならない。

scikit-learn に強制的に OVO や OVA を使わせたいときには、OneVsOneClassifier クラスか OneVsRestClassifier クラスを使う。単純にインスタンスを作り、二項分類器のコンストラクタへの引数として渡せばよい。たとえば、次のコードは SGDClassifier を基礎として OVO 法を使った多クラス分類器を作る。

```
>>> from sklearn.multiclass import OneVsOneClassifier
>>> ovo_clf = OneVsOneClassifier(SGDClassifier(random_state=42))
>>> ovo_clf.fit(X_train, y_train)
>>> ovo_clf.predict([some_digit])
array([ 5.])
>>> len(ovo_clf.estimators_)
45
```

RandomForestClassifier の訓練も同じように簡単だ。

```
>>> forest_clf.fit(X_train, y_train)
>>> forest_clf.predict([some_digit])
array([ 5.])
```

ランダムフォレストは、インスタンスを直接多クラスに分類できるので、今回は scikit-learn が
OVA や OVO を実行する必要はない。predict_proba() を呼び出せば、分類器が個々のインス
タンスをどのクラスに分類するかを示す確率のリストが得られる。

```
>>> forest_clf.predict_proba([some_digit])
array([[ 0.1,  0. ,  0. ,  0.1,  0. ,  0.8,  0. ,  0. ,  0. ,  0. ]])
```

分類器が自分の予測にかなりの自信を持っていることがわかる。配列のインデックス5の位置が
0.8だということは、画像が80% の確率で5を表しているとモデルが推定しているということだ。
分類器は、画像が0か3かもしれない(それぞれ10%)とも考えている。

もちろん、次は分類器の評価だ。いつもと同じように、交差検証を使う。cross_val_score()
関数で SGDClassifier の適合率を評価してみよう。

```
>>> cross_val_score(sgd_clf, X_train, y_train, cv=3, scoring="accuracy")
array([ 0.84063187,  0.84899245,  0.86652998])
```

すべてのテストフォールドで84% を越えている。無作為分類器なら適合率は10% にしかならな
いので、これは悪くない数字だが、まだまだ改良の余地はある。たとえば、単純に入力をスケーリ
ングすれば(**2章**)、適合率は90% 以上に上がる。

```
>>> from sklearn.preprocessing import StandardScaler
>>> scaler = StandardScaler()
>>> X_train_scaled = scaler.fit_transform(X_train.astype(np.float64))
>>> cross_val_score(sgd_clf, X_train_scaled, y_train, cv=3,
scoring="accuracy")
array([ 0.91011798,  0.90874544,  0.906636  ])
```

3.5　誤分類の分析

もちろん、これが本物のプロジェクトなら、前章で行ったように、機械学習プロジェクトチェッ
クリスト(**付録 B**)に従い、データ準備オプションを探索し、複数のモデルを試し、成績のよい少
数のモデルのリストを作り、GridSearchCV でハイパーパラメータを調整し、できる限り作業を
自動化していくことになる。しかし、ここではすでに有望なモデルが見つかっており、その改良方
法を探しているという前提で話を続けていきたい。そのための方法のひとつは、モデルが犯す誤分
類のタイプを分析することだ。

まず、混同行列を見てみよう。以前行ったように、cross_val_predict() 関数を呼び出し
てから confusion_matrix() 関数を呼び出すという方法で予測するのである。

```
>>> y_train_pred = cross_val_predict(sgd_clf, X_train_scaled, y_train, cv=3)
>>> conf_mx = confusion_matrix(y_train, y_train_pred)
>>> conf_mx
array([[5725,    3,   24,    9,   10,   49,   50,   10,   39,    4],
       [   2, 6493,   43,   25,    7,   40,    5,   10,  109,    8],
       [  51,   41, 5321,  104,   89,   26,   87,   60,  166,   13],
       [  47,   46,  141, 5342,    1,  231,   40,   50,  141,   92],
       [  19,   29,   41,   10, 5366,    9,   56,   37,   86,  189],
       [  73,   45,   36,  193,   64, 4582,  111,   30,  193,   94],
       [  29,   34,   44,    2,   42,   85, 5627,   10,   45,    0],
       [  25,   24,   74,   32,   54,   12,    6, 5787,   15,  236],
       [  52,  161,   73,  156,   10,  163,   61,   25, 5027,  123],
       [  43,   35,   26,   92,  178,   28,    2,  223,   82, 5240]])
```

数字がたくさんある。Matplotlib の matshow() 関数を使って混同行列のイメージ表現を見ると もっと便利になる。

```
plt.matshow(conf_mx, cmap=plt.cm.gray)
plt.show()
```

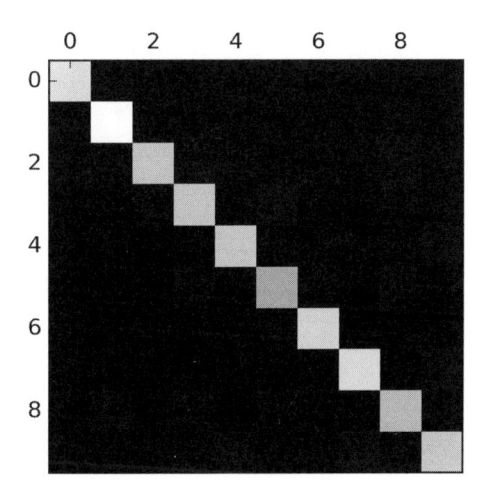

この混同行列は、ほとんどのイメージが主対角線に集まっており、正しく分類されているので、かなりよいように見える。5 はほかの数字よりも少し暗い色になっているが、それはデータセットに含まれる 5 の画像が少なかったか、分類器がほかの数字と比べて 5 では性能が低かったことを意味する。実際、両方が当てはまることが確認できる。

プロットの誤りの部分に注目しよう。まず、混同行列の個々の数値を対応するクラスの画像数で割り、誤分類の絶対数ではなく（それでは、画像数の多いクラスが不公平に悪く見えてしまう）、誤り率を比較できるようにする必要がある。

```
row_sums = conf_mx.sum(axis=1, keepdims=True)
norm_conf_mx = conf_mx / row_sums
```

次に、対角線に 0 をセットして誤分類だけを残し、結果をプロットしてみよう。

```
np.fill_diagonal(norm_conf_mx, 0)
plt.matshow(norm_conf_mx, cmap=plt.cm.gray)
plt.show()
```

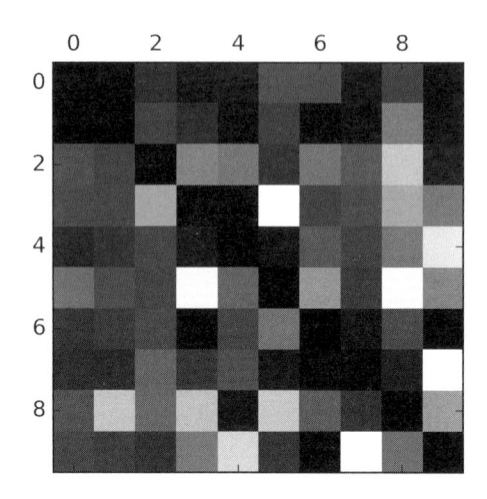

　これで分類器が犯す誤分類の種類がはっきりとわかる。行が実際のクラス、列が予測したクラスを表すことを忘れないようにしよう。8、9 のクラスの列がかなり明るいことがわかる。これは、8、9 がほかの数字と間違われやすいことを示している。逆に、1 の行のように暗い色でまとまっている行もある。これは、ほとんどの 1 が正しく分類されていることを示している（一部は 8 と間違われているが、それくらいのものである）。誤分類が完全に対称的にはなっていないことに注意しよう。たとえば、誤って 8 と分類される 5 の方が 5 と分類される 8 よりも多い。

　混同行列を分析すると、分類器の改善方法のアイデアが生まれることがよくある。このプロットを見ると、8 と 9 の分類の改善と 3 と 5 の誤分類の修正に力を注ぎ込むとよさそうだ。たとえば、これらの数字については訓練データをもっと集めるようにしてみるとか、分類器を助ける新しい特徴量を作ることが考えられる。たとえば、閉じた輪の数を数えるアルゴリズムを書いてみてはどうだろうか（たとえば、8 なら 2 個、6 なら 1 個、5 ならなしになる）。あるいは、画像を前処理して（scikit-image、Pillow、OpenCV などを使う）、閉じた輪などのパターンをより目立つようにする方法もある。

　個別の誤差を分析するのも、分類器が何を行っているかについて、なぜ分類を誤るかについての洞察を得るための方法として役立つが、これはより難しく時間のかかる作業になる。たとえば、3 と 5 の例をプロットしてみよう（plot_digits() 関数は Matplotlib の imshow() を使っているだけである。詳しくはこの章の Jupyter ノートブックを参照）。

```
cl_a, cl_b = 3, 5
X_aa = X_train[(y_train == cl_a) & (y_train_pred == cl_a)]
X_ab = X_train[(y_train == cl_a) & (y_train_pred == cl_b)]
X_ba = X_train[(y_train == cl_b) & (y_train_pred == cl_a)]
X_bb = X_train[(y_train == cl_b) & (y_train_pred == cl_b)]

plt.figure(figsize=(8,8))
plt.subplot(221); plot_digits(X_aa[:25], images_per_row=5)
plt.subplot(222); plot_digits(X_ab[:25], images_per_row=5)
plt.subplot(223); plot_digits(X_ba[:25], images_per_row=5)
plt.subplot(224); plot_digits(X_bb[:25], images_per_row=5)
plt.show()
```

　左側の 2 個の 5 × 5 の塊は 3 と分類された数字、右側の 2 個の 5 × 5 の塊は 5 と分類された数字である。分類器が誤分類した数字（左下と右上の塊）のなかには、書き方がひどくて人間でも見間違えるのではないかというものが含まれているが（たとえば、第 8 行第 1 列の 5 と称するものは、本当に 3 のように見える）。しかし、誤分類された画像の大半は、私たちの目からは明らかな誤りに見え、分類器がなぜ間違えたのか理解しがたい[3]。理由は、私たちが単純な線形モデルの SGDClassifier を使ったからである。SGDClassifier は、各ピクセルにクラスごとに重みを与え、新しい画像を与えられると、重みを与えられたピクセルの明度を合計し、それをクラスごとのスコアとしているだけだ。3 と 5 は少数のピクセルの違いだけなので、このモデルは簡単に 3 と 5 を間違えるのである。

　3 と 5 でもっとも大きく違うのは、上の線と下の円弧をつなぐ短い線の位置である。この線の位置を少し左寄りにして 3 を描くと、分類器はそれを 5 に分類する。逆も同様である。言い換えれば、この分類器は、画像の平行移動と回転に敏感に反応する。そこで、画像があまり回転されてい

---

[3]　ただし、人間の脳はとびきり優れたパターン認識システムだということを忘れないようにしよう。情報が意識に達するまでの間に、人間の視覚システムは複雑な前処理を多数行っている。そのため、人間が見て単純だと思うことが実際には単純ではないのである。

ない形で中央に現れるように前処理すれば、3/5 の誤分類を削減するための方法のひとつになる。この前処理は、おそらくほかの誤差の削減にも役立つだろう。

3.6　多ラベル分類

　今までは、インスタンスはどれもひとつのクラスに属するだけだった。しかし、個々のインスタンスに複数のクラスを出力するような分類器がほしい場合がある。たとえば、顔認識の分類器について考えてみよう。同じ写真で複数の人を認識したときにはどうすればよいだろうか。もちろん、認識した人ごとにひとつのラベルを付けるべきだ。たとえば、分類器が Alice、Bob、Charlie の 3 人の顔を認識するように訓練されていたとする。その場合、Alice と Charlie が写っている写真を与えたら、分類器は [1, 0, 1]（Alice は yes、Bob は No、Charlie は yes という意味）と出力しなければならない。複数の 2 値ラベルを出力するそのような分類システムを**多ラベル分類**（multilabel classification）システムと呼ぶ。

　まだ顔認識自体には深入りしないが、説明のためにもっと単純な例を見てみよう。

```
from sklearn.neighbors import KNeighborsClassifier

y_train_large = (y_train >= 7)
y_train_odd = (y_train % 2 == 1)
y_multilabel = np.c_[y_train_large, y_train_odd]

knn_clf = KNeighborsClassifier()
knn_clf.fit(X_train, y_multilabel)
```

　このコードは、個々の数字の画像に対してふたつのターゲットラベルを持つ y_multilabel 配列を生成する。最初のラベルは数字が大きい値（7、8、9）かどうか、第 2 のラベルは数字が奇数かどうかを示す。最後の 2 行は KNeighborsClassifier（これは多ラベル分類をサポートするが、どの分類器でも多ラベル分類をサポートするわけではない）のインスタンスを作り、ターゲットがふたつある配列で訓練する。これで予測をすると、ふたつのラベルが出力されることがわかる。

```
>>> knn_clf.predict([some_digit])
array([[False,  True]], dtype=bool)
```

　そして、分類器は正しく仕事をしている。数字の 5 は本当に大きくなく（False）、奇数（True）である。

　多ラベル分類器の評価方法は多数あり、プロジェクト次第で正しい指標の選び方は異なる。たとえば、個々のラベルの F 値（または、今までに説明してきた二項分類器のその他の指標）を測り、単純に平均値を計算するのもひとつの方法だ。次のコードは、すべてのラベルの F 値の平均を計算する。

```
>>> y_train_knn_pred = cross_val_predict(knn_clf, X_train, y_multilabel, cv=3)
>>> f1_score(y_multilabel, y_train_knn_pred, average="macro")
0.97709078477525002
```

これは、すべてのラベルの重要度が等しいことを前提としているが、そうではない場合もあるだろう。たとえば、Bob や Charlie の写真よりも Alice の写真がずっと多い場合には、Alice が写った写真に対するスコアに重みを与えたいかもしれない。そのような場合には、単純な方法として、**サポート**（support、すなわちターゲットラベルを持つインスタンスの数）に応じた重みを各ラベルに与えることができる。先ほどのコードで、`average="weighted"`を指定すればよい[†4]。

3.7　多出力分類

この章で取り上げる分類タスクの最後のタイプは、**多出力多クラス分類**（multioutput-multiclass classification、あるいは単純に**多クラス分類**：multioutput classification）である。これは単純に個々のラベルが多クラスでもよい（複数の値を持ってよい）という形に多ラベル分類を一般化したものだ。

具体例として、画像からノイズを取り除くシステムを作ってみよう。このシステムにノイズの入った数字の画像を与えると、MNIST 画像のように、ピクセルの明度の配列という形で表現されたクリーンな数字の画像を出力する（おそらく）。分類器の出力が多ラベル（ピクセルごとに 1 ラベル）で、個々のラベルが複数の値（ピクセルの明度は 0 から 255 までの範囲）だということに注意しよう。だから、これは多出力分類システムの例になっている。

> この例のように、分類と回帰の境界があいまいになる場合がある。ピクセルの明度の予測は、分類よりも回帰に近いと言えるかもしれない。また、他出力システムは、分類のタスクに限られない。インスタンスごとにクラスのラベルと値のラベルの複数のラベルを出力するシステムもあり得る。

まず、NumPy の `randint()` 関数で MNIST 画像のピクセルの明度にノイズを加えて訓練セットとテストセットを作るところから始めよう。

```
noise = np.random.randint(0, 100, (len(X_train), 784))
X_train_mod = X_train + noise
noise = np.random.randint(0, 100, (len(X_test), 784))
X_test_mod = X_test + noise
y_train_mod = X_train
y_test_mod = X_test
```

テストセットの画像をちょっと覗いてみよう（テストデータを覗こうとしているので、みなさん

[†4]　scikit-learn は、ほかにも平均の計算のためのオプションや多ラベル分類器の指標を提供している。詳しくはドキュメントを参照していただきたい。

はここで眉をひそめなければならないところだ）。

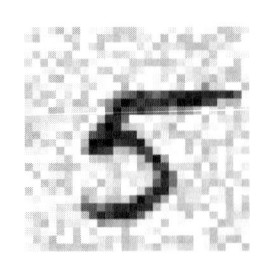 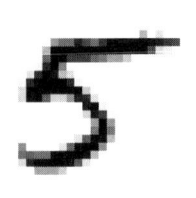

　左側がノイズの入った入力画像、右がクリーンなターゲット画像である。では、分類器を訓練して、この画像をクリーンにしてみよう。

```
knn_clf.fit(X_train_mod, y_train_mod)
clean_digit = knn_clf.predict([X_test_mod[some_index]])
plot_digit(clean_digit)
```

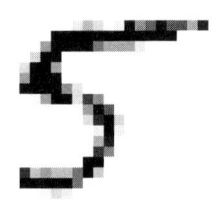

　ターゲットと十分似ているようだ。これで私たちの分類器の旅を終えることにしよう。みなさんは分類のタスクの優れた指標の選び方、適合率／再現率のバランスの取り方、分類器の比較方法、そしてさまざまなタスクのための優れた分類システムの構築方法を覚えたはずだ。

3.8　演習問題

1. テストセットに対して 97% の正解率を実現する MNIST データセット用の分類器が得られるように努力しなさい。ヒント：このタスクでは、KNeighborsClassifier が非常に効果的である。あとは、適切なハイパーパラメータ値を見つけるだけでよい（weights と n_neighbors のふたつのハイパーパラメータでグリッドサーチを試していただきたい）。

2. MNIST 画像を任意の方向（上下左右）に 1 ピクセルずつずらす関数を書きなさい[5]。次に、訓練セットのすべての画像について、4 方向に 1 ピクセルずつずらした 4 つのコピーを作り、それを訓練セットに追加しなさい。最後に、この拡張訓練セットを使って自分にとって最良の

---

[5]　scipy.ndimage.interpolation モジュールの shift() 関数を使ってよい。たとえば、shift(image, [2, 1], cval=0) を実行すると、画像は 2 ピクセル下、1 ピクセル右に移動する。

モデルを訓練し、訓練セットに対する適合率を測定しなさい。モデルの性能がさらに上がったことがわかるだろう。このように訓練セットを人工的に増やすテクニックを**データ拡張**（data augmentation）とか**訓練セットの拡張**（training set expansion）と呼ぶ。

3. **Titanic** データセットに挑戦しなさい。Kaggle（https://www.kaggle.com/c/titanic）ページからスタートするとよい。

4. スパム分類器を作りなさい（難易度高）。

- Apache SpamAssassin の公開データセット（https://spamassassin.apache.org/old/publiccorpus/）からスパムとハムのメール例をダウンロードする。

- データセットを解凍し、データ形式を理解する。

- データセットを訓練セットとテストセットに分割する。

- 個々のメールを特徴量ベクトルに変換するデータ準備パイプラインを書く。準備パイプラインは、メールで使われ得る個々の単語の有無を示す（疎）ベクトルを作る。たとえば、すべてのメールに含まれている単語が Hello、how、are、you の 4 語だけだとすると、Hello you Hello Hello you というメールは、[1, 0, 0, 1] というベクトルに変換される（Hello はある、how はない、are はない、you はあるという意味）。個々の単語の出現数を数えたい場合には、[3, 0, 0, 2] を生成してもよい。

- 準備パイプラインには、メールヘッダを取り除くかどうか、個々のメールを小文字に変換するかどうか、記号を取り除くかどうか、すべての URL を"URL"に変換するかどうか、すべての数値を "NUMBER" に変換するかどうか、**ステミング**（つまり、単語の変化を取り除くこと。そのための Python ライブラリが作られている）をするかどうかを指定するハイパーパラメータを追加する。

- それから複数の分類器を試し、再現率と適合率の両方が高い優れたスパム分類器を構築できるかどうかを考える。

これらの演習問題の解答は、https://github.com/ageron/handson-ml のオンライン Jupyter ノートブックに書かれている。

4章
モデルの訓練

　今までは、機械学習モデルやその訓練アルゴリズムをほとんどブラックボックスのように扱ってきた。今までの章の練習問題を実際に試してみたみなさんは、水面下で何が行われているのかをまったく知らなくても、いかに大きなものが手に入るかを知って驚かれただろう。何しろ、実際にどのようにして仕事をするのかをまったく知らないまま、回帰システムを最適化し、数字イメージの分類器を改良し、0からスパム分類器を作れたのである。実際、実装の詳細を知る必要がない場面は多い。

　しかし、動作の仕組みをよく理解できていれば、タスクに合った適切なモデル、適切な訓練アルゴリズム、優れたハイパーパラメータセットに早くたどり着けるようになる。水面下で行われていることがわかっていれば、問題点のデバッグに役立ち、効率よく誤差を分析できる。そして、この章で取り上げるテーマの大半は、ニューラルネットワークの理解、構築、訓練（本書**第Ⅱ部**で説明する）のために役立つ。

　この章では、もっとも単純なモデルのひとつである線形回帰モデルの詳細を見るところからスタートする。線形回帰モデルのふたつの大きく異なる訓練方法を説明する。

- モデルを訓練セットにもっとも適合したものにするためのモデルパラメータ（つまり、訓練セットに対してコスト関数が最小になるようなモデルパラメータ）を直接計算する「閉形式の方程式」を使う方法。
- 訓練セットに対してコスト関数が最小になるように、モデルパラメータを少しずつ操作し、最終的に第1の方法と同じパラメータセットに収束する勾配降下法（gradient descent：GD）という反復的な最適化アプローチを使う方法。**第Ⅱ部**でニューラルネットワークについて学ぶときに繰り返し使うバッチ勾配降下法、ミニバッチ勾配降下法、確率的勾配降下法に特に注目する。

　次に、非線形データセットにも適合できる多項式回帰というより複雑なモデルを取り上げる。多項式回帰は線形回帰よりもパラメータが多いので、その分線形回帰よりも訓練データに過学習しや

すい。そこで、過学習かどうかを判別する方法、学習曲線の使い方を説明してから、訓練セットへの過学習のリスクを削減する複数の正則化テクニックについて考える。

　最後に、分類のタスクでよく使われるロジスティック回帰とソフトマックス回帰のふたつのモデルについて検討する。

 この章では、線形代数と微積分の基本概念を使った数式が多数登場する。これらの式を理解するためには、ベクトル、行列とはどのようなものか、どのようにして転置するか、ドット積とは何か、逆行列とは何か、偏微分とは何かを知っている必要がある。これらをよく知らない方は、オンライン補助教材の Jupyter ノートブックに含まれている線形代数、微積分入門チュートリアルをひととおり学習していただきたい。数学アレルギーが強い方は、式を読み飛ばしながらでも、この章を読み通していただきたい。おそらく、本文を読むだけでも、概念の大部分は理解できるはずだ。

4.1　線形回帰

　1章では、life_satisfaction $= \theta_0 + \theta_1 \times$ GDP_per_capita という「暮らしへの満足度」の単純な回帰モデルを検討した。

　このモデルは、GDP_per_capita という入力特徴量の線形関数に過ぎないものだった。θ_0 と θ_1 はモデルのパラメータである。

　より一般的に、線形モデルとは、**式4-1** に示すように、入力特徴量の加重総和に、**バイアス項**（bias term、**切片項**：intercept term とも呼ばれる）という定数を加えたものである。

式 4-1　線形回帰モデルの予測

$$\hat{y} = \theta_0 + \theta_1 x_1 + \theta_2 x_2 + \cdots + \theta_n x_n$$

- $\hat{y}$ は予測された値。
- n は特徴量数。
- x_i は i 番目の特徴量の値。
- θ_j は j 番目のモデルのパラメータ（バイアス項の θ_0 特徴量の重みの $\theta_1, \theta_2, \cdots, \theta_n$ を含む）。

　これは、**式4-2** に示すように、ベクトル形式を使えばもっと簡潔に書くことができる。

式 4-2　線形回帰モデルの予測（ベクトル形式）

$$\hat{y} = h_\theta(\boldsymbol{x}) = \theta^T \cdot \boldsymbol{x}$$

- θ はモデルの**パラメータベクトル**（parameter vector）（バイアス項の θ_0 と θ_1 から θ_n までの特徴量の重みを含む）。
- θ^T は θ の転置（列ベクトルを行ベクトルに変換したもの）。
- $\boldsymbol{x}$ はインスタンスの**特徴量ベクトル**（feature vector）（x_0 から x_n までを含む。ただし、x_0 は常に 1）。
- $\theta^T \cdot \boldsymbol{x}$ は θ^T と $\boldsymbol{x}$ のドット積。
- h_θ はモデルパラメータ θ を使った仮説関数。

これが線形回帰モデルである。では、線形回帰モデルをどのようにして訓練したらよいのだろうか。モデルの訓練とは、モデルが訓練セットにもっとも適合するようにパラメータを設定することだということを思い出そう。そのためには、まず、モデルと訓練データがどの程度適合しているのかを測定する必要がある。**2 章**で説明したように、回帰モデルのもっとも一般的な性能指標は、二乗平均平方根誤差（Root Mean Square Error：RMSE、**式 2-1**）である。そのため、線形回帰モデルの訓練では、RMSE を最小にする θ の値を見つける必要がある。実際には RMSE を最小にするよりも平均二乗誤差（mean square error：MSE）を最小にするほうが簡単で、結果も同じになる（関数を最小にする値は、関数の平方根も最小にする）[†1]。

訓練セット $\boldsymbol{X}$ に対する線形回帰仮説 h_θ の MSE は、**式 4-3** を使って計算できる。

式 4-3　線形回帰モデルの MSE コスト関数

$$\mathrm{MSE}(\boldsymbol{X}, h_\theta) = \frac{1}{m} \sum_{i=1}^{m} (\theta^T \cdot \boldsymbol{x}^{(i)} - y^{(i)})^2$$

記法の大半は、**2 章**の「記法」というコラムで説明した。唯一の違いは、モデルがベクトル θ でパラメータ化されていることをはっきりさせるために、ただの h ではなく、h_θ と表記しているところだけだ。これは、MSE $(\boldsymbol{X}, h_\theta)$ ではなく、MSE(θ) と書けば単純化される。

4.1.1　正規方程式

コスト関数を最小にする θ の値を見つけるための**閉形式解**（closed-form solution）がある。言い換えれば、結果を直接与えてくれるような数学的方程式ということである。これを**正規方程式**（normal equation、**式 4-4**）と呼ぶ[†2]。

[†1]　学習関数は、最終的なモデルを評価するための性能指標とは別の関数を最適化しようとすることがよくある。それは一般に、その関数の方が計算しやすいとか、性能指標では微分できなくてもその関数は微分できるとか、正則化について説明するときに示すように訓練中にはモデルに制約を加えたいといった理由からである。

[†2]　この方程式がコスト関数を最小化する θ の値を返すデモは、本書では示さない。

式 4-4　正規方程式

$$\hat{\theta} = (\boldsymbol{X}^T \cdot \boldsymbol{X})^{-1} \cdot \boldsymbol{X}^T \cdot \boldsymbol{y}$$

- $\hat{\theta}$ はコスト関数を最小にする θ の値。
- y は $y^{(1)}$ から $y^{(m)}$ までのターゲット値を格納するベクトル。

では、この方程式をテストするために、**図4-1** のような線形に見えるデータを生成しよう。

```
import numpy as np

X = 2 * np.random.rand(100, 1)
y = 4 + 3 * X + np.random.randn(100, 1)
```

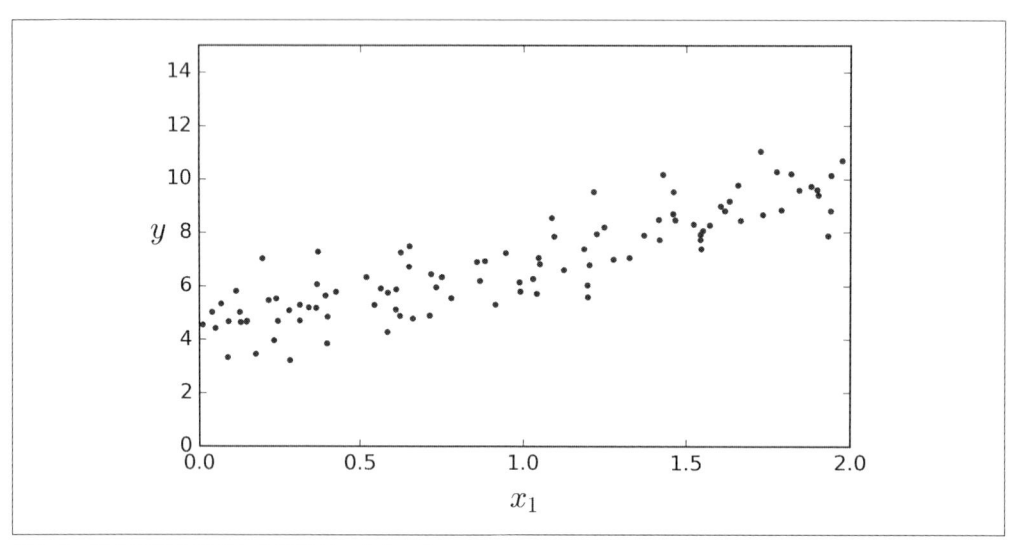

図4-1　無作為に生成された線形データセット

　そして、正規方程式を使って $\hat{\theta}$ を計算する。NumPy の線形代数モジュール（`np.linalg`）の `inv()` 関数を使って逆行列を計算し、`dot()` メソッドを使って行列の乗算を行う。

```
X_b = np.c_[np.ones((100, 1)), X]  # 各インスタンスに x0 = 1 を加える
theta_best = np.linalg.inv(X_b.T.dot(X_b)).dot(X_b.T).dot(y)
```

　データを生成するために実際に使った関数は、$y = 4 + 3x_1 +$ ガウスノイズ である。方程式が見つけた値を見てみよう。

```
>>> theta_best
array([[ 4.21509616],
       [ 2.77011339]])
```

$\theta_0 = 4.215$ と $\theta_1 = 2.770$ ではなく、$\theta_0 = 4$ と $\theta_1 = 3$ の方がよかったが、十分近い。しかし、ノイズのおかげで元の関数の正確なパラメータを復元することはできなくなっている。

これで $\hat{\theta}$ を使って予測できる。

```
>>> X_new = np.array([[0], [2]])
>>> X_new_b = np.c_[np.ones((2, 1)), X_new] # 各インスタンスに x0 = 1 を加える
>>> y_predict = X_new_b.dot(theta_best)
>>> y_predict
array([[ 4.21509616],
       [ 9.75532293]])
```

このモデルの予測をプロットしてみよう（図4-2）。

```
plt.plot(X_new, y_predict, "r-")
plt.plot(X, y, "b.")
plt.axis([0, 2, 0, 15])
plt.show()
```

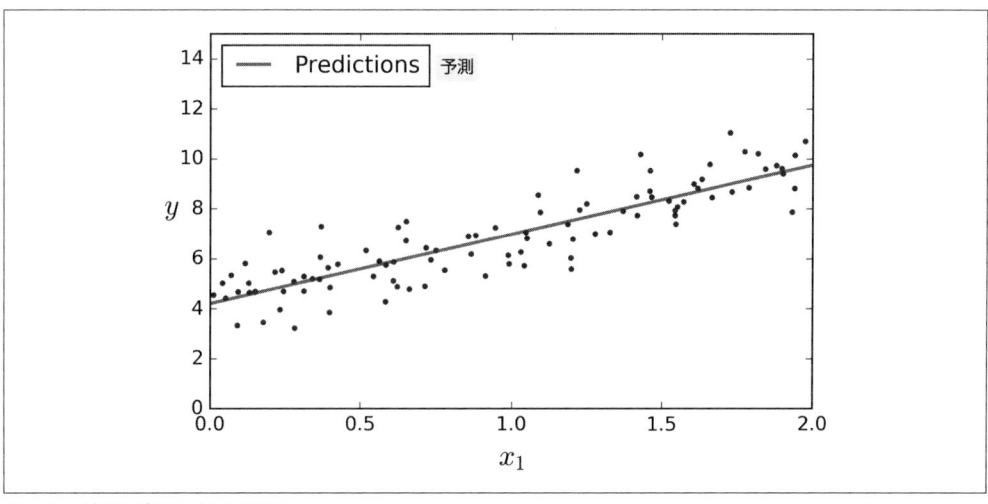

図4-2　線形回帰モデルの予測

scikit-learn を使った同じ意味のコードは、次のようになる[3]。

```
>>> from sklearn.linear_model import LinearRegression
>>> lin_reg = LinearRegression()
>>> lin_reg.fit(X, y)
>>> lin_reg.intercept_, lin_reg.coef_
```

---

[3]　scikit-learn は特徴量の重み（coef_）からバイアス項（intercept_）を切り離すことに注意しよう。

```
(array([ 4.21509616]), array([[ 2.77011339]]))
>>> lin_reg.predict(X_new)
array([[ 4.21509616],
       [ 9.75532293]])
```

4.1.2 計算量

正規方程式は、$\boldsymbol{X}^T \cdot \boldsymbol{X}$ の逆行列を計算する。それは $n \times n$ の行列である（n は特徴量の数）。このような行列の逆行列の計算量は、一般に $O(n^{2.4})$ から $O(n^3)$ である（実装によって異なる）。言い換えれば、特徴量の数が倍になると、計算時間は $2^{2.4} = 5.3$ から $2^3 = 8$ 倍になる。

 正規方程式は、特徴量の数が大きくなると（たとえば、100,000）、非常に遅くなる。

しかし、正規方程式は、訓練セットのインスタンス数に対しては線形であり $O(m)$、そのため大規模な訓練セットでも、メモリに収まる限り、効率よく処理できる。

また、訓練後の線形回帰モデル（正規方程式を使った場合でも、ほかのアルゴリズムを使った場合でも）は、非常に高速に予測する。計算量は、予測したいインスタンス数に対しても、特徴量数に対しても線形になる。つまり、予測の対象のインスタンス数が2倍になったり、インスタンスの特徴量が2倍になったりしても、予測にかかる時間はおおよそ2倍になるだけである。

では次に、特徴量が非常に多い場合や、訓練インスタンスが多すぎてメモリに収まり切らないときに適している正規方程式とはまったく異なる線形回帰の訓練方法を見てみよう。

4.2 勾配降下法

勾配降下法（gradient descent）は、非常に広い範囲の問題の最適な解を見つけられる汎用性が高い最適化アルゴリズムである。勾配降下法の一般的な考え方は、コスト関数を最小にするために、パラメータを繰り返し操作することである。

山のなかで濃霧のために迷子になってしまったとする。わかるのは足もとの地面の傾斜だけだ。谷底にいち早く到達するためには、もっとも急な方向に傾斜を降りていくとよい。勾配降下法はまさにそれを行う。パラメータベクトル θ について誤差関数の局所的な勾配を測定し、下降の方向に進む。勾配が0になれば、最小値に達したということだ。

具体的には、θ を無作為な値で初期化し（これを**ランダム初期化**：random initialization と呼ぶ）、毎回コスト関数（たとえば、MSE）が小さくなるように、小さなステップでパラメータを動かしていく。最小値に**収束**（converge）するまでそれを繰り返す（**図4-3**）。

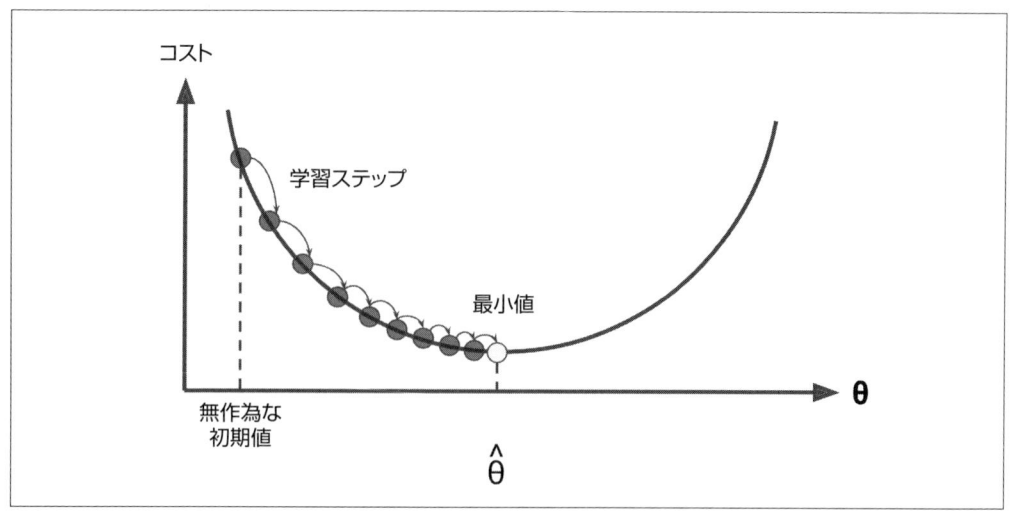

図4-3　勾配降下法

　勾配降下法で重要なパラメータのひとつは、**学習率**（learning rate）ハイパーパラメータで定義されるステップのサイズだ。学習率が小さすぎると、収束までの反復数が増え、時間がかかることになる（**図4-4**）。

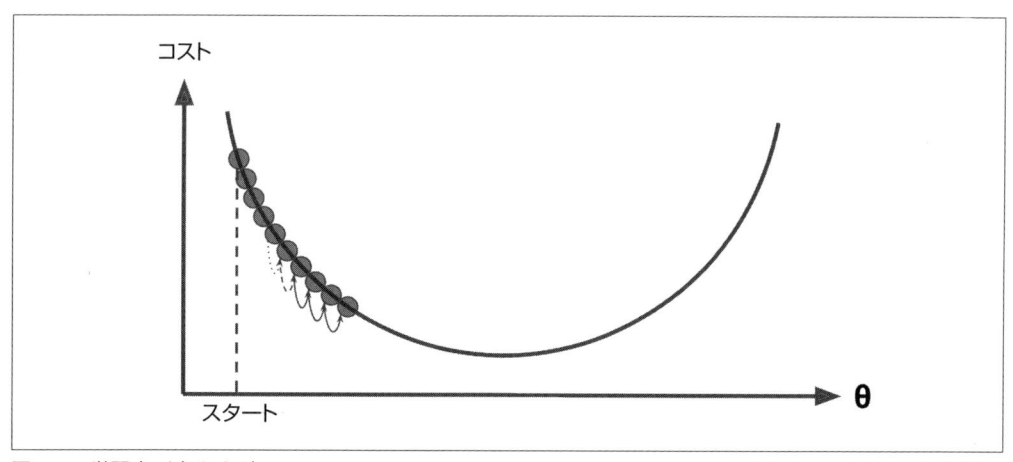

図4-4　学習率が小さすぎる

　それに対し、学習率が大きすぎると谷間を挟んで反対側の斜面に飛びつき、最初よりも高い位置に行ってしまう場合さえある。学習率を大きくすればするほど、アルゴリズムは発散してよいソリューションを見つけられなくなる（**図4-5**）。

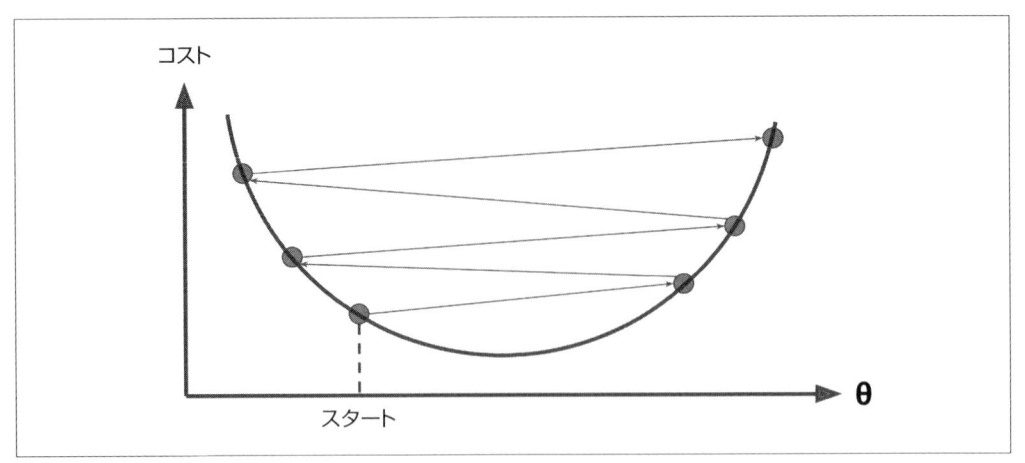

図4-5　学習率が大きすぎる

　最後に、どのコスト関数も好都合な丼型をしているわけではない。穴、尾根、台地、その他あらゆるタイプの不規則性が入り込んでいると、最小値への収束は非常に難しくなる。**図4-6** は、勾配降下法が直面する2大難問を示している。無作為な初期化によって左のような形でアルゴリズムがスタートすると、**全体の最小値**よりも見劣りのする**局所的な最小値**で収束してしまう。次のような形でアルゴリズムがスタートすると、台地を通り過ぎるために非常に長い時間がかかり、諦めるのが早すぎると、全体の最小値に到達できない。

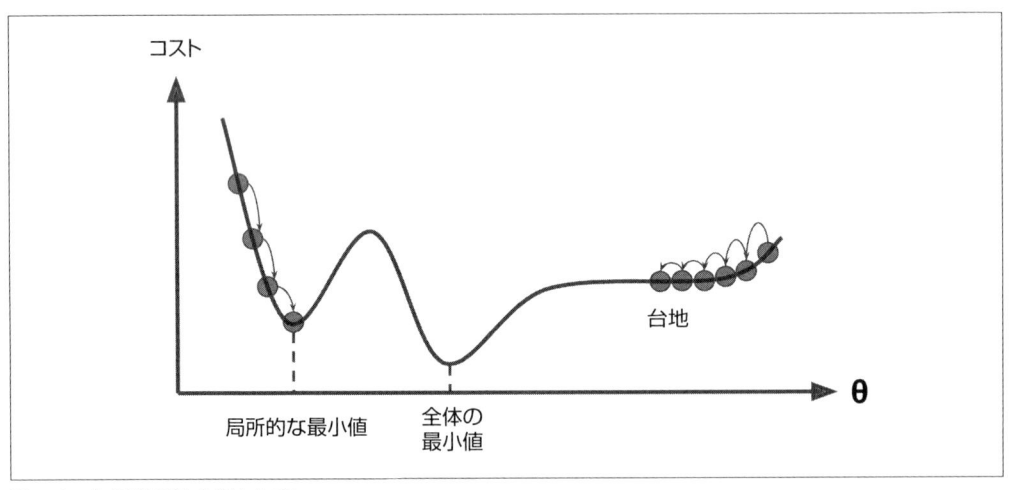

図4-6　勾配降下法の落とし穴

　幸い、線形回帰モデルの MSE コスト関数は**凸関数**（convex function）であり、曲線上の任意の2点を選んで線分を引いても決して曲線と交わることはない。そのため、局所的な最小値は存在

せず、全体の最小値がひとつあるだけだ。また、この MSE コスト関数は、急激な傾きの変化がない連続関数でもある[†4]。このふたつの事実には大きな意味がある。勾配降下法は、かならず全体の最小値に近づくことができるのである（学習率が大きすぎず、長い間待つなら）。

　実際、コスト関数は丼型だが、特徴量のスケールが大きく異なる場合は、丼を引き延ばしたような形になることがある。**図4-7** は、特徴量 1 と特徴量 2 が同じスケールのときの訓練セットに対する勾配降下法（左）と特徴量 1 が特徴量 2 よりもかなり小さな値になっているときの訓練セットに対する勾配降下法（右）を示している[†5]。

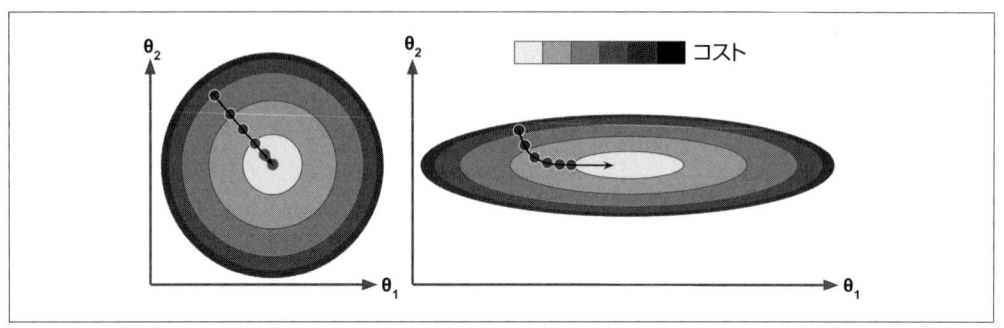

図4-7　特徴量をスケーリングした勾配降下法とスケーリングしていない勾配降下法

　ご覧のように、左側では、勾配降下法のアルゴリズムは最小値に向かってまっすぐ進み、そのため早く最小値に到達するのに対し、右側では、全体の最小値の向きとほとんど直交するような向きに進んでから、ほぼ平らな谷を延々と進んでいく。最終的には最小値に達するが、達するまで時間がかかる。

 勾配降下法を使うときには、すべての特徴量が同じようなスケールになるようにすべきだ（たとえば、scikit-learn の StandardScaler クラスを使って）。そうしなければ、収束までにかかる時間がかなり長くなってしまう。

　このグラフからは、モデルの訓練とは、訓練セットに対するコスト関数が最小になるモデルパラメータの組み合わせを探すことだということもわかる。これは、モデルの**パラメータ空間**（parameter space）での探索である。モデルが持つパラメータの数が増えれば増えるほど、この空間の次元は増え、探索は難しくなる。300 次元のわら山で針を見つけるのは、3 次元のわら山で針を見つけるのと比べてはるかに難しい。幸い、線形回帰の場合、コスト関数は凸関数なので、針は単純に丼の底にある。

[†4]　専門的に言えば、その導関数は**リプシッツ連続**（Lipschitz continuous）である。

[†5]　特徴量1の方が小さいので、コスト関数に影響を及ぼすためには、θ_1 の方が大きい変化を必要とする。そのため、丼は θ_1 の軸の方向に引き延ばされた形になっている。

4.2.1　バッチ勾配降下法

勾配降下法を実装するためには、個々のモデルパラメータ θ_j についてコスト関数の勾配を計算する必要がある。つまり、θ_j をほんのわずか変更すると、コスト関数がどれくらい変化するかを計算しなければならない。これを**偏微分**（partial derivative）と呼ぶ。これは、「山道を東に向かうとき、傾斜はどれくらいになるか」と尋ねてから、次に北に向かう場合について（3次元以上の世界を想像できるなら、さらにほかのあらゆる方向に向かう場合について）尋ねるのと同じようなものである。**式4-5** は、$\frac{\partial}{\partial\theta_j}\mathrm{MSE}(\theta)$ と記述されるパラメータ θ_j についてのコスト関数の偏微分を計算する。

式4-5　コスト関数の偏微分

$$\frac{\partial}{\partial\theta_j}\mathrm{MSE}(\theta) = \frac{2}{m}\sum_{i=1}^{m}(\theta^T \cdot \boldsymbol{x}^{(i)} - y^{(i)})\,x_j^{(i)}$$

これらの偏微分を個別に計算しなくても、**式4-6** を使えば、全部をまとめて計算できる。$\nabla_\theta\mathrm{MSE}(\theta)$ と記述される勾配ベクトル（gradient vector）には、コスト関数のあらゆる偏微分が含まれる（個々のモデルパラメータごとにひとつずつ）。

式4-6　関数の勾配ベクトル

$$\nabla_\theta\,\mathrm{MSE}(\theta) = \begin{pmatrix} \frac{\partial}{\partial\theta_0}\mathrm{MSE}(\theta) \\ \frac{\partial}{\partial\theta_1}\mathrm{MSE}(\theta) \\ \vdots \\ \frac{\partial}{\partial\theta_n}\mathrm{MSE}(\theta) \end{pmatrix} = \frac{2}{m}\boldsymbol{X}^T \cdot (\boldsymbol{X} \cdot \theta - \boldsymbol{y})$$

この式には、個々の勾配降下ステップに訓練セット全体の $\boldsymbol{X}$ に対する計算が含まれていることに注意しよう。このアルゴリズムが**バッチ勾配降下法**（batch gradient descent）と呼ばれているのはそのためである。ステップごとに、訓練データ全体のバッチを使うのだ。そのため、このアルゴリズムは、訓練セットが大規模だととてつもなく遅くなる（しかし、すぐあとでこれよりもずっと高速な勾配降下法アルゴリズムを示す）。しかし、勾配降下法は、特徴量の数が増えたときのスケーリングについては優れている。数十万個の特徴量がある線形回帰モデルの訓練では、正規方程式よりも勾配降下法を使った方がずっと高速である。

勾配ベクトルを得たとき、全体として上を向いているなら、逆の方向に向かえば下に向かう。これは、θ から $\nabla_\theta\mathrm{MSE}(\theta)$ を引くということだ。ここで学習率の η の出番がやってくる[6]。勾配ベクトルを η 倍すると、勾配を下るステップの大きさがわかる（**式4-7**）。

†6　イータ（η）は、ギリシャ文字のアルファベットの7番目の文字である。

式 4-7　勾配降下法のステップ

$$\theta^{(\text{next step})} = \theta - \eta \nabla_\theta \text{MSE}(\theta)$$

このアルゴリズムのおおよその実装を見てみよう。

```
eta = 0.1  # 学習率
n_iterations = 1000
m = 100

theta = np.random.randn(2,1)   # 無作為な初期値

for iteration in range(n_iterations):
    gradients = 2/m * X_b.T.dot(X_b.dot(theta) - y)
    theta = theta - eta * gradients
```

これはそれほど難しい話ではない。得られた theta を見てみよう。

```
>>> theta
array([[ 4.21509616],
       [ 2.77011339]])
```

なんと、これは正規方程式が見つけた値とまったく同じだ。勾配降下法は、完璧に機能したのである。しかし、学習率 eta として別の値を使ったらどうなるだろうか。**図4-8** は、3 種類の異なる学習率を使った勾配降下法の最初の 10 ステップを示したものである（破線は、出発点を示している）。

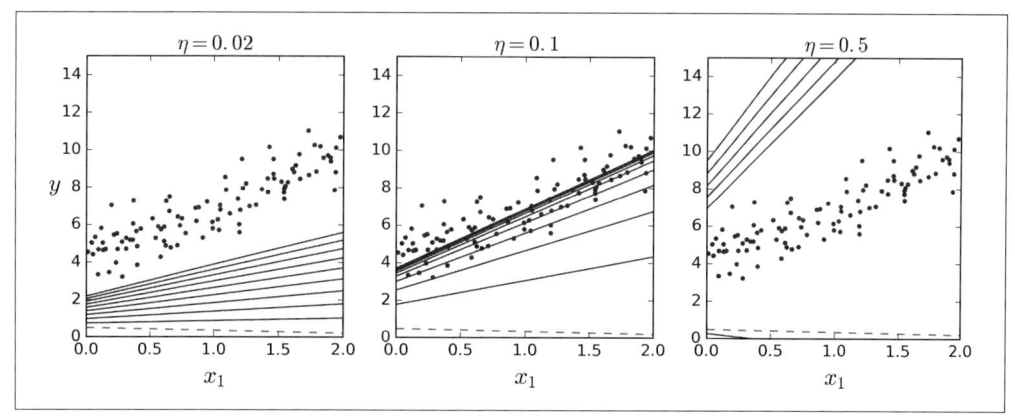

図4-8　さまざまな学習率での勾配降下法

　左のグラフは学習率が低すぎる。アルゴリズムは最終的に解にたどり着くだろうが、時間がかかる。中央のグラフの学習率はよい感じに見える。数回イテレーションを繰り返しただけで、すでに解に収束している。右のグラフは学習率が高すぎる。アルゴリズムは発散し、あちこち飛び回った

挙句、実際にはステップを踏むごとに解から離れていく。

よい学習率を見つけるためには、グリッドサーチ（**2章**参照）を使う。しかし、時間がかかってなかなか収束しないモデルをグリッドサーチが取り除けるように、反復回数に制限を加えるとよい。

では、その反復回数はどのようにして設定すればよいだろうか。低すぎれば、アルゴリズムが止まったときでも、最適な解からは遠くかけ離れたところにいるだろう。しかし、高すぎればモデルパラメータはもう変わらなくなっているのに、時間を無駄にすることになる。簡単なのは、反復回数を非常に大きく設定しつつ、勾配ベクトルが小さくなったら（つまり、ノルムが許容誤差 ε という小さな値よりも小さくなったら）、アルゴリズムを中止することだ。勾配ベクトルが小さいということは、勾配降下法が最小値に（ほとんど）到達しているということである。

収束率

コスト関数が凸関数で、傾斜が急激に変わることがなければ（MSE コスト関数のように）、学習率を固定したバッチ勾配降下法は、最終的に最適な解へ収束するが、しばらく待つ必要がある。バッチ勾配効果法では、コスト関数に依存する ε の幅の中で最適解にたどり着くために $O\left(\frac{1}{\varepsilon}\right)$ 回のイテレーションが必要となる。より正確な解を得るため許容誤差を 1/10 にすると、アルゴリズムの反復回数は 10 倍になる。

4.2.2　確率的勾配降下法

バッチ勾配降下法の最大の問題は、勾配を計算するために各ステップで訓練セットを全部使うため、訓練セットが大きいときには計算速度が極端に遅くなることだ。**確率的勾配降下法**（stochastic gradient descent：SGD）は、逆の極端に走り、各ステップで訓練セットから無作為にひとつのインスタンスを選び出し、そのインスタンスだけを使って勾配を計算する。当然ながら、イテレーションごとに操作するデータがごくわずかなので、このアルゴリズムはバッチ勾配降下法と比べて非常に高速になる。また、イテレーションごとにメモリに入れておかなければならないものが 1 個のインスタンスだけなので、巨大な訓練セットを訓練できる（SGD は、アウトオブコアアルゴリズムとして実装できる）[7]。

その一方で、確率的（つまり無作為）な性質を持つため、このアルゴリズムはバッチ勾配降下法と比べてかなり不規則になる。コスト関数は、最小値に達するまで緩やかに小さくなっていくのではなく、上下に動きながら、平均的に減っていくだけである。時間とともに最小値に非常に近づくが、そこに到達すると上下にはねまわり、1 箇所に落ち着くことがない（**図4-9**）。そのため、アルゴリズムが止まったときの最終的なパラメータは、十分よいものだが最適ではない。

---

[7]　アウトオブコアアルゴリズムは**1章**で説明した。

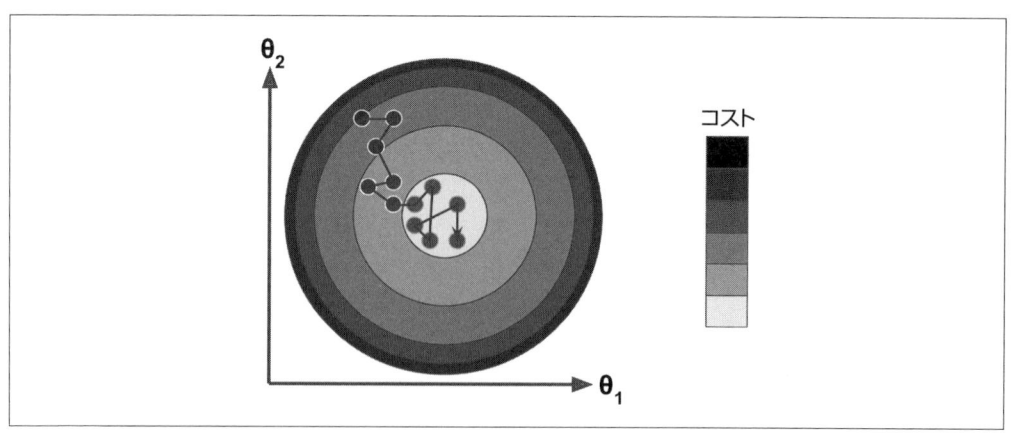

図4-9　確率的勾配降下法

　コスト関数がかなり不規則なとき（たとえば**図4-6**のように）には、このような動作のために局所的な最小値の外に飛び出しやすくなるので、バッチ勾配降下法よりも確率的勾配降下法の方が全体の最小値を見つけられる確率が上がる。

　つまり、無作為性は局所的な最小値から逃れるためにはよいが、最小値に落ち着かない可能性があるという点ではよくない。このジレンマを解決するために、学習率を少しずつ小さくするという方法がある。大きなステップでスタートし（前進のペースを上げ、局所的な最小値から逃れるために役に立つ）、だんだんステップを小さくしていくと、全体の最小値で止まれるようになる。このプロセスは、溶けた金属を少しずつ冷やしていく焼きなましのプロセスに似ているので、**（疑似）焼きなまし法**（simulated annealing）と呼ばれている。各イテレーションの学習率を決める関数を**学習スケジュール**（learning schedule）と呼ぶ。学習率の下げ方が急激すぎると、局所的な最小値に引っかかったり、最小値まで到達していないのに止まってしまったりする危険がある。それに対し、学習率の下げ方が緩やかすぎると、長い間最小値の前後を飛び回り、早い段階で訓練を停止すると、最適とは言えないような解しか得られない危険がある。

　次のコードは、単純な学習スケジュールを使って確率的勾配降下法を実装している。

```
n_epochs = 50
t0, t1 = 5, 50   # 学習スケジュールのハイパーパラメータ

def learning_schedule(t):
    return t0 / (t + t1)

theta = np.random.randn(2,1)   # 無作為な初期値

for epoch in range(n_epochs):
    for i in range(m):
        random_index = np.random.randint(m)
        xi = X_b[random_index:random_index+1]
        yi = y[random_index:random_index+1]
```

```
gradients = 2 * xi.T.dot(xi.dot(theta) - yi)
eta = learning_schedule(epoch * m + i)
theta = theta - eta * gradients
```

習慣として、m 回のイテレーションを 1 ラウンドとし、各ラウンドを**エポック**（epoch）と呼ぶ。バッチ勾配降下法のコードが訓練セット全体を対象とする計算を 1,000 回繰り返したのに対し、このコードは訓練セットを 50 回処理するだけでかなりよい解にたどり着く。

```
>>> theta
array([[ 4.21076011],
       [ 2.74856079]])
```

図4-10 は、訓練の最初の 10 ステップを示している（ステップが不規則なことに注意していただきたい）。

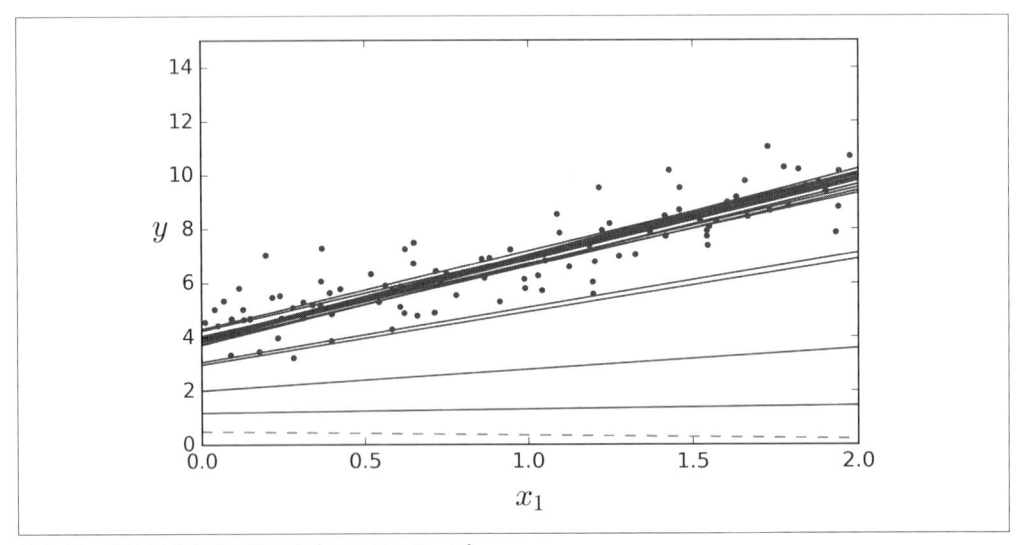

図4-10　確率的勾配降下法の最初の10ステップ

　インスタンスが無作為に選ばれるため、一部のインスタンスはエポックのなかで複数回選ばれることがあるのに対し、ほかのインスタンスは全然選ばれないことがあることに注意しよう。各インスタンスですべてのインスタンスを処理するようにしたければ、訓練セットをシャッフルしてからインスタンスを逐次的に取り出し、終わったら再びシャッフルするという方法もある。しかし、この方法は、一般に収束まで余分に時間がかかる。

　scikit-learn を使っていて SGD で線形回帰を行いたい場合には、デフォルトで二乗誤差コスト関数に最適化されている。SGDRegressor クラスを使うことができる。次のコードは、学習率 0.1（eta0=0.1）からスタートし、デフォルト学習スケジュール（先ほどのものとは異なる）を使って、正則化なし（penalty=None。正則化についてはすぐあとで詳しく説明する）で 50 エ

ポックを実行する。

```
from sklearn.linear_model import SGDRegressor
sgd_reg = SGDRegressor(n_iter=50, penalty=None, eta0=0.1)
sgd_reg.fit(X, y.ravel())
```

ここでも、正規方程式が返したのと非常に近い解が得られる。

```
>>> sgd_reg.intercept_, sgd_reg.coef_
(array([ 4.16782089]), array([ 2.72603052]))
```

4.2.3　ミニバッチ勾配降下法

　本書で取り上げる最後の勾配降下法アルゴリズムは、**ミニバッチ勾配降下法**（mini-batch gradient descent）である。バッチ勾配降下法と確率的勾配降下法を理解してしまえば、これは簡単に理解できる。ミニバッチ GD は、各ステップで訓練セット全部（バッチ GD）でも、たった1個のインスタンス（確率的 GD）でもなく、**ミニバッチ**（mini-batch）と呼ばれる無作為に選んだインスタンスの小さな集合を使って勾配を計算する。ミニバッチ GD が確率的 GD よりも優れているのは、特に GPU を使ったときに、行列演算のハードウェアによる最適化を利用してパフォーマンスを引き上げられるところである。

　パラメータ空間におけるこのアルゴリズムの進み方は、特にかなり大規模なミニバッチを使うと、SGD よりも誤差が小さい。そのため、ミニバッチ GD は、SGD よりも少し最小値に近いところを動き回ることになる。しかし、その分、局所的な最小値からは逃れにくくなる（以前説明したように、線形回帰とは異なり、局所的な最小値に悩まされる問題では）。**図4-11** は、3つの勾配降下法アルゴリズムが訓練中にパラメータ空間で取る動きを示したものである。どれも最終的に最小値の近くにたどり着くが、バッチ GD が本当の最小値で止まるのに対し、確率的 GD とミニバッチ GD はいつまでも変動がある。しかし、バッチ DG は各ステップにかかる時間が非常に長いこと、確率的 GD やミニバッチ GD でも適切な学習スケジュールを使えば最小値に到達できることを忘れてはならない。

　線形回帰で今までに取り上げてきた3つのアルゴリズムを比較してみよう[8]（m は訓練インスタンスの数、n は特徴量の数だということを思い出していただきたい。**表4-1** を参照）。

表4-1　線形回帰を対象としたときのアルゴリズムの比較

アルゴリズム	大きな m	アウトオブコアサポート	大きな n	ハイパーパラメータ数	スケーリング	scikit-learn
正規方程式	速い	なし	遅い	0	不要	LinearRegression
バッチ GD	遅い	なし	速い	2	必要	なし
確率的 GD	速い	あり	速い	$\geqq 2$	必要	SGDRegressor
ミニバッチ GD	速い	あり	速い	$\geqq 2$	必要	SGDRegressor

---

[8]　正規方程式は線形回帰にしか使えないが、勾配降下法はあとで説明するようにそれ以外の多くのモデルでも使える。

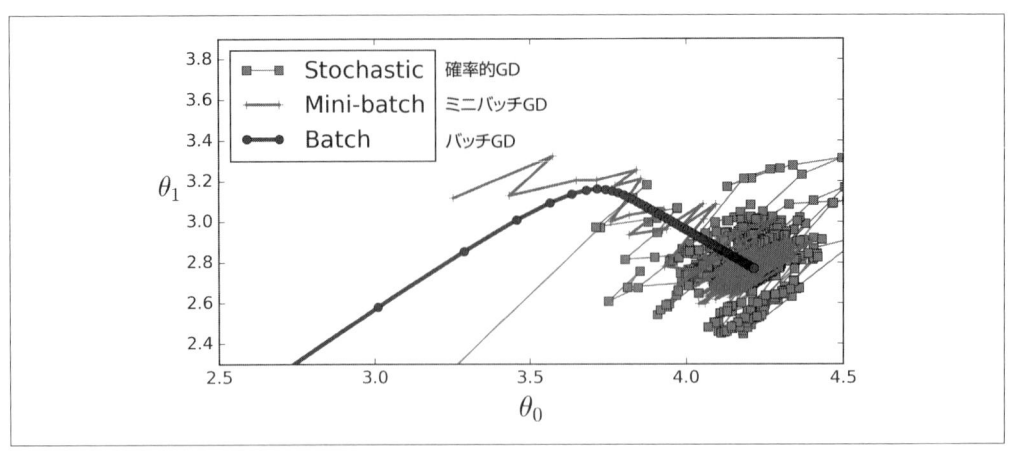

図4-11 勾配降下法のパラメータ空間内での動き

訓練後はほとんど差がない。これらのアルゴリズムからは非常によく似たモデルが作られ、予測もほとんど同じになる。

4.3 多項式回帰

データが単純な直線よりも難しい場合にはどうすればよいだろうか。意外なことに、非線形データに線形モデルを適合させることができる。簡単なのは、各特徴量の累乗を新特徴量として追加し、この拡張特徴量セットで線形モデルを訓練する方法である。このテクニックを**多項式回帰**（polynomial regression）と呼ぶ。

例を見てみよう。まず、単純な**2次方程式**（quadratic equation）[9]（およびノイズ。**図4-12**）から非線形データを生成する。

```
m = 100
X = 6 * np.random.rand(m, 1) - 3
y = 0.5 * X**2 + X + 2 + np.random.randn(m, 1)
```

直線ではこのデータに適合しないのは明らかだ。そこで、scikit-learnのPolynomialFeaturesクラスを使い、各特徴量の二乗（2次多項式）を新特徴量として訓練セットに追加する（この場合、特徴量はひとつしかない）。

```
>>> from sklearn.preprocessing import PolynomialFeatures
>>> poly_features = PolynomialFeatures(degree=2, include_bias=False)
>>> X_poly = poly_features.fit_transform(X)
>>> X[0]
```

---

[9] 2次方程式は、$y = ax^2 + bx + c$ という形式になっている。

```
array([-0.75275929])
>>> X_poly[0]
array([-0.75275929,  0.56664654])
```

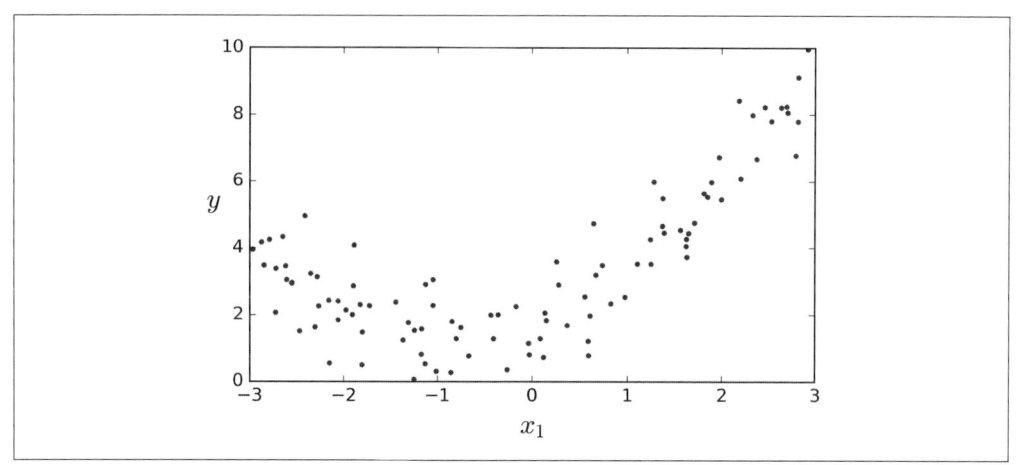

図4-12　生成された非線形でノイズのあるデータセット

　X_polyには、Xのもともとの特徴量とこの特徴量の二乗を加えたものになっている。この拡張訓練データをLinearRegressionモデルに適合させよう（**図4-13**）。

```
>>> lin_reg = LinearRegression()
>>> lin_reg.fit(X_poly, y)
>>> lin_reg.intercept_, lin_reg.coef_
(array([ 1.78134581]), array([[ 0.93366893,  0.56456263]]))
```

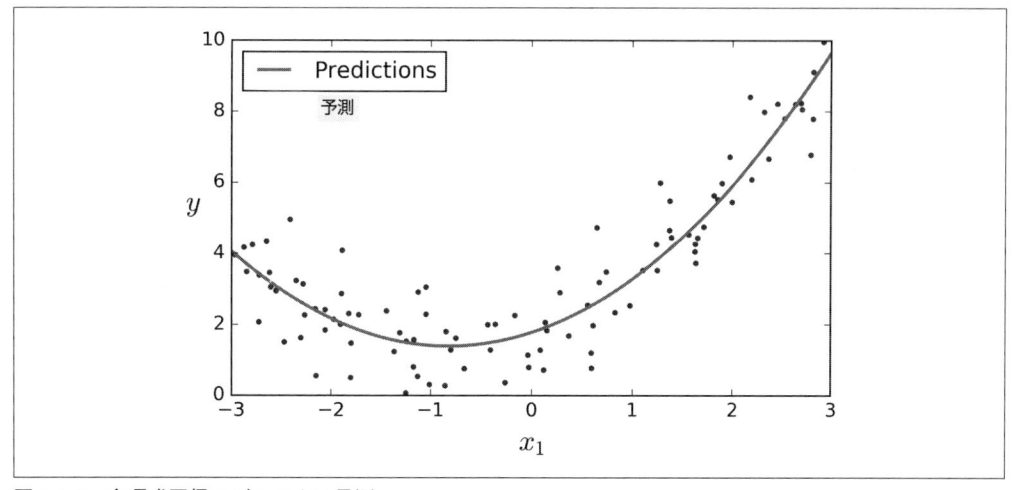

図4-13　多項式回帰モデルによる予測

なかなかのものである。元の関数は $y = 0.5x_1^2 + 1.0x_1 + 2.0 + \text{Gaussian noise}$ だったが、モデルは $\hat{y} = 0.56x_1^2 + 0.93x_1 + 1.78$ を推測している。

複数の特徴量があるとき、多項式回帰は特徴量間の関係を見つけられることに注意していただきたい（ただの線形回帰モデルではこんなことはできない）。そのようなことができるのは、`PolynomialFeatures` が指定された次数まで特徴量のすべての組み合わせを追加できるからである。たとえば、a と b のふたつの特徴量があるとき、`degree=3` を指定した `PolynomialFeatures` は、a^2、a^3、b^2、b^3 だけでなく、これらを組み合わせた ab、a^2b、ab^2 特徴量も追加する。

 `PolynomialFeatures(degree=d)` は、n 個の特徴量を含む配列を $\dfrac{(n+d)!}{d!\,n!}$ 個の特徴量を含む配列に変換する。ここで $n!$ は、n の**階乗** (factorial)、すなわち $1 \times 2 \times 3 \times \cdots \times n$ である。特徴量数が組合せ爆発を起こさないよう注意しなければならない。

4.4　学習曲線

高次の多項式回帰を実行すれば、ただの線形回帰よりも訓練データにぴったりと適合させられる可能性が上がる。たとえば、**図4-14** は、先ほどの訓練データに 300 次多項モデルを適用し、結果を純粋線形モデルと 2 次（2 次多項）モデルの結果と比較したものである。300 次多項モデルが訓練インスタンスにできる限り近づくために蛇行していることに注意していただきたい。

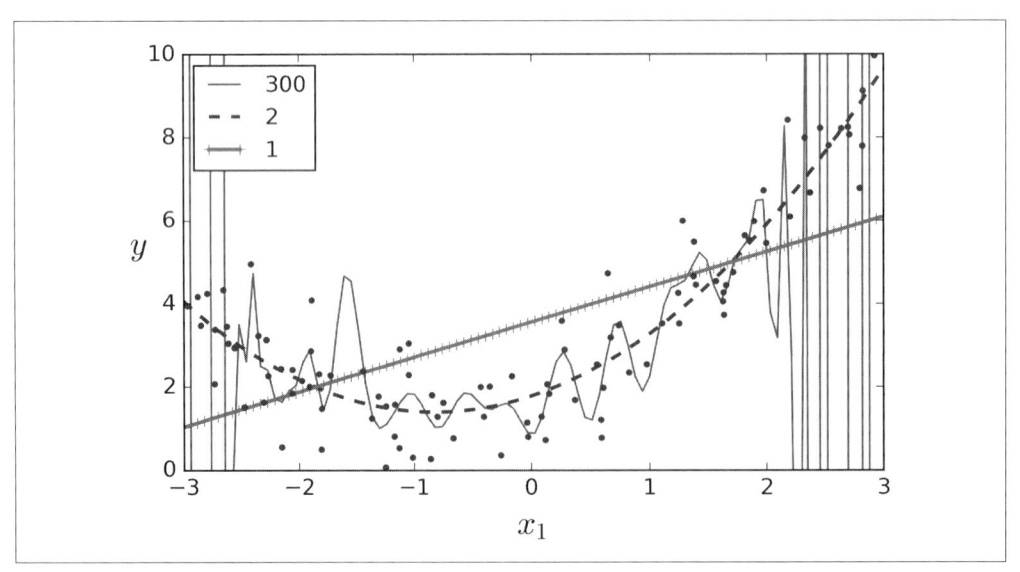

図4-14　高次多項式回帰

　もちろん、この高次多項式回帰モデルは訓練データにひどく過学習しており、線形回帰モデルは過小適合になっている。この場合、もっともよく汎化するのは2次モデルである。もともとのデータが2次モデルで生成されているのでそれは当然だが、一般的にはどの関数がデータを生成したのかはわからない。モデルをどの程度まで複雑にすべきかはどうすればわかるだろうか。モデルがデータに過学習、過小適合していることはどうすれば見分けられるだろうか。

　2章では、交差検証を使ってモデルの汎化性能を推計した。モデルが訓練データに対しては高い性能を発揮しても、交差検証の指標から判断してうまく汎化していないなら過学習であり、両方で性能が低ければ過小適合である。モデルが単純すぎたり複雑すぎたりしないかどうかを判断する方法のひとつがこれだ。

　もうひとつの方法として**学習曲線**（learning curve）に注目しよう。学習曲線は、訓練セットのサイズの関数として訓練セット（あるいは訓練イテレーション）、検証セットの性能をプロットしたものである。プロットは、訓練セットのさまざまなサイズのサブセットを使って繰り返しモデルを訓練すれば描ける。次のコードは、訓練セットを与えると、モデルの学習曲線を描く関数を定義する。

```
from sklearn.metrics import mean_squared_error
from sklearn.model_selection import train_test_split

def plot_learning_curves(model, X, y):
    X_train, X_val, y_train, y_val = train_test_split(X, y, test_size=0.2)
    train_errors, val_errors = [], []
    for m in range(1, len(X_train)):
        model.fit(X_train[:m], y_train[:m])
        y_train_predict = model.predict(X_train[:m])
        y_val_predict = model.predict(X_val)
        train_errors.append(mean_squared_error(y_train_predict, y_train[:m]))
        val_errors.append(mean_squared_error(y_val_predict, y_val))
    plt.plot(np.sqrt(train_errors), "r-+", linewidth=2, label="train")
    plt.plot(np.sqrt(val_errors), "b-", linewidth=3, label="val")
```

　では、プレーンな線形回帰モデル（直線）の学習曲線を見てみよう（**図4-15**）。

```
lin_reg = LinearRegression()
plot_learning_curves(lin_reg, X, y)
```

　このグラフについては少し説明が必要だろう。まず、訓練データに対する性能に注目しよう。訓練セットのインスタンスが1、2個なら、モデルはそれらの完全に適合できる。そこで、訓練セットの線は0からスタートしている。しかし、訓練セットに新しいインスタンスが追加されると、データにノイズが入っているとか、そもそも線形ではないといった理由で、次第にモデルは訓練データに完全に適合することができなくなる。そのため、訓練データに対する誤差（訓練誤差）は次第に上がってある地点で安定する。そこまで達すると、訓練データに新しいインスタンスを追加しても平均誤差はよくも悪くもならない。次に、検証セットに対する性能を見てみよう。ごくわずかな訓練セットで訓練されたモデルでは、十分に汎化できないため、最初のうちは検証セットに対する誤

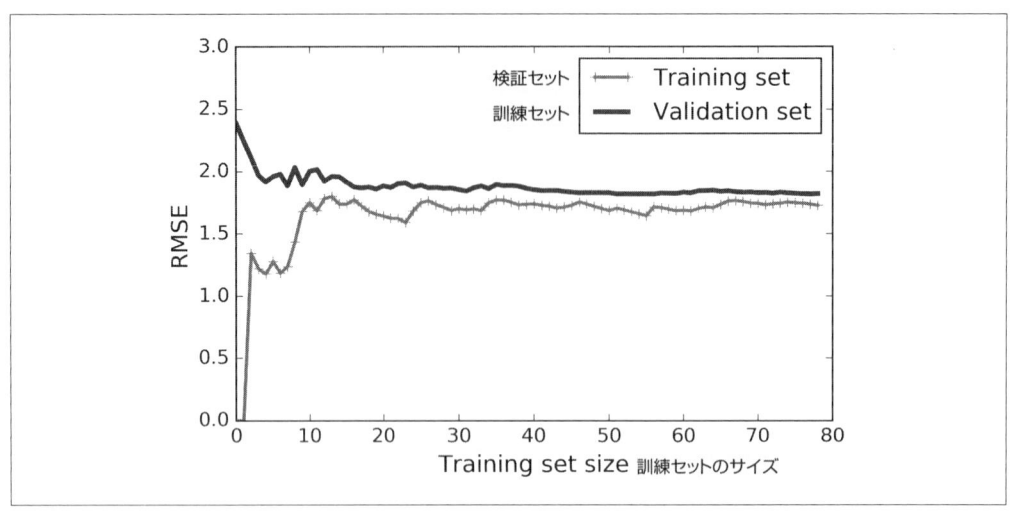

図4-15　学習曲線

差（検証誤差）はかなり大きい。しかし、モデルに与える訓練データの数が増えると、モデルは学習し、検証誤差はゆっくりと下がってくる。しかし、直線ではデータを十分モデリングできなくなると、誤差は増減しなくなり、もう一方の曲線と非常に近くなる。

　このような学習曲線は、過小適合モデルの典型的な例である。両方の曲線が一定の水準に達し、ともに非常に近接しているが、全体として誤差が大きい。

> モデルが訓練データに過小適合しているときには、訓練データを追加しても役に立たない。より複雑なモデルを使うか、よりよい特徴量を用意する必要がある。

　では、同じデータに対する 10 次多項モデルの学習曲線を見てみよう（**図4-16**）。

```
from sklearn.pipeline import Pipeline

polynomial_regression = Pipeline([
        ("poly_features", PolynomialFeatures(degree=10, include_bias=False)),
        ("lin_reg", LinearRegression()),
    ])

plot_learning_curves(polynomial_regression, X, y)
```

新しい学習曲線は、前の学習曲線と少し似ているが、次のふたつの点で大きく異なる。

● 　線形回帰モデルよりも訓練誤差がかなり小さい。
● 　ふたつの曲線の間に大きな差がある。これは、検証データに対する性能よりも訓練データに

対する性能の方がかなり高いということであり、過学習の顕著な特徴である。しかし、訓練セットを大きくすると、ふたつの曲線は少しずつ近づいていく。

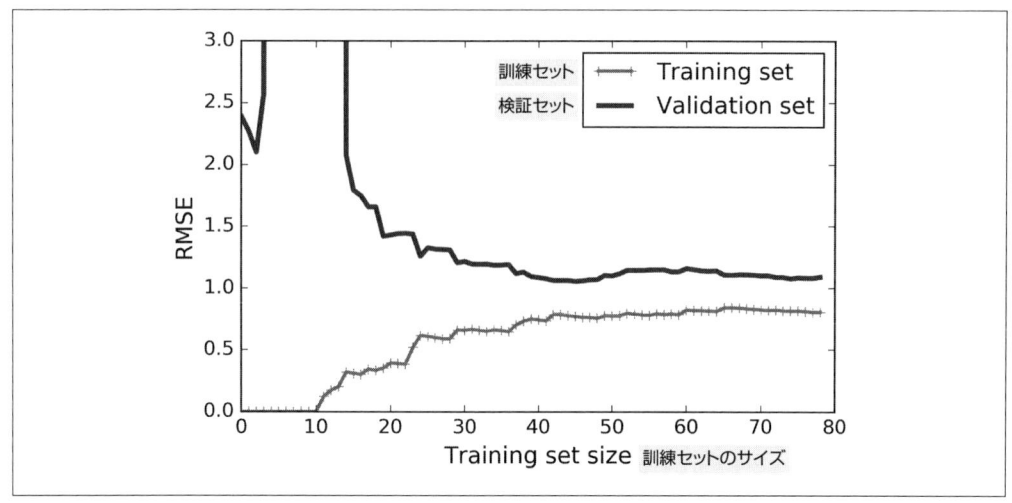

図4-16　多項式回帰モデルの学習曲線

　過学習モデルは、検証誤差が訓練誤差に達するまで訓練データを増やしていけば性能を上げられる。

バイアスと分散のトレードオフ

　統計学と機械学習の理論的な研究から、モデルの汎化誤差は、3つの非常に異なる誤差の和として表現できるという重要な事実がわかっている。

バイアス

　　汎化誤差のこの部分は、データが実際には2次なのに線形だと考えるなど、前提条件のまずさに起因している。バイアスの高いモデルは、訓練データに対して過小適合しやすい[10]。

分散

　　この部分は、モデルが訓練データの小さな差異に敏感すぎることに起因している。自由

---

[10] このバイアスの概念と線形モデルのバイアス項を混同しないように注意しよう。

度（degrees of freedom）が高いモデル（高次多項式回帰モデルなど）は分散が高くなりがちであり、訓練データに過学習する。

削減不能誤差
> この部分は、データ自体のノイズに起因している。この部分の誤差を減らせる唯一の方法は、データのクリーンアップ（壊れたセンサーなどのデータソースの修理、外れ値の検出と除去など）である。

モデルの複雑度が上がると、一般に分散が上がり、バイアスが下がる。逆に、モデルの複雑度が下がると、バイアスが上がり、分散が下がる。そのため、両者はトレードオフだと言われている。

4.5　正則化された線形回帰

1章および、**2章**で説明したように、モデルの正則化（つまり、制約の強化）はモデルの過学習を緩和するためのよい方法である。自由度が下がれば下がるほど、モデルは過学習しにくくなる。たとえば、多項式回帰モデルには、次数を減らすという簡単な正則化の方法がある。

　線形回帰の正則化は、一般にモデルの重みを制限して実現される。ここでは、3種類の異なる方法で重みに制限を加えるリッジ回帰、Lasso 回帰、Elastic Net を取り上げる。

4.5.1　リッジ回帰

リッジ回帰（Ridge Regression）は線形回帰の正則化で、コスト関数に $\alpha \sum_{i=1}^{n} \theta_i^2$ という**正則化項**（regularization term）を加える。すると、学習アルゴリズムは、データに適合するだけでなく、モデルの重さをできる限り小さく保たなければならなくなる。正則化項は、訓練中のコスト関数だけに加えられることに注意しよう。モデルの訓練が終わったら、モデルの性能は正則化されていない性能指標で評価するのである。

 訓練中に使うコスト関数がテストのために使う性能測定法と異なることはよくある。両者が異なることには、正則化以外にも、優れた訓練用コスト関数は最適化しやすい導関数を持たなければならないのに対し、テスト用の性能測定ではできる限り最終的な目的に近づけなければならないという理由がある。Log Loss（すぐあとで説明する）などのコスト関数で訓練されるが、適合率／再現率で評価される分類器がよい例だ。

　ハイパーパラメータ α は、モデルをどの程度正則化するかを決める。$\alpha = 0$ なら、リッジ回帰はただの線形回帰になる。それに対し、α が非常に大きければ、すべての重みが限りなく 0 に近づき、

結果はデータの平均値を通る水平線になる。**式4-8** は、リッジ回帰コスト関数を示している[†11]。

式 4-8 リッジ回帰コスト関数

$$J(\theta) = \mathrm{MSE}(\theta) + \alpha \frac{1}{2} \sum_{i=1}^{n} \theta_i^2$$

バイアス項の θ_0 は正則化されないことに注意しよう(総和は 0 からではなく、$i = 1$ から始まっている)。特徴量の重みのベクトル(θ_1 から θ_n)のベクトルを w と定義すると、正則化項は、単純に $1/2(\| w \|_2)^2$ となる。ここで、$\| \cdot \|_2$ は、重みベクトルの ℓ_2 ノルムを表す[†12]。勾配降下法では、MSE 勾配ベクトル**式4-6** に αw を加えるだけである。

 リッジ回帰は入力特徴量のスケールによって影響を受けるので、リッジ回帰を行う前にデータをスケーリングすることが大切だ。これは、ほとんどの正則化モデルに当てはまることである。

図4-17 は、線形モデルに対して異なる α 値を使って訓練したリッジモデルを複数並べてみたものである。左側はプレーンなリッジモデルを使っており、予測は線形になっている。右側は、まず `PolynomialFeatures(degree=10)` を使ってデータを拡張してから `StandardScaler` を使ってスケーリングし、得られた特徴量にリッジモデルを適用したもので、リッジ正則化をともなう多項式回帰になっている。α を大きくすると、予測が平板化する(つまり、極端でなくなり、合理的になる)ことに注意していただきたい。こうすると、モデルの分散は下がるが、バイアスは上がる。

線形回帰と同様に、リッジ回帰は閉形式の式を計算しても、勾配降下法でも訓練できる。長所と短所も同じだ。**式4-9** は、閉形式の解を示している(A は、バイアス項に対応する左上のセルが 0 になっていることを除けば、$n \times n$ の**単位行列**:identity matrix[†13]と同じである)。

式 4-9 リッジ回帰の閉形式の解

$$\hat{\theta} = (X^T \cdot X + \alpha A)^{-1} \cdot X^T \cdot y$$

scikit-learn で閉形式の解(アンドレ・ルイ・コレスキーの行列分解テクニックを使った**式4-9** の変種)を使ってリッジ回帰をしてみよう。

[†11] 一般に短い名前のないコスト関数に対しては $J(\theta)$ という記法を使う。本書では、この記法をたびたび使っていく。どのコスト関数が話題になっているのかは、文脈から明らかになるはずだ。

[†12] ノルムについては、**2章**で説明した。

[†13] 単位行列は、左上から右下に向かう主対角線上に 1 が並ぶほかは 0 の要素ばかりの正方形の行列である。

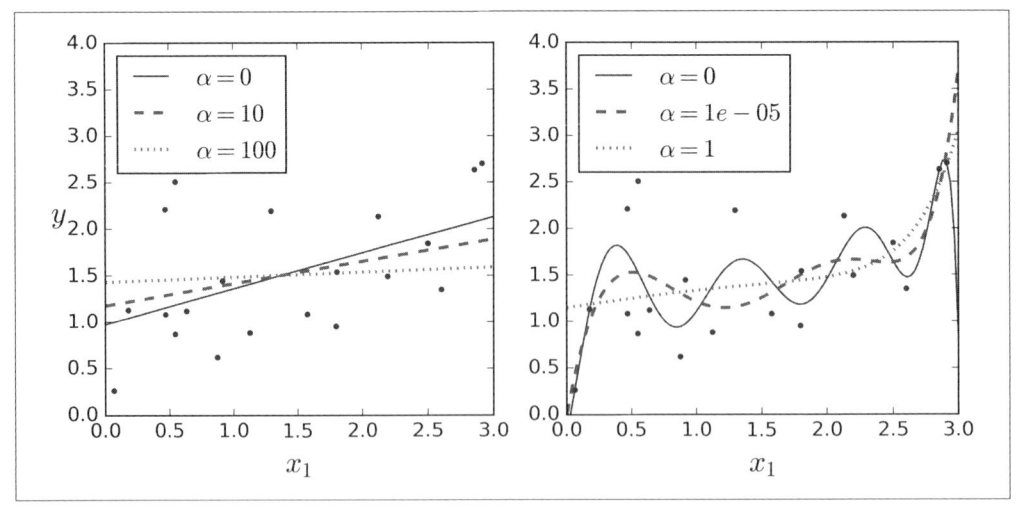

図4-17　リッジ回帰

```
>>> from sklearn.linear_model import Ridge
>>> ridge_reg = Ridge(alpha=1, solver="cholesky")
>>> ridge_reg.fit(X, y)
>>> ridge_reg.predict([[1.5]])
array([[ 1.55071465]])
```

そして、確率的勾配降下法を使う[†14]。

```
>>> sgd_reg = SGDRegressor(penalty="l2")
>>> sgd_reg.fit(X, y.ravel())
>>> sgd_reg.predict([[1.5]])
array([ 1.13500145])
```

penalty ハイパーパラメータは、使う正則化項のタイプを設定する。"l2"を指定すると、重みベクトルの ℓ_2 ノルムの二乗の半分という正則化項を SGD のコスト関数に加えることになるが、これはまさにリッジ回帰である。

4.5.2　Lasso 回帰

Lasso 回帰は Least Absolute Shrinkage and Selection Operator Regression の略で、線形回帰の正則化版のひとつである。リッジ回帰と同様に、コスト関数に正則化項を加えるが、重みベクトルの ℓ_2 ノルムの二乗の半分ではなく、重みベクトルの ℓ_1 ノルムを使う（**式4-10**）。

[†14] solverが"sag"のRidgeクラスを使うこともできる。詳しくは、ブリティッシュコロンビア大学のMark Schmidtらのプレゼンテーション、"Minimizing Finite Sums with the Stochastic Average Gradient Algorithm"（確率的平均勾配アルゴリズムによる有限和の最小化 http://goo.gl/vxVyA2）を参照。

式 4-10　Lasso 回帰のコスト関数

$$J(\theta) = \mathrm{MSE}(\theta) + \alpha \sum_{i=1}^{n} |\theta_i|$$

図4-18 は、**図4-17** と同じものだが、リッジモデルではなく Lasso モデルを使っており、α の値を小さくしてある。

Lasso 回帰には、重要性の低い特徴量の重みを完全に取り除いてしまう（つまり 0 にする）傾向があるという重要な特徴がある。たとえば、**図4-18** の右側のグラフの破線（$\alpha = 10^{-7}$）は、ほとんど線形の 2 次曲線のように見える。高次多項特徴量の重みはすべて 0 になっている。言い換えれば、Lasso 回帰は、自動的に特徴量を選択し、**疎なモデル**（sparse model：0 以外の重みを持つ特徴量がほとんどないモデル）を出力する。

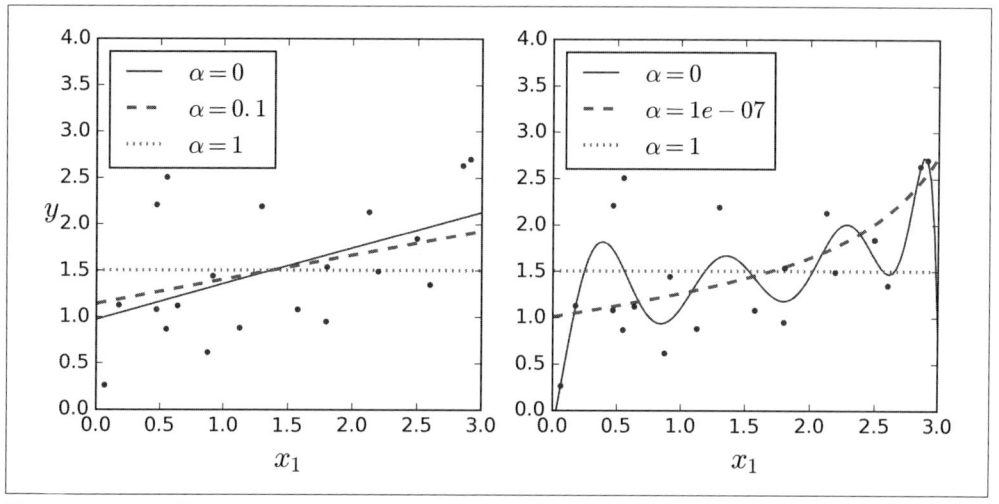

図4-18　Lasso 回帰

図4-19 を見れば、なぜそうなるかがわかる。左上のグラフで、背景に描かれている等高線のようなもの（楕円）は、正則化されていない（$\theta = 0$）MSE コスト関数を表しており、白い点の連続はそのコスト関数によるバッチ勾配降下法のパスを示している。前面に描かれている等高線のようなもの（菱形）は ℓ_1 ペナルティを表しており、三角形の連続はこのペナルティのみ（$\alpha \to \infty$）の BGD パスを示している。パスがまず $\theta_1 = 0$ に達してから、$\theta_2 = 0$ にたどり着くまで溝を下っていくことに注意していただきたい。右上のグラフでは、等高線は同じコスト関数に $\alpha = 0.5$ の ℓ_1 ペナルティを加えたものを表している。全体の最小値は $\theta_2 = 0$ の軸にある。BGD は最初に $\theta_2 = 0$ に達してから、全体の最小値に達するまで溝を下っていく。下のふたつのグラフは、ℓ_1 ペナルティではなく、ℓ_2 ペナルティを使った同じものを示している。正則化された最小値は正則化

されていない最小値よりも $\theta = 0$ に近いが、重みは完全に取り除かれていない。

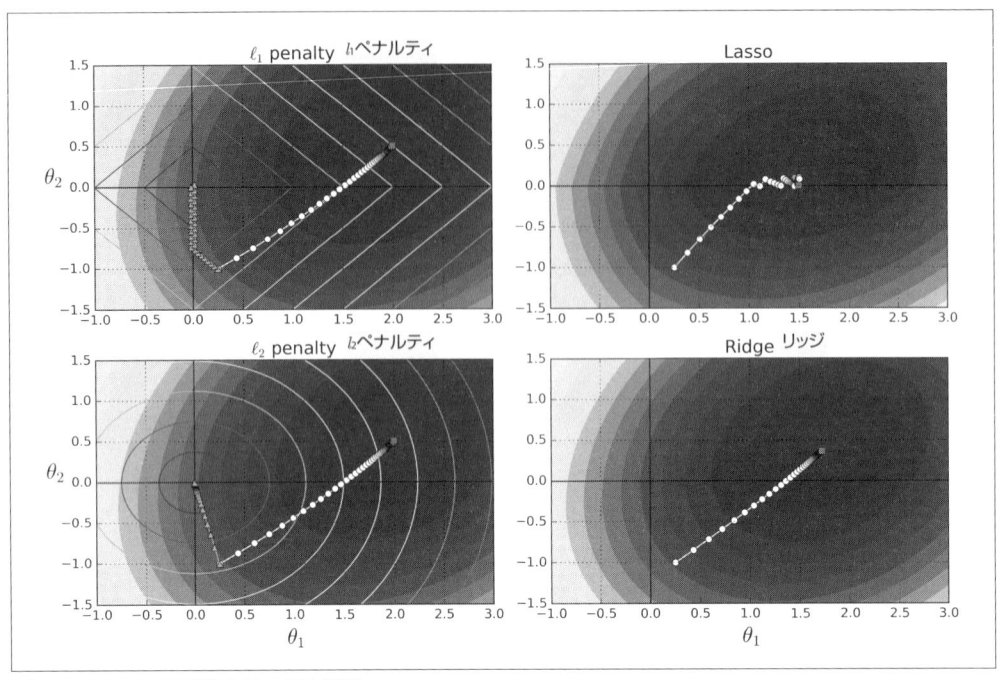

図4-19　Lasso 正則化とリッジ正則化

 Lasso コスト関数では、BGD パスは溝をまたいで BGD パスが上下に跳ね回ることが多い。これは、$\theta_2 = 0$ で傾斜が突然変わるからである。実際に全体の最小値に収束するためには、学習率を少しずつ引き下げる必要がある。

　Lasso コスト関数は、$\theta_i = 0$（$i = 1, 2, \cdots n$）で微分可能ではないが、$\theta_i = 0$ のところで代わりに**劣勾配ベクトル**（subgradient vector）[15]を使えば勾配降下法はうまく機能する。Lasso コスト関数の勾配降下法を使える劣勾配ベクトルは、**式4-11** のようになる。

式 4-11　Lasso 回帰の劣勾配ベクトル

$$g(\theta, J) = \nabla_\theta \,\text{MSE}(\theta) + \alpha \begin{pmatrix} \text{sign}(\theta_1) \\ \text{sign}(\theta_2) \\ \vdots \\ \text{sign}(\theta_n) \end{pmatrix} \quad \text{where } \text{sign}(\theta_i) = \begin{cases} -1 & \text{if } \theta_i < 0 \\ 0 & \text{if } \theta_i = 0 \\ +1 & \text{if } \theta_i > 0 \end{cases}$$

[15] 微分できない点での劣勾配ベクトルは、その点の前後の勾配ベクトルの間のベクトルだと考えればよい。

次に示すのは、scikit-learn の `Lasso` クラスを使った例である。代わりに `SGDRegressor`(`penalty="l1"`) を使ってもよいことに注意しよう。

```
>>> from sklearn.linear_model import Lasso
>>> lasso_reg = Lasso(alpha=0.1)
>>> lasso_reg.fit(X, y)
>>> lasso_reg.predict([[1.5]])
array([ 1.53788174])
```

4.5.3 Elastic Net

Elastic Net は、リッジ回帰と Rasso 回帰の中間である。正則化項はリッジ回帰と Lasso 回帰の正則化項を混ぜ合わせたもので、混ぜ方は割合 r で変えられる。Elastic Net は、$r = 0$ のときにはリッジ回帰と等しく、$r = 1$ のときには Lasso 回帰と等しい（**式4-12**）。

式 4-12 Elastic Net のコスト関数

$$J(\theta) = \mathrm{MSE}(\theta) + r\alpha \sum_{i=1}^{n} |\theta_i| + \frac{1-r}{2}\alpha \sum_{i=1}^{n} \theta_i^2$$

では、線形回帰（正則化項なし）、リッジ回帰、Lasso 回帰、Elastic Net はどのように使い分ければよいのだろうか。ほとんどすべての場合、何らかの正則化をすべきなので、一般にプレーンな線形回帰は避けた方がよい。リッジはよいデフォルトになるが、意味がある特徴量は一部だけなのではないかと疑われるときには、役に立たない特徴量の重みを 0 に引き下げてくれる Lasso や Elastic Net を使った方がよい。そして、Lasso は訓練インスタンスの数よりも特徴量の数が多いときや、複数の特徴量の間に強い相関があるときに不規則な動きを示すことがあるので、一般に Lasso よりも Elastic Net の方がよい。

次に示すのは、scikit-learn の `ElasticNet` クラスの使い方である（`l1_ratio` は、ミックスの割合を示す r のことを表す）。

```
>>> from sklearn.linear_model import ElasticNet
>>> elastic_net = ElasticNet(alpha=0.1, l1_ratio=0.5)
>>> elastic_net.fit(X, y)
>>> elastic_net.predict([[1.5]])
array([ 1.54333232])
```

4.5.4 早期打ち切り

勾配降下法のような反復的な学習アルゴリズムを正則化するためのまったく異なる方法として、検証誤差が最小値に達したところで訓練を中止するというものがある。これを**早期打ち切り**（early stopping）と呼ぶ。**図4-20** は、バッチ勾配降下法を使って複雑なモデル（この場合は高次多項式回帰モデル）を訓練しているところを示している。エポックが増えると、アルゴリズムは学習を進

め、訓練セットに対する予測誤差（RMSE）は自然に下がっていき、検証セットに対する予測誤差も下がる。しかし、しばらくすると、検証誤差は下げ止まり、かえって上がっていく。これは、モデルが訓練データに過学習し始めたことを示す。早期打ち切りは、検証誤差が最小になったところで、訓練を中止する。早期打ち切りは、このように単純な上に効率的な正則化テクニックなので、ジェフリー・ヒントンはこれを「すばらしいフリーランチ」と呼んでいる。

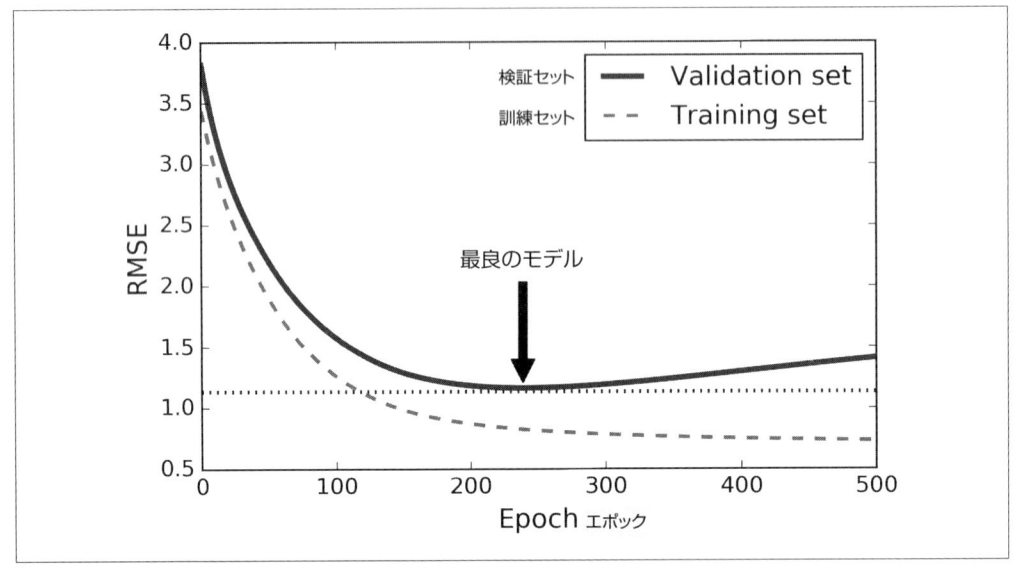

図4-20　早期打ち切り

 確率的勾配降下法やミニバッチ勾配降下法では、バッチ勾配降下法ほど曲線が滑らかにならないので、最小値に達したかどうかを判断するのは難しい。たとえば、検証誤差がしばらくの間最小値よりも大きくなり続ける（つまり、モデルがこれ以上よくならないことがはっきりとわかる）まで待って、検証誤差が最小値になったときのモデルパラメータにロールバックすればよいだろう。

次に示すのは、早期打ち切りの基本的な実装である。

```
from sklearn.base import clone

# データの準備
poly_scaler = Pipeline([
        ("poly_features", PolynomialFeatures(degree=90, include_bias=False)),
        ("std_scaler", StandardScaler()) ])
X_train_poly_scaled = poly_scaler.fit_transform(X_train)
X_val_poly_scaled = poly_scaler.transform(X_val)
```

```
sgd_reg = SGDRegressor(n_iter=1, warm_start=True, penalty=None,
                       learning_rate="constant", eta0=0.0005)

minimum_val_error = float("inf")
best_epoch = None
best_model = None
for epoch in range(1000):
    sgd_reg.fit(X_train_poly_scaled, y_train)   # 中断したところから継続
    y_val_predict = sgd_reg.predict(X_val_poly_scaled)
    val_error = mean_squared_error(y_val_predict, y_val)
    if val_error < minimum_val_error:
        minimum_val_error = val_error
        best_epoch = epoch
        best_model = clone(sgd_reg)
```

`fit()` メソッドを呼び出したときに `warm_start=True` になっていると、`fit()` は訓練を最初からやり直すのではなく、前回の訓練後の状態から訓練を続けることに注意していただきたい。

4.6　ロジスティック回帰

1章でも触れたように、回帰アルゴリズムのなかには、分類に使えるものがある（逆もある）。**ロジスティック回帰**（logistic regression、ロジット回帰：logit regression とも呼ばれる）は、インスタンスが特定のクラスに属する確率（たとえば、メールがスパムである確率など）を推計するためによく使われる。推計された確率が 50% 以上なら、モデルはインスタンスがそのクラス（陽性クラス：positive class、"1"というラベルが与えられる）に属すると予測する。そうでなければ、インスタンスはそのクラスに属さない（つまり、陰性クラス：negative class に属する。"0"というラベルが与えられる）と予測する。

4.6.1　確率の推計

では、ロジスティック回帰はどのような仕組みなのだろうか。ロジスティック回帰モデルは、線形回帰モデルと同様に、入力特徴量の加重総和（にさらにバイアス項を加えたもの）を計算するが、線形回帰モデルのように計算結果を直接出力するのではなく、結果の**ロジスティック**（logistic）を返す（**式4-13**）。

式 4-13　ロジスティック回帰モデル

$$\hat{p} = h_\theta(\boldsymbol{x}) = \sigma(\theta^T \cdot \boldsymbol{x})$$

ロジスティック（$\sigma(\cdot)$ **ロジット**：logit とも呼ばれる）は、0 から 1 までの値を出力する**シグモイド関数**（sigmoid function：S 字型）である。ロジスティックは、**式4-14**、**図4-21** のように定義される。

式4-14　ロジスティック関数

$$\sigma(t) = \frac{1}{1 + \exp(-t)}$$

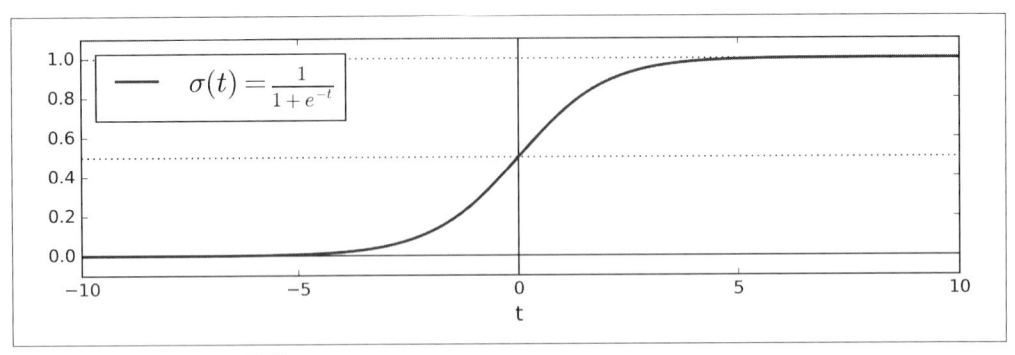

図4-21　ロジスティック関数

　ロジスティック回帰モデルによってインスタンス **x** が陽性クラスに属する確率 $\hat{p} = h_\theta(\boldsymbol{x})$ が推計されたら、予測 $\hat{y}$ は簡単に得られる（**式4-15**）。

式4-15　ロジスティック回帰モデルによる予測

$$\hat{y} = \begin{cases} 0 & \text{if } \hat{p} < 0.5 \\ 1 & \text{if } \hat{p} \geqq 0.5 \end{cases}$$

　$t < 0$ なら $\sigma(t) < 0.5$、$t \geqq 0$ なら $\sigma(t) \geqq 0.5$ になることに注意しよう。そのため、ロジスティック回帰モデルは、$\theta^T \boldsymbol{x}$ が正なら 1、負なら 0 を予測する。

4.6.2　訓練とコスト関数

　ロジスティック回帰が確率を推計して予測をすることはわかった。では、どのように訓練すればよいのだろうか。訓練の目的は、モデルが陽性インスタンス（$y = 1$）に対して高い確率、陰性インスタンス（$y = 0$）に対して低い確率を推計するようにパラメータベクトル θ を設定することだ。**式4-16** の単一訓練インスタンス $\boldsymbol{x}$ に対するコスト関数は、それを表している。

式4-16　単一の訓練インスタンスに対するコスト関数

$$c(\theta) = \begin{cases} -\log(\hat{p}) & \text{if } y = 1 \\ -\log(1 - \hat{p}) & \text{if } y = 0 \end{cases}$$

　$-\log(t)$ は、t が 0 に近づくと急速に大きくなるので、モデルが陽性インスタンスに対して 0 に

近い確率を推計するとコストが非常に高くなり、陰性インスタンスに対して 1 に近い確率を推計するとやはりコストが非常に高くなる。一方、$-\log(t)$ は、t が 1 に近づくと 0 に近づくので、モデルが陰性インスタンスに対して 0 に近い確率を推計するか、陽性インスタンスに対して 1 に近い確率を推計すると、コストは 0 に近づく。そのため、このコスト関数は合理的である。

訓練セット全体に対するコスト関数は、単純にすべての訓練インスタンスのコストの平均である。これは、**式 4-17** に示すように、**Log Loss** と呼ばれるひとつの式で書くことができる（簡単に確認できるはずだ）。

式 4-17　ロジスティック回帰のコスト関数（Log Loss）

$$
J(\theta) = -\frac{1}{m} \sum_{i=1}^{m} \left[y^{(i)} log\left(\hat{p}^{(i)} \right) + (1 - y^{(i)}) log\left(1 - \hat{p}^{(i)} \right) \right]
$$

残念ながら、このコスト関数を最小にする θ の値を計算する閉形式の方程式は知られていない（正規方程式のようなものはない）。しかし、このコスト関数は凸関数なので、勾配降下法（またはその他の最適化アルゴリズム）が全体の最小値を見つけられることは保証されている（学習率が高すぎず、長時間待つなら）。j 番目のモデルパラメータ θ_j についてのコスト関数の偏微分は、**式 4-18** で得られる。

式 4-18　ロジスティック回帰のコスト関数の偏微分

$$
\frac{\partial}{\partial \theta_j} \mathrm{J}(\theta) = \frac{1}{m} \sum_{i=1}^{m} \left(\sigma(\theta^T \cdot \boldsymbol{x}^{(i)}) - y^{(i)} \right) x_j^{(i)}
$$

この式は、**式 4-5** と非常によく似ている。個々のインスタンスについて、予測誤差を計算し、それと j 番目の特徴量の値を掛けて、すべての訓練インスタンスの平均を計算しているのである。すべての偏微分を納めた勾配ベクトルを作れば、バッチ勾配降下法でそれを使うことができる。これで、ロジスティック回帰モデルの訓練方法がわかった。もちろん、1 度に 1 個のインスタンスを使えば確率的 GD、ミニバッチを使えばミニバッチ GD で訓練できる。

4.6.3　決定境界

iris データセットを使ってロジスティック回帰を実際に試してみよう。iris（あやめ）は、セトナ（Iris-Setona）、バーシクル（Iris-Versicolor）、バージニカ（Iris-Virginica）の 3 種類のあやめのがく片（sepal）と花弁（petal）の幅と長さが収められた有名なデータセットである（**図 4-22**）。

図4-22　3種のあやめの花[†16]

では、花弁の幅特徴量だけでバージニカ種を検出する分類器を作ってみよう。

```
>>> from sklearn import datasets
>>> iris = datasets.load_iris()
>>> list(iris.keys())
['data', 'target_names', 'feature_names', 'target', 'DESCR']
>>> X = iris["data"][:, 3:]  # 花弁の幅
>>> y = (iris["target"] == 2).astype(np.int)  # バージニカなら 1、他は 0
```

次に、ロジスティック回帰モデルを訓練する。

```
from sklearn.linear_model import LogisticRegression

log_reg = LogisticRegression()
log_reg.fit(X, y)
```

それでは、花弁の幅が 0cm から 3cm の花に対するモデルの推定確率を見てみよう（**図4-23**）。

```
X_new = np.linspace(0, 3, 1000).reshape(-1, 1)
y_proba = log_reg.predict_proba(X_new)
```

[†16] 写真は対応する Wikipedia ページからの転載。バージニカ種の写真は Frank Mayfield 撮影（クリエーティブコモンズ BY-SA 2.0: https://creativecommons.org/licenses/by-sa/2.0/）、バーシクル種の写真は D. Gordon E. Robertson 撮影（クリエーティブコモンズ BY-SA 3.0: https://creativecommons.org/licenses/by-sa/3.0/）、セトナ種の写真はパブリックドメイン。

```
plt.plot(X_new, y_proba[:, 1], "g-", label="Iris-Virginica")
plt.plot(X_new, y_proba[:, 0], "b--", label="Not Iris-Virginica")
# イメージをきれいに見せるための Matplotlib コードがさらに続く
```

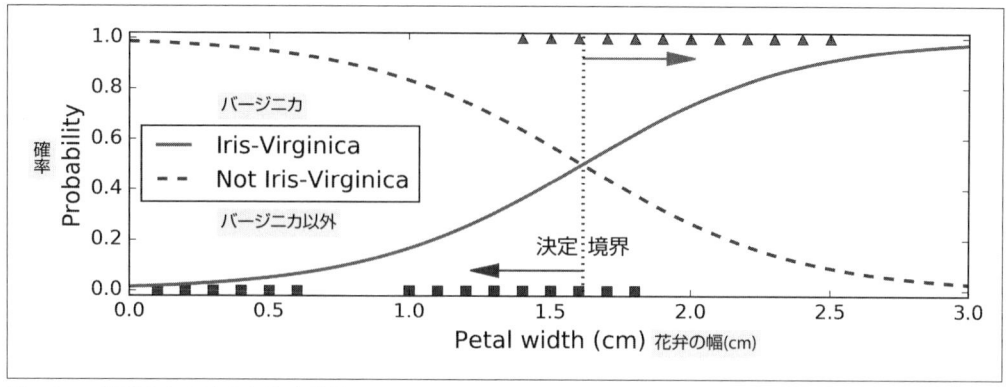

図4-23　推計された確率と決定境界

　バージニカ種の花弁の幅（三角形）は 1.4cm から 2.5cm だが、ほかのあやめ（正方形）は 0.1cm から 1.8cm までの間である。わずかながら重なり合う部分があることに注意しよう。2cm よりも長ければ、分類器はかなり自信を持って、バージニカ種だと判断する（バージニカ種クラスに対して高い確率を出力する）。それに対し、1cm 未満なら、かなり自信を持って、バージニカ種ではないと判断する（非バージニカ種クラスに対して高い確率を出力する）。この両極端の間では、分類器は自信がなくなる。しかし、クラスの予測を求めれば（predict_proba() メソッドではなく、predict() メソッドを使う）、分類器はどちらかのクラスを返す。そのため、両方の確率がともに 50% になる**決定境界**（decision boundary）は、約 1.6cm になる。分類器は、花弁の幅が 1.6cm よりも長ければバージニカ種、そうでなければ非バージニカ種に分類する（あまり自信はなくても）。

```
>>> log_reg.predict([[1.7], [1.5]])
array([1, 0])
```

　図4-24 は、同じデータセットを使っているが、今度は花弁の幅と長さのふたつの特徴量を表示している。訓練すれば、ロジスティック回帰分類器は、これらふたつの特徴量に基づいて、花がバージニカ種である確率を推計できるようになる。破線は、モデルが 50% の確率を推計するところを表している。これがモデルの決定境界である。この境界が線形になっていることに注意していただきたい[17]。個々の平行線は、モデルが 15%（左下）から 90%（右上）までの特定の確率を出力する点を表している。モデルによれば、右上の直線の向こう側の花は、90% の確率でバージニカである。

---

[17]　これは、直線を定義する $\theta_0 + \theta_1 x_1 + \theta_2 x_2 = 0$ となるような点 x の集合である。

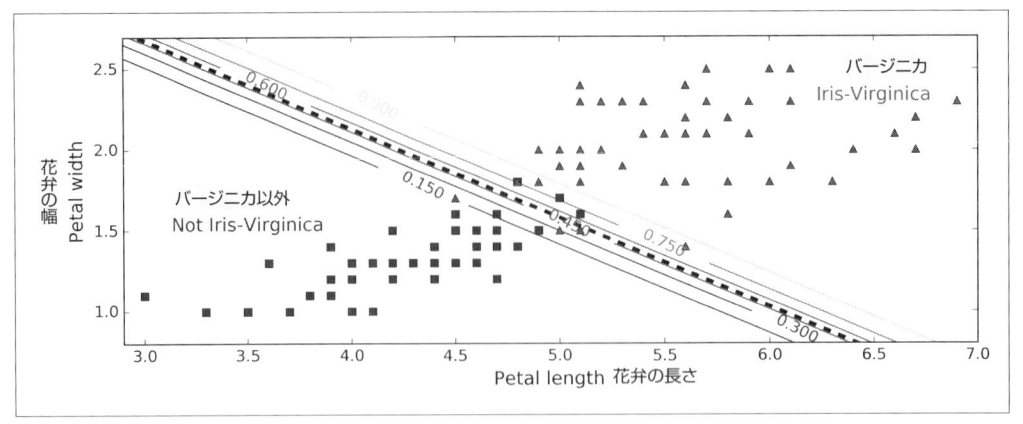

図4-24　線形の決定境界

　ほかの線形モデルと同様に、ロジスティック回帰モデルは ℓ_1、ℓ_2 ペナルティで正則化できる。scikit-learn は、実際にはデフォルトで ℓ_2 ペナルティを加えている。

 scikit-learn の `LogisticRegression` モデルの正則化の強さを決めるハイパーパラメータは、ほかの線形モデルとは異なり、`alpha` ではなく、その逆の `C` である。`C` が大きくなればなるほど、モデルはあまり正則化されなくなる。

4.6.4　ソフトマックス回帰

　ロジスティック回帰モデルは、**3章**の説明のように複数の2項分類器を訓練して組み合わせなくても、複数のクラスを直接サポートするように生成することができる。これを**ソフトマックス回帰**（softmax regression）あるいは、**多項ロジスティック回帰**（multinomial logistic regression）と呼ぶ。

　考え方はごく単純だ。ソフトマックス回帰モデルは、インスタンス $\boldsymbol{x}$ を受け取ると、まず個々のクラス k のために $s_k(\boldsymbol{x})$ を計算し、**ソフトマックス関数**（softmax function、**正規化指数関数**：normalized exponential function とも呼ばれる）を適用して個々のクラスの確率を推計する。$s_k(\boldsymbol{x})$ を計算する方程式（**式4-19**）は、見覚えのある形をしているだろう。線形回帰予測の方程式とよく似ているのである。

式 4-19　クラス k に対するソフトマックススコア

$$s_k(\boldsymbol{x}) = (\theta^{(k)})^T \cdot \boldsymbol{x}$$

　個々のクラスがそれぞれ専用のパラメータベクトル $\theta^{(k)}$ を持っていることに注意しよう。これらのベクトルは、一般に**パラメータ行列**（parameter matrix）Θ に格納される。

インスタンス x のためにすべてのクラスのスコアを計算してからスコアにソフトマックス関数（**式4-20**）を適用すれば、インスタンスがクラス k に属する確率 $\hat{P}_k$ を推計できる。ソフトマックス関数は、すべてのスコアの指数を計算してから、結果を正規化する（すべての指数の合計で割る）。

式 4-20　ソフトマックス関数

$$\hat{p}_k = \sigma\left(s(x)\right)_k = \frac{\exp\left(s_k(x)\right)}{\displaystyle\sum_{j=1}^{K} \exp\left(s_j(x)\right)}$$

- K はクラスの数。
- $s(x)$ はインスタンス x に対する各クラスのスコアを格納するベクトル。
- $\sigma(s(x))_k$ は、インスタンスに対する各クラスのスコアから推計されたインスタンス x がクラス k に属する確率。

ロジスティック回帰分類器と同様に、ソフトマックス回帰分類器は、**式4-21** に示すように、推計された確率がもっとも高いクラス（単純にもっともスコアの高いクラスのことである）を予測として返す。

式 4-21　ソフトマックス回帰分類器の予測

$$\hat{y} = \underset{k}{\operatorname{argmax}}\, \sigma\left(s(x)\right)_k = \underset{k}{\operatorname{argmax}}\, s_k(x) = \underset{k}{\operatorname{argmax}}\left(\left(\theta^{(k)}\right)^T \cdot x\right)$$

- argmax 演算子は、関数が最大になる変数の値を返す。この方程式では、推計された確率 $\sigma(s(x))_k$ を最大にする k の値を返す。

> ソフトマックス回帰分類器は、1度にひとつのクラスだけを予測する（つまり、多クラスだが多出力ではない）。そのため、植物の異なる種のように、相互排他的なクラスとともに使わなければならない。1枚の写真に写っている複数の人を認識するために使うことはできない。

モデルが確率を推計し、予測を行う仕組みはわかったので、訓練について見てみよう。訓練の目的は、ターゲットクラスを高い確率で推計する（その結果、ほかのクラスの推定確率は低くなる）モデルを作ることである。**式4-22** に示す**交差エントロピー**（cross entropy）と呼ばれるコスト関数は、ターゲットクラスに属する確率を低く推計したときにモデルにペナルティを与えるので、この目的を達することができるはずだ。交差エントロピーは、一連のクラスに対して推計された確率がターゲットクラスにどれくらい適合するかを測定するためにひんぱんに使われる（これからの章でも複数回使うことになる）。

式 4-22　交差エントロピーコスト関数

$$J(\Theta) = -\frac{1}{m} \sum_{i=1}^{m} \sum_{k=1}^{K} y_k^{(i)} \log \left(\hat{p}_k^{(i)} \right)$$

- i 番目のインスタンスのターゲットクラスが k なら、$y_k^{(i)}$ は 1、そうでなければ 0 になる。

ふたつのクラスしかなければ（$K = 2$）、このコスト関数はロジスティック回帰のコスト関数（Log Loss、**式4-17**）と同じになることに注意しよう。

交差エントロピー

　交差エントロピーは、情報理論から生まれたものである。たとえば、毎日天候についての情報を効率よく送りたいものとする。選択肢が 8 個（晴れ、雨など）なら、$2^3 = 8$ なので、3ビットで各オプションをエンコードできる。しかし、ほぼ毎日晴れになると思うなら、「晴れ」を 1 ビットだけ（0）で表現し、ほかの 7 個の選択肢は 4 ビット（先頭が 1）で表した方が効率がよい。交差エントロピーは、選択肢ごとに実際に送るビット数の平均を測定する。天候に関するこの前提条件が正しければ、交差エントロピーは天気自体のエントロピー（すなわち、天気の本質的な予測不能性）と等しくなる。前提条件が間違っていれば（たとえば、かなり雨が多い）、交差エントロピーは**カルバック・ライブラー情報量**（Kullback-Leibler divergence）と呼ばれる量だけ多くなる。

　ふたつの確率分布 p と q の間の交差エントロピーは、$H(p, q) = -\sum_x p(x) \log q(x)$ と定義される（少なくとも、分布が離散分布なら）。

式4-23 は、$\theta^{(k)}$ についてのこのコスト関数の勾配降下ベクトルを示している。

式 4-23　クラス k についての交差エントロピーの勾配降下ベクトル

$$\nabla_{\theta^{(k)}} J(\Theta) = \frac{1}{m} \sum_{i=1}^{m} \left(\hat{p}_k^{(i)} - y_k^{(i)} \right) \boldsymbol{x}^{(i)}$$

これですべてのクラスについて勾配降下ベクトルが計算できるので、勾配降下法（またはその他の最適化アルゴリズム）を使えば、コスト関数が最小になるパラメータ行列 Θ を見つけられる。

　では、ソフトマックス回帰を使ってあやめの花を 3 種類のクラスに分類しよう。scikit-learn の `LogisticRegression` は、3つ以上のクラスで訓練したときにはデフォルトで 1 対全を使うが、`multi_class` ハイパーパラメータに`"multinomial"`をセットすると、ソフトマックス回帰を

使うようになる。また、ソルバーとして"lbfgs"のようなソフトマックス回帰をサポートするソルバーを指定しなければならない（scikit-learn のドキュメントを参照）。また、デフォルトで ℓ_2 正則化が使われるが、ハイパーパラメータの C で変えられる。

```
X = iris["data"][:, (2, 3)]  # 花弁の長さ、花弁の幅
y = iris["target"]

softmax_reg = LogisticRegression(multi_class="multinomial",solver="lbfgs", C=10)
softmax_reg.fit(X, y)
```

　次に長さ 5cm、幅 2cm のあやめを見つけたときに、このモデルにどのタイプのあやめかを尋ねれば、確率 94.2% でバージニカ種（クラス 2）だと答えるだろう（あるいは確率 5.8% でバーシクル）。

```
>>> softmax_reg.predict([[5, 2]])
array([2])
>>> softmax_reg.predict_proba([[5, 2]])
array([[  6.33134078e-07,   5.75276067e-02,   9.42471760e-01]])
```

　図4-25 は、得られる決定境界を背景色で表現している。ふたつのクラスの間の決定境界が線形になっていることに注意しよう。この図には、曲線でバーシクル種の確率も示してある（たとえば、0.450 の曲線は、45% の確率の境界を表している）。モデルが推定確率 50% 未満のクラスを予測する場合があることに注意しよう。たとえば、すべての決定境界がぶつかる点では、すべてのクラスの推定確率が 33% になっている。

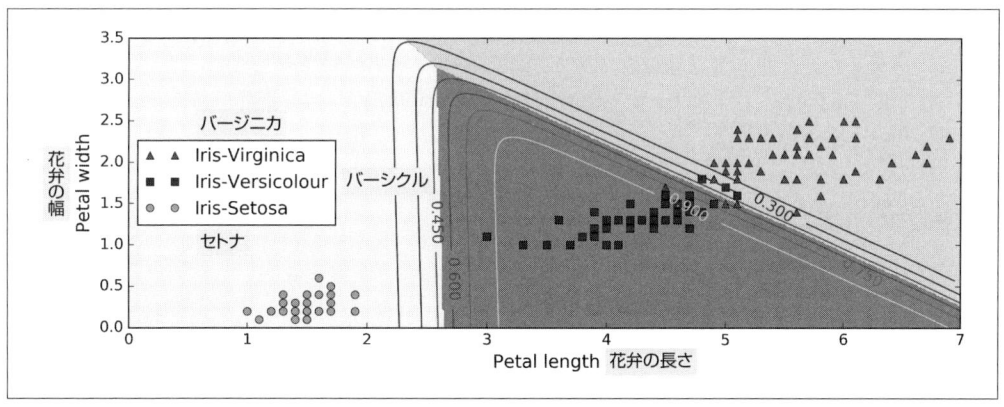

図4-25　ソフトマックス回帰の決定境界

4.7　演習問題

1.　数百万個もの特徴量を持つ訓練セットがあるときに使える線形回帰訓練アルゴリズムは何か。

2.　訓練セットの特徴量のスケールがまちまちだとする。これによって悪影響を受けるアルゴリズ

ムは何で、どのような影響があるか。その問題にはどのように対処すればよいか。

3. ロジスティック回帰モデルを訓練しているときに、勾配降下法が局所的な最小値から抜け出せなくなることはあるか。

4. 十分な実行時間を与えれば、すべての勾配降下法アルゴリズムは同じモデルに帰着するか。

5. バッチ勾配降下法を使っていて、エポックごとに検証誤差をプロットしているものとする。検証誤差が絶えず大きくなっていることに気付いた場合、何が起きていると考えられるか。この問題はどのように修正すればよいか。

6. 検証誤差が上がり出したときにミニバッチ勾配降下法をすぐに中止するのはよいことか。

7. 本書で取り上げた勾配降下法アルゴリズムのなかで、最適な解の近辺にもっとも速く到達するのはどれか。それは実際に収束するか。ほかの勾配降下法も収束させるにはどうすればよいか。

8. 多項式回帰を使っているものとする。学習曲線をプロットしたところ、訓練誤差と検証誤差の間に大きな差があった。何が起きているのか。この問題を解決するための3つの方法は何か。

9. リッジ回帰を使っていて、訓練誤差と検証誤差がほとんど同じだが、非常に高いことに気付いたとする。そのモデルが問題を起こしているのは、バイアスが高いからか、それとも分散が高いからか。正則化ハイパーパラメータの α を上げるべきか、下げるべきか。

10. 次の理由について答えなさい。
    - 線形回帰（正則化項なし）ではなくリッジ回帰を使うべき理由
    - リッジ回帰ではなく Lasso 回帰を使うべき理由
    - Lasso 回帰ではなく Elastic Net を使うべき理由

11. 写真を屋外／屋内、日中／夜間に分類したいものとする。ふたつのロジスティック回帰分類器を作るべきか、それともひとつのソフトマックス回帰分類器を作るべきか。

12. scikit-learn を使わず、ソフトマックス回帰のための早期打ち切り機能を持つバッチ勾配降下法を実装しなさい。

演習問題の解答は、**付録 A** を参照のこと。

5章
サポートベクトルマシン（SVM）

　サポートベクトルマシン（SVM）は、線形／非線形分類、回帰だけでなく、外れ値検出さえできる非常に強力で柔軟な機械学習モデルである。機械学習でもっとも人気のあるモデルのひとつであり、機械学習に関心を持つ人なら、使いこなせなければならない。SVM は複雑ながら中小規模のデータセットの分類に特に適している。

　この章では、SVM の基本概念、使い方、動作の仕組みを説明する。

5.1　線形 SVM 分類器

　SVM の基本的な考え方は、図を使うと説明しやすい。**図5-1** は、**4章**の終わりの方で紹介した iris データセットの一部を示している。このふたつのクラスは、明らかに直線で簡単に分割できる（**線形分割可能**、linary separable である）。左のグラフは、考え得る 3 種類の線形分類器の決定境界を示している。破線の決定境界を持つモデルは非常に性能が低く、クラスを正しく分割することさえできない。ほかのふたつは、この訓練セットに対しては完璧に機能するが、決定境界がインスタンスに近いため、新しいインスタンスに対しても同じような性能を発揮することはできないだろう。それに対し、右側のグラフの実線は、SVM 分類器の決定境界を示している。この線はふたつのクラスを分割できているだけでなく、もっとも近い訓練インスタンスからの距離ができる限り遠くなるようにしている。SVM 分類器は、クラスの間にできる限り太い道（2 本の平行な破線で表されている）を通すものだと考えることができる。これを**マージンの大きい分類**と呼ぶ。

　「道から外れた」訓練インスタンスを増やしても、決定境界に影響は及ばないことに注意しよう。決定境界は、道の際にあるインスタンスによって決まる（サポートされる）。このようなインスタンスのことを**サポートベクトル**（support vector）と呼ぶ（**図5-1** で大きな丸で描かれているもの）。

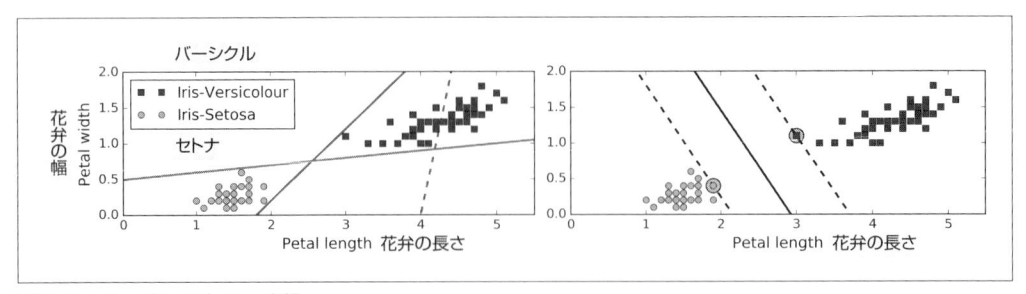

図5-1　マージンの大きい分類

 **図5-2** からもわかるように SVM は、特徴量のスケールの影響を受けやすい。左側のグラフでは、縦方向のスケールが横方向のスケールよりもかなり大きいので、可能な道のなかでもっとも太いものはほとんど真横に向かうものになっている。特徴量をスケーリング（たとえば、scikit-learn の `StandardScaler` で）したあとの決定境界（右側のグラフ）は、はるかによい感じに見える。

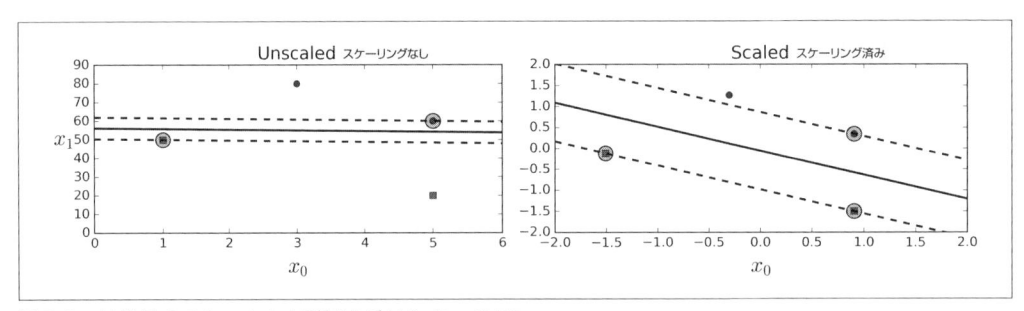

図5-2　特徴量のスケールから影響を受けやすいSVM

5.1.1　ソフトマージン分類

　すべてのインスタンスが道に引っかからず、正しい側にいることを厳密に要求する場合、それを**ハードマージン分類**（hard margine classification）と呼ぶ。ハードマージン分類には、データが線形分割できるときでなければ使えず、外れ値に敏感になり過ぎるというふたつの大きな問題点がある。**図5-3** は、iris データセットに 1 個の外れ値を追加したものを示している。左側のグラフは、ハードマージンを見つけられないもの、右側のグラフは、外れ値のない**図5-1** とは決定境界がまったく異なり、おそらく同じようには汎化できないものである。

　これらの問題を避けるために、もっと柔軟性の高いモデルを使った方がよい。目標は、道をできる限り太くすることと、**マージン違反**（margin violation = 道のなかや間違った側に入ってしまうインスタンス）を減らすこととの間でバランスを取ることだ。これを**ソフトマージン分類**と呼ぶ。

　scikit-learn の SVM クラス群では、C ハイパーパラメータでこのバランスを調整できる。C が小さければ小さいほど道は太くなるが、マージン違反も増える。**図5-4** は、線形分割できないデー

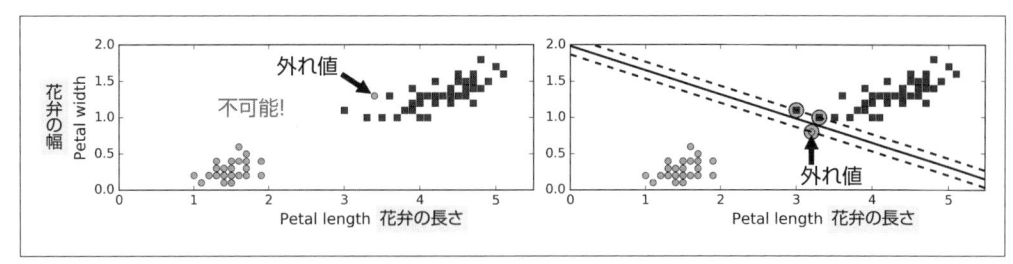

図5-3 ハードマージンは外れ値の影響を受けやすい

タセットに対して訓練したふたつのソフトマージン SVM 分類器の決定境界とマージンを示している。左側のグラフは、C として大きな値を使った分類器で、マージン違反は少ないが、マージンが狭くなっている。右側のグラフは、C として小さな値を使った分類器で、マージンはかなり広いが、道に入り込んでいるインスタンスがかなり多い。しかし、第 2 の分類器の方が汎化性能はよさそうに見える。実際、この訓練セットでも、第 2 の分類器の方が予測誤差は小さい。それは、ほとんどのマージン違反が実際には決定境界の正しい側に分類されるからである。

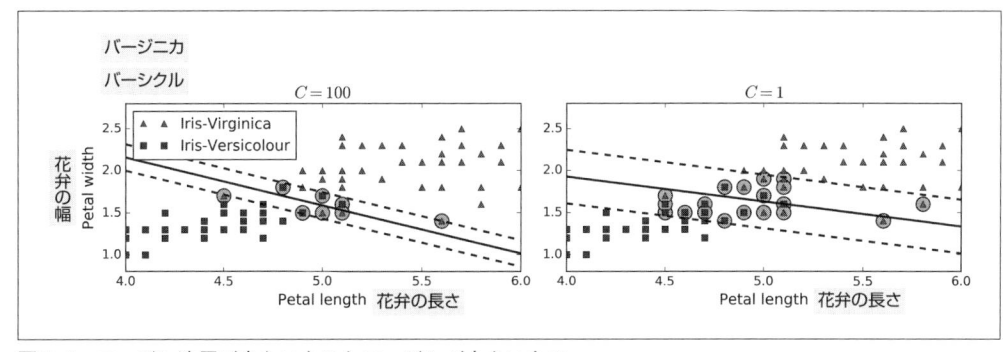

図5-4 マージン違反が少ないものとマージンが大きいもの

 SVM モデルが過学習している場合には、C を小さくして正則化してみるとよい。

　次の scikit-learn コードは、iris データセットをロードし、特徴量をスケーリングし、バージニカ種を検出する線形 SVM モデル訓練する（$C = 1$、すぐあとで説明する hinge loss 関数を指定した LinearSVC を使う）。得られたモデルは、**図5-4** の右側のグラフに示したものである。

```
import numpy as np
from sklearn import datasets
from sklearn.pipeline import Pipeline
from sklearn.preprocessing import StandardScaler
```

```
from sklearn.svm import LinearSVC

iris = datasets.load_iris()
X = iris["data"][:, (2, 3)]  # 花弁の長さ、花弁の幅
y = (iris["target"] == 2).astype(np.float64)  # バージニカ種

svm_clf = Pipeline([
        ("scaler", StandardScaler()),
        ("linear_svc", LinearSVC(C=1, loss="hinge")),
    ])

svm_clf.fit(X, y)
```

いつもと同じように、このモデルを使えば予測をすることができる。

```
>>> svm_clf.predict([[5.5, 1.7]])
array([ 1.])
```

　ロジスティック回帰分類器とは異なり、SVM分類器は各クラスの確率を出力しない。

　`SVC(kernel="linear", C=1)`を使って SVC クラスを使うこともできないわけではないが、特に訓練セットが大きいときにはかなり遅くなるので、お勧めできない。`SGDClassifier(loss="hinge", alpha=1/(m*C))`というコードを書いて SGDClassifier を使う方法もある。これは、線形 SVM 分類器の訓練のために、通常の確率的勾配降下法（**4章**参照）を適用するものだ。これは、LinearSVC クラスほど速く収束しないが、メモリに収まりきらない巨大なデータセットを扱うとき（コア外訓練）やオンライン分類タスクで役に立つ。

　LinearSVC クラスは、バイアス項を正則化するので、まずバイアス項の平均を引いて訓練セットを中央に置こう。StandardScaler でデータをスケーリングすれば、これは自動的になる。さらに、loss ハイパーパラメータをデフォルト値ではない"hinge"にする。最後に、訓練インスタンスよりも特徴量が多くなければ、dual ハイパーパラメータを False にする（双対問題については、この章のなかで後述する）。

5.2　非線形 SVM 分類器

　線形 SVM 分類器は効率的で多くの条件で驚くほどすばらしく機能するが、多くのデータセットは線形分割などとてもできない。このような非線形データセットを処理するためのアプローチのひとつは、多項式特徴量（**4章**参照）のように特徴量を追加するというものだ。実際、これで線形分割可能なデータセットが得られる場合がある。**図5-5**の左側のグラフを見てみよう。これは、特徴量がひとつ（名前は x_1）の単純なデータセットを表しているが、この単純なデータセットは線形

分割不能である。しかし、$x_2 = (x_1)^2$ という第 2 の特徴量を追加して得られた 2 次元データセットは、完全に線形分割可能だ。

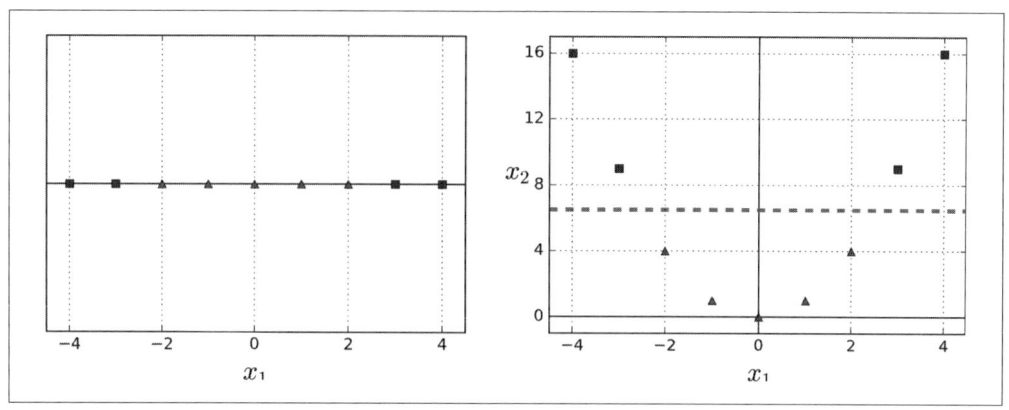

図5-5 特徴量を追加してデータセットを線形分割可能にする

scikit-learn を使ってこの考え方を実装するには、`PolynomialFeatures` 変換器（**4 章「4.3 多項式回帰」**参照）とそのあとに `StandardScaler`、`LinearSVC` を組み込んだ `Pipeline` を作ればよい。これを moons データセットでテストしてみよう（**図5-6**）。

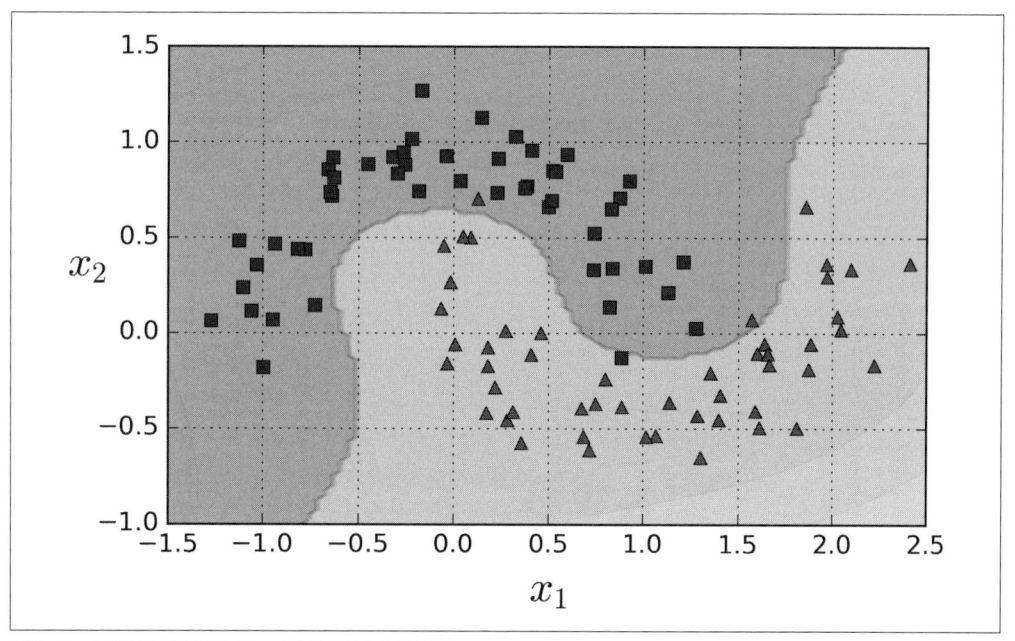

図5-6 多項式特徴量を使った線形 SVM 分類器

```
from sklearn.datasets import make_moons
from sklearn.pipeline import Pipeline
from sklearn.preprocessing import PolynomialFeatures

polynomial_svm_clf = Pipeline([
        ("poly_features", PolynomialFeatures(degree=3)),
        ("scaler", StandardScaler()),
        ("svm_clf", LinearSVC(C=10, loss="hinge"))
    ])

polynomial_svm_clf.fit(X, y)
```

5.2.1　多項式カーネル

　多項式特徴量を追加するのは実装が単純であり、あらゆる種類の機械学習アルゴリズム（SVM
に限らず）ですばらしく機能するが、次数が低いと非常に複雑なデータセットを処理できず、次数
が高いと特徴量が膨大な数になってモデルが遅くなりすぎる。

　しかし、SVMを使う場合は、**カーネルトリック**（kernel trick、すぐあとで説明する）というほ
とんど奇跡的なテクニックを使うことができる。これを使うと、実際に特徴量を追加せずにまる
で多くの多項式特徴量を追加したかのような結果が得られる。実際に特徴量を追加するわけでは
ないので、特徴量数の組合せ爆発も生じない。このトリックは、SVCクラスによって実装される。
moonsデータセットでテストしてみよう。

```
from sklearn.svm import SVC
poly_kernel_svm_clf = Pipeline([
        ("scaler", StandardScaler()),
        ("svm_clf", SVC(kernel="poly", degree=3, coef0=1, C=5))
    ])
poly_kernel_svm_clf.fit(X, y)
```

　このコードは、3次元多項式カーネルでSVM分類器を訓練する。**図5-7**の左側のグラフは、こ
の分類器を表している。右側のグラフには、10次元多項式カーネルを使った別のSVM分類器を
示している。当然ながら、モデルは過学習を起こしており、過学習している場合は、多項回帰モデ
ルの次数を下げなければならない。逆に、モデルが過小適合しているなら、多項回帰モデルの次数
を上げることになる。ハイパーパラメータのcoef0で、高次多項式モデルと低次多項式モデルか
らどの程度の影響を認めるかを調節する。

　適切なハイパーパラメータ値を見つけるために一般的に使われているのは、グリッドサーチ
（**2章**参照）である。非常に大雑把なグリッドサーチをまず行ってから、見つかった最良の値
の周囲で細かいグリッドサーチを行うと、仕事が早くなる。また、個々のハイパーパラメータ
が実際に何をするのかをよく理解していると、ハイパーパラメータ空間の正しい部分でサーチ
するために役立つ。

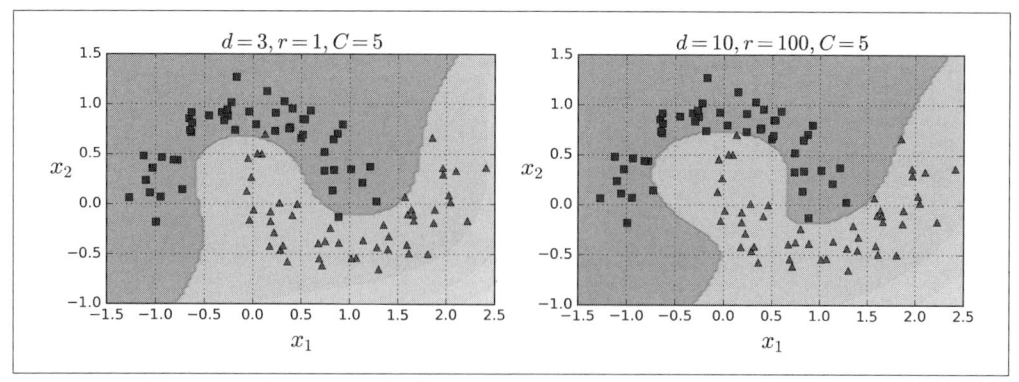

図5-7　多項式カーネルを使った SVM 分類器

5.2.2　類似性特徴量の追加

　非線形問題に対処するためのもうひとつのテクニックとしては、個々のインスタンスが特定の**ランドマーク**（landmark）にどの程度近いかを測定する**類似性関数**（similarity function）で計算された値を特徴量として追加するというものがある。たとえば、先ほど取り上げた 1 次元データセットを使い、$x_1 = -2$、$x_1 = 1$ のふたつのランドマークを追加してみよう（**図5-8** の左側のグラフ）。次に、$\gamma = 0.3$ のガウス**放射基底関数**（Radial Basis Function：RBF、**式5-1**）になるように類似性関数を定義する。

式 5-1　ガウス RBF

$$\phi_\gamma(\boldsymbol{x}, \boldsymbol{\ell}) = \exp(-\gamma \|\boldsymbol{x} - \boldsymbol{\ell}\|^2)$$

　これは、0（ランドマークからかなり離れている）から 1（ランドマークそのもの）までのベル型の関数である。これで新しい特徴量を計算する準備が整った。たとえば、$x_1 = -1$ のインスタンスを見てみよう。これは第 1 のランドマークからは 1、第 2 のランドマークからは 2 の距離にある。そこで、新特徴量は、$x_2 = \exp(-0.3 \times 1^2) \approx 0.74$、$x_3 = \exp(-0.3 \times 2^2) \approx 0.30$ となる。**図5-8** の右側のグラフは、変換後のデータセット（もとの特徴量を取り除いたもの）を示している。ご覧のように、これは線形分割可能になっている。

　ランドマークはどのようにして選択すればよいのだろうか。もっとも簡単なアプローチは、データセットの個々のインスタンスの位置にランドマークを作ることだ。そうすると、多くの次元が作られ、変換された訓練セットが線形分割可能になる可能性が広がる。欠点は、この方法だと n 個の特徴量を持つ m 個のインスタンスによる訓練セットが m 個の特徴量を持つ m 個のインスタンスによる訓練セットになってしまう（もとの特徴量を捨てた場合）ことだ。訓練セットが非常に大きい場合、同じように特徴量数も多くなってしまう。

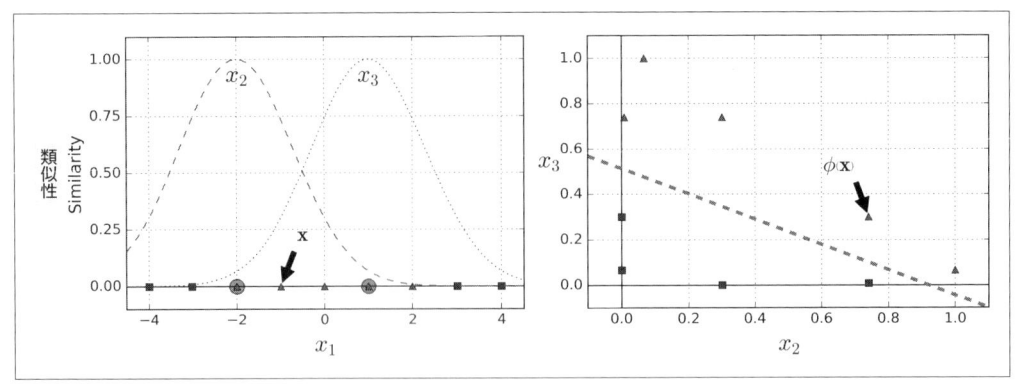

図5-8　ガウス RBF から得られた類似性特徴量

5.2.3　ガウス RBF カーネル

多項式特徴量の方式と同様に、類似性特徴量の方式はどの機械学習アルゴリズムでも使えるが、特に訓練セットが大きい場合には、すべての追加特徴量を計算していると、計算量という面でコストが高くなってしまう場合がある。しかし、SVM では、ここでもカーネルトリックが威力を発揮する。実際に類似性特徴量を追加しなくても、多数の類似性特徴量を追加したのと同じ結果が得られるのである。SVC クラスでガウス RBF カーネルを試してみよう。

```
rbf_kernel_svm_clf = Pipeline([
        ("scaler", StandardScaler()),
        ("svm_clf", SVC(kernel="rbf", gamma=5, C=0.001))
    ])
rbf_kernel_svm_clf.fit(X, y)
```

このモデルは、**図5-9** の左下に示してある。ほかのグラフは、ハイパーパラメータの gamma（γ）と C の値を変えて訓練したモデルである。gamma を増やすと、ベル型の曲線が狭くなり（**図5-8** の左側のグラフを参照）、その結果、各インスタンスの影響を受ける範囲が小さくなる。決定境界は不規則になり、各インスタンスの周囲でくねくねと曲がる。逆に、gamma を小さくすると、ベル形の曲線の幅が広くなり、各インスタンスの影響を受ける範囲が広がり、決定境界は滑らかになる。つまり、γ は正則化ハイパーパラメータと同じように機能する。モデルが過学習しているときには γ を小さくし、過小適合しているときには γ を大きくするとよい（同じことが C ハイパーパラメータにも当てはまる）。

カーネルはほかにもあるが、RBF カーネルと比べてごくまれにしか使われない。たとえば、特定のデータ構造に専門特化したカーネルがある。テキストや DNA シーケンスの分類では、文字列カーネル（string kernel）が使われることがある（たとえば、**String Subsequence Kernel** やレーベンシュタイン距離：Levenshtein distance に基づくカーネル）。

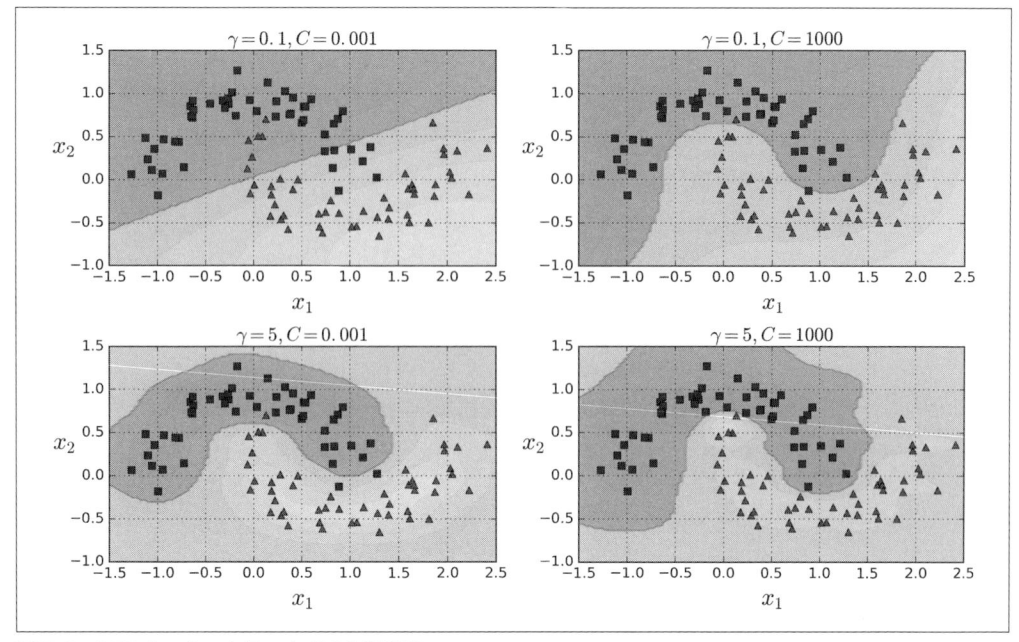

図5-9　RBF カーネルを使った SVM 分類器

選べるカーネルがたくさんあるなかで、どれを選んだらよいのだろうか。目安として、特に訓練セットが非常に大きい場合や特徴量がたくさんあるときには、まず線形カーネルを選ぶようにしよう（`SVC(kernel="linear")` よりも `LinearSVC` の方がはるかに高速だということを覚えておきたい）。訓練セットがそれほど大きくないときには、ガウス RBF カーネルも試してみてよい。ほとんどの場合はうまく機能する。そして、時間と計算能力に余裕があり、特に訓練セットのデータ構造に対する専門のカーネルがある場合には、交差検証とグリッドサーチを使ってほかのカーネルを試してみてもよい。

5.2.4　計算量

　`LinearSVC` クラスは、線形 SVM のために最適化されたアルゴリズム（http://goo.gl/R635CH）[1]を実装する liblinear ライブラリを基礎としている。このクラスはカーネルトリックをサポートしていないが、訓練スタンス数と特徴量数に対して線形にスケーリングする。このクラスによる訓練の計算量は、おおよそ $O(m \times n)$ になる。

　精度を非常に高くしなければならない場合には、アルゴリズムの実行にかかる時間は長くなる。精度は、許容誤差ハイパーパラメータ ε（scikit-learn では `tol` と呼ばれている）によって変えられる。ほとんどの分類タスクでは、デフォルトの許容誤差でよいだろう。

---

[1]　"A Dual Coordinate Descent Method for Large-scale Linear SVM" Lin et al.(2008)

SVC クラスは、カーネルトリックをサポートするアルゴリズム（http://goo.gl/a8HkE3）[†2]を実装する libsvm ライブラリを基礎としている。訓練の計算量は、通常 $O(m^2 \times n)$ と $O(m^3 \times n)$ の間になる。残念ながら、これは訓練インスタンス数が非常に多いと（たとえば、数十万個）、とてつもなく遅くなるということだ。このアルゴリズムは、複雑だが中小規模の訓練セットには向いている。また、特に**疎な特徴量**（各インスタンスが 0 以外の値を持つ特徴量をほとんど持っていない）では、特徴量数に対するスケーラビリティは良好である。その場合、アルゴリズムは、各インスタンスが持つ 0 以外の特徴量の数の平均に対してほぼ線形にスケーリングする。**表5-1** は、scikit-learn の SVM 分類クラスを比較したものである。

表5-1　scikit-learn の SVM 分類クラスの比較

クラス	計算量	アウトオブコアサポート	スケーリング	カーネルトリック
LinearSVC	$O(m \times n)$	なし	必要	なし
SGDClassifier	$O > (m \times n)$	あり	必要	なし
SVC	$O(m^2 \times n)$ から $O(m^3 \times n)$ の間	なし	必要	あり

5.3　SVM回帰

すでに述べたように、SVM アルゴリズムは柔軟性が高い。線形、非線形分類をサポートするだけでなく、線形、非線形回帰もサポートする。ポイントは、目的を逆にすることだ。マージン違反を減らしながらふたつのクラスの間にもっとも太い道を通すのではなく、SVM 回帰はマージン違反を減らしながら道のなかに入るインスタンスができる限り多くなるようにする（この場合のマージン違反は、道に入っていない**ことである**）。道の太さは、ハイパーパラメータ ε によって調節される。**図5-10** は、無作為な線形データに対して訓練したふたつの線形 SVM 回帰モデルを示している。片方はマージンが大きく（$\varepsilon = 1.5$）、もう片方はマージンが小さい（$\varepsilon = 0.5$）。

マージンに入る訓練インスタンスを増やしても、モデルの予測に影響はない。そのようなことから、このモデルは、**ε不感**（ε-insensitive）だと言われている。

scikit-learn の LinearSVR クラスを使えば、線形 SVM 回帰を行うことができる。次のコードは、**図5-10** の左側のグラフが表すモデルを作る（まず、訓練データをスケーリングして、中央に移動しなければならない）。

```
from sklearn.svm import LinearSVR

svm_reg = LinearSVR(epsilon=1.5)
svm_reg.fit(X, y)
```

非線形回帰には、カーネル化された SVM モデルを使えばよい。たとえば、**図5-11** は、無作為な二次回帰訓練セットに対する二次多項式カーネルを使った SVM 回帰を示している。左側のグラ

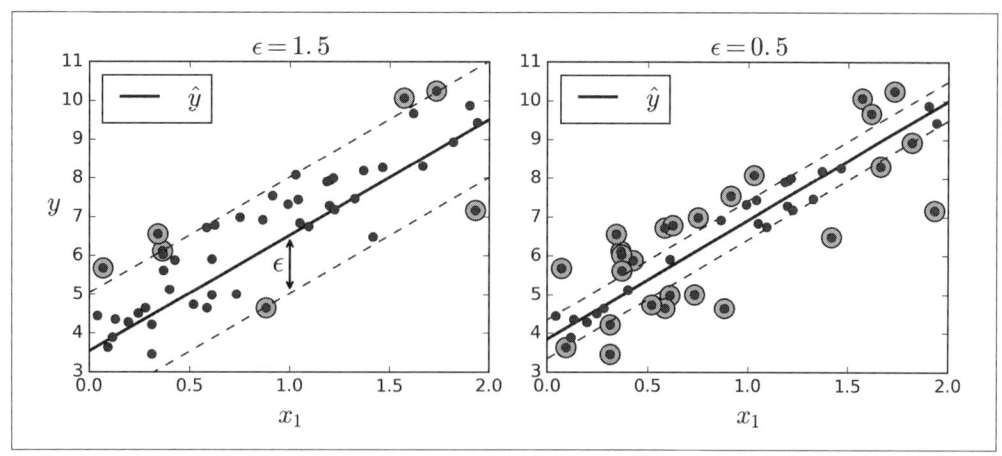

図5-10　SVM回帰

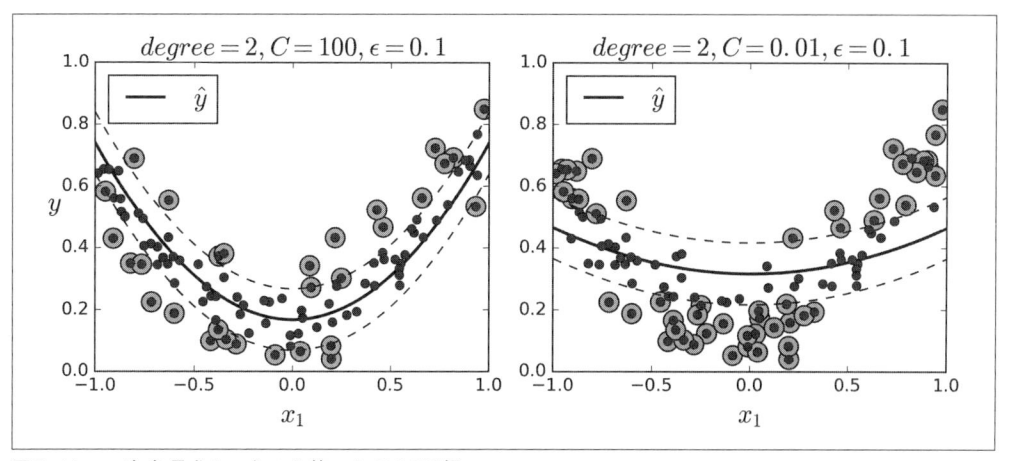

図5-11　二次多項式カーネルを使ったSVM回帰

フはほとんど正則化されていない（つまり C の値が大きい）が、右側のグラフはかなり正則化されている（つまり C の値が小さい）。

　次のコードは、scikit-learn の SVR クラス（カーネルトリックをサポートする）を使って、**図5-11** の左側のモデルを作る。SVR クラスは SVC クラスの回帰版と言うべきもので、同じように LinearSVR クラスは LinearSVC クラスの回帰版である。LinearSVR クラスは訓練セットに対して線形にスケーリングする（LinearSVC クラスと同様に）が、SVR クラスは訓練セットが大きくなるとそれ以上に非常に遅くなる（SVC クラスと同様に）。

```
from sklearn.svm import SVR

svm_poly_reg = SVR(kernel="poly", degree=2, C=100, epsilon=0.1)
```

```
svm_poly_reg.fit(X, y)
```

 SVM は外れ値検出にも使える。詳しくは、scikit-learn のドキュメントを参照のこと。

5.4　水面下で行われていること

この節では、線形 SVM 分類器から順に、SVM がどのように予測を行い、訓練アルゴリズムがどのような仕組みになっているのかを説明する。機械学習の勉強を始めたばかりの方は、ここを読み飛ばして演習問題に進んでかまわない。SVM の理解を深めたくなったときにここに戻ってくればよい。

まず、記法についてひと言触れておきたい。**4 章**では、すべてのモデルパラメータを θ というひとつのベクトルにまとめる方法を使っていた。バイアス項は θ_0、入力特徴量の重みは θ_1 から θ_n とし、すべてのインスタンスにバイアスの $x_0 = 1$ を加えていた。しかし、この章では、SVM を扱うときに便利な（そして一般的な）別の記法を使う。つまり、バイアス項は b と呼び、特徴量の重みベクトルは $\boldsymbol{w}$ と呼ぶ。そして、入力特徴量ベクトルにはバイアスを加算しない。

5.4.1　決定関数と予測

SVM 分類器モデルは、新しいインスタンス $\boldsymbol{x}$ のクラスを予測するときに、単純に決定関数の $\boldsymbol{w}^T \cdot \boldsymbol{x} + b = w_1 x_1 + \cdots + w_n x_n + b$ を計算する。結果が正なら予測されるクラス $\hat{y}$ は陽性クラス（1）、そうでなければ陰性クラス（0）になる。**式5-2** を見ていただきたい。

式 5-2　線形 SVM 分類器の予測

$$\hat{y} = \begin{cases} 0 & \text{if } \boldsymbol{w}^T \cdot \boldsymbol{x} + b < 0 \\ 1 & \text{if } \boldsymbol{w}^T \cdot \boldsymbol{x} + b \geqq 0 \end{cases}$$

図5-12 は、**図5-4** の右側のグラフのモデルに対応する決定関数を示している。このデータセットはふたつの特徴量（花弁の幅と花弁の長さ）を持つので、2 次元空間になっている。決定境界は、決定関数が 0 になる点の集合、つまりふたつの平面が交わるところであり、直線である（太い実線で示してある）[3]。

破線は、決定関数が 1 か −1 に等しくなる点を表している。これらは決定境界と平行で、等距離に離れている。これが決定境界のまわりのマージンを形成する。線形 SVM 分類器の訓練とは、

---

†3　より一般的に、n 個の特徴量がある場合、決定関数は n 次元の**超空間**（hyperplane）であり、決定境界は $n − 1$ 次元の超空間である。

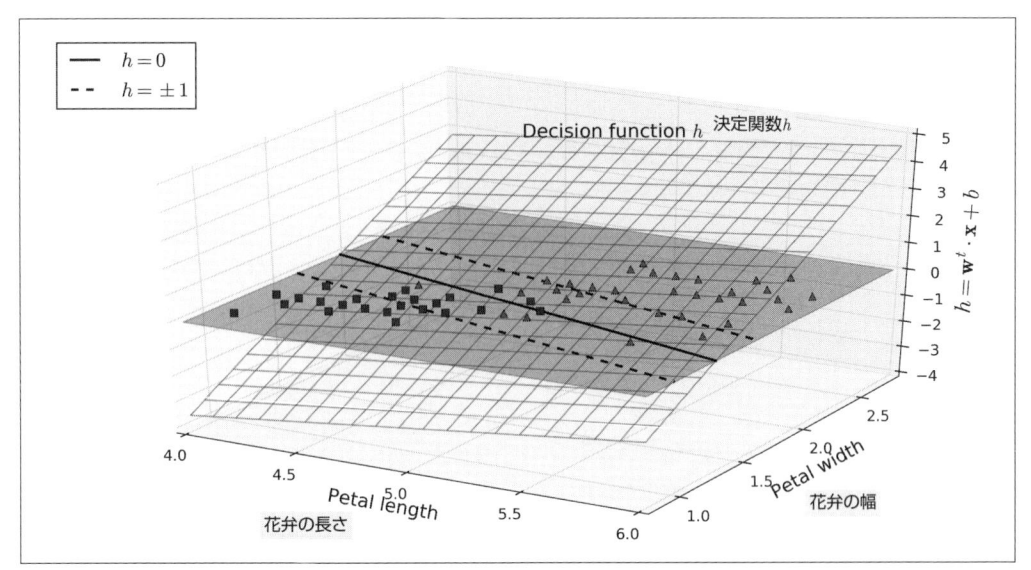

図5-12　irisデータセットに対する決定関数

マージン違反を避ける（ハードマージン）か減らす（ソフトマージン）一方で、このマージンができる限り太くなるような w と b の値を見つけることである。

5.4.2　訓練の目標

　決定関数の傾斜について考えてみよう。それは、重みベクトルのノルム、$\| w \|$ に等しい。この傾斜を2で割ると、決定境界から決定関数が ± 1 になる点までの距離は2倍になる。つまり、傾斜を2で割ると、マージンは2倍になる。おそらく、これは**図5-13** のように2次元で見た方がわかりやすいだろう。重みベクトル w が小さければ小さいほど、マージンは大きくなる。

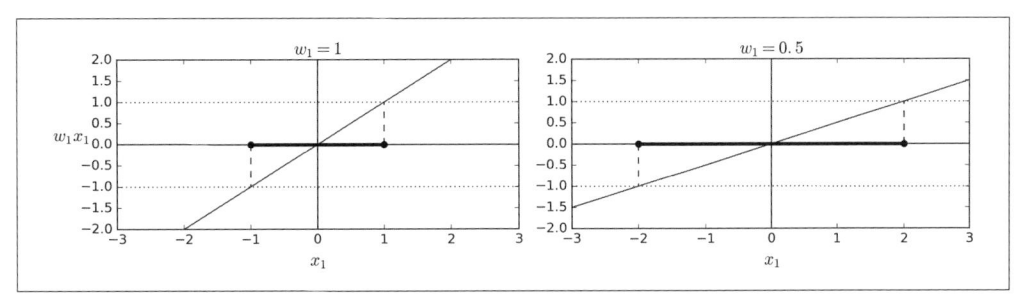

図5-13　重みベクトルが小さくなると、マージンが大きくなる

　そこで、大きなマージンを得るために、$\| w \|$ を最小にしたい。しかし、マージン違反を避けたいなら（ハードマージン）、決定関数は、すべての陽性の訓練インスタンスに対して1よりも大き

く、すべての陰性の訓練インスタンスに対して -1 よりも小さくなければならない。陰性インスタンス $(y^{(i)} = 0)$ なら $t^{(i)} = -1$、陽性インスタンス $(y^{(i)} = 1)$ なら $t^{(i)} = 1$ と定義するなら、この制約は、すべてのインスタンスで $t^{(i)}(\boldsymbol{w}^T \cdot \boldsymbol{x}^{(i)} + b) \geqq 1$ と表現できる。

　そこで、ハードマージン線形 SVM 分類器の目標は、**式5-3**のような**制約つき最適化**（constrained optimization）問題として表現できる。

式5-3　ハードマージン線形 SVM 分類器の目標

$$\underset{\boldsymbol{w}, b}{\text{minimize}} \quad \frac{1}{2}\boldsymbol{w}^T \cdot \boldsymbol{w}$$

$$\text{subject to} \quad t^{(i)}(\boldsymbol{w}^T \cdot \boldsymbol{x}^{(i)} + b) \geqq 1 \quad \text{for } i = 1, 2, \ldots, m$$

ここでは、$\| \boldsymbol{w} \|$ ではなく、$\frac{1}{2} \| \boldsymbol{w} \|^2$ と等しい $\frac{1}{2}\boldsymbol{w}^T \cdot \boldsymbol{w}$ を最小化している。これは、結果が同じだからである（値を最小化する $\boldsymbol{w}$ と b の値は、その値の二乗の半分も最小化するはずだ）。しかし、$\frac{1}{2} \| \boldsymbol{w} \|^2$ は、好都合で単純な導関数を持っている（ただの $\boldsymbol{w}$）が、$\| \boldsymbol{w} \|$ は $\boldsymbol{w} = \boldsymbol{0}$ のときに微分できない。最適化アルゴリズムは、微分可能な関数の方がはるかにうまく機能する。

　ソフトマージンの目標を得るには、個々のインスタンスについて、**スラック変数**（slack variable）$\zeta^{(i)} \geqq 0$ を導入する必要がある[†4]。$\zeta^{(i)}$ は、i 番目のインスタンスにどの程度のマージン違反を認めるかである。私たちは、マージン違反を減らすためにスラック変数をできる限り小さくしつつ、マージンを大きくするために $\frac{1}{2}\boldsymbol{w}^T \cdot \boldsymbol{w}$ をできる限り小さくするというふたつの矛盾した目標を抱えている。C ハイパーパラメータの出番だ。C ハイパーパラメータを使えば、ふたつの目標の間のトレードオフを調整できる。すると、**式5-4**のような制約つき最適化問題が得られる。

式5-4　ソフトマージン線形 SVM 分類器の目標

$$\underset{\boldsymbol{w}, b, \boldsymbol{\zeta}}{\text{minimize}} \quad \frac{1}{2}\boldsymbol{w}^T \cdot \boldsymbol{w} + C\sum_{i=1}^{m} \zeta^{(i)}$$

$$\text{subject to} \quad t^{(i)}(\boldsymbol{w}^T \cdot \boldsymbol{x}^{(i)} + b) \geqq 1 - \zeta^{(i)} \quad \text{and} \quad \zeta^{(i)} \geqq 0 \quad \text{for } i = 1, 2, \ldots, m$$

5.4.3　二次計画法

　ハードマージン問題とソフトマージン問題は、どちらも線形制約のもとで凸二次関数を最適化するという問題である。この種の問題は、**二次計画**（Quadratic Programming：QP）問題と呼ばれる。本書では扱えないさまざまなテクニックを使って QP 問題を解決するできあいのソルバーは

---

†4　ゼータ（ζ）は、ギリシャ文字のアルファベットの8番目の文字である。

いくつも作られている[†5]。**式 5-5** は、この問題の一般形である。

式 5-5　二次計画問題

$$\underset{\boldsymbol{p}}{\text{minimize}} \quad \frac{1}{2}\boldsymbol{p}^T \cdot \boldsymbol{H} \cdot \boldsymbol{p} \quad + \quad \boldsymbol{f}^T \cdot \boldsymbol{p}$$

$$\text{subject to} \quad \boldsymbol{A} \cdot \boldsymbol{p} \leqq \boldsymbol{b}$$

$$\text{where} \begin{cases} \boldsymbol{p} & \text{は } n_p - \text{次元ベクトル } (n_p = \text{パラメータ数}), \\ \boldsymbol{H} & \text{は } n_p \times n_p \text{ 行列}, \\ \boldsymbol{f} & \text{は } n_p - \text{次元ベクトル}, \\ \boldsymbol{A} & \text{は } n_c \times n_p \text{ 行列 } (n_c = \text{制約数}), \\ \boldsymbol{b} & \text{は } n_c - \text{次元ベクトル}. \end{cases}$$

実際には、$\boldsymbol{A} \cdot \boldsymbol{p} \leqq \boldsymbol{b}$ は n_c 個の制約、$\boldsymbol{p}^T \cdot \boldsymbol{a}^{(i)} \leqq b^{(i)}$ は $i = 1, 2, \cdots, n_c$ を定義していることに注意しよう。ここで、$\boldsymbol{A}$ と $b^{(i)}$ は $\boldsymbol{A}$ の i 番目の行の要素、$\boldsymbol{b}^{(i)}$ は $\boldsymbol{b}$ の i 番目の要素である。

QP パラメータを次のように設定すれば、ハードマージン線形 SVM 分類器の目標が得られることは簡単に確かめられる。

- $n_p + n + 1$、ここで n は特徴量数（+1 はバイアス項の分）。
- $n_c = m$、ここで m は訓練インスタンスの数。
- $\boldsymbol{H}$、は $n_p \times n_p$ 単位行列の左上の要素を 0 にしたもの（バイアス項を無視するため）。
- $\boldsymbol{f} = \boldsymbol{0}$、すなわち 0 の要素だけによる n_p 次元ベクトル。
- $\boldsymbol{b} = \boldsymbol{1}$、すなわち 1 の要素だけによる n_c 次元ベクトル。
- $\boldsymbol{a}^{(i)} = -t^{(i)}\dot{\boldsymbol{x}}^{(i)}$、ただし $\dot{\boldsymbol{x}}^{(i)}$ は、$\boldsymbol{x}^{(i)}$ にバイアス特徴量 $\dot{x}_0 = 1$ を加えたものに等しい。

そのため、ハードマージン線形 SVM 分類器は、できあいの QP ソルバーに上記のパラメータを渡すという方法でも訓練できる。得られたベクトル p には、$b = p_0$ のバイアス項と $i = 1, 2, \cdots, m$ について $w_i = p_i$ という特徴量の重みが格納されている。同様に、QP ソルバーを使ってソフトマージン問題も解くことができる（章末の演習問題参照）。

しかし、カーネルトリックを使うために、これとは異なる制約つき最適化問題も見ておこう。

5.4.4　双対問題

制約つき最適化問題があるとき（これを**主問題**：problem と呼ぶ）、**双対問題**（dual problem）

[†5]　二次計画について詳しく学びたい読者は、"Convex Optimization" Stephen Boyd and Lieven Vandenberghe（http://goo.gl/FGXuLw）, Cambridge, UK: Cambridge University Press, (2004)を読むか、Richard Brown のビデオ講義シリーズ（http://goo.gl/rTo3Af）を見るとよい。

と呼ばれる異なるけれども密接な関連のある問題を表現することができる。双対問題の解は、一般に主問題の解の下限になるが、一定の条件のもとでは、主問題と同じ解を持つ場合もある。幸い、SVM問題はこの条件を満たすので[†6]、主問題を解くか双対問題を解くかを選べる。どちらを解いても同じ解になる。**式5-6**は、線形SVMの目標の双対形式を示している（主問題から双対問題を導き出す方法に興味のある読者は、**付録C**を参照のこと）。

式5-6　線形SVMの目標の双対形式

$$\underset{\boldsymbol{\alpha}}{\text{minimize}} \quad \frac{1}{2}\sum_{i=1}^{m}\sum_{j=1}^{m}\alpha^{(i)}\alpha^{(j)}t^{(i)}t^{(j)}\boldsymbol{x}^{(i)^T}\cdot\boldsymbol{x}^{(j)} \quad - \quad \sum_{i=1}^{m}\alpha^{(i)}$$

$$\text{subject to} \quad \alpha^{(i)} \geqq 0 \quad \text{for } i=1,2,\ldots,m$$

この方程式を最小化させるベクトル $\hat{\boldsymbol{\alpha}}$ を見つければ、**式5-7**を使って主問題を最小化させる $\hat{\boldsymbol{w}}$ と $\hat{b}$ を求めることができる。

式5-7　双対問題から主問題へ

$$\hat{\boldsymbol{w}} = \sum_{i=1}^{m}\hat{\alpha}^{(i)}t^{(i)}\boldsymbol{x}^{(i)}$$

$$\hat{b} = \frac{1}{n_s}\sum_{\substack{i=1 \\ \hat{\alpha}^{(i)}>0}}^{m}\left(t^{(i)} - \hat{\boldsymbol{w}}^T\cdot\boldsymbol{x}^{(i)}\right)$$

訓練インスタンス数が特徴量数よりも少ない場合は、双対問題を解く方が主問題を解くよりも早い。しかし、もっと重要なのは、双対問題を解けば、主問題を解くときとは異なり、カーネルトリックが可能になる。では、カーネルトリックとはいったい何なのだろうか。

5.4.5　カーネル化されたSVM

2次元訓練セット（たとえばmoons訓練セット）に2次元多項式変換を加え、変換後の訓練セットで線形SVM分類器を訓練したいものとする。**式5-8**は、適用しようとしている2次元多項式変換関数 ϕ を示している。

[†6]　目標の関数は凸関数であり、不等式の制約は連続的に微分可能な凸関数である。

式 5-8　2次元多項式変換

$$\phi\left(\boldsymbol{x}\right) = \phi\left(\begin{pmatrix} x_1 \\ x_2 \end{pmatrix}\right) = \begin{pmatrix} {x_1}^2 \\ \sqrt{2}\, x_1 x_2 \\ {x_2}^2 \end{pmatrix}$$

　変換後のベクトルが2次元ではなく3次元になることに注意しよう。次に、ふたつの2次元ベクトル $\boldsymbol{a}$ と $\boldsymbol{b}$ にこの2次元多項式変換を加え、変換後のベクトルのドット積を計算する（**式5-9**）。

式 5-9　2次元多項式変換のためのカーネルトリック

$$\phi(\boldsymbol{a})^T \cdot \phi(\boldsymbol{b}) \;=\; \begin{pmatrix} {a_1}^2 \\ \sqrt{2}\, a_1 a_2 \\ {a_2}^2 \end{pmatrix}^T \cdot \begin{pmatrix} {b_1}^2 \\ \sqrt{2}\, b_1 b_2 \\ {b_2}^2 \end{pmatrix} = {a_1}^2 {b_1}^2 + 2 a_1 b_1 a_2 b_2 + {a_2}^2 {b_2}^2$$

$$= (a_1 b_1 + a_2 b_2)^2 = \left(\begin{pmatrix} a_1 \\ a_2 \end{pmatrix}^T \cdot \begin{pmatrix} b_1 \\ b_2 \end{pmatrix}\right)^2 = (\boldsymbol{a}^T \cdot \boldsymbol{b})^2$$

　どうだろうか。変換後のベクトルのドット積は、元のベクトルのドット積の二乗と等しい（$\phi(\boldsymbol{a})^T \cdot \phi(\boldsymbol{b}) = (\boldsymbol{a}^T \cdot \boldsymbol{b})^2$）。

　ここからが重要なポイントである。すべての訓練インスタンスに変換 ϕ を加えると、この双対問題（**式5-6**）は、ドット積 $\phi(\boldsymbol{x}^{(i)})^T \cdot \phi(\boldsymbol{x}^{(j)})$ を含む。しかし ϕ が**式5-8**で定義された2次元多項式変換なら、この変換後のベクトルのドット積は、単純に $(\boldsymbol{x}^{(i)^T} \cdot \boldsymbol{x}^{(j)})^2$ に置き換えられる。

　そのため、実際には訓練インスタンスを変換する必要はない。**式5-6**のドット積を二乗に置き換えるだけだ。それで実際に訓練セットを変換してから線形SVMアルゴリズムを訓練するという面倒な作業をしたときと同じ結果になる。しかし、このトリックを利用すれば、プロセス全体が計算としてはるかに効率よくなる。これがカーネルトリックの本質である。

　関数 $K(\boldsymbol{a}, \boldsymbol{b}) = (\boldsymbol{a}^T \cdot \boldsymbol{b})^2$ は、2次元**多項式カーネル**（polynomial kernel）と呼ばれている。機械学習では、**カーネル**（kernel）とは、変換 ϕ を計算しなくても（知りさえしなくても）、もとのベクトル $\boldsymbol{a}$ と $\boldsymbol{b}$ だけからドット積 $\phi(\boldsymbol{a})^T \cdot \phi(\boldsymbol{b})$ を計算できる関数のことである。**式5-10**は、もっともよく使われるカーネルの一部をまとめたものである。

式 5-10　よく使われるカーネル

$$\text{線形:}\quad K(\boldsymbol{a}, \boldsymbol{b}) = \boldsymbol{a}^T \cdot \boldsymbol{b}$$

$$\text{多項式:}\quad K(\boldsymbol{a}, \boldsymbol{b}) = \left(\gamma \boldsymbol{a}^T \cdot \boldsymbol{b} + r\right)^d$$

$$\text{ガウス RBF:}\quad K(\boldsymbol{a}, \boldsymbol{b}) = \exp(-\gamma \left\| \boldsymbol{a} - \boldsymbol{b} \right\|^2)$$

$$\text{シグモイド:}\quad K(\boldsymbol{a}, \boldsymbol{b}) = \tanh\left(\gamma \boldsymbol{a}^T \cdot \boldsymbol{b} + r\right)$$

マーサーの定理

　マーサーの定理（Mercer's theorem）によれば、関数 $K(a, b)$ が**マーサーの条件**（Mercer's conditions）と呼ばれる数学的条件（K は連続関数で、引数が対称的で $K(a, b) = K(b, a)$ が成り立つなど）を満たすなら、a、b を別の空間に写像し、$K(a, b) = \phi(a)^T \cdot \phi(b)$ となるような関数 ϕ がある。ϕ が何ものかはわからなくても、ϕ が存在することはわかっているので、K をカーネルとして使うことができる。ガウス RBF カーネルの場合、ϕ は実際には個々の訓練インスタンスを無限次元の空間に写像することがわかっているので、実際に写像しなくても済むのはすばらしいことだ。

　なお、ひんぱんに使われるカーネルの一部（たとえばシグモイドカーネル）は、マーサーの条件をすべて満たしているわけではないものの、実際には一般にカーネルとしてうまく機能することに注意していただきたい。

　あとひとつだけ、片付けておかなければならない問題が残されている。**式5-7** は、線形 SVM 分類器で双対問題から主問題を解くための方法を示したが、カーネルトリックを適用すると、結局 $\phi(x^{(i)})$ を含む方程式になってしまう。実は、$\hat{w}$ は $\phi(x^{(i)})$ と同じ次数でなければならないが、それは巨大な次元であったり無限次元であったりすることがあるので、そうなると計算不能になる。しかし、$\hat{w}$ を知らずにどうして予測ができるのだろうか。幸い、**式5-7** の $\hat{w}$ の公式は新インスタンス $x^{(n)}$ の決定関数につなぐことができ、ϕ なしの入力ベクトルのドット積だけで方程式を作ることができる。それにより、再びカーネルトリックが使えるのである（**式5-11**）。

式 5-11　カーネル化 SVM による予測

$$
\begin{aligned}
h_{\hat{W}, \hat{b}}\left(\phi(x^{(n)})\right) &= \hat{W}^T \cdot \phi(x^{(n)}) + \hat{b} = \left(\sum_{i=1}^{m} \hat{\alpha}^{(i)} t^{(i)} \phi(x^{(i)})\right)^T \cdot \phi(x^{(n)}) + \hat{b} \\
&= \sum_{i=1}^{m} \hat{\alpha}^{(i)} t^{(i)} \left(\phi(x^{(i)})^T \cdot \phi(x^{(n)})\right) + \hat{b} \\
&= \sum_{\substack{i=1 \\ \hat{\alpha}^{(i)} > 0}}^{m} \hat{\alpha}^{(i)} t^{(i)} K(x^{(i)}, x^{(n)}) + \hat{b}
\end{aligned}
$$

　$\alpha^{(i)} \neq 0$ なのはサポートベクトルだけなので、予測のために計算するのは、新しい入力ベクトルの $x^{(n)}$ とサポートベクトルのドット積だけで、すべてのインスタンスとのドット積を計算する必要はないことに注意しよう。もちろん、同じトリックを使ってバイアス項の $\hat{b}$ も計算しなければならない（**式5-12**）。

式 5-12 カーネルトリックを使ったバイアス項の計算

$$\hat{b} = \frac{1}{n_s} \sum_{\substack{i=1 \\ \hat{\alpha}^{(i)}>0}}^{m} \left(1 - t^{(i)}\hat{\boldsymbol{w}}^T \cdot \phi(\boldsymbol{x}^{(i)})\right) = \frac{1}{n_s} \sum_{\substack{i=1 \\ \hat{\alpha}^{(i)}>0}}^{m} \left(1 - t^{(i)} \left(\sum_{j=1}^{m} \hat{\alpha}^{(j)}t^{(j)}\phi(\boldsymbol{x}^{(j)})\right)^T \cdot \phi(\boldsymbol{x}^{(i)})\right)$$

$$= \frac{1}{n_s} \sum_{\substack{i=1 \\ \hat{\alpha}^{(i)}>0}}^{m} \left(1 - t^{(i)} \sum_{\substack{j=1 \\ \hat{\alpha}^{(j)}>0}}^{m} \hat{\alpha}^{(j)}t^{(j)}K(\boldsymbol{x}^{(i)}, \boldsymbol{x}^{(j)})\right)$$

頭痛がしてきたとしても当然である。これはカーネルトリックの不幸な副作用なのである。

5.4.6　オンライン SVM

この章を締めくくる前に、オンライン SVM 分類器について簡単に見ておこう（オンライン学習とは、一般に新しいインスタンスが現れたときに差分的に学習していくことだということを思い出していただきたい）。

線形 SVM 分類器の場合、勾配降下法（たとえば、`SGDClassifier`）を使って主問題から導かれる**式 5-13** のコスト関数を最小化するという方法が使える。しかし、この方法は QP に基づく方法と比べてかなり遅くなってしまう。

式 5-13　線形 SVM 分類器のコスト関数

$$J(\boldsymbol{w}, b) = \frac{1}{2}\boldsymbol{w}^T \cdot \boldsymbol{w} \quad + \quad C\sum_{i=1}^{m} max\left(0, 1 - t^{(i)}(\boldsymbol{w}^T \cdot \boldsymbol{x}^{(i)} + b)\right)$$

コスト関数の第 1 の総和は、重みベクトル w を小さくしてマージンを大きくする方向にモデルを導く。第 2 の総和はマージン違反の合計を計算する。新インスタンスのマージン違反は、インスタンスが道から離れていて正しいサイドに入っていれば 0 だが、そうでなければ、正しいサイドからの距離に比例した値になる。この項を最小化すれば、モデルはマージン違反をできる限り少なく、小さいものにすることができる。

ヒンジ損失

関数 $max(0, 1 - t)$ を**ヒンジ損失**（hinge loss）関数と呼ぶ（すぐあとのグラフ参照）。$t \geq 1$ なら 0 になる。導関数（傾斜）は、$t < 1$ なら -1、$t > 1$ なら 0 になる。$t = 1$ のときには微分不能だが、Lasso 回帰と同様に、$t = 1$ の劣微分（つまり、-1 と 0 の間の値）を使って勾配降下法を使うことができる。

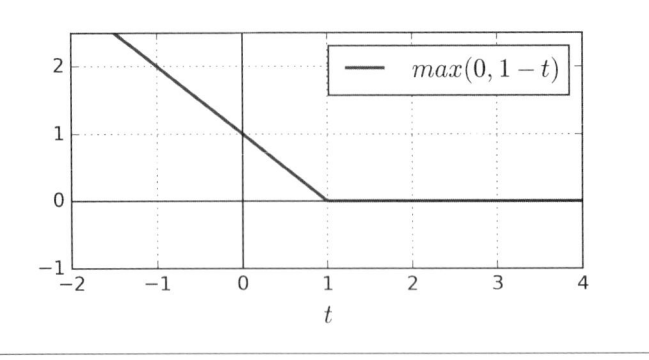

　たとえば、"Incremental and Decremental SVM Learning"（漸増、漸減 SVM 学習 http://goo.gl/JEqVui）[7]や"Fast Kernel Classifiers with Online and Active Learning"（オンライン、アクティブ学習の高速カーネル分類器 https://goo.gl/hsoUHA）[8]を使えば、オンラインカーネル化 SVM を実装することもできる。しかし、これらは Matlab と C++ で実装されている。大規模な非線形問題では、代わりにニューラルネットワーク（**第 II 部**参照）を使うことを考えた方がよい。

5.5　演習問題

1.　サポートベクトルマシンの基本的な考え方は何か。
2.　サポートベクトルとは何か。
3.　SVM を使うときに入力をスケーリングするのが重要なのはなぜか。
4.　SVM 分類器は、インスタンスを分類するときに確信度のスコアを出力できるか。確率はどうか。
5.　数百の特徴量がある数百万のインスタンスによる訓練セットのモデルを訓練するために、SVM の主問題と双対問題のどちらを使うべきか。
6.　RBF カーネルつきの SVM 分類器を訓練したとする。訓練セットに過小適合しているように見えるが、γ（gamma）を増やすべきか、それとも減らすべきか。C はどうか。
7.　できあいの QP ソルバーを使ってソフトマージン線形 SVM 分類器の問題を解決するためには、QP パラメータ（H、f、A、b）をどのように設定すべきか。
8.　線形分割可能なデータセットで LinearSVC を訓練しなさい。次に、同じデータセットで SVC と SGDClassifier を訓練しなさい。ほぼ同じモデルができるかどうかを確かめなさい。
9.　MNIST データセットを使って SVM 分類器を訓練しなさい。SVM 分類器は二項分類器なの

---

†7　"Incremental and Decremental Support Vector Machine Learning" G. Cauwenberghs, T. Poggio (2001)
†8　"Fast Kernel Classifiers with Online and Active Learning" A. Bordes, S. Ertekin, J. Weston, L. Bottou (2005)

で、10 種類のすべての数字を分類するためには、OVA 法を使う必要がある。小さな検証セットを使ってハイパーパラメータを調整し、プロセスを高速化したい。どの程度の正確度が得られるか。

10. カリフォルニアの住宅価格データセットを使って SVM 分類器を訓練しなさい。

演習問題の解答は、**付録 A** を参照のこと。

6章
決定木

SVMと同様に**決定木**（decision tree）は、分類と回帰の両方のタスクを実行できる柔軟性の高い機械学習アルゴリズムである。決定木は非常に強力で、複雑なデータセットに適合できる。たとえば、**2章**ではカリフォルニアの住宅価格データセットを使って`DecisionTreeRegressor`を訓練したが、うまく適合した（実際には、それを通り過ぎて過学習していた）。

決定木は、今日ある機械学習アルゴリズムのなかでも有数の力を持つランダムフォレスト（**7章**参照）の基本構成要素でもある。

この章では、決定木の訓練、可視化、決定木による予測について説明してから、scikit-learnが使っているCART訓練アルゴリズムを深く掘り下げ、さらに決定木の正則化の方法と回帰のタスクでの使い方を説明する。最後に、決定木の限界について触れる。

6.1　決定木の訓練と可視化

決定木を理解するために、まずとにかく決定木を作って、どのように予測を行うのかを見てみよう。次のコードは、irisデータセットを使って`DecisionTreeClassifier`を訓練する（**4章**参照）。

```
from sklearn.datasets import load_iris
from sklearn.tree import DecisionTreeClassifier

iris = load_iris()
X = iris.data[:, 2:] # 花弁の長さと幅
y = iris.target

tree_clf = DecisionTreeClassifier(max_depth=2)
tree_clf.fit(X, y)
```

訓練した決定木は、まず`export_graphviz()`メソッドで`iris_tree.dot`というグラフ定義ファイルを出力すると、可視化できる。

```
from sklearn.tree import export_graphviz

export_graphviz(
        tree_clf,
        out_file=image_path("iris_tree.dot"),
        feature_names=iris.feature_names[2:],
        class_names=iris.target_names,
        rounded=True,
        filled=True
    )
```

この.dot ファイルは、graphviz パッケージの dot コマンドラインツールで PDF や PNG などのさまざまな形式に変換できる[†1]。次のコマンドラインは、.dot ファイルを.png イメージファイルに変換する。

```
$ dot -Tpng iris_tree.dot -o iris_tree.png
```

最初の決定木は、図6-1 に示すようなものである。

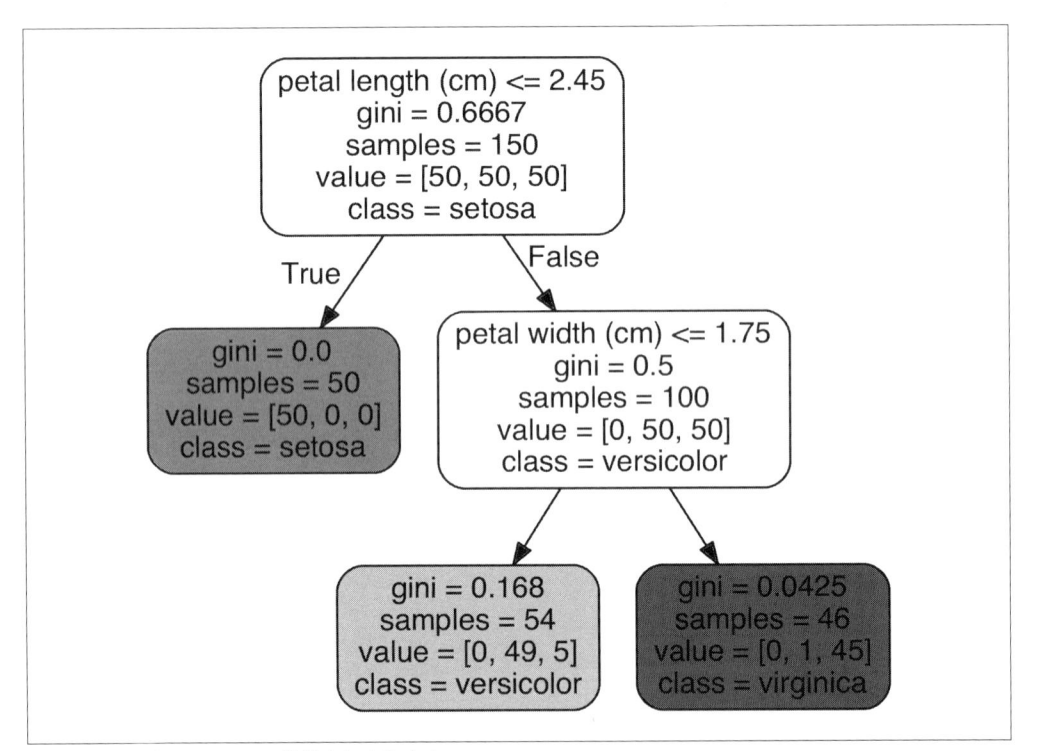

図6-1　Iris データセットで構築された決定木

[†1]　Graphvis は、オープンソースのグラフ可視化パッケージで、http://www.graphviz.org/ で入手できる。

6.2　決定木による予測

　では、**図6-1**の木がどのように予測をするのかを見てみよう。あやめの花を見つけ、分類したい
と思ったとする。ルートノード（root node、図の最上部で深さ 0）からスタートする。このノー
ドは、花の花弁の長さが 2.45cm 未満かどうかを尋ねてくる。答えがイエスなら、ルートノードの
左側の子ノードに移る（深さ 1、左）、この場合、そこは**葉ノード**（leaf node、子ノードがないノー
ドのこと）なので、それ以上質問はない。単純に予測されたクラスを見ると、決定木はその花をセ
トナ種（class=setosa）だと予測している。

　また別の花を見つけ、今度は花弁の長さが 2.45cm よりも長いものとする。すると、今度はルー
トの右側の子ノードに移らなければならない（深さ 1、右）。このノードは葉ノードではなく、花弁
の幅は 1.75cm 未満かどうかという別の質問がある。1.75cm 未満なら、その端はたぶんバーシク
ルである（深さ 2、左）。そうでなければ、バージニカである可能性が高い（深さ 2、右）。実際に
は、これだけの単純なものである。

決定木には多くの特長があるが、そのひとつはデータの準備がほとんど不要だということであ
る。特に、フィーチャーのスケーリングやセンタリングを必要としない。

　ノードの samples 属性は、そのノードが何個の訓練インスタンスを処理したかを示す。たとえ
ば、100 個の訓練インスタンスの花弁の長さが 2.45cm 以上で（深さ 1、右）、そのなかの 54 個の
花弁の幅が 1.75cm 未満（深さ 2、左）だとすると、samples は図に書かれている通りになる。
ノードの value 属性は、各クラスの訓練インスタンスのうち何個がこのノードの条件に当てはま
るかを示す。たとえば、右下のノードの条件が当てはまるのは、セトナのなかで 0 個、バーシクル
のなかで 1 個、バージニカのなかで 45 個だということを示している。最後に、ノードの gini 属
性はノードの**不純度**（impurity）を示す。ノードの条件に当てはまるすべての訓練インスタンスが
同じクラスに属するなら、そのノードは「純粋」（gini=0）である。たとえば、深さ 1、左のノー
ドに当てはまるのはセトナ種の訓練インスタンスだけなので純粋であり、gini 係数は 0 になる。
式6-1は、訓練アルゴリズムが i 番目のノードのジニスコア Gi をどのように計算するかを示して
いる。たとえば、深さ 2、左ノードの gini 係数は、$1 - (0/54)^2 - (49/54)^2 - (5/54)^2 \approx 0.168$
にある。その他の**不純度の指標**（impurity measure）については、すぐあとで説明する。

式 6-1　ジニ係数

$$G_i = 1 - \sum_{k=1}^{n} p_{i,k}{}^2$$

- $P_{i,k}$ は、i 番目のノードの訓練インスタンス数のなかのクラス k のインスタンスの割合。

scikit-learn は、**二分木**（binary tree）しか作らない CART アルゴリズムを使っており、葉ノード以外のノードには、かならずふたつの子ノードがある（つまり、問いにはイエスとノーのふたつの答えしかない）。しかし、ID3 などのほかのアルゴリズムは、3 つ以上の子があるノードで決定木を作ることができる。

　図6-2 は、決定木の決定境界を示している。太い縦線は、ルートノード（深さ 0）の花弁長 =2.45cm という決定境界を示す。左側の領域は純粋（セトナ種だけ）なので、これ以上分割できない。しかし、右側は純粋なので、深さ 1、右のノードが花弁幅 1.75cm（破線で示されたもの）で分割している。max_depth が 2 に設定されているので、決定木はそこで止まっている。しかし、max_depth を 3 にしていれば、深さ 2 のふたつのノードは、もうひとつの決定境界（点線で示されたもの）を設けていただろう。

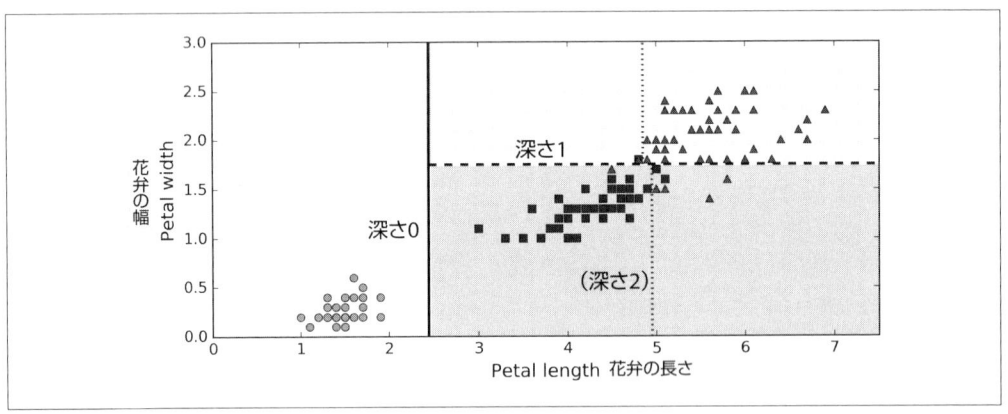

図6-2　決定木の決定境界

モデルの解釈：ホワイトボックスとブラックボックス

　ご覧のように、決定木はわかりやすく、判断は簡単に解釈できる。そのようなモデルは、**ホワイトボックスモデル**（white box model）と呼ばれることが多い。それに対し、ランダムフォレストやニューラルネットワークは、一般に**ブラックボックスモデル**（black box model）だと考えられている。ブラックボックスモデルは優れた予測を行い、モデルが予測をするために実行した計算は簡単にチェックできる。しかし、なぜそのような予測になったのかを簡単な言葉で説明することは通常は難しい。たとえば、ニューラルネットワークが写真に特定の人物が写っているのを見つけたと言うとき、その予測の根拠がどこにあるのかを知るのは難しい。その人物の目を見たのか、口を見たのか、鼻なのか、それとも靴か。それとも、座っている長

椅子か。それに対し、決定木は、必要なら手作業で当てはめていくことさえできるような単純で的確な分類規則を与えてくれる。

6.3 クラスの確率の推計

決定木は、インスタンスが特定のクラス k に属する確率も推計できる。まず決定木は木構造をたどって当該インスタンスの葉ノードを見つけ、次にこのノードにあるクラス k の訓練インスタンスの割合を返す。たとえば、花弁の長さが 5cm で幅が 1.5cm のあやめを見つけたとする。対応する葉ノードは、深さ 2、左ノードなので、決定木はセトナの確率 0%（0/54）、バーシクルの確率 90.7%（49/54）、バージニカの確率 9.3%（5/54）を出力する。そしてもちろん、決定木にクラスの予測を求めれば、確率がもっとも高いバーシクル（クラス 1）を出力する。これをチェックしてみよう。

```
>>> tree_clf.predict_proba([[5, 1.5]])
array([[ 0. ,   0.90740741,  0.09259259]])
>>> tree_clf.predict([[5, 1.5]])
array([1])
```

間違いない。推計される確率は、**図6-2** の右下の矩形のなかならどこでも同じになることに注意しよう。たとえば、花弁の長さが 6cm、幅が 1.5cm でも同じになる（この場合、バージニカの確率がもっとも高いことはグラフからは自明だが）。

6.4 CART 訓練アルゴリズム

scikit-learn は、**CART**（Classification and Regression Tree）アルゴリズムを使って決定木（growing tree とも呼ばれる）を訓練する。考え方はごく単純で、まずひとつのフィーチャー k としきい値 t_k（たとえば、花弁の長さ $\leq$ 2.45cm）を使って訓練セットをふたつのサブセットに分割する。アルゴリズムは、どのようにして k と t_k を選ぶのだろうか。もっとも純粋なサブセット（サイズによって測られる）を作り出す (k, t_k) のペアを探すのである。アルゴリズムが最小化しようとするコスト関数は、**式6-2** である。

式 6-2　CART の分類用コスト関数

$$J(k, t_k) = \frac{m_{\text{left}}}{m} G_{\text{left}} + \frac{m_{\text{right}}}{m} G_{\text{right}}$$

$$\text{where} \begin{cases} G_{\text{left/right}} & \text{は、左右のサブセットの不純度} \\ m_{\text{left/right}} & \text{は、左右のサブセットのインスタンス数} \end{cases}$$

　訓練セットの2分割に成功したら、サブセットを同じ論理で分割し、次はサブサブセットの分割というように再帰的に分割する。深さの上限（max_depth）に達するか、不純度を下げる分割方法が見つからなければ、再帰を中止する。停止条件は、すぐあとで説明するその他のハイパーパラメータ（min_samples_split、min_samples_leaf、min_weight_fraction_leaf、max_leaf_nodes）によっても影響を受ける。

> ごらんのように、CARTアルゴリズムは**どん欲なアルゴリズム**（greedy algorithm）である。トップレベルで最適な分割位置をどん欲に探し、各レベルで同じプロセスを繰り返す。見つけた場所で分割した場合、数レベル下りたときに不純度が最低になるかどうかをチェックしていない。どん欲なアルゴリズムは、まずまずよい解を生み出すことが多いが、最適な解を生み出すことは保証されていない。

　残念ながら、最適な木を見つけるという問題は、**NP完全**（NP-Complete）問題[2]だということがわかっている。計算量が $O(\exp(m))$ なので、ごく小規模な訓練セットでも、手に負えなくなる。「まずまずよい解」で満足しなければならないのは、そのためだ。

6.5　計算量

　予測をするためには、決定木を根（ルート）から葉までたどらなければならない。決定木は一般にほぼ平衡なので、たどらなければならないノード数はおおよそ $O(n \times m \log_2(m))$ 個である[3]。各ノードでは、1個のフィーチャーの値をチェックするだけでよいので、予測全体の計算量は、フィーチャーの数にかかわらず、$O(\log_2(m))$ になる。

　しかし、訓練アルゴリズムは、各ノードですべてのサンプルのすべてのフィーチャー（max_features が設定されている場合はそれよりも少ない）を比較する。そのため、訓練の計算量は $O(n \times m \log(m))$ になる。小規模な訓練セット（インスタンス数が数千個未満）では、scikit-learn はデータをプレソートして（presort=True を設定する）訓練を高速化できるが、それよりも大きな訓練セットではこうすると訓練がかなり遅くなる。

6.6　ジニ不純度かエントロピーか

　デフォルトでは、ジニ不純度（GINI impurity）が使われるが、criterion ハイパーパラメータを"entropy"にすると、不純度の指標として**エントロピー**（entropy）を使える。エントロピー

---

[2]　Pは多項式時間で解決できる問題、NPは多項式時間で解を検証できる問題である。NP困難問題は、NP問題から多項式時間還元可能な問題である。NP完全問題は、NPでありNP困難である問題である。$P = NP$ かどうかは、数学の重要な未解決問題で $P \neq NP$ なら（そうらしく見える）、NP完全問題には多項式アルゴリズムは見つからないことになる（おそらく量子コンピュータを除き）。

[3]　$\log_2$ は2進対数であり、$\log_2(m) = \log(m) / \log(2)$ である。

の概念は、熱力学で分子の乱雑さの指標として使ったのが最初である。分子が静止し、安定すると、エントロピーは 0 に近づく。この概念は、その後シャノンの**情報理論**（information theory）を含むさまざまな領域に拡散していった。情報理論では、メッセージの平均的な情報量を表す言葉になった[†4]。すべてのメッセージが同じなら、エントロピーは 0 である。機械学習では、エントロピーが不純度の指標としてよく使われる。セット（集合）がひとつのクラスに属するインスタンス（要素）だけから構成されている場合、セットのエントロピーは 0 である。**式6-3** は、i 番目のノードのエントロピーの定義を示している。たとえば、**図6-1** の深さ 2、左ノードのエントロピーは、$-\frac{49}{54}\log\left(\frac{49}{54}\right) - \frac{5}{54}\log\left(\frac{5}{54}\right) \approx 0.31$ である。

式 6-3　エントロピー

$$H_i = -\sum_{\substack{k=1 \\ p_{i,k} \neq 0}}^{n} p_{i,k}\log(p_{i,k})$$

　では、ジニ不純度とエントロピーのどちらを使うべきなのだろうか。実は、ほとんどの場合、どちらを使っても大差はない。どちらを使っても同じような木になる。ジニ不純度の方がわずかに高速なので、これがデフォルトになっているのはよい。しかし、両者が異なる場合、ジニ不純度は最頻出クラスを木のなかの専用のブランチ（枝）に分離する傾向があるのに対し、エントロピーはそれよりもわずかに平衡の取れた木をつくる傾向がある[†5]。

6.7　正則化ハイパーパラメータ

　決定木は、訓練データに対してほとんど先入観（assumption）を持たない（たとえば線形モデルなら、データが線形に分布していると最初から決めつけている）。制約を設けなければ、木構造は訓練データに合わせて自らを調整し、訓練データに密接に適合する。つまり、過学習しやすい。このようなモデルは、**ノンパラメトリックモデル**（nonparametric model）と呼ばれることが多い。それは、パラメータを持たないからではなく（むしろたくさんあることが多い）、訓練に先立ってパラメータの数が決定しておらず、モデル構造がデータに密接に適合できるからである。それに対し、線形モデルなどの**パラメトリックモデル**（parametric model）は、あらかじめ決められた数のパラメータがあるため、自由度が制限され、過学習のリスクが低くなっている（しかし、過小適合のリスクは高くなっている）。

　訓練データへの過学習を防ぐためには、決定木の訓練中の自由に制限を加える必要がある。ご存知のように、これは正則化と呼ばれるものである。正則化ハイパーパラメータは、使うアルゴリズムによって異なるが、一般に少なくとも決定木の深さの上限は制限できる。scikit-learn では、

[†4]　エントロピーの低減は**情報量の増加**（information gain）と呼ばれることが多い。
[†5]　詳しくは、Sebastian Raschka の面白い分析（http://goo.gl/UndTrO）を参照。

`max_depth`ハイパーパラメータで設定する（デフォルトは、無制限という意味の`None`である）。`max_depth`を制限すると、モデルが正則化され、過学習のリスクが低くなる。

　`DecisionTreeClassifier`クラスは、ほかにも決定木の形に制限を加えるパラメータを持っている。`min_samples_leaf`（ノードを分割するために必要なサンプル数の下限）、`min_samples_leaf`（葉ノードが持たなければならないサンプル数の下限）、`min_weight_fraction_leaf`（`min_samples_leaf`と同じだが、重みを持つインスタンスの総数の割合で表現される）、`max_leaf_nodes`（葉ノードの数の上限）、`max_features`（各ノードで分割のために評価されるフィーチャー数の上限）がそうだ。`min_*`ハイパーパラメータを増やすか`max_*`ハイパーパラメータを減らせば、モデルを正則化できる。

ほかのアルゴリズムは、まず制限なしで決定木を訓練してから、不要なノードを**剪定**（削除）していく。子がすべて葉ノードになっているノードは、そのノードによる純粋度の向上が**統計学的に有意**（statistically significant）でなければ不要だと考えられる。純粋度の向上が偶然の結果かどうか（偶然だとするものを **null 仮説**：null hypothesis と呼ぶ）の確率の推計には、x^2 検定などの標準的な統計学的検定法が使われる。この確率（**p 値**：p-value と呼ばれる）が指定されたしきい値（一般に 5% だが、ハイパーパラメータによって調節できる）よりも高ければ、ノードは不要だと考えられ、その子は削除される。この剪定作業は、不要なノードがすべて剪定されるまで続く。

　図6-3 は、moons データセット（**5章**で初めて使ったもの）で訓練したふたつの決定木を示している。左側の決定木はデフォルトのハイパーパラメータ（つまり制限なし）で訓練されているのに対し、右側の決定木は`min_samples_leaf=4`を指定して訓練されている。左側のモデルが過学習していることはかなりはっきりしているが、右側のモデルはそれよりも汎化性能が高いだろう。

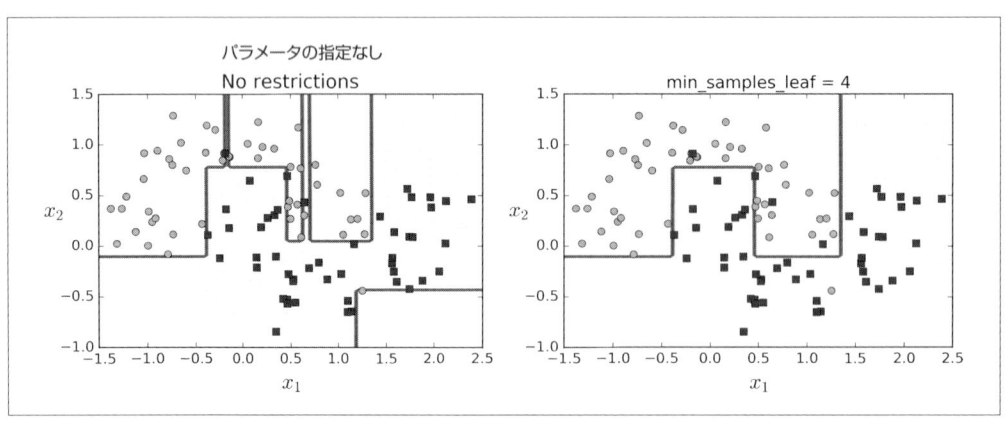

図6-3　min_samples_leaf を使った正則化

6.8 回帰

決定木は回帰のタスクも実行できる。ノイズのある2次関数データセットを使って、max
_depth=2 を指定した scikit-learn の DecisionTreeRegressor クラスを訓練し、回帰木を
作ってみよう。

```
from sklearn.tree import DecisionTreeRegressor

tree_reg = DecisionTreeRegressor(max_depth=2)
tree_reg.fit(X, y)
```

図6-4は、得られた木を表したものである。

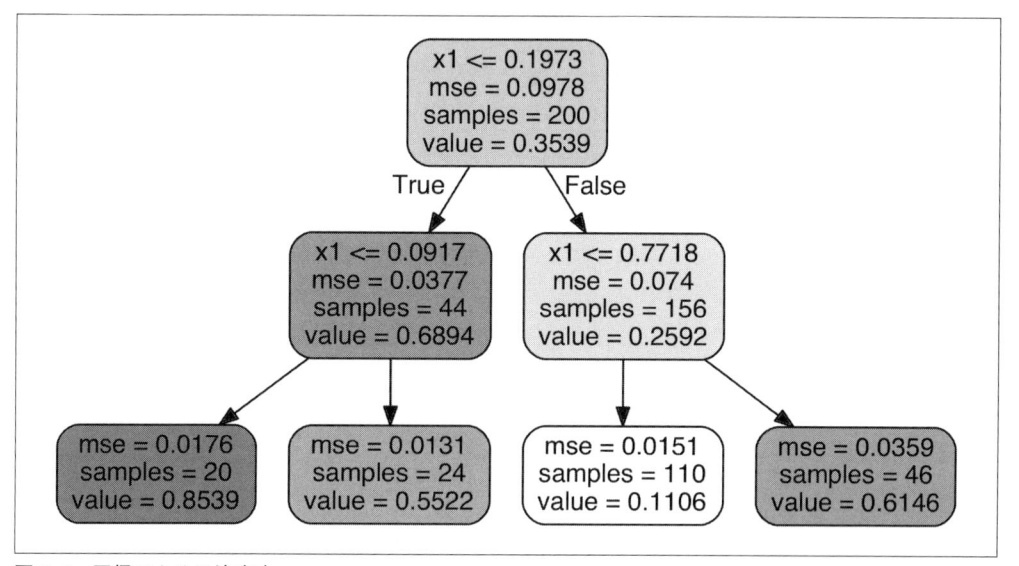

図6-4 回帰のための決定木

この木は、今までに作ってきた分類のための木とよく似ているように見える。最大の違いは、各
ノードがクラスではなく値を予測していることだ。たとえば、$x_1 = 0.6$ の新インスタンスを予測
にかけたとする。ルートから木をたどっていくと、value=0.1106 を予測する葉ノードに達す
る。この予測は、この葉ノードに達した110個の訓練インスタンスのターゲット値の平均に過ぎな
い。予測値の110個の訓練インスタンスに対する平均二乗誤差は、0.0151である。

このモデルの予測は、図6-5の左側で表されている。max_depth=3を指定すると、右側に表
すような予測が得られる。各リージョンの予測値がそのリージョン内のインスタンスのターゲット
値を平均したものだということに注意しよう。アルゴリズムは、ほとんどの訓練インスタンスが予
測値にできる限り近くなるようにリージョンを分割している。

CARTアルゴリズムは、分類のときとほとんど同じように機能している、ただ、不純度ではな

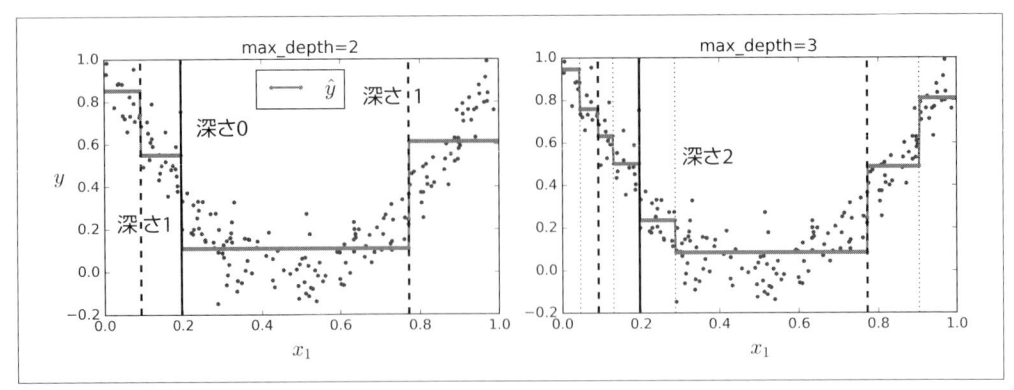

図6-5 2つの決定木回帰モデルの予測

く MSE が最小になるように訓練セットを分割しているところだけが異なる。**式6-4** は、アルゴリズムが最小化しようとするコスト関数を示している。

式 6-4 CART の回帰のためのコスト関数

$$J(k, t_k) = \frac{m_{\text{left}}}{m}\text{MSE}_{\text{left}} + \frac{m_{\text{right}}}{m}\text{MSE}_{\text{right}} \quad \text{where} \begin{cases} \text{MSE}_{\text{node}} = \sum_{i \in \text{node}} (\hat{y}_{\text{node}} - y^{(i)})^2 \\ \hat{y}_{\text{node}} = \frac{1}{m_{\text{node}}} \sum_{i \in \text{node}} y^{(i)} \end{cases}$$

決定木は、回帰でも分類のときと同じように過学習しがちだ。正則化しなければ（つまり、デフォルトのハイパーパラメータを使えば）、**図6-6** の左側のグラフのような予測が得られる。これは明らかに訓練セットにひどく過学習している。`min_samples_leaf=10` を設定するだけで、**図6-6** の右側のグラフようなはるかにまともなモデルが得られる。

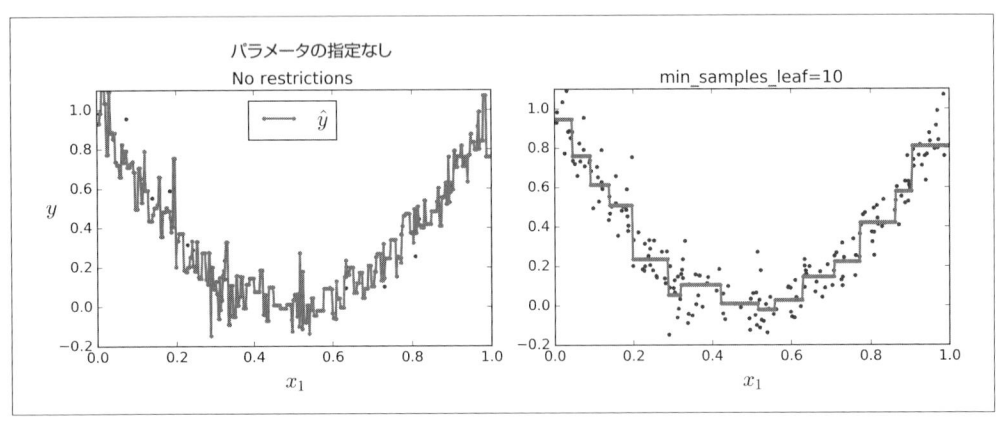

図6-6 決定木による回帰器の正則化

6.9 不安定性

　今までの説明を読むと、決定木には長所がたくさんあると感じたはずだ。決定木は理解、解釈しやすく、使いやすく、柔軟で、強力である。しかし、決定木にも欠点はいくつかある。まず第1に、すでにお気づきだろうが、決定木の決定境界は直交するものになる（すべての分割が横軸に対して垂直になっている）。そのため、訓練セットの回転によって結果が大きく変わる。たとえば、**図6-7**は、単純な線形分割可能なデータセットを示している。左側は決定木で簡単に分割できているのに、データセットを45度回転した右側の決定境界は不必要に入り組んでいるように見える。どちらの決定木も訓練セットに完璧に適合しているが、右側のモデルはうまく汎化しない可能性が高い。この問題は、訓練データをよりよい向きに変えられることが多いPCA（主成分分析、**8章参照**）を使えば、ある程度軽減できる。

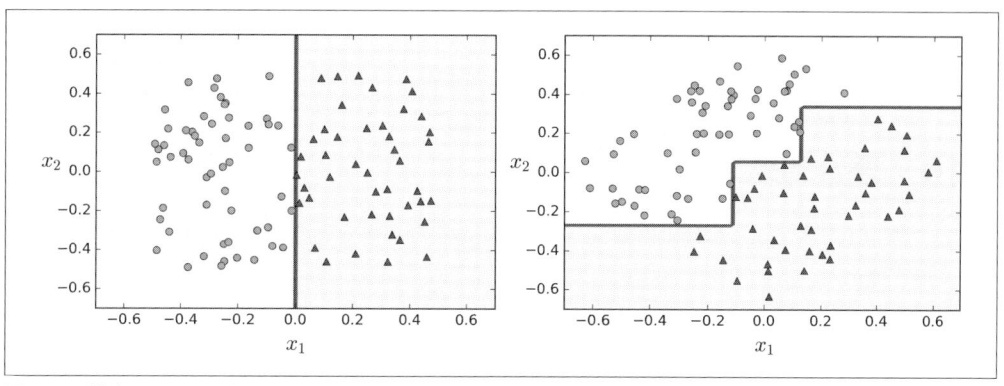

図6-7　訓練セットの回転による影響

　より一般的に言うと、決定木の最大の問題は、訓練セットの小さな変化に敏感すぎることである。たとえば、iris訓練セットから花弁の幅がもっとも長いバーシクル（花弁の長さが4.8cm、幅が1.8cmのもの）を取り除いて新しい決定木を訓練すると、**図6-8**のようなモデルが得られる。これは以前の決定木（**図6-2**）と比べると非常に大きく異なる。実際、scikit-learnが使っている訓練アルゴリズムは確率的[†6]なので、同じ訓練データを使っていても大きく異なるモデルが作られることがある（random_stateハイパーパラメータを設定していなければ）。

　次章で説明するように、ランダムフォレストは多数の木の予測を平均するので、このような不安定性の問題を軽減できる。

---

†6　各ノードで評価するフィーチャーセットを無作為に選択している。

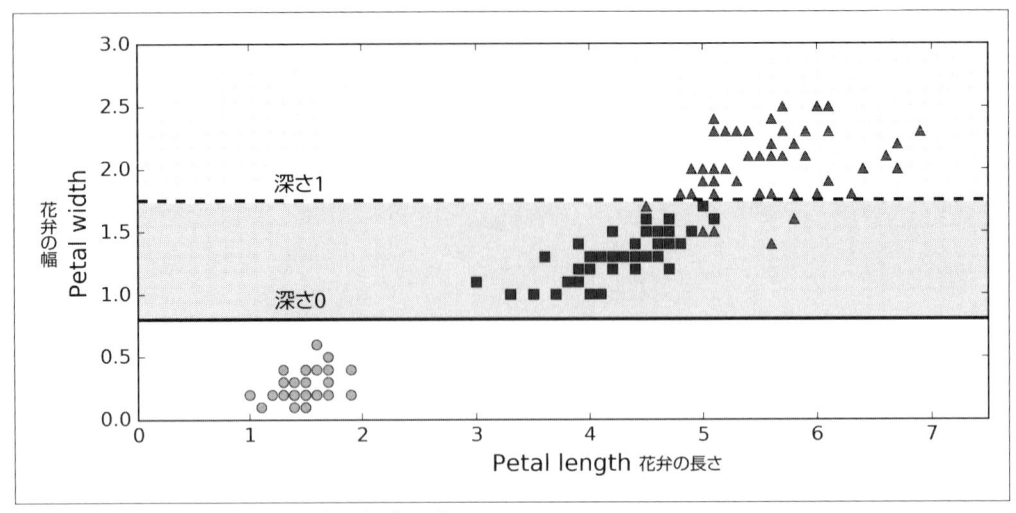

図6-8　決定木は訓練セットの細部に敏感すぎる

6.10　演習問題

1. 百万個のインスタンスを持つ訓練セットで決定木を訓練するとき（無制限で）、適切な深さはどれぐらいか。

2. ノードのジニ不純度は、一般に親よりも高いか、それとも低いか。それは**一般に**高い／低いのか、それとも**常に**高い／低いのか。

3. 決定木が訓練セットに過学習している場合、`max_depth` を下げるとよいか。

4. 決定木が訓練セットに過小適合している場合、入力フィーチャーを増やすとよいか。

5. インスタンスが百万個ある訓練セットを対象として決定木を訓練するために1時間かかるときに、インスタンスが1千万個の訓練セットを対象として別の決定木を訓練するためにどれくらいの時間がかかるか。

6. 訓練セットのインスタンスが 100,000 個あるとき、`presort=True` を設定すると訓練のスピードは上がるか。

7. moons データセットを対象として決定木を訓練し、微調整しなさい。

　a. `make_moons(n_samples=10000, noise=0.4)` を使って moons データセットを生成しなさい。

　b. `train_test_split()` を使って訓練セットとテストセットを分割しなさい。

　c. グリッドサーチと交差検証を使って（`GridSearchCV` クラスを使ってよい）、`DecisionTreeClassifier` のハイパーパラメータ値としてよいものを探しなさい。ヒント：`max_leaf_nodes` の値をいろいろと試してみるとよい。

　d. 見つけたハイパーパラメータを指定して訓練セット全体を対象に訓練を行い、テストセッ

トを使ってモデルの性能を測定しよう。85% から 87% の正確度が得られるはずだ。

8. 森を育てなさい。

a. 前問に引き続き、訓練セットからそれぞれ 100 個のインスタンスを無作為に選択した 1,000 個のサブセットを作りなさい。

ヒント：scikit-learn の ShuffleSplit クラスが使える。

b. 前問で見つけた最良のハイパーパラメータを指定して個々のサブセットごとにひとつの決定木を訓練しなさい。そして、テストセットを対象として 1,000 個の決定木を評価しなさい。小規模なセットで訓練したものなので、これらの決定木は最初の決定木よりも性能が低く、80% くらいの正確度しか得られないだろう。

c. ここで魔法が起きる。個々のテストセットインスタンスについて、1,000 個の決定木で予測を行い、もっとも多い予測だけを残す（SciPy の mode() 関数を使えばよい）。こうするとテストセットに対する**多数決予測**（majority-vote prediction）が得られる。

d. 得られたテストセットに対する予測を評価しよう。最初のモデルと比べてわずかに高い正確度が得られるはずだ（0.5% から 1.5% 高くなる）。おめでとう。あなたはランダムフォレスト分類器を訓練したことになる。

演習問題の解答は、**付録 A** を参照のこと。

7章
アンサンブル学習と
ランダムフォレスト

　数千、数万の人々に片っ端から複雑な問題を尋ね、その答えをひとつにまとめてみよう。このようにして得られた答えは、ひとりの専門家の答えよりもよいことが多い。これを**集合知**（wisdom of crowd）と呼ぶ。同様に、一群の予測器（分類器や回帰器）の予測をひとつにまとめると、もっとも優れているひとつの予測器の答えよりもよい予測が得られることが多い。この予測器のグループを**アンサンブル**（ensemble）と呼ぶ。そして、このテクニックを**アンサンブル学習**（ensemble learning）、アンサンブル学習アルゴリズムを**アンサンブルメソッド**（ensemble method）と呼ぶ。

　たとえば、訓練セットから無作為に作ったさまざまなサブセットを使って一連の決定木分類器を訓練し、予測するときにはすべての木の予測を集め、多数決で全体の予測クラスを決める（6章の最後の演習問題を参照）。このような決定木のアンサンブルを**ランダムフォレスト**（random forest）と呼び、単純でありながら今日もっとも強力な機械学習アルゴリズムのひとつになっている。

　さらに、**2章**でも触れたように、アンサンブルメソッドはプロジェクトの終わり近くなってから使うことが多いが、すでに少数のよい予測器ができているなら、それらを組み合わせればさらによい予測器になる。実際、機械学習コンテストの優勝者は、複数のアンサンブルメソッドを使っていることが多い（もっとも有名なのは、Netflix 賞［http://netflixprize.com/］の勝者である）。

　この章では、もっともよく使われている**バギング**（bagging）、**ブースティング**（boosting）、**スタッキング**（stacking）などのアンサンブルメソッドを取り上げる。そして、ランダムフォレストについても掘り下げていく。

7.1　投票分類器

　いくつかの分類器を訓練したところ、それぞれ 80% くらいの正解率が得られたとする。ロジスティック回帰分類器、SVM 分類器、ランダムフォレスト分類器、K 近傍分類器、その他の分類器がある（**図7-1**）。

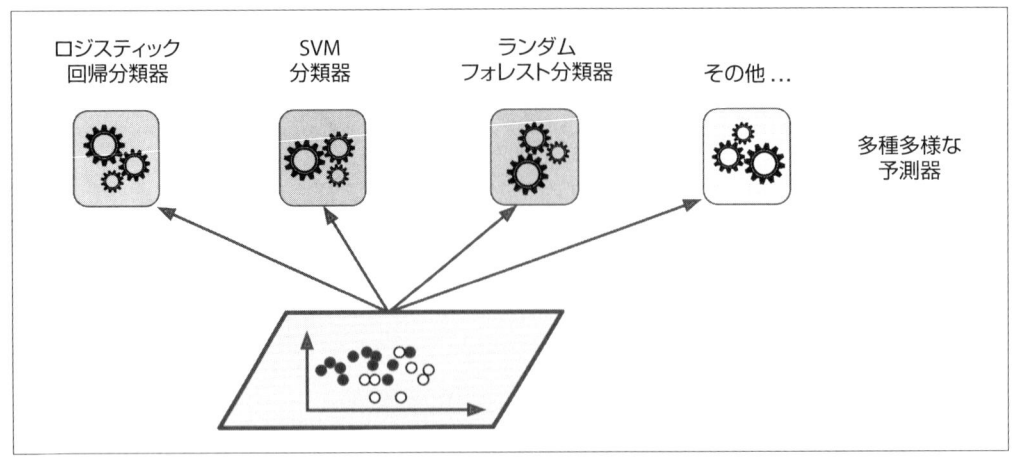

図7-1　多種多様な分類器の訓練

　これらよりも性能の高い分類器を作るための非常に単純な方法は、各分類器の予測を集め、多数決で決まったクラスを全体の予測とすることだ。この多数決による分類器を**ハード投票**（hard voting）**分類器**と呼ぶ（**図7-2**）。

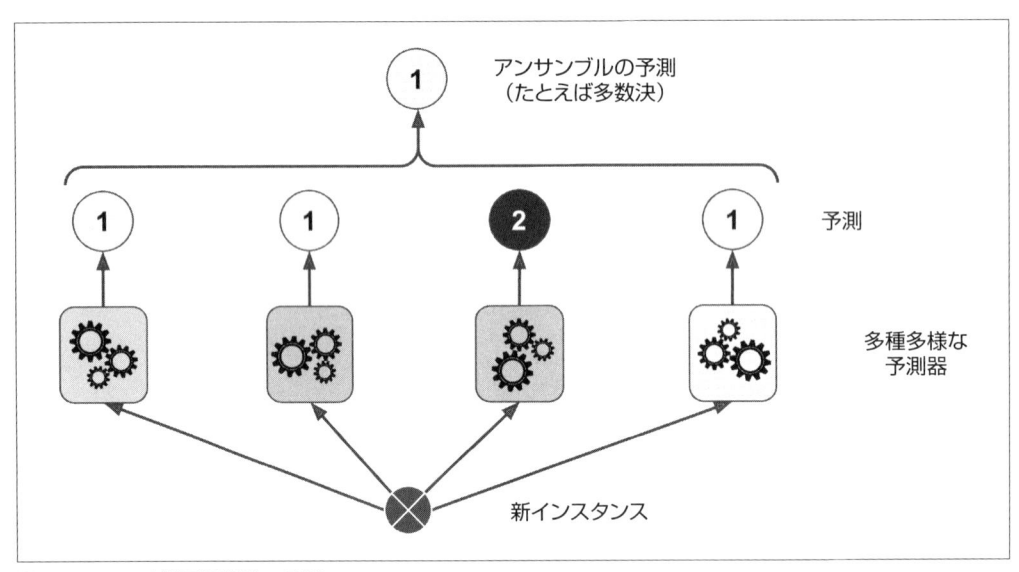

図7-2　ハード投票分類器の予測

　意外な感じだが、この投票分類器は、アンサンブルのなかの最良の分類器よりも高い正解率を達成することが多い。それどころか、個々の分類器が**弱学習器**（weak learner、無作為な推測よりもわずかによい程度という意味）でも、十分な数があり、それぞれが十分多種多様なら、アンサンブ

ルは**強学習器**（strong learner ＝ 高い正解率を達成するという意味）になる。

　そのようなことがどうしてあり得るのだろうか。この不思議に光を当てられるたとえ話をしよう。少しバイアスがかかっていて、表が出る確率が 51%、裏が出る確率が 49% のコインがあったとする。1,000 回コイントスを行うと、510 回前後は表が出て、490 回前後は裏が出るので、多数決を取ると表になるだろう。実際に数学で考えると、1,000 回のコイントスのあと、多数決で表になる確率は、75% 近くなる。コイントスの回数が増えれば、割合はさらに高くなる（たとえば、10,000 回コイントスすれば、確率は 97% を越える）。これは**大数の法則**（law of large numbers）によるものだ。コイントスを続ければ続けるほど、表が出る割合は、表が出る確率（51%）に近づいていく。**図7-3** は、このようなコイントスを 10 シリーズ行ったところを示している。コイントスの回数が増えていくと、表が出る割合は 51% に近づいていく。最終的には 10 シリーズ全部が51% に非常に近付き、いつも 50% 越えになることがわかる。

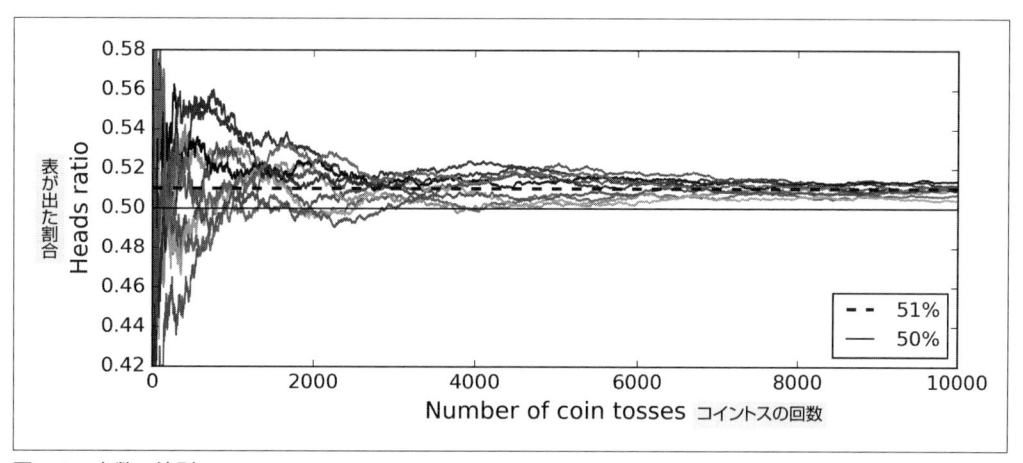

図7-3　大数の法則

　同様に、1 つひとつを取り出すと、正しい答えを出せる確率は 51%（無作為な推測よりもわずかによい）という 1,000 個の分類器から構成されるアンサンブルを作ったとする。多数決で選ばれたクラスを予測として返すと、75% 近い正解率が期待できる。しかし、これが正しいのは、すべての分類器が完全に独立していて、誤りに相関関係がない場合だけだ。同じデータで訓練すれば、そのような条件は満たされない。同じタイプの誤りを犯し、多数決で間違ったクラスを予測することが多くなって、アンサンブルの正解率は下がるはずだ。

アンサンブルメソッドは、予測器相互の独立性が高ければ高いほど性能が高くなる。多様な分類器を得るためには、大きく異なるアルゴリズムを使って訓練するとよい。すると、誤りの犯し方がさまざまになる可能性が高くなり、アンサンブルの正解率が上がる。

　次のコードは、scikit-learn を使って、3つの異なる分類器から構成される投票分類器を作成、訓練する（訓練セットは、**5章**で紹介した moons データセット）。

```
from sklearn.ensemble import RandomForestClassifier
from sklearn.ensemble import VotingClassifier
from sklearn.linear_model import LogisticRegression
from sklearn.svm import SVC

log_clf = LogisticRegression()
rnd_clf = RandomForestClassifier()
svm_clf = SVC()

voting_clf = VotingClassifier(
        estimators=[('lr', log_clf), ('rf', rnd_clf), ('svc', svm_clf)],
        voting='hard')
voting_clf.fit(X_train, y_train)
```

　個々の分類器の正解率を見てみよう。

```
>>> from sklearn.metrics import accuracy_score
>>> for clf in (log_clf, rnd_clf, svm_clf, voting_clf):
>>>     clf.fit(X_train, y_train)
>>>     y_pred = clf.predict(X_test)
>>>     print(clf.__class__.__name__, accuracy_score(y_test, y_pred))
...
LogisticRegression 0.864
RandomForestClassifier 0.872
SVC 0.888
VotingClassifier 0.896
```

　今までの説明通り、投票分類器は個別の分類器のどれよりもわずかながら高い性能を示している。

　すべての分類器がクラスに属する確率を推計できる（つまり、predict_proba() メソッドを持つ）場合、個別の分類器の確率を平均し、もっとも確率の高いクラスを予測クラスとして返すように scikit-learn に指示することができる。これを**ソフト投票**（soft voting）と呼ぶ。この方法だと、自信の高い投票の重みが増すため、ハード投票よりも高い性能を達成することが多い。すべての分類器がクラスに属する確率を推計できることを確かめた上で、voting="hard"を voting="soft"に変えるだけで、ソフト投票に変えることができる。SVC クラスは、デフォルトでは確率の推計をしないので、probability ハイパーパラメータを True にする必要がある（こうすると、SVC クラスは交差検証を使ってクラスに属する確率を推計するようになり、predict_proba() メソッドが追加されるが、訓練のスピードが遅くなる）。先ほどのコードを書き換えてソフト投票を使うようにすると、投票分類器は91%を越える正解率を実現する。

7.2　バギングとペースティング

　多様性の高い分類器を用意するための方法のひとつは、すでに説明したように、大きく異なる訓練アルゴリズムを使うことだが、すべての分類器で同じ訓練アルゴリズムを使いつつ、訓練セットから無作為に別々のサブセットをサンプリングして訓練するというアプローチもある。サンプリングが重複**あり**で行われるときには**バギング**（bagging、bootstrap aggreating の略。http://goo.gl/o42tml）[†1][†2]、重複**なし**で行われるときには**ペースティング**（http://goo.gl/BXm0pm）[†3]と呼ぶ。

　言い換えると、バギングとペースティングはともに複数の予測器が同じ訓練インスタンスを複数回サンプリングすることを認めるが、同じ予測器が同じ訓練インスタンスを複数回サンプリングすることを認めるのはバギングだけである。**図7-4** は、このようなサンプリングと訓練のプロセスを描いたものである。

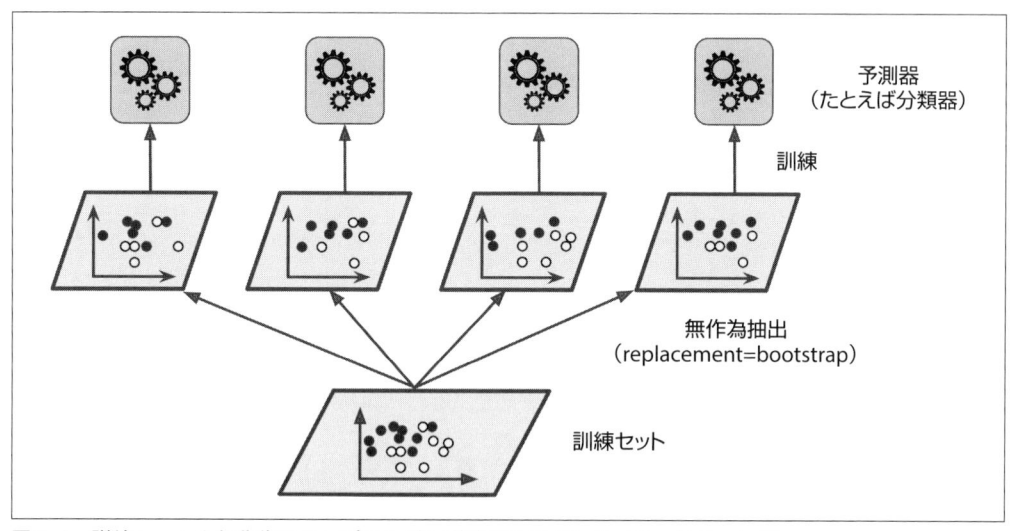

図7-4　訓練セットを無作為にサンプリングし訓練するバギング／ペースティング

　すべての分類器を予測したら、アンサンブルは単純にすべての予測器の予測を集計して新インスタンスに対する予測をすることができる。集計関数は、一般に分類では**モード**（statistical mode、つまりハード投票分類器と同様に、予測の最頻値を取る）、回帰では平均である。個別の予測器は、訓練セット全体を対象として訓練したときよりもバイアスが高くなっているが、集計によってバイアスと分散の両方が下がる[†4]。一般に、もとの訓練セット全体でひとつの予測器を訓練したとき

---

† 1　統計学では、重複ありのリサンプリングを**ブートストラップ法**（bootstrapping）と呼ぶ。
† 2　"Bagging Predictors" L. Breiman (1996)
† 3　"Pasting small votes for classification in large databases and on-line" L. Breiman (1999)
† 4　バイアスと分散は、**4章**で説明している。

と比べて、アンサンブルでは、バイアスは同じようなものだが、分散は下がっている。

図7-4 で示したように、異なる CPU コアや異なるサーバーを使ってすべての分類器を並列に訓練できる。同様に、予測も並列に実行できる。バギングやペースティングの人気が高い理由のひとつがこのスケーラビリティの高さである。

7.2.1　scikit-learn におけるバギングとペースティング

scikit-learn は、バギングとペースティングの両方に対して BaggingClassifier クラスという単純な API を提供している（回帰の場合は、BaggingRegressor クラス）。次のコードは、500 個の決定木分類器によるアンサンブルを訓練する[†5]。個々の分類器は、重複ありで訓練セットから 100 個の訓練インスタンスを無作為抽出する。これはバギングの例だが、ペースティングを使いたい場合は bootstrap=False を設定すればよい。n_jobs パラメータは、scikit-learn に訓練、予測のために使う CPU コアの数を指示する（−1 にすると、scikit-learn は使えるすべてのコアを使う）。

```
from sklearn.ensemble import BaggingClassifier
from sklearn.tree import DecisionTreeClassifier

bag_clf = BaggingClassifier(
        DecisionTreeClassifier(), n_estimators=500,
        max_samples=100, bootstrap=True, n_jobs=-1)
bag_clf.fit(X_train, y_train)
y_pred = bag_clf.predict(X_test)
```

 BaggingClassifier は、ベースの分類器がクラスに属する確率を推計できるとき（つまり、predict_proba() メソッドがあるとき）には、デフォルトでハード投票ではなく、ソフト投票を実行する。決定木分類器の場合は、デフォルトで確率を推計できる。

図7-5 は、ひとつの決定木を使ったときの決定境界と 500 個の木によるバギングアンサンブル（上記のコード）を使ったときの決定境界を比較したものである。ご覧のようにアンサンブルの予測は、単独の決定木による予測よりもはるかに汎化性能が高い。アンサンブルのバイアスはほぼ同じだが、分散は小さい（訓練セットでの予測誤りはほぼ同じだが、決定境界の不規則度は下がる）。

ブートストラップ法により、個々の予測器が訓練に使うサブセットの多様性が若干上がるため、バギングの方がペースティングよりもバイアスが少し高くなるが、それは予測器の相関が下がるということなので、アンサンブルの分散は下がる。全体として、バギングの方がペースティングよりもよいモデルになることが多い。一般に、バギングの方が好まれているのはそのためである。しかし、時間と CPU パワーに余裕がある場合には、バギングとペースティングを交差検証して、性能のよい方を選ぶことができる。

[†5]　max_samplesには、0.0から1.0までの浮動小数点数を設定することもできる。その場合、サンプリングされるインスタンス数の上限は、訓練セットにmax_samplesを掛けた値になる。

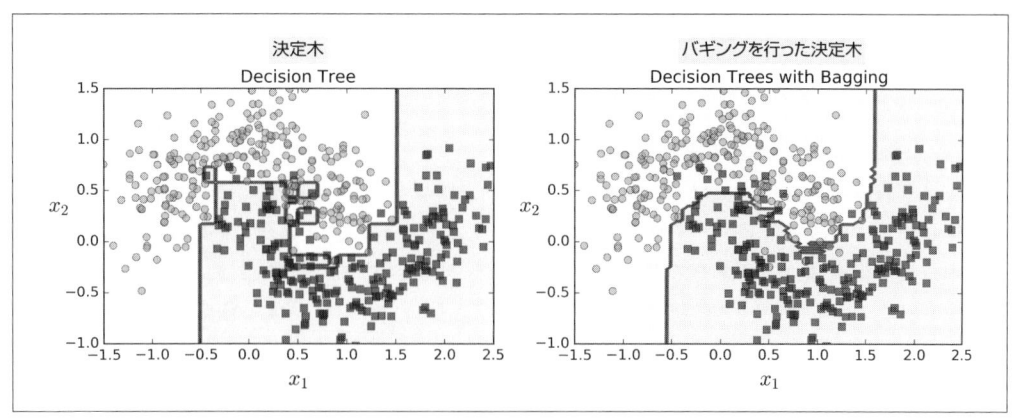

図7-5　単独の決定木と500個の決定木によるバギングアンサンブル

7.2.2　OOB検証

　バギングでは、一部のインスタンスが同じ予測器に繰り返しサンプリングされる一方で、まったくサンプリングされないインスタンスも出てくる。デフォルトでは、BaggingClassifier は、重複あり（bootstrap=True）で m 個の訓練インスタンスをサンプリングする。m は訓練セットのサイズになる。そのため、個々の予測器にサンプリングされるのは平均で訓練セットの 63% だけになる[†6]。サンプリングされない残り 37% の訓練インスタンスは、**OOB**（out-of-bag）インスタンスと呼ばれる。すべての予測器で同じ 37% が使われないわけではないことに注意しよう。

　予測器は訓練中にこの OOB インスタンスを見ていないので、別個の検証セットを作ったり交差検証したりしなくても、この OOB インスタンスを使って検証することができる。個々の予測器の OOB 検証を平均すると、アンサンブル自体の検証結果になる。

　scikit-learn では、訓練後に自動的に OOB 検証したい場合には、BaggingClassifier 作成時に oob_score=True を設定すればよい。次のコードは、それを示している。検証のスコアは、oob_score_ 変数から得られる。

```
>>> bag_clf = BaggingClassifier(
...         DecisionTreeClassifier(), n_estimators=500,
...         bootstrap=True, n_jobs=-1, oob_score=True)
...
>>> bag_clf.fit(X_train, y_train)
>>> bag_clf.oob_score_
0.90133333333333332
```

　この OOB 検証によると、この BaggingClassifier は、テストセットで 90.1% 程度の正解率を達成しそうである。確かめてみよう。

[†6]　m が大きくなると、この割合は $1 - \exp(-1) \approx 63.212\%$ に近づく。

```
>>> from sklearn.metrics import accuracy_score
>>> y_pred = bag_clf.predict(X_test)
>>> accuracy_score(y_test, y_pred)
0.91200000000000003
```

検証セットで 91.2% の正解率となった。非常に近い。

個々の訓練インスタンスに対する OOB 検証の決定関数も oob_decision_function_ 変数から得られる。この場合、ベースの評価器が predict_proba() メソッドを持っているので、決定関数は個々の訓練インスタンスがクラスに属する確率を返す。OOB 検証は、たとえば最初の訓練インスタンスが陽性クラスに属する確率を 68.25%、陰性クラスに属する確率を 31.75% と推計している。

```
>>> bag_clf.oob_decision_function_
array([[ 0.31746032, 0.68253968],
       [ 0.34117647, 0.65882353],
       [ 1.        , 0.        ],
       ...
       [ 1.        , 0.        ],
       [ 0.03108808, 0.96891192],
       [ 0.57291667, 0.42708333]])
```

7.3　ランダムパッチとランダムサブスペース

BaggingClassifier クラスは、特徴量のサンプリングもサポートしている。これは、max_features と bootstrap_features のふたつのハイパーパラメータで操作する。これらは、インスタンスのサンプリングではなく特徴量のサンプリングに使われることを除けば、max_samples、bootstrap と同じように動作する。つまり、入力特徴量の無作為なサブセットを使って個々の予測器を訓練するのである。

これは、高次元の入力（イメージなど）を扱うときに特に役に立つ。訓練インスタンスと特徴量の両方をサンプリングすることをランダムパッチ（random patch、http://goo.gl/B2EcM2）[†7]メソッドと言い、訓練インスタンスはすべて使い（つまり、bootstrap=False、max_samples=1.0）、特徴量だけサンプリングする（つまり、bootstrap_features=True で 1.0 未満の max_features）ことをランダムサブスペース（random subspace、http://goo.gl/NPi5vH）[†8]メソッドと言う。

特徴量をサンプリングすると、予測器の多様性は上がり、わずかにバイアスが上がる分、分散を小さくすることができる。

[†7]　"Ensembles on Random Patches" G. Louppe and P. Geurts (2012)
[†8]　"The random subspace method for constructing desision forests" Tin Kam Ho(1998)

7.4　ランダムフォレスト

すでに説明したように、ランダムフォレスト（http://goo.gl/zVOGQ1）[†9]は、決定木のアンサンブルで、一般にバギングメソッドで訓練され（ペースティングが使われる場合もある）、`max_samples` は訓練セットサイズに設定される。BaggingClassifier を構築し、それを DecisionTreeClassifier に渡さなくても、RandomForestClassifier クラスを使えるようになっている。RandomForestClassifier クラスの方が便利なだけでなく、決定木に最適化されている（同様に、回帰のタスクのために RandomForestRegressor クラスが用意されている）[†10]。次のコードは、利用できる CPU コアをすべて使って、500 個の木（それぞれ最大 16 ノードに制限されている）によるランダムフォレスト分類器を訓練する。

```
from sklearn.ensemble import RandomForestClassifier

rnd_clf = RandomForestClassifier(n_estimators=500, max_leaf_nodes=16, n_jobs=-1)
rnd_clf.fit(X_train, y_train)

y_pred_rf = rnd_clf.predict(X_test)
```

RandomForestClassifier は、少数の例外を除き、木をどのように育てるかを調整するために DecisionTreeClassifier のハイパーパラメータをすべて持つほか、アンサンブル自体を調整するために BaggingClassifier のハイパーパラメータもすべて持っている[†11]。

ランダムフォレストアルゴリズムは、木を育てるときにさらに無作為性を生み出す。ノードを分割するときに最良の特徴量を探すのではなく（**6章**参照）、特徴量の無作為なサブセットから最良の特徴量を探す。その分、木の多様性は増し、それにより（繰り返しになるが）バイアスが上がる分、分散が下がって、全体としてよりよいモデルが作られる。次の BaggingClassifier は、前の RandomForestClassifier とほぼ同じである。

```
bag_clf = BaggingClassifier(
        DecisionTreeClassifier(splitter="random", max_leaf_nodes=16),
        n_estimators=500, max_samples=1.0, bootstrap=True, n_jobs=-1)
```

7.4.1　Extra-Tree

ランダムフォレストに含まれる木を育てるときに、個々のノードの分割では、特徴量の無作為なサブセットだけしか考慮されない（既述の通り）。最良のしきい値を探すのではなく（通常の決定木のように）、個々の特徴量のしきい値も無作為なものにすると、さらに無作為性が上がる。

このように極端に無作為な木を単純に **Extremely Randomized Trees**（極端に無作為化された木）

[†9]　"Random Decision Forests" T. Ho (1995)

[†10]　決定木以外のもののバギングでは、BaggingClassifier クラスが依然として役に立つ。

[†11]　注目すべき例外がいくつかある。splitter はなく（"random" に強制される）、presort（False に強制）、max_samples（1.0 に強制）、base_estimator（指定されたハイパーパラメータを適用された DecisionTreeClassifier に強制）もない。

のアンサンブル（または、短く **Extra-Trees**）と呼ぶ[†12]。繰り返しになるが、これもバイアスを少し上げて分散を下げる。また、すべてのノードで個々の特徴量の最良のしきい値を見つけることは、木を育てるときにもっとも時間のかかるタスクのひとつなので、Extra-Trees は通常のランダムフォレストと比べて短時間で訓練できる。

Extra-Trees 分類器は、scikit-learn の `ExtraTreesClassifier` クラスで作ることができる。API は、`RandomForestClassifier` クラスと同じだ。同様に、`ExtraTreesRegressor` クラスは `RandomForestRegressor` クラスと同じ API を持つ。

> `RandomForestClassifier` と `ExtraTreesClassifier` でどちらの方が性能がよいかはあらかじめ判断しにくい。一般に、両方を試して、交差検証で比較するしかない（そして、グリッドサーチでハイパーパラメータをチューニングする）。

7.4.2　特徴量の重要度

ランダムフォレストの別の優れた点は、各特徴量の相対的な重要度を簡単に知ることができることである。scikit-learn は、その特徴量を使うノードが平均して（フォレスト内のすべての木にわたり）不純度をどれくらい減らすかを調べることにより、特徴量の重要性を測る。より正確には、各ノードの重みがそれに関連付けられているトレーニングサンプルの数と等しい加重平均である（**6章**を参照）。

scikit-learn は、訓練の後に各特徴量に対してこのスコアを自動的に計算し、その後、すべての重要度の合計が 1 になるように結果をスケールする。この結果に得るには、`feature_importances_` 変数を使用する。たとえば、次のコードは、iris データセット（**4章**を参照）の `RandomForestClassifier` を訓練し、各機能の重要性を出力する。もっとも重要な特徴量は花弁の長さ（44%）と幅（42%）で、それと比べるとがく片の長さと幅はそれほど重要ではないようだ（それぞれ 11% と 2%）。

```
>>> from sklearn.datasets import load_iris
>>> iris = load_iris()
>>> rnd_clf = RandomForestClassifier(n_estimators=500, n_jobs=-1)
>>> rnd_clf.fit(iris["data"], iris["target"])
>>> for name, score in zip(iris["feature_names"],
rnd_clf.feature_importances_):
... print(name, score)
...
sepal length (cm) 0.112492250999
sepal width (cm) 0.0231192882825
petal length (cm) 0.441030464364
petal width (cm) 0.423357996355
```

[†12] "Extremely randomized trees" P. Geurts, D. Ernst, L. Wehenkel (2005)

　同様に、MNIST データセット（**3章**参照）でランダムフォレスト分類器を訓練して各ピクセルの重要度をプロットすると、**図7-6** のようなイメージが得られる。

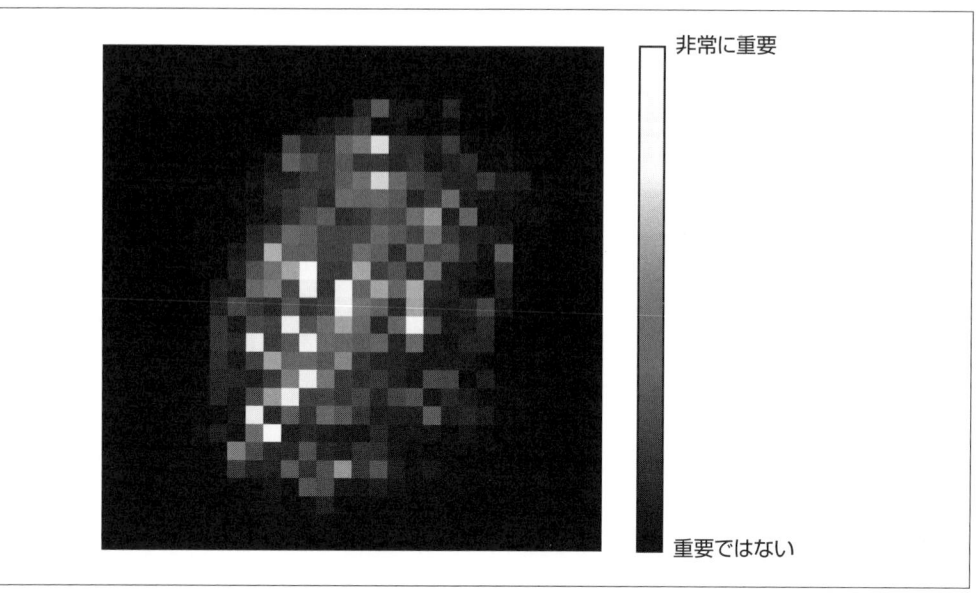

図7-6　MNISTのピクセルの重要度（ランダムフォレスト分類器の分析による）

　ランダムフォレストは、特に特徴量選択が必要なときに、どの特徴量が本当の意味で重要かを手っ取り早く調べるために便利である。

7.5　ブースティング

　ブースティング（boosting、もともとは、**仮説ブースティング**：hypothesis boosting と呼ばれていた）は、複数の弱学習器を結合して強学習器を作れるあらゆるアンサンブルメソッドを指す。ほとんどのブースティングメソッドの一般的な考え方は、逐次的に予測器を訓練し、それによって直前の予測器の修正を試みるというものである。ブースティングメソッドは多数あるが、群を抜いて人気があるのは、**アダブースト**（AdaBoost、エイダブーストとも呼ばれる。**Adaptive Boosting** ＝ 適応的ブースティングの略、http://goo.gl/OIduRW）[13]と**勾配ブースティング**（Gradient Boosting）である。アダブーストから見ていこう。

---

[13] "A Decision-Theoretic Generalization of On-Line Learning and an Application to Boosting" Yoav Freund, Robert E. Schapire (1997)

7.5.1　アダブースト（AdaBoost）

　新しい予測器が前の予測器を修正する方法のひとつとしては、前の予測器が過小適合した訓練インスタンスに少しだけ余分に注意を払うというものがある。そうすると、少しずつ難しい条件についてよく学習した予測器が生まれる。これがアダブーストのテクニックである。

　たとえばアダブースト分類器を作る場合、まずベースの分類器（決定木など）を訓練し、訓練セットを対象として予測のために使う。そして、分類に失敗した訓練インスタンスの相対的な重みを上げる。次に、更新された重みを使って第 2 の分類器を訓練し、予測に使って、重みを更新する。これを繰り返していく（**図7-7**）。

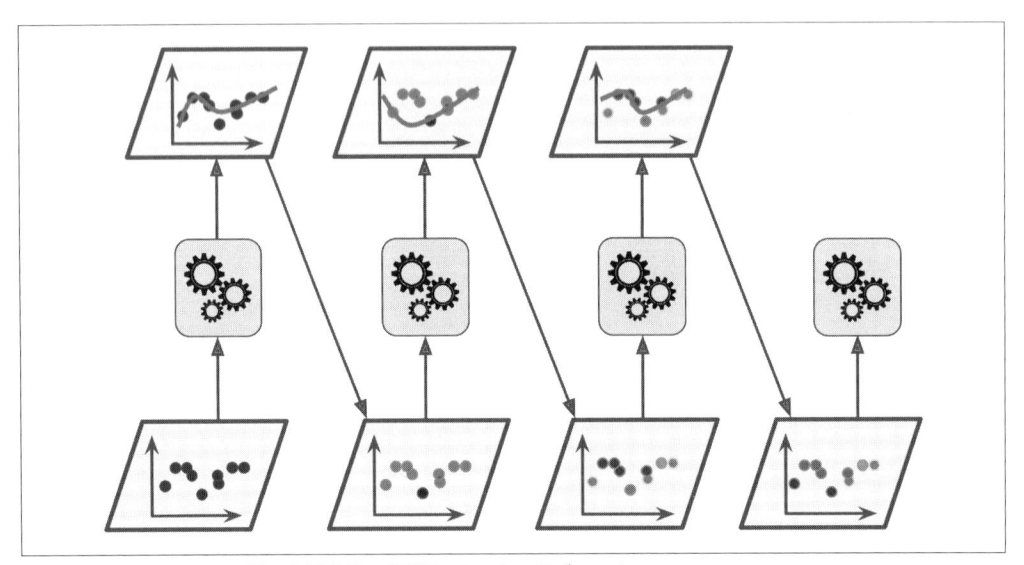

図7-7　インスタンスの重みを逐次的に更新していくアダブースト

　図7-8 は、moons データセットを使って連続的に訓練した 5 つの予測器の決定境界を示している（この例では、個々の予測器は、RBF カーネルで高度に正則化された SVM 分類器である）[†14]。最初の分類器は多くのインスタンスで分類ミスを犯しているので、それらのインスタンスの重みが上げられている。そのため、第 2 の分類器は、それらの分類器で性能が上がっている。第 5 の分類器まで、それが連続している。右側のグラフは、学習率を半分にしている（つまり、分類ミスを犯したインスタンスに対して各イテレーションが与える重みを半分にしている）。ご覧のように、この逐次的な学習テクニックは、勾配降下法と似ているが、コスト関数を最小化するためにひとつの予測器のパラメータを操作するのではなく、アンサンブルに予測器を追加してアンサンブルを少しずつ改良していく。

[†14]　これは単に説明のためである。SVM は遅く、アダブーストで使うと不安定になりがちなので、一般にアダブーストのベース予測器としては不向きである。

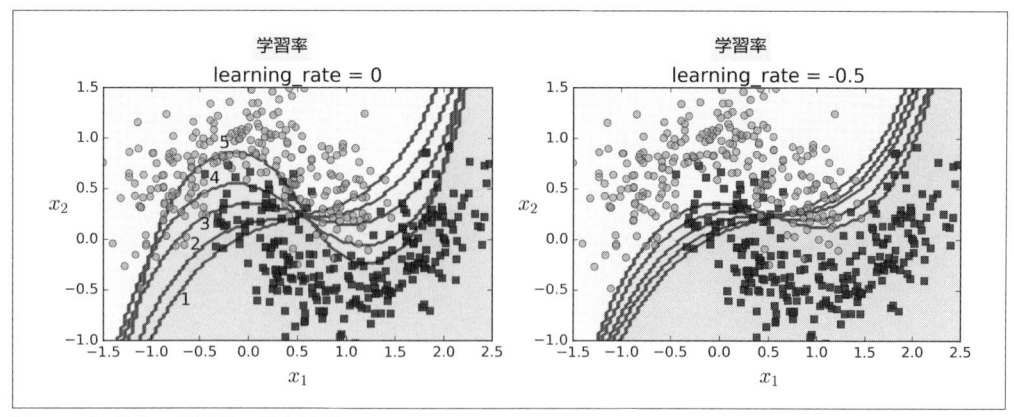

図7-8　連続する予測器の決定境界

　すべての予測器を訓練すると、アンサンブルはバギングやペースティングと非常に似た形で予測を行う。ただし、予測器には、重みが付けられた訓練セットに対する全体の正解率によって異なる重みが付けられる。

　逐次的な学習テクニックは、前の予測器の訓練／評価が終わらなければ次の予測器を訓練できないため、並列化できない（あるいは部分的にしか並列化できない）という大きな欠点を抱えている。そのため、バギングやペースティングと比べてスケーラビリティが低い。

　アダブーストのアルゴリズムをもう少し詳しく見てみよう。個々のインスタンスにかけられた重み、$w^{(i)}$ は、初期状態で $\frac{1}{m}$ に設定されている。最初の予測器を訓練すると、その予測器の訓練セットに対する重み付きの誤り率 r_1 が計算される。**式7-1** を見てみよう。

式 7-1　j番目の予測器の重みつき誤り率

$$r_j = \frac{\displaystyle\sum_{\substack{i=1 \\ \hat{y}_j^{(i)} \neq y^{(i)}}}^{m} w^{(i)}}{\displaystyle\sum_{i=1}^{m} w^{(i)}} \quad \text{where } \hat{y}_j^{(i)} \text{ は } i \text{ 番目のインスタンスに対する } j \text{ 番目の予測器の予測}$$

　次に**式7-2** を使って予測器の重み α_j が計算される。ここで、η は学習率ハイパーパラメータである（デフォルトで1）[15]。予測器が正確になればなるほど、重みは高くなる。無作為な推測なら、重みは0に近づく。しかし、推測が間違っていることの方が多ければ（つまり、無作為な推測

---

[15] オリジナルのアダブーストアルゴリズムは、学習率ハイパーパラメータを使っていない。

よりも不正確）、重みは負数になる。

式 7-2　予測器の重み

$$\alpha_j = \eta \log \frac{1 - r_j}{r_j}$$

次に**式7-3**を使ってインスタンスの重みを更新する。誤った分類をされたインスタンスの重みは大きくなる。

式 7-3　重みの更新ルール

$$\text{for } i = 1, 2, \ldots, m$$

$$w^{(i)} \leftarrow \begin{cases} w^{(i)} & \text{if } \hat{y_j}^{(i)} = y^{(i)} \\ w^{(i)} \exp(\alpha_j) & \text{if } \hat{y_j}^{(i)} \neq y^{(i)} \end{cases}$$

すると、すべてのインスタンスの重みが正規化される（つまり、$\sum_{i=1}^{m} w^{(i)}$ によって割られる）。

最後に更新された重みを使って新しい予測器を訓練し、これを繰り返す（新しい予測器の重みを計算し、インスタンスの重みを更新し、次の予測器を訓練することが反復される）。予測器の数が指定された数に達するか、完全な予測器が見つかると、アルゴリズムは反復を止める。

アダブーストの予測は、単純にすべての予測器の予測を計算し、予測器の重み α_j を使って予測に重みを与えた上で、重み付きの多数決で選ばれたクラスを予測結果とする（**式7-4**）。

式 7-4　アダブーストの予測

$$\hat{y}(\boldsymbol{x}) = \underset{k}{\text{argmax}} \sum_{\substack{j=1 \\ \hat{y_j}(\boldsymbol{x})=k}}^{N} \alpha_j \quad \text{where } N \text{ は予測器の数}$$

scikit-learn は、実際には **SAMME**（Stagewise Additive Modeling using a Multiclass Exponential loss function ＝ マルチクラス指数損失関数を使ったステージ別加法モデリング、http://goo.gl/Eji2vR）[†16]というマルチクラスバージョンのアダブーストを使っている。クラスがふたつだけなら、SAMME とアダブーストは同じである。また、予測器がクラスに属する確率を推計できる（つまり、predict_proba() を持つ）場合には、scikit-learn は **SAMME.R**（**R** は real という意味）という SAMME の変種を使える。SAMME.R は、予測ではなくクラスに属する確率を使うもので、一般に SAMME よりも性能が高い。

次のコードは、200 個の**決定株**（decision stump）を使った scikit-learn の AdaBoostClassifi

---

[†16] 詳しくは、"Multi-Class AdaBoost" J. Zhu et al.(2006) を参照。

er クラス（読者が予想された通り、AdaBoostRegressor クラスもある）でアダブースト分類器を訓練する。決定株とは、max_depth=1 の決定木、すなわちひとつの判断ノードとふたつの葉ノードから構成される決定木である。決定株は、AdaBoostClassifier クラスのデフォルトベース推定器である。

```
from sklearn.ensemble import AdaBoostClassifier

ada_clf = AdaBoostClassifier(
        DecisionTreeClassifier(max_depth=1), n_estimators=200,
        algorithm="SAMME.R", learning_rate=0.5)
ada_clf.fit(X_train, y_train)
```

 アダブーストアンサンブルが訓練セットに過学習する場合、推定器の数を減らすか、ベース推定器を強く正則化すればよい。

7.5.2 勾配ブースティング

　勾配ブースティング（gradient boosting、http://goo.gl/Ezw4jL）もよく使われているブースティングアルゴリズムである[17]。勾配ブースティングも、アダブーストと同様に、アンサンブルに前の予測器を改良した予測器を逐次的に加えていく。しかし、アダブーストのようにイテレーションごとにインスタンスの重みを調整するのではなく、新予測器を前の予測器の**残差**（residual error）に適合させようとする。

　では、ベース予測器として決定木を使った単純な回帰の例を見てみよう（勾配ブースティングは、もちろん回帰のタスクでもしっかりと機能する）。これを**勾配ブースティング木**（gradient tree boosting）とか**勾配ブースティング決定木**（**GBRT**）（gradient boosted regression tree）と呼ぶ。まず、訓練セット（たとえば、ノイズのある2次関数訓練セット）に DecisionTreeRegressor を適合させよう。

```
from sklearn.tree import DecisionTreeRegressor

tree_reg1 = DecisionTreeRegressor(max_depth=2)
tree_reg1.fit(X, y)
```

　次に、第1の予測器が作った残差を使って第2の DecisionTreeRegressor を訓練する。

```
y2 = y - tree_reg1.predict(X)
tree_reg2 = DecisionTreeRegressor(max_depth=2)
tree_reg2.fit(X, y2)
```

　そして、第2の予測器が作った残差を使って第3の回帰器を訓練する。

---

[17] "Arcing the Edge" L. Breiman (1997)で初めて導入された。

```
y3 = y2 - tree_reg2.predict(X)
tree_reg3 = DecisionTreeRegressor(max_depth=2)
tree_reg3.fit(X, y3)
```

　これで3つの木を含むアンサンブルができた。このアンサンブルは、すべての木の予測を単純に加算するという形で新しいインスタンスの予測をすることができる。

```
y_pred = sum(tree.predict(X_new) for tree in (tree_reg1, tree_reg2, tree_reg3))
```

　図7-9は、左側にこれら3つの決定木の予測、右側にアンサンブルの予測を示している。第1行では、アンサンブルに含まれているのは1つの決定木だけなので、アンサンブルの予測は第1の決定木の予測とまったく同じである。第2行では、第1の決定木の残差を対象として新しい決定木を訓練している。アンサンブルの予測は、最初のふたつの決定木の輪だということがわかるはずだ。新たな決定木を追加するたびに、アンサンブルの予測が次第に改善されていくことがわかるだろう。

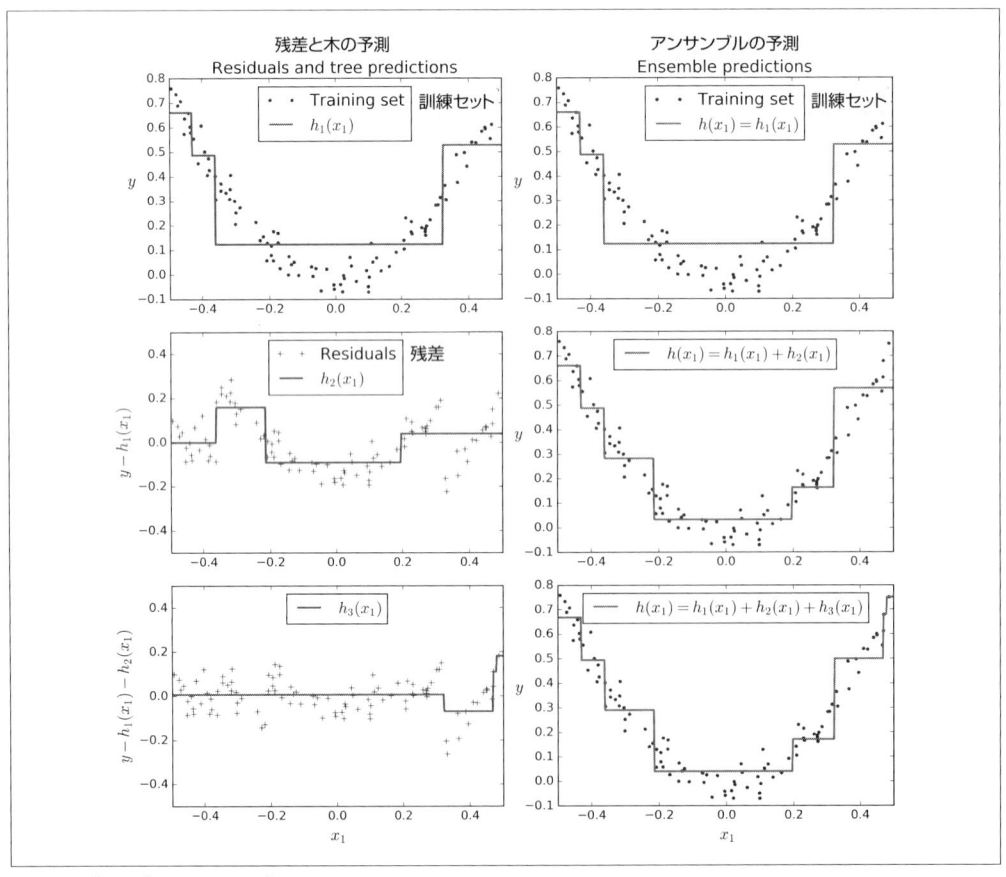

図7-9　勾配ブースティング

scikit-learn の `GradientBoostingRegressor` クラスを使えば、もっと簡単に GBRT アンサンブルを訓練できる。`RandomForestRegressor` クラスと同様に、このクラスには決定木の成長を調整するハイパーパラメータ（`max_depth`、`min_samples_leaf` など）とアンサンブル訓練を調整するハイパーパラメータ（`n_estimators`）がある。次のコードは、先ほどと同じアンサンブルを作る。

```
from sklearn.ensemble import GradientBoostingRegressor

gbrt = GradientBoostingRegressor(max_depth=2, n_estimators=3, learning_rate=1.0)
gbrt.fit(X, y)
```

`learning_rate` ハイパーパラメータは、個々の木の影響力を調整する。`0.1` などの低い値に設定すると、訓練セットへの適合のためにアンサンブルに多くの決定木を追加しなければならなくなるが、通常は予測の汎化性能が上がる。これは、**収縮**（shrinkage）という正則化テクニックである。**図7-10** は、低い学習率で訓練したふたつの GBRT アンサンブルを示している。左側は決定木の数が少なすぎて訓練セットに適合できていないのに対し、右側は決定木が多すぎて訓練セットに過学習している。

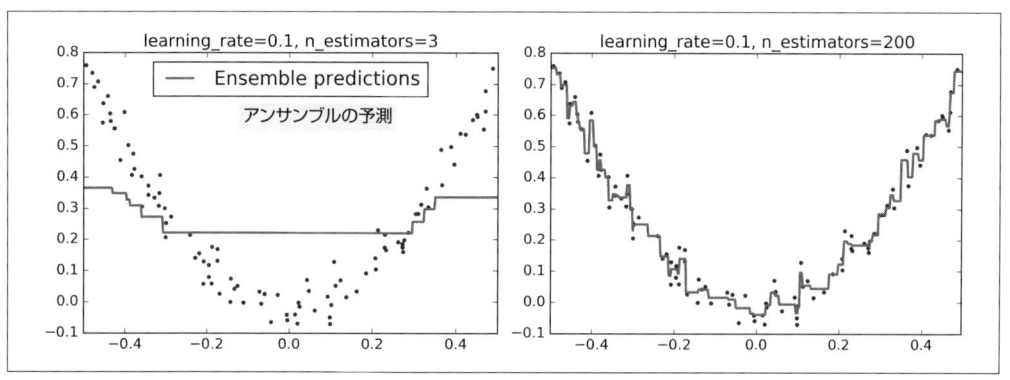

図7-10　予測器が足りない GBRT アンサンブル（左）と予測器が多すぎる GBRT アンサンブル（右）

決定木の最適な数を知るためには、早期打ち切り（**4 章**参照）を使えばよい。`staged_predict()` メソッドを使えば、簡単に実装できる。このメソッドは、訓練の各ステージ（決定木が 1 個、決定木が 2 個……）でアンサンブルが行った予測を示す反復子を返す。次のコードは、120 個の決定木で GBRT アンサンブルを訓練し、訓練の各ステージで検証誤差を測定して決定木の最適な数を調べ、最後にその最適な数の決定木を使って別の GBRT アンサンブルを訓練する。

```
import numpy as np
from sklearn.model_selection import train_test_split
from sklearn.metrics import mean_squared_error

X_train, X_val, y_train, y_val = train_test_split(X, y)
```

```
gbrt = GradientBoostingRegressor(max_depth=2, n_estimators=120)
gbrt.fit(X_train, y_train)

errors = [mean_squared_error(y_val, y_pred)
          for y_pred in gbrt.staged_predict(X_val)]
bst_n_estimators = np.argmin(errors)

gbrt_best = GradientBoostingRegressor(max_depth=2,n_estimators=bst_n_estimators)
gbrt_best.fit(X_train, y_train)
```

図7-11の左側のグラフは検証誤差、右側のグラフは最良のモデルの予測を示している。

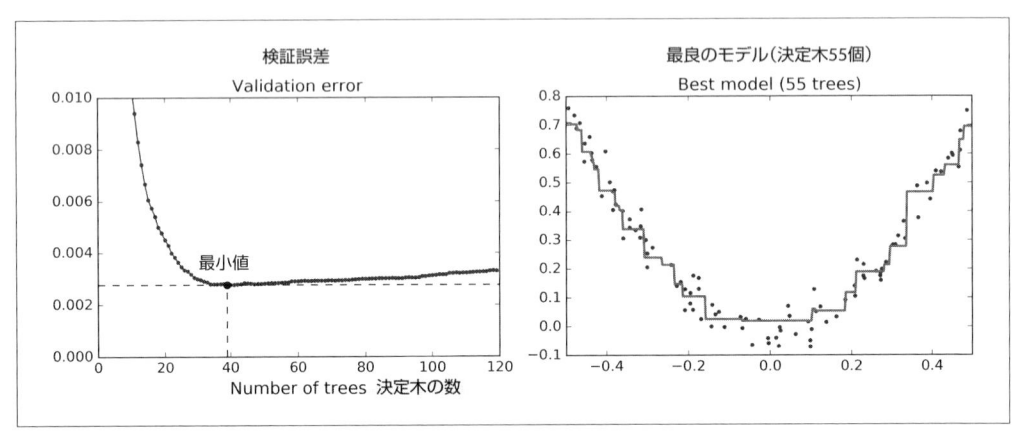

図7-11　早期打ち切りを使った決定木の数のチューニング

　実際に訓練を早い段階で打ち切って早期打ち切りを実現することもできる（最初に大量の決定木を訓練してから、最適な個数を探すのではなく）。そのためには、warm_start=Trueを設定して、fit()メソッドを呼び出したときにscikit-learnが既存の決定木を残して、漸進的に訓練を実行できるようにする。次のコードは、検証誤差が5回連続で改善されないときに訓練を打ち切る。

```
gbrt = GradientBoostingRegressor(max_depth=2, warm_start=True)

min_val_error = float("inf")
error_going_up = 0
for n_estimators in range(1, 120):
    gbrt.n_estimators = n_estimators
    gbrt.fit(X_train, y_train)
    y_pred = gbrt.predict(X_val)
    val_error = mean_squared_error(y_val, y_pred)
    if val_error < min_val_error:
        min_val_error = val_error
        error_going_up = 0
    else:
        error_going_up += 1
```

```
if error_going_up == 5:
    break  # 早期打ち切り
```

　GradientBoostingRegressor クラスは、個々の決定木を訓練するために使われる訓練インスタンスの割合を指定する subsample ハイパーパラメータもサポートしている。たとえば、subsample=0.25 とすると、個々の決定木は無作為に選択された 25% の訓練インスタンスを使って訓練される。読者がすでに予想されたように、これはバイアスを少し上げた分、分散を下げる。また、訓練のスピードもかなり上がる。このテクニックを**確率的勾配ブースティング**（stochastic gradient boosting）と呼ぶ。

勾配ブースティングはほかのコスト関数を使うこともできる。コスト関数は、loss ハイパーパラメータで設定する（詳しくは、scikit-learn のドキュメントを参照）。

7.6　スタッキング

　この章で最後に取り上げるアンサンブルメソッドは、**スタッキング**（stacking、**スタック汎化**：stacked generalization の略）[18]である。基礎となるアイデアは単純で、アンサンブルに含まれるすべての予測器の予測を集計するときに、ハード投票のようなつまらない関数を使ったりせずに、集計まで行うようにモデルを訓練すればよいのではないかというものだ。**図7-12** は、新しいインスタンスに対して回帰のタスクを行うそのようなアンサンブルを示している。下部に描かれている3つの予測器が異なる値を予測し（3.1、2.7、2.9）、最後の予測器（**ブレンダー**：blender とか、**メタ学習器**：meta learner と呼ばれる）がそれらの予測を入力として最終的な予測（3.0）を返す。

　ブレンダーの訓練でよく使われているのは、hold-out セットを使うものである[19]。まず、訓練セットをふたつのサブセットに分割する。第1のサブセットは、第1層（**図7-13**）の予測器の訓練に使う。

---

[18] "Stacked Generalization" D. Wolpert (1992)

[19] out-of-fold 予測を使うこともできる。コンテキストによっては、これを**スタッキング**、hold-out セットを使うものを**ブレンディング**：blending と呼ぶ。しかし、多くの人々にとって、これらふたつの用語は同義語である。

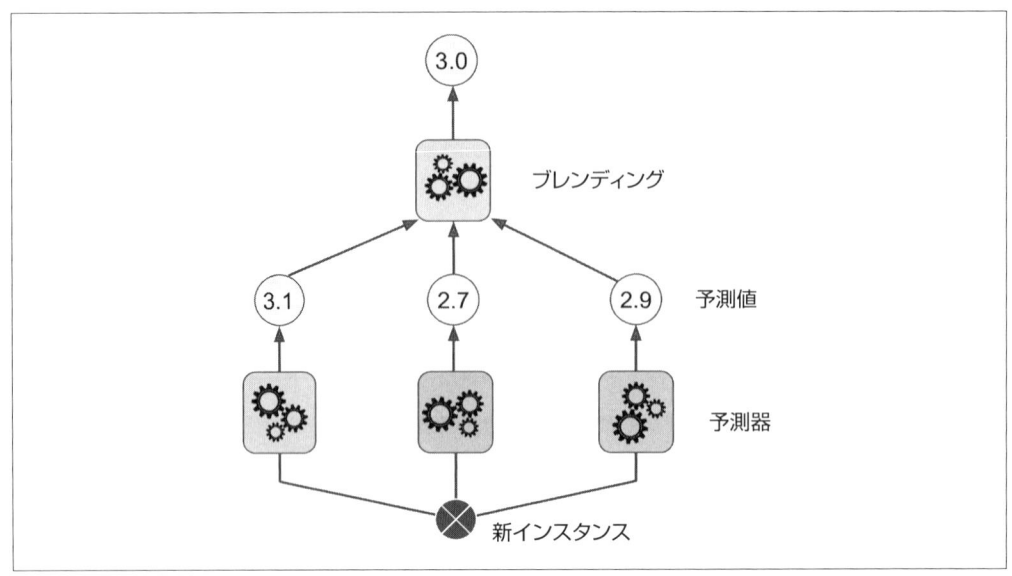

図7-12　ブレンディング予測器を使った予測の集計

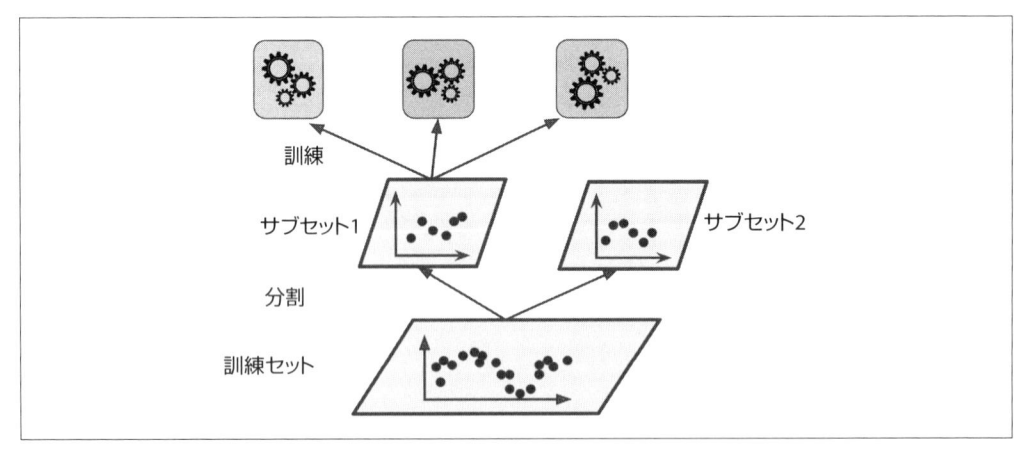

図7-13　第1層の訓練

　次に、第1層の予測器を使って第2セットの予測を行う（**図7-14**）。こうすると、予測器は訓練中に第2セットのインスタンスを見ないので、予測が「クリーン」になる。第1層により、hold-outセットの各インスタンスについて3種類の予測値が作られる。これらの予測値を入力特徴量として（そのため、この新しい訓練セットは3次元になる）新しい訓練セットを作り、ターゲット値をいっしょに管理する。この新しい訓練セットを使ってブレンダーを訓練すると、ブレンダーは第1層の予測からターゲット値を予測することを学習する。

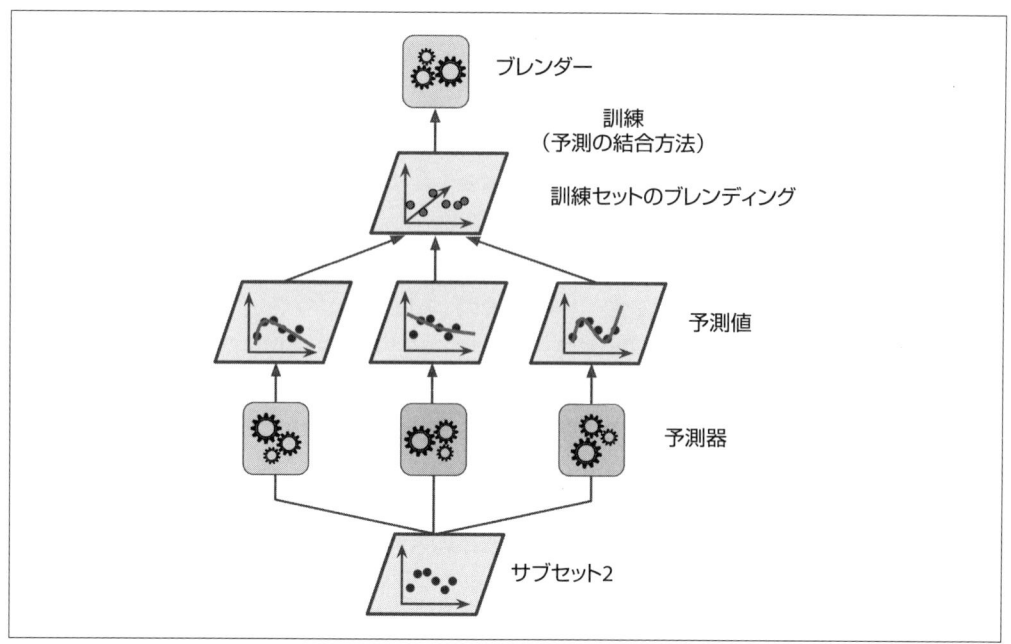

図7-14　ブレンダーの訓練

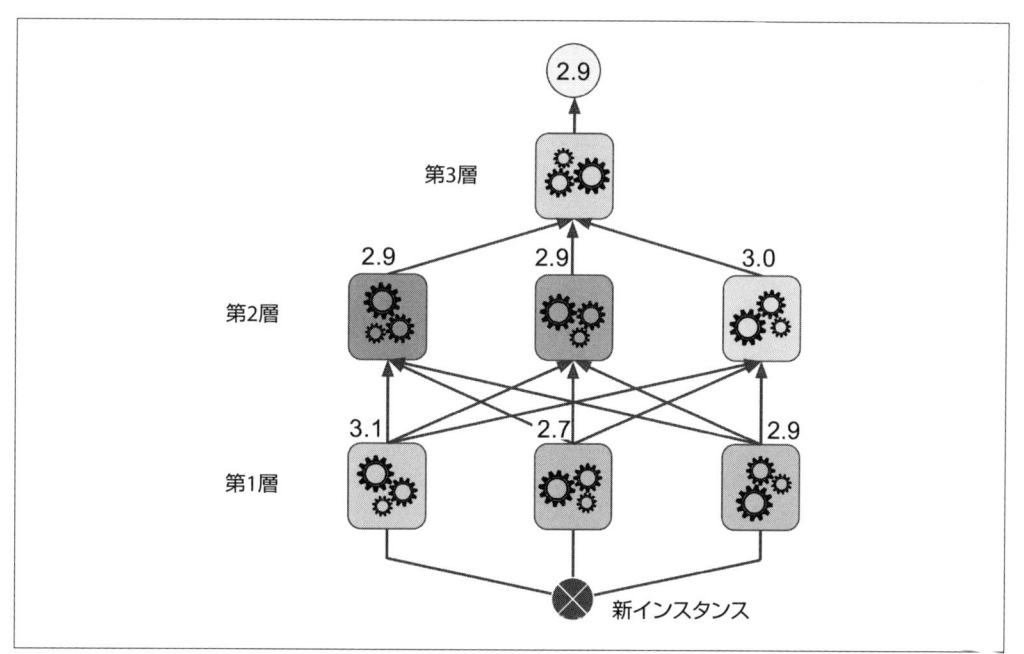

図7-15　多層スタッキングアンサンブルによる予測

　実際には、この方法で複数の異なるブレンダーを訓練して（たとえば、ひとつは線形回帰、もうひとつはランダムフォレスト回帰を使うなど）、ブレンダーの層を作ることができる。ポイントは訓練セットを3つのサブセットに分割することだ。第1のサブセットは第1層の訓練に使われ、第2のサブセットは第2層を訓練する（第1層の予測器が行った予測を使う）ための訓練セットを作るために使われる。第3のサブセットは、第3層を訓練する（第2層の予測器が行った予測を行う）ための訓練セットを作るために使われる。これを実際に行うと、**図7-15**に示すように、各層を逐次的に通過して新しいインスタンスに対する予測をすることができる。

　残念ながら、scikit-learn はスタッキングを直接サポートしていないが、独自実装を作るのはそれほど難しいことではない（後述の演習問題参照）。brew（https://github.com/viisar/brew から入手可能）のようなオープンソースの実装を使うこともできる。

7.7　演習問題

1. まったく同じ訓練データを使って5個の異なるモデルを訓練し、それらがすべての95%の適合率を達成したとき、それらのモデルを組み合わせたらもっとよい結果が得られる可能性はあるか。もしそうだとすれば、どのようにしてよい結果が得られるのか。そうでないとすれば、それはなぜか。
2. ハード投票分類器とソフト投票分類器の違いは何か。
3. 複数のサーバーで分散処理することによってバギングアンサンブルのスピードを上げることはできるか。ペースティングアンサンブル、ブースティングアンサンブル、ランダムフォレスト、スタッキングアンサンブルではどうか。
4. OOB 検証の長所は何か。
5. Esxtra-Trees 分類器が通常のランダムフォレストよりも無作為的なのは何によるものか。この余分に無作為的なことにはどのような意味があるか。Extra-Trees は、通常のランダムフォレストと比べて遅いか、それとも速いか。
6. 手元のアダブーストアンサンブルが訓練データに過小適合している場合、どのハイパーパラメータをどのように操作すべきか。
7. 勾配ブースティングアンサンブルが訓練セットに過学習している場合、学習率を上げるべきか下げるべきか。
8. MNIST データ（**3章**参照）をロードし、それらを訓練セット、検証セット、テストセットに分割し（たとえば、40,000 インスタンスを訓練セット、10,000 インスタンスを検証セット、100,000 インスタンスをテストセットにする）、ランダムフォレスト分類器、Extra-Trees 分類器、SVM などのさまざまな分類器を訓練しよう。次に、それらの分類器をソフト投票分類やハード投票分類などのアンサンブルに結合し、検証セットを対象として個別のすべての分類器よりも性能の高いものを探そう。そのようなものが見つかったらテストセットで試してみよう。個別の分類器と比べてどれくらい高い性能が得られたか。

9. 検証セットを対象として前問の個別の分類器で予測を行い、その予測結果から新しい訓練セットを作りなさい。その訓練セットの個々の訓練インスタンスは、イメージに対してすべての分類器が返した予測をまとめたベクトルで、ターゲットはイメージのクラスである。おめでとう、これであなたはブレンダーを訓練したことになる。分類器は全部まとめてスタッキングアンサンブルを形成している。では、テストセットを使ってアンサンブルを評価してみよう。テストセットに含まれる個々のイメージについて、すべての分類器で予測を行い、その結果をブレンダーに送ってアンサンブルとしての予測を行う。前問で訓練した投票分類器と比較して性能はどうなっているか。

演習問題の解答は、**付録 A** を参照のこと。

8章
次元削減

　機械学習問題の多くは、訓練インスタンスごとに数千、いや数百万もの特徴量を相手にしている。そのために訓練が極端に遅くなるだけでなく、よい解が非常に見つけにくくなっている。この問題は、よく**次元の呪い**（curse of dimentionality）と呼ばれている。

　幸い、現実の問題では、特徴量数をかなり減らせることが多く、手に負えないような問題を扱いきれる問題に変えることができる。たとえば、MNIST イメージ（**3 章**参照）について考えてみよう。イメージの境界線のピクセルはほとんどかならず白であり、訓練セットからこの部分のピクセルを取り除いても情報はほとんど失われない。**図7-6** を見れば、分類の仕事ではこれらのピクセルがまったく重要ではないことがわかる。さらに、ふたつの隣り合うピクセルには高い相関があることが多い。これらをひとつのピクセルにマージしても（たとえば、ふたつのピクセルの明度の平均で）、あまり情報は失われない。

　次元削減は確実にある程度の情報を失う（イメージを JPEG に圧縮すると品質が下がるのと同じように）。そのため、次元削減は訓練にかかる時間を短縮するだけでなく、システムの性能を少し劣化させる。また、次元削減によってパイプラインは少し複雑になり、メンテナンスしにくくなる。そこで、最初はオリジナルデータでシステムを訓練し、時間がかかり過ぎるときに限り次元削減を考えるようにすべきだ。しかし、訓練データの次元削減により、ノイズや不必要な細部が消えてモデルの性能がかえって上がる場合もある（普通はそのようなことはなく、訓練のスピードが上がるだけである）。

　次元削減は、訓練スピードを上げる以外にも、データの可視化という点で非常に役に立つ。次元を 2（または 3）まで下げると、高次元の訓練セットをグラフにプロットできるようになり、クラスタなどのパターンが目で見てわかるようになる。このようにして、データに対する重要な洞察が得られることがあるのだ。

　この章では、まず次元の呪いとはどのようなことかを探り、高次元空間で何が起きているかについての感覚をつかむ。次に、射影と多様体学習という次元削減のためのふたつの主要アプローチを

紹介し、PCA、カーネル PCA、LLE という 3 つのよく使われている次元削減テクニックを説明する。

8.1　次元の呪い

私たちは 3 次元の世界[†1]に慣れているので、高次元空間を想像しようとしても直観は得られない。基本的な 4 次元超立方体でさえ頭のなかで描くのは難しいくらいなので（図8-1）、1,000 次元空間で湾曲している 200 次元の楕円体などとてもわからない。

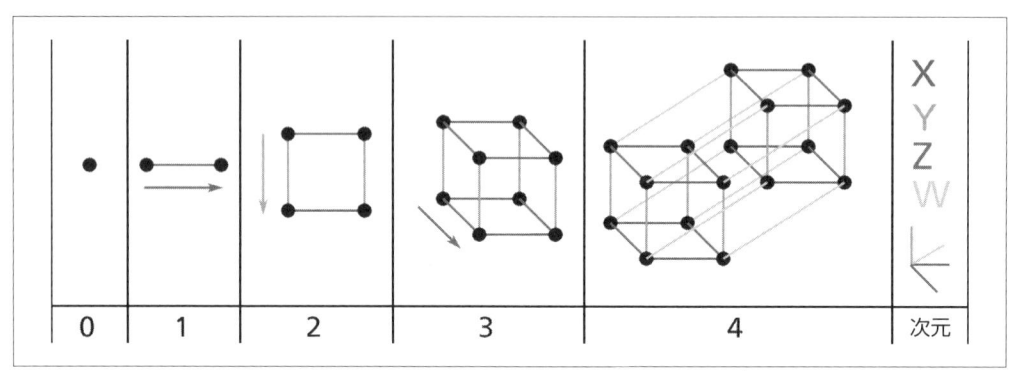

図8-1　点、線分、正方形、立方体、正八胞体（0次から4次までの超立方体）[†2]

高次元空間では多くのものが非常に異なるふるまいを示すことがわかっている。たとえば、単位正方形（1×1 の正方形）のなかの点を無作為に選んだとき、境界から 0.001 以内の位置にある確率は 0.4% 程度でしかない。つまり、無作為に選んだ点が任意の次元の「極点」（extreme point）である確率は非常に低い。しかし、10,000 次元の単位超立方体（つまり、1 万個の 1 が並ぶ $1 \times 1 \times \cdots \times 1$ 超立方体）では、この確率は 99.999999% よりも高い。高次元超立方体では、ほとんどの点が境界の間近にある[†3]。

次元の違いによる面倒な違いの例をもうひとつ上げよう。単位正方形で無作為にふたつの点を選ぶと、その距離は平均で約 0.52 になる。3 次元の単位立方体で無作為にふたつの点を選ぶと、その距離は平均で約 0.66 になる。では、1,000,000 次元の超立方体で無作為にふたつの点を選ぶとどうなるだろうか。信じられないかもしれないが、その平均距離は、約 408.25（おおよそ $\sqrt{1,000,000/6}$）になる。これは直観に大いに反する。同じ単位超立方体のなかにあるふたつの

点がそんなに離れることがあるのだろうか。この事実は、多次元データセットには非常に疎になる
リスクがあることを示している。つまり、ほとんどの訓練インスタンスが互いに遠くかけ離れてい
る可能性がある。もちろん、それは新しいインスタンスがどの訓練インスタンスからも遠くかけ離
れている可能性があるということだ。距離が離れると、予測のなかで外挿が働く部分が広がるの
で、次元が低いときと比べて予測の信頼性は大幅に下がってしまう。つまり、訓練セットの次元が
多ければ多いほど、過学習のリスクが高くなるのである。

理論的には、訓練インスタンスが十分密になるまで訓練セットの規模を大きくすれば、次元の
呪いの解決方法のひとつになる。しかし、実際には、指定された水準まで密にするために必要な
訓練インスタンスの数は、次数の増加とともに指数的に増えていく。わずか 100 個の特徴量でも
（MNIST 問題と比べるとかなり少ない）、すべての次元で偏りなく散らばっているとすると、平均
で訓練インスタンスの距離が 0.1 以内になるようにするためには、観察可能な宇宙に含まれる原子
よりも多くの訓練インスタンスが必要になる。

8.2　次元削減のための主要なアプローチ

個々の次元削減アルゴリズムに入り込む前に、射影と多様体学習という次元削減のためのふたつ
の主要アプローチについて見ておこう。

8.2.1　射影

現実世界のほとんどの問題では、訓練インスタンスはすべての次元で偏りなく散らばっている
わけではない。多くの特徴量はほぼ一定で、特徴量間で高い相関関係を持つ場合もある（先ほど
MNIST について示したように）。そのため、訓練インスタンス全体は、実際には高次元空間と比
べてはるかに次数の低い**部分空間**（subspace）に収まっている（または近接している）。こう言っ
ても非常に抽象的なので、具体例を見てみよう。**図8-2**には、円で表現された3次元データによる
データセットが描かれている。

すべての訓練インスタンスが平面の近くにあることに注意しよう。これは高次元（3D）空間内の
低次元（D）部分空間である。すべての訓練インスタンスをこの部分空間に垂直に射影すると（イ
ンスタンスと平面を結ぶ短い線が表すように）、**図8-3**のような新しい2次元データセットが得ら
れる。ジャジャーン。私たちはたった今、データセットを3次元から2次元に次元削減いたしまし
た。新特徴量の軸が z_1、z_2（平面への射影の座標）になっていることに注意しよう。

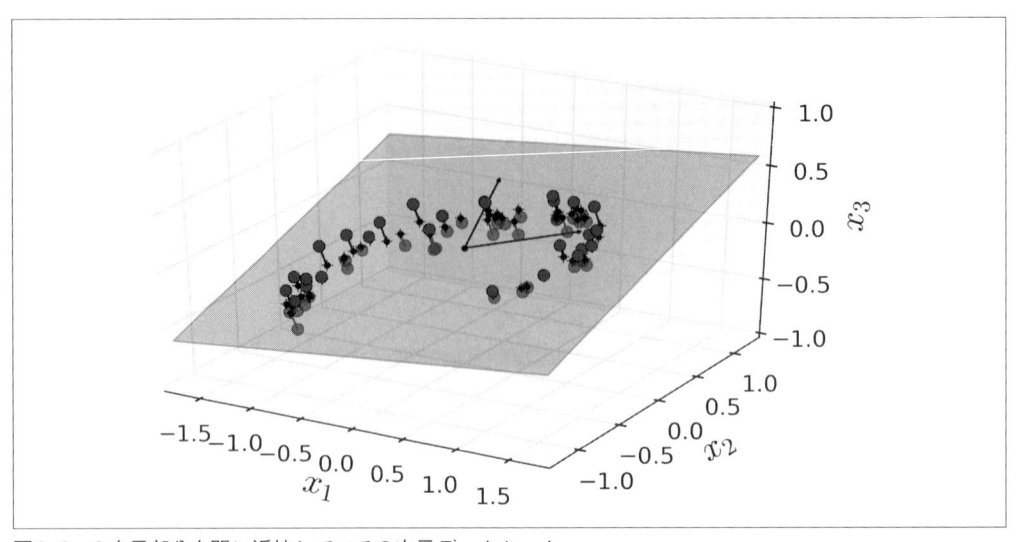

図8-2　2次元部分空間に近接している3次元データセット

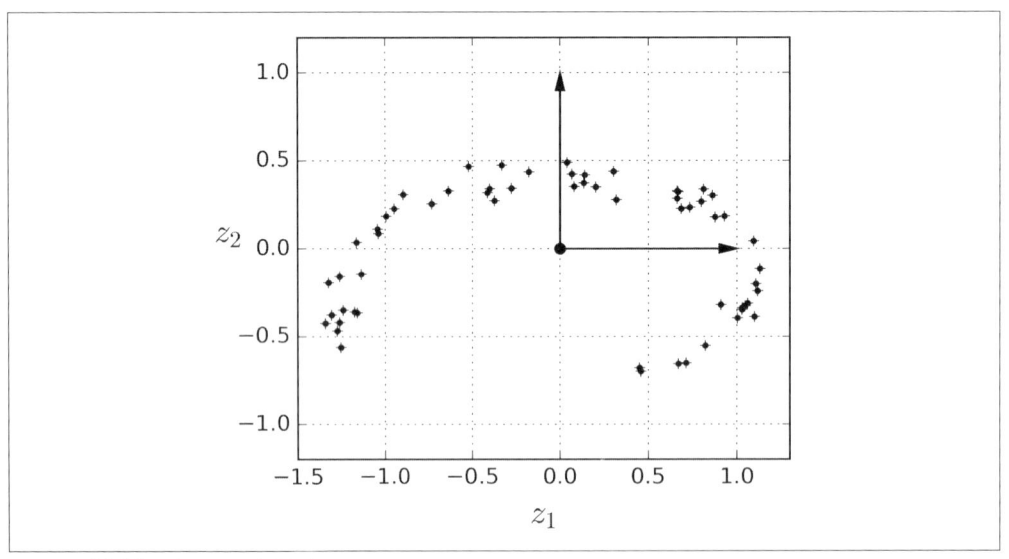

図8-3　射影後の新しい2次元データセット

　しかし、射影はいつも次元削減のための最良のアプローチになるわけではない。**図8-4** の有名な **Swiss Roll** データセットのように、部分空間はねじれていたり回転していたりすることが多い。

　平面に単純に射影すると（たとえば、x_3 を取り除くなどして）、**図8-5** の左のグラフのように、Swiss Roll の別々の層が混ざってしまう。**図8-5** の右側のグラフのように、Swiss Roll のロールを開いて2次元データセットを手に入れたい。

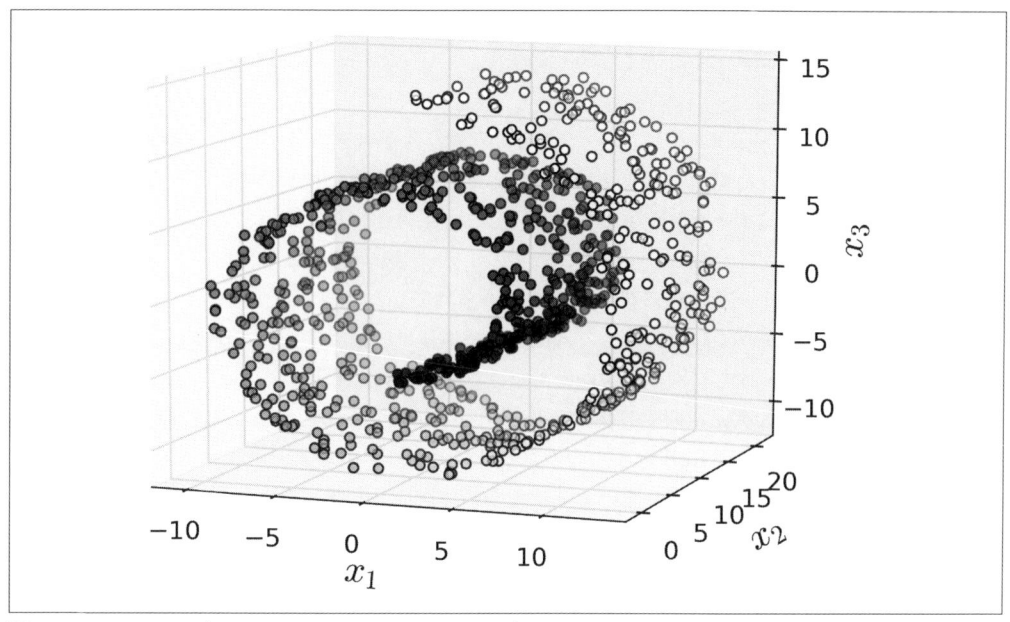

図8-4 Swiss Roll データセット

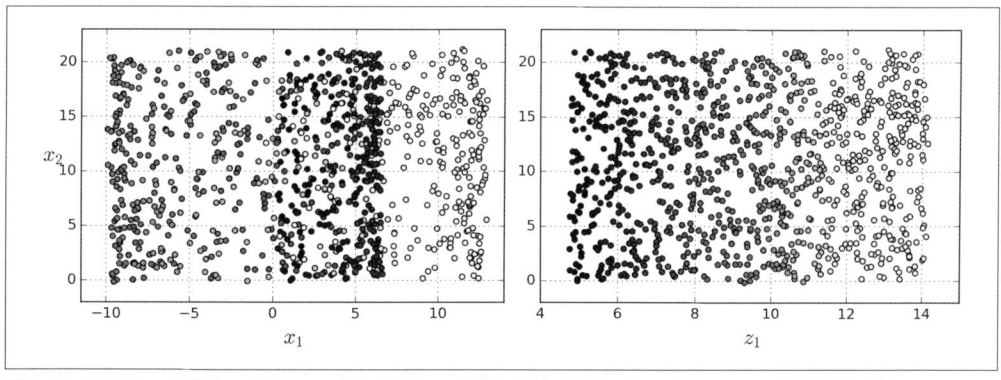

図8-5 層の違いを押しつぶしてしまう平面への射影（左）と層の違いをきれいに残す展開（右）

8.2.2 多様体学習

Swiss Roll は 2 次元**多様体**（manifold）の例である。簡単に言うと、2 次元多様体は、高次元空間でねじったり回転したりすることができる 2 次元図形のことだ。一般に、d 次元多様体は、n 次元空間の一部（$d < n$）で局所的に d 次元超平面に似ているものである。Swiss Roll の場合、$d = 2$、$n = 3$ である。局所的に 2 次元平面に似ているが、3 次元にロールされているのである。

次元削減アルゴリズムの多くは、訓練インスタンスが乗っている**多様体**（manifold）をモデリングする。これを**多様体学習**（manifold learning）と言う。多様体学習は、実世界の高次元データ

セットは、それよりもずっと低次元の多様体に近いという**多様体仮説**（manifold hyphothesis、**多様体仮定**：manifold assumption とも言う）に依拠している。この仮説は、経験的に非常にひんぱんに観察される。

　もう 1 度 MNIST データセットについて考えてみよう。手書きの数字には、何らかの類似点がある。これらはつながった線から構成され、境界線は白で、多少なりとも中央にまとまっているといったことだ。無作為にイメージを生成しても、それが手書きの数字に似ているのはばかばかしいくらいにわずかなものだけだろう。つまり、数字のイメージを作ろうとしているときに与えられる自由度は、好きなイメージを自由に描くことが認められているときの自由度と比べて極端に低い。データセットは、このような制約によって低次元の多様体に圧縮できることが多い。

　多様体仮説には暗黙のうちに別の仮説がともなうことが多い。それは、与えられたタスク（分類や回帰）は、多様体の低次元空間で表現されればずっと単純になるということである。たとえば、**図8-6** の上の段では、Swiss Roll がふたつのクラスに分割されている。3 次元空間（左側）では、決定境界はかなり複雑だが、回転を開いた 2 次元多様体空間（右側）では、決定境界は単純な直線になっている。

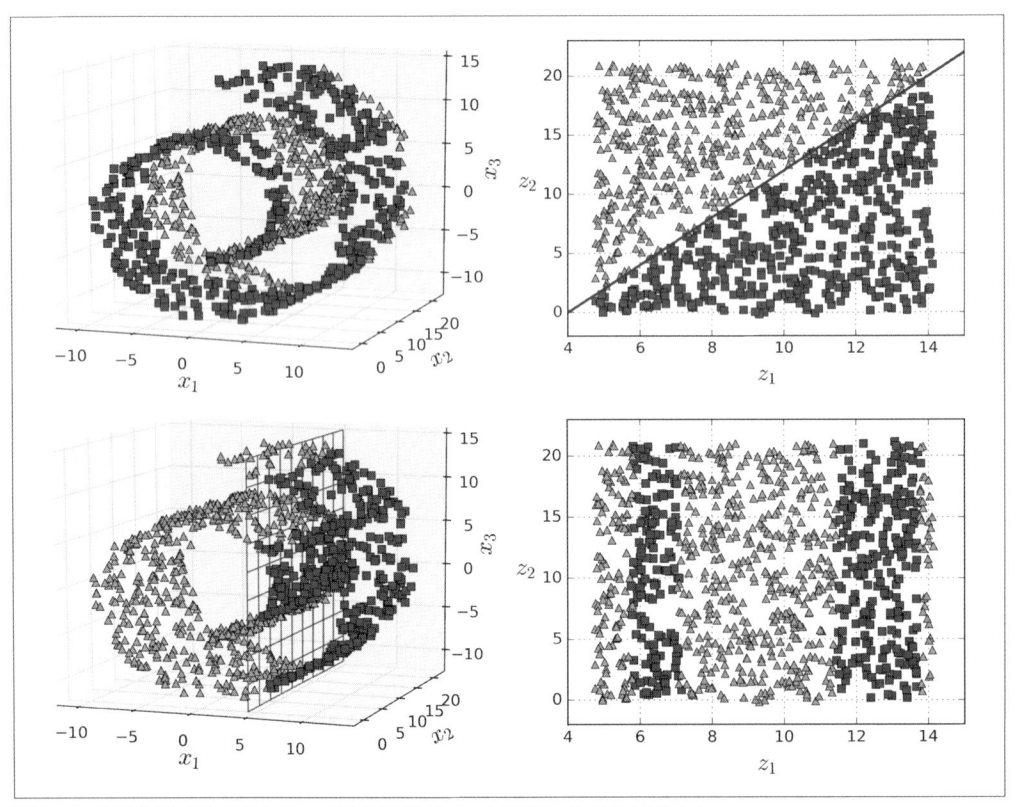

図8-6　次元を下げたからと言って決定境界がいつも単純になるとは限らない

しかし、この仮説はいつも当てはまるわけではない。たとえば、**図8-6**の下の段では、$x_1 = 5$のところに決定境界が設けられている。この決定境界はもとの3D空間では非常に単純に見えるが（垂直の平面）、回転を開いた2次元多様体空間ではそれよりも複雑になってしまう（4本の独立した線分のコレクション）。

つまり、モデルを訓練する前に訓練セットの次元を削減すると、訓練のスピードは間違いなく速くなるが、かならずしもよりよい、あるいはより単純な解にたどり着くとは限らない。次元削減の効果は、あくまでもデータセット次第である。

次元の呪いとは何か、次元削減アルゴリズムがこの問題をどのように単純化するか（特に多様体仮説が成り立つときに）についてかなりイメージがつかめてきたことだろう。この章のこれからの部分では、もっともよく使われているアルゴリズムの一部を説明していく。

8.3 PCA

PCA（principal component analysis：主成分分析）は、群を抜いてよく使われる次元削減アルゴリズムである。PCAは、まずデータにもっとも近接する超空間を見つけ、そこにデータを射影する。

8.3.1 分散の維持

訓練セットを低次元超平面に射影するためには、まず、正しい超平面を選ぶ必要がある。たとえば、**図8-7**の左側には単純な2次元データセットと3本の軸（すなわち1次元超平面）が示してある。右側のグラフは、これら3本の軸のそれぞれにデータセットを射影した結果である。ご覧のように、連続線に対する射影が分散を最大限に維持するのに対し、点線に対する射影は分散をほとんど維持しない。破線に対する射影は、両者の中間程度に分散を維持している。

この場合、ほかの射影を使うよりも情報の消失が少なくなるので、分散を最大限に維持する軸を選ぶことが合理的に感じられる。この選択は、もとのデータセットと軸への射影との平均二乗距離（mean squared distance）がもっとも近くなる軸だという理由からもよいと考えられる。PCA（http://goo.gl/gbNo1D）[†4]を支えているのは、この比較的単純な考え方である。

8.3.2 主成分

PCAは、訓練セットの分散を最大限に維持する軸を見つけ出す。**図8-7**では、実線がそれに当たる。PCAは、第1の軸と直交するもうひとつの軸も見つけ出してくる。この軸は、残された分散を示している。この2次元の例では、点線以外の選択肢はない。もっと次元の高いデータセットでは、PCAはそれまでの2本の軸に直交する第3の軸も見つけ出す。データセットの次数によって、第4、第5あるいはそれ以上の軸も見つけてくる。i番目の軸を定義する単位ベクトルを

[†4] "On Lines and Planes of Closest Fit to Systems of Points in Space" K. Pearson (1901)

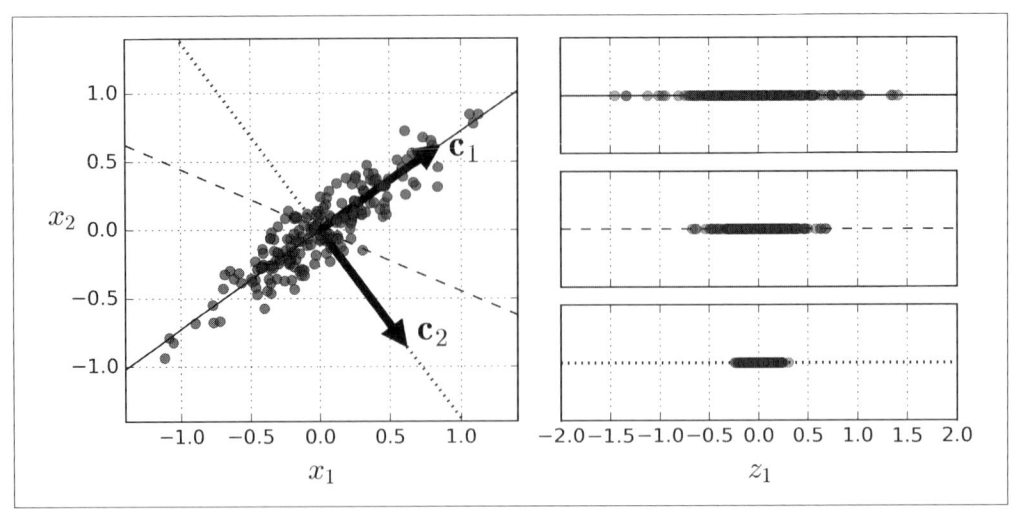

図8-7　イメージを射影する部分空間の選択

i 番目の主成分（principal component：PC）と呼ぶ。**図8-7**の場合、第 1 PC は c_1、第 2 PC は c_2 である。**図8-2**の場合、最初のふたつの PC は、平面内の直交する矢印によって表されている。第 3 の PC は、平面に直交する線（上か下を指す）になる。

主成分の向きは安定しない。訓練セットを少しばらつかせた上で、再び PCA を実行すると、一部の新しい PC はもとの PC とは逆の方向を向くことがある。しかし、一般に軸自体は同じままである。場合によっては、ふたつの PC が回転したり入れ替わったりすることがあるが、それでも軸によって定義される平面は一般に同じままになる。

　では、訓練セットの主成分を見つけるにはどうすればよいのだろうか。幸い、訓練セット行列 X を $U \cdot \sum \cdot V^t$ の 3 行列のドット積に分解できる**特異値分解**（singular value decomposition：SVD）という行列分解（matrix factorization）テクニックがある。ここで、V には、**式8-1**に示すように、私たちが探している主成分がすべて含まれている。

式 8-1　主成分行列

$$V = \begin{pmatrix} | & | & & | \\ c_1 & c_2 & \cdots & c_n \\ | & | & & | \end{pmatrix}$$

　次の Python コードは、NumPy の `svd()` 関数を使って訓練セットの主成分をすべて取り出し、最初のふたつを抽出している。

```
X_centered = X - X.mean(axis=0)
U, s, Vt = np.linalg.svd(X_centered)
c1 = Vt.T[:, 0]
c2 = Vt.T[:, 1]
```

 PCA は、データセットが原点を中心としてセンタリングされていることを前提としている。これから示すように、scikit-learn の PCA クラスは、あなたに代わってデータのセンタリングをしてくれる。しかし、自分で PCA を実装する場合（先ほどの例のように）や、ほかのライブラリを使うときには、まずデータをセンタリングすることを忘れてはならない。

8.3.3 低次の d 次元への射影

すべての主成分が見つかったら、最初の d 次元の成分が定義する超平面に射影すれば、データセットを d 次元に次元削減できる。このようにして超平面を選択すれば、射影しても分散が最大限に維持されることが保証される。たとえば、**図8-2**では、最初のふたつの主成分が定義する 2 次元平面に 3 次元データセットを射影しているが、データセットの分散は最大限に維持されている。そのため、2 次元射影は、もとの 3 次元データセットと非常によく似ている。

訓練セットを超平面に射影するためには、単純に訓練セット行列の X と最初の d 個の主成分によって定義される行列 W_d（つまり、V の最初の d 列で構成される行列）のドット積を計算すればよい（**式8-2**）。

式 8-2 訓練セットを低次の d 次元に射影する

$$X_{d\text{-proj}} = X \cdot W_d$$

次の Python コードは、最初のふたつの主成分が定義する平面に訓練セットを射影する。

```
W2 = Vt.T[:, :2]
X2D = X_centered.dot(W2)
```

これだけだ。これでできる限り分散を維持しながら、任意のデータセットを任意の次数に次元削減する方法がわかった。

8.3.4 scikit-learn の使い方

scikit-learn の PCA クラスは、私たちが先ほど行ったのと同じように SVD 分解を使って PCA を実装している。次のコードは、データセットを 2 次元に次元削減するため PCA を使っている（データのセンタリングは自動的に行われることに注意していただきたい）。

```
from sklearn.decomposition import PCA

pca = PCA(n_components = 2)
X2D = pca.fit_transform(X)
```

データセットに PCA 変換器を適合させたら、components_変数を使って主要成分にアクセスできる（components_）は、PC を水平ベクトルという形で格納しているので、たとえば第 1 の PC は、pca.components_.T[:, 0] に等しくなる。

8.3.5　因子寄与率

explained_variance_ratio_変数から得られる個々の主成分の**因子寄与率**（explained variance ratio）も重要な情報である。この値は、個々の主成分の軸に沿ったデータセットの分散の分散全体に対する割合を示す。たとえば、**図8-2**で表されている 3 次元データセットの最初のふたつの成分の因子寄与率を見てみよう。

```
>>> pca.explained_variance_ratio_
array([ 0.84248607,   0.14631839])
```

この値は、データセットの分散の 84.2% が第 1 軸に沿ったものであり、14.6% が第 2 軸に沿ったものだということを表している。残る 1.2% は第 3 軸に沿ったものであり、この部分にはほとんど情報はないと考えて間違いないだろう。

8.3.6　適切な次数の選択

次数をいくつまで削減するかは、一般に無作為に選ぶのではなく、各次元に沿った因子寄与率の合計が十分な割合（たとえば 95%）になるような形に選びたい。もちろん、可視化のために次元削減を行う場合は話が別であり、その場合は 2 次元か 3 次元を選ぶことになるだろう。

次のコードは、次元を削減せずに PCA を計算してから、訓練セットの分散の 95% を維持するために必要な最小の次数を計算する。

```
pca = PCA()
pca.fit(X_train)
cumsum = np.cumsum(pca.explained_variance_ratio_)
d = np.argmax(cumsum >= 0.95) + 1
```

次に n_components=d を設定して PCA をもう 1 度実行すればよい。しかし、実はもっとよい方法がある。n_components の値として、維持したい主成分の数を指定するのではなく、維持したい分散の割合を示す 0.0 から 1.0 までの間の浮動小数点数を設定するのである。

```
pca = PCA(n_components=0.95)
X_reduced = pca.fit_transform(X_train)
```

次数の関数として説明されている因子寄与をプロットするというオプションもある。単純に cumsum をプロットする（**図8-8**）。通常は、因子寄与の伸びが鈍化する屈曲点があるはずだ。これがそのデータセットの本来の次数だと考えることができる。この場合、100 次元くらいまで次元削減しても、因子寄与はそれほど減らない。

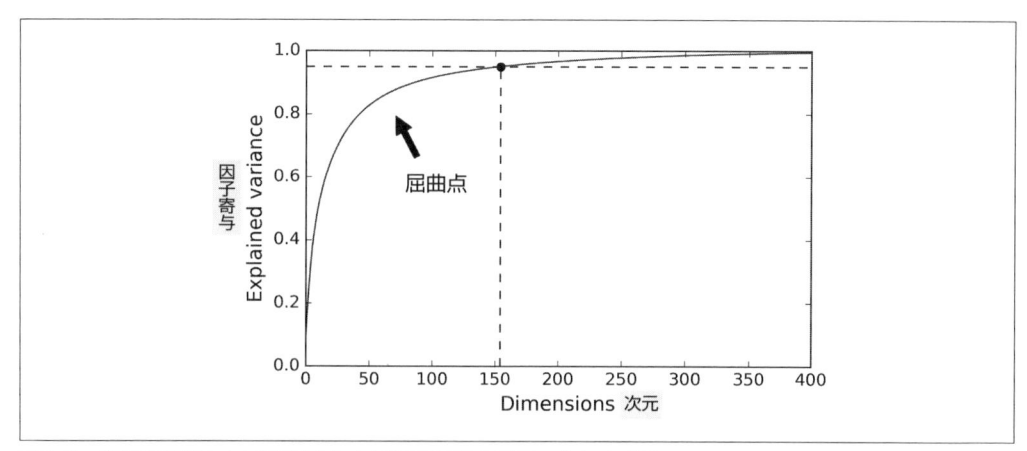

図8-8 次数の関数として説明された因子寄与率をプロットしたグラフ

8.3.7 圧縮のための PCA

当然ながら、次元削減後の訓練セットが占有するスペースは大幅に小さくなる。たとえば、分散が 95% 維持されるように MNIST データセットに PCA を適用してみよう。すると、個々のインスタンスの特徴量数は、オリジナルの 784 から 150 ちょっとに減っていることがわかる。分散の大半は維持しつつ、データセットのサイズはもとのサイズの 20% になっている。これはなかなかよい圧縮率であり、これによって分類アルゴリズム（SVM 分類器など）が大幅にスピードアップされることは容易に想像できるだろう。

PCA 射影の逆変換を行えば、次元削減されたデータセットを 784 次元に再構築することもできる。もちろん、最初の射影である程度情報が消失しているので（落とすことにした 5% の分散の範囲で）、これで元のデータが戻ってくるわけではないが、元のデータにかなり近いものが得られる。オリジナルデータと再構築されたデータの平均二乗距離を**再構築誤差**（reconstruction error）と呼ぶ。たとえば、次のコードは、MNIST データセットを 154 次元まで圧縮してから、`inverse_transform()` メソッドを使って再び 784 次元に広げる。**図8-9** は、もとの訓練セットの数字（左側）とそれを圧縮、再構築したあとの数字（右側）を示したものである。イメージの品質が若干落ちているものの、数字はほとんど変わらず同じものに見える。

```
pca = PCA(n_components = 154)
X_reduced = pca.fit_transform(X_train)
X_recovered = pca.inverse_transform(X_reduced)
```

式8-3 は、逆変換の方程式を示している。

式8-3 PCA 逆変換。もとの次数に戻す

$$X_{\text{recovered}} = X_{d\text{-proj}} \cdot W_d{}^T$$

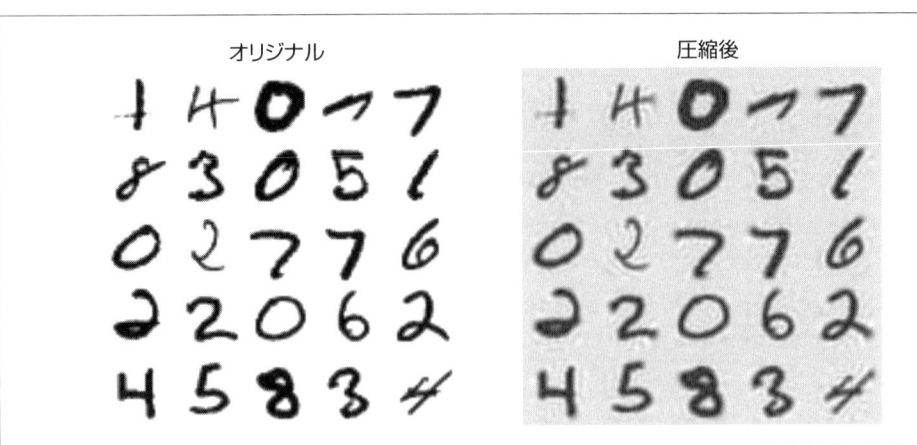

図8-9　分散の95%を維持しつつMNISTを圧縮したもの

8.3.8　追加学習型PCA

　今まで説明してきたPCAの実装には、SVDアルゴリズムを実行するために訓練セット全体がメモリに収まっていなければならないという問題がある。幸い、**追加学習型PCA**（Incremental PCA：IPCA）アルゴリズムが開発されている。訓練セットをミニバッチに分割し、1度にひとつずつIPCAアルゴリズムにミニバッチを渡していけばよい。これは大規模な訓練セットを相手にするときや、PCAをオンライン実行（つまり、新しいインスタンスが届いたときにその場で実行）したいときに役立つ。

　次のコードは、MNISTデータセットを100個のミニバッチに分割し（NumPyの array
_split() 関数を使う）、それをscikit-learnの IncrementalPCA クラス（http://goo.gl/FmdhUP)[†5]に渡して、154次元に次元削減する（前と同じ）。訓練セット全体を対象としてfit() メソッドを呼び出すのではなく、個々のミニバッチを対象としてpartial_fit() メソッドを呼び出さなければならないことに注意しよう。

```
from sklearn.decomposition import IncrementalPCA

n_batches = 100
inc_pca = IncrementalPCA(n_components=154)
for X_batch in np.array_split(X_train, n_batches):
    inc_pca.partial_fit(X_batch)

X_reduced = inc_pca.transform(X_train)
```

　NumPyの memmap クラスを使う方法もある。memmap は、ディスク上のバイナリファイルに格納された大規模な配列がまるでメモリ内にあるかのように操作する。memmap は、データが必要

[†5]　scikit-learnは、"Incremental Learning for Robust Visual Tracking" D. Ross et al.(2007)に書かれているアルゴリズムを使っている。

になったときに必要なだけのデータをメモリにロードする。IncrementalPCA クラスが 1 度に使うのは配列のごく一部だけなので、メモリ消費は管理可能な範囲に収まる。すると、次のコードに示すように、いつもの fit() メソッドを呼び出せる。

```
X_mm = np.memmap(filename, dtype="float32", mode="readonly", shape=(m, n))

batch_size = m // n_batches
inc_pca = IncrementalPCA(n_components=154, batch_size=batch_size)
inc_pca.fit(X_mm)
```

8.3.9 ランダム化 PCA

scikit-learn には、PCA 実行のためのもうひとつのオプションとして、**ランダム化 PCA**（randomized PCA）というものもある。これは、最初の d 個の主成分の近似値をすばやく見つけられる確率的なアルゴリズムである。計算量は、$O(m \times n^2) + O(n^3)$ ではなく、$O(m \times d^2) + O(d^3)$ なので、d が n よりもかなり小さいときには、大幅に高速になる。

```
rnd_pca = PCA(n_components=154, svd_solver="randomized")
X_reduced = rnd_pca.fit_transform(X_train)
```

8.4 カーネル PCA

暗黙のうちにインスタンスを非常に高次の空間（**特徴量空間** = feature space と呼ばれる）にマッピングして、SVM で非線形の分類や回帰を実現する数学的テクニックであるカーネルトリックについては **5 章**で取り上げた。高次特徴量空間での線形の決定境界は、**オリジナル空間**（original space）の複雑な非線形決定境界に対応していることを思い出そう。

PCA にも同じトリックを応用して、PCA が次元削減のために複雑な非線形射影を実行できることがわかっている。これを**カーネル PCA**（kernel PCA：kPCA、http://goo.gl/5lQT5Q）という[6]。kPCA は、射影後にもインスタンスのクラスタをうまく保存できることが多く、曲がった多様体に近接するデータセットの展開にも使えることがある。

たとえば、次のコードは scikit-learn の KernelPCA クラスを使って、RBF カーネルの kPCA を実行する（RBF カーネルとその他のカーネルについては **5 章**を参照）。

```
from sklearn.decomposition import KernelPCA

rbf_pca = KernelPCA(n_components = 2, kernel="rbf", gamma=0.04)
X_reduced = rbf_pca.fit_transform(X)
```

図8-10 は、線形カーネル（普通に PCA クラスを使うのと同じ）、RBF カーネル、シグモイドカーネル（ロジスティック）を使って 2 次元に次元削減した Swiss roll を示している。

---

[6] "Kernel Principal Component Analysis" B. Scholkopf, A. Smola, K. Muller(1999)

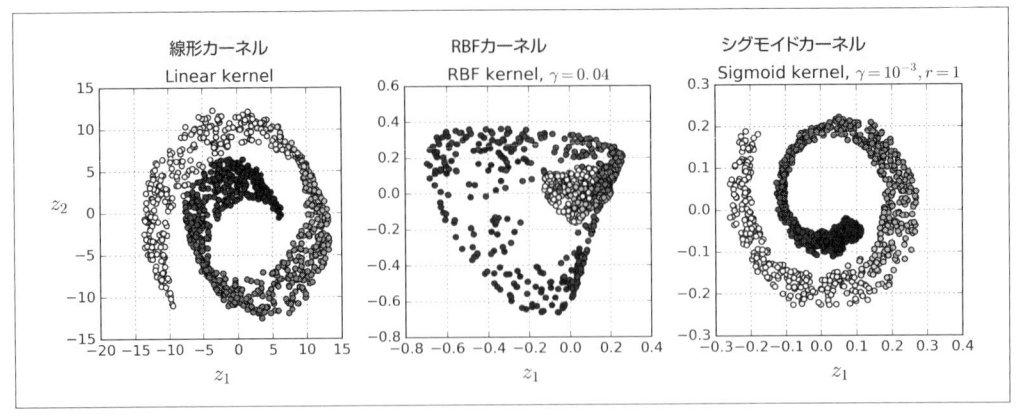

図8-10　さまざまなカーネルのkPCAを使って2次元に次元削減したSwiss roll

8.4.1　カーネルの選択とハイパーパラメータのチューニング

　kPCAは教師なし学習アルゴリズムなので、最良のカーネル、ハイパーパラメータ値を選択するために役立つ自明な性能指標はない。しかし、次元削減は教師あり学習タスク（たとえば分類）の準備ステップになっていることが多いので、グリッドサーチを使ってそのタスクで最高の性能を引き出せるカーネルとハイパーパラメータを選べばよい。たとえば、次のコードは、まずkPCAを使って2次元に次元削減をしてから、分類のためにロジスティック回帰を行う2ステップのパイプラインを作る。そして、パイプライン後半の分類で最高の分類性能を得るために、GridSearchCVを使ってkPCAの最良のカーネルと γ 値を見つける。

```python
from sklearn.model_selection import GridSearchCV
from sklearn.linear_model import LogisticRegression
from sklearn.pipeline import Pipeline

clf = Pipeline([
        ("kpca", KernelPCA(n_components=2)),
        ("log_reg", LogisticRegression())
    ])

param_grid = [{
        "kpca__gamma": np.linspace(0.03, 0.05, 10),
        "kpca__kernel": ["rbf", "sigmoid"]
    }]

grid_search = GridSearchCV(clf, param_grid, cv=3)
grid_search.fit(X, y)
```

　最良のカーネルとハイパーパラメータ値は、best_params_変数から取り出せる。

```
>>> print(grid_search.best_params_)
{'kpca__gamma': 0.043333333333333335, 'kpca__kernel': 'rbf'}
```

　再構築誤差がもっとも小さくなるカーネルとハイパーパラメータを選ぶという完全に教師なしの方法もある。しかし、再構築は、線形 PCA ほど簡単ではない。理由を説明しよう。**図8-11** は、オリジナルの Swiss roll の 3 次元データセット（左上）と RBF カーネルの kPCA を適用して得られる 2 次元データセット（右上）を示している。カーネルトリックのおかげで、これは**特徴量マップ**（feature map）ϕ を使って無限次元特徴量空間に訓練セットをマッピングしてから（右下）、線形 PCA で訓練セットを 2 次元に射影したのと同じである。インスタンスを次元削減された空間に射影する線形 PCA ステップを逆転することができれば、再構築された点はオリジナル空間ではなく、特徴量空間に置かれるはずだということに注意しよう（たとえば、図で x で表されているもののように）。特徴量空間は無限次元なので、再構築された点を計算することはできず、本当の再構築誤差を計算することはできない。しかし、再構築された点の近くにマッピングされるオリジナル空間の点を見つけることはできる。これを再構築**プレイメージ**（pre-image）と呼ぶ。このプレイメージが得られれば、もとのインスタンスとの二乗距離を測定できる。この再構築プレイメージ誤差が最小になるカーネルとハイパーパラメータを選べばよい。

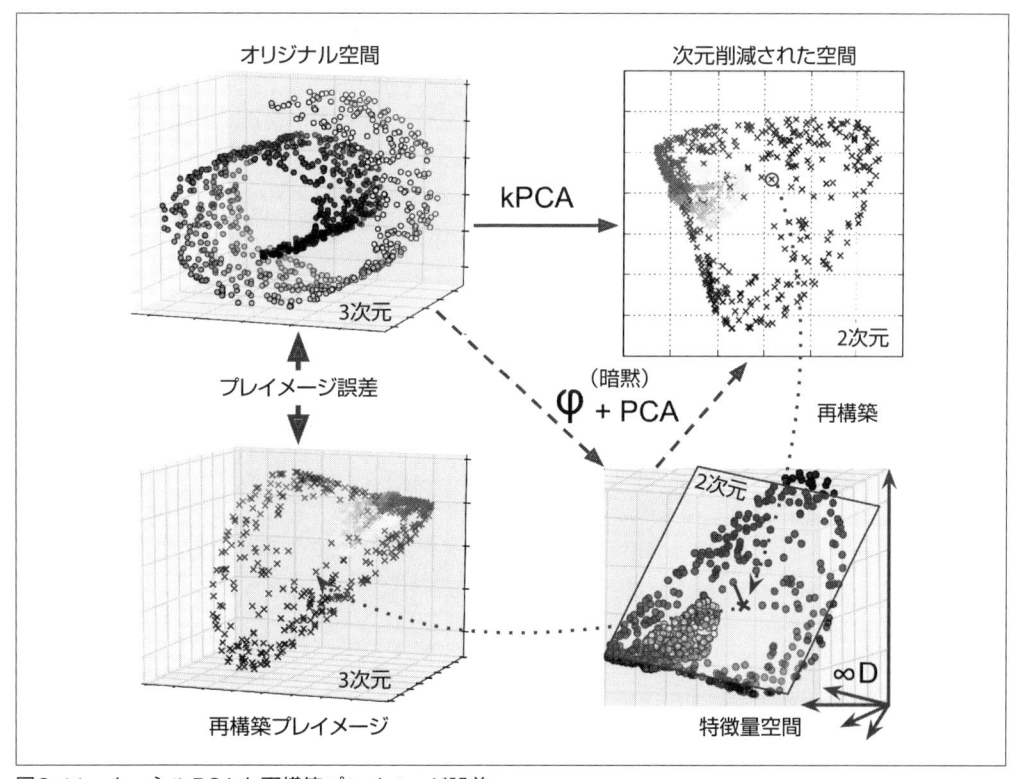

図8-11　カーネル PCA と再構築プレイメージ誤差

この再構築はどのようにして行えばよいのだろうか。たとえば、射影されたインスタンスを訓練セット、もとのインスタンスをターゲットとして教師あり回帰モデルを訓練すればよい。次のコードに示すように fit_inverse_transform=True を設定すれば、scikit-learn がこれを自動的にしてくれる[7]。

```
rbf_pca = KernelPCA(n_components = 2, kernel="rbf", gamma=0.0433,
                    fit_inverse_transform=True)
X_reduced = rbf_pca.fit_transform(X)
X_preimage = rbf_pca.inverse_transform(X_reduced)
```

 デフォルトでは、fit_inverse_transform=False であり、KernelPCA は inverse_transform() メソッドを持たない。このメソッドが作られるのは、fit_inverse_transform=True を設定したときだけである。

すると、ここから再構築プレイメージ誤差が計算できる。

```
>>> from sklearn.metrics import mean_squared_error
>>> mean_squared_error(X, X_preimage)
32.786308795766132
```

グリッドサーチと交差検証を使えば、この再構築プレイメージ誤差を最小化するカーネルとハイパーパラメータが見つかる。

8.5　LLE

LLE (locally linear embedding、https://goo.gl/iA9bns)[8] も、非常に強力な**非線形次元削減** (nonlinear dimentionality reduction：NLDR) のテクニックだ。LLE は、今までのアルゴリズムのように射影に依存しない多様体学習テクニックである。LLE は、まず個々の訓練インスタンスが最近傍インスタンス（c.n.）と線形にどのような関係になっているかを測定してから、その局所的な関係がもっともよく保存される訓練セットの低次元表現を探す（詳細はすぐあとで説明する）。そのため、特にノイズがあまり多くないときには、曲げられた多様体の展開で力を発揮する。

たとえば、次のコードは scikit-learn の LocallyLinearEmbedding クラスを使って Swiss roll を展開する。**図8-12** は、得られた 2 次元データセットを示している。ご覧のように、Swiss roll が完全に展開されているだけでなく、局所的なインスタンス間の距離もよく維持されている。しかし、大きな距離は維持されていない。Swiss roll の左の部分は押し潰されているのに対し、右側の部分は引き延ばされている。

---

[7]　scikit-learnは、"Learning to Find Pre-images" Gokhan H. Bakir、Jason Weston、Bernhard Scholkopfのカーネルリッジ回帰に基づくアルゴリズムを使っている。http://goo.gl/d0ydY6 Tubingen, Germany: Max Planck Institute for Biological Cybernetics, (2004)

[8]　"Nonlinear Dimensionality Reduction by Locally Linear Embedding" S. Roweis, L. Saul (2000)

```
from sklearn.manifold import LocallyLinearEmbedding

lle = LocallyLinearEmbedding(n_components=2, n_neighbors=10)
X_reduced = lle.fit_transform(X)
```

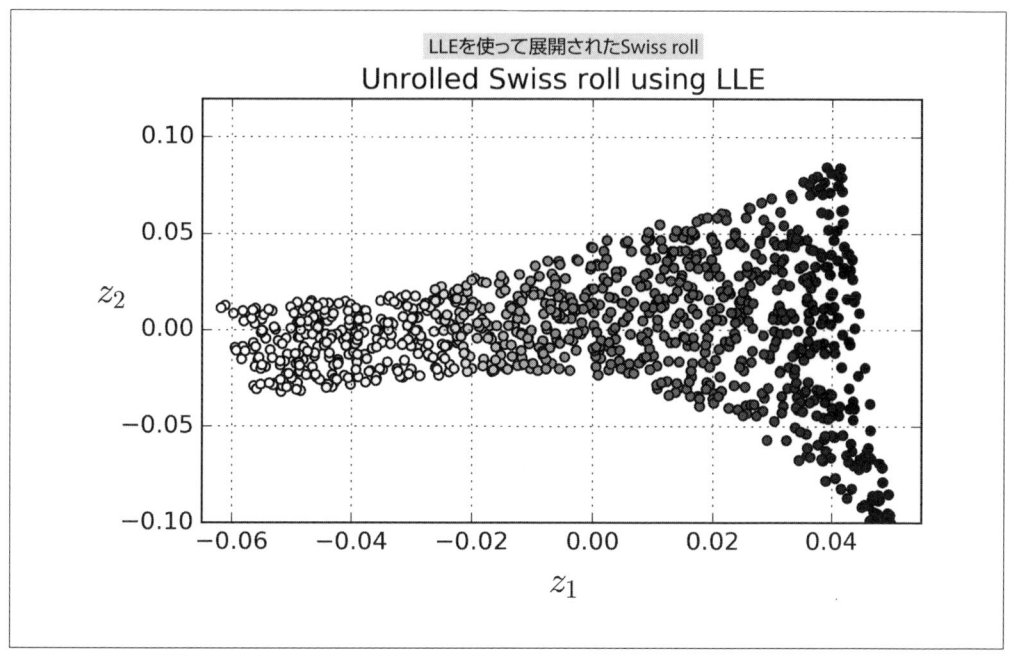

図8-12　LLE を使って展開された Swiss roll

　では、LLE の仕組みを説明しよう。まず、アルゴリズムは、個々の訓練インスタンス $x^{(i)}$ について、最近傍の k 個のインスタンスを見つけ（上のコードでは $k = 10$ になっている）、それらの最近傍インスタンスの線形関数として $x^{(i)}$ 再構築することを試みる。具体的には、$x^{(j)}$ が $x^{(i)}$ の k 個の最近傍インスタンスのひとつではないものとして、$x^{(i)}$ と $\sum_{j=1}^{m} w_{i,j} x^{(j)}$ の二乗距離ができる限り小さくなるような重み $w_{i,j} = 0$ を見つけることである。そこで、LLE の最初のステップは、式8-4 のような制約つき最適化になる。ここで W はすべての重み $w_{i,j}$ を格納する重み行列である。第 2 の制約は、単純に個々の訓練インスタンス $x^{(i)}$ のために重みを正規化している。

式 8-4　LLE ステップ 1：局所的な関係の線形モデリング

$$
\hat{W} = \underset{W}{\arg\min} \sum_{i=1}^{m} \left(x^{(i)} - \sum_{j=1}^{m} w_{i,j} x^{(j)} \right)^2
$$

$$
\text{subject to} \begin{cases} w_{i,j} = 0 & \text{if } x^{(j)} \text{ が } x^{(i)} \text{ の } k \text{ 個の c.n. でない} \\ \sum_{j=1}^{m} w_{i,j} = 1 & \text{for } i = 1, 2, \ldots, m \end{cases}
$$

このステップが終了すると、重み行列 $\hat{W}$（重み $\hat{w}_{i,j}$ を格納する）は、訓練インスタンス間の局所的な線形関係をエンコードしたものになる。第2ステップでは、この局所的な関係を最大限維持しながら訓練インスタンスを d 次元（ただし、$d < n$）にマッピングする。$z^{(i)}$ をこの d 次元空間での $x^{(i)}$ とすると、この $z^{(i)}$ と $\sum_{j=1}^{m} \hat{w}_{i,j} z^{(j)}$ の二乗距離をできる限り小さくしたい。これを式にすると、**式8-5** のような制約なしの最適化問題になる。これは第1ステップの式と非常によく似ているが、インスタンスを固定して最適な重みを見つけるのではなく、逆に重みを固定して低次元空間でのインスタンスのイメージの最適な位置を見つけている。なお、Z はすべての $z^{(i)}$ を格納する行列である。

式8-5 LLE ステップ2：関係を維持しながらの次元削減

$$\hat{Z} = \underset{Z}{\operatorname{argmin}} \sum_{i=1}^{m} \left(z^{(i)} - \sum_{j=1}^{m} \hat{w}_{i,j} z^{(j)} \right)^2$$

scikit-learn の LLE 実装の計算量は、k 個の最近傍インスタンスを見つけるために $O(m \log(m) n \log(k))$、重みの最適化のために $O(mnk^3)$、低次元表現の構築のために $O(dm^2)$ である。残念ながら、最後の m^2 のおかげで、大規模なデータセットへのスケーラビリティは低い。

8.6　その他の次元削減テクニック

次元削減テクニックはほかにもたくさんあり、その一部は scikit-learn にも組み込まれている。特によく使われるいくつかを取り上げておこう。

- **多次元尺度法**（multidimensional scaling：MDS）は、インスタンス間の距離を維持しようとしながら次元削減を行う（**図8-13**）。
- **Isomap** は、個々のインスタンスと複数の最近傍インスタンスを結んでグラフを作ってから、インスタンス間の**測地距離**（geodesic distance）[9] を維持しようとしながら次元を削減する。
- **t-SNE**（t-distributed stochastic neighbor embedding：t 分布型確率的近傍埋め込み法）は、類似するインスタンスを近くに保ち、似ていないインスタンスを遠くに遠ざけようとしながら次元を削減する。ビジュアライゼーション、特に高次空間のインスタンスのクラスタを視覚化するために使われることが多い（たとえば、MNIST イメージの2次元での可視化）。
- **線形判別分析**（linear discriminant analysis：LDA）は、実際には分類アルゴリズムだが、訓練中にはクラスをもっとも特徴的に分ける軸を学習し、それらの軸を使ってデータを射影

---

[9] グラフのふたつのノードの測地距離は、それらのパスの最短パス上にあるノードの数。

する超空間を定義する。利点は、射影によってクラスができる限り遠くに引き離されること
だ。そのため、LDA は SVM 分類器などのその他の分類アルゴリズムを実行する前の次元
削減テクニックとして優れている。

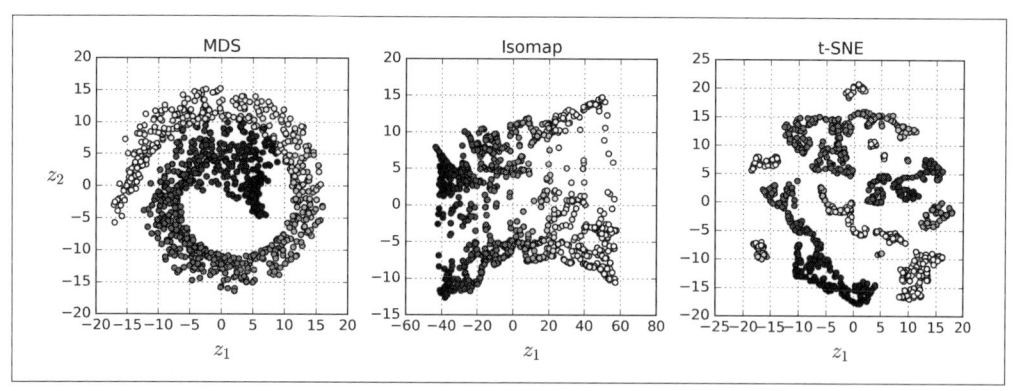

図8-13　さまざまなテクニックを使ったSwiss rollの2次元への次元削減

8.7　演習問題

1. データセットを次元削減する主要な理由はなにか。次元削減の主要な欠点は何か。
2. 次元の呪いとは何か。
3. データセットを次元削減したあとで、次元を元に戻すことはできるか。できるならどのように
   してするのか。できないならなぜか。
4. PCA は、高次非線形データセットの次元削減に使えるか。
5. 説明されている因子寄与率（explained variance ratio）を95%に設定して1,000次元のデー
   タセットに PCA を適用する場合、得られるデータセットの次元はどの程度になるか。
6. 通常の PCA、追加学習型 PCA、ランダム化 PCA、カーネル PCA はどのように使い分け
   るか。
7. データセットに対する次元削減アルゴリズムの性能はどのようにすれば評価できるか。
8. ふたつの異なる次元削減アルゴリズムを連鎖的に使うことに意味はあるか。
9. MNIST データセット（**3章**参照）をロードして、訓練セットとテストセットに分割しよう（最
   初の60,000を訓練用、10,000をテスト用にする）。このデータセットを使ってランダムフォ
   レスト分類器を訓練し、得られたモデルをテストセットで評価する。次に、PCA を使って説
   明されている分散の割合を95%維持するように次元削減する。次元削減後のデータセットを
   使って新しいランダムフォレスト分類器を訓練し、どれだけ時間がかかったかを観察する。訓
   練は大幅に高速になったか。次に、テストセットで分類器を評価する。前の分類器と比べて性
   能はどうか。

10. t-SNE を使って MNIST データセットを 2 次元に次元削減し、Matplotlib を使って結果をグラフにしよう。10 色で個々のイメージのターゲットクラスを表現する散布図を使う。個々のインスタンスの位置に色付きの数字を表示しても、スケールダウンした数字イメージ自体をプロットしてもかまわない（すべての数字イメージをプロットすると、ビジュアライゼーションがごちゃごちゃした感じになるので、無作為なサンプルを描くか、近い距離にほかのインスタンスがプロットされていなければインスタンスを描くというようにするとよい）。数字のクラスタがはっきりと分かれたよい感じのビジュアライゼーションが得られるだろう。PCA、LLE、MDS など、ほかの次元削減アルゴリズムも試して、得られたビジュアライゼーションを比較してみよう。

演習問題の解答は、**付録 A** を参照のこと。

第II部
ニューラルネットワークと深層学習

9章
TensorFlowを立ち上げる

TensorFlow は、数値計算のための強力なオープンソースソフトウェアライブラリで、特に大規模な機械学習のためにチューニングされている。基本原則は単純で、まず、実行する計算のグラフを Python で定義すると（たとえば、**図9-1** のように）、TensorFlow がそのグラフを取り込み、最適化された C++ コードでそれを効率よく実行する。

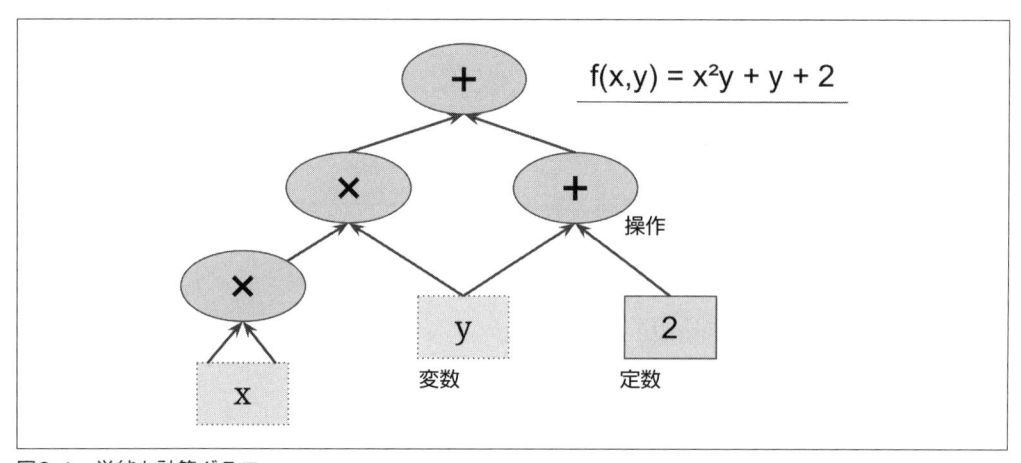

図9-1　単純な計算グラフ

　何よりも重要なのは、**図9-2** に示すように、グラフを複数のチャンクに分割し、それらを複数の CPU や GPU で並列処理できることである。TensorFlow は分散コンピューティングもサポートしており、とてつもなく大規模な訓練セットで巨大なニューラルネットワークを訓練するような場合でも、数百台のサーバーに計算を分割して、合理的な時間内に結果を出せる（**12章**参照）。TensorFlow は、数百万の特徴量を持つインスタンスを数十億集めた訓練セットを対象として数百万のパラメータを持つネットワークを訓練することができる。TensorFlow は Google Brain チームが開発しており、Google Cloud Speech、Google Photos、Google Search などのさまざまな

Google の大規模サービスの原動力になっているということを考えるなら、これも意外なことではないだろう。

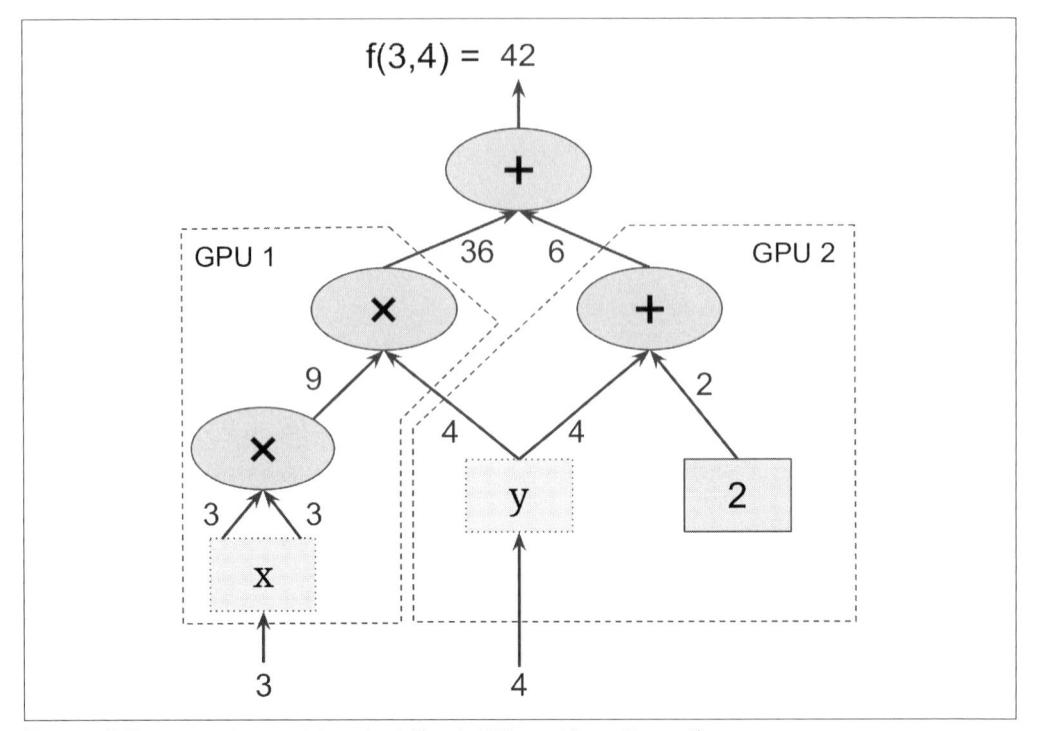

図9-2　複数のCPU ／ GPU ／ サーバーを使った並列コンピューティング

　2015 年 11 月に TensorFlow がオープンソース化されたときには、オープンソースの深層学習ライブラリはすでにたくさんあり（**表9-1** はその一部を示している）、公平に言って、TensorFlow の機能の大半はすでに何らかのライブラリがサポートしていた。しかし、設計がクリーンで、スケーラビリティ、柔軟性[1]とすばらしいドキュメントを備えた TensorFlow は、あっという間にリストのトップに駆け上がった（もちろん、Google という名前の効果も大きい）。つまり、TensorFlow は、柔軟でスケーラブルで本番稼働に堪えるシステムとして作られているが、既存のフレームワークは、これら 3 つのうちのふたつまでしか備えていなかったのである。TensorFlow の特長の一部を挙げてみよう。

- TensorFlow は、Windows、Linux、macOS だけでなく、iOS、Android を含むモバイルデバイスでも動作する。

---

[1]　TensorFlow はニューラルネットワーク、いや機械学習に留まるものではなく、その気になれば量子物理学のシミュレーションも実行できる。

- scikit-learn 互換の **TF Learn**[†2] (`tensorflow.contrib.learn`) という非常に単純な Python API を提供している。これから示すように、これを使えばわずか数行のコードでさまざまなタイプのニューラルネットワークを訓練できる。以前は、**Scikit Flow**（または **skflow**）という独立したプロジェクトだったものである。
- ニューラルネットワークの構築、訓練、評価、検証を単純にする **TF-slim** (`tensorflow.contrib.slim`) という別の単純な API も提供している。
- TensorFlow の上には、Keras（tensorflow.contrib.keras で利用可能、http://keras.io）、Pretty Tensor（https://github.com/google/prettytensor/）などの独立に構築された高水準 API がほかにもある。
- メイン Python API は、考えられるあらゆるタイプのニューラルネットワーク・アーキテクチャを含むありとあらゆる計算を実行するためにはるかに高い柔軟性を備えている（複雑度が増すというコストがかかっているが）。
- さまざまな機械学習操作、特にニューラルネットワークの構築のために必要な操作の C++ による非常に効率のよい実装を含んでいる。独自の高性能操作を定義するための C++ API もある。
- コスト関数を最小化するパラメータを探すための高度な最適化ノードを複数提供している。TensorFlow はユーザー定義関数の勾配を自動的に計算できるので、これらは簡単に使える。これは**自動微分**（automatic differentiating）と呼ばれる。
- **TensorBoard** という優れた可視化ツールも付属しており、計算グラフをブラウズしたり、学習曲線を見たりすることができる。
- Google は TensorFlow グラフを実行するクラウドサービス（https://cloud.google.com/ml）もリリースしている。
- 情熱的で頼りになるデベロッパを集めた専任チームと、改良のために貢献し、拡大しつつあるコミュニティを抱えている。TensorFlow は GitHub でももっとも人気の高いオープンソースプロジェクトであり、TensorFlow という基礎の上に優れたプロジェクトが次々に生まれてきている（たとえば、https://www.tensorflow.org/のリソースページや https://github.com/jtoy/awesome-tensorflow を参照していただきたい）。専門的な質問をしたいときには、http://stackoverflow.com/で質問に"tensorflow"のタグを付ける。バグや機能リクエストは GitHub 経由で送る。一般的な議論は、Google Group（http://goo.gl/N7kRF9）で行う。

この章では、インストールから、単純な計算グラフの作成、保存、可視化まで、TensorFlow の基礎をひと通り説明する。最初のニューラルネットワークを構築する（次章で行う）前にこれらの基礎をマスターすることが大切だ。

---

†2　独立したプロジェクトである TF Learn ライブラリと混同しないように注意していただきたい。

表9-1　オープンソース深層学習ライブラリ（網羅的なものではない）

ライブラリ	API	プラットフォーム	開発者	導入
Caffe	Python、C++、Matlab	Linux、macOS、Windows	Y. Jia、カリフォルニア大学バークレー校（BVLC）	2013
Deeplearning4j	Java、Scala、Clojure	Linux、macOS、Windows、Android	A. Gibson、J.Patterson	2014
H2O	Python、R	Linux、macOS、Windows	H2O.ai	2014
MXNet	Python、C++、その他	Linux、macOS、Windows、iOS、Android	DMLC	2015
TensorFlow	Python、C++	Linux、macOS、Windows、iOS、Android	Google	2015
Theano	Python	Linux、macOS、iOS	モントリオール大学	2010
Torch	C++、Lua	Linux、macOS、iOS、Android	R. Collobert、K. Kavukcuoglu、C. Farabet	2002

9.1　インストール

　では始めよう。**2章**の指示に従って Jupyter と scikit-learn をすでにインストールしているとすると、pip を使って TensorFlow をインストールすることができる。virtualenv で隔離された環境を作っている場合には、まずそれをアクティブにする必要がある。

```
$ cd $ML_PATH                    # 機械学習作業ディレクトリ（たとえば$HOME/ml）
$ source env/bin/activate
```

　次に、TensorFlow をインストールする（virtualenv を利用している場合、管理者権限、もしくは--user オプションをつける必要がある）。

```
$ pip3 install --upgrade tensorflow
```

> GPU サポートのためには、`tensorflow` ではなく `tensorflow-gpu` をインストールしなければならない。詳細は **12章**を参照のこと。

　インストールしたシステムは、次のコマンドでテストできる。このコマンドは、インストールした TensorFlow のバージョンを出力するはずだ。

```
$ python3 -c 'import tensorflow; print(tensorflow.__version__)'
1.3.0
```

9.2　最初のグラフの作成とセッション内での実行

　次のコードは、**図9-1** に示すグラフを作る。

```
import tensorflow as tf

x = tf.Variable(3, name="x")
y = tf.Variable(4, name="y")
f = x*x*y + y + 2
```

しなければならないことはこれだけだ。ここで理解しておきたいもっとも大切なことは、何らか
の計算をしそうに見えても（特に最後の行）、実際にはこのコードは何もしないことだ。このコー
ドは計算グラフを作るだけである。実際、変数でさえまだ初期化されていない。このグラフを評価
するためには、TensorFlow **セッション**を開き、それを使って変数を初期化して f を評価しなけれ
ばならない。TensorFlow セッションは、オペレーションを CPU や GPU などの**デバイス**に載せ
て実行するために必要なことを行い、すべての変数の値を保持する[†3]。次のコードはセッションを
作り、変数を初期化、評価して f を実行し、セッションを閉じる（ここでリソースが開放される）。

```
>>> sess = tf.Session()
>>> sess.run(x.initializer)
>>> sess.run(y.initializer)
>>> result = sess.run(f)
>>> print(result)
42
>>> sess.close()
```

いつも sess.run() を繰り返さなければならないのは少し煩雑だが、もう少しよい方法がある。

```
with tf.Session() as sess:
    x.initializer.run()
    y.initializer.run()
    result = f.eval()
```

with ブロック内では、このセッションがデフォルトセッションに設定される。x.
initializer.run() 呼び出しは tf.get_default_session().run(x.initializer)
と同じであり、f.eval() 呼び出しは tf.get_default_session().run(f) と同じだ。こ
れでコードは読みやすくなる。しかも、ブロックの最後のところでセッションは自動的に閉じられ
るようになる。

　1つひとつの変数について初期化子をマニュアルで実行しなくても、global_variables_
initializer() 関数を使う方法がある。この関数は実際にすぐに初期化を行うのではなく、実
行されたらすべての変数を初期化するようなノードをグラフ内に作るだけである。

```
init = tf.global_variables_initializer()  # init ノードを準備する

with tf.Session() as sess:
    init.run()  # 実際にすべての変数を初期化する
    result = f.eval()
```

[†3]　**12章**で示すように、分散 TensorFlow では変数の値はセッションではなくサーバーに格納される。

Jupyter や Python シェルでは、InteractiveSession を作った方がよいかもしれない。通常の Session との違いは、InteractiveSession を作ると、自動的にそれがデフォルトセッションになるので、with ブロックが不要になることだ（ただし、セッション終了時にマニュアルでセッションを閉じなければならない）。

```
>>> sess = tf.InteractiveSession()
>>> init.run()
>>> result = f.eval()
>>> print(result)
42
>>> sess.close()
```

TensorFlow プログラムは、一般にふたつの部分に分割される。第1の部分が計算グラフを作り（**構築フェーズ** = construction phase と呼ばれる）、第2の部分がそれを実行する（**実行フェーズ** = execution phase と呼ばれる）。一般に、構築フェーズは機械学習モデルとそれを訓練するために必要な計算を表す計算グラフを構築し、実行フェーズは訓練のステップ（たとえば、ミニバッチごとに1ステップ）を繰り返し評価して少しずつモデルパラメータを改良するループを実行する。すぐあとで、実際に例を使ってこれを見てみることにする。

9.3　グラフの管理

作成したノードは、自動的にデフォルトグラフに追加される。

```
>>> x1 = tf.Variable(1)
>>> x1.graph is tf.get_default_graph()
True
```

ほとんどの場合はこれでよいが、複数の独立したグラフを管理したい場合がある。そのようなときには、次に示すように、新しい Graph を作り、with ブロックでそれを一時的にデフォルトグラフにする。

```
>>> graph = tf.Graph()
>>> with graph.as_default():
...     x2 = tf.Variable(2)
...
>>> x2.graph is graph
True
>>> x2.graph is tf.get_default_graph()
False
```

Jupyter（または Python シェル）では、実験している間に同じコマンドを何度も実行するのが普通である。そのため、デフォルトグラフには、重複するノードがたくさん含まれることになってしまう。Jupyter カーネル（または Python シェル）を再起動すれば解決できるが、`tf.reset_default_graph()` を実行してデフォルトグラフをリセットする方が手軽でよいだろう。

9.4　ノードの値のライフサイクル

　あなたがノードを評価しようとすると、TensorFlow は自動的にそのノードが依存しているノードを判断し、まずそれらのノードを評価する。たとえば、次のコードについて考えてみよう。

```
w = tf.constant(3)
x = w + 2
y = x + 5
z = x * 3

with tf.Session() as sess:
    print(y.eval())  # 10
    print(z.eval())  # 15
```

　まず、このコードは非常に単純なグラフを定義する。次に、セッションを開始して、y を評価するグラフを実行する。TensorFlow は自動的に y が x に依存し、x が w に依存することに気付き、まず w、次に x、さらにその次に y を評価して、y の値を返す。最後に、コードは z を評価するグラフを実行する。TensorFlow は、ここでまず w と x を評価しなければならないことに気付く。ここで大切なのは、w と x の前の評価結果を再利用**しない**ことだ。つまり、上のコードは w と x を 2 回評価している。

　すべてのノードの値は、グラフを実行するたびに捨てられる。ただし、変数の値は例外で、セッションが複数のグラフの実行にまたがって変数の値を維持する（**12 章**で示すように、キューとリーダーも一部の状態を保持する）。変数は、初期化子が実行されたときに生まれ、セッションが閉じられたときに消える。

　w と x を 2 回評価せずに、y と z を効率よく評価したい場合には、次のコードのように、1 回のグラフの実行で y と z の両方を評価するように TensorFlow に指示しなければならない。

```
with tf.Session() as sess:
    y_val, z_val = sess.run([y, z])
    print(y_val)  # 10
    print(z_val)  # 15
```

シングルプロセス TensorFlow では、複数のセッションが同じグラフを再利用したとしても、それらが状態を共有することはない（個々のセッションは、すべての変数について自分用のコピーを持つ）。分散 TensorFlow（**12 章**参照）では、変数の状態はセッションではなくサーバーに格納されるため、複数のセッションが同じ変数を共有できる。

9.5 TensorFlow による線形回帰

TensorFlow の**オペレーション**（operation、短く **ops** とも呼ばれる）は、任意の個数の入力を受け付け、任意の個数の出力を返せる。たとえば、加算と乗算のオペレーションは、2 個の入力を受け付け、1 個の出力を返す。定数と変数は入力を取らない（**ソースオペレーション**：source ops と呼ばれる）。入力と出力は多次元配列であり、**テンソル**（tensor）と呼ばれる（TensorFlow という名前はここに由来している）。テンソルは、NumPy 配列と同様に、型と形を持っている。実際、Python API のテンソルは NumPy の ndarray で表現される。テンソルには一般に浮動小数点数が格納されるが、文字列（任意のバイト配列）を格納することもできる。

今までの例では、テンソルには 1 個のスカラー値が格納されていただけだったが、もちろん、任意の形の配列に対する計算を実行できる。たとえば、次のコードは 2 次元配列を操作してカリフォルニアの住宅価格データセット（**2 章**参照）に対する線形回帰を行う。このコードはまずデータセットをフェッチし、すべての訓練インスタンスにバイアス入力特徴量（$x_0 = 1$）を追加する（すぐに挿入を行う NumPy を使っている）。次に、このデータとターゲット[†4]を格納する X と y のふたつの TensorFlow 定数ノードを作る。そして、TensorFlow の行列演算を使って theta を定義する。これらの行列関数（transpose()、matmul()、matrix_inverse()）は自明だろうが、いつもと同じようにただちに計算を行うわけではない。グラフのノードを作り、グラフが実行されたときに定義された演算が実行される。theta の定義は、正規方程式（$\hat{\theta} = (\boldsymbol{X}^T \cdot \boldsymbol{X})^{-1} \cdot \boldsymbol{X}^T \cdot \boldsymbol{y}$、**4 章**参照）に対応している。最後に、コードはセッションを作り、それを使って theta を評価する。

```
import numpy as np
from sklearn.datasets import fetch_california_housing

housing = fetch_california_housing()
m, n = housing.data.shape
housing_data_plus_bias = np.c_[np.ones((m, 1)), housing.data]

X = tf.constant(housing_data_plus_bias, dtype=tf.float32, name="X")
y = tf.constant(housing.target.reshape(-1, 1), dtype=tf.float32, name="y")
XT = tf.transpose(X)
theta = tf.matmul(tf.matmul(tf.matrix_inverse(tf.matmul(XT, X)), XT), y)

with tf.Session() as sess:
    theta_value = theta.eval()
```

NumPy を直接使って正規方程式を直接計算するのと比べてこのコードが優れているのは、GPU が使える場合は TensorFlow が自動的に GPU でこれを実行することである（GPU サポート付きの TensorFlow をインストールした場合。詳細は **12 章**を参照）。

---

†4　housing.target は 1 次元配列だが、theta を計算するために列ベクトルに形状変換しなければならない。NumPy の reshape() 関数は、次元のなかのひとつとして −1（未指定を意味する）を受け付けることを思い出そう。その次元は、配列の長さとその他の次元に基づいて計算される。

9.6　勾配降下法の実装

正規方程式ではなく、バッチ勾配降下法（**4章**参照）を使ってみよう。まず、手作業で勾配を計算してから、TensorFlow の自動微分機能を使って TensorFlow に自動的に勾配を計算させる。最後に、TensorFlow がもともと提供しているふたつのオプティマイザを使ってみる。

> 勾配降下法を使うときには、まず入力特徴量ベクトルを正規化することが大切だということを忘れないようにしよう。そうしなければ、訓練が大幅に遅くなる。正規化は、TensorFlow、NumPy、scikit-learn の StandardScaler、その他好みの方法で行ってよい。

9.6.1　マニュアルの勾配計算

次のコードは、いくつかの新しい要素を除けば、特に説明を必要としないだろう。

- random_uniform() 関数は、NumPy の rand() 関数と同じように、与えられた形状と値の範囲に基づいて無作為値を格納するテンソルを生成する。
- assign() 関数は、変数に新しい値を代入するノードを作る。この場合は、バッチ勾配降下法のステップ $\theta^{(\text{next step})} = \theta - \eta \nabla_\theta \text{MSE}(\theta)$ を実装している。
- メインループは訓練ステップを何度も繰り返し（n_epochs 回）、100 回反復するたびに、その時点での平均二乗誤差（mse）を表示する。MSE がだんだん小さくなるのがわかるはずだ。

```
n_epochs = 1000
learning_rate = 0.01

X = tf.constant(scaled_housing_data_plus_bias, dtype=tf.float32, name="X")
y = tf.constant(housing.target.reshape(-1, 1), dtype=tf.float32, name="y")
theta = tf.Variable(tf.random_uniform([n + 1, 1], -1.0, 1.0), name="theta")
y_pred = tf.matmul(X, theta, name="predictions")
error = y_pred - y
mse = tf.reduce_mean(tf.square(error), name="mse")
gradients = 2/m * tf.matmul(tf.transpose(X), error)
training_op = tf.assign(theta, theta - learning_rate * gradients)

init = tf.global_variables_initializer()

with tf.Session() as sess:
    sess.run(init)

    for epoch in range(n_epochs):
        if epoch % 100 == 0:
            print("Epoch", epoch, "MSE =", mse.eval())
        sess.run(training_op)
```

```
best_theta = theta.eval()
```

9.6.2 自動微分を使った方法

　上のコードは機能するが、コスト関数（MSE）から勾配を数学的に導出しなければならない。線形回帰の場合はそれも簡単だが、深層ニューラルネットワークで微分が必要とされる場合には頭が痛くなるだろう。面倒な上に間違いやすい作業だ。**数式微分** (symbolic differentiation) を使えば、偏微分方程式が自動的に見つかるが、得られるコードはかならずしも効率的ではない。

　その理由を理解するために、$f(x) = \exp(\exp(\exp(x)))$ 関数について考えてみよう。解析学をご存知なら、この関数の導関数は $f'(x) = \exp(x) \times \exp(\exp(x)) \times \exp(\exp(\exp(x)))$ だとわかるだろう。しかし、$f(x)$ と $f'(x)$ をこの通りに別々にコーディングすると、そのコードは不必要に効率が悪くなってしまう。まず $\exp(x)$ を計算し、次に $\exp(\exp(x))$、その次に $\exp(\exp(\exp(x)))$ を計算して3つ全部を返す関数を書けば効率が上がる。そうすれば、$f(x)$ は直接得られ（第3項）、導関数が必要なら3つの項を全部掛け合わせればよい。考えの足りない方法では、$f(x)$ と $f'(x)$ の両方を計算するために exp 関数を9回も呼び出さなければならないが、この方法なら3回呼び出すだけでよい。

　関数が複雑なコードで定義されている場合には、状況はさらに悪くなる。次の関数の偏微分を計算する方程式（またはコード）はわかるだろうか。ヒントは、やってみようとも思わないことだ。

```
def my_func(a, b):
    z = 0
    for i in range(100):
        z = a * np.cos(z + i) + z * np.sin(b - i)
    return z
```

　このようなときには TensorFlow の自動微分機能が助けてくれる。この機能は、自動的に効率のよい方法で勾配を計算してくれる。前節の勾配降下法コードに含まれている gradients = ... の行を次のように書き換えるだけで、コードは正しく動作し続ける。

```
gradients = tf.gradients(mse, [theta])[0]
```

　gradients() 関数は、入力としてオペレーション（この場合は mse）と変数リスト（この場合は theta）を与えられると、ops（変数ごとにひとつずつ）のリストを作り、個々の変数に対応する勾配を計算する。そのため、gradients ノードは、theta について MSE の勾配ベクトルを計算することになる。

　勾配を自動的に計算するためのアプローチは4種類ある。**表9-2** は、それら4種類をまとめたものである。TensorFlow は**リバースモード自動微分**を使っている。リバースモード自動微分は、入力が多数で出力が少ないとき（ニューラルネットワークではそうなることが多い）には完璧である（効率がよく正確）。グラフをわずか $n_{\text{outputs}} + 1$ 回トラバースするだけで、すべての入力について出力のすべての偏微分を計算する。

表9-2　勾配を自動計算するための主要な方法

テクニック	すべての勾配を計算するために必要なグラフトラバーサルの回数	正確性	任意のコードのサポート	コメント
数値微分	$n_{inputs} + 1$	低い	○	簡単に実装できる
数式微分	-	高い	×	大きく異なるグラフを構築する
フォワードモード自動微分	n_{inputs}	高い	○	二重数（dual number）を使う
リバースモード自動微分	$n_{outputs} + 1$	高い	○	TensorFlow で実装されている

この手品の仕組みに興味のあるみなさんは、**付録 D** を参照していただきたい。

9.6.3　オプティマイザを使うと

TensorFlow が勾配を計算してくれることはわかった。しかし、話はもっと簡単になる。TensorFlow は、勾配降下オプティマイザを含むさまざまなオプティマイザを最初から提供している。前のコードの gradients = ... 行と training_op = ... 行を次のものに書き換えるだけで、すべてがさらに快適に動作するようになる。

```
optimizer = tf.train.GradientDescentOptimizer(learning_rate=learning_rate)
training_op = optimizer.minimize(mse)
```

異なるタイプのオプティマイザを使いたい場合には、1 行を書き換えるだけだ。たとえば、次のようにオプティマイザを定義すれば、Momentum オプティマイザを使うことができる（勾配降下オプティマイザよりもずっと速く収束することが多い。**11 章**参照）。

```
optimizer = tf.train.MomentumOptimizer(learning_rate=learning_rate,
                                       momentum=0.9)
```

9.7　訓練アルゴリズムへのデータの供給

ミニバッチ勾配降下法を実装するように前のコードを書き換えてみよう。たとえば、イテレーションごとに X と y を次のミニバッチに入れ替えていかなければならないものとする。もっとも簡単な方法は、プレースホルダーノードを使うものである。プレースホルダーノードは、実際には計算を行わず、実行時に出力せよと指示したデータを出力するだけだという点で特殊なノードである。一般に、訓練中に TensorFlow に訓練データを渡すために使われる。実行時にプレースホルダーのための値を指定しなければ、例外が起きる。

プレースホルダーノードを作るためには、出力テンソルのデータ型を指定して placeholder() を呼び出さなければならない。形状を強制したい場合は、オプションで形状も指定できる。次数として None を指定した場合、「任意のサイズ」という意味になる。たとえば、次のコードは、A というプレースホルダーノードを作り、B = A + 5 というノードも作る。B を評価するときに A の値を指定する feed_dict を eval() に渡す。A はランク 2 でなければならず（つまり 2 次元で

なければならない)、3つの列がなければならない（そうでなければ例外が生成される）。しかし、行数はいくつでもよい。

```
>>> A = tf.placeholder(tf.float32, shape=(None, 3))
>>> B = A + 5
>>> with tf.Session() as sess:
...     B_val_1 = B.eval(feed_dict={A: [[1, 2, 3]]})
...     B_val_2 = B.eval(feed_dict={A: [[4, 5, 6], [7, 8, 9]]})
...
>>> print(B_val_1)
[[ 6.  7.  8.]]
>>> print(B_val_2)
[[  9.  10.  11.]
 [ 12.  13.  14.]]
```

実際には、プレースホルダーだけではなく、**あらゆる**オペレーションの出力を与えることができる。この場合、TensorFlow はこれらのオペレーションを評価しようとせず、あなたが与えた値を使う。

　ミニバッチ勾配降下法は、既存のコードを少し書き換えるだけで実装できる。まず、構築フェーズの X と y を書き換え、プレースホルダーノードを作らせるようにする。

```
X = tf.placeholder(tf.float32, shape=(None, n + 1), name="X")
y = tf.placeholder(tf.float32, shape=(None, 1), name="y")
```

次に、バッチサイズを定義し、バッチの総数を計算する。

```
batch_size = 100
n_batches = int(np.ceil(m / batch_size))
```

　最後に、実行フェーズでミニバッチをひとつずつ取り出し、X か y に依存するノードを評価するときに、feed_dict パラメータを介して X、y の値を与える。

```
def fetch_batch(epoch, batch_index, batch_size):
    [...]  # ディスクからデータをロードする
    return X_batch, y_batch

with tf.Session() as sess:
    sess.run(init)

    for epoch in range(n_epochs):
        for batch_index in range(n_batches):
            X_batch, y_batch = fetch_batch(epoch, batch_index, batch_size)
            sess.run(training_op, feed_dict={X: X_batch, y: y_batch})

    best_theta = theta.eval()
```

theta は X にも y にも依存していないので、theta を評価するときに X や y の値を渡す必要はない。

9.8 モデルの保存と復元

　モデルを訓練したら、ディスクにパラメータを保存し、ほかのプログラムでモデルを使ったり、ほかのモデルと比較したりするために必要になったらいつでもそのモデルを復元できるようにすべきだ。さらに、訓練中も、定期的にチェックポイントを保存し、訓練中にコンピュータがクラッシュしても、最初からやり直すのではなく、最後のチェックポイントから継続できるようにしたい。

　TensorFlow のもとでは、モデルの保存と復元は非常に簡単である。構築フェーズの最後に（つまり、すべての変数ノードが作成されたあとで）Saver ノードを作ればよい。あとは、実行フェーズでモデルを保存したいときに、セッションとチェックポイントファイルのパスを渡してノードの save() メソッドを呼び出すだけである。

```
[...]
theta = tf.Variable(tf.random_uniform([n + 1, 1], -1.0, 1.0), name="theta")
[...]
init = tf.global_variables_initializer()
saver = tf.train.Saver()

with tf.Session() as sess:
    sess.run(init)

    for epoch in range(n_epochs):
        if epoch % 100 == 0:  # 100 epoch ごとにチェックポイントを設定
            save_path = saver.save(sess, "/tmp/my_model.ckpt")

        sess.run(training_op)

    best_theta = theta.eval()
    save_path = saver.save(sess, "/tmp/my_model_final.ckpt")
```

　モデルの復元も同じくらい簡単であり、先ほどと同じように構築フェーズの最後で Saver を作る。そして、実行フェーズでは、冒頭の部分で init ノードを使って変数を初期化するのではなく、Saver オブジェクトの restore() メソッドを呼び出す。

```
with tf.Session() as sess:
    saver.restore(sess, "/tmp/my_model_final.ckpt")
    [...]
```

　デフォルトでは、Saver はすべての変数をその名前のもとで保存、復元するが、細かく制御したい場合には、どの変数を保存、復元するか、どの名前を使うかを指定できる。たとえば、次の Saver は、weights という名前のもとに theta 変数だけを保存、復元する。

```
saver = tf.train.Saver({"weights": theta})
```

　デフォルトでは、save() メソッドはグラフの構造を同じ名前に.meta 拡張子を加えたファイルに保存する。このグラフ構造は tf.train.import_meta_graph() を使って読み込むことができる。そのグラフはデフォルトグラフに追加され、グラフの状態（例えば変数の値）の復元に使

用できる Saver インスタンスが返される。

```
saver = tf.train.import_meta_graph("/tmp/my_model_final.ckpt.meta")

with tf.Session() as sess:
    saver.restore(sess, "/tmp/my_model_final.ckpt")
    [...]
```

これよって、作成したコードを検索することなく、グラフ構造と変数の値の両方を保存したモデルを完全に復元することができる。

9.9　TensorBoard を使ったグラフと訓練曲線の可視化

私たちはミニバッチ勾配降下法を使って線形回帰モデルを訓練する計算グラフを作り、定期的にチェックポイントを保存できるようになった。なかなか洗練されている感じがしないだろうか。しかし、まだ訓練中の進行状況を可視化するために、print() 関数を使っている。これにももっとよい方法がある。TensorBoard に入ろう。TensorBoard に訓練に関する統計情報を与えると、ウェブブラウザにそれらの統計情報（たとえば学習曲線）の対話的なビジュアライゼーションを表示する。また、TensorBoard にグラフの定義を与えると、TensorBoard はグラフをブラウズするためのすばらしいインターフェイスを作ってくれる。このビジュアライゼーションは、グラフのなかの誤りやボトルネックなどを見つけるためにとても役に立つ。

最初に行うべきことは、グラフの定義と訓練の統計情報（たとえば誤差である MSE）を TensorBoard が読み出すログディレクトリに書き込むように、プログラムを少し書き換えることである。プログラムを実行するたびに別のログディレクトリを使う必要がある。そうしなければ、TensorBoard は異なるランの統計情報を結合してビジュアライゼーションがごちゃごちゃになってしまう。ディレクトリを手っ取り早く変えられる方法は、ログディレクトリ名にタイムスタンプを組み込むことである。プログラムの冒頭に、次のコードを追加しよう。

```
from datetime import datetime

now = datetime.utcnow().strftime("%Y%m%d%H%M%S")
root_logdir = "tf_logs"
logdir = "{}/run-{}/".format(root_logdir, now)
```

次に、構築フェーズの末尾に以下のコードを追加する。

```
mse_summary = tf.summary.scalar('MSE', mse)
file_writer = tf.summary.FileWriter(logdir, tf.get_default_graph())
```

第1行は、グラフ内に、MSE を評価して**サマリ**（summary）と呼ばれる TensorBoard 互換のログのバイナリ列に書き込む。第2行は、ログディレクトリのログファイルにサマリを書き込むために使う FileWriter を作る。第1引数はログディレクトリのカレントディレクトリからの相対

パス（この場合は、`tf_logs/run-20160906091959/`というような形のもの）、第2引数（オプション）は可視化したいグラフである。`FileWriter` は、構築時にログディレクトリを作成し（まだ作成されていなければ、また必要なら親ディレクトリも作る）、**イベントファイル**（events file）と呼ばれるバイナリログファイルにグラフ定義を書き込む。

　次に、実行フェーズに入り、訓練中定期的に（たとえば、ミニバッチ10個ごとに）`mse_summary`ノードを評価するようにコードを書き換える。こうすると、サマリが出力されるので、`file_writer` を使ってイベントファイルにそれを書き込む。

```
[...]
for batch_index in range(n_batches):
    X_batch, y_batch = fetch_batch(epoch, batch_index, batch_size)
    if batch_index % 10 == 0:
        summary_str = mse_summary.eval(feed_dict={X: X_batch, y: y_batch})
        step = epoch * n_batches + batch_index
        file_writer.add_summary(summary_str, step)
    sess.run(training_op, feed_dict={X: X_batch, y: y_batch})
[...]
```

 訓練ステップごとに訓練の統計情報をログとして出力すると、訓練のスピードが大幅に落ちるので、そのようなことはしない方がよい。

　そして、プログラムの最後の部分で `FileWriter` を閉じる。

```
file_writer.close()
```

　では、プログラムを実行してみよう。プログラムはログディレクトリを作り、このディレクトリにグラフ定義と MSE 値を格納するイベントファイルを書き込む。シェルを開き、作業ディレクトリに移動して、`ls -l tf_logs/run*`を実行し、ログディレクトリの内容を見てみよう。

```
$ cd $ML_PATH                    # 機械学習作業ディレクトリ（たとえば$HOME/ml）
$ ls -l tf_logs/run*
total 40
-rw-r--r-- 1 ageron staff 18620 Sep 6 11:10 events.out.tfevents.1472553182.mymac
```

　プログラムを2回実行したあとは、`tf_logs/`ディレクトリに第2のディレクトリが含まれているはずだ。

```
$ ls -l tf_logs/
total 0
drwxr-xr-x  3 ageron  staff  102 Sep  6 10:07 run-20160906091959
drwxr-xr-x  3 ageron  staff  102 Sep  6 10:22 run-20160906092202
```

　すばらしい。それでは TensorBoard サーバーを立ち上げよう。virtualenv 環境を作った場合は、それをアクティブにしてから、ログのルートディレクトリを指定して `tensorboard` コマン

ドを実行すると、TensorBoard ウェブサーバーが起動して、ポート 6006（goog をひっくり返したもの）をリスンする。

```
$ source env/bin/activate
$ tensorboard --logdir tf_logs/
Starting TensorBoard  on port 6006
(You can navigate to http://0.0.0.0:6006)
```

　次に、ブラウザを開き、http://0.0.0.0:6006/（または http://localhost:6006/）に行く。TensorBoard へようこそ。Events タブの右に MSE と書かれている。そこをクリックすると、両方のランについて訓練中の MSE のプロットが表示される（**図9-3**）。表示したいランをチェックしたり、ズームイン／アウトしたりすることができ、曲線の上でホバリングすると詳細情報が得られるといった対話的機能がある。

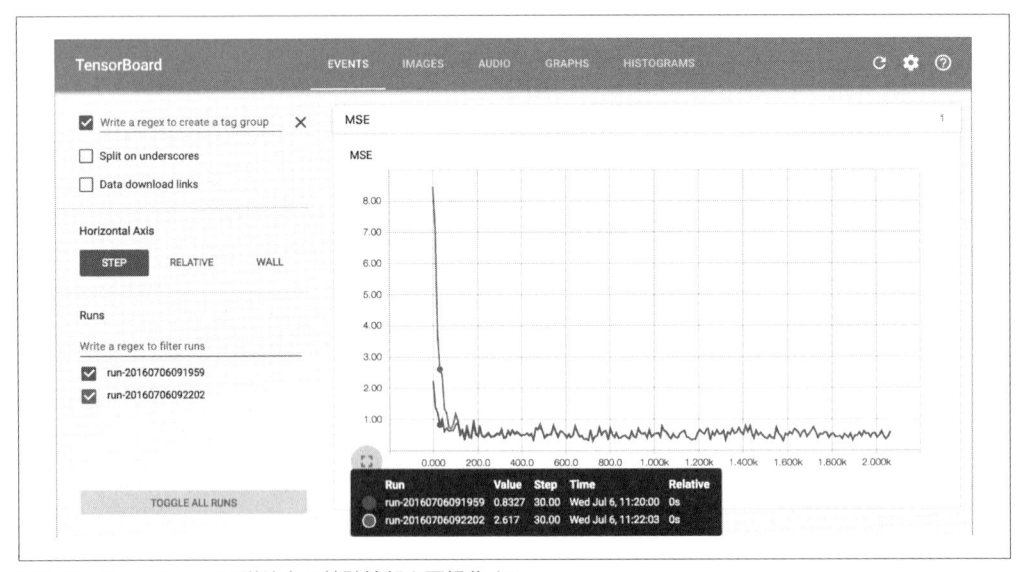

図9-3　TensorBoard で訓練中の統計情報を可視化する

　次に Graphs タブをクリックしてみよう。**図9-4** のようなグラフが表示される。
　図がごちゃごちゃしないように、**辺**が多いノードは、右側の補助領域に分離表示される（ノードはメイングラフと補助領域の間でつけたり離したりすることができる）。グラフの一部の部分は、デフォルトで省略表示されている。たとえば、gradients ノードの上でホバリングし、⊕ アイコンをクリックすると、サブグラフが展開される。さらに、このサブグラフで mse_grad サブグラフを展開してみよう。

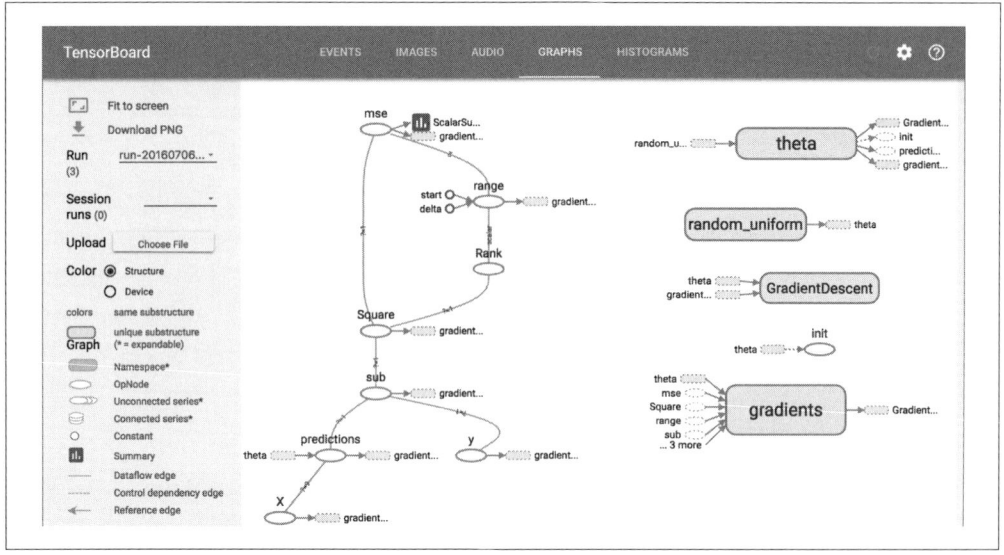

図9-4　TensorBoard でグラフを可視化する

 Jupyter のなかで直接グラフを覗いてみたい場合には、本章のノートブックにある `show_graph()` 関数を使ってみよう。これはもともと A. Mordvintsev が自らの優れた深層学習のチュートリアルノートブック（http://goo.gl/EtCWUc）のなかで書いたものだ。E. Jang の TensorFlow デバッガツール（https://github.com/ericjang/tdb）をインストールするという方法もある。このツールには、グラフを可視化するための Jupyter エクステンション（その他の機能も）が含まれている。

9.10　名前スコープ

　ニューラルネットワークなどのもっと複雑なモデルを扱うと、グラフはあっという間に数千のノードでわけがわからなくなってしまう。そのようなことを防ぐために、関連するノードをグループにまとめる**名前スコープ**（name scope）を作ることができる。たとえば、先ほどのコードを書き換えて、`"loss"`という名前スコープのなかに `error`、`mse` オペレーションを定義しよう。

```
with tf.name_scope("loss") as scope:
    error = y_pred - y
    mse = tf.reduce_mean(tf.square(error), name="mse")
```

　すると、名前スコープ内で定義された名前には、`"loss/"`というプレフィックスが付けられるようになる。

```
>>> print(error.op.name)
loss/sub
>>> print(mse.op.name)
loss/mse
```

TensorBoard では、mse、error ノードは loss 名前スコープ内に表示され、デフォルトで省略表示されている（図9-5）。

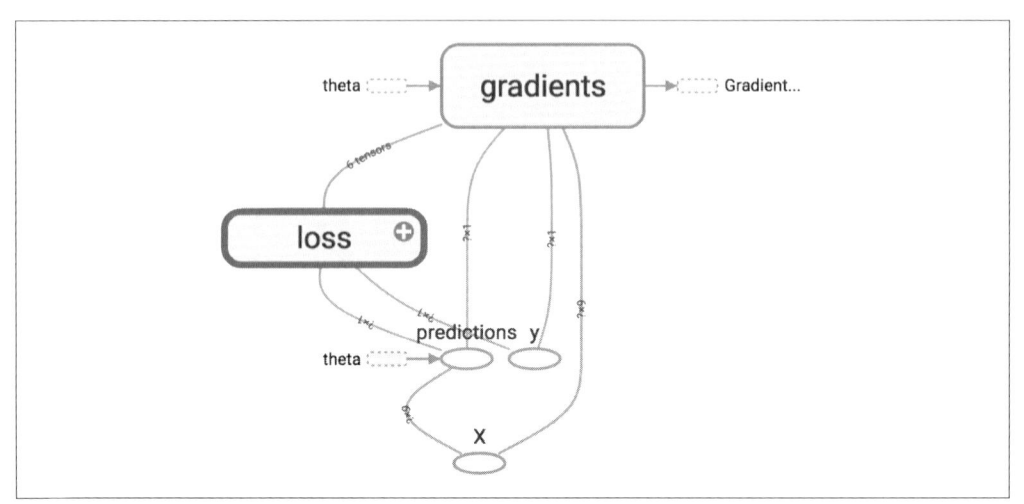

図9-5　TensorBoard のなかで省略表示されている名前スコープ

9.11　モジュール性

ふたつの **ReLU**（rectified linear units）の出力を追加するグラフを作りたいものとする。ReLU は、**式9-1** に示すように、入力の線形関数を計算し、結果が正数ならそれを出力し、そうでなければ 0 を出力する。

式 9-1　ReLU

$$h_{\boldsymbol{w},b}(\boldsymbol{X}) = \max(\boldsymbol{X} \cdot \boldsymbol{w} + b, 0)$$

次のコードはこれを行うものだが、反復が多い。

```
n_features = 3
X = tf.placeholder(tf.float32, shape=(None, n_features), name="X")

w1 = tf.Variable(tf.random_normal((n_features, 1)), name="weights1")
w2 = tf.Variable(tf.random_normal((n_features, 1)), name="weights2")
b1 = tf.Variable(0.0, name="bias1")
b2 = tf.Variable(0.0, name="bias2")
```

```
z1 = tf.add(tf.matmul(X, w1), b1, name="z1")
z2 = tf.add(tf.matmul(X, w2), b2, name="z2")

relu1 = tf.maximum(z1, 0., name="relu1")
relu2 = tf.maximum(z1, 0., name="relu2")

output = tf.add(relu1, relu2, name="output")
```

このように反復の多いコードはメンテナンスが難しくエラーを起こしやすい（実際、このコードにはカットアンドペーストエラーがある。どこだかわかるだろうか）。さらにいくつかのReLUを追加したいときには、状況はもっと悪くなる。しかし、TensorFlowには、DRY（Don't Repeat Yourself）を実践するための方法がある。単純にReLUを組み立てる関数を作ればよい。次のコードは、5つのReLUを作り、その合計を出力する（add_n()は、テンソルのリストの合計を計算するオペレーションを作る）。

```
def relu(X):
    w_shape = (int(X.get_shape()[1]), 1)
    w = tf.Variable(tf.random_normal(w_shape), name="weights")
    b = tf.Variable(0.0, name="bias")
    z = tf.add(tf.matmul(X, w), b, name="z")
    return tf.maximum(z, 0., name="relu")

n_features = 3
X = tf.placeholder(tf.float32, shape=(None, n_features), name="X")
relus = [relu(X) for i in range(5)]
output = tf.add_n(relus, name="output")
```

TensorFlowは、ノードを作るときにその名前がすでに存在するかどうかをチェックし、ある場合にはアンダースコアとインデックスを追加して名前を一意にする。そこで、最初のReLUには、"weights"、"bias"、"z"、"relu"といったノードが含まれている（そのほかにも"MatMul"などのデフォルト名のノードが多数ある）。そして、第2のReLUには、"weights_1"、"bias_1"など、第3のReLUには"weights_2"、"bias_2"などの名前のノードがある。TensorBoardは、そのような連続を見つけ、画面をすっきりさせるために省略表示する（**図9-6**）。

名前スコープを使えば、グラフはもっと明快になる。relu()関数の内容をすべてひとつの名前スコープのなかに移そう。**図9-7**は、得られたグラフを示している。TensorFlowが_1、_2といったインデックスを付けて名前スコープに一意な名前を与えていることに注意していただきたい。

```
def relu(X):
    with tf.name_scope("relu"):
        [...]
```

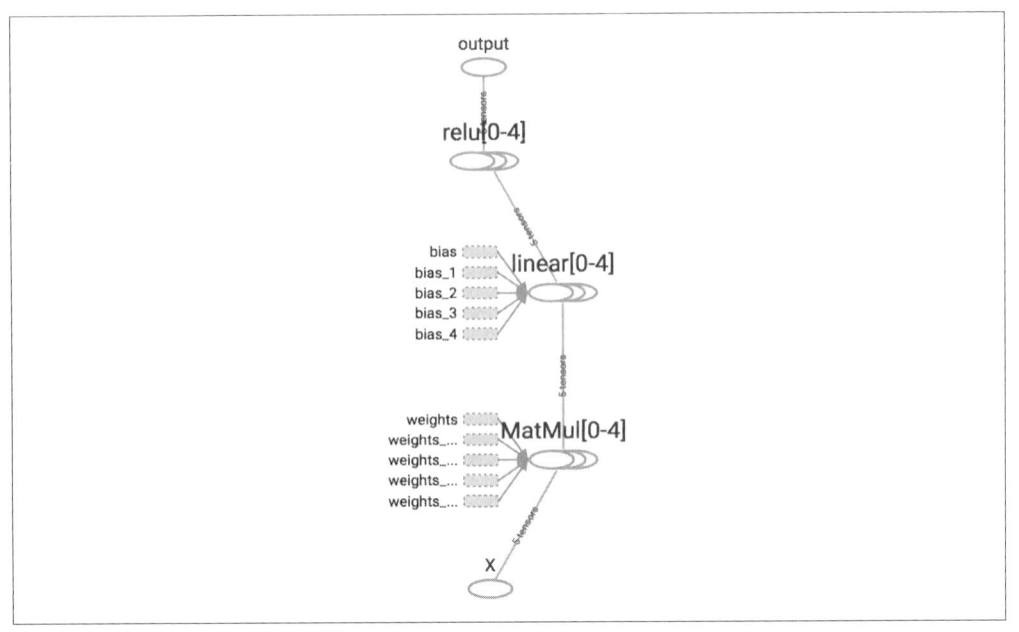

図9-6　連続するノードの省略表示

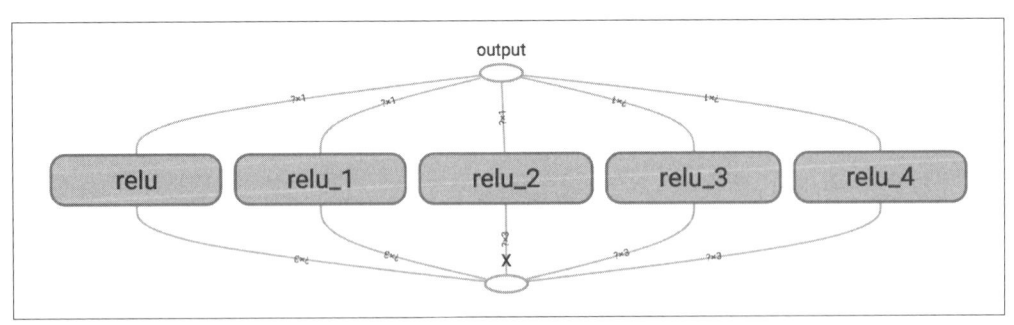

図9-7　ユニットに名前スコープを与えて明快にしたグラフ

9.12　変数の共有

グラフのさまざまな構成要素の間で変数を共有したいときには、まず変数を作り、その変数を必要とする関数に引数として変数を渡すという単純な方法がある。たとえば、すべての ReLU で共有される `threshold` という変数を使って、ReLU のしきい値を操作できるようにしたいものとする。

```
def relu(X, threshold):
    with tf.name_scope("relu"):
        [...]
```

```
        return tf.maximum(z, threshold, name="max")

threshold = tf.Variable(0.0, name="threshold")
X = tf.placeholder(tf.float32, shape=(None, n_features), name="X")
relus = [relu(X, threshold) for i in range(5)]
output = tf.add_n(relus, name="output")
```

これはきちんと動作する。新しいコードでは、threshold 変数を使ってすべての ReLU のしきい値を設定できるようになった。しかし、このような共有の引数がたくさんあるときには、いつも引数という形で渡さなければならないのでは苦痛になってくる。そこで、多くの人々は、モデル内のすべての変数を格納する Python 辞書を作ってすべての関数に渡している。個々のモジュールごとにクラスを作る人もいる（たとえば、ReLU クラスは、クラス変数を使って共有パラメータを処理する）。次のコードに示すように、relu() 関数が初めて呼び出されたときに、関数の属性として共有変数を設定するという方法もある。

```
def relu(X):
    with tf.name_scope("relu"):
        if not hasattr(relu, "threshold"):
            relu.threshold = tf.Variable(0.0, name="threshold")
        [...]
        return tf.maximum(z, relu.threshold, name="max")
```

TensorFlow には、これらよりも少しクリーンでモジュール性の高いコードを作るためのさらに別のオプションがある[5]。この方法は、最初は少しわかりにくいが、TensorFlow では非常によく使われているので、少し詳しく説明しておいてもよいだろう。考え方は、共有変数がまだなければ作り、そうでなければ既存の変数を再利用する get_variable() 関数を使うというものだ。作成と再利用のどちらの動作にするかは、現在の variable_scope() の属性によって決める。たとえば、次のコードは、"relu/threshold"という名前の変数を作る（shape=() なのでスカラーとして。初期値は 0.0）。

```
with tf.variable_scope("relu"):
    threshold = tf.get_variable("threshold", shape=(),
                                initializer=tf.constant_initializer(0.0))
```

以前の get_variable() 呼び出しでこの変数がすでに作られている場合には、このコードは例外を生成する。このような動作にすると、うっかり変数を再利用してしまうことを防げる。変数を再利用したい場合は、変数スコープの reuse 属性を True にして明示的にそれを指示しなければならない（その場合、形状や初期化子を指定する必要はない）。

```
with tf.variable_scope("relu", reuse=True):
    threshold = tf.get_variable("threshold")
```

このコードは、既存の"relu/threshold"変数を読み出し、"relu/threshold"変数が存

---

[5] ReLU クラスを作るのがもっともクリーンな方法だが、少々重い。

在していなかったり、`get_variable()` で作成されていなかったりする場合には例外を生成する。スコープの `reuse_variables()` メソッドを呼び出して、ブロック内で reuse 属性を True にすることもできる。

```
with tf.variable_scope("relu") as scope:
    scope.reuse_variables()
    threshold = tf.get_variable("threshold")
```

 reuse を True にしてしまうと、そのブロックのなかで False に戻すことはできない。また、この変数スコープのなかにさらに他の変数スコープを定義した場合、新しいスコープは自動的に reuse=True を継承する。そして、`get_variable()` で作成した変数だけが、このような形で再利用できる。

　これで、引数として渡さなくても、`relu()` 関数が threshold 変数にアクセスできるようにするために必要な部品は揃った。

```
def relu(X):
    with tf.variable_scope("relu", reuse=True):
        threshold = tf.get_variable("threshold")    # 既存変数を再利用する
        [...]
        return tf.maximum(z, threshold, name="max")

X = tf.placeholder(tf.float32, shape=(None, n_features), name="X")
with tf.variable_scope("relu"):    # 変数を作成する
    threshold = tf.get_variable("threshold", shape=(),
                                initializer=tf.constant_initializer(0.0))
relus = [relu(X) for relu_index in range(5)]
output = tf.add_n(relus, name="output")
```

　このコードは、最初に `relu()` 関数を定義してから、relu/threshold 変数を作り（あとで 0.0 に初期化されるスカラーとして）、`relu()` 関数を呼び出して 5 個の ReLU を構築する。`relu()` 関数は、relu/threshold 変数を再利用してほかの ReLU ノードを作る。

 `get_variable()` で作った変数は、variable_scope をプレフィックスとする名前（たとえば、"relu/threshold"）を使う。しかし、ほかのすべてのノード（`tf.Variable()` で作った変数を含む）では、変数スコープは新しい名前スコープのようにふるまう。特に、同じ名前を持つ名前スコープがすでに作られている場合には、名前を一意にするためにサフィックスが追加される。たとえば、先ほどのコードで作られたすべてのノード（threashold 変数を除く）には、**図9-8** に示すように、"relu_1/"から"relu_5/"までのプレフィックスが付けられた名前が与えられる。

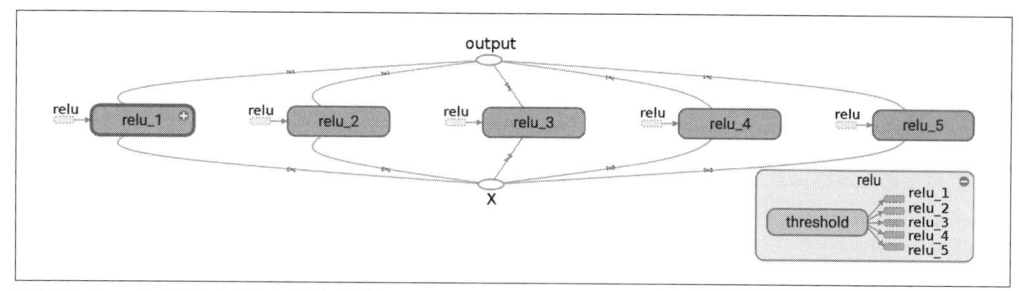

図9-8　threshold変数を共有する5個のReLU

　ほかのすべての ReLU コードを収めている relu() 関数の外で threshold 変数を定義しなければならないのは、少し残念なことだ。そこで、次のコードは、この問題を解決するために relu() 関数が初めて呼び出されたときに threshold 変数を作り、その後の呼び出しではそれを再利用する。これで、relu() 関数は、名前スコープや変数の共有について考えなくて済むようになる。get_variable() を呼び出せば、それが threshold 変数を作ったり、再利用したりしてくれる（どちらが適切な動作かを考える必要はない）。コードのそれ以外の部分が relu() を5回呼び出し、初回だけは reuse=None、その後の呼び出しは reuse=True を指定するようにしている。

```
def relu(X):
    threshold = tf.get_variable("threshold", shape=(),
                                initializer=tf.constant_initializer(0.0))
    [...]
    return tf.maximum(z, threshold, name="max")

X = tf.placeholder(tf.float32, shape=(None, n_features), name="X")
relus = []
for relu_index in range(5):
    with tf.variable_scope("relu", reuse=(relu_index >= 1 or None)) as scope:
        relus.append(relu(X))
output = tf.add_n(relus, name="output")
```

　このようにして作られたグラフは、共有変数が最初の ReLU に含まれることになるので、今までのグラフとは少し異なるものになる（**図9-9**）。

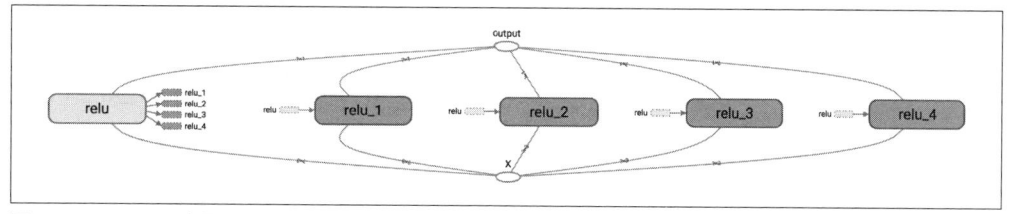

図9-9　threshold変数を共有する5個のReLU

 TensorFlow1.4 からは、`reuse=tf.AUTO_REUSE` をセットすることができる。セットした場合、`get_variable()` は既に存在する変数がある場合はその値を返し、そうでない場合は新しく作る。

　TensorFlow 入門は以上だ。もっと高度な機能、特に深層ニューラルネットワーク、畳み込みニューラルネットワーク、再帰型ニューラルネットワークに関連する多くのオペレーションや、マルチスレッド、キュー、マルチ GPU、マルチサーバーによるスケーリングの方法については、次章以下で取り上げる。

9.13　演習問題

1. 直接計算せずに計算グラフを構築することの主要な利点は何か。主要な欠点は何か。
2. `a_val = a.eval(session=sess)` という文は、`a_val = sess.run(a)` という文と同じか。
3. `a_val, b_val = a.eval(session=sess), b.eval(session=sess)` という文は、`a_val, b_val = sess.run([a, b])` という文と同じか。
4. 同じセッションでふたつのグラフを実行することはできるか。
5. 変数 w を含むグラフ g を作ってから、ふたつのスレッドを起動し、各スレッドで同じグラフ g を使ってセッションを開いたとき、各セッションは変数 w の専用コピーを持つか、それとも変数 w は共有されるか。
6. 変数はいつ初期化され、いつ破棄されるか。
7. プレースホルダーと変数の違いは何か。
8. プレースホルダーに依存するオペレーションを評価するためにグラフを実行したものの、プレースホルダーの値を与えなければどうなるか。オペレーションがプレースホルダーに依存していない場合にはどうなるか。
9. グラフを実行するときに、何らかのオペレーションの出力値を渡すことはできるか。それとも、プレースホルダーの値を渡せるだけか。
10. 変数に任意の値を設定するにはどうすればよいか（実行フェーズで）。
11. 10 個の変数についてコスト関数の勾配を計算するために、リバースモード自動微分はグラフを何回トラバースしなければならないか。フォワードモード自動微分、数式微分ではどうか。
12. TensorFlow およびミニバッチ勾配降下法を使ってロジスティック回帰を実装しなさい。moons データセット（**5 章**）を使って訓練、評価しなさい。あらゆる付属機能を追加してみなさい。
    - 簡単に再利用できる `logistic_regression()` 関数のなかでグラフを定義しなさい。
    - `Saver` を使って訓練中定期的にチェックポイントを保存し、訓練の最後で最終的なモデルを保存しなさい。

- 訓練が中断されたときには、起動時に最後のチェックポイントを復元しなさい。
- TensorBoard でグラフがきれいに見えるように、名前スコープを使ってグラフを定義しなさい。
- TensorBoard で学習曲線を可視化するためにサマリを追加しなさい。
- 学習率やミニバッチサイズなどのハイパーパラメータを変えて学習曲線を観察しなさい。

演習問題の解答は、**付録 A** を参照のこと。

10章
人工ニューラルネットワーク入門

　鳥が飛行機のヒントとなり、オナモミが面ファスナー（いわゆるマジックテープ）のヒントになったように、自然界はさまざまな発明のヒントを提供している。そのことを考えれば、知的なマシンの構築方法のヒントを得るために脳の構造を調べようとするのは当然のことだろう。**人工ニューラルネットワーク**（artificial neural networks：ANN）を生み出した基本アイデアはこれである。しかし、鳥にヒントを得て作られた飛行機は、翼をはばたかせる必要はない。同様に、ANNは次第に生物学側のイトコとは大きく異なるものになってきている。研究者のなかには、クリエイティビティを生物学的に説明できるシステムという枠に押し込めないように、生物学的な類推をまったく取り除くべきだと論じる人々さえいる（たとえば、「ニューロン」ではなく「ユニット」という言葉を使うことによって）[1]。

　ANNは、深層学習の中核である。ANNは柔軟、強力、スケーラブルで、数十億のイメージを分類したり（たとえば、Google Images）、音声認識サービスを支えたり（たとえば、Appleの Siri）、毎日数億人のユーザーにお勧めビデオを推薦したり（たとえば、YouTube）、過去の数百万の試合を分析し、自分自身と対戦しながら囲碁の対局で世界王者を打ち負かしたり（DeepMindの AlphaGo）といった大規模で高度に複雑な機械学習タスクに挑戦するためには理想的な存在である。

　この章では、最初期の ANN アーキテクチャからスタートして、人工ニューラルネットワークとは何かを紹介していく。次に、**MLP**（multi-layer perceptron：多層パーセプトロン）を紹介し、TensorFlow を使って MNIST の数字の分類問題（**3章**参照）に挑戦する。

10.1　生物学的なニューロンから人工ニューロンへ

　意外なことに、ANN の考え方はかなり古くからある。神経生理学者のウォーレン・マカロック

---

[1]　機能する限り、生物学的に非現実的なモデルを作ることを恐れずに、生物学的なひらめきにも心を開くようにすれば、両方の世界の最良の部分を取り入れることができる。

と数学者のウォルター・ピッツが 1943 年に初めてこの考え方を提出した。彼らは、記念碑的な論文、「神経活動に内在する思考の論理的計算」https://goo.gl/Ul4mxW[†2]のなかで、動物の脳の生物学的ニューロンが共同作業で**命題論理**（propositional logic）を駆使して複雑な計算を実行する仕組みについての単純化された計算モデルを示した。これが最初の人工ニューラルネットワーク・アーキテクチャである。これから見ていくように、その後さまざまなアーキテクチャが考え出されていった。

　1960 年代までの初期の ANN の成功により、多くの人々が本当の意味で知的なマシンと会話できる日が近いと考えるようになった。しかし、この約束が満たされないだろう（少なくともかなり長い間）ということが明らかになると、資金は別の分野に投入されるようになり、ANN は長い暗黒時代に入った。1980 年代始めには、新しいネットワークアーキテクチャの発明と従来よりも優れた訓練テクニックの開発により、ANN に対する関心が蘇ったが、1990 年代までは、ほとんどの研究者たちはサポートベクトルマシン（**5 章**参照）などのほかの機械学習テクニックを高く評価していた。それらの方がよい結果を生み出し、理論的な基礎が強力に見えたのである。そして最近になり、ANN に対する新たな関心の高まりを目撃することになった。この波は、今までの波と同じように消えてしまうのだろうか。いや、今度は違う。今度こそ ANN は私たちの生活に従来よりもはるかに深い影響を与える。そう考えてよい理由がいくつかある。

- 今はニューラルネットワークを訓練するための膨大なデータがある。そして、極端に大規模で複雑な問題では、ANN はほかの ML テクニックよりも高い性能を示すことが頻繁にある。
- 1990 年代以降の計算能力の非常に大幅な強化により、今では大規模なニューラルネットワークを合理的な時間内に訓練できるようになった。これはムーアの法則のおかげであり、数百万単位で強力な GPU カードを生み出してきたゲーム産業のおかげでもある。
- 訓練アルゴリズムが改良されてきている。公平に言って、1990 年代のアルゴリズムとの違いはごくわずかだが、この比較的小さな改良が莫大なプラスの効果を生み出している。
- ANN の理論的な限界のいくつかが実践上無害だということが明らかになった。たとえば、ANN の訓練アルゴリズムは局所的な最適値に捕まってしまうため、失敗が運命づけられていると多くの人々が考えてきたが、実際にはそうなるのはまれだということが明らかになった（実際にそうなった場合でも、通常その局所的最適値は全体の最適値にかなり近い）。
- ANN は、資金を獲得して進歩するというよい循環に入ったように見える。ANN を基礎とする優れた製品がコンスタントに新聞の見出しを飾り、それによって ANN に対する関心と資金がさらに集まり、結果として進歩が早まり、さらに素晴らしい製品が生み出されている。

---

†2　"A Logical Calculus of Ideas Immanent in Nervous Activity" W. McCulloch and W. Pitts (1943)

10.1.1　生物学的ニューロン

　人工ニューロンについて話す前に、生物学的なニューロン（**図10-1**）について簡単に見ておこう。ニューロンは、動物の大脳皮質（たとえば、あなたの脳）で主として見られる通常とは異なる形の細胞で、核と細胞の複雑な内容物の大半を収める**細胞体**（cell body）と**樹状突起**（dendrite）と呼ばれる細かく分岐した突起、**軸索**（axon）と呼ばれる非常に長い突起から構成される。軸索は、細胞体の長さのわずか数倍から数万倍までの長さになる。軸索の先端近くは、**終末分枝**（telodendria）と呼ばれる多数の枝に分かれ、それらの枝の先端には**シナプス終端**（synaptic terminal、あるいは単純に**シナプス**：synapse）と呼ばれる非常に小さい構造体が付いている。シナプスは、ほかのニューロンの樹状突起（または細胞体）に接続している。生物学的ニューロンは、ほかのニューロンからシナプスを介して**信号**（signal）と呼ばれる電気刺激を受ける。ニューロンは、数ミリ秒のうちにほかのニューロンから十分な数の信号を受けると、自分自身で信号を生成する。

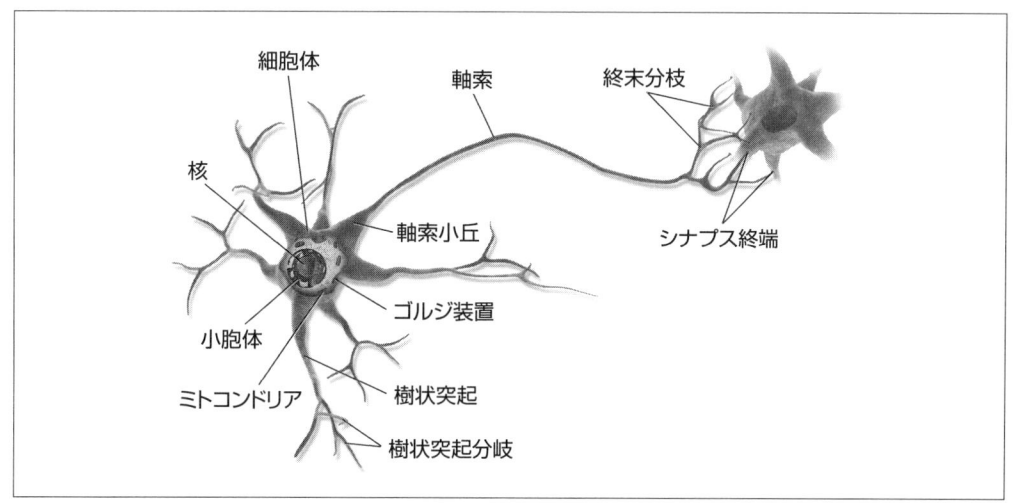

図10-1　生物学的ニューロン[3]

　このように、個別の生物学的ニューロンは比較的単純にふるまうように見えるが、数十億個のニューロンの巨大なネットワークに組織されており、一般に1つのニューロンは数千個のほかのニューロンと結びついている。単純なアリの共同作業によって複雑な蟻塚が出現するのと同じように、ごく単純なニューロンの巨大なネットワークによって高度に複雑な計算を実行できるようになる。生物学的ニューラルネットワーク（BNN）[4]のアーキテクチャは、依然として活発な研究対象だが、脳の一部はすでにマッピングされている。そして、ニューロンは、**図10-2**に示すように、連

---

[3]　Bruce Blaus 製作（クリエーティブコモンズ3.0: https://creativecommons.org/licenses/by/3.0/）。https://en.wikipedia.org/wiki/Neuron からの転載。

[4]　機械学習を話題にしているときには、「ニューラルネットワーク」という用語は一般にBNNではなくANNを指す。

続的な層にまとめられていることが多い。

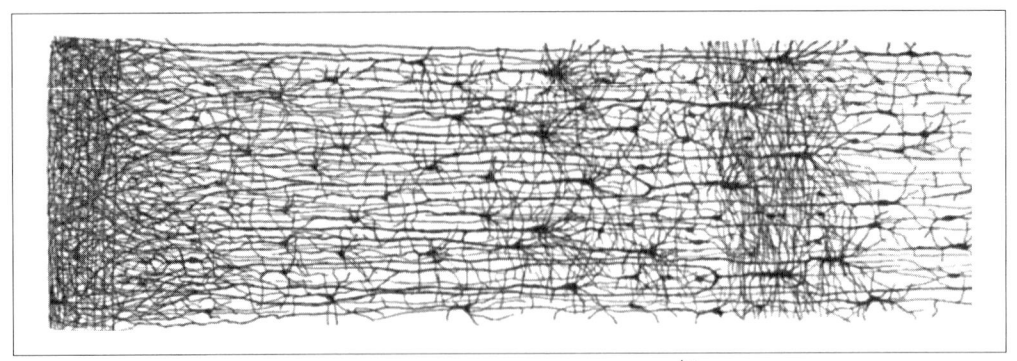

図10-2　多層的な生物学的ニューラルネットワーク（ヒトの大脳皮質）[†5]

10.1.2　ニューロンによる論理演算

　ウォーレン・マカロックとウォルター・ピッツが提案した生物学的ニューロンの非常に単純なモデルは、のちに**人工ニューロン**（artificial neuron）と呼ばれるようになった。人工ニューロンは、ひとつ以上のバイナリ（オンまたはオフ）入力とひとつのバイナリ出力を持つ。人工ニューロンは、一定数を越える入力が活性化したときに出力を活性化させる。マカロックとピッツは、そのように単純化されたモデルでも、任意の論理命題を計算する人工ニューロンのネットワークを構築できることを示した。たとえば、少なくともふたつの入力が活性化するとニューロンが活性化されるものとして、さまざまな論理演算を実行する ANN をいくつか作ってみよう（**図10-3**）。

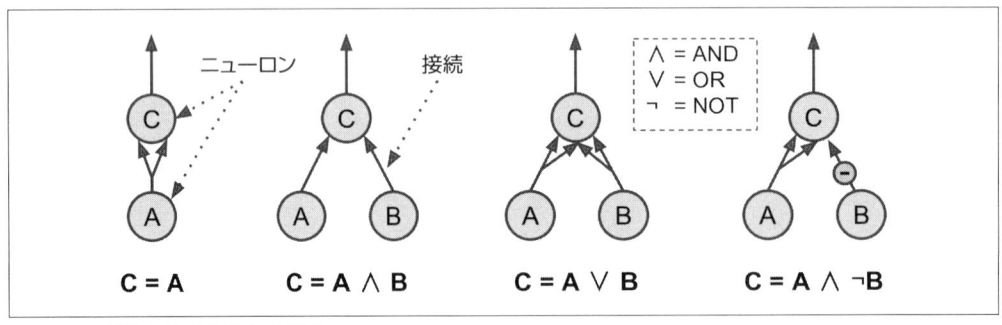

図10-3　単純な論理演算を実行する ANN

[†5]　S. Ramon y Cajal による大脳皮質層構造の描画（パブリックドメイン）。https://en.wikipedia.org/wiki/Cerebral_cortex からの転載。

- もっとも左のネットワークは、単純な恒等写像であり、ニューロン A が活性化すると、ニューロン C も同じように活性化される（ニューロン A からふたつの入力信号を受け取るため）。しかし、ニューロン A がオフになると、ニューロン C も同じようにオフになる。
- 第 2 のネットワークは、論理 AND を実行する。ニューロン C が活性化されるのは、ニューロン A、B の両方が活性化されたときだけである（ひとつの入力信号だけでは、ニューロン C を活性化させるには足りない）。
- 第 3 のネットワークは、論理 OR を実行する。ニューロン A かニューロン B（またはその両方）が活性化すると、ニューロン C は活性化される。
- 最後に、入力の接続によってニューロンの活性化を禁止できるものとすると（生物学的ニューロンの場合にはこれができる）、第 4 のネットワークは、これらのものよりも少し複雑な論理命題を計算できる。ニューロン C が活性化されるのは、ニューロン A が活性化されていて、ニューロン B がオフのときだけである。ニューロン A が活性化している状態でニューロン B がオフになり、論理 NOT を受け取ると、ニューロン C が活性化される。ニューロン B がオンになると、論理 NOT がなくなりニューロン C がオフになる。

これらのネットワークを組み合わせれば複雑な論理式が計算できることは容易に想像できるだろう（章末の演習問題参照）。

10.1.3　パーセプトロン

パーセプトロン（perceptron）は、ANN アーキテクチャでももっとも単純なもののひとつで、1957 年にフランク・ローゼンブラットによって考え出された（**図10-4**）。LTU（線型しきい値素子：linear threshold unit）と呼ばれるわずかに異なる人工ニューロンを基礎としており、入出力は数値（オン／オフのバイナリ値ではなく）で、個々の入力の接続部には重みが与えられる。LTU は、入力の加重総和（$z = w_1 x_1 + w_2 x_2 + \cdots + w_n x_n = \boldsymbol{w}^T \cdot \boldsymbol{x}$）を計算し、その総和に**ステップ関数**（step function）を適用して、結果（$h_w(\boldsymbol{x}) = \text{step}(z) = \text{step}(\boldsymbol{w}^T \cdot \boldsymbol{x})$）を出力する。

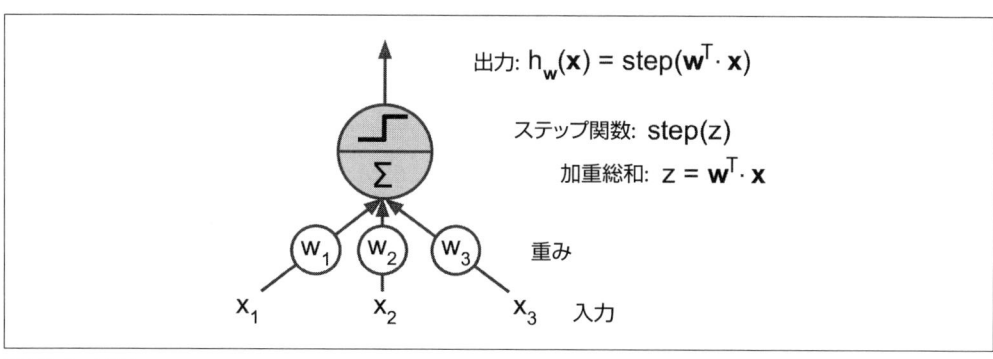

図10-4　LTU

　パーセプトロンでもっともよく使われるステップ関数は、**ヘヴィサイドステップ関数**（Heaviside step function、**式10-1**）で、代わりに符号関数（sign function）が使われることもある。

式 10-1　パーセプトロンでよく使われるステップ関数

$$\text{heaviside}(z) = \begin{cases} 0 & \text{if } z < 0 \\ 1 & \text{if } z \geqq 0 \end{cases} \qquad \text{sgn}(z) = \begin{cases} -1 & \text{if } z < 0 \\ 0 & \text{if } z = 0 \\ +1 & \text{if } z > 0 \end{cases}$$

　単純な線形 2 項分類は、ひとつの LTU で実現できる。LTU は入力の線形結合を計算し、結果がしきい値を越えたら陽性クラス、そうでなければ陰性クラスを出力する（ロジスティック回帰分類器や線形 SVM と同じように）。たとえば、花弁の長さと幅（および今までの章で使っていたのと同じ $x_0 = 1$ のバイアスフィーチャー）に基づいてあやめの花を分類したいときには、1 個の LTU が使える。LTU を訓練するということは、w_0、w_1、w_2 の正しい値を見つけるということだ（訓練アルゴリズムについては、すぐあとで説明する）。

　パーセプトロンは、個々のニューロンがすべての入力に接続される単層の LTU から構成される[6]。これらの接続部は、**入力ニューロン**（input neuron）と呼ばれる特殊なパススルーニューロンを使って表されることが多い。入力ニューロンは、与えられた入力をそのまま出力する。さらに、一般的にはバイアスフィーチャーが加算される（$x_0 = 1$）。このバイアスフィーチャーは、普通はいつも 1 を出力する**バイアスニューロン**（bias neuron）と呼ばれる特別なタイプのニューロンとして表現される。

　図 10-5 は、2 個の入力を持ち、3 個の出力を生成するパーセプトロンを表している。このパーセプトロンは、インスタンスを同時に 3 種類の異なるバイナリクラスに分類することができ、多出力の分類器になっている。

　では、パーセプトロンはどのようにして訓練されるのだろうか。フランク・ローゼンブラットが提案したパーセプトロンの訓練アルゴリズムは、基本的に**ヘップの法則**（Hebb's rule）に触発されたものである。ドナルド・ヘップは、1949 年に出版された「行動の構造」"The Organization of Behavior"のなかで、生物学的ニューロンでは、ニューロンがほかのニューロンを発火するうちに、両者の間のつながりが強化されるとした。この考え方は、のちに Siegrid Lowel がこの考え方を「互いに発火する細胞は、強く結び付けられる」とわかりやすく表現し、ヘップの法則と呼ばれるようになった。つまり、ふたつのニューロンの出力が同じなら、このふたつのニューロンを結ぶ接続部の重みは増えていく。パーセプトロンは、ネットワークによる誤差を考慮に入れたこの法則の変種を使って訓練される。この方法は、誤出力を導くような接続を強化したりはしない。もっと具体的に説明しよう。パーセプトロンは、1 度にひとつの訓練インスタンスを与えられ、個々のイン

---

†6　パーセプトロンという名前は、ひとつのLTUだけによるとても小さなネットワークという意味で使われることもある。

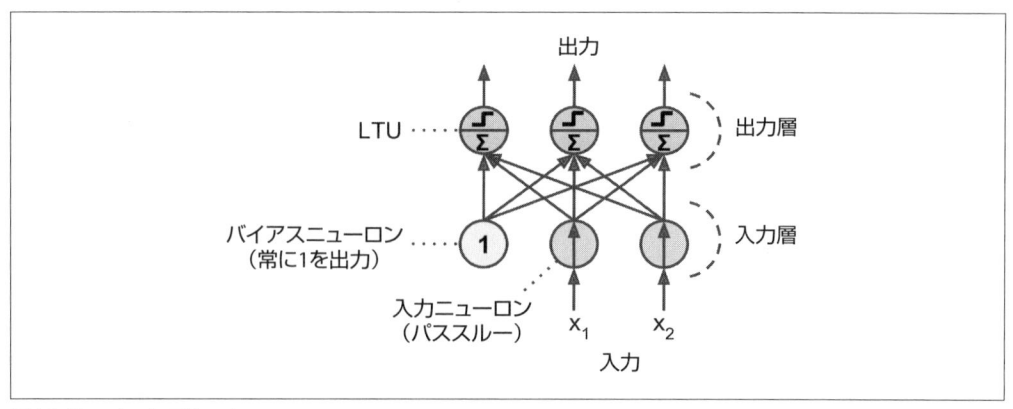

図10-5 パーセプトロン

スタンスに対して予測を行う。そして、誤った予測を生み出した個々の出力ニューロンについて、正しい予測を生み出すために役立ったはずの入力ニューロンからの接続の重みを上げる。**式10-2**は、この規則を示したものである。

式 10-2 パーセプトロンの学習規則（重みの更新）

$$w_{i,j}^{\text{(next step)}} = w_{i,j} + \eta(y_j - \hat{y}_j)x_i$$

- $w_{i,j}$ は、i 番目の入力ニューロンと j 番目の出力ニューロンを結ぶ接続。
- x_i は、現在の訓練インスタンスの i 番目の入力値。
- $\hat{y}_j$ は、現在の訓練インスタンスの j 番目の出力ニューロンの出力。
- y_j は、現在の訓練インスタンスの j 番目の出力ニューロンのターゲット出力。
- η は学習率。

　各出力ニューロンの決定境界は線形なので、パーセプトロンは複雑なパターンを学習することはできない（ロジスティック回帰分類器と同様に）。しかし、ローゼンブラットは、訓練インスタンスが線形分離可能なら、このアルゴリズムが解に収束することを示した[7]。これを**パーセプトロンの収束定理**（perceptron convergence theorem）と呼ぶ。

　scikit-learn は、単一の LTU ネットワークを実装する `Perceptron` クラスを提供している。このクラスは、みなさんの予想通りの動きをする。たとえば、iris データセット（**4 章**参照）で訓練するときには、次のように書く。

---

[7]　この解は一般に一意ではないことに注意していただきたい。一般に、データが線形分離可能なら、それらを分離できる超平面は無限にある。

```
import numpy as np
from sklearn.datasets import load_iris
from sklearn.linear_model import Perceptron

iris = load_iris()
X = iris.data[:, (2, 3)]   # 花弁の長さ、花弁の幅
y = (iris.target == 0).astype(np.int)   # セトナ？

per_clf = Perceptron(random_state=42)
per_clf.fit(X, y)

y_pred = per_clf.predict([[2, 0.5]])
```

　パーセプトロンの学習アルゴリズムが確率的勾配降下法と非常によく似ていることに気づかれたかもしれない。実際、scikit-learn の Perceptron クラスは、ハイパーパラメータを loss="perceptron"、learning_rate="constant"、eta0=1（学習率）、penalty=None（正則化なし）に設定した SGDClassifier を使うのと同じである。

　ロジスティック回帰分類器とは異なり、パーセプトロンはクラスに属する確率を出力しないことに注意していただきたい。パーセプトロンは、ハードなしきい値に基づいて分類をするだけである。これは、パーセプトロンよりもロジスティック回帰を使うべきよい理由のひとつになっている。

　マービン・ミンスキーとシーモア・パパートは、1969 年の著書、"Perceptrons"（『パーセプトロン』パーソナルメディア）で、パーセプトロンの重大な弱点をいくつか指摘しているが、ごく簡単な問題（たとえば、**排他的 OR**: Exclusive OR、XOR 分類問題。**図10-6** の左側を参照）を解決できないこともそのなかに含まれている。もちろん、これはほかの線形分類モデル（ロジスティック回帰分類器など）にも当てはまることだが、研究者たちはパーセプトロンにもっと大きなものを期待していたので、落胆の度合いも大きかった。そのため、多くの研究者たちが**コネクショニズム**（connectionism、すなわちニューラルネットワーク研究）を捨て、論理、問題解決、探索などの高水準の問題に転向した。

　しかし、パーセプトロンの限界の一部は、複数のパーセプトロンを積み上げることによって取り除けることがわかった。そのような ANN を **MLP**（multi-layer perceptron： 多層パーセプトロン）と呼ぶ。特に、MLP は、個々の入力の組み合わせに対して**図10-6** の右側に描かれている MLP の出力を計算すれば確かめられるように、XOR 問題を解決できる。ネットワークは、入力が $(0, 0)$ か $(1, 1)$ なら 0、入力が $(0, 1)$ か $(1, 0)$ なら 1 を出力する。

10.1.4　MLP とバックプロパゲーション

　MLP は、ひとつの（パススルー）入力層と**隠れ層**（hidden layer）と呼ばれるひとつ以上の LTU 層、**出力層**（output layer）と呼ばれる最後のひとつの LTU 層から構成される（**図10-7**）。出力層を除く各層にはバイアスニューロンが含まれており、次の層と完全に接続されている。ANN が複数の隠れ層を保つ場合、その ANN は**深層ニューラルネットワーク**（deep neural network、

DNN）と呼ばれる。

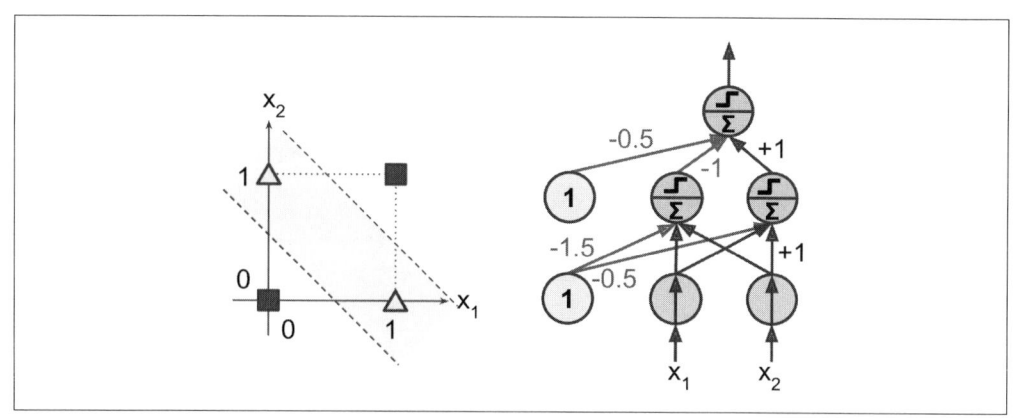

図10-6　XOR分類問題とこの問題を解決するMLP

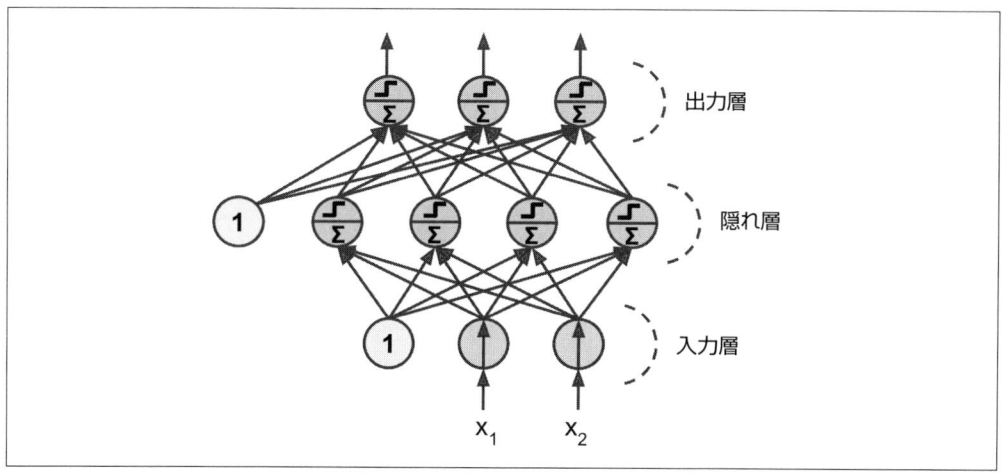

図10-7　MLP

　研究者たちは、MLP を訓練する方法を見つけようとして長年に渡って苦闘を続けてきたが、なかなか成功しなかった。しかし、1986 年になって、D・E・ラメルハートらが画期的な論文 https://goo.gl/Wl7Xyc[8]を発表して、**バックプロパゲーション**（backpropagation：誤差逆伝播法）[9]という訓練アルゴリズムを導入した。今日の私たちなら、これをリバースモード自動微分を使った勾配降下法と言うことができるだろう（勾配降下法は **4 章**、自動微分は **9 章**を参照）。

---

[8]　"Learning Internal Representations by Error Propagation" D. Rumelhart, G. Hinton, R. Williams (1986)
[9]　このアルゴリズムは、実際には1974年のP・ワーボスに始まり、異なる分野のさまざまな研究者たちが繰り返し発明したものである。

　バックプロパゲーションは、個々の訓練インスタンスをネットワークに与え、連続する層のすべてのニューロンの出力を計算する（これは、予測をするときと同じ前進パスである）。次に、ネットワークの出力誤差（つまり、ネットワークが出力すべきだった値と実際に出力した値の違い）を測定し、最後の隠れ層に含まれる各ニューロンが各出力ニューロンの誤差にどれくらいの影響を与えたかを計算する。次に、もうひとつ前の隠れ層の各ニューロンが、これらの誤差への影響力にどれだけの影響を与えたかを計算する。これを入力層に達するまで続ける。この後退パスは、ネットワークの逆方向に誤差勾配を伝えていくことによって、ネットワークの接続部の重み全体の誤差勾配を効率よく測定する。**付録 D** でリバースモード自動微分のアルゴリズムを十分に理解すれば、バックプロパゲーションの前進、後退パスは、単純にリバースモード自動微分を行っていることがわかるだろう。バックプロパゲーションの最後のステップでは、先ほど測定した誤差勾配を使ってネットワークのすべての接続部の重みに対して勾配降下法を行う。

　これをもっと簡潔にしよう。バックプロパゲーションは、個々の訓練インスタンスに対してまず予測を行い（前進パス）、誤差を測定してから、各層を後退しながら個々の接続部の誤差への影響力を測定し（後退パス）、最後に誤差を最小に抑えられるように接続部の重みにわずかな調整を加える（勾配降下ステップ）。

　このアルゴリズムを正しく動作させるために、ラメルハートらは、MLP のアーキテクチャに重要な変更を加えた。ステップ関数をロジスティック関数 $\sigma(z) + 1/(1 + \exp(-z))$ に置き換えたのである。ステップ関数はフラットな線分だけで構成されるため、相手にできる勾配がない（勾配降下法は、平面では動きが取れない）が、ロジスティック関数なら、あらゆる位置に明確に定義された非 0 の導関数があるため、勾配降下法は各ステップで前に進むことができる。バックプロパゲーションは、ロジスティック関数以外の**活性化関数**（activation function）のもとでも使える。ロジスティック関数以外でよく使われるふたつの活性化関数を紹介しよう。

双曲線正接（hyperbolic tangent）関数、$\tanh(z) = 2\sigma(2z) - 1$
> ロジスティック関数と同様に、S 字形で連続で微分可能だが、出力は -1 から 1 までの範囲になる（ロジスティック関数のように 0 から 1 までではなく）ので、訓練を始めたばかりのときの各層の出力が多少なりとも正規化される（つまり 0 に中心に集まる）。これは収束までの時間を短縮するために役立つことが多い。

ReLU 関数（9 章参照）
> $\mathrm{ReLU}(z) = \max(0, z)$、連続だが $z = 0$ で微分可能ではない（傾斜が急激に変わる場所。これの存在により勾配降下法が跳ね回る場合がある）。しかし、実際に使ってみると非常によく機能し、短時間で計算できるというメリットがある。なによりも重要なのは、出力の最大値がないことが勾配降下法の問題緩和に役立つことである（このことについては **11 章**で再び取り上げる）。

図10-8は、これらの活性化関数とその導関数を示している。

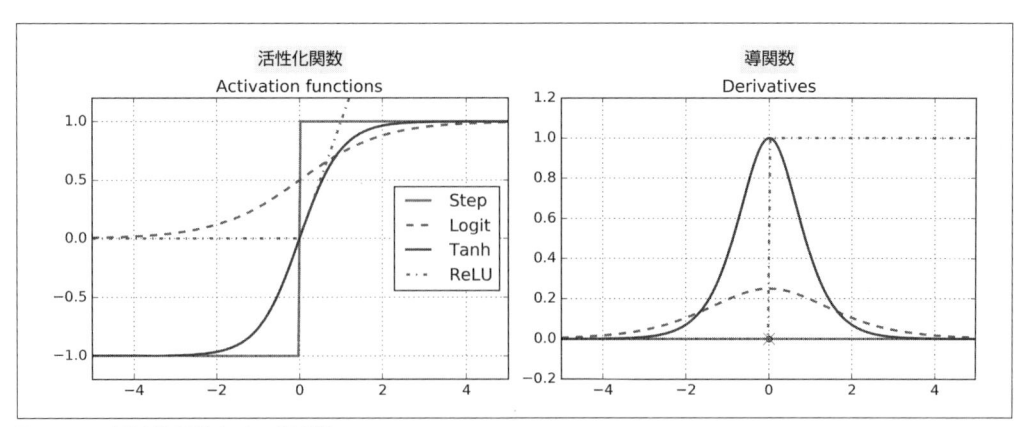

図10-8 活性化関数とその導関数

　MLPは、個々の出力がバイナリクラス（たとえば、スパムとハム、緊急と非緊急など）のいずれかになるので、分類でよく使われる。クラスが相互排他的な場合（たとえば、数字イメージの分類における0から9までのクラス）には、出力層は、個別の活性化関数ではなく、共有の**ソフトマックス**（softmax）関数を使うように変更される（**図10-9**）。ソフトマックス関数については、**4章**で説明した。個々のニューロンの出力は、対応するクラスに属する確率の推計値である。信号の流れが一方通行（入力から出力へ）になっていることに注意しよう。そのため、このアーキテクチャは**順伝播型ニューラルネットワーク**（feedforward neural network：FNN）の例になっている。

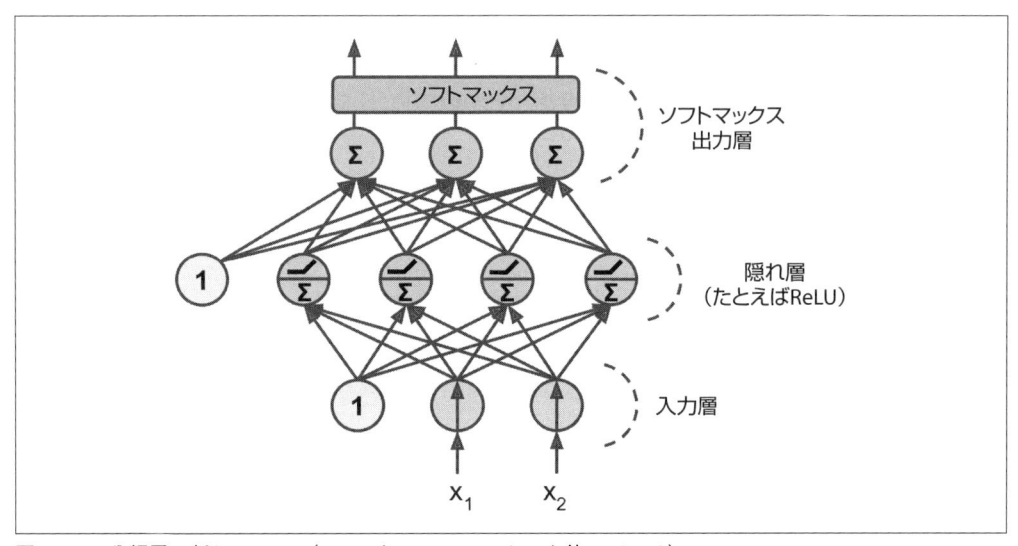

図10-9 分類用の新しいMLP（ReLUとソフトマックスを使っている）

生物学的ニューロンは、おおよそシグモイド（S 字形）の活性化関数を使っているように見えるため、研究者たちは非常に長い間シグモイド関数に捕らわれていた。しかし、ANN では、一般に ReLU 活性化関数の方が性能がよいことがわかっている。これは、生物学からの類推がうまくいかない例のひとつである。

10.2　TensorFlow の高水準 API を使った MLP の訓練

　TensorFlow で MLP を訓練する方法としてもっとも単純なのは、scikit-learn 互換の API を提供する TF Learn という高水準 API を使うことだ。DNNClassifier クラスを使えば、隠れ層がいくつあっても DNN の訓練は非常に簡単であり、ソフトマックス出力層はあるクラスに属する推計確率を出力する。たとえば、次のコードは、ふたつの隠れ層（ひとつはニューロンが 300 個、もうひとつはニューロンが 100 個）とニューロンが 10 個のソフトマックス出力層を持つ DNN を分離のために訓練する。

```
import tensorflow as tf

feature_cols = tf.contrib.learn.infer_real_valued_columns_from_input(X_train)
dnn_clf = tf.contrib.learn.DNNClassifier(hidden_units=[300,100], n_classes=10,
                                         feature_columns=feature_cols)
dnn_clf = tf.contrib.learn.SKCompat(dnn_clf) # TensorFlow がバージョン 1.1 以上なら
dnn_clf.fit(X_train, y_train, batch_size=50, steps=40000)
```

　このコードは、まず訓練セット（カテゴリ値の列なども含まれている）から数値の列を集めたものを作っている。次に、DNNClassifier を作り、scikit-learn 互換ヘルパーでラップし、最後に 50 インスタンスのバッチを使って訓練イテレーションを 4 万回実行している。

　MNIST データセットを対象としてこのコードを実行すると（たとえば、scikit-learn の StandardScaler などを使ってスケーリングしたあとに）、テストセットに対して 98.2% もの正解率を達成するモデルが得られる。これは、**3 章**で訓練した最良のモデルよりもよい数値だ。

```
>>> from sklearn.metrics import accuracy_score
>>> y_pred = dnn_clf.predict(X_test)
>>> accuracy_score(y_test, y_pred['classes'])
0.98250000000000004
```

tensorflow.contrib パッケージには多くの便利な機能が含まれているが、まだコアの TensorFlow API の一部になっていない実験コード用の場所である。DNNClassifier クラス（およびその他の contrib にあるコード）は将来予告なしに変更される可能性がある。

　DNNClassifier クラスは、水面下で、ReLU 活性化関数（活性化関数は、activation_fn ハイパーパラメータを設定すれば変更できる）を基礎としてすべてのニューロン層を作る。出力層はソフトマックス関数に依存しており、コスト関数は交差エントロピーである（**4 章**参照）。

10.3 プレーンな TensorFlow を使った DNN の訓練

ネットワークのアーキテクチャをもっと細かく操作したければ、TensorFlow の低レベル Python API（9章参照）を使った方がよいかもしれない。この節では、低レベル API を使って先ほどと同じモデルを作り、ミニバッチ勾配降下法で MNIST データセットを対象にモデルを訓練する。最初のステップは構築フェーズで TensorFlow グラフを作る。第2のステップは実行フェーズで、グラフを実際に実行してモデルを訓練する。

10.3.1 構築フェーズ

では始めよう。まず、tensorflow ライブラリをインポートする必要がある。次に、入出力の数を指定し、各層の隠れニューロンの数を設定しなければならない。

```
import tensorflow as tf

n_inputs = 28*28   # MNIST
n_hidden1 = 300
n_hidden2 = 100
n_outputs = 10
```

次に、**9章**で行ったように、プレースホルダーノードを使って訓練データとターゲットを表す。X の形状は部分的にしか定義されていない。私たちは X が 2 次元テンソル（つまり行列）になり、第 1 次元にインスタンス、第 2 次元にフィーチャーが並び、フィーチャーの数は 28×28 になる（1 ピクセルが 1 フィーチャー）ことを知っているが、個々の訓練バッチに含まれるインスタンスの数はまだわかっていない。同様に、私たちは y が 1 インスタンスあたり 1 エントリの 1 次元テンソルになることを知っているが、この時点では訓練バッチのサイズはわからないので、shape（形状）は (None) とする。

```
X = tf.placeholder(tf.float32, shape=(None, n_inputs), name="X")
y = tf.placeholder(tf.int64, shape=(None), name="y")
```

では、実際のニューラルネットワークを作ろう。プレースホルダーの X は、入力層として機能する。実行フェーズでは、X は毎回 1 個の訓練バッチに置き換えられる（訓練バッチのすべてのインスタンスは、ニューラルネットワークによって同時に処理されることに注意しよう）。次に、ふたつの隠れ層と出力層を作らなければならない。ふたつの隠れ層はほとんど同じである。違いは、接続されている入力と含んでいるニューロンの数だけだ。出力層も非常によく似ているが、ReLU 活性化関数ではなく、ソフトマックス活性化関数を使う。そこで、1 回に 1 つの層を作るために使う neuron_layer() 関数を作ろう。この関数は、引数として入力、ニューロン数、活性化関数、層の名前を取る。

```
def neuron_layer(X, n_neurons, name, activation=None):
    with tf.name_scope(name):
        n_inputs = int(X.get_shape()[1])
        stddev = 2 / np.sqrt(n_inputs + n_neurons)
        init = tf.truncated_normal((n_inputs, n_neurons), stddev=stddev)
        W = tf.Variable(init, name="kernel")
        b = tf.Variable(tf.zeros([n_neurons]), name="bias")
        Z = tf.matmul(X, W) + b
        if activation is not None:
            return activation(Z)
        else:
            return Z
```

このコードを 1 行ずつじっくりと読んでいこう。

1. まず、層の名前を使って名前スコープを作る。この名前スコープには、このニューロン層のすべての計算ノードが含まれる。このように名前スコープを作ることはオプションだが、ノードがしっかりと整理されていると、TensorBoard で見たときにグラフがずっとよいものになる。

2. 次に、入力行列の形状をルックアップして第 2 次元のサイズを調べる。（第 1 次元はインスタンス数である）。

3. 次の 3 行は、重み行列（しばしば層のカーネルと呼ばれる）を格納する W 変数を作る。W は、個々の入力と個々のニューロンの結ぶすべての接続部の重みを格納する 2 次元テンソルになる。そのため、形状は (n_inputs, n_neurons) となる。W は、標準偏差が $2/\sqrt{n_{inputs} + n_{neurons}}$ の切断[10]正規（ガウス）分布を使って無作為に初期化される。この標準偏差を使うと、アルゴリズムの収束が大幅に早くなる（このことについては、**11 章**で詳しく説明する。これは、ニューラルネットワークの効率に非常に大きな影響を与えた小さな操作群のひとつである）。接続部の重みを無作為に初期化することは、勾配降下法が破れないような対称性を作らないようにするために重要なことである[11]。

4. 次の行は、バイアスのために b 変数を作り、0 で初期化して（この場合、対称性の問題はない）、ニューロンごとにひとつずつバイアスパラメータが作られるようにする。

5. $Z = X \cdot W + b$ を計算するサブグラフを作る。このベクトルによる実装は、その層のなかのすべてのニューロンの加重された入力の加重総和にバイアス項を加えたものを計算する。バッチに含まれるすべてのインスタンスを 1 度に処理するため効率がよい。1 次元の配列（b）を$(X \cdot W)$ と同じ数の列を持つ 2 次元の行列に追加すると、1 次元の配列が行列の各行に加えられる。これを**ブロードキャスト**と呼ぶ。

---

[10] 通常の正規分布ではなく、切断正規分布を使うのは、大きな重みが生まれないようにするためである。大きな重みは訓練をスローダウンさせる。

[11] たとえば、すべての重みを 0 にすると、すべてのニューロンが 0 を出力し、その隠れ層のすべてのニューロンで誤差勾配が同じになってしまう。すると、勾配降下法のステップは、各層ですべての重みをまったく同じように更新し、どれも同じになってしまう。つまり、層ごとに数百個のニューロンがあっても、そのモデルはまるで各層にひとつのニューロンしかないかのようになってしまう。それでは話が始まらない。

6. 最後に、activation パラメータが、"tf.nn.relu"（$\max(0, \boldsymbol{Z})$）に設定されている場合は activation(Z)、そうでない場合はただの z を返す。

これでニューロン層を作るためのよい関数が手に入った。これを使って深層ニューラルネットワークを作ろう。最初の隠れ層は、入力として X を受け取る。第 2 の隠れ層は、入力として第 1 の隠れ層の出力を受け取る。そして最後の出力層は、入力として第 2 の隠れ層の出力を受け取る。

```
with tf.name_scope("dnn"):
    hidden1 = neuron_layer(X, n_hidden1, name="hidden1",
                           activation=tf.nn.relu)
    hidden2 = neuron_layer(hidden1, n_hidden2, name="hidden2",
                           activation=tf.nn.relu)
    logits = neuron_layer(hidden2, n_outputs, name="outputs")
```

ここでも、グラフを明快なものにするために名前スコープを使っていることに注意しよう。また、logits は、ソフトマックス活性化関数に通す**前**のニューラルネットワークの出力だということにも注意したい。最適化のために、ソフトマックス計算はあとで処理する。

しかし、TensorFlow にはニューラルネットワークの標準的な層を作るための便利な関数がいくつも含まれている。そのため、私たちがしたように独自の neuron_layer() 関数を作る必要はないことが多い。たとえば、TensorFlow の tf.layers.dense()（以前は tf.contrib.layers.fully_connected() と呼ばれていた）関数は、完全に接続された層を作る。つまり、すべての入力がその層のすべてのニューロンと接続されているということである。この関数は、適切に初期化すれば kernel と biases と名付けられた weights、biases 変数を作ってくれるし、デフォルトで ReLU 活性化関数を使う（活性化関数は、activation 引数でセットできる）。また、**11 章**で説明するように、正則化、正規化パラメータもサポートする。私たちの neuron_layer() 関数ではなく dense() 関数を使うように、上のコードを書き直してみよう。単純に dnn 構築セクションを次のコードに置き換えればよい。

```
with tf.name_scope("dnn"):
    hidden1 = tf.layers.dense(X, n_hidden1, name="hidden1",
                              activation=tf.nn.relu)
    hidden2 = tf.layers.dense(hidden1, n_hidden2, name="hidden2",
                              activation=tf.nn.relu)
    logits = tf.layers.dense(hidden2, n_outputs, name="outputs")
```

使えるニューラルネットワークモデルが手に入ったので、モデルを訓練するために使うコスト関数を定義する必要がある。**4 章**のソフトマックス回帰のときと同じように、交差エントロピーを使う。すでに説明したように、交差エントロピーは、ターゲットクラスに属する確率を低く推計したモデルにペナルティを与える。TensorFlow は、交差エントロピーを計算する複数の関数を提供している。ここでは、「ロジット」（ソフトマックス活性化関数に通す**前**のネットワークの出力）の交差エントロピーを計算する sparse_softmax_cross_entropy_with_logits() を使う。この関数は、0 からクラス数 -1 までの範囲の整数という形（私たちの場合は 0 から 9）のラ

ベルを必要とする。出力は、各インスタンスの交差エントロピーが収められた1次元テンソルである。ここで TensorFlow の reduce_mean() 関数を使えば、すべてのインスタンスの平均交差エントロピーを計算できる。

```
with tf.name_scope("loss"):
    xentropy = tf.nn.sparse_softmax_cross_entropy_with_logits(labels=y,
                                                               logits=logits)
    loss = tf.reduce_mean(xentropy, name="loss")
```

sparse_softmax_cross_entropy_with_logits() 関数は、ソフトマックス活性化関数を実行してから交差エントロピーを計算するのと同じ結果を返すが、それよりも効率がよく、0 のロジットのような境界条件も適切に処理してくれる。ロジットが大きい場合、浮動小数点丸め誤差によって softmax の出力が 0 または 1 に正確に等しくなり、この場合クロスエントロピー方程式に、負の無限大に等しい $\log(0)$ 項が含まれる。sparse_soft max_cross_entropy_with_logits() 関数は、代わりに $\log(\varepsilon)$ を計算することでこの問題を解決する。ここで、ε は小さな正の数である。先ほどソフトマックス活性化関数を実行しなかったのはそのためである。なお、softmax_cross_entropy_with_logits() という関数もあるが、これは 0 からクラス数 -1 までの整数ではなく、ワンホットベクトルの形でラベルを受け付ける。

　ニューラルネットワークモデルを作り、コスト関数も作ったので、モデルパラメータを操作してコスト関数を最小化する GradientDescentOptimizer を定義する必要がある。新しい知識は必要ない。**9章**で行ったようにすればよい。

```
learning_rate = 0.01

with tf.name_scope("train"):
    optimizer = tf.train.GradientDescentOptimizer(learning_rate)
    training_op = optimizer.minimize(loss)
```

　構築フェーズの最後の重要ステップは、モデルの評価方法を決めることだ。ここでは、性能指標として単純に正解率を使うことにする。まず、個々のインスタンスについて、最高ロジットがターゲットクラスになっているかどうかをチェックして、ニューラルネットワークの予測が正しいかどうかを判定する。この処理には、in_top_k() 関数が使える。in_top_k() は、論理値を集めた1次元テンソルを返すので、この論理値を浮動小数点数にキャストして、平均を計算しなければならない。この計算結果が、ニューラルネットワーク全体の正解率になる。

```
with tf.name_scope("eval"):
    correct = tf.nn.in_top_k(logits, y, 1)
    accuracy = tf.reduce_mean(tf.cast(correct, tf.float32))
```

　いつもと同じように、すべての変数を初期化するためにノードを作る必要がある。そして、訓練したモデルパラメータをディスクに保存する Saver も作ろう。

```
init = tf.global_variables_initializer()
saver = tf.train.Saver()
```

これで構築フェーズは完成だ。40 行にも満たないコードだが、非常に密度が濃い。私たちは、入力とターゲットのためのプレースホルダーを作り、ニューロン層を構築するための関数を作り、それを使って DNN を組み立てた。そして、コスト関数を作り、オプティマイザを作って、最後に性能指標を定義した。では、実行フェーズに移ろう。

10.3.2 実行フェーズ

実行フェーズは構築フェーズよりもずっと短く単純である。まず、MNIST をロードしよう。今までの章と同じように scikit-learn を使ってロードしてもよいのだが、TensorFlow はデータをフェッチし、スケーリングし（0 から 1 までの範囲に）、シャッフルするためのヘルパー関数と 1 度に 1 個のミニバッチをロードするための簡単な関数を用意している。ここでは、そちらを使うことにしよう。さらに、データはすでに訓練セット（55,000 インスタンス）、検証セット（5,000 インスタンス）、テストセット（10,000 インスタンス）に分割されている。このヘルパーを使用しよう。

```
from tensorflow.examples.tutorials.mnist import input_data
mnist = input_data.read_data_sets("/tmp/data/")
```

次に、実行したいエポックの数とミニバッチのサイズを定義する。

```
n_epochs = 40
batch_size = 50
```

これでモデルを訓練できる。

```
with tf.Session() as sess:
    init.run()
    for epoch in range(n_epochs):
        for iteration in range(mnist.train.num_examples // batch_size):
            X_batch, y_batch = mnist.train.next_batch(batch_size)
            sess.run(training_op, feed_dict={X: X_batch, y: y_batch})
        acc_train = accuracy.eval(feed_dict={X: X_batch, y: y_batch})
        acc_val = accuracy.eval(feed_dict={X: mnist.validation.images,
                                            y: mnist.validation.labels})
        print(epoch, "Train accuracy:", acc_train, "Val accuracy:", acc_val)
    save_path = saver.save(sess, "./my_model_final.ckpt")
```

このコードは TensorFlow セッションを開き、すべての変数を初期化する init ノードを実行する。次に、訓練のためのメインループを実行する。エポックごとに、訓練セットのサイズに合った数のミニバッチを反復処理する。個々のミニバッチは、next_batch() メソッドでフェッチされ、現在の入力データとターゲットを引数として訓練オペレーションを実行する。エポックの処理を終える直前に、最後のミニバッチとテストセットを対象としてモデルを評価し、結果を出力する。最後に、モデルパラメータはディスクに保存される。

10.3.3　ニューラルネットワークを実際に使ってみる

ニューラルネットワークを訓練したので、訓練したモデルを使って予測をしてみよう。構築
フェーズは同じものを使えるが、実行フェーズは次のように書き換える。

```
with tf.Session() as sess:
    saver.restore(sess, "./my_model_final.ckpt")
    X_new_scaled = [...]   # 新しいイメージ（0 から 1 までにスケーリング済み）
    Z = logits.eval(feed_dict={X: X_new_scaled})
    y_pred = np.argmax(Z, axis=1)
```

まず、コードはディスクからモデルパラメータをロードする。次に、分類したい新しいイメージ
群をロードする。そして logit ノードを評価する。それぞれのクラスに属する確率として推計し
た値をすべて知りたい場合には、ロジットを softmax() 関数に渡さなければならないが、クラ
スを予測したいだけなら、単純にロジットの値がもっとも大きいクラスを選べばよい（argmax()
関数に任せることができる）。

10.4　ニューラルネットワークのハイパーパラメータの操作

ニューラルネットワークの柔軟性の高さは、ニューラルネットワークの最大の欠点でもあって、
操作しなければならないハイパーパラメータがたくさんある。想像できるあらゆる**ネットワークト
ポロジ**（network topology、ニューロンの接続方法）が使えるだけでなく、もっとも単純な MLP
であっても、層の数、層ごとのニューロンの数、各層で使う活性化関数のタイプ、重みの初期化ロ
ジックなど、多くの設定項目がある。自分のタスクにとってもっとも適切なハイパーパラメータの
組み合わせを見つけるためにはどうすればよいだろうか。

もちろん、今までの章で行ってきたように、グリッドサーチと交差検証を使えば、適切なハイ
パーパラメータを見つけることはできるが、操作すべきハイパーパラメータは多数あり、大規模
なデータセットを対象としてニューラルネットワークを訓練すると時間がかかるので、合理的な
時間内に探れるのは、ハイパーパラメータ空間のごく一部だけになる。**2 章**で取り上げたランダ
ムサーチ（https://goo.gl/QFjMKu）を使った方がはるかによい。そうでなければ、ハイパーパ
ラメータのよい組み合わせを高速に見つけるために複雑なアルゴリズムを組み込んでいる Oscar
（http://oscar.calldesk.ai/）などのツールを使うことになる。

また、個々のハイパーパラメータについて合理的な値はどのようなものかについてのイメージが
つかめていれば、探索空間を狭めることができる。では、隠れ層の数から始めよう。

10.4.1　隠れ層の数

多くの問題では、隠れ層がひとつだけという状態からスタートしても、十分まともな結果が得ら
れる。実際、ニューロンが十分にあれば、隠れ層がひとつだけの MLP でも、もっとも複雑な関数
をモデリングできることは示されている。そのため、長い間研究者たちはもっと深いニューラル

ネットワークの可能性を調査する必要はないと考えてきた。しかし、彼らは、深いネットワークは浅いネットワークよりも**パラメータ効率**が高いことを見落としていた。深いネットワークは、浅いネットワークよりも指数的に少ないニューロンで複雑な関数をモデリングできる。その分、ずっと早く訓練できるのである。

なぜだろうか。何らかの描画ソフトウェアを使って森の絵を描くことを頼まれたとする。ただし、コピーアンドペーストを使うことは認められていない。木を1本1本、枝を1つ1つ、葉を1枚1枚描かなければならないのである。もし、葉を1枚描いたら、それをコピーアンドペーストして枝を描き、その枝をコピーアンドペーストして木を描き、さらにその木をコピーアンドペーストして森を描くことができるなら、仕事はあっという間に終わるだろう。現実世界のデータは、このように階層構造になっていることが多く、DNNは自動的にその事実を利用できる。下位の隠れ層は低水準の構造（たとえば、さまざまな図形の一部となっている線分とその向き）をモデリングし、中間レベルの隠れ層はこれらの低水準構造を組み合わせて中間レベルの構造（たとえば、正方形や円）をモデリングし、最上位の隠れ層と出力層は、これらの中間レベルの構造を組み合わせて高水準の構造（たとえば、顔）をモデリングする。

このような階層構造は、DNNがよい解に早く収束するのを助けるだけでなく、新しいデータセットに対する汎化能力も高める。たとえば、写真に含まれる顔を認識するモデルをすでに訓練してあり、ヘアスタイルを認識する新しいニューラルネットワークを訓練したい場合、最初から第1のネットワークの下位層の結果を再利用することができる。新しいニューラルネットワークの下位のいくつかの層の重みとバイアスを無作為に初期化するのではなく、第1のネットワークの下位層の重みとバイアスを使って初期化できるのである。こうすれば、ほとんどの写真に含まれている下位層の構造を最初から学習する必要はない。高水準の構造（たとえば、ヘアスタイル）だけを学習すればよいのである。

これらをまとめると、多くの問題では、最初は隠れ層を1、2個にしておいても十分に機能する（たとえば、MNISTデータセットでは、数百個のニューロンを持つ隠れ層をひとつ使うだけで簡単に97%以上の正解率に達することができ、ニューロン数の合計は同じままで隠れ層をふたつにすれば、ほぼ同じ訓練時間で98%以上の正解率が得られる）。もっと複雑な問題では、隠れ層の数を少しずつ増やしていき、訓練セットに過剰適合し始めたら止めるようにすればよい。大規模なイメージ分類や音声認識などの非常に複雑なタスクは、一般に数十もの隠れ層を持つネットワーク（数百の完全接続ではない隠れ層を使うこともある。**13章**参照）と、膨大な量の訓練データを必要とする。しかし、そのようなネットワークを0から訓練しなければならないことはまずない。同じようなタスクをこなす事前訓練済みの最先端ネットワークの部品を再利用することの方がはるかに多い。そうすれば、訓練はずっと早く済ませられ、必要なデータは減る（**11章**参照）。

10.4.2　隠れ層あたりのニューロン数

入力層と出力層のニューロンの数は、当然ながら、タスクが必要とする入力と出力のタイプによって決まる。たとえば、MNISTを使ったタスクは、$28 \times 28 = 784$個の入力ニューロンと10個

の出力ニューロンを必要とする。隠れ層のニューロン数については、層ごとにニューロン数を減らして漏斗のような形になるようにするのが一般的だ。多数の低水準フィーチャーが融合して少数の高水準フィーチャーになるということである。たとえば、MNIST 用の典型的なニューラルネットワークは、隠れ層がふたつで第 1 の隠れ層が 300 ニューロン、第 2 の隠れ層が 100 といったところだろう。しかし、最近はこのような方法を使わず、すべての隠れ層で単純に同じ数のニューロンを使うことがある。たとえば、すべての隠れ層で 150 のニューロンを使うというような形である。こうすれば、層ごとにひとつのハイパーパラメータではなく、全体でひとつのハイパーパラメータを操作すればよい。層の数と同様に、過剰適合し始めるまで、ニューロンの数を増やしていく方法も試すとよい。ただし、一般に層あたりのニューロン数を増やすよりも、層の数を増やした方が大きな効果が得られる。残念ながら、完璧なニューロン数を見つけるのは、依然として魔法の世界に属する。

　実際に必要な数よりも多くの層とニューロンを持つモデルを選び、早期打ち切りを使って過剰適合を防ぐようにした方が簡単だ（そして、**11 章**で説明するように、別の正則化テクニック、特にドロップアウト：dropout を使う）。これは、「ストレッチパンツ」アプローチと呼ばれている[†12]。自分のサイズにぴったりと合うパンツを探して時間を浪費するよりも、ちょっと大きいストレッチパンツを買えば、適切なサイズに縮んでくれる。

10.4.3　活性化関数

　隠れ層では、ほとんどの場合、ReLU 活性化関数（または、**11 章**で示す変種）を使うことができる。ReLU は、ほかの活性化関数よりも計算にかかる時間がわずかながら短く、大きな入力値のために飽和しないため、勾配降下法が台地にひっかからない（それに対し、ロジスティック関数や双曲線正接関数は 1 で飽和する）。

　出力層については、分類タスクなら、クラスが相互排他的な時、一般にソフトマックス活性化関数がよい選択肢になる。それらがまったく排他的でない場合（またはクラスが 2 つしかない場合）は、通常はロジスティック関数を使用する。回帰タスクなら、出力に活性化関数を使わなくてよい。

　人工ニューラルネットワーク入門は以上である。次の章では、非常に深いネットワークの訓練テクニックや複数のサーバー、GPU を使った分散訓練を説明する。また、畳み込みニューラルネットワーク、再帰型ニューラルネットワーク、オートエンコーダといったよく使われているその他のニューラルネットワーク・アーキテクチャについても見ていく[†13]。

---

†12　Vincent Vanhoucke が Udacity.com で開講している深層学習の授業（https://goo.gl/Y5TFqz）で使った言葉。
†13　**付録 E** では、さらにこれら以外の ANN アーキテクチャをいくつか紹介する。

10.5　**演習問題**

1. オリジナルの人工ニューロン（**図10-3**のようなもの）を使って $A \oplus B$（ここで $\oplus$ は XOR 演算を表す）を計算する ANN を描きなさい。

   ヒント：$A \oplus B = (A \wedge \neg B) \vee (\neg A \wedge B)$

2. 一般に古典的なパーセプトロン（パーセプトロン訓練アルゴリズムで訓練された単層の LTU）よりもロジスティック回帰分類器を使った方がよいのはなぜか。パーセプトロンにどのような操作を加えれば、ロジスティック回帰分類器と同等になるか。

3. 最初の MLP の訓練でロジスティック活性化関数が重要な構成要素だったのはなぜか。

4. よく使われる活性化関数の名前を 3 つ挙げなさい。グラフも描きなさい。

5. 10 個のパススルーニューロンを持つ 1 個の入力層、50 個の人工ニューロンを持つひとつの隠れ層、3 個の人工ニューロンを持つひとつの出力層から構成される MLP について考えてみよう。人工ニューロンは、どれも ReLU 活性化関数を使うものとする。
   - 入力行列 X の形はどのようなものになるか。
   - 隠れ層の重みベクトル W_h の形、バイアスベクトルの b_h の形はどうか。
   - 出力層の重みベクトル W_o とそのバイアスベクトル b_o の形はどうか。
   - ニューラルネットワークの出力行列 Y の形はどうか。
   - X、W_h、b_h、W_o、b_o の関数としてニューラルネットワークの出力行列 Y を計算する式を書きなさい。

6. 電子メールをスパムかハムかに分類したいとき、出力層で必要なニューロンは何個か。出力層ではどのような活性化関数を使うべきか。メールではなく、MNIST の分類をするときには、出力層で必要なニューロンは何個で、どのような活性化関数を使うべきか。さらに、ニューラルネットワークに **2 章**の住宅価格の予測をさせるときについても、同じ問いに答えなさい。

7. バックプロパゲーションとは何で、どのような仕組みか。バックプロパゲーションとリバースモード自動微分の違いは何か。

8. MLP で操作できるすべてのハイパーパラメータを示しなさい。MLP が訓練データに過剰適合する場合、問題解決のためにそれらのハイパーパラメータをどのように操作すればよいか。

9. MNIST データセットで深層 MLP を訓練し、98% を越える精度が得られるかどうかを調べてみよう。**9 章**の最後の演習問題と同じように、あらゆる付属機能を追加してみよう（つまり、チェックポイントの保存、途中で訓練が中止されたときの最後のチェックポイントからの復元、サマリの追加、TensorBoard を使った学習曲線のプロットなど）。

演習問題の解答は、**付録 A** を参照のこと。

11章
深層ニューラルネットの訓練

　10章では、人工ニューラルネットワークの初歩を説明し、最初の深層ニューラルネットワークを訓練した。しかし、作ったのは隠れ層が2つだけというごく浅いDNNだった。高解像度画像の数百種のオブジェクトタイプを検出するというような非常に複雑な問題に挑戦しなければならないときにはどうすればよいのだろうか。たとえば10層で、各層が数百ものニューロンを抱えており、それらが数十万もの接続でつながっているようなはるかに複雑なDNNを訓練しなければならないだろう。これは簡単な話ではない。

- まず第1に、深層ニューラルネットワークに影響を与え、下位層が非常に訓練しにくくなる**勾配消失**（vanishing gradient）問題（または、それと関連する**勾配爆発** = exploding gradient 問題）に直面する。
- 第2に、そのような大規模なネットワークでは、訓練に恐ろしく長い時間がかかる。
- 第3に、数百万ものパラメータを持つモデルは、訓練セットにひどく過学習するリスクがある。

　この章では、これらの問題を順に取り上げていき、解決方法を示す。まず、勾配消失問題を説明し、この問題の解決のためにもっともよく使われている方法をいくつか紹介する。次に、プレーンな勾配降下法と比べて大規模なモデルの訓練を大幅にスピードアップするさまざまなオプティマイザについて学ぶ。最後に、大規模なニューラルネットワークでよく使われている正則化テクニックをいくつか見ていく。

　これらのツールを揃えれば、非常に深いニューラルネットワークを訓練できるようになる。深層学習の世界にようこそ！

11.1　勾配消失／爆発問題

10章で説明したように、バックプロパゲーションは、出力層から入力層に向かって誤差勾配を伝えていく。バックプロパゲーションは、ネットワークの各パラメータについて、コスト関数の勾配を計算すると、勾配降下ステップに入ってから、その勾配を使って各パラメータを更新していく。

残念ながら、バックプロパゲーションが下位層に進んでいくにつれて、勾配はどんどん緩やかになっていく。そのため、勾配降下法による更新では下位層の接続の重みはほとんど変わらず、訓練はよい解に収束しなくなる。これを**勾配消失**（vanishing gradient）問題と呼ぶ。逆が起きることもある。勾配がどんどん急になり、多くの層の重みが更新によってとてつもなく大きくなり、アルゴリズムが発散してしまうのである。これを**勾配爆発**（exploding gradient）問題と呼ぶ。これは主として再帰型ニューラルネットワーク（**14章**参照）で起きる。より一般的に言えば、深層ニューラルネットワークは不安定な勾配によって問題を起こす。層によって学習速度が大幅に変わってしまうのである。

この残念な挙動は、かなり前から経験的に観測されていたが（深層ニューラルネットワークが長い間捨てられた状態になっていたのはそのためである）、この問題に対する理解が大きく前進したのは2010年頃になってからである。ザビエル・グルロット（Xavier Glorot）とヨシュア・ベンジオによる"Understanding the Difficulty of Training Deep Feedforward Neural Networks"（深層順伝播型ニューラルネットワークの訓練の難しさの解明）という論文（http://goo.gl/1rhAef）[†1]が、当時もっとも広く使われていたロジスティックシグモイド活性化関数と重み初期化テクニック（平均が0で標準偏差が1の正規分布を使った無作為な初期化）などに対する疑問点を提出したのである。簡単に言えば、この活性化関数と初期化方法なら、各層の出力の分散は、入力の分散よりもずっと大きくなってしまう。ネットワークを順方向に進んでいくと、各層を通過するたびに分散は大きくなり続け、上位層では活性化関数が飽和してしまう。しかも、ロジスティック関数の平均は0ではなく0.5なので、この問題は実際にはさらに悪化してしまう（双曲線正接関数は平均が0なので、深層ネットワークではロジスティック関数よりもわずかに挙動がましになる）。

ロジスティック活性化関数を見ると（**図11-1**）、入力（の絶対値）が大きくなると、関数は0か1で飽和し、導関数は極端に0に近くなる。そのため、バックプロパゲーションが始まる頃には、ネットワークの逆方向に伝播すべき勾配はほとんどなくなってしまう。しかも、バックプロパゲーションが上位層を進んでいくうちに、そのわずかな勾配がどんどん弱まり、下位層にはほとんど何も残らない。

[†1]　"Understanding the Difficulty of Training Deep Feedforward Neural Networks" X. Glorot, Y Bengio(2010)

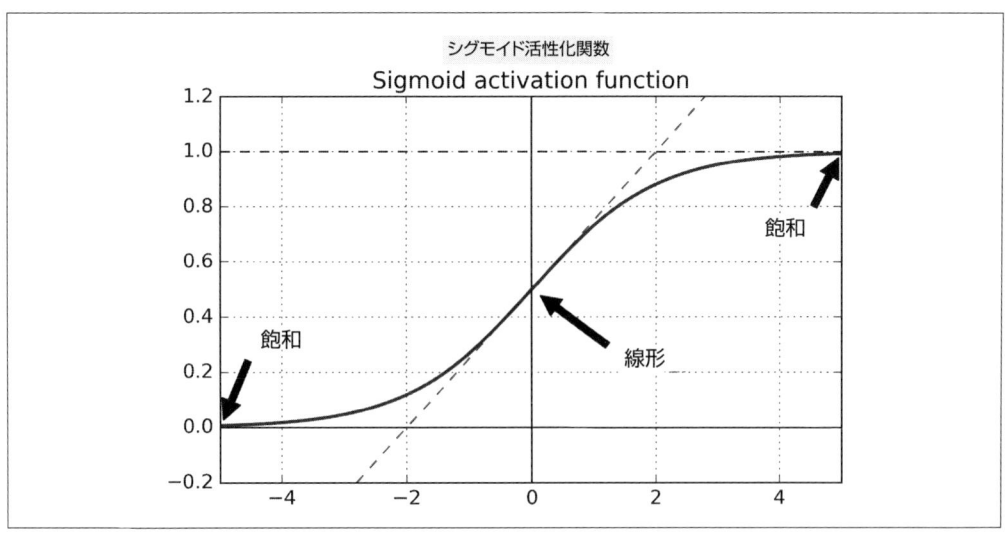

図11-1　ロジスティック活性化関数の飽和

11.1.1　**Xavier の初期値と He の初期値**

　グルロットとベンジオは、上記の論文のなかで、この問題を大幅に緩和する方法を提案している。必要なのは、予測をする順方向と勾配をバックプロパゲーションするときの逆方向の両方向で正しく流れていく信号である。信号がなくなったり、爆発、飽和したりするのは困る。信号を適切に流すために、各層の出力の分散と入力の分散を等しくする必要があり[†2]、層を通過する前とあととで勾配の分散も等しくなければならないと著者たちは言う（数学の詳細を知りたい場合は、論文を読んでいただきたい）。実際には、各層の入力と出力の接続数が同じでなければ、両方を保証することはできない。しかし、彼らはよい妥協を提案しており、非常によく機能することが実証されている。それは、接続部の重みを**式11-1** のように無作為に初期化するというものである。ここで、n_{inputs} と n_{outputs} は、それぞれその層の入力接続と出力接続の数である（**ファンイン**：fan-in、**ファンアウト**：fan-out）とも呼ぶ。この初期化方法を **Xavier の初期値**（Xavier initialization、著者の姓名の名の方から）、あるいは **Glorot の初期値**（Glorot initialization）と呼ぶ。

---

†2　たとえ話で説明しよう。マイクの音量を0に近づけすぎるとあなたの声は伝わらないが、上限に近づけすぎるとあなたの声は飽和状態になり何を言っているのか理解不能になる。そのような音量スイッチがずらっと並んでいるところを想像してみよう。最後のスイッチを通過したあとであなたの声をはっきりと大きな音量で出すためには、それらすべての音量スイッチを適切に設定しなければならない。そのためには、あなたの声は、音量スイッチに入ってきたときと同じ大きさで音量スイッチから出ていかなければならない。

式 11-1　Xavier の初期値（ロジスティック活性化関数を使う場合）

平均 0、標準偏差 $\sigma = \sqrt{\dfrac{2}{n_{\text{inputs}} + n_{\text{outputs}}}}$ の正規分布

または $r = \sqrt{\dfrac{6}{n_{\text{inputs}} + n_{\text{outputs}}}}$ としたときの $-r$ から $+r$ までの一様分布

　入力接続と出力接続がおおよそ同じ数なら、もっと単純な方程式（たとえば、$\sigma = 1/\sqrt{n_{\text{inputs}}}$ や、$r = \sqrt{3}/\sqrt{n_{\text{inputs}}}$）を使える[3]。

　Xavier の初期値を使うと訓練のスピードをかなり上げられる。これは、深層学習の現在の成功を導いた要因のひとつだ。最近の論文（たとえば、http://goo.gl/VHP3pB）[4]は、**表11-1** に示すように、ほかの活性化関数に対しても同じような方法を提案している。このなかでも、ReLU 活性化関数（およびその変種。すぐあとで説明する ELU も含まれる）を対象とする初期値は、**He の初期値**（He initialization = 著者の姓から）と呼ばれることがある。これは **10 章**で使われた戦略である。

表11-1　さまざまな活性化関数のための初期値

活性化関数	一様分布 $[-r, r]$	正規分布
ロジスティック	$r = \sqrt{\dfrac{6}{n_{\text{inputs}} + n_{\text{outputs}}}}$	$\sigma = \sqrt{\dfrac{2}{n_{\text{inputs}} + n_{\text{outputs}}}}$
双曲線正接	$r = 4\sqrt{\dfrac{6}{n_{\text{inputs}} + n_{\text{outputs}}}}$	$\sigma = 4\sqrt{\dfrac{2}{n_{\text{inputs}} + n_{\text{outputs}}}}$
ReLU（およびその変種）	$r = \sqrt{2}\sqrt{\dfrac{6}{n_{\text{inputs}} + n_{\text{outputs}}}}$	$\sigma = \sqrt{2}\sqrt{\dfrac{2}{n_{\text{inputs}} + n_{\text{outputs}}}}$

　`tf.layers.dense()` 関数（**10 章**参照）は、デフォルトで Xavier の初期値（一様分布）を使っている。次のように `variance_scaling_initializer()` 関数を使えば、He の初期値を使うように変えられる。

```
he_init = tf.contrib.layers.variance_scaling_initializer()
hidden1 = tf.layers.dense(X, n_hidden1, activation=tf.nn.relu,
                          kernel_initializer=he_init, name="hidden1")
```

---

[3]　この単純化された方程式は、実際にはかなり前に、たとえば Genevieve Orr と Klaus-Robert Muller が1998年に出版した"Neural Networks: Tricks of the Trade"(Springer)などで提案されたものである。

[4]　"Delving Deep into Rectifiers: Surpassing Human-Level Performance on ImageNet Classification" K. He et al.(2015)

Xavier の初期値はファンインとファンアウトの平均を考慮するが、He の初期値はファンインしか考慮しない。これは `variance_scaling_initializer()` のデフォルトでもあるが、`mode="FAN_AVG"`引数を指定すれば変えられる。

11.1.2　非飽和活性化関数

2010 年のグルロットとベンジオの論文は、勾配消失／爆発問題の理由の一部が活性化関数の選び方のまずさにあることも示していた。それまでは、母なる自然が生物学的ニューロンでシグモイド活性化関数を使うことを選んだのだから、それはすばらしい選択であるに違いないとほとんどの人々が思っていた。しかし、深層ニューラルネットワークでは、ほかの活性化関数の方がはるかに優れた挙動を示すことがわかった。特に、正の値では飽和しない（そして非常に素早く計算できる）ReLU 関数である。

しかし、ReLU 活性化関数は完璧だというわけではない。訓練中に一部のニューロンが 0 以外の値を出力しなくなり、実質的に死んでしまう dying ReLU と呼ばれる問題がある。特に大きな学習率を使うと、ネットワークのニューロンの半分が死んでしまうことさえある。ニューロンの入力の加重総和が負数になると、ニューロンは 0 を出力し出す。ReLU 関数の勾配は、入力が負数なら 0 なので、ニューロンが生き返る見込みはない。

この問題を解決するには、leaky ReLU などの ReLU 関数の変種を使うとよい。この関数は、$\text{LeakyReLU}_\alpha(z) = \max(\alpha z, z)$ と定義されている（**図11-2**）。ハイパーパラメータの α は、関数がどの程度「リーク」するか、つまり $z < 0$ のときの傾斜で、一般に 0.01 使われる。この小さな傾斜のおかげで、leaky ReLU は決して死なない。長い昏睡状態に入ることはあるが、最終的に目覚める可能性が残されている。ReLU 活性化関数の複数の変種を比較したある最近の論文（https://goo.gl/B1xhKn）[5]の結論のひとつは、leaky ReLU の方が厳密な ReLU よりも常に高い性能を発揮するということである。それどころか、$\alpha = 0.2$（かなり大きなリーク）の方が $\alpha = 0.01$（小さなリーク）よりも性能が高くなるようだ。彼らは randomized leaky ReLU も評価している。これは、訓練中に指定された範囲から無作為に α を選び、テスト中の平均を α に固定するというものである。これもよい性能を示し、正則化器（訓練セットへの過学習のリスクを軽減する手段）としても機能するようだ。最後に、彼らは parametric leaky RELU（PReLU）も評価した。これは、α を訓練中に学習することを認める（ハイパーパラメータにせず、バックプロパゲーションの過程で変更できるパラメータにする）ものである。この方法は、大規模な画像データセットでは、ReLU を大幅に超える性能を示すが、小規模なデータセットでは、過学習のリスクが高くなる。

---

[5]　"Empirical Evaluation of Rectified Activations in Convolution Network" B. Xu et al. (2015)

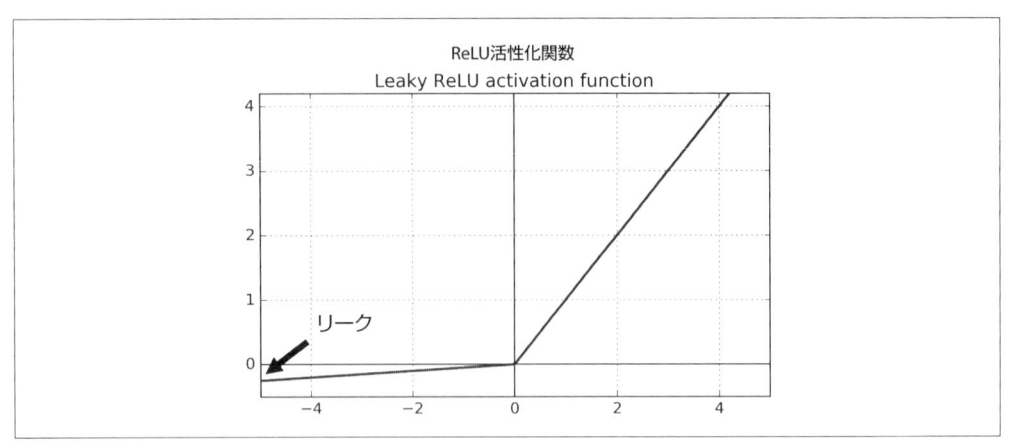

図11-2　leaky ReLU

　最後に、Djork-Arne Clevert らの 2015 年の論文（http://goo.gl/Sdl2P7）[6]は、**ELU**（exponential linear unit）という新しい活性化関数を提案した（**図11-3**）。彼らの実験によれば、ELU は ReLU のすべての変種よりも高い性能を示した。訓練時間は短縮され、訓練されたニューラルネットワークはテストセットでよい成績を収めた。**式11-2** は ELU の定義を示している。

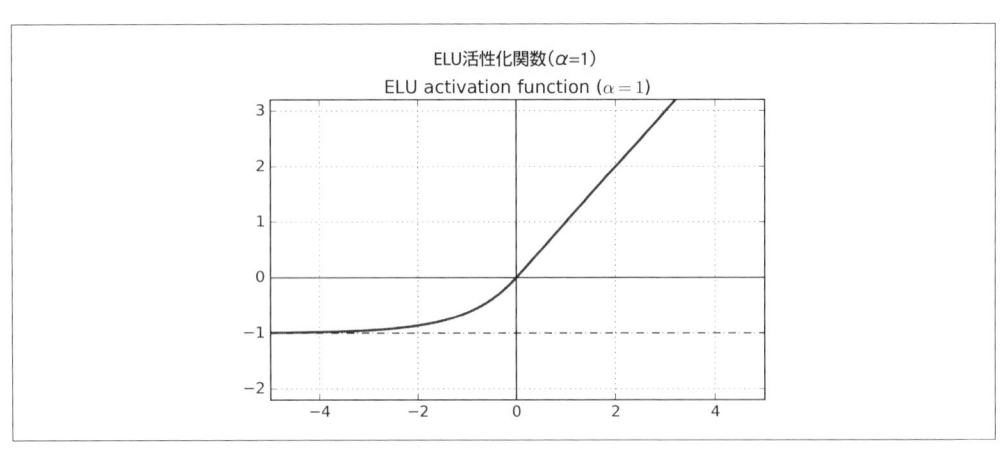

図11-3　ELU 活性化関数

---

[6] "Fast and Accurate Deep Network Learning by Exponential Linear Units (ELUs)" D. Clevert, T. Unterthiner, S. Hochreiter(2015)

式 11-2　ELU 活性化関数

$$
\mathrm{ELU}_\alpha(z) = \begin{cases} \alpha(\exp(z) - 1) & \text{if } z < 0 \\ z & \text{if } z \geqq 0 \end{cases}
$$

ELU は ReLU 関数とよく似ているが、大きな違いがいくつかある。

- $z < 0$ のときには負数になり、平均出力が 0 に近くなる。これは、勾配消失問題の緩和に役立つ。ハイパーパラメータの α は、z が負数として絶対値が大きくなったときに近づく値を定義する。通常は 1 に設定されるが、ほかのハイパーパラメータと同様に、操作できる。
- $z < 0$ で非 0 の勾配を持つため、dying ReLU の問題を回避できる。
- $z = 0$ の近辺を含め、あらゆる場所で滑らかなので、$z = 0$ の左右で勾配降下法がはねまわることがなく、勾配降下法の高速化を助ける。

ELU 活性化関数の最大の欠点は、ReLU とその変種よりも計算に時間がかかることである（指数関数を使っているため）。訓練中は収束までの時間が短いことにより相殺されるが、テスト中は ELU ネットワークは ReLU ネットワークよりも遅くなる。

では、深層ニューラルネットワークの隠れ層の活性化関数としてはどれを使ったらよいのだろうか。ケースバイケースではあるが、一般に ELU>leaky ReLU（およびその変種）>ReLU>双曲線正接>ロジスティックである。実行時のスピードが気になる場合は、ELU よりも leaky ReLU の方がよいだろう。ほかのハイパーパラメータをいじりたくない場合には、すでに示したデフォルトの α 値（leaky ReLU では 0.01、ELU では 1）を使えばよい。時間と計算パワーに余裕があるなら、交差検証でほかの活性化関数も評価してみるとよい。特に、ネットワークが過学習している場合は RReLU、訓練セットが非常に大きい場合は PReLU を試すとよいだろう。

TensorFlow は、ニューラルネットワークの構築のために使える elu() 関数を提供している。次に示すように、dense() 関数を呼び出すときに、activation 引数として指定すれば使える。

```
hidden1 = tf.layers.dense(X, n_hidden1, activation=tf.nn.elu, name="hidden1")
```

それに対し、TensorFlow は leaky ReLU のための定義済み関数を持っていないが、これは簡単に定義できる。

```
def leaky_relu(z, name=None):
    return tf.maximum(0.01 * z, z, name=name)

hidden1 = tf.layers.dense(X, n_hidden1, activation=leaky_relu, name="hidden1")
```

11.1.3　バッチ正規化

He の初期値と ELU（または ReLU の変種）を使えば、訓練開始時点での勾配消失／爆発の問題は大幅に緩和されるが、訓練中にこの問題が戻ってこないという保証はない。

Sergcy Ioffe と Christian Szegedy は、2015 年の論文（https://goo.gl/gA4GSP）[7]で、勾配消失／爆発問題だけではなく、一般に訓練中に前の層のパラメータの変化にともない、各層の入力分布が変化する問題（彼らはこれを**内部共変量シフト** = internal covariate shift と呼んだ）に対処するためのテクニックとして、**バッチ正規化**（batch normalization）というものを提案した。

このテクニックは、各層の活性化関数を実行する直前に、入力の 0 を中心とするセンタリングと正規化を行い、層ごとにふたつの新しいパラメータ（スケーリング用とシフト用）を使ってスケーリングとシフトを行うというオペレーションを入れるものである。言い換えれば、このオペレーションは、各層の入力の最適なスケールと平均をモデルに学習させる。

バッチ正規化アルゴリズムは、入力の 0 を中心とするセンタリングと正規化のために、入力の平均と標準偏差を推計する必要がある。そのために、バッチ正規化は、現在のミニバッチに含まれる入力の平均と標準偏差を計算する（バッチ正規化という名前はここに由来している）。**式 11-3** は、このオペレーション全体をまとめたものである。

式 11-3　バッチ正規化アルゴリズム

1. $\boldsymbol{\mu}_B = \dfrac{1}{m_B} \sum_{i=1}^{m_B} \boldsymbol{x}^{(i)}$

2. $\boldsymbol{\sigma}_B{}^2 = \dfrac{1}{m_B} \sum_{i=1}^{m_B} (\boldsymbol{x}^{(i)} - \boldsymbol{\mu}_B)^2$

3. $\hat{\boldsymbol{x}}^{(i)} = \dfrac{\boldsymbol{x}^{(i)} - \boldsymbol{\mu}_B}{\sqrt{\boldsymbol{\sigma}_B{}^2 + \varepsilon}}$

4. $\boldsymbol{z}^{(i)} = \gamma \hat{\boldsymbol{x}}^{(i)} + \beta$

- μ_B は、ミニバッチ B 全体の標本平均。
- σ_B は、ミニバッチ B 全体の標本標準偏差。
- m_B は、ミニバッチのインスタンス数。
- $\hat{\boldsymbol{x}}^{(i)}$ は、0 を中心とするセンタリングと正規化を施した入力。
- γ は、この層のスケーリングパラメータ。
- β は、この層のシフト（オフセット）パラメータ。
- ε は、0 による除算を防ぐための小さな値（一般に 10^{-5}）。**平滑化項**（smoothing term）と呼ぶ。

---

[7]　"Batch Normalization: Accelerating Deep Network Training by Reducing Internal Covariate Shift" S. Ioffe and C. Szegedy (2015)

- $z^{(i)}$ は、バッチ正規化オペレーションの出力。入力にスケーリングとシフトを施したもの。

テスト時には、実証的平均、標準偏差を計算するためのミニバッチはないので、代わりに訓練セット全体の平均と標準偏差を使う。これらは、移動平均を使って訓練中に効率よく計算される。そこで、個々のバッチ正規化層では、γ（スケール）、β（オフセット）、μ（平均）、σ（標準偏差）の 4 個のパラメータを学習する。

著者たちは、実験に使ったすべての深層ニューラルネットワークがこのテクニックによってかなりよくなったことを示している。勾配消失問題は強力に緩和され、活性化関数として双曲線正接やロジスティック関数のような飽和する関数さえ使えるようになった。ネットワークが重みの初期値から受ける影響も下がった。従来よりも大きな学習率を使えるようになり、訓練プロセスが大幅に高速化した。特に、「最先端の画像分類モデルに適用すると、バッチ正規化は 1/14 の訓練ステップで同じ正解率を達成し、もとのモデルを大差で越えている。バッチ正規化ネットワークのアンサンブルを使えば、ImageNet 分類の公表されている最高結果を上回った。検証誤差のトップ 5 が 4.9%（テスト誤差が 4.8%）で、人間の評価者の正解率を越えた」と著者たちは言っている。しかも、バッチ正規化は正則化器としても機能し、ほかの正則化テクニック（たとえば、この章で後述するドロップアウトなど）が必要な場面が減る。

しかし、バッチ正規化は、モデルを複雑にする（最初の隠れ層がバッチ正規化されているものとすれば、そこで入力データの正規化が行われるので、入力データの正規化は不要になるが）。そして、実行時にペナルティがかかる。ニューラルネットワークは、各層で余分な計算が必要とされるため、予測が遅くなるのである。そのため、非常に高速な予測が必要なら、バッチ正規化を試してみる前に、プレーンな ELU+He 初期化でどの程度の性能が得られるかをチェックした方がよい。

 勾配降下法が各層の最適なスケールとオフセットを探している間は、訓練に時間がかかるような感じがするかもしれないが、まずまずよい値を見つけてからは高速化される。

11.1.3.1　TensorFlow によるバッチ正規化の実装

TensorFlow は `tf.nn.batch_normalization()` 関数を提供しているが、入力をセンタリング、正規化するだけなので、平均と標準偏差は自分で計算し（すでに説明したように、直前のミニバッチデータ、または訓練データ全体から）、この関数に引数として渡さなければならない。また、スケーリング、オフセット引数も自分で作ってこの関数に渡さなければならない。これはできないわけではないが、もっとも便利な方法ではない。代わりに、これらすべてを処理してくれる `tf.layers.batch_normalization()` 関数を使うようにしよう。次に示すように利用することができる。

```
import tensorflow as tf

n_inputs = 28 * 28
n_hidden1 = 300
n_hidden2 = 100
n_outputs = 10

X = tf.placeholder(tf.float32, shape=(None, n_inputs), name="X")

training = tf.placeholder_with_default(False, shape=(), name='training')

hidden1 = tf.layers.dense(X, n_hidden1, name="hidden1")
bn1 = tf.layers.batch_normalization(hidden1, training=training, momentum=0.9)
bn1_act = tf.nn.elu(bn1)
hidden2 = tf.layers.dense(bn1_act, n_hidden2, name="hidden2")
bn2 = tf.layers.batch_normalization(hidden2, training=training, momentum=0.9)
bn2_act = tf.nn.elu(bn2)
logits_before_bn = tf.layers.dense(bn2_act, n_outputs, name="outputs")
logits = tf.layers.batch_normalization(logits_before_bn, training=training,
                                       momentum=0.9)
```

では、このコードがしていることをたどってみよう。最初の数行は説明しなくてもわかるだろう。training プレースホルダーは訓練中は True をセットし、それ以外はデフォルトで False の値を取る。tf.nn.batch_normalization() 関数に現在のミニバッチの平均と標準偏差を使うか（訓練中）、訓練セット全体の平均と標準偏差を使うか（テスト中）を指示するために使われる。

　次に、全結合層とバッチ正規化層を交互に切り替える。全結合相は tt.layers.dense() 関数を使って作られ、それはちょうど **10 章**で行ったようなものである。活性化関数を各バッチ正規化層の後に活性化関数を適用したいため、全結合層のために何か特別な活性化関数を指定するわけではないことに気をつけよう[†8]。tf.layers.batch_normalization() 関数を使用してバッチ正規化層を作成し、訓練と momentum パラメータを設定する。BN アルゴリズムは移動平均の計算のために**指数関数的減衰**（exponential decay）を使うため、momentum パラメータが必要となる。新しい値 (v) が与えられると、移動平均 $(\hat{v})$ は次の式で更新される。

$$\hat{v} \leftarrow \hat{v} \times \text{momentum} + v \times (1 - \text{momentum})$$

　良い momentum の値は 1 に近い、例えば、0.9、0.99、0.999 などである（データセットが大きい場合、ミニバッチが小さい場合には、9 を増やした方がよいだろう）。

　同じバッチ正規化パラメータが繰り返し現れることで、コードは繰り返しが多いことに気づいたかもしれない。この繰り返しを避けるために、functools モジュールの partial() 関数（Python の標準ライブラリの一部）を使用することができる。関数に薄いラッパを作成し、いくつ

[†8]　多くの研究者は、活性化の後（前ではなく）にバッチ正規化層を置くことは、同じくらいあるいはそれ以上に優れていると主張している。

かのパラメータのデフォルト値を定義することができるようになる。以前のコードでのネットワーク層の作成は、次のように変更することができる。

```
from functools import partial

my_batch_norm_layer = partial(tf.layers.batch_normalization,
                              training=training, momentum=0.9)

hidden1 = tf.layers.dense(X, n_hidden1, name="hidden1")
bn1 = my_batch_norm_layer(hidden1)
bn1_act = tf.nn.elu(bn1)
hidden2 = tf.layers.dense(bn1_act, n_hidden2, name="hidden2")
bn2 = my_batch_norm_layer(hidden2)
bn2_act = tf.nn.elu(bn2)
logits_before_bn = tf.layers.dense(bn2_act, n_outputs, name="outputs")
logits = my_batch_norm_layer(logits_before_bn)
```

　この小さな例では、あまり大きく改善された感じはしないかもしれないが、10個の層があり、同じ活性化関数、初期化子、正規化器などを使いたい場合には、これを使うとコードがかなり読みやすくなる。

　構築フェーズの残りの部分は、**10章**と同じである。コスト関数を定義し、オプティマイザを作り、コスト関数の最小化を指示し、評価オペレーションを定義し、変数の初期化を行い、Saver を作るといったことをしていく。

　実行フェーズもほぼ同じだが、2つの例外がある。まず、訓練中に batch_normalization() 層に依存するオペレーションを実行するたびに、訓練プレースホルダーを True に設定する必要がある。次に、batch_normalization() 関数は、移動平均を更新するために訓練中に各ステップで評価のためにいくつかのオペレーションを作成する（訓練セットの平均と標準偏差を評価するために移動平均が必要であることを思い出そう）。これらのオペレーションは自動で UPDATE_OPS コレクションに追加されるため、コレクション内のオペレーションのリストを得て、各訓練イテレーションを実行するだけで良い。

```
extra_update_ops = tf.get_collection(tf.GraphKeys.UPDATE_OPS)

with tf.Session() as sess:
    init.run()
    for epoch in range(n_epochs):
        for iteration in range(mnist.train.num_examples // batch_size):
            X_batch, y_batch = mnist.train.next_batch(batch_size)
            sess.run([training_op, extra_update_ops],
                    feed_dict={training: True, X: X_batch, y: y_batch})
        accuracy_val = accuracy.eval(feed_dict={X: mnist.test.images,
                                                y: mnist.test.labels})
        print(epoch, "Test accuracy:", accuracy_val)

    save_path = saver.save(sess, "./my_model_final.ckpt")
```

以上である。層がふたつしかないこの小さな例では、バッチ正規化が大きな改善効果を示すこと

はまずないだろうが、もっと深いニューラルネットワークでは、大きな効果がある。

11.1.4 勾配クリッピング

勾配爆発問題を軽減するためのテクニックとしてよく使われているのは、単純にバックプロパゲーションステップでは勾配をクリッピングし、一定のしきい値を決して越えないようにするテクニックである（この方法は、再帰型ニューラルネットワークで特に役に立つ。**14章**参照）。これを**勾配クリッピング**（gradient clipping、http://goo.gl/dRDAaf）[9]と呼ぶ。一般に、今はバッチ正規化の方が人気があるが、勾配クリッピングというテクニックとその実装方法を知っていることは今でも意味がある。

TensorFlow では、オプティマイザの minimize() 関数は勾配の計算と適用の両方を行うので、この関数の代わりにオプティマイザの compute_gradients() メソッドをまず呼び出し、次に clip_by_value() メソッドを使って勾配クリッピングのオペレーションを作り、最後にオプティマイザの apply_gradients() メソッドでクリッピングされた勾配を適用するオペレーションを作る必要がある。

```
threshold = 1.0
optimizer = tf.train.GradientDescentOptimizer(learning_rate)
grads_and_vars = optimizer.compute_gradients(loss)
capped_gvs = [(tf.clip_by_value(grad, -threshold, threshold), var)
                for grad, var in grads_and_vars]
training_op = optimizer.apply_gradients(capped_gvs)
```

あとは、いつもと同じように、この training_op をすべての訓練ステップで実行するだけだ。training_op は勾配を計算し、それを −1.0 から 1.0 までの範囲にクリッピングして適用する。しきい値は、チューニングできるハイパーパラメータである。

11.2 プレトレーニング済み層の再利用

一般に、非常に大規模な DNN を 0 から訓練するのはあまりよくない。挑戦しようとしているタスクとよく似たタスクをこなしている既存のニューラルネットワークを探し、そのネットワークの下位層を再利用するようにすべきだ。これを**転移学習**（transfer learning）と呼ぶ。こうすると、訓練にかかる時間が大幅に短縮できるだけでなく、必要な訓練データも少なくなる。

たとえば、写真を動物、植物、乗り物、日常品などの 100 種類のカテゴリに分類するように訓練された DNN にアクセスできるものとする。そして、乗り物をタイプごとに分類する DNN を訓練することになっている。ふたつのタスクは非常によく似ているので、最初の DNN の一部を再利用することを検討すべきだ（**図11-4**）。

---

[9] "On the difficulty of training recurrent neural networks" R. Pascanu et al.(2013)

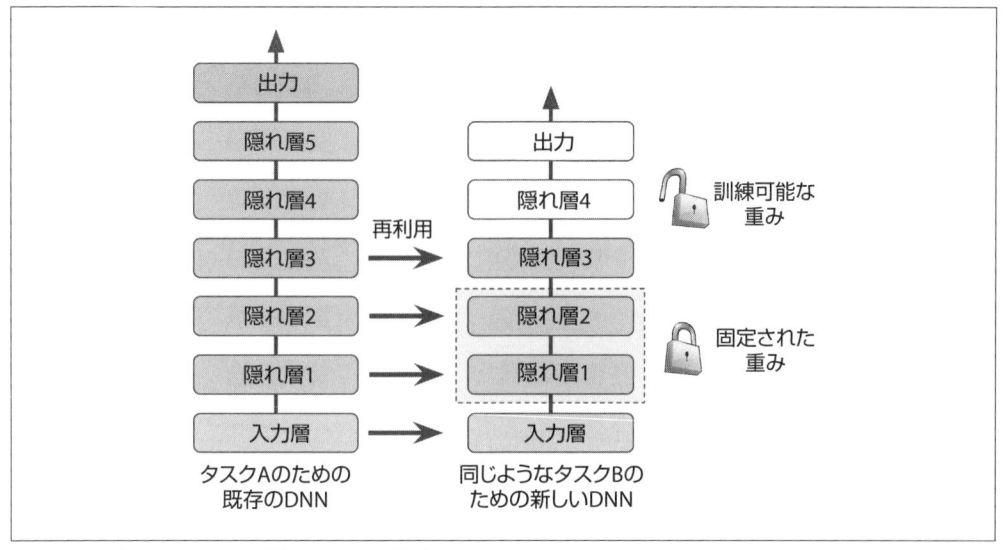

図11-4　プレトレーニング済みの層の再利用

 新しいタスクの入力となる写真のサイズが既存のタスクで使われている写真のサイズと異なる
場合は、もとのモデルが想定しているサイズに新タスクの写真のサイズを揃えるための前処理
ステップを追加しなければならない。より一般的に、転移学習がうまく機能するのは、両方の
入力が同じような低レベルフィーチャーを持つ場合だけである。

11.2.1　**TensorFlow モデルの再利用**

　もとのモデルが TensorFlow で訓練されている場合、単純にそれを復元して新しいタスクで訓練
することができる。**9 章**で議論したように、デフォルトグラフにオペレーションを追加するために
import_meta_graph() 関数を利用することができる。これはモデルの状態を読み込むために
あとで利用することのできる Saver を返す。

```
saver = tf.train.import_meta_graph("./my_model_final.ckpt.meta")
```

　その後、訓練に必要な操作とテンソルについての情報を取得する必要がある。このために、グ
ラフの get_operation_by_name() および get_tensor_by_name() メソッドを使用でき
る。テンソルの名前は、それを出力する:0 に続くオペレーションの名前である（2 番目の出力の
場合は 1、3 番目の場合は 2 など）。

```
X = tf.get_default_graph().get_tensor_by_name("X:0")
y = tf.get_default_graph().get_tensor_by_name("y:0")
accuracy = tf.get_default_graph().get_tensor_by_name("eval/accuracy:0")
training_op = tf.get_default_graph().get_operation_by_name("GradientDescent")
```

　事前に訓練されたモデルが十分にドキュメンテーションされていない場合は、必要なオペ

レーションの名前を見つけるためにグラフを探索する必要がある。この場合、TensorBoard を使用してグラフを探索することができる（**9章**で説明した FileWriter を使用してはじめにグラフをエクスポートする必要がある）。あるいは全てのオペレーションをリストするために get_operations() メソッドを使うことができる。

```
for op in tf.get_default_graph().get_operations():
    print(op.name)
```

モデルの作者であれば、オペレーションに非常に明確な名前をつけてドキュメンテーションすることで、モデルを再利用しやすいものにすることができる。別のアプローチとしては、利用したいと思うすべての重要なオペレーションを含むコレクションを作成することである。

```
for op in (X, y, accuracy, training_op):
    tf.add_to_collection("my_important_ops", op)
```

この方法でモデルを再利用する人は、次のように簡単に書くことができる。

```
X, y, accuracy, training_op = tf.get_collection("my_important_ops")
```

Saver を使用してモデルの状態を復元し、独自のデータを使用して訓練を続けることができる。

```
with tf.Session() as sess:
    saver.restore(sess, "./my_model_final.ckpt")
    [...]  # 独自のデータでモデルを訓練する
```

元のグラフを作成した Python コードにアクセスできる場合は、import_meta_graph() を代わりに使用することができる。

　一般的に、元のモデルの一部、通常は下位の層だけを再利用したいと思うだろう。import_meta_graph() を使用してグラフを復元すると、元のグラフ全体が読み込まれるが、必要ではない層を無視するだけでは何もできない。たとえば、**図11-4** に示すように、事前に訓練された層（事前に訓練された隠れ層3）の上に新しい層（たとえば、1つの隠れ層と1つの出力層）を構築することができる。また、この新しい出力の損失を計算し、その損失を最小にするオプティマイザを作成する必要がある。

　事前に訓練されたグラフの Python コードにアクセスできる場合は、必要な部分だけを再利用して残りの部分を切り取ることができる。ただし、この場合、事前に訓練したモデルを復元するには Saver が必要となり（復元する変数を指定しないと、グラフが一致しせず、TensorFlow は動作しない）、また、新しいモデルを保存する別の Saver が必要となる。たとえば、次のコードでは、隠れ層1、2、および3のみが復元される。

```
[...]  # 元のモデルの隠れ層1から3で新しいモデルを作成する

reuse_vars = tf.get_collection(tf.GraphKeys.GLOBAL_VARIABLES,
                               scope="hidden[123]")  # 正規表現
reuse_vars_dict = dict([(var.op.name, var) for var in reuse_vars])
```

```
    restore_saver = tf.train.Saver(reuse_vars_dict) # 1 から 3 の層を復元する

    init = tf.global_variables_initializer() # 古いものと新しいもののすべての変数を初期化
    saver = tf.train.Saver() # 新しいモデルを保存する

    with tf.Session() as sess:
        init.run()
        restore_saver.restore(sess, "./my_model_final.ckpt")
        [...] # 新しいモデルを訓練する
        save_path = saver.save(sess, "./my_new_model_final.ckpt")
```

　最初に、元のモデルの隠れ層1から3をコピーして、新しいモデルを作成する。次に隠れ層1か
ら3のすべての変数のリストを正規表現"hidden [123]"を使用して取得する。それから、元の
モデルの各変数の名前を新しいモデルの名前にマッピングする辞書を作成する（通常は、同じ名前
をそのまま使用する）。次に、これらの変数のみを復元する Saver を作成する。全ての変数（古
いものと新しいもの）と2番目の Saver を初期化する操作を作成し、層1から3だけでなく新
しいモデル全体を保存する。続いて、セッションを開始し、モデル内の全ての変数を元のモデルの
層1から3の変数値から初期化してから復元する。最後に、新しいタスクでモデルを訓練して保存
する。

> タスクが似ていれば似ているほど、再利用したい層は増える（下位層からスタートする）。非
> 常によく似ているタスクなら、すべての隠れ層を残して出力層だけを置き換えることも試して
> みてよい。

11.2.2　ほかのフレームワークで作ったモデルの再利用

　ほかのフレームワークで訓練されたモデルを再利用したい場合には、マニュアルでパラメータを
ロードし（たとえば、Theano を使って訓練されたコードは Theano を使って）、適切な変数に代
入しなければならない。たとえば、次のコードは、ほかのフレームワークで訓練されたモデルの最
初の隠れ層から重みとバイアスをコピーする方法を示している。

```
    original_w = [...] # ほかのフレームワークで重みをロードする
    original_b = [...] # ほかのフレームワークでバイアスをロードする

    X = tf.placeholder(tf.float32, shape=(None, n_inputs), name="X")
    hidden1 = tf.layers.dense(X, n_hidden1, activation=tf.nn.relu, name="hidden1")
    [...] # モデルの残りの部分を作る

    # 重みとバイアスに適当な値を代入するためのノードを作る
    graph = tf.get_default_graph()
    assign_kernel = graph.get_operation_by_name("hidden1/kernel/Assign")
    assign_bias = graph.get_operation_by_name("hidden1/bias/Assign")
    init_kernel = assign_kernel.inputs[1]
    init_bias = assign_bias.inputs[1]
```

```
init = tf.global_variables_initializer()

with tf.Session() as sess:
    sess.run(init, feed_dict={init_kernel: original_w, init_bias: original_b})
    # [...] 新しいタスクでモデルを学習する
```

　この実装では、まずほかのフレームワークで事前訓練されたモデルをロードし（この部分は示していない）、そこから再利用したいモデルパラメータを抽出している。そして、いつもと同じように TensorFlow モデルを構築する。そのあとが難しい部分である。すべての TensorFlow 変数は、対応する代入演算を持っている。それを使って変数を初期化するのである。まず、そういった代入演算のハンドルを手に入れる（代入演算の名前は、変数名に"/Assign"を追加したものである）。また、各代入演算の第 2 入力のハンドルも取得する。第 2 入力は変数に代入する値であり、この場合は変数の初期値である。セッションを開始したら、通常の初期化処理を行うが、いつもとは異なり、再利用したい値を変数の値としてフィードしている。こうしないで、新しい代入演算とプレースホルダーを作り、初期化後にそれらを使って変数に値を設定するという方法もあり得るが、必要なものがすべて揃っているのにグラフに新しいノードを作る意味があるだろうか。

11.2.3　下位層の凍結

　最初の DNN の下位層は、ふたつの画像分類タスクで共通に役立つ下位レベルフィーチャーの検出方法を学習している可能性が高いので、それらの層はそのままの形で再利用できる。一般に、新しい DNN を訓練するときには、それらの重みを「凍結」（freeze）するとよい。下位層の重みが固定されていれば、動くまと（ターゲット）を学習しなくて済むので、上位層の重みの訓練は簡単になる。訓練中に下位層を凍結するには、下位層の変数を除外して、オプティマイザに訓練する変数のリストを渡すというものである。

```
train_vars = tf.get_collection(tf.GraphKeys.TRAINABLE_VARIABLES,
                               scope="hidden[34]|outputs")
training_op = optimizer.minimize(loss, var_list=train_vars)
```

　第 1 行は隠れ層 3、4 と出力層のすべての訓練可能変数のリストを取り出す。隠れ層 1、2 の変数は除外される。次に、この絞り込まれた訓練可能変数のリストをオプティマイザの minimize() 関数に渡す。すると、隠れ層 1、2 は凍結される。訓練中、この部分の値はぴくりとも動かない（こういった層は、**凍結層**：frozen layer と呼ばれることが多い）。

　別のオプションは、グラフに stop_gradient() 層を追加することである。その下の層は全て凍結される。

```
with tf.name_scope("dnn"):
    hidden1 = tf.layers.dense(X, n_hidden1, activation=tf.nn.relu,
                              name="hidden1") # 凍結して再利用
    hidden2 = tf.layers.dense(hidden1, n_hidden2, activation=tf.nn.relu,
                              name="hidden2") # 凍結して再利用
    hidden2_stop = tf.stop_gradient(hidden2)
```

```
hidden3 = tf.layers.dense(hidden2_stop, n_hidden3, activation=tf.nn.relu,
                          name="hidden3") # 凍結せずに再利用
hidden4 = tf.layers.dense(hidden3, n_hidden4, activation=tf.nn.relu,
                          name="hidden4") # 新しい!
logits = tf.layers.dense(hidden4, n_outputs, name="outputs") # 新しい!
```

11.2.4　凍結層のキャッシング

　凍結層は変化しないので、個々の訓練インスタンスに対する最上位の凍結層の出力はキャッシングすることができる。訓練は、データセット全体を対象として何度も実行されるので、凍結層の実行がエポックあたり1度ずつではなく訓練インスタンスあたり1度ずつで済めば、訓練にかかる時間を大幅に短縮できる。たとえば、最初に訓練セット全体を対象として下位層を実行し（十分なRAMがあるものとして）、訓練インスタンスのバッチではなく、隠れ層2の出力のバッチを作り、それを上位層の訓練オペレーションのために使う。

```
import numpy as np

n_batches = mnist.train.num_examples // batch_size

with tf.Session() as sess:
    init.run()
    restore_saver.restore(sess, "./my_model_final.ckpt")

    h2_cache = sess.run(hidden2, feed_dict={X: mnist.train.images})

    for epoch in range(n_epochs):
        shuffled_idx = np.random.permutation(mnist.train.num_examples)
        hidden2_batches = np.array_split(h2_cache[shuffled_idx], n_batches)
        y_batches = np.array_split(mnist.train.labels[shuffled_idx], n_batches)
        for hidden2_batch, y_batch in zip(hidden2_batches, y_batches):
            sess.run(training_op, feed_dict={hidden2:hidden2_batch, y:y_batch})

        save_path = saver.save(sess, "./my_new_model_final.ckpt")
```

　訓練ループの最後の行は、先に定義した訓練オペレーション（層1と2には触れない）を実行し、2番目の隠れ層（およびそのバッチのターゲット）からの出力のバッチを送る。TensorFlowに隠れ層2の出力を与えるので、その出力（あるいは、それが依存するノード）を評価しようとはしない。

11.2.5　上位層の調整、除去、置換

　もとのモデルの出力層は、新しいタスクのためにはまず使えないので（出力の数が新しいタスクで必要とされる出力の数と異なる場合さえあるので）、通常は新しいものに置き換えられる。

　同様に、もとのモデルの隠れ層の上位の部分は、下位の部分ほど役に立たないことが多い。新しいタスクでもっとも役に立つ上位層のフィーチャーは、もとのタスクでもっとも役に立っていたフィーチャーとは大きく異なる場合があるのだ。そこで、再利用できる隠れ層がどこまでかを見極

めなければならない。

　まず、コピーしたすべての層を凍結してモデルを訓練し、性能を見てみよう。次に、上位 1、2 層を凍結から解除して、バックプロパゲーションで調整し、性能が上がるかどうかを調べてみよう。訓練データがたくさんあればあるほど、多くの隠れ層を凍結から解除できる。

　それでも満足できる性能が得られず、訓練データがあまりなければ、上位の隠れ層を取り除き、残ったすべての隠れ層を再び凍結してみよう。再利用できる層の数がわかるまでそれを続ける。訓練データが十分ある場合には、上位層を取り除かず、交換したり、隠れ層を増やしたりしてみてもよい。

11.2.6　model zoo

　挑戦しようとしているタスクとよく似たタスクのために訓練されたニューラルネットワークはどこに行けば見つかるだろうか。最初に注目すべきは、もちろんあなた自身のモデルカタログである。すべてのモデルを保存し、あとで見つけやすいように整理しておくべき理由のひとつがこれである。次に注目すべきは、model zoo である。多くの人々がさまざまなタスクのために機械学習モデルを訓練し、プレトレーニング済みのモデルを一般開放してくれているのである。

　TensorFlow は、https://github.com/tensorflow/models に自前の model zoo を設けている。特に注目すべきは、VGG、Inception、ResNet（**13 章**参照、また `models/slim` ディレクトリを参照）などの最先端の画像分類ネットワークが含まれていることで、コード、プレトレーニング済みモデル、広く使われている画像データセットのダウンロードツールなどが入手できる。

　それ以外で人気のある model zoo としては、Caffe's Model Zoo（https://goo.gl/XI02X3）がある。ここにも、さまざまなデータセット（たとえば、ImageNet、Places Database、CIFAR10 など）で訓練された多数のコンピュータビジョンモデル（LeNet、AlexNet、ZFNet、GoogleNet、VGGNet、Inception など）がある。Saumitro Dasgupta が Caffe から TensorFlow へのコンバータを書いており、https://github.com/ethereon/caffe-tensorflow で入手できる。

11.2.7　教師なしプレトレーニング

　ラベル付きの訓練データがあまりない上に、似たタスクで訓練されたモデルも見つからない複雑なタスクに取り組むことになったとしても、希望を捨ててはならない。まず、当然ながら、ラベル付きの訓練データをもっと集めるようにすべきだ。しかし、それも大変だったりコストがかかったりする場合には、**教師なしプレトレーニング**（unsupervised pretraining、**図 11-5**）がある。ラベルなしの訓練データがたくさんあるなら、**RBM**（restricted Boltzmann machine: 制限付きボルツマンマシン、**付録 E** 参照）やオートエンコーダ（**15 章**参照）などの教師なしフィーチャー検出アルゴリズムを使って、下位層から層をひとつずつ訓練して積み上げていくのである。各層は、以前に訓練された層（訓練中の層以外のすべての層は凍結されている）の出力で訓練される。このようにしてすべての層を訓練すれば、教師あり学習（つまり、バックプロパゲーション）でネットワークを微調整することができる。

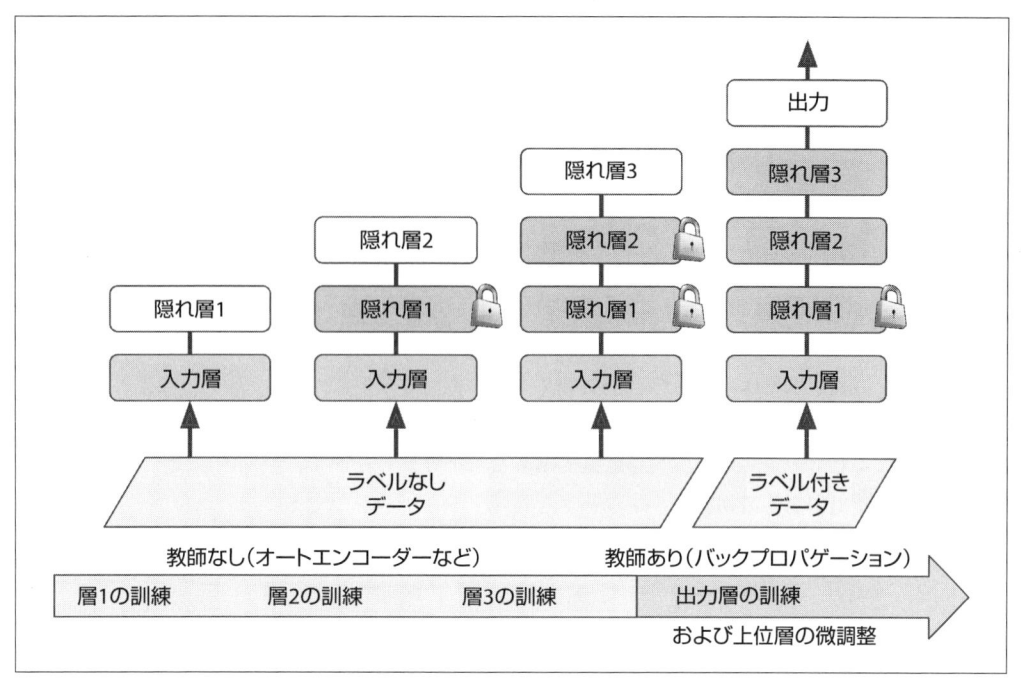

図11-5　教師なしプレトレーニング

　これは時間がかかる面倒な作業だが、うまく機能することが多い。それどころか、ジェフリー・ヒントンのチームが 2006 年に使って、ニューラルネットワークのリバイバルと深層学習の成功を導いたテクニックでもある。2010 年までは、深層学習には教師なしプレトレーニング（一般にRBM が使われていた）が欠かせなかった。純粋にバックプロパゲーションを使って DNN を訓練するのが普通になったのは、勾配消失問題が緩和されてからである。しかし、複雑なタスクを解決しなければならなくて、再利用できる類似モデルがなく、ラベル付きの訓練データはあまりないものの、ラベルなし訓練データはたくさんある場合には、今でも教師なしプレトレーニング（現在では、一般に RBM ではなくオートエンコーダを使って行われる）は効果的だ。

11.2.8　付随的なタスクのプレトレーニング

　最後の選択肢として、ラベル付き訓練データを簡単に入手または生成できるようにする補助的なタスクのためにニューラルネットワークを訓練してから、そのネットワークの階層を実際のタスクで再利用する方法がある。最初のネットワークの下位層は、第 2 のニューラルネットワークでも再利用できるようなフィーチャー検出機能を持つはずだ。

　たとえば、顔を認識するシステムを作りたいけれども、個々人の写真は少なく、優れた分類器を作るには明らかに不十分だとする。個々人の写真を何百枚も集めるのは、現実的ではないだろう。しかし、インターネットでさまざまな人が写っている写真を大量に集め、2 枚の異なる写真に同じ

人が写っているかどうかを検出する第 1 段階のニューラルネットを訓練することはできるだろう。

　ラベルなしの訓練データは安く集められるものの、それにラベルを付けようとするとコストがかかるということはよくある。そのような場合によく使われるテクニックは、すべての訓練インスタンスに「良」のラベルを付け、よいものを壊して新しい訓練インスタンスを大量に作り、それらに「不良」のラベルを付けるというものである。こうすれば、インスタンスを良か不良に分類する最初のニューラルネットワークを訓練できる。たとえば、数百万もの文をダウンロードし、それらに「良」のラベルを付け、次に各インスタンスに含まれている単語を無作為に変え、得られた文に「不良」のラベルを付ける。"The dog sleeps"は文として正しく、"The dog they"は文として間違っていることを見分けられるなら、そのニューラルネットワークは言語についてかなりの知識がある。その下位層を再利用すれば、多くの言語処理タスクで役に立つはずだ。

　もうひとつの方法は、コスト関数を使ってよいインスタンスのスコアは悪いインスタンスのスコアよりも少なくとも一定のマージンを越えて高くなるようにしながら、個々の訓練インスタンスに対してスコアを出力する最初のネットワークを訓練するというものである。これを**マージン最大化学習**（max margin learning）と呼ぶ。

11.3　オプティマイザの高速化

　非常に大規模な深層ニューラルネットワークの訓練は、苦痛を感じるほど時間がかかる。私たちは今までに訓練をスピードアップする（そしてよりよいソリューションを得る）4 つの方法を見てきた。接続部の重みの初期化方法の改善、優れた活性化関数の利用、バッチ正規化の利用、訓練済みネットワークの部品の再利用である。訓練の大幅なスピードアップが期待できるもうひとつの方法は、通常の勾配降下法オプティマイザよりも高速なオプティマイザを使うことだ。この節では、それらのなかでももっとも広く使われている Momentum 最適化、NAG、AdaGrad、RMSProp、Adam 最適化を取り上げる。

11.3.1　Momentum（慣性）最適化

　ボウリングのボールが滑らかに磨かれた緩やかな斜面を転がっていくところを想像してみていただきたい。最初はゆっくりと転がっていても、どんどん慣性がついて終端速度に達する（摩擦、空気抵抗がある場合）。Bolys Polyak が 1964 年に提案した**慣性最適化**（https://goo.gl/FlSE8c）[†10]を支えていたのは、この単純な観念である。それとは対照的に、ただの勾配降下法は、小さな一定のステップで勾配を降りていくため、底に達するまではるかに長い時間がかかる。

　勾配降下法は、コスト関数 $J(\theta)$ の重みについての勾配（$\nabla_\theta J(\theta)$）と学習率 η の積を直接減算するという形で重み θ を更新していることを思い出そう。式にすれば、$\theta \leftarrow \theta - \eta \nabla_\theta J(\theta)$ である。以前の勾配がどうだったかを考慮しない。局所的な勾配が緩やかなら、進行は非常に遅くなる。

[†10] "Some methods of speeding up the convergence of iteration methods" B. Polyak (1964)

Momentum 最適化は、それまでの勾配がどうだったかを重視する。**慣性ベクトル**（momentum vector）m に局所的な勾配（に学習率 η を掛けた積）を新しい慣性ベクトルを重みから引いて新しい重みとする（**式11-4**）。言い換えれば、勾配は速度としてではなく、加速度として使われる。摩擦抵抗をシミュレートし、慣性が大きくなりすぎないように、このアルゴリズムは**慣性**（momentum）と呼ばれる新しいハイパーパラメータ β を導入する。β は、0（摩擦が高い）から 1（摩擦なし）までの間で設定しなければならない。一般的に使われている慣性の値は 0.9 である。

式 11-4　Momentum 最適化のアルゴリズム

1. $m \leftarrow \beta m - \eta \nabla_\theta J(\theta)$
2. $\theta \leftarrow \theta + m$

　勾配が同じままなら、終端速度（すなわち重みの更新に使われる値の最大）は勾配に学習率 η を掛け、さらに $\frac{1}{1-\beta}$ を掛けた値になる（符号は無視する）。たとえば、$\beta = 0.9$ なら、終端速度は勾配 × 学習率 の 10 倍になる。つまり、Momentum 最適化は勾配降下法よりも 10 倍も速くなるのである。そのため、Momentum 最適化は、勾配降下法よりもずっと短い時間で台地から逃れることができる。**4 章**で示したように、入力のスケールがまちまちだと、コスト関数は横に引き伸ばした丼のようになる（**図4-7**）。勾配降下法は、急坂なら非常に速く降りられるが、谷間に着いてからもっとも低い位置にいくまで時間がかかる。それに対し、Momentum 最適化なら、もっとも低い位置（最適値）に着くまで、どんどんスピードを上げていく。バッチ正規化を使わない深層ニューラルネットワークでは、上位層はスケールがまちまちの入力を持つことになることが多いので、Momentum 最適化には大きな効果がある。局所的な最適値に引っかからないようにするためにも役に立つ。

弾みがついているために、Momentum オプティマイザは、目的地を通り過ぎ、戻ろうとしてまた通り過ぎるという振り子のような振動を繰り返してから最適値に収束することがある。システムに摩擦の要素を少し導入していることがここで意味を持つ。摩擦によりこの振動が減り、収束までのスピードが上がるのである。

　TensorFlow では、Momentum 最適化は何も考えずに実装できる。GradientDescentOptimizer を MomentumOptimizer に書き換えるだけで効果が出る。

```
optimizer = tf.train.MomentumOptimizer(learning_rate=learning_rate,
                                       momentum=0.9)
```

　Momentum 最適化には、調節すべきハイパーパラメータがひとつ増えてしまうという欠点がある。しかし、実際には慣性 0.9 でたいていはうまく動作し、ほとんどかならず勾配降下法よりも高速になる。

11.3.2　NAG

　1983 年にユーリー・ネステロフが提案した Momentum 最適化の変種（https://goo.gl/V011vD）[11]は、ただの Momentum 最適化よりもほぼかならず高速になる。この **NAG**（Nesterov Accelerated Gradient：ネステロフ加速勾配法）、または**ネステロフ慣性最適化**（Nesterov Momentum optimization）の考え方は、現在の位置ではなく、慣性が働く方向に少し進んだところで勾配を測るというものである（**式 11-5**）。ただの Momentum 最適化との違いは、勾配が θ ではなく、$\theta + \beta m$ で測定されることだけだ。

式 11-5　NAG アルゴリズム

1. $m \leftarrow \beta m - \eta \nabla_\theta J(\theta + \beta m)$
2. $\theta \leftarrow \theta + m$

　この小さなひねりがしっかりと効果を生み出す。**図 11-6** に示すように、一般に慣性ベクトルは正しい方向（つまり最適値の方向）に向いているので、もとの位置の勾配を使うよりも、慣性の方向に少し進んだところで測定された勾配を使う方がわずかに正確である（ここで、∇_1 は出発点の θ、∇_2 は $\theta + \beta m$ の位置で測定したコスト関数の勾配を表している）。ネステロフの更新点は、わずかに最適値に近いことがわかる。この小さな差が積もり積もって NAG は通常の Momentum 最適化よりもかなり高速になる。しかも、慣性のために重みが谷を越えてしまった場合、∇_1 は谷を越えた彼方の方に向かい続けるが、∇_2 は逆に谷底の方に押し戻すことに注意しよう。これが振動を減らし、収束を早める。

　NAG は、ほとんどかならず通常の Momentum 最適化よりも収束が早い。これを使うためには、MomentumOptimizer を作るときに use_nesterov=True を設定すればよい。

```
optimizer = tf.train.MomentumOptimizer(learning_rate=learning_rate,
                                       momentum=0.9, use_nesterov=True)
```

11.3.3　AdaGrad

　横に引き延ばされた丼の問題をもう 1 度考えよう。勾配降下法は、急坂を勢いよく降りていくが、谷間の緩やかな斜面ではなかなか前に進まない。アルゴリズムが早い段階でこれに気付き、全体の最適値にもう少し近い点を指すように向きを修正すればもっとよくなるはずだ。

　AdaGrad アルゴリズム（http://goo.gl/4Tyd4j）[12]は、もっとも急な次元に沿って勾配ベクトルをスケールダウンしてこれを実現する（**式 11-6**）。

---

[11] "A Method for Unconstrained Convex Minimization Problem with the Rate of Convergence $O(1/k^2)$" Yurii Nesterov (1983)

[12] "Adaptive Subgradient Methods for Online Learning and Stochastic Optimization" J. Duchi et al. (2011)

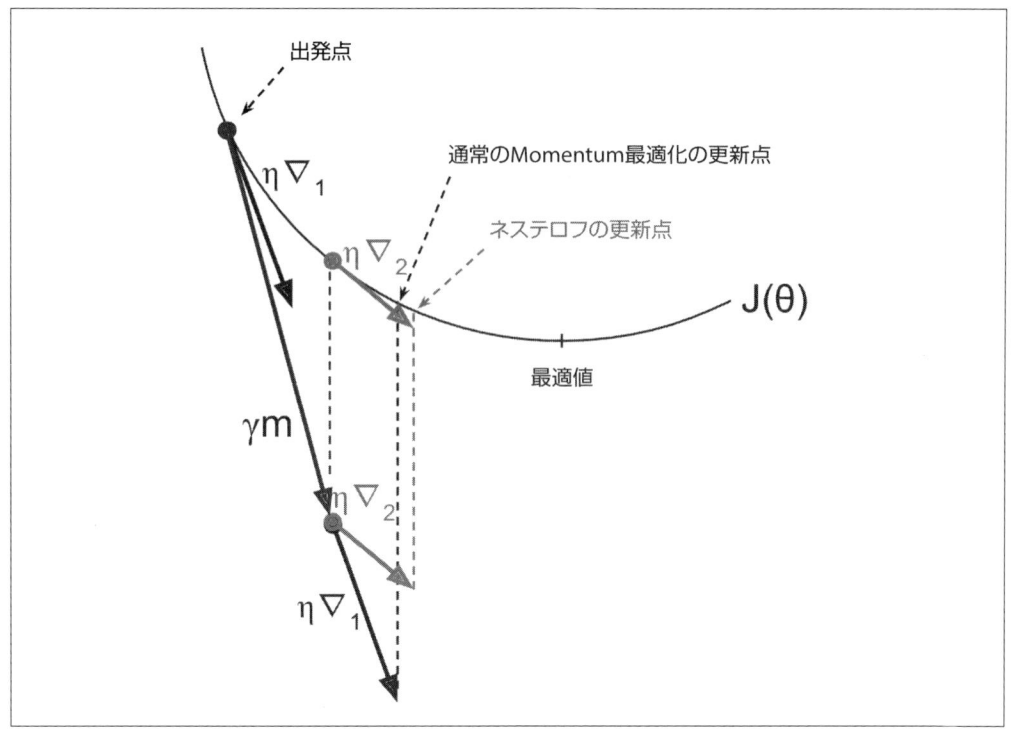

図11-6 通常のMomentum最適化とNAG

式 11-6 AdaGrad アルゴリズム

1. $s \leftarrow s + \nabla_\theta J(\theta) \otimes \nabla_\theta J(\theta)$
2. $\theta \leftarrow \theta - \eta \nabla_\theta J(\theta) \oslash \sqrt{s + \varepsilon}$

最初のステップは、ベクトル s に勾配の二乗を足し込む（$\otimes$ は、要素ごとの乗算を意味する）。このベクトル形式の式は、ベクトル s の個々の要素 s_i について、$s_i \leftarrow s_i + (\partial J(\theta)/\partial \theta_i)^2$ を計算するのに等しい。つまり、個々の s_i は、コスト関数のパラメータ θ_i についての偏微分の二乗を足し込んでいる。i 次元の方向のコスト関数が急なら、s_i はイテレーションごとにどんどん大きくなる。

第 2 ステップは、勾配降下法とほとんど同じだが、勾配ベクトルを $\sqrt{s + \varepsilon}$ で割って小さくしている（$\oslash$ 記号は要素ごとの除算を意味する。ε は 0 による除算を防ぐ平滑化項で、一般に 10^{-10} に設定される）。つまり、このベクトル形式の式は、すべてのパラメータ θ_i について $\theta_i \leftarrow \theta_i - \eta \partial J(\theta)/\partial \theta_i / \sqrt{s_i + \varepsilon}$ を（同時に）計算するのと同じである。

要するに、このアルゴリズムは学習率を下げるが、傾斜が急な次元では傾斜が緩やかな次元よりも早く学習率を下げる。これを**適応学習率**（adaptive learning rate）と呼ぶ。これは全体の最適値に近い方に向かって値を更新していくために役立つ（**図11-7**）。また、学習率ハイパーパラメー

タ η の調整がかなり不要になるという付随的な効果もある。

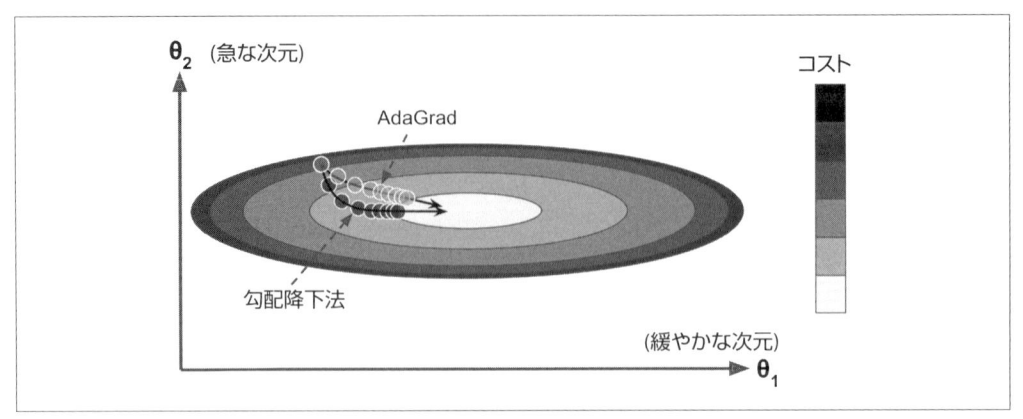

図11-7　AdaGradと勾配降下法

　AdaGrad は、単純な 2 次元問題では性能が高くなることが多いが、ニューラルネットワークの訓練では、早すぎる位置で止まってしまうことが多い。学習率が大きく下がるため、全体の最適値に到達する前にアルゴリズムが止まってしまうのである。そこで、TensorFlow には `AdagradOptimizer` があるが、深いニューラルネットワークを訓練するときには使わないようにした方がよい（しかし、線形回帰などの単純なタスクでは効果的な場合がある）。

11.3.4　RMSProp

　AdaGrad は早すぎる時点でスローダウンしてしまい、全体の最適値に収束しない場合があるが、**RMSProp** アルゴリズム[†13]は、もっとも最近のイテレーションの勾配だけ（訓練の最初からのすべての勾配ではなく）を足し込むことによって、この問題を解決している。そのために、最初のステップで指数関数的減衰を使っている（**式11-7**）。

式 11-7　RMSProp アルゴリズム

1. $s \leftarrow \beta s + (1 - \beta)\nabla_\theta J(\theta) \otimes \nabla_\theta J(\theta)$
2. $\theta \leftarrow \theta - \eta\,\nabla_\theta J(\theta) \oslash \sqrt{s + \varepsilon}$

　減衰率の β は一般に 0.9 に設定される。またハイパーパラメータが増えてしまったということだが、このデフォルト値はうまく機能することが多いので、調整しなくて済むだろう。

[†13] このアルゴリズムは、2012 年にティーメン・ティーレマンとジェフリー・ヒントンが作ったもので、ジェフリー・ヒントンがニューラルネットワークについての Coursera の授業で示している（スライド http://goo.gl/RsQeis、動画 https://goo.gl/XUbIyJ）。面白いことに、彼らはこのアルゴリズムを説明する論文を書いていないので、研究者たちは「講義 6 のスライド 29」のような形で引用している）。

みなさんの予想通り、TensorFlow には `RMSPropOptimizer` クラスがある。

```
optimizer = tf.train.RMSPropOptimizer(learning_rate=learning_rate,
                                momentum=0.9, decay=0.9, epsilon=1e-10)
```

非常に単純な問題を除き、このオプティマイザは AdaGrad よりもほとんどかならず高い性能を示す。実際、Adam 最適化が登場するまでは、多くの研究者が薦める最適化アルゴリズムだったのである。

11.3.5 Adam 最適化

Adam（https://goo.gl/Un8Axa）[†14]は、**adaptive moment estimation** の略で、Momentum 最適化と RMSProp のアイデアを組み合わせたものである。Adam は、Momentum 最適化と同じように過去の勾配の指数関数的減衰平均を管理し、RMSProp と同じように過去の勾配の二乗の指数関数的減衰平均を管理する（**式11-8**）[†15]。

式 11-8　Adam アルゴリズム

1. $m \leftarrow \beta_1 m - (1 - \beta_1)\nabla_\theta J(\theta)$
2. $s \leftarrow \beta_2 s + (1 - \beta_2)\nabla_\theta J(\theta) \otimes \nabla_\theta J(\theta)$
3. $m \leftarrow \dfrac{m}{1 - {\beta_1}^t}$
4. $s \leftarrow \dfrac{s}{1 - {\beta_2}^t}$
5. $\theta \leftarrow \theta + \eta\, m \oslash \sqrt{s + \varepsilon}$

- t は、イテレーション番号（1 から始まる）

ステップ 1、2、5 だけを見れば、Adam は Momentum 最適化と RMSProp の両方に似ている。唯一の違いは、ステップ 1 が指数関数的減衰総和ではなく指数関数的減衰平均を計算していることだが、このふたつは定数項を除けば同じである（減衰平均は、減衰総和の $1 - \beta_1$ 倍に過ぎない）。ステップ 3、4 は、技術的な細部と言ってよいものである。m と s は 0 で初期化されるので、訓練の最初の時点では 0 に向かってバイアスがかかっている。そこで、このふたつのステップは訓練の最初の時点で m と s の動きを大きくしているのである。

慣性減衰ハイパーパラメータの β_1 は 0.9、スケーリング減衰ハイパーパラメータの β_2 は 0.999 に初期化されることが多い。また、平滑化項の ε は 10^{-8} のような小さな値で初期化される。これらは TensorFlow の `AdamOptimizer` クラスのデフォルトなので、単純に次のコードが使える。

---

†14 "Adam: A Method for Stochastic Optimization" D. Kingma, J. Ba (2015)

†15 これらは、勾配の平均と（uncentered）分散の推計値である。平均は**第1モーメント**（first moment）、分散は**第2モーメント**（second moment）と呼ばれることが多く、これがアルゴリズムの名前に反映している。

```
optimizer = tf.train.AdamOptimizer(learning_rate=learning_rate)
```

実際、Adam は適応学習率アルゴリズム（AdaGrad や RMSProp のように）なので、学習率ハイパーパラメータの η の調整が必要な場合も少なく、デフォルトの $\eta = 0.001$ を使えることが多い。そこで、Adam は勾配降下法よりも簡単に使える。

 この本は当初 Adam 最適化を推奨していた。なぜなら、一般的に他の方法より速く、より良いと考えられていたためである。しかし、Ashia C. Wilson らによる 2017 年の論文[16]は適応的な最適化手法（すなわち、AdaGrad、RMSProp および Adam 最適化）が、一部のデータセットにおいて汎化性能が十分ではない可能性があることを示した。研究者達がこの問題をよりよく理解するまで、Momentum の最適化や Nesterov Accelerated Gradient から離れられないかもしれない。

今までに取り上げてきた最適化テクニックは、すべて **1 次偏導関数**（first-order partial derivative、ヤコビ行列：Jacobian）だけを使っている。最適化の文献には、**2 次偏導関数**（second-order partial derivative、ヘッセ行列：Hessian）に基づく驚異的なアルゴリズムも含まれている。しかし、これらのアルゴリズムは、1 度に n 個のヤコビ行列ではなく、n^2 個のヘッセ行列を出力するので、深層ニューラルネットワークには応用しにくい。DNN は、一般に数万個のパラメータを持つので、2 次の最適化アルゴリズムはメモリに入り切らないことが多く、入ったとしてもヘッセ行列の計算は遅すぎる。

疎なモジュールの訓練

今までに取り上げてきた最適化アルゴリズムは、すべて密なモデルを作る。つまり、ほとんどのパラメータが 0 以外の値になる。しかし、実行フェーズで非常に高速に動作するモデルやメモリの消費量が少ないメモリが必要なら、疎なモデルを作った方がよいかもしれない。

簡単なのは、いつもと同じようにモデルを訓練して、重みの小さいものを取り除く（0 にする）方法である。

訓練中に強力な ℓ_1 正則化をかけるという方法もある。ℓ_1 正則化は、できる限り多くの重みを 0 にする方向にオプティマイザを誘導する（**4 章**で Lasso 回帰を取り上げたときに説明したように）。

しかし、これらのテクニックでは不十分な場合もある。最後の手段は、ユーリー・ネステロフが提案した**双対平均化法**（dual averaging）[17]を使ったテクニック（**FTRL**：follow the regularized leader と呼ばれることが多い。https://goo.gl/xSQD4C）である。ℓ_1 正則化とともに使うと、非常に疎なモデルが作られる。TensorFlow は、`FTRLOptimizer` クラスと

---

[16] "The Marginal Value of Adaptive Gradient Methods in Machine Learning" A. C. Wilson et al. (2017)

して **FTRL-Proximal**（https://goo.gl/bxme2B）[18]という FTRL の変種を実装している。

11.3.6　学習率のスケジューリング

　よい学習率を見つけるのは難しい。学習率を高く設定しすぎると、訓練は発散してしまう場合がある（**4章**で説明したように）。学習率を低く設定しすぎると、訓練は最終的に収束するものの、非常に時間がかかってしまう。少し高めに設定すると、最初のうちは早く進むが、最適値の前後で振動し、いつまでも落ち着かない（AdaGrad、RMSProp、Adam などの適応学習率アルゴリズムを使わない限り。しかし、これらを使っても収束までには時間がかかることがある）。計算資源にかけられる予算が限られている場合には、収束する前に訓練を中止し、最適とは言えない解で満足しなければならない場合もある（**図11-8**）。

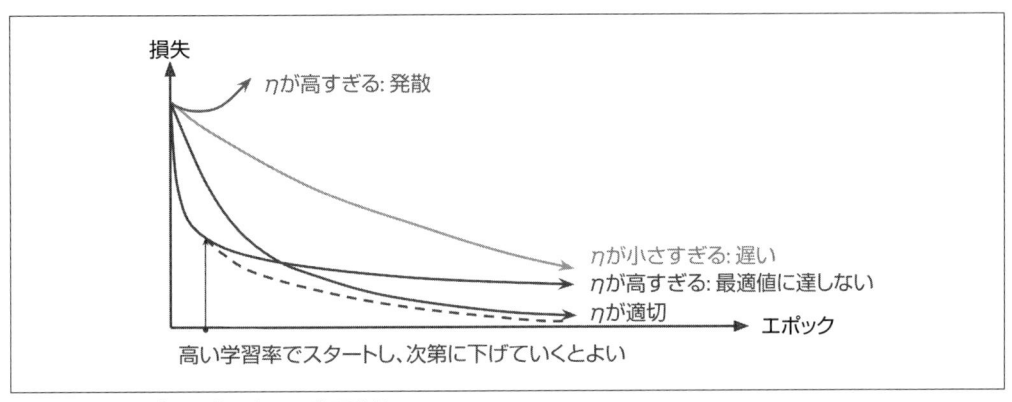

図11-8　さまざまな学習率 η の学習曲線

　さまざまな学習率を使ってごく少数のエポックでニューラルネットワークを数回訓練し、学習曲線を比較すると、かなりよい学習率を見つけられることがある。理想的な学習率は、学習が早くて、よい解に収束するものである。

　しかし、一定の学習率を使うよりもよい方法がある。高い学習率でスタートし、コスト低減のペースが下がったら学習率を下げると、一定の学習率で最適なものよりも早くよい解にたどり着ける。訓練中に学習率を下げるための戦略はたくさんある。これらの戦略を**学習スケジュール**（learning schedule）と呼ぶ（この概念については**4章**で簡単に触れた）。もっともよく使われているものを簡単に説明しておこう。

†17　"Primal-Dual Subgradient Methods for Convex Problems" Yurii Nesterov (2005)
†18　"Ad Click Prediction: a View from the Trenches" H. McMahan et al. (2013)

部分ごとに一定の学習率をあらかじめ決めておく方法

たとえば、最初の学習率を $\eta_0 = 0.1$、50 エポック後の学習率を $\eta_1 = 0.001$ のように決めておく。この方法でも非常にうまく機能することがあるが、適切な学習率と時期を明らかにするために試行錯誤が必要になることが多い。

性能によるスケジューリング（performance scheduling）

N ステップごとに検証誤差を測定し、誤差の低下が止まると λ で除算して学習率を減らしていく。

指数関数的スケジューリング（exponential scheduling）

学習率を $t : \eta_{(t)} = \eta_0 10^{-t/r}$ というイテレーション数 t の関数にする。大きな効果があるが、η_0 と r のチューニングが必要になる。学習率は、r ステップごとに $1/10$ に減っていく。

累乗スケジューリング（power scheduling）

学習率を $\eta(t) = \eta_0(1 + t/r)^{-c}$ にする。ここで c ハイパーパラメータは、一般に 1 にする。これは指数関数的スケジューリングとよく似ているが、学習率が下がるペースはかなり遅い。

Andrew Senior らは、2013 年の論文（http://goo.gl/Hu6Zyq）[19]で、Momentum 最適化を使った音声認識のために深層ニューラルネットワークを訓練するときに特によく使われている数種の学習スケジュールの性能を比較した。著者らは、この条件のもとでは、性能によるスケジューリングと指数関数的スケジューリングの性能がよいという結果を得たが、実装が単純で調整しやすく、最適な解にわずかに早く収束したということから指数関数的スケジューリングがよいと考えた。

TensorFlow プログラムは、学習スケジュールを簡単に実装できる。

```
initial_learning_rate = 0.1
decay_steps = 10000
decay_rate = 1/10
global_step = tf.Variable(0, trainable=False, name-"global_step")
learning_rate = tf.train.exponential_decay(initial_learning_rate, global_step,
                                    decay_steps, decay_rate)
optimizer = tf.train.MomentumOptimizer(learning_rate, momentum=0.9)
training_op = optimizer.minimize(loss, global_step=global_step)
```

ハイパーパラメータの値を設定してから、現在の訓練のイテレーション番号を管理する `global_step` という訓練不能変数を作る。そして、TensorFlow の `exponential_decay()` 関数で指数関数的減衰学習率を定義する（$\eta_0 = 0.1$、$r = 10,000$ として）。それから、この減

---

[19] "An Empirical Study of Learning Rates in Deep Neural Networks for Speech Recognition" A. Senior et al. (2013)

衰学習率を使ってオプティマイザ（この例では MomentumOptimizer）を作る。最後に、オプティマイザの minimize() メソッドを呼び出して訓練オペレーションを作る。このメソッドに global_step 変数を渡しているので、minimize() がインクリメントをしてくれる。これだけだ。

AdaGrad、RMSProp、Adam 最適化は、訓練中に自動的に学習率を下げていくので、さらに学習スケジュールを追加する必要はない。ほかの最適化アルゴリズムでは、指数関数的減衰か性能によるスケジューリングを使えば、収束までの時間を大幅に短縮できる。

11.4 正則化を通じた過学習の防止

> 私は、パラメータが 4 つあれば象に適合し、5 つあれば象の胴体を小刻みに動かすことができる。
>
> ——ジョン・フォン・ノイマン（エンリコ・フェルミが Nature 427 号で引用）

深層ニューラルネットワークは、一般に数万ものパラメータを持ち、パラメータの数は数百万にもなることがある。それだけ多くのパラメータがあれば、ネットワークはとてつもなく大きな自由を与えられ、きわめて多種多様なデータセットに適合できる。しかし、それだけ柔軟性があるということは、訓練セットに過学習することが避けられないということでもある。

数百万ものパラメータがあれば、動物園全体に適合することができるだろう。この節では、ニューラルネットワークの正則化テクニックのなかでも特によく使われている早期打ち切り、ℓ_1 および ℓ_2 正則化、ドロップアウト、重み上限正則化、データ拡張を取り上げる。

11.4.1 早期打ち切り

検証セットに対する性能が落ち始めたところで訓練を中止する早期打ち切り（**4 章**ですでに取り上げている）は、訓練セットへの過学習を防ぐための優れたソリューションのひとつである。

TensorFlow でこのテクニックを実装するには、たとえば一定のインターバル（たとえば、50 ステップごと）で検証セットを対象としてモデルを評価し、従来の「勝者」スナップショットよりも性能の高い「勝者」のスナップショットを保存すればよい。最後の「勝者」スナップショットからのステップ数を数え、この数値が一定の限界（たとえば 2,000 ステップ）に達したら、訓練を中止する。そして、最後の「勝者」スナップショットを復元する。

実際に使うと、早期打ち切りだけでも大きな効果があるが、通常は早期打ち切りとほかの正則化テクニックを組み合わせれば、ネットワークからそれよりもずっと高い性能を引き出すことができる。

11.4.2 ℓ_1、ℓ_2 正則化

4 章で単純な線形モデルを対象として行ったのと同じように、ℓ_1、ℓ_2 正則化は、ニューラルネットワークの接続部の重みを制限するために使える（しかし、一般にバイアスには使えない）。

TensorFlow でこれらの正則化を行うには、コスト関数に適切な正則化項を追加するだけでよい。たとえば、隠れ層がひとつだけでその重みは W1、出力層の重みは W2 だとすると、次のようにすれば、ℓ_1 正則化を適用できる。

```
[...] # ニューラルネットワークを構築する
W1 = tf.get_default_graph().get_tensor_by_name("hidden1/kernel:0")
W2 = tf.get_default_graph().get_tensor_by_name("outputs/kernel:0")

scale = 0.001 # l1 正則化のハイパーパラメータ

with tf.name_scope("loss"):
    xentropy = tf.nn.sparse_softmax_cross_entropy_with_logits(labels=y,
                                                              logits=logits)

    base_loss = tf.reduce_mean(xentropy, name="avg_xentropy")
    reg_losses = tf.reduce_sum(tf.abs(W1)) + tf.reduce_sum(tf.abs(W2))
    loss = tf.add(base_loss, scale * reg_losses, name="loss")
```

しかし、層がたくさんある場合には、この方法は不便だ。TensorFlow は、もっとよい方法も用意している。変数を作成する多くの関数（get_variable() や tf.layers.dense()）は、作成される 1 つひとつの変数のために*_regularizer 引数を受け付ける（たとえば、kernel_regularizer）。ここには、引数として重みを取り、対応する正則化ロスを返す関数を渡せる。l1_regularizer()、l2_regularizer()、l1_l2_regularizer() 関数は、そのような関数を返す。

```
my_dense_layer = partial(
    tf.layers.dense, activation=tf.nn.relu,
    kernel_regularizer=tf.contrib.layers.l1_regularizer(scale))

with tf.name_scope("dnn"):
    hidden1 = my_dense_layer(X, n_hidden1, name="hidden1")
    hidden2 = my_dense_layer(hidden1, n_hidden2, name="hidden2")
    logits = my_dense_layer(hidden2, n_outputs, activation=None,
                            name="outputs")
```

このコードは、ふたつの隠れ層とひとつの出力層を持つニューラルネットワークを作り、各層の重みに対応する ℓ_1 正則化ロスを計算するノードをグラフ内に作る。TensorFlow は、すべての正則化ロスを含む特別なコレクションにこれらのノードを自動的に追加する。あとは、次のようにロス全体にこのような正則化ロスを加えればよい。

```
reg_losses = tf.get_collection(tf.GraphKeys.REGULARIZATION_LOSSES)
loss = tf.add_n([base_loss] + reg_losses, name="loss")
```

 全体のロスに正則化ロスを加えるのを忘れてはならない。そうしなければ、正則化ロスは単純に無視されてしまう。

11.4.3　ドロップアウト

　深層ニューラルネットワークでもっともよく使われている正則化テクニックは、おそらくド**ロップアウト**だろう。ジェフリー・ヒントンが 2012 年に提案し（https://goo.gl/PMjVnG）[20]、Nitish Srivastava らの論文（http://goo.gl/DNKZo1）[21]がさらに詳しく論じたもので、大きな効果があることが実証されている。最先端のニューラルネットワークでも、ドロップアウトを追加するだけで、正解率が 1〜2% 上がる。これはそれほど大きなことではないように聞こえるかもしれないが、モデルの正解率がすでに 95% に達している場合、正解率が 2% 上がるということは、誤り率がほとんど 40% も下がっている（5% が 3% に下がっている）ということだ。

　ドロップアウトはごく単純なアルゴリズムである。すべての訓練ステップで、すべてのニューロン（入力ニューロンは含まれるが出力ニューロンは含まれない）が p という確率で一時的に「ドロップアウト」される。つまり、その訓練ステップではそれらのニューロンは完全に無視される。しかし、次の訓練ステップではアクティブに使われるかもしれない（**図11-9**）。ハイパーパラメータの p は、**ドロップアウト率**（dropout rate）と呼ばれ、一般に 50% に設定される。訓練後は、ニューロンがドロップアウトされることはない。それだけのことである（ただし、すぐあとで説明する技術的な細部がある）。

　このような乱暴な感じのテクニックが機能すると聞くと、最初はびっくりするかもしれない。社員に毎朝コイントスをして出社するかどうかを決めろと指示するような会社の業績が上がったりするものだろうか。そんなことは誰にもわからないが、たぶんうまくいく。その会社は、このような組織形態に適応することを強制される。コーヒーマシンの代役などの重要なタスクをひとりに頼るわけにはいかなくなる。専門能力は複数の人々が習得しなければならない。また、社員は一部だけではなく、多くの同僚とうまくやっていかなければならない。会社の回復力は大幅に上がる。ひとりが辞めても、大して変わらなくなる。このような考え方が会社で本当に通用するかどうかはわからないが、ニューラルネットワークでは間違いなく通用する。ドロップアウトで訓練されたニューロンは、近隣のニューロンに追随するわけにはいかない。自分だけの力で役に立たなければならない。ごく少数の入力ニューロンだけに過度に依存することもできない。1 つひとつの入力ニューロンに注意を払わなければならない。入力のわずかな変化に過敏になることはなくなる。その結果、汎化能力が上がったより堅牢なネットワークが得られる。

---

[20] "Improving neural networks by preventing co-adaptation of feature detectors" G. Hinton et al.(2012)
[21] "Dropout: A Simple Way to Prevent Neural Networks from Overfitting" N. Srivastava et al.(2014)

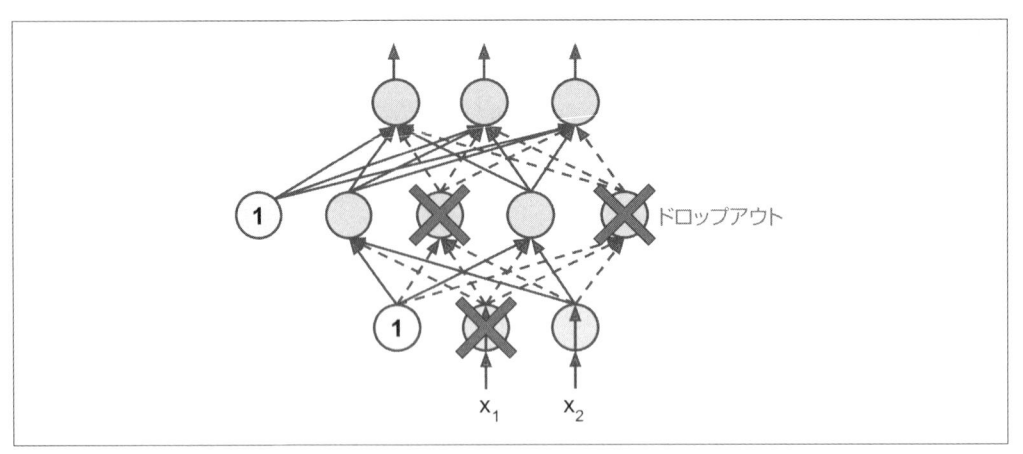

図11-9　ドロップアウト正則化

　ドロップアウトの威力は、訓練ステップのたびにユニークなニューラルネットワークが生成されるというように考えることによっても実感できるだろう。どのニューロンも参加、不参加の両方の可能性があるので、全部で 2^N 種類のネットワークを作ることができる（N はドロップアウトできるニューロンの数）。これは非常に大きな数であり、同じニューラルネットワークを2回サンプリングすることはほとんど不可能だ。1万回訓練ステップを実行すれば、1万種の異なるニューラルネットワークを訓練したことになる（それぞれたったひとつの訓練インスタンスで）。これらのニューラルネットワークは、重みの多くを共有しているので、明らかに独立した存在ではないが、どれも異なっている。得られるニューラルネットワークは、これら小さなニューラルネットワークすべてを平均化するアンサンブルと見ることができる。

　技術的な細部でひとつ、こまかいが重要なことがある。$p = 50\%$ とすると、テスト中のニューロンは、訓練中の2倍（平均して）の入力ニューロンに接続される。そのため、訓練後は、個々の入力ニューロンの重みを0.5倍しなければならない。これを忘れると、各ニューロンは全体として訓練中の約2倍の入力信号を受けることとなり、うまく機能しなくなる。より一般的に言うと、訓練後は個々の入力の重みに**キープ率**（$1 - p$）を掛ける必要がある。あるいは、訓練中のニューロンの出力は、キープ率で割らなければならない（このふたつの方法は完全に等価とは言えないが、どちらもうまく機能する）。

　TensorFlow でドロップアウトを実装するには、入力層と任意の隠れ層の出力に `tf.layers.dropout()` 関数を適用すればよい。この関数は、訓練中には一部の要素を無作為にドロップアウトし（0を設定する）、その他の要素をキープ率で割る。訓練後は何もしない。次のコードは、3層のニューラルネットワークにドロップアウト正則化をかけている。

```
[...]
training = tf.placeholder_with_default(False, shape=(), name='training')

dropout_rate = 0.5  # == 1 - keep_prob
```

```
X_drop = tf.layers.dropout(X, dropout_rate, training=training)

with tf.name_scope("dnn"):
    hidden1 = tf.layers.dense(X_drop, n_hidden1, activation=tf.nn.relu,
                              name="hidden1")
    hidden1_drop = tf.layers.dropout(hidden1, dropout_rate, training=training)
    hidden2 = tf.layers.dense(hidden1_drop, n_hidden2, activation=tf.nn.relu,
                              name="hidden2")
    hidden2_drop = tf.layers.dropout(hidden2, dropout_rate, training=training)
    logits = tf.layers.dense(hidden2_drop, n_outputs, name="outputs")
```

 tf.nn.dropout() ではなく tf.layers.dropout() 関数を使うようにする。後者は訓練中でなければオフになる（no-op になる、そうでなければならない）が、前者はそうならない。

もちろん、以前バッチ正規化で行っていたように、training に訓練中には True、テスト中にはデフォルト値の False のままにする。

モデルが過学習しているようなら、ドロップアウト率を上げるとよい。逆に、モデルが訓練セットに過小適合しているようなら、ドロップアウト率を下げる。また、大規模な層ではドロップアウト率を上げ、小規模な層ではドロップアウト率を下げるとよいかもしれない。

ドロップアウトは収束を大幅に遅らせる傾向があるが、適切に調節すればはるかによいモデルが得られる。一般に、時間と労力に余裕があるときには試す価値がある。

 **ドロップコネクト**（dropconnect）は、ニューロン全体ではなく、個別の接続を取り除くドロップアウトの変種である。一般に、ドロップアウトの方が性能が高い。

11.4.4 重み上限正則化

ニューラルネットワークで広く使われている正則化テクニックとしては、**重み上限正則化**（max-norm regularization）もある。個々のニューロンについて、入力接続の重み w を $\| w \|_2 \leqq r$ になるように制限する。ここで、r は重み上限ハイパーパラメータ、$\| \cdot \|_2$ は ℓ_2 ノルムである。

一般に、この制約は、個々の訓練ステップが終了したあと、$\| w \|_2$ を計算し、必要に応じて w をクリッピングして実現する（$w \leftarrow w \frac{r}{\|w\|_2}$）。

r を小さくすると、正則化の度合いが上がり、過学習を減らせる。重み上限正則化は、勾配消失／爆発問題の緩和にも役立つ（バッチ正規化を使っていない場合）。

TensorFlow は、すぐに使える重み上限正則化器を提供していないが、実装はそれほど難しいものではない。次のコードでは、最初の隠れ層の weight を取得し、clip_by_norm() 関数を使用して、第 2 軸に沿って weights 変数をクリッピングし、行ベクトルの重みの上限を 1.0 にした clip_weights ノードを作るオペレーションを作成する。最後の行はクリッピングされた

weights を weights 変数に割り当てるオペレーションオペレーションを作成している。

```
threshold = 1.0
weights = tf.get_default_graph().get_tensor_by_name("hidden1/kernel:0")
clipped_weights = tf.clip_by_norm(weights, clip_norm=threshold, axes=1)
clip_weights = tf.assign(weights, clipped_weights)
```

そして、次のように訓練ステップのあとにこの処理を加える。

```
sess.run(training_op, feed_dict={X: X_batch, y: y_batch})
clip_weights.eval()
```

　一般に、全ての隠れ層に対してこれを実行する。この方法はうまくいくはずだが、少しごちゃごちゃしている。l1_regularizer() 関数のように使える max_norm_regularizer() 関数を作る方が、クリーンな解決方法になる。

```
def max_norm_regularizer(threshold, axes=1, name="max_norm",
                         collection="max_norm"):

    def max_norm(weights):
        clipped = tf.clip_by_norm(weights, clip_norm=threshold, axes=axes)
        clip_weights = tf.assign(weights, clipped, name=name)
        tf.add_to_collection(collection, clip_weights)
        return None # 正則化項はない
    return max_norm
```

　この関数は、パラメータ化された max_norm() 関数を返し、他の正規化器と同様に利用することができる。

```
max_norm_reg = max_norm_regularizer(threshold=1.0)

with tf.name_scope("dnn"):
    hidden1 = tf.layers.dense(X, n_hidden1, activation=tf.nn.relu,
                              kernel_regularizer=max_norm_reg, name="hidden1")
    hidden2 = tf.layers.dense(hidden1, n_hidden2, activation=tf.nn.relu,
                              kernel_regularizer=max_norm_reg, name="hidden2")
    logits = tf.layers.dense(hidden2, n_outputs, name="outputs")
```

　重み上限正則化器は、全体のロスに正則化ロスを加える必要がないので、max_norm() 関数は None を返す。しかし、訓練ステップを終えるたびに clip_weights を実行できなければならないので、clip_weights にアクセスするための手段が必要だ。max_norm() が重み上限クリッピングオペレーションのコレクションに clip_weights オペレーションを追加しているのはそのためである。訓練ステップが終了するたびに、クリッピングオペレーションを取り出して実行しなければならない。

```
    clip_all_weights = tf.get_collection("max_norm")

with tf.Session() as sess:
    init.run()
    for epoch in range(n_epochs):
        for iteration in range(mnist.train.num_examples // batch_size):
            X_batch, y_batch = mnist.train.next_batch(batch_size)
            sess.run(training_op, feed_dict={X: X_batch, y: y_batch})
            sess.run(clip_all_weights)
```

ずっとクリーンなコードになったのではないだろうか。

11.4.5　データ拡張

　ここで最後に取り上げる正則化テクニック、**データ拡張**（data augmentation）は、既存の訓練インスタンスから新しい訓練インスタンスを生成して人工的に訓練セットをふくらませるものだ。こうすると過学習が緩和されるため、正則化テクニックになっている。もとのインスタンスと生成されたインスタンスで見分けがつかないくらいになるとよい。ただ単にホワイトノイズを加えただけでは役に立たない。加える変更は学習可能なものでなければならないのだ（ホワイトノイズは学習可能ではない）。

　たとえば、きのこの写真を分類するためのモデルを訓練している場合、訓練セットに含まれるすべての写真をさまざまな度合いで少しずつシフト、回転、拡大／縮小する（**図11-10**）。こうすると、モデルは写真内のきのこの位置、回転、サイズに惑わされにくくなる。光の当て方にも強くしたければ、さまざまなコントラストの画像を生成すればよい。きのこが対称性のあるものなら、水平方向に反転するのもよい。このようにして変換した画像を追加すれば、訓練セットのサイズをかなり増やすことができる。

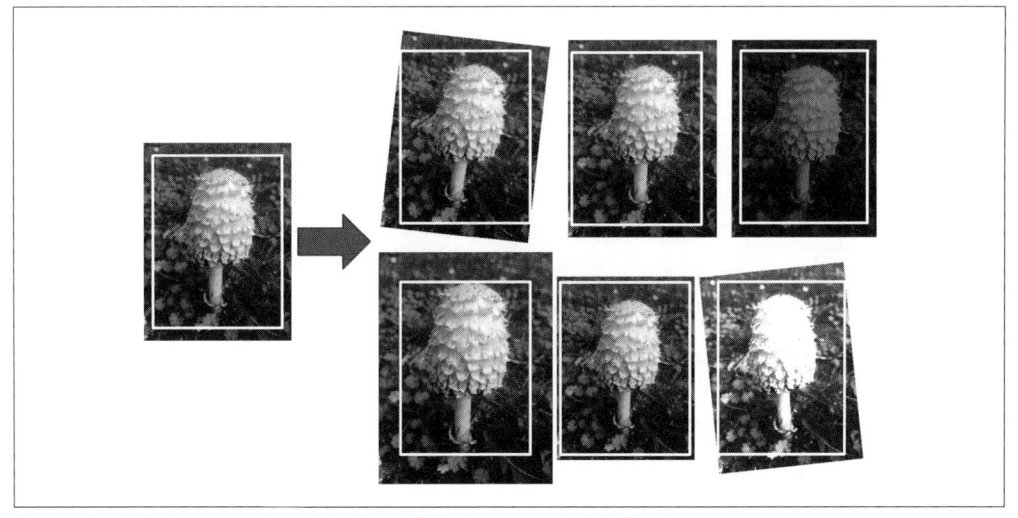

図11-10　既存のインスタンスから新しい訓練インスタンスを生成する

　ストレージスペースやネットワークの帯域幅を無駄にするよりも、訓練中にその場で訓練インスタンスを生成した方がよい場合が多い。TensorFlow は、平行移動（シフト）、回転、サイズ変更、反転、トリミングなどの変形と明度、コントラスト、彩度、色相などの色の調整の操作を提供している（詳しくは API ドキュメントを参照）。そのため、画像データセットのデータ拡張は簡単に実装できる。

非常に深いニューラルネットワークを訓練するときの強力のテクニックとしては、**スキップ接続**（skip connection ＝ある階層の入力と上位層の出力を加える）もある。この考え方については、ResNet（Deep Residual Network）を取り上げる **13 章**で詳しく説明する。

11.5　実践的なガイドライン

　この章ではさまざまなテクニックを取り上げてきたので、どれを使ったらよいのか迷ってしまうかもしれない。ほとんどの場合、**表11-2** の組み合わせを使えばうまく機能する。

表11-2　DNNのデフォルト構成

初期値	He の初期値
活性化関数	ELU
正規化	バッチ正規化
正則化	ドロップアウト
オプティマイザ	NAG
学習率のスケジューリング	なし

　もちろん、よく似た問題を解く訓練済みのニューラルネットワークが見つかるなら、その一部を再利用することも試すべきだ。

　このデフォルトの構成に操作を加えなければならない場合もある。

- よい学習率が見つからない場合（収束までにかかる時間が長すぎるので学習率を上げたところ、早く収束するようにはなったが、正解率が下がってしまったような場合）、指数関数的減衰などの学習スケジュールを試してみるとよい。
- 訓練セットが小さすぎる場合は、データ拡張を導入するとよい。
- 疎なモデルが必要なら ℓ_1 正則化を追加してみる（さらに、オプションで訓練後の重みがごく小さいものを 0 にしてみる）。さらに疎なモデルが必要なら、ℓ_1 正則化を追加するとともに、Adam 最適化ではなく FTRL を使ってみる。
- 実行時に非常に高速なモデルが必要なら、バッチ正規化を省略し、ELU 活性化関数を leaky ReLU に取り替える。疎なモデルにしておくのも効果がある。

　これらのガイドラインがあれば、非常に深いニューラルネットワークを訓練できる。ただし、と

ても我慢強ければの話だが。マシンが 1 台しかなければ、訓練の終了までに何日も、いや何か月も待たなければならない場合がある。次の章では、多数のサーバーと GPU を使ってモデルを訓練、実行する分散 TensorFlow の使い方を説明する。

11.6　演習問題

1. He の初期値で無作為に選んだ値であれば、すべての重みを同じ値で初期化してもよいか。
2. バイアス項を 0 で初期化してもよいか。
3. 活性化関数として ELU が ReLU よりも優れている点を 3 つ挙げなさい。
4. ELU、leaky ReLU（およびその変種）、ReLU、双曲線正接、ロジスティック、ソフトマックスの各活性化関数について、どのような条件のもとでそれを選ぶべきかを説明しなさい。
5. `MomentumOptimizer` を使うときに、`momentum` ハイパーパラメータを 1 に近付けすぎるとどうなるか。
6. 疎なモデルを作るための方法を 3 つ挙げなさい。
7. ドロップアウトは訓練をスローダウンさせるか。推論（つまり、新しいインスタンスに対する予測）はどうか。
8. 深層学習について次のことを試してみよう。
   a. それぞれニューロンが 100 個ずつある 5 個の隠れ層を持ち、He の初期値を与え、ELU 活性化関数を使う DNN を構築しなさい。
   b. Adam 最適化と早期打ち切りを使って MNIST で DNN を訓練しなさい。ただし、訓練するのは 0 から 4 までとする。5 から 9 は次問で転移学習を使って訓練する。5 個のニューロンを持つソフトマックス出力層を作らなければならない。また、いつものように、定期的にチェックポイントを保存し、最終モデルを保存して、あとで再利用できるようにしなければならない。
   c. 交差検証を使ってハイパーパラメータを調節し、どの程度の精度が得られるかを確かめよう。
   d. バッチ正規化を追加し、学習曲線を比較しよう。以前よりも早く収束するようになったか。よりよいモデルが得られるか。
   e. モデルは訓練セットに過学習しているか。すべての層でドロップアウトを追加し、もう 1 度試してみよう。効果はあったか。
9. 転移学習について次のことを試してみよう。
   a. 前問のすべての訓練済み隠れ層を再利用する新しい DNN を作りなさい。隠れ層を凍結し、ソフトマックス出力層を新しいものに交換しなさい。
   b. 数字ひとつあたりわずか 100 個の画像で 5 から 9 までの数字について新しい DNN を訓練し、かかった時間を測定しなさい。画像が少なくても高い精度が得られるか。
   c. 凍結された層をキャッシングしてモデルを再び訓練しなさい。どれくらい高速になっ

たか。

> d. 5 個の隠れ層ではなく、4 個の隠れ層だけを再利用して同じことを試してみなさい。精度は高くなったか。
>
> e. 上位 2 層の凍結を解除し、訓練を続けなさい。モデルの性能はさらに上がったか。

10. 付随的なタスクのプレトレーニングについて次のことを試してみよう。

> a. この演習問題では、ふたつの MNIST の数字画像を比較し、同じ数字かどうかを予測する DNN を構築する。次に、この DNN の階層を再利用して、非常に少ない訓練データで MNIST 分類器を訓練する。まず、今までに使ったのとよく似ているが出力層のないふたつの DNN を作る（DNN A、B）と呼ぶ。どちらも、ニューロンが 100 個ずつある 5 個の隠れ層を持ち、He の初期値を与え、ELU を活性化関数とする。次に、ふたつの DNN の上にもう 1 つ隠れ層を 10 ユニット追加する。axis=1 を指定した TensorFlow の concat() 関数を使い、各インスタンスの両 DNN の出力を連結し、結果をこの隠れ層に渡す。最後にロジスティック活性化関数を使う出力層を 1 つ追加する。
>
> b. MNIST 訓練セットをふたつに分割する。#1 には 55,000 個の画像、#2 には 5,000 個の画像を入れる。#1 から選んだ 2 個の MNIST 画像をひとつのインスタンスとする訓練バッチを生成する関数を作る。訓練インスタンスの半分は同じクラスに属する画像のペア、残り半分は異なるクラスに属する画像のペアとする。個々のインスタンスに対するラベルは、画像が同じクラスに属するものなら 0、別のクラスに属するものなら 1 とする。
>
> c. この訓練セットを使って DNN を訓練する。個々の画像のペアについて、DNN A に第 1 の画像、DNN B に第 2 の画像を同時に与える。ネットワーク全体は、ふたつの画像が同じクラスに属するかどうかを見分けられるように、少しずつ訓練されていく。
>
> d. DNN A の隠れ層を再利用、凍結して新しい DNN を作り、10 個のニューロンを持つソフトマックス出力層を追加する。#2 を使ってこのネットワークを訓練し、クラスあたり 500 画像ずつしかないのに高い性能を達成できるかどうかを確かめる。

演習問題の解答は、**付録 A** を参照のこと。

12章
複数のデバイス、サーバーを使った
分散TensorFlow

11章では、重みのよりよい初期値、バッチ正規化、高度なオプティマイザなどを使って訓練を大幅にスピードアップできるテクニックを説明した。しかし、これらのテクニックをすべて使っても、1個のCPUを搭載した1台のマシンだけで大規模なニューラルネットワークを訓練するのでは、何日、いや何週間もの時間がかかってしまう。

この章では、TensorFlowを使って複数のデバイス（CPUとGPU）に計算を分散させ、それらの計算を並列実行する方法を学ぶ（**図12-1**）。まず、1台のマシンの複数のデバイスに計算を分散させてから、複数のマシンの複数のデバイスに広げていく。

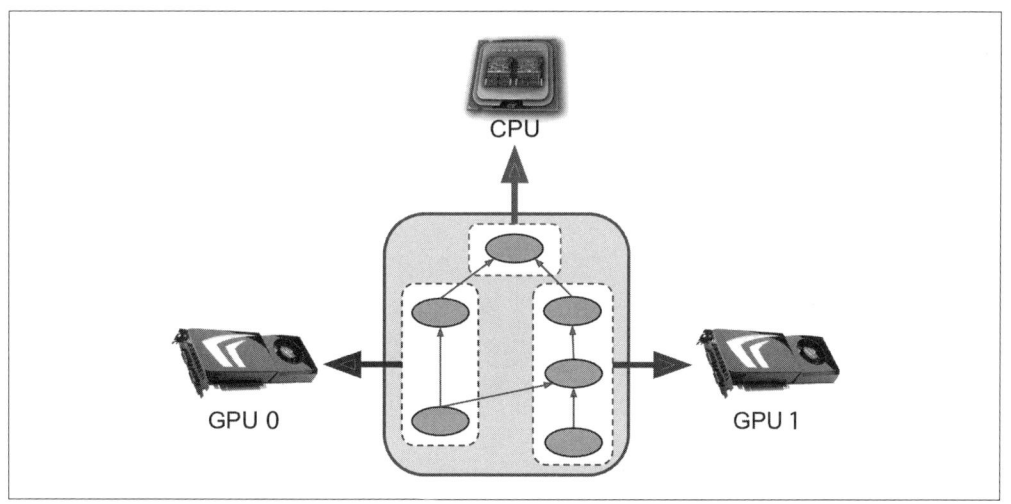

図12-1　複数のデバイスで並列にTensorFlowグラフを実行する

分散コンピューティングサポートは、ほかのニューラルネットワークフレームワークと比較したときのTensorFlowの重要な長所のひとつである。デバイス、サーバーの間で計算グラフをどのよ

うに分割（またはレプリケート）するかは自由に決められ、柔軟に処理を並列実行、同期できるため、あらゆるタイプの並列化アプローチから適切なものを選ぶことができる。

　ここでは、ニューラルネットワークの訓練、実行を並列化するためのアプローチとしてもっともよく使われているものの一部を取り上げていく。訓練アルゴリズムの完了まで、何週間も待たず、せいぜい数時間待てば済むようになる。すると、時間が大幅に節約できるだけでなく、さまざまなモデルをもっと簡単に試せるようになる。新しいデータでモデルを頻繁に訓練し直せるようにもなる。

　モデルを微調整するためにはるかに広大なハイパーパラメータ空間を探ることや、大規模なニューラルネットワークのアンサンブルを効果的に実行することなども、並列化の重要なユースケースである。

　しかし、走れるようになるためにはまず歩き方を学ばなければならない。1 台のマシンの複数のGPU で単純なグラフを並列処理する方法から学んでいこう。

12.1　1 台のマシンの複数のデバイス

　1 台のマシンに GPU カードを増設するだけで、パフォーマンスを大幅に上げられることがよくある。実際、複数のマシンを使わなくても、それだけで十分な場合は多い。たとえば、一般に複数のマシンで 16 個の GPU を使わなくても、1 台のマシンで 8 個の GPU を使えば同じスピードでニューラルネットワークを訓練できる（複数のマシンを使う場合は、ネットワークを介した通信のために余分に遅れが入るため）。

　この節では、TensorFlow が 1 台のマシンの複数の GPU カードを使えるようにするための環境のセットアップの方法を説明する。次に、複数の利用可能デバイスの間で処理を分散し、並列実行する方法を説明する。

12.1.1　初期化

　複数の GPU カードで TensorFlow を実行できるようにするためには、まず、Nvidia Compute Capability（バージョン 3.0 以降）に対して互換性のある GPU カードが必要だ。Nvidia のTitan、Titan X、K20、K40 カードがこれに含まれる（持っているのがほかのカードなら、https://developer.nvidia.com/cuda-gpus で互換性をチェックしよう）。

GPU カードを持っていない場合でも、Amazon AWS などの GPU 機能付きのホスティングサービスを使えばよい。Amazon AWS の GPU インスタンスで TensorFlow 0.9 と Python 3.5 をセットアップするための方法は、Žiga Avsec のブログポスト（http://goo.gl/kbge5b）で詳しく説明されている。これを TensorFlow の最新バージョンに合わせて読み替えるのはそれほど難しいことではないはずだ。Google も TensorFlow グラフを実行するためのCloud Machine Learning（https://cloud.google.com/ml）というクラウドサービスを

提供している。2016 年 5 月には、多くの ML タスクで GPU よりもはるかに高速な機械学習専用プロセッサ、**TPU**（tensor processing unit）を搭載したサーバーの提供も発表した。もちろん、自分で GPU カードを買ってきてもよい。Tim Dettmers は、GPU の選び方についてのすばらしいブログポスト（https://cloud.google.com/ml）を書いており、更新も頻繁に行われている。

　次に CUDA と cuDNN の適切なバージョンをダウンロード、インストールし（TensorFlow 1.3 をバイナリインストールしている場合は、CUDA 8.0 と cuDNN v6）、TensorFlow に CUDA と cuDNN の場所を教える環境変数を設定しなければならない。インストール方法の細部はひんぱんに変わるはずなので、TensorFlow サイトの指示に従うのが一番である。

　Nvidia の **CUDA**（Compute Unified Device Architecture）ライブラリは、CUDA 対応の GPU をあらゆるタイプの計算（グラフィックスアクセラレーションだけでなく）で使えるようにするソフトウェアである。Nvidia の **cuDNN**（CUDA Deep Neural Network）ライブラリは、GPU で DNN プリミティブを使えるようにする。cuDNN は、活性化層、正規化、前後の畳み込み、プーリング（**13 章**参照）などの DNN の一般的な処理の最適化された実装を提供する。cuDNN は、Nvidia の Deep Learning SDK（ダウンロードするためには Nvidia デベロッパアカウントが必要なので注意していただきたい）の一部になっている。TensorFlow は、CUDA と cuDNN を使って GPU カードを制御し、計算を加速させる（**図12-2**）。

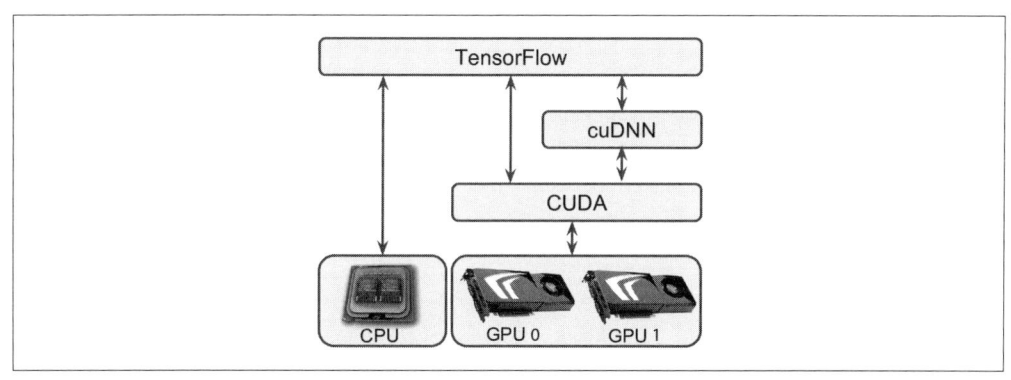

図12-2　TensorFlow は CUDA と cuDNN を使って GPU を制御し、DNN を高速化する

　`nvidia-smi` コマンドを使えば、CUDA が正しくインストールされているかどうかをチェックできる。このコマンドは利用できる GPU カードのリストと個々のカードで実行されているプロセスを表示する。

```
$ nvidia-smi
Wed Sep 16 09:50:03 2016
+------------------------------------------------------+
| NVIDIA-SMI 352.63     Driver Version: 352.63         |
```

```
+-----------------------------------+----------------------+----------------------+
| GPU  Name          Persistence-M| Bus-Id          Disp.A | Volatile Uncorr. ECC |
| Fan  Temp  Perf  Pwr:Usage/Cap|          Memory-Usage | GPU-Util  Compute M. |
|===================================+======================+======================|
|   0  GRID K520            Off  | 0000:00:03.0     Off |                  N/A |
| N/A  27C    P8    17W / 125W |    11MiB /  4095MiB |     0%       Default |
+-----------------------------------+----------------------+----------------------+

+-----------------------------------------------------------------------------+
| Processes:                                                       GPU Memory |
|  GPU        PID   Type   Process name                            Usage      |
|=============================================================================|
|  No running processes found                                                 |
+-----------------------------------------------------------------------------+
```

最後に、GPU サポート付きの TensorFlow をインストールしなければならない。まず、virtualenv で隔離された環境を作り、それをアクティブ化する。

```
$ cd $ML_PATH                      # ML 作業ディレクトリ（たとえば$HOME/ml）
$ source env/bin/activate
```

次に、TensorFlow の適切な GPU 対応バージョンをインストールする。

```
$ pip3 install --upgrade tensorflow-gpu
```

次に、Python シェルを開き、TensorFlow をインポートし、セッションを作って、TensorFlow が CUDA と cuDNN を適切に検出、利用しているかどうかをチェックする。

```
>>> import tensorflow as tf
I [...]/dso_loader.cc:108] successfully opened CUDA library libcublas.so locally
I [...]/dso_loader.cc:108] successfully opened CUDA library libcudnn.so locally
I [...]/dso_loader.cc:108] successfully opened CUDA library libcufft.so locally
I [...]/dso_loader.cc:108] successfully opened CUDA library libcuda.so.1 locally
I [...]/dso_loader.cc:108] successfully opened CUDA library libcurand.so locally
>>> sess = tf.Session()
[...]
I [...]/gpu_init.cc:102] Found device 0 with properties:
name: GRID K520
major: 3 minor: 0 memoryClockRate (GHz) 0.797
pciBusID 0000:00:03.0
Total memory: 4.00GiB
Free memory: 3.95GiB
I [...]/gpu_init.cc:126] DMA: 0
I [...]/gpu_init.cc:136] 0:   Y
I [...]/gpu_device.cc:839] Creating TensorFlow device
(/gpu:0) -> (device: 0, name: GRID K520, pci bus id: 0000:00:03.0)
```

よさそうだ。TensorFlow は CUDA、cnDNN ライブラリを検出し、CUDA ライブラリを使って GPU カード（この場合は Nvidia Grid K520 カード）を検出している。

12.1.2　**GPU RAMの管理**

デフォルトでは、初めてグラフを実行したときに、TensorFlow はすべての利用可能 GPU のすべての RAM を自動的に確保してしまうため、第 1 の TensorFlow プログラムが実行されている間は第 2 の TensorFlow プログラムを実行することはできない。実行しようとすると、次のようなエラーが返される。

```
E [...]/cuda_driver.cc:965] failed to allocate 3.66G (3928915968 bytes) from
device: CUDA_ERROR_OUT_OF_MEMORY
```

この問題は、各プログラムを別々の GPU カードで実行すれば解決できる。CUDA_VISIBLE_DEVICES という環境変数を設定して、各プロセスが適切な GPU カードだけを参照するようにすれば簡単にそのようにすることができる。

```
$ CUDA_VISIBLE_DEVICES=0,1 python3 program_1.py
# そしてほかのターミナルで
$ CUDA_VISIBLE_DEVICES=3,2 python3 program_2.py
```

プログラム 1 は GPU カード 0 と 1（それぞれ 0、1 という番号を付けられる）、プログラム 2 は GPU カード 2 と 3（それぞれ 1、0 という番号を付けられる）だけを参照するようになる（図12-3）。

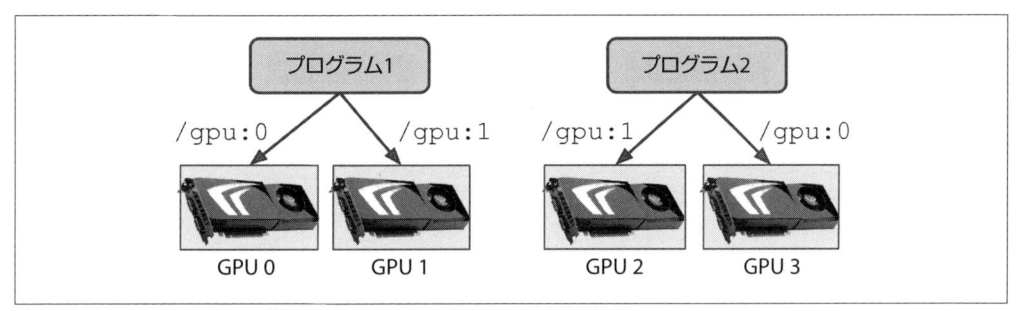

図12-3　各プログラムが2個のGPUを手にする

TensorFlow にメモリの一部だけを確保するよう指示する方法もある。たとえば、TensorFlow が各 GPU のメモリの 40% だけを確保するようにしたい場合には、ConfigProto オブジェクトを作り、その gpu_options.per_process_gpu_memory_fraction オプションに 0.4 を設定して、この構成を使ってセッションを作る。

```
config = tf.ConfigProto()
config.gpu_options.per_process_gpu_memory_fraction = 0.4
session = tf.Session(config=config)
```

すると、このように構成されたふたつのプログラムは、同じ GPU カードを使って並列実行できるようになる。ただし、$3 \times 0.4 > 1$ なので、3 つのプログラムを実行することはできない（図12-4）。

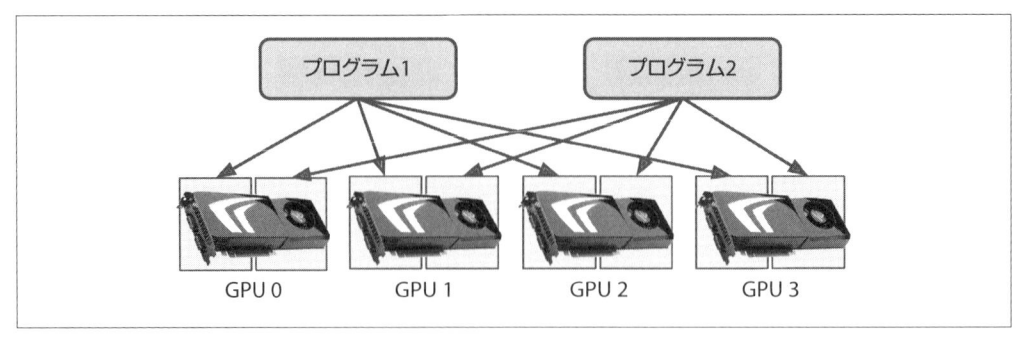

図12-4　各プログラムが 4 個の GPU を使えるが、使える RAM はそれぞれのカードの 40% だけに制限
される

　両方のプログラムを実行しているときに nvidia-smi コマンドを実行すると、各プロセスが各
カードの RAM 全体のおおよそ 40% を確保していることがわかる。

```
$ nvidia-smi
[...]
+-----------------------------------------------------------------------------+
| Processes:                                                       GPU Memory |
|  GPU       PID   Type   Process name                             Usage      |
|=============================================================================|
|    0      5231     C    python                                    1677MiB   |
|    0      5262     C    python                                    1677MiB   |
|    1      5231     C    python                                    1677MiB   |
|    1      5262     C    python                                    1677MiB   |
[...]
```

　メモリを確保するのは必要なときだけにするように TensorFlow に指示する方法もある。
config.gpu_options.allow_growth を True にすればよい。しかし、メモリを確保した
TensorFlow はそれを開放しないので（メモリのフラグメンテーションを避けるため）、しばらく
の間はメモリを確保できない場合がある。この方法を使うと、決定論的な動作を保証しにくくなる
ので、一般には今までに説明してきた方法のどれかだけを使った方がよいだろう。

　いずれにしても、これで GPU 対応の TensorFlow を実行できるようになった。次は、その使い
方を見ていこう。

12.1.3　デバイスへのオペレーションの配置

　TensorFlow ホワイトペーパー（http://goo.gl/vSjA14）[1]には、グラフの過去のランで測定さ
れた計算時間や各オペレーションの入出力テンソルの推定サイズ、各デバイスの利用可能 RAM の
サイズ、デバイスとの間でのデータ転送速度、ユーザーが指定したヒントや制限などを考慮に入れ
た上で、すべての利用可能デバイスにオペレーションを自動的に分散させる**動的配置**（dynamic

---

[1]　"TensorFlow: Large-Scale Machine Learning on Heterogeneous Distributed Systems" Google Research
(2015)

placer）アルゴリズムのことが説明されている。しかし、この高度なアルゴリズムが使えるのは Google 社内だけで、オープンソースバージョンの TensorFlow には含まれていない。その理由は、ユーザーが単純な配置ルールを指定した方が、動的配置アルゴリズムに配置を任せるよりも効率よく配置できるからだと思われる。しかし、TensorFlow チームは動的配置アルゴリズムの改善のための作業を進めているので、いずれリリースできるレベルのものになるだろう。

　それまでは、**単純配置**（simple placer）を使うしかない。これは名前からもわかるように、ごく初歩的なことしかできない。

12.1.3.1　単純配置

　グラフが実行され、まだデバイスに配置されていないノードを評価しなければならなくなると、TensorFlow は単純配置を使って、まだ配置されていないほかのノードとともにそのノードをデバイスに配置する。単純配置は、次のルールを尊重する。

- グラフの前回のランですでにノードがどこかのデバイスに配置されている場合には、そのデバイスが使われる。
- そうでない場合のうち、ユーザーがデバイスにノードをピン留め（後述）している場合には、そのデバイスが使われる。
- どちらの条件にも当てはまらなければ、デフォルトで GPU 0 に配置される。GPU がなければ CPU に配置される。

　これらからもわかるように、オペレーションの適切なデバイスへの配置は、ほとんどみなさんに任されている。みなさんが何もしなければ、グラフ全体がデフォルトデバイスに配置される。デバイスにノードをピン留めするには、device() 関数を使ってデバイスブロックを作らなければならない。たとえば、次のコードは変数 a と定数 b を CPU にピン留めしているが、乗算ノードの c をどのデバイスにもピン留めしていない。そのため c は、デフォルトデバイスに配置される。

```
with tf.device("/cpu:0"):
    a = tf.Variable(3.0)
    b = tf.constant(4.0)

c = a * b
```

マルチ CPU システムでは、"/cpu:0"デバイスはすべての CPU を集めたものになる。現在のところ、特定の CPU にノードをピン留めしたり、CPU 全体のサブセットだけを使ったりするための方法はない。

12.1.3.2　配置のロギング

　私たちが定義した配置の制限を単純配置アルゴリズムが尊重しているかどうかをチェックしよ

う。log_device_placement オプションを True にすれば、単純配置アルゴリズムは、ノードを配置するときにログメッセージを生成するようになる。たとえば次の通り。

```
>>> config = tf.ConfigProto()
>>> config.log_device_placement = True
>>> sess = tf.Session(config=config)
I [...] Creating TensorFlow device (/gpu:0) -> (device: 0, name: GRID K520,
pci bus id: 0000:00:03.0)
[...]
>>> a.initializer.run(session=sess)
I [...] a: /job:localhost/replica:0/task:0/cpu:0
I [...] a/read: /job:localhost/replica:0/task:0/cpu:0
I [...] mul: /job:localhost/replica:0/task:0/gpu:0
I [...] a/Assign: /job:localhost/replica:0/task:0/cpu:0
I [...] b: /job:localhost/replica:0/task:0/cpu:0
I [...] a/initial_value: /job:localhost/replica:0/task:0/cpu:0
>>> sess.run(c)
12
```

　Info の I で始まる行は、ログメッセージである。プログラムがセッションを作ると、TensorFlow は GPU カード（この場合は、Grid K520 カード）を見つけたことを示すメッセージをログに送る。そして、プログラムがグラフを初めて実行すると（この場合は、変数 a を初期化したとき）、単純配置アルゴリズムが作動して、各ノードが指定されたデバイスに配置される。ログメッセージを見ると、指定通りに乗算ノード（mul）を除くすべてのノードが"/cpu:0"に配置され、乗算ノードが"/gpu:0"に配置されていることがわかる（さしあたり、/job:localhost/replica:0/task:0 というプレフィックスは無視してかまわない。このプレフィックスについてはすぐあとで説明する）。2 度目にグラフを実行したとき（c の計算のために）には、TensorFlow が c を計算するために必要なノードはすべて配置されているため、単純配置アルゴリズムは作動しない。

12.1.3.3　動的配置関数

　デバイスブロックを作るときには、デバイス名ではなく関数を指定することができる。TensorFlow は、デバイスブロックに配置しなければならないオペレーションごとにこの関数を呼び出す。関数は、オペレーションをピン留めするデバイスの名前を返さなければならない。たとえば、次のコードはすべての変数ノード（この場合は変数 a だけ）を"/cpu:0"にピン留めし、ほかのすべてのノードを"/gpu:0"にピン留めする。

```
def variables_on_cpu(op):
    if op.type == "Variable":
        return "/cpu:0"
    else:
        return "/gpu:0"

with tf.device(variables_on_cpu):
```

```
a = tf.Variable(3.0)
b = tf.constant(4.0)
c = a * b
```

　ラウンドロビン方式で複数の GPU に変数をピン留めするなど、より複雑なアルゴリズムも簡単
に実装できる。

12.1.3.4　オペレーションとカーネル

　デバイス上で TensorFlow オペレーションを実行するためには、そのデバイスのための実装が
必要である。これを**カーネル**（kernel）と呼ぶ。多くのオペレーションは CPU、GPU の両方の
カーネルを持つが、すべてのオペレーションが持っているわけではない。たとえば、TensorFlow
は整数変数のための GPU カーネルを持っていないので、次のコードは、TensorFlow が変数 i を
GPU 0 に配置しようとしたときにエラーになる。

```
>>> with tf.device("/gpu:0"):
...     i = tf.Variable(3)
[...]
>>> sess.run(i.initializer)
Traceback (most recent call last):
[...]
tensorflow.python.framework.errors.InvalidArgumentError: Cannot assign a device
to node 'Variable': Could not satisfy explicit device specification
```

　初期値が整数だったので、変数が int32 型になっているということを TensorFlow が推
論していることに注意しよう。初期値を 3 ではなく 3.0 にするか、変数作成時に明示的に
dtype=tf.float32 を設定すれば、コードは動作するようになる。

12.1.3.5　ソフト配置

　デフォルトでは、オペレーションのカーネルがないデバイスにオペレーションをピン留めしよう
とすると、先ほど示したように、TensorFlow がオペレーションをそのデバイスに配置しようとし
たときに、例外が生成される。しかし、allow_soft_placement に True をセットすれば、例
外を生成するのではなく、CPU にフォールバックさせることができる。

```
with tf.device("/gpu:0"):
    i = tf.Variable(3)

config = tf.ConfigProto()
config.allow_soft_placement = True
sess = tf.Session(config=config)
sess.run(i.initializer)   # 配置アルゴリズム実行、/cpu:0 にフォールバック
```

　さまざまなデバイスにノードを配置するための方法は以上である。次は、TensorFlow がこれら
のノードをどのように並列実行するのかを見てみよう。

12.1.4　並列実行

　TensorFlow は、グラフを実行するときに、まず評価しなければならないオペレーションのリストを作り、それぞれのノードが何個の依存ノードを持つかを数える。そして、依存関係のないオペレーション（つまり各々のソースオペレーション）をオペレーションのデバイス上の評価キューに追加する（図12-5）。オペレーションが評価されると、依存する各オペレーションの依存関係カウンタがデクリメントされる。そして、オペレーションの依存関係カウンタがゼロになると、デバイスの評価キューにプッシュされる。最後に、TensorFlow が必要とするすべてのノードが評価されると、出力が返される。

　CPU の評価キューのオペレーションは、**inter-op スレッドプール**と呼ばれるスレッドプールにディスパッチされる。CPU に複数のコアがある場合、これらの操作は効率的に並列評価される。オペレーションの中には、マルチスレッド CPU カーネルを持つものもある、これらのカーネルは、タスクを、別の評価キューに配置され、**intra-op スレッドプール**（全てのマルチスレッド CPU カーネルで共有される）と呼ばれる第二のスレッドプールへディスパッチされる複数のサブオペレーションに分割する。つまり、複数のオペレーションおよびサブオペレーションは、異なる CPU コア上で並列評価され得る。

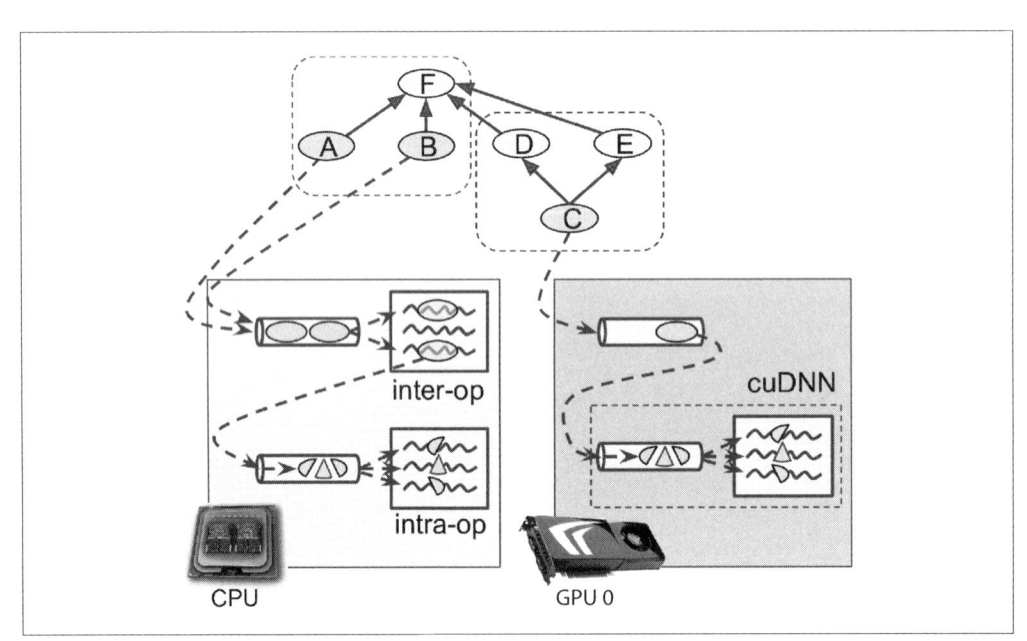

図12-5　TensorFlow グラフの並列実行

　GPU の場合はもう少しシンプルである。GPU の評価キューでのオペレーションは順次評価される。しかし、多くのオペレーションにはマルチスレッド化された GPU カーネルがあり、一般的

には、それらのオペレーションは TensorFlow が依存するライブラリ（CUDA や cuDNN など）によって実装される。これらの実装は独自のスレッドプールを持ち、可能な限り多くの GPU スレッドを利用するようになっている（おそらく、各オペレーションは GPU スレッドをほとんど使い切っているため、GPU では inter-op スレッドプールを必要としない）。

たとえば、**図12-5** では、オペレーション A、B、C はソースオペレーションなので、すぐに評価できる。オペレーション A と B は CPU に配置されるので、それらは CPU の評価キューに送られ、inter-op スレッドプールへディスパッチされる。

オペレーション A はマルチスレッドカーネルを持っており、その計算は 3 つの部分に分割されるので、それらは intra-op スレッドプールで並列実行される。オペレーション C は、GPU # 0 の評価キューに送られ、この例では、GPU カーネルは cuDNN を使用することになる。cuDNN は、独自の intra-op スレッドプールを管理し、多くの GPU スレッドにわたって並列にオペレーションを実行する。はじめに C が終了したとすると、D と E の依存関係カウンタがデクリメントされゼロになると、両方のオペレーションは GPU # 0 の評価キューにプッシュされ、順次実行される。D と E の両方が依存しているにもかかわらず、C は一度評価されるだけであることに注意しよう。次に B が終了したとすると、F の依存カウンタは 4 から 3 にデクリメントされる。0 ではないため、F はまだ実行されない。A、D 及び E が終了すると、F の依存カウンタは 0 になる。すると、CPU の評価キューにプッシュされ、評価される。最後に、TensorFlow は要求された出力を返す。

`inter_op_parallelism_threads` オプションを設定すれば、inter-op プールあたりのスレッド数を操作できる。最初に開始したセッションが inter-op スレッドプールを作成し、ほかのすべてのセッションは、`use_per_session_threads` オプションが `True` にされていない限り、それらのスレッドプールを再利用することに注意しよう。intra-op プール内のスレッド数は、`intra_op_parallelism_threads` オプションを設定すれば操作できる。

12.1.5　依存ノード制御

依存オペレーションがすべて実行済みでも、オペレーションの実行を先延ばしにした方がよいという場合がある。たとえば、そのオペレーションが計算した値が必要なのはグラフをさらに深く掘り進めたときなのに、オペレーションが大量のメモリを消費する場合、ほかのオペレーションが必要とするかもしれない RAM を不必要に占領するのを避けるために、そのオペレーションはどうしても必要になるまで先延ばしした方がよいだろう。デバイス外に依存する側のオペレーションが多数待ち構えている場合も先延ばしが必要だ。それらのオペレーションを全部同時に実行すると、デバイスの通信帯域幅を使い切り、どれも I/O 待ちに入ってしまうかもしれない。すると、データをやり取りしなければならないほかのオペレーションまでブロックされてしまう。そのように通信ニーズの高いオペレーションは逐次的に実行して、デバイスがほかのオペレーションを並列実行で

きるようにした方がよい。

依存ノード制御を追加すれば、いくつかのノードの評価を簡単に先延ばしできる。たとえば、次のコードは、a と b を評価するまで x と y の評価に進まないよう TensorFlow に指示している。

```
a = tf.constant(1.0)
b = a + 2.0

with tf.control_dependencies([a, b]):
    x = tf.constant(3.0)
    y = tf.constant(4.0)

z = x + y
```

z は control_dependencies() ブロックに明示的に入れられているわけではないが、x、y に依存しているのは明らかなので、a と b の評価を待って評価される。また、b は a に依存しているので、依存ノード制御（control_dependencies）の対象を [a, b] ではなく [b] にすれば、コードは単純になる。もっとも、明示は暗黙に勝るという場合もある。

すばらしい。これでみなさんは次の知識を身につけたことになる。

- オペレーションを複数のデバイスに自在に配置する方法
- それらのオペレーションを並列実行させる方法
- 並列実行の最適化のために依存ノード制御を作る方法

それでは、分散処理を複数のサーバーに広げよう。

12.2　複数のサーバーの複数のデバイス

複数のサーバーにまたがってグラフを実行するためには、まず**クラスタ**（cluster）を定義しなければならない。クラスタは、**タスク**（task）と呼ばれる 1 つ以上の TensorFlow サーバーから構成され、これらのサーバーは複数のマシンで実行されることが多い（**図 12-6**）。個々のタスクは**ジョブ**（job）に属する。ジョブは、共通の役割を持つタスクのグループに名前を付けたものに過ぎない。共通の役割とは、モデルパラメータの管理（この種のジョブには parameter server を意味する"ps"という名前を付けることが多い）、計算の実行（この種のジョブには、"worker"という名前を付けることが多い）といったものである。

次の**クラスタ定義**（cluster specification）は、タスクが 1 個の"ps"とタスクが 2 個の"worker"のふたつのジョブを定義している。この場合、マシン A は、ふたつの TensorFlow サーバー（すなわちタスク）をホスティングし、異なるポートをリスンしている。ポートのうちのひとつは"ps"ジョブの一部、もうひとつは"worker"ジョブの一部になっている。マシン B は、"worker"ジョブの一部となっているひとつの TensorFlow サーバーをホスティングするだけで

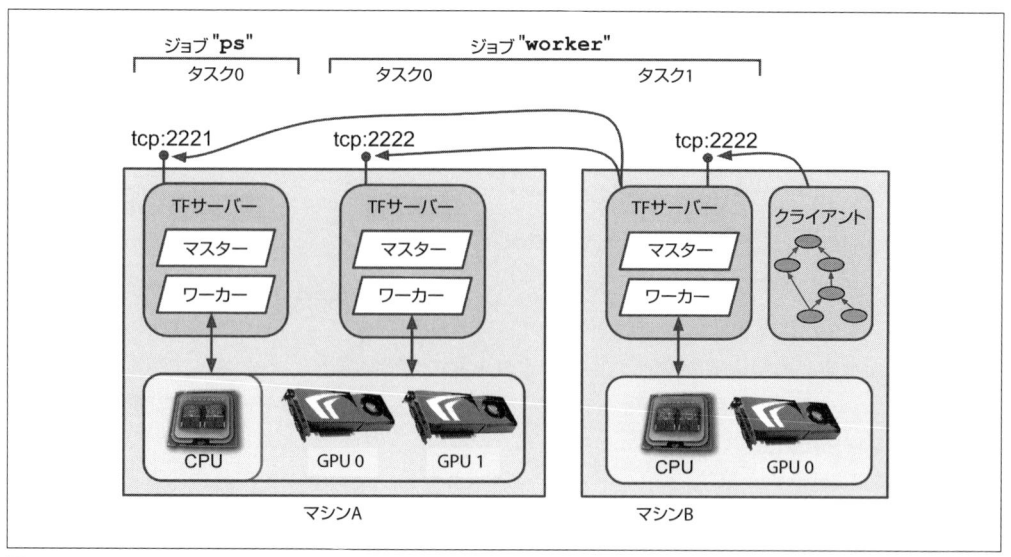

図12-6　TensorFlow クラスタ

ある。

```
cluster_spec = tf.train.ClusterSpec({
    "ps": [
        "machine-a.example.com:2221",  # /job:ps/task:0
    ],
    "worker": [
        "machine-a.example.com:2222",  # /job:worker/task:0
        "machine-b.example.com:2222",  # /job:worker/task:1
    ]})
```

　TensorFlow サーバーを起動するためには、クラスタ定義（これでほかのサーバーと通信できるようになる）とジョブ名、タスク番号を指定して、Server オブジェクトを作らなければならない。たとえば、最初のワーカータスクを起動するには、マシン A で次のコードを実行する。

```
server = tf.train.Server(cluster_spec, job_name="worker", task_index=0)
```

　通常、マシンあたり 1 個のタスクを実行する方が単純だが、TensorFlow は、必要なら同じマシンで複数のタスクを実行できる[†2]。上のコードはそのことを示している。1 台のマシンで複数のサーバーを実行する場合は、先ほど説明したように、ひとつのサーバーがすべての GPU のすべての RAM を確保しようとしないようにしなければならない。たとえば、**図12-6** では、"ps"のタスクは、プロセスがおそらく CUDA_VISIBLE_DEVICES=""で起動されているため、GPU デバイスを参照していない。CPU は、同じマシンで実行されているすべてのタスクによって共有されることに注意しよう。

---

†2　同じプロセスで複数のタスクを起動することもできる。これはテスト用には便利だが、本番環境では勧められない。

　プロセスに TensorFlow サーバーの実行以外のことをさせたくない場合には、join() を使ってメインスレッドにサーバーの終了を待たせれば、メインサーバーをブロックできる（そうしなければ、メインスレッドが終了したときにサーバーは中止されてしまう）。現在のところ、サーバーを終了させる方法はないので、メインスレッドは永遠にブロックされるということになる。

```
server.join()    # サーバーが終了するまでブロック（つまり永遠に）
```

12.2.1　セッションの開設

　すべてのタスクが起動されたら（まだ何もしていない状態）、任意のマシンの任意のプロセス（タスクのどれかを実行しているプロセスさえ含まれる）で実行されているクライアントから任意のサーバーのセッションを開き、そのセッションを通常のローカルセッションのように使うことができる。たとえば、次のコードを見てみよう。

```
a = tf.constant(1.0)
b = a + 2
c = a * 3

with tf.Session("grpc://machine-b.example.com:2222") as sess:
    print(c.eval())  # 9.0
```

　このクライアントコードは、まず単純なグラフを作ってから、マシン B の TensorFlow サーバー（**マスター** = master と呼ぶことにする）のセッションを開いて、c の評価を指示している。マスターは、まず適切なデバイスにオペレーションを配置する。この例では、どのオペレーションも特定のデバイスにピン留めしていないので、マスターは単純にすべてのオペレーションをデフォルトデバイスに配置する。この場合は、マシン B の GPU デバイスということである。次に、マスターはクライアントが指示した通りに c を評価し、結果を返す。

12.2.2　マスターサービスとワーカーサービス

　クライアントは、**gRPC**（Google Remote Procedure Call）プロトコルを使ってサーバーと通信する。gRPC は、さまざまなプラットフォームや言語の壁を越えてリモート関数を呼び出し、その出力を手に入れられる効率のよいオープンソースフレームワークである[†3]。gRPC は、接続を開設すると、セッション全体を通じて接続を開設したままにする HTTP2 を基礎としているため、接続が確立したら効率よく双方向通信をすることができる。データは、Google のもうひとつのオープンソーステクノロジである**プロトコルバッファ**（protocol buffer）の形式で転送される。プロトコルバッファは、計量のバイナリデータ交換形式である。

---

†3　gRPC は、Google が 10 年以上に渡って効果的に使ってきた **Stubby** サービスの次のバージョンである。詳細は http://grpc.io/ 参照のこと。

 TensorFlow クラスタのすべてのサーバーは、クラスタ内のほかのサーバーとはどれとでも通信する可能性があるので、ファイアウォールで適切なポートを開くようにする必要がある。

　すべての TensorFlow サーバーは、**マスターサービス**（master service）と**ワーカーサービス**（worker service）のふたつのサービスを提供する。マスターサービスは、クライアントがセッションを開いて、グラフの実行のために使えるようにする。マスターサービスは、タスク間で計算を調整し、実際にほかのタスクで計算を実行し、結果を取得する仕事はワーカーサービスに任せる。

　このアーキテクチャはとても柔軟性が高い。ひとつのクライアントが複数のスレッドで複数のセッションを開けば、複数のサーバーと接続できる。ひとつのサーバーは、複数のクライアントが同時に開設した複数のセッションを処理できる。タスクごとにひとつのクライアントを実行しても（通常は同じプロセス内で）、ひとつのクライアントだけですべてのタスクを制御してもよい。あらゆる選択肢が確保されている。

12.2.3　タスクを越えたオペレーションのピン留め

　デバイスブロックを使えば、ジョブ名、タスクインデックス、デバイスタイプ、デバイスインデックスを指定して、任意のタスクが管理する任意のデバイスにオペレーションをピン留めすることができる。たとえば、次のコードは、`"ps"`ジョブの最初のタスクの CPU に a をピン留めし、`"worker"`ジョブの最初のタスクが管理する第 2 GPU（マシン A の GPU 1）に b をピン留めする。最後に、c はどのデバイスにもピン留めされていなので、マスターは自らのデフォルトデバイス（マシン B の GPU 0 デバイス）にそれを配置する。

```
with tf.device("/job:ps/task:0/cpu:0"):
    a = tf.constant(1.0)

with tf.device("/job:worker/task:0/gpu:1"):
    b = a + 2

c = a + b
```

　以前と同じように、デバイスタイプとインデックスを省略すると、TensorFlow はデフォルトでタスクのデフォルトデバイスを選択する。たとえば、`"/job:ps/task:0"`にオペレーションをピン留めすると、そのオペレーションは、`"ps"`ジョブの最初のタスクのデフォルトデバイスに配置される。タスクインデックスも省略すると（たとえば、`"/job:ps"`）、TensorFlow はデフォルトで`"/task:0"`を選ぶ。ジョブ名とタスクインデックスを省略すると、TensorFlow はデフォルトでセッションのマスタータスクを選択する。

12.2.4　複数のパラメータサーバーへの変数のシャーディング

　すぐあとで示すように、分散システムでニューラルネットワークを訓練するときの共通パターン

は、一連のパラメータサーバー（つまり"ps"ジョブのタスク）にモデルパラメータを格納し、ほか
のタスクを計算（つまり"worker"ジョブのタスク）に専念させるというものである。数百万もの
パラメータがある大規模なモデルでは、これらのパラメータを複数のパラメータサーバーにシャー
ディングし、ひとつのパラメータサーバーのネットワークカードが飽和状態になるのを避けると役
に立つ。しかし、すべての変数をさまざまなパラメータサーバーにいちいち手作業でピン留めしな
ければならないのであれば、とても大変なことになっていただろう。幸い、TensorFlow は、すべて
の"ps"タスクのなかで変数をラウンドロビン方式で分散させる replica_device_setter()
関数を持っている。たとえば、次のコードは、ふたつのパラメータサーバーに 5 つの変数をピン留
めする。

```
with tf.device(tf.train.replica_device_setter(ps_tasks=2)):
    v1 = tf.Variable(1.0)  # /job:ps/task:0 にピン留め
    v2 = tf.Variable(2.0)  # /job:ps/task:1 にピン留め
    v3 = tf.Variable(3.0)  # /job:ps/task:0 にピン留め
    v4 = tf.Variable(4.0)  # /job:ps/task:1 にピン留め
    v5 = tf.Variable(5.0)  # /job:ps/task:0 にピン留め
```

　ps_tasks の数を渡さなくても、cluster=cluster_spec というクラスタ定義を渡せば、
TensorFlow が単純に"ps"ジョブのタスク数を数えてくれる。

　ブロック内で変数だけでなくその他のオペレーションも作る場合、TensorFlow は自動的にそれ
らのオペレーションを"/job:worker"にピン留めする。これは、デフォルトで"worker"ジョ
ブの最初のタスクが管理する最初のデバイスになる。worker_device パラメータを設定すれば
他のデバイスにピン留めすることもできるが、それよりも入れ子のデバイスブロックを使う方がよ
い。内側のデバイスブロックは、外側のデバイスブロックが定義したジョブ、タスク、デバイスを
オーバーライドできる。たとえば次の通り。

```
with tf.device(tf.train.replica_device_setter(ps_tasks=2)):
    v1 = tf.Variable(1.0)  # /job:ps/task:0 (+ defaults to /cpu:0) にピン留め
    v2 = tf.Variable(2.0)  # /job:ps/task:1 (+ defaults to /cpu:0) にピン留め
    v3 = tf.Variable(3.0)  # /job:ps/task:0 (+ defaults to /cpu:0) にピン留め
    [...]
    s = v1 + v2            # /job:worker (+ defaults to task:0/gpu:0) にピン留め
    with tf.device("/gpu:1"):
        p1 = 2 * s         # /job:worker/gpu:1 (+ defaults to /task:0) にピン留め
        with tf.device("/task:1"):
            p2 = 3 * s     # /job:worker/task:1/gpu:1 にピン留め
```

 この例は、パラメータサーバーが CPU のみだという前提で書かれている。パラメータサー
バーは、パラメータを格納し、やり取りできればよく、数値演算を行うわけではないので、
CPU しか使わないのが普通である。

12.2.5　リソースコンテナを使ったセッション間での状態の共有

　プレーンな**ローカルセッション**（local session ＝ 分散セッションではないセッション）を使う

場合、個々の変数の状態はセッション自体によって管理される。セッションが終了すると、すべての変数の値は失われる。さらに、複数のローカルセッションは、たとえ同じグラフを実行している場合でも、状態を共有できない。個々のセッションは、すべての変数の独自コピーを持っている（**9章**参照）。しかし、**分散セッション**（distributed sesion）を使っているときには、変数の状態は、セッションではなくクラスタ自体に配置される**リソースコンテナ**（resource container）によって管理される。そのため、あるクライアントセッションを使って x という変数を作った場合、その変数は自動的に同じクラスタのほかのセッションにも作られる（両セッションが別のサーバーに接続されていても）。たとえば、次のクライアントコードについて考えてみよう。

```python
# simple_client.py
import tensorflow as tf
import sys

x = tf.Variable(0.0, name="x")
increment_x = tf.assign(x, x + 1)

with tf.Session(sys.argv[1]) as sess:
    if sys.argv[2:]==["init"]:
        sess.run(x.initializer)
    sess.run(increment_x)
    print(x.eval())
```

マシン A、B のポート 2222 で TensorFlow クラスタを立ち上げているものとする。そして、次のコマンドでクライアントを起動し、クライアントにマシン A のサーバーとの間でセッションを開かせ、変数の初期化、インクリメント、値の表示を指示したとする。

```
$ python3 simple_client.py grpc://machine-a.example.com:2222 init
1.0
```

ここで、次のコマンドを使ってクライアントを起動すると、クライアントはマシン B のサーバーに接続し、魔法のように同じ変数 x を再利用する（今回は、サーバーに変数の初期化を要求していない）。

```
$ python3 simple_client.py grpc://machine-b.example.com:2222
2.0
```

この機能は双方向的に使える。複数のセッションで変数を共有したい場合には、これはすばらしい機能だ。しかし、同じクラスタでまったく独立した計算を実行したい場合、うっかり同じ変数名を使わないように細心の注意を払わなければならない。そのような変数名の衝突を防ぐためには、たとえば次のようにして、個々の計算ごとに、一意な名前を持つ変数スコープですべての構築フェーズをラップすればよい。

```
with tf.variable_scope("my_problem_1"):
    [...] # 問題 1 の構築フェーズ
```

コンテナブロックを使うともっとよい。

```
with tf.container("my_problem_1"):
    [...] # 問題 1 の構築フェーズ
```

こうすると、デフォルトのコンテナ（名前は空文字列の""）ではなく、問題 1 専用のコンテナが使われる）。コンテナブロックの利点は変数名が短く保たれることである。また、名前付きのコンテナは簡単にリセットできるという利点もある。たとえば、次のコマンドはマシン A のサーバーに接続し、"my_problem_1"という名前のコンテナをリセットする。コンテナをリセットすると、コンテナが使っていたすべてのリソースが開放される（そして、サーバー上に開かれていたすべてのセッションがクローズされる）。このコンテナが管理していた変数は、初期化しなければ再び使うことはできない。

```
tf.Session.reset("grpc://machine-a.example.com:2222", ["my_problem_1"])
```

リソースコンテナを使うと、簡単にセッション間で変数を柔軟な形で共有することができる。たとえば、**図12-7** は、4 つのクライアントが、一部の変数を共有する異なるグラフを同じクラスタで実行しているところを示している。クライアント A と B は、デフォルトコンテナが管理している x という変数を共有しているのに対し、クライアント C と D は、"my_problem_1"というコンテナが管理している x という別の変数を共有している。さらに、クライアント C は両方のコンテナの変数を使っていることに注意しよう。

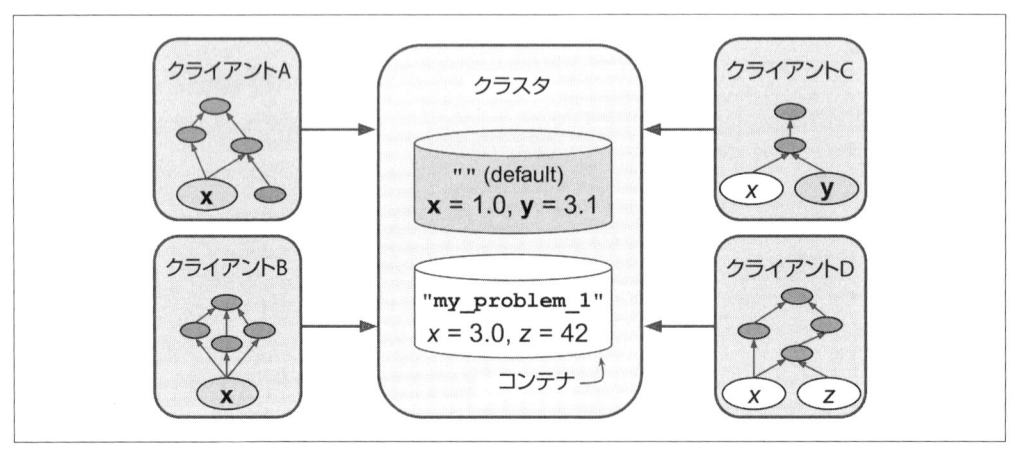

図12-7　リソースコンテナ

リソースコンテナは、ほかのステートフルオペレーション、つまりキューとリーダーの状態の維持も行う。まず、キューから見ていこう。

12.2.6 TensorFlowキューを使った非同期通信

　キューは、複数のセッション間でデータを交換するためのもうひとつの優れた手段である。たとえば、あるクライアントが訓練データをロードしてキューにプッシュするグラフを作り、別のクライアントがキューからデータを読み出してモデルを訓練するグラフを作るというような形でよく使われる（**図12-8**）。こうすると、訓練オペレーションは、ステップごとに次のミニバッチを待たなくても済むようになるので、訓練にかかる時間をかなり短縮できる。

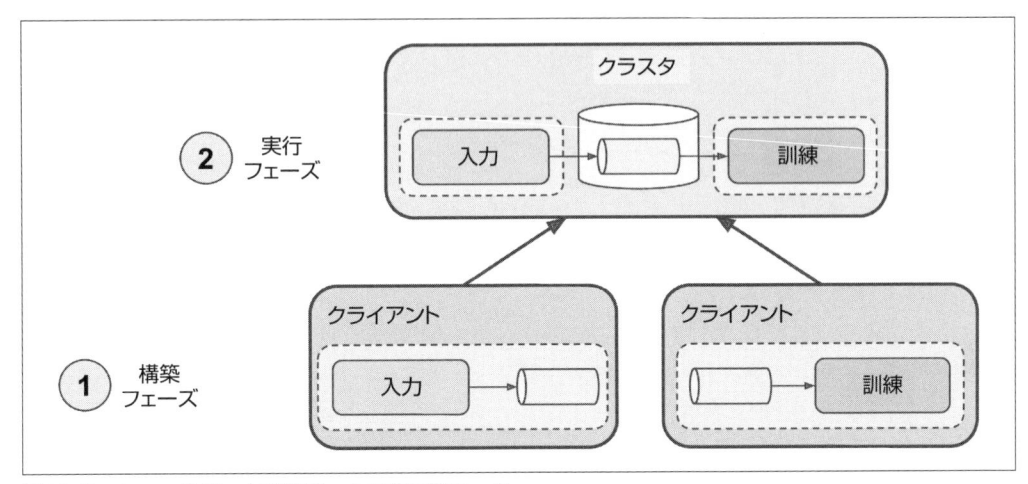

図12-8　キューを使った訓練データの非同期ロード

　TensorFlowは、さまざまな種類のキューを提供している。もっとも単純なのは、**先入れ先出し**（**FIFO**：first-in first-out）キューである。たとえば、次のコードは、それぞれ2個の浮動小数点数値を格納するテンソルを10個まで格納できるFIFOキューを作る。

```
q = tf.FIFOQueue(capacity=10, dtypes=[tf.float32], shapes=[[2]],
                 name="q", shared_name="shared_q")
```

 セッション間で変数を共有するためには、両方で同じ名前の変数とコンテナを指定することだけで済むが、キューの場合、TensorFlowは name 属性ではなく、shared_name 属性を使うため、これを指定することが重要になる（name と同じ値でも）。そしてもちろん、同じコンテナを使う。

12.2.6.1 データのエンキュー

　キューにデータをプッシュするためには、enqueue オペレーションを作らなければならない。たとえば、次のコードは、キューに3つの訓練インスタンスをプッシュする。

```
# training_data_loader.py
import tensorflow as tf

q = tf.FIFOQueue(capacity=10, [...], shared_name="shared_q")
training_instance = tf.placeholder(tf.float32, shape=[2])
enqueue = q.enqueue([training_instance])

with tf.Session("grpc://machine-a.example.com:2222") as sess:
    sess.run(enqueue, feed_dict={training_instance: [1., 2.]})
    sess.run(enqueue, feed_dict={training_instance: [3., 4.]})
    sess.run(enqueue, feed_dict={training_instance: [5., 6.]})
```

enqueue_many オペレーションを使えば、インスタンスをひとつずつエンキューしなくても、1 度に複数のインスタンスをエンキューできる。

```
[...]
training_instances = tf.placeholder(tf.float32, shape=(None, 2))
enqueue_many = q.enqueue_many([training_instances])

with tf.Session("grpc://machine-a.example.com:2222") as sess:
    sess.run(enqueue_many,
             feed_dict={training_instances: [[1., 2.], [3., 4.], [5., 6.]]})
```

どちらの例も、同じ 3 個のテンソルをキューにプッシュする。

12.2.6.2　データのデキュー

キューの先頭からインスタンスを取り出すためには、dequeue オペレーションを使う。

```
# trainer.py
import tensorflow as tf

q = tf.FIFOQueue(capacity=10, [...], shared_name="shared_q")
dequeue = q.dequeue()

with tf.Session("grpc://machine-a.example.com:2222") as sess:
    print(sess.run(dequeue))  # [1., 2.]
    print(sess.run(dequeue))  # [3., 4.]
    print(sess.run(dequeue))  # [5., 6.]
```

一般に、1 度に 1 インスタンスずつ読み出すのではなく、ミニバッチ全体を 1 度に読み出すようにすべきだ。そのためには、ミニバッチサイズを引数とする、dequeue_many オペレーションを使う。

```
[...]
batch_size = 2
dequeue_mini_batch = q.dequeue_many(batch_size)
```

```
with tf.Session("grpc://machine-a.example.com:2222") as sess:
    print(sess.run(dequeue_mini_batch))  # [[1., 2.], [4., 5.]]
    print(sess.run(dequeue_mini_batch))   # 別のインスタンスを待ってブロックされる
```

キューがいっぱいになっていると、エンキューオペレーションは、デキューオペレーションによって要素が読み出されるまでブロックされる。同様に、キューが空の場合（あるいは、dequeue_many() を使っていて、要素数がミニバッチサイズよりも少ない場合）、エンキューオペレーションがキューに十分な数の要素をプッシュするまで、デキューオペレーションはブロックされる。

12.2.6.3 タプルのキュー

キューの要素は、単一のテンソルでなく、さまざまな型、形状のテンソルのタプルでもよい。たとえば、次のキューは、int32 型で形状が [] のテンソルと float32 型で形状が [3,2] のテンソルのペアを格納する。

```
q = tf.FIFOQueue(capacity=10, dtypes=[tf.int32, tf.float32], shapes=[[],[3,2]],
                 name="q", shared_name="shared_q")
```

エンキューオペレーションには、テンソルのペアを渡さなければならない（個々のペアは、キューの 1 個の要素を表しているだけだということに注意しよう）。

```
a = tf.placeholder(tf.int32, shape=())
b = tf.placeholder(tf.float32, shape=(3, 2))
enqueue = q.enqueue((a, b))

with tf.Session([...]) as sess:
    sess.run(enqueue, feed_dict={a: 10, b:[[1., 2.], [3., 4.], [5., 6.]]})
    sess.run(enqueue, feed_dict={a: 11, b:[[2., 4.], [6., 8.], [0., 2.]]})
    sess.run(enqueue, feed_dict={a: 12, b:[[3., 6.], [9., 2.], [5., 8.]]})
```

一方、dequeue() 関数は、2 個のデキューオペレーションを作る。

```
dequeue_a, dequeue_b = q.dequeue()
```

一般に、これらのオペレーションはいっしょに実行される。

```
with tf.Session([...]) as sess:
    a_val, b_val = sess.run([dequeue_a, dequeue_b])
    print(a_val) # 10
    print(b_val) # [[1., 2.], [3., 4.], [5., 6.]]
```

dequeue_a を単独で実行すると、ペアをデキューした上で第 1 要素だけを返すことになる。第 2 要素は失われてしまう（同様に、dequeue_b を単独で実行すると、第 1 要素は失われてしまう）。

dequeue_many() 関数も、オペレーションのペアを返す。

```
batch_size = 2
dequeue_as, dequeue_bs = q.dequeue_many(batch_size)
```

dequeue_many() は、みなさんの予想通りに動作する。

```
with tf.Session([...]) as sess:
    a, b = sess.run([dequeue_a, dequeue_b])
    print(a) # [10, 11]
    print(b) # [[[1., 2.], [3., 4.], [5., 6.]], [[2., 4.], [6., 8.], [0., 2.]]]
    a, b = sess.run([dequeue_a, dequeue_b])   # 別のペアを待ってブロックする
```

12.2.6.4　キューのクローズ

キューをクローズすれば、相手側にそのキューにはデータがエンキューされなくなったことを知らせることができる。

```
close_q = q.close()

with tf.Session([...]) as sess:
    [...]
    sess.run(close_q)
```

クローズ後に enqueue、enqueue_many オペレーションを実行しようとすると、例外が生成される。デフォルトでは、q.close(cancel_pending_enqueues=True) を呼び出さない限り、保留中のエンキュー要求はクローズ後にも実行される。クローズ後の dequeue、dequeue_many オペレーションは、キューに十分な数の要素がある限り成功し続けるが、キューに残された要素が必要数未満になると失敗する。dequeue_many を使っていて、キューに残されたインスタンスの数がミニバッチサイズに満たない場合、それらのインスタンスは失われる。そこで、代わりに dequeue_up_to オペレーションを使った方がよい。dequeue_up_to は、キューがクローズされ、キューに残されたインスタンス数が batch_size よりも少ないときに、それらのインスタンスを返してくることを除けば、dequeue_many とまったく同じように動作する。

12.2.6.5　RandomShuffleQueue

TensorFlow は、FIFOQueue 以外にも 2 種類のキューをサポートしている。RandomShuffleQueue は、そのなかのひとつで、要素がランダムな順序でデキューされることを除けば、FIFOQueue と同じように使える。訓練中の各エポックで訓練インスタンスの順序をシャッフルしたいときにはこれが役に立つ。まず、キューを作る。

```
q = tf.RandomShuffleQueue(capacity=50, min_after_dequeue=10,
                          dtypes=[tf.float32], shapes=[()],
                          name="q", shared_name="shared_q")
```

min_after_dequeue は、デキューオペレーション後にキューに残しておかなければならない要素の最小数を指定する。これを使えば、無作為性を維持できるだけのインスタンスをキューに

残しておける（キューがクローズされると、min_after_dequeue の制限は無視される）。この
キューに 22 個の要素（1. から 22. までの浮動小数点数）をエンキューしたとする。デキューは、
次のようになる。

```
dequeue = q.dequeue_many(5)

with tf.Session([...]) as sess:
    print(sess.run(dequeue)) # [ 20.  15.  11.  12.   4.]   (残り 17 要素)
    print(sess.run(dequeue)) # [  5.  13.   6.   0.  17.]   (残り 14 要素)
    print(sess.run(dequeue)) # 12 - 5 < 10: 3 個のインスタンスが追加されるまでブロック
```

12.2.6.6　PaddingFifoQueue

PaddingFIFOQueue も、FIFOQueue と同じように使えるが、任意の軸に沿って可変サイズ
のテンソルを使える（ただし、ランクは固定）点が異なる。dequeue_many や dequeue_up_to
でデキューすると、サイズが可変のテンソルは、ミニバッチのなかでもっとも大きなテンソルのサ
イズに達するまで 0 でパディングされる。たとえば、次のようにすれば、任意のサイズの 2 次元テ
ンソル（行列）をエンキューすることができる。

```
q = tf.PaddingFIFOQueue(capacity=50, dtypes=[tf.float32], shapes=[(None, None)],
                        name="q", shared_name="shared_q")
v = tf.placeholder(tf.float32, shape=(None, None))
enqueue = q.enqueue([v])

with tf.Session([...]) as sess:
    sess.run(enqueue, feed_dict={v: [[1., 2.], [3., 4.], [5., 6.]]})        # 3x2
    sess.run(enqueue, feed_dict={v: [[1.]]})                                # 1x1
    sess.run(enqueue, feed_dict={v: [[7., 8., 9., 5.], [6., 7., 8., 9.]]}) # 2x4
```

1 度に 1 要素ずつデキューすれば、エンキューしたのと同じテンソルが返される。しかし、
dequeue_many や dequeue_up_to を使って 1 度に複数の要素をデキューすると、キューは自
動的にテンソルに適切なパディングを行う。たとえば、3 個の要素を同時にデキューすると、第 1 次
元のサイズの最大は 3（第 1 要素）、第 2 次元のサイズの最大は 4（第 3 要素）なので、すべてのテ
ンソルは 3 × 4 になるように自動的にパディングされる。

```
>>> q = [...]
>>> dequeue = q.dequeue_many(3)
>>> with tf.Session([...]) as sess:
...     print(sess.run(dequeue))
...
[[[ 1.  2.  0.  0.]
  [ 3.  4.  0.  0.]
  [ 5.  6.  0.  0.]]

 [[ 1.  0.  0.  0.]
  [ 0.  0.  0.  0.]
  [ 0.  0.  0.  0.]]
```

```
[[ 7.  8.  9.  5.]
 [ 6.  7.  8.  9.]
 [ 0.  0.  0.  0.]]]
```

この種のキューは、単語のシーケンス（**14 章**参照）のように可変長の入力を扱うときに役に立つ。

それでは、ここで少し休憩しよう。今までに複数のデバイス、複数のサーバーを使った計算の分散処理、セッション間での変数の共有、キューを使った非同期通信について学んだ。しかし、ニューラルネットワークを訓練するためには、取り上げなければならないテーマがあとひとつ残っている。それは、訓練データをいかに効率よくロードするかだ。

12.2.7　グラフからのデータの直接ロード

今までは、クライアントが訓練データをロードし、プレースホルダーを使ってクラスタに訓練データを供給することを前提として話を進めてきた。この方法は単純であり、単純な訓練では十分にうまく機能するが、次のように訓練データを何度も転送する分、効率が悪い。

1. ファイルシステムからクライアントへ
2. クライアントからマスタータスクへ
3. おそらく、マスタータスクからデータを必要とするほかのタスクへ

同じ訓練データを使ってさまざまなニューラルネットワークを訓練する複数のクライアントがあるとき（たとえば、ハイパーパラメータの調整のために）には、この問題は激化する。すべてのクライアントが同時にデータをロードするようなら、ファイルサーバーやネットワークの帯域幅がいっぱいになってしまうかもしれない。

12.2.7.1　変数へのデータのプレロード

メモリに入りきるようなデータセットの場合、訓練データを 1 度だけロードして変数に代入し、グラフではその変数を使うようにする方がよい。これを訓練セットの**プレロード**（preloading）と呼ぶ。こうすれば、クライアントからクラスタへのデータ転送は 1 度だけになる（しかし、必要とされるオペレーションによっては、タスクからタスクへのデータ移動は必要になる場合がある）。次のコードは、訓練セット全体を変数にロードする方法を示している。

```
training_set_init = tf.placeholder(tf.float32, shape=(None, n_features))
training_set = tf.Variable(training_set_init, trainable=False, collections=[],
                           name="training_set")

with tf.Session([...]) as sess:
    data = [...]   # データストアから訓練データをロード
    sess.run(training_set.initializer, feed_dict={training_set_init: data})
```

trainable=False を設定して、オプティマイザが変数に操作を加えないようにしなければな

らない。また、collections=[] を設定して、チェックポイントの保存、復元のために使われる GraphKeys.GLOBAL_VARIABLES コレクションにこの変数が追加されないようにもすべきだ。

 この例は、訓練セット全体（ラベルを含む）が float32 値だけで構成されていることを前提としている。そうでない場合には、型ごとにひとつの変数が必要になる。

12.2.7.2　訓練データのグラフからの直接読み出し

訓練セットがメモリに収まり切らない場合には、リーダーオペレーション（reader operation）を使うとよい。これは、ファイルシステムから直接データを読み出せるオペレーションである。こうすると、訓練データはクライアントを経由する必要がなくなる。TensorFlow は、さまざまなファイル形式を対象とするリーダーを提供している。

- CSV
- 固定長バイナリレコード
- プロトコルバッファを基礎とする TensorFlow 独自の TFRecords 形式。

CSV ファイルからデータを読み出す単純な例について見てみよう（ほかの形式については、API ドキュメントを参照していただきたい）。訓練インスタンスを格納する my_test.csv という名前のファイルがあり、このファイルを読み出すオペレーションを作りたいものとする。ファイルは、次に示すように、x1、x2 というふたつの浮動小数点数特徴量とバイナリクラスを表す整数の target から構成されている。

```
x1,  x2,  target
1. , 2. , 0
4. , 5  , 1
7. ,     , 0
```

まず、このファイルを読み出すために TextLineReader を作ろう。TextLineReader は、ファイルを開き（どのファイルを開くべきかを指定したら）、そのファイルを 1 行ずつ読み出す。これは、変数やキューと同様のステートフルなオペレーションである。TextLineReader は、現在どのファイルを読んでいるかと、そのファイルのど位置を読んでいるかを管理して、グラフの複数のランを通じて状態を維持する。

```
reader = tf.TextLineReader(skip_header_lines=1)
```

そして、リーダーが次にどのファイルを読み出すのかを知るために使うキューを作る。また、読み出すファイルの名前をキューにプッシュするためにエンキューオペレーションとプレースホルダーも作る。さらに、読み出すファイルがなくなったときにキューを閉じるためのオペレーション

も作っておく。

```
filename_queue = tf.FIFOQueue(capacity=10, dtypes=[tf.string], shapes=[()])
filename = tf.placeholder(tf.string)
enqueue_filename = filename_queue.enqueue([filename])
close_filename_queue = filename_queue.close()
```

　これで、1 度に 1 個のレコードを読み出し、キー／値ペアを返す read オペレーションを作る準備が整った。キーはレコードの一意な識別子（ファイル名、コロン、行番号から構成される文字列）、値は単純にその行の内容を格納する文字列である。

```
key, value = reader.read(filename_queue)
```

　ファイルを 1 行ずつ読み出すために必要なものは揃っているが、これで読み出し作業が終わったわけではない。この文字列をパースし、特徴量とターゲットを取り出す必要がある。

```
x1, x2, target = tf.decode_csv(value, record_defaults=[[-1.], [-1.], [-1]])
features = tf.stack([x1, x2])
```

　第 1 行は、TensorFlow の CSV パーサーを使って現在の行から値を抽出する。フィールドに値がない場合は、デフォルト値（この例では、第 3 訓練インスタンスの x2 特徴量）が使われる。デフォルト値は、各フィールドの型（この場合はふたつの浮動小数点数とひとつの整数）を判定するためにも使われる。

　最後に、訓練インスタンスとターゲットを RandomShuffleQueue にプッシュする。このキューは訓練グラフとともに（キューからミニバッチを読み出せるようにするために）共有される。そして、インスタンスのプッシュが終わったら、キューをクローズするオペレーションを作る。

```
instance_queue = tf.RandomShuffleQueue(
    capacity=10, min_after_dequeue=2,
    dtypes=[tf.float32, tf.int32], shapes=[[2],[]],
    name="instance_q", shared_name="shared_instance_q")
enqueue_instance = instance_queue.enqueue([features, target])
close_instance_queue = instance_queue.close()
```

　ファイルを読み出すだけでかなりの大仕事だ。しかも、まだグラフを作っただけなので、グラフを実行する必要がある。

```
with tf.Session([...]) as sess:
    sess.run(enqueue_filename, feed_dict={filename: "my_test.csv"})
    sess.run(close_filename_queue)
    try:
        while True:
            sess.run(enqueue_instance)
    except tf.errors.OutOfRangeError as ex:
        pass # 現在のファイルに読み出すレコードがなく、残っているファイルもない
    sess.run(close_instance_queue)
```

　まず、セッションを開き、"my_test.csv" というファイル名をエンキューし、ほかにエン

キューすべきファイル名はないので、ただちにキューを閉じる。次に、インスタンスをひとつずつエンキューする無限ループを実行する。enqueue_instance は、リーダーを使って次の行を読み出しており、ファイルの末尾に達するまで、イテレーションごとに新しいレコードが読み出される。ファイルの末尾に達すると、enqueue_instance は次にどのファイルを読み出すのかを知ろうとしてファイル名キューを読み出そうとするが、キューはすでに閉じられているので、OutOfRangeError 例外が投げられる（キューを閉じていなければ、ほかのファイル名をプッシュするかキューを閉じるまで、実行はブロックされる）。最後に、インスタンスキューを閉じて、そこから訓練インスタンスを取り出す訓練オペレーションがブロックされないようにする。図12-9 は、これらをまとめたものである。これは、複数の CSV ファイルから訓練インスタンスを読み出す典型的なグラフを表している。

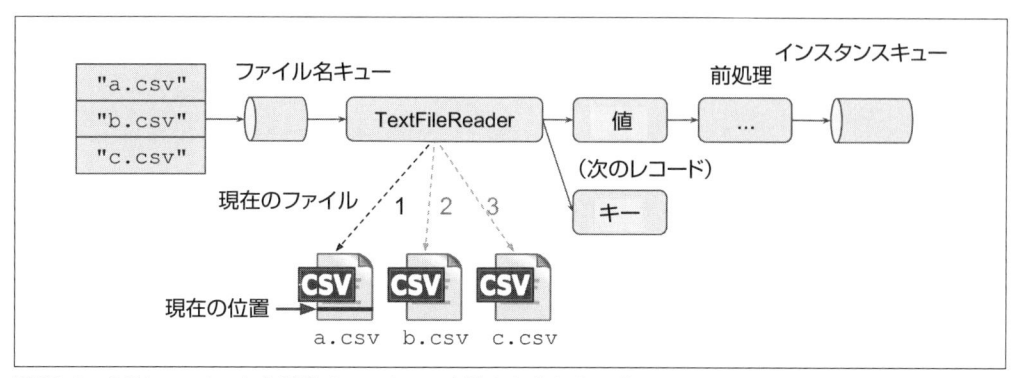

図12-9 CSV ファイルから訓練インスタンスを読み出すためのグラフ

訓練グラフ内では、共有インスタンスキューを作り、単純にミニバッチをデキューする。

```
instance_queue = tf.RandomShuffleQueue([...],
shared_name="shared_instance_q")
mini_batch_instances, mini_batch_targets = instance_queue.dequeue_up_to(2)
[...] # インスタンスとターゲットのミニバッチを使って訓練グラフを構築する
training_op = [...]

with tf.Session([...]) as sess:
    try:
        for step in range(max_steps):
            sess.run(training_op)
    except tf.errors.OutOfRangeError as ex:
        pass # 訓練インスタンスはもうない
```

　この例では、最初のミニバッチは、CSV ファイルの最初のふたつのインスタンス、第2のミニバッチは最後のインスタンスを格納する。

 TensorFlow は疎テンソルの処理がうまくないので、訓練インスタンスが疎な場合には、インスタンスキューのあとでレコードをパースすべきだ。

　このアーキテクチャは、レコードを読んでそれをインスタンスキューにプッシュするためにスレッドをひとつしか使っていない。マルチスレッドで複数のリーダーを使って同時に複数のファイルを読み出せば、はるかに高いスループットが得られる。

12.2.7.3　Coordinator と QueueRunner を使ったマルチスレッドリーダー

　マルチスレッドで同時にインスタンスを読み出すために、Python スレッドを作り（threading モジュールを使う）、自分でそれを管理するのもひとつの方法だが、TensorFlow はこの作業を単純にしてくれる Coordinator クラスと QueueRunner クラスというツールを用意している。

　Coordinator は、複数のスレッドの終了を調整することだけを目的とした単純なオブジェクトだ。まず、Coordinator を作る。

```
coord = tf.train.Coordinator()
```

　次に、いっしょに終了しなければならないすべてのスレッドにこのオブジェクトを与える。スレッドのメインループは、次のようになる。

```
while not coord.should_stop():
    [...] # 何かを行う
```

　スレッドのなかのどれかが Coordinator の request_stop() メソッドを呼び出すと、すべてのスレッドを終了させることができる。

```
coord.request_stop()
```

　すべてのスレッドが現在のイテレーションの終了と同時に終了する。スレッドのリストを引数として Coordinator の join() メソッドを呼び出せば、すべてのスレッドが終了するのを待つことができる。

```
coord.join(list_of_threads)
```

　QueueRunner は、エンキューオペレーションを繰り返し実行する複数のスレッドを起動して、できる限り早くキューをいっぱいにする。キューが閉じられると、次にキューに要素をプッシュしようとしたスレッドは、OutOfRangeError 例外を起こす。このスレッドは、例外をキャッチし、Coordinator を使ってほかのスレッドに終了を指示する。次のコードは、同時にインスタンスを読み出し、インスタンスキューにそれをプッシュする 5 個のスレッドを QueueRunner で実行する方法を示している。

```
[...] # 構築フェーズは以前と同じ
queue_runner = tf.train.QueueRunner(instance_queue, [enqueue_instance] * 5)

with tf.Session() as sess:
    sess.run(enqueue_filename, feed_dict={filename: "my_test.csv"})
    sess.run(close_filename_queue)
    coord = tf.train.Coordinator()
    enqueue_threads = queue_runner.create_threads(sess, coord=coord,
start=True)
```

第1行は、同じ enqueue_instance オペレーションを繰り返し実行する5個のスレッドを起動するための QueueRunner を作成する。次に、セッションを開始し、読み出すファイル名をエンキューする（この場合は、"my_test.csv"だけ）。次に、先ほど説明したように QueueRunner が穏便な終了のために使う Coordinator を作る。最後に、QueueRunner にスレッドを作成、起動するよう指示する。作成されたスレッドは、すべての訓練インスタンスを読み出し、インスタンスキューにプッシュすると、穏やかに終了する。

　これで今までよりも少し効率がよくなったが、改善の余地はまだある。このコードではすべてのスレッドが同じファイルを読み出しているが、複数のリーダーを作れば、同時に別々のファイルを読み出すようにすることができる（訓練データが複数の CSV ファイルにシャーディングされているなら。図12-10）。

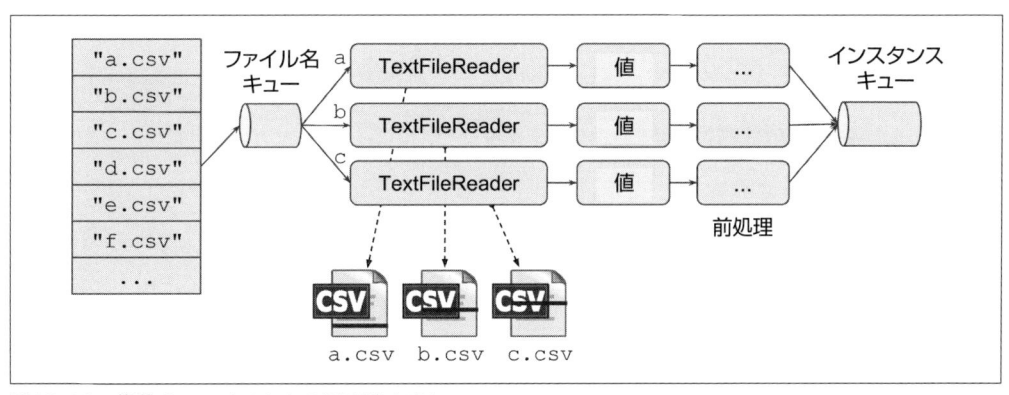

図12-10　複数のファイルからの同時読み出し

　このような形を実現するためには、1個のインスタンスを読み出し、インスタンスキューにプッシュするリーダーとノードを作る小さな関数を書かなければならない。

```
def read_and_push_instance(filename_queue, instance_queue):
    reader = tf.TextLineReader(skip_header_lines=1)
    key, value = reader.read(filename_queue)
    x1, x2, target = tf.decode_csv(value, record_defaults=[[-1.], [-1.], [-1]])
    features = tf.stack([x1, x2])
    enqueue_instance = instance_queue.enqueue([features, target])
```

```
    return enqueue_instance
```

次に、キューを定義する。

```
filename_queue = tf.FIFOQueue(capacity=10, dtypes=[tf.string], shapes=[()])
filename = tf.placeholder(tf.string)
enqueue_filename = filename_queue.enqueue([filename])
close_filename_queue = filename_queue.close()

instance_queue = tf.RandomShuffleQueue([...])
```

最後に QueueRunner を作るが、今回は異なるエンキューオペレーションのリストを与える。個々のオペレーションは別々のリーダーを使うため、各スレッドは同時に別々のファイルから読み出しを行う。

```
read_and_enqueue_ops = [
    read_and_push_instance(filename_queue, instance_queue)
    for i in range(5)]
queue_runner = tf.train.QueueRunner(instance_queue, read_and_enqueue_ops)
```

実行フェーズは、前と同じである。まず、読み出すファイルの名前をプッシュし、Coordinator を作り、QueueRunner スレッドを作成、起動する。今回は、すべてのファイルを完全に読み出すまで、すべてのスレッドが同時に異なるファイルから訓練インスタンスを読み出す。すると、QueueRunner がインスタンスキューを閉じ、インスタンスキューからデータを読み出すほかのオペレーションがブロックされないようにする。

12.2.7.4　その他の便利な関数

TensorFlow は、訓練インスタンスを読み出すときによく行われるタスクが楽になるような便利な関数も用意している。そのうちのごく一部を紹介しよう（すべての関数のリストは API ドキュメントを参照）。

string_input_producer() は、ファイル名の 1 次元テンソルを受け付け、ファイル名キューに 1 度にひとつずつファイル名をプッシュし、キューを閉じるスレッドを作る。エポック数を指定すると、エポックごとにファイル名を一巡してからキューを閉じる。デフォルトでは、ファイル名はエポックごとにシャッフルされる。string_input_producer() は、自分のスレッドを管理するために QueueRunner を作り、GraphKeys.QUEUE_RUNNERS コレクションに追加する。そして、tf.train.start_queue_runners() を呼び出せば、コレクション内のすべての QueueRunner を起動できる。QueueRunner の起動を忘れると、ファイル名キューは空なのに開かれたままとなり、リーダーは永遠にブロックされてしまう。

同じようにキューを作り、エンキューオペレーションを実行するために作ったキューに対応する QueueRunner を作る**プロデューサー**（producer）関数はほかにもある（たとえば、input_producer()、range_input_producer()、slice_input_producer()）。

shuffle_batch() 関数は、テンソルのリスト（たとえば [features, target]）を受け付け、次のものを作る。

- RandomShuffleQueue
- キュー（GraphKeys.QUEUE_RUNNERS に追加されたもの）にテンソルをエンキューする QueueRunner
- キューからミニバッチを抽出する dequeue_many オペレーション

この関数を使うと、キューに訓練インスタンスを送るマルチスレッド入力パイプラインとそのキューからミニバッチを読み出す訓練パイプラインをひとつのプロセスのなかで簡単に管理できる。同じような機能を提供する batch()、batch_join()、shuffle_batch_join() 関数もチェックしていただきたい。

これで、TensorFlow クラスタの複数のデバイス、サーバーを使ってニューラルネットワークを効率よく訓練、実行するために必要な道具はすべて揃った。学んだことを復習しておこう。

- 複数の GPU デバイスの使い方
- TensorFlow クラスタのセットアップと起動
- 複数のデバイスとサーバーを使った分散処理
- コンテナを使ったセッション間での変数（およびキューやリーダーなどのステートフルオペレーション）の共有
- キューを使った複数のグラフの非同期実行の調整
- リーダー、QueueRunner、Coordinator を使った入力の効率的な読み出し

では、これらすべてを使ってニューラルネットワークを並列化しよう。

12.3 TensorFlow クラスタ上での ニューラルネットワークの並列化

この節では、まず、個々のニューラルネットワークを単純に別々のデバイスに配置するという方法で複数のニューラルネットワークを並列化する方法を考える。次に、複数のデバイスとサーバーに跨った形でひとつのニューラルネットワークを訓練するというはるかに難しい問題について考える。

12.3.1 デバイスごとにひとつのニューラルネットワーク

TensorFlow クラスタでニューラルネットワークを訓練、実行する方法のなかでももっとも簡単なのは、1 台のマシンの 1 個のデバイスで実行するときとまったく同じコードを使いつつ、セッ

ション作成時にマスターサーバーのアドレスを指定するというものである。たったそれだけだ。コードはサーバーのデフォルトデバイスで実行される。コードの構築フェーズをデバイスブロックに入れるだけでグラフを実行するデバイスを変更できる。

　複数のクライアントセッションを並列実行し（異なるスレッドか異なるプロセスで）、それらを異なるサーバーに接続して異なるデバイスを使うように構成すると、クラスタ内のすべてのマシン、すべてのデバイスを使って、複数のニューラルネットワークを非常に簡単に並列に訓練、実行できる（**図12-11**）。ほとんど線形にスピードアップ効果が得られる[4]。それぞれ 2 個の GPU を搭載した 50 台のサーバーで 100 のニューラルネットワークを訓練するためにかかる時間は、1 個の GPU の上で 1 個のニューラルネットワークを訓練するのと比べて大して変わらない。

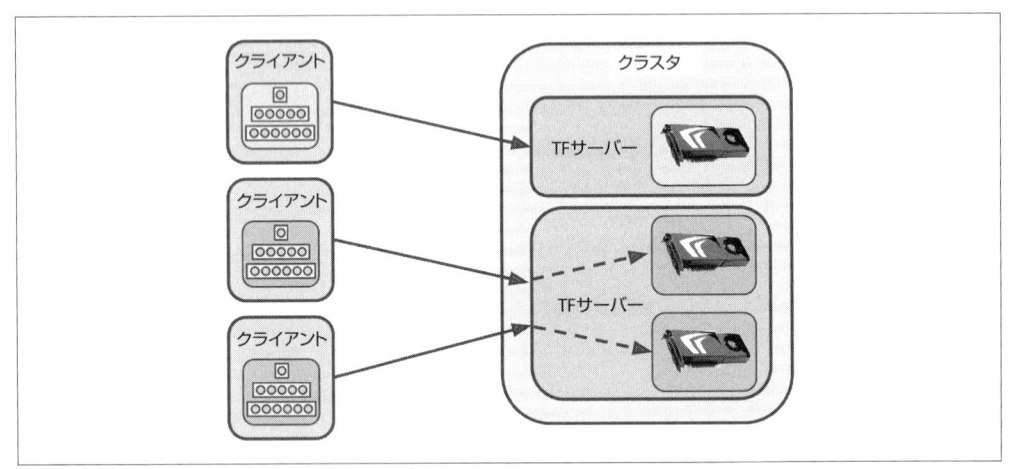

図12-11　デバイスごとにひとつずつのニューラルネットワークを訓練する

　このソリューションは、ハイパーパラメータの調整のためには完璧である。クラスタ内の個々のデバイスは、それぞれ自分のハイパーパラメータ設定のもとで異なるモデルを訓練する。計算能力が高ければ高いほど、探れるハイパーパラメータ空間は広がる。

　QPS（queries per second ＝ 秒あたりのクエリ数）が大きいウェブサービスをホスティングし、クエリごとにニューラルネットワークが予測をしなければならないときも、この方法は完璧だ。単純にクラスタ内のすべてのデバイスにニューラルネットワークをレプリケートし、すべてのデバイスにクエリをディスパッチするのである。サーバーを追加していけば、無限の QPS を処理できる（ただし、ニューラルネットワークが予測を終えるのを待たなければならないので、ひとつの要求を処理するためにかかる時間が減ることはない）。

---

[4]　すべてのデバイスの終了を待つなら、全体の時間はもっとも遅いデバイスでかかった時間になるので、100％ 線形にはならない。

 **TensorFlow Serving** を使ってニューラルネットワークのサービスを提供するという方法もある。TensorFlow Serving は、Google が 2016 年 2 月にリリースしたオープンソースシステムで、機械学習モデル（たいていは TensorFlow で構築されている）に対する大量のクエリを処理できるように設計されている。TensorFlow Serving はモデルのバージョン管理を処理するため、新しいバージョンのニューラルネットワークを本番環境にデプロイしたり、サービスを止めずにさまざまなアルゴリズムを試したりすることが簡単にでき、サーバーを追加すれば重い負荷にも耐えられる。詳細は、https://www.tensorflow.org/serving/を参照していただきたい。

12.3.2　グラフ内レプリケーションとグラフ間レプリケーション

　ニューラルネットワークの大規模なアンサンブルの訓練も、すべてのニューラルネットワークを別々のデバイスに配置するだけで、並列処理できる（アンサンブルについては **7 章**参照）。しかし、アンサンブルを**実行**する段になると、個々のニューラルネットワークが出した個別の予測を集計してアンサンブルの予測を作らなければならない。そのためにはかなりの調整が必要になる。

　ニューラルネットワーク・アンサンブルの処理には、2 種類の有力なアプローチがある（独立した大規模な計算のチャンクを含むほかのグラフにも当てはまる）。

- すべてのニューラルネットワークを含むひとつの大きなグラフを作る。個々のネットワークとすべてのニューラルネットワークの予測を集計するために必要な計算は別々のデバイスにピン留めされる（**図12-12**）。そして、クラスタ内のサーバーのためにセッションをひとつずつ作り、そのセッションですべてのことを処理させる（集計前に、個別のニューラルネットワークによるすべての予測を待つことも含め）。このアプローチを**グラフ内レプリケーション**（in-graph replication）と呼ぶ。

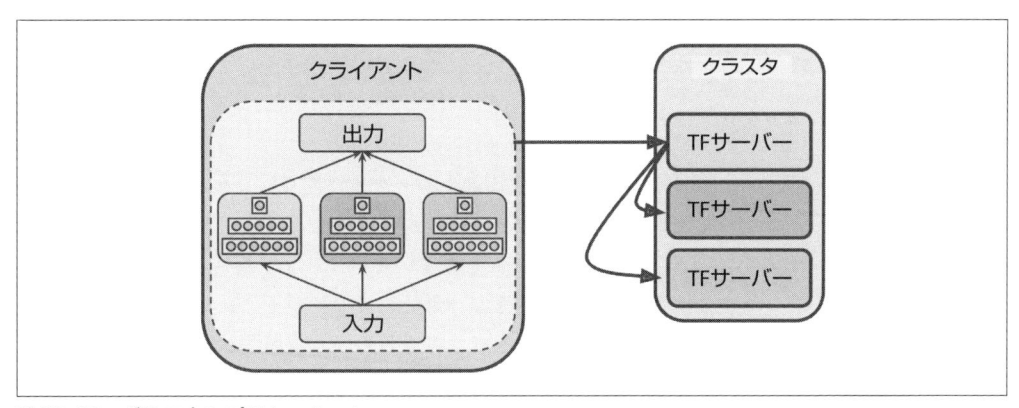

図12-12　グラフ内レプリケーション

- 個々のニューラルネットワークごとにひとつずつグラフを作り、グラフ間の同期を自分で処理する**グラフ間レプリケーション**（between-graph replication）という方法もある。キューを使ってこれらのグラフの実行を調整する形はよく見られる実装のひとつである（**図12-13**）。一連のクライアントがそれぞれひとつのニューラルネットワークを処理する。それぞれの専用入力キューを読み出し、専用予測キューに出力するのである。入力を読み出してすべての入力キューにプッシュする仕事はまた別のクライアントが行う（すべての入力をすべてのキューにコピーする）。最後に、これらとはまた別のクライアントが1つひとつの予測キューから予測を読み出し、それらを集計してアンサンブルの予測を作る。

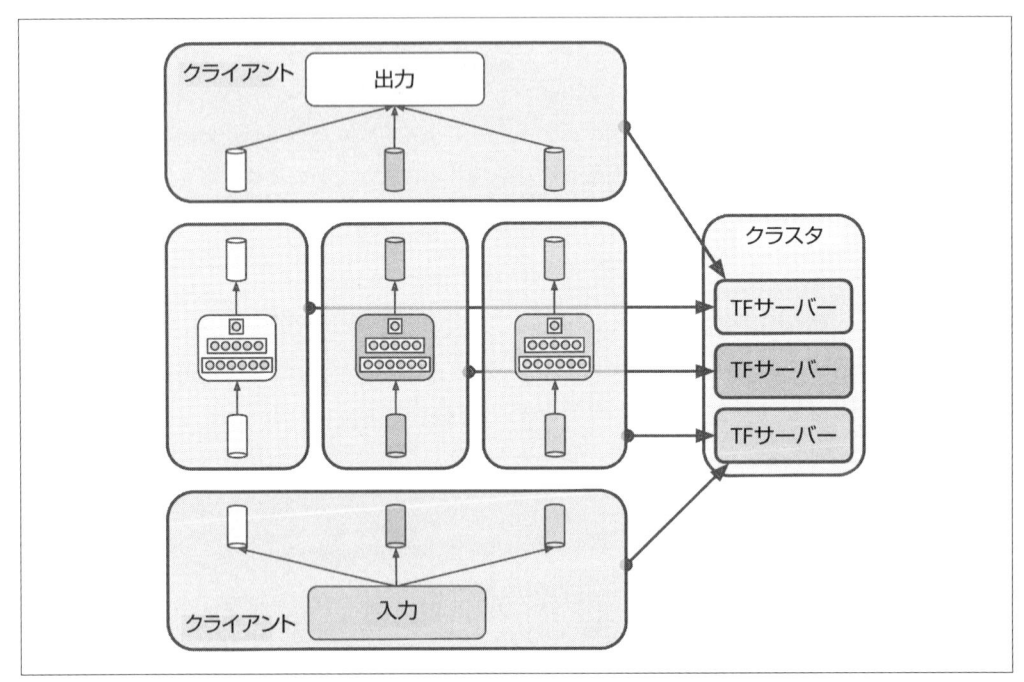

図12-13　グラフ間レプリケーション

　これらのソリューションには、それぞれ長所、短所がある。グラフ内レプリケーションは、複数のクライアントと複数のキューを管理しなくて済む分、実装が単純になる。しかし、グラフ間レプリケーションの方が、境界がはっきりしていてテストしやすいモジュールを構成しやすい。しかも、グラフ間レプリケーションは柔軟性が高い。たとえば、集計を行うクライアントにデキューのタイムアウトを設定すれば、ニューラルネットワーククライアントのひとつがクラッシュしたり、予測に時間がかかりすぎたりしても、アンサンブルの予測が得られなくなることはない。TensorFlowは、`run()` を呼び出すときに `timeout_in_ms` を指定した `RunOptions` を渡せば、タイムアウトを指定できるようにしている。

```
with tf.Session([...]) as sess:
    [...]
    run_options = tf.RunOptions()
    run_options.timeout_in_ms = 1000    # 1 秒でタイムアウト
    try:
        pred = sess.run(dequeue_prediction, options=run_options)
    except tf.errors.DeadlineExceededError as ex:
        [...]  # 1 秒後にデキューオペレーションはタイムアウトとなる
```

タイムアウトの設定には、セッションの operation_timeout_in_ms 構成オプションを設定するという方法もあるが、この場合、run() 関数は、タイムアウトを越える**あらゆる**オペレーションをタイムアウトさせる。

```
config = tf.ConfigProto()
config.operation_timeout_in_ms = 1000    # すべてのオペレーションが 1 秒でタイムアウトになる

with tf.Session([...], config=config) as sess:
    [...]
    try:
        pred = sess.run(dequeue_prediction)
    except tf.errors.DeadlineExceededError as ex:
        [...]   # 1 秒後にデキューオペレーションはタイムアウトになる
```

12.3.3　モデル並列

今まででは、デバイスごとにひとつのニューラルネットワークを実行してきたが、複数のデバイスを使ってひとつのニューラルネットワークを実行したいときにはどうすればよいのだろうか。そのためには、モデルを別々のチャンクに分割し、1 つひとつのチャンクを別々のデバイスで実行しなければならない。これを**モデル並列**（model parallelism）と呼ぶ。残念ながら、モデル並列は非常に難しく、ニューラルネットワークのアーキテクチャに大きく左右される。完全接続ネットワークでは、一般にこのアプローチから得られるものは少ない（**図12-14**）。直観的には、各層を異なるデバイスに配置すればモデルを簡単に分割することができそうだが、それでは、各層が前の層の出力を待たなければ何もできなくなってしまうのでうまくいかない。それなら、縦割りにすればよいのだろうか。たとえば、各層の左半分をひとつのデバイス、右半分を別のデバイスに配置するのである。こうすると、各層の半分ずつが実際に並列処理されるので、わずかによくなるが、次の層の左右の半分が前の層の両半分の出力を必要とするため、デバイス間通信（破線の矢印）が大量に必要になるところが問題だ。デバイス間通信は遅い（特に、別々のマシンの間では）ので、これでは並列処理のメリットが完全に帳消しになってしまう。

しかし、**13 章**で示すように、下位層と部分的にしか接続されていない層を持つニューラルネットワーク・アーキテクチャ（たとえば畳み込みニューラルネットワークなど）では、効率的な形でデバイスにチャンクを配分するのはずっと簡単になる（**図12-15**）。

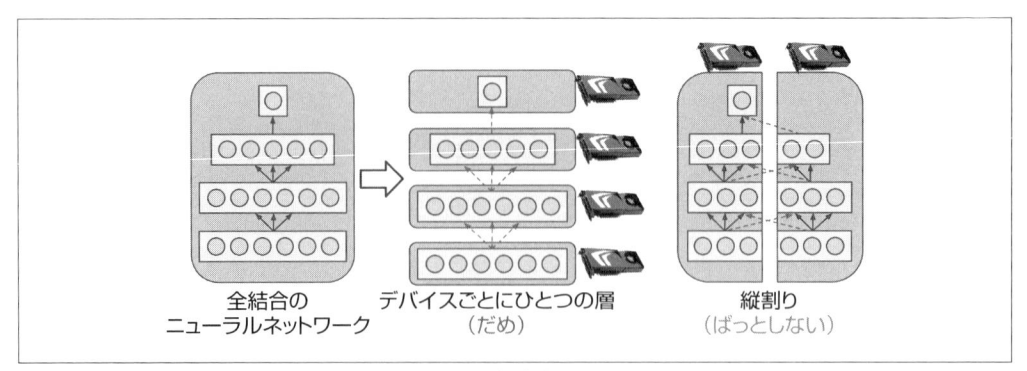

図12-14　完全接続のニューラルネットワークの分割方法

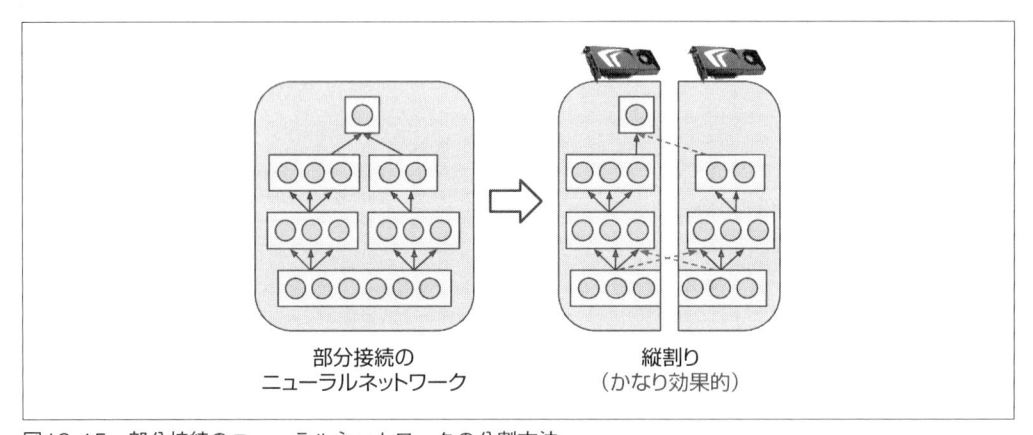

図12-15　部分接続のニューラルネットワークの分割方法

　さらに、**14章**で示すように、一部の深層再帰型ニューラルネットワークは、**メモリセル**（記憶細胞：memory cell）の複数の層から構成されている（**図12-16**の左側）。t という時点のセルの出力は、$t+1$ の時点の入力にフィードバックされる（**図12-16**の右側で示すように）。そのようなネットワークを横割りにして各層を別々のデバイスに配置すると、最初のステップではひとつのデバイスしかアクティブにならず、第2ステップではふたつのデバイスがアクティブになる。そして、出力層に信号が伝わる頃には、すべてのデバイスが同時にアクティブになる。デバイス間通信は大量に発生するが、個々のセルは非常に複雑になる場合があるため、複数のセルを並列実行できるメリットは通信による速度低下を補って余りある。

　まとめると、モデル並列は、一部のニューラルネットワークの実行、あるいは訓練にかかる時間を短縮できるが、すべてのニューラルネットワークで有効なわけではない。そして、もっともひんぱんに通信しなければならないデバイスを同じマシンで実行するなど、特別な注意と調整が必要になる。

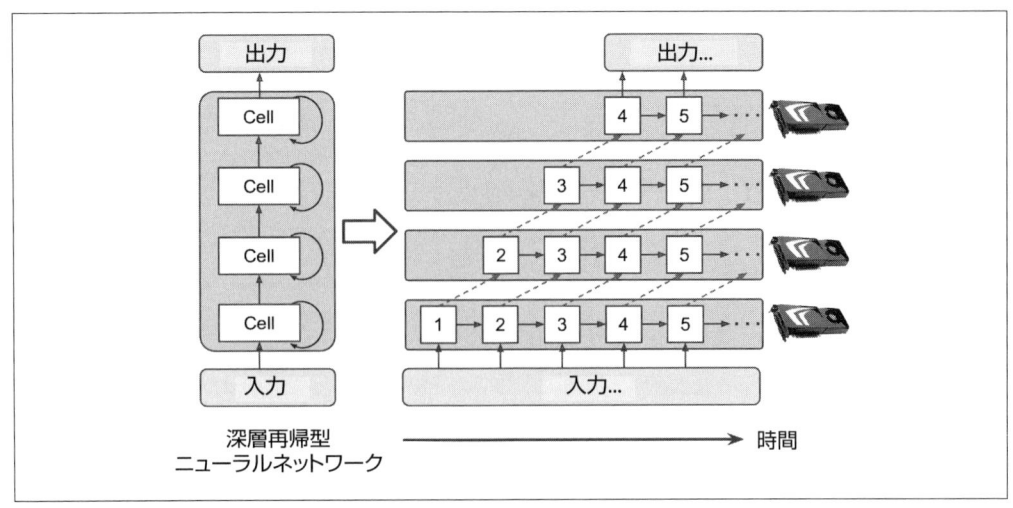

図12-16　深層再帰型ニューラルネットワークの分割

12.3.4　データ並列

　ニューラルネットワークの訓練を並列化するためのもうひとつの方法は、それを各デバイスにレプリケートし、すべてのレプリカでそれぞれ異なるミニバッチを使って訓練ステップを同時に実行し、勾配を集計してモデルパラメータを更新するというものである。これを**データ並列**（data parallelism）と呼ぶ（**図12-17**）。

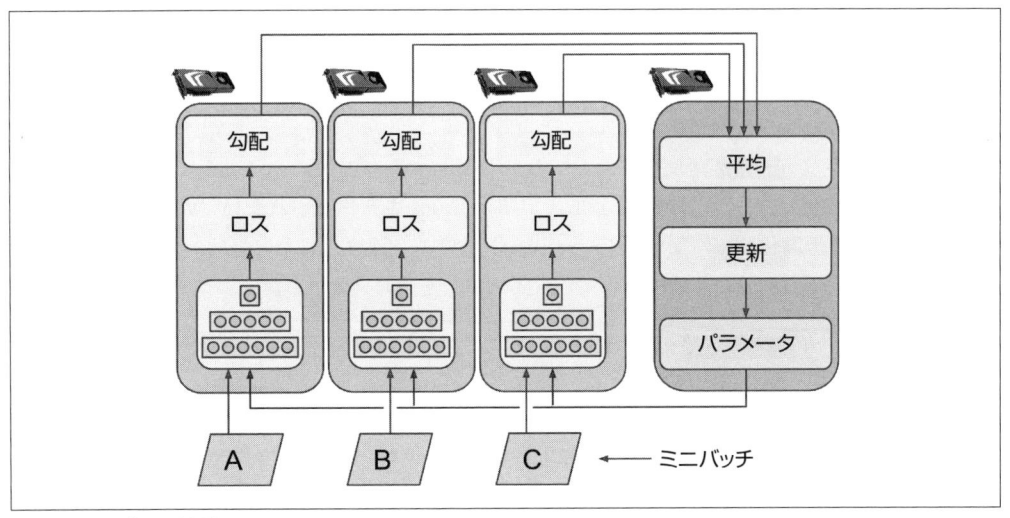

図12-17　データ並列

　このアプローチには、**同期更新**と**非同期更新**のふたつの種類がある。

12.3.4.1　同期更新

　同期更新では、集計部はすべての勾配が計算されるのを待って、平均を計算し結果を適用する（つまり、集計された勾配を使ってモデルパラメータを更新する）。勾配の計算を終えたレプリカは、パラメータが更新されるのを待たなければ、次のミニバッチに進めない。ほかのデバイスよりも遅いデバイスがある場合、速いデバイスはすべてのステップで待たなければならなくなる。しかも、パラメータはほぼ同時に（勾配が適用された直後）すべてのデバイスにコピーされるので、パラメータサーバーの帯域幅が飽和状態になる場合がある。

　　もっとも遅い一部のレプリカ（一般に 10% 未満）の勾配を無視すれば、各ステップの待ち時間を短縮できる。たとえば、20 個のレプリカを実行しつつ、各ステップでは早かった 18 個のレプリカの勾配だけを集計し、最後の 2 個の勾配を無視する。パラメータが更新されたら、早かった 18 個は、遅い 2 個のレプリカを待たずにすぐに仕事を始められる。これは、一般に 18 個のレプリカと **2 個のスペアレプリカ**（spare replicas）[†5]を持つ構成と表現される。

12.3.4.2　非同期更新

　非同期更新では、勾配の計算を終えたレプリカは、すぐにそれを使ってモデルパラメータを更新する。集計は存在せず（**図 12-17** の「平均」ステップは取り除かれる）、同期は取られない。レプリカはほかのレプリカから独立して仕事をする。ほかのレプリカを待たないので、1 分あたりの訓練ステップの数が増える。さらに、すべてのステップですべてのデバイスにパラメータをコピーしなければならないことに変わりはないものの、レプリカごとにタイミングがまちまちになるので、帯域幅の飽和が起きるリスクが軽減される。

　非同期更新のデータ並列は、単純で、同期による遅延がなく、帯域幅を効果的に使えるため、魅力的な選択肢だ。実際、十分高速になる。しかし、そもそもこの方法が機能したとすれば、それは驚くべきことなのである。レプリカがあるパラメータ値に基づいて勾配を計算し終えた頃には、ほかのレプリカがパラメータを何度も更新しており（N 個のレプリカがあるとして、平均で $N - 1$ 回）、計算した勾配がまだ正しい方向を指しているかどうかさえ保証されない（**図 12-18**）。ひどく古くなった勾配を**陳腐化した勾配**（stale gradient）と呼ぶ。陳腐化した勾配は、収束を遅らせ、ノイズや振動効果（学習曲線に一時的な急変が含まれる）を持ち込み、訓練アルゴリズムを発散させる場合さえある。

---

†5　この表現は、一部のレプリカが特別で何もしないような印象を与えるため、少々紛らわしい。実際には、すべてのレプリカは同じである。どれも各訓練ステップで勝者になろうとして一所懸命仕事をする。敗者はステップごとに異なる（一部のデバイスが本当にほかのデバイスよりも遅い場合を除き）。

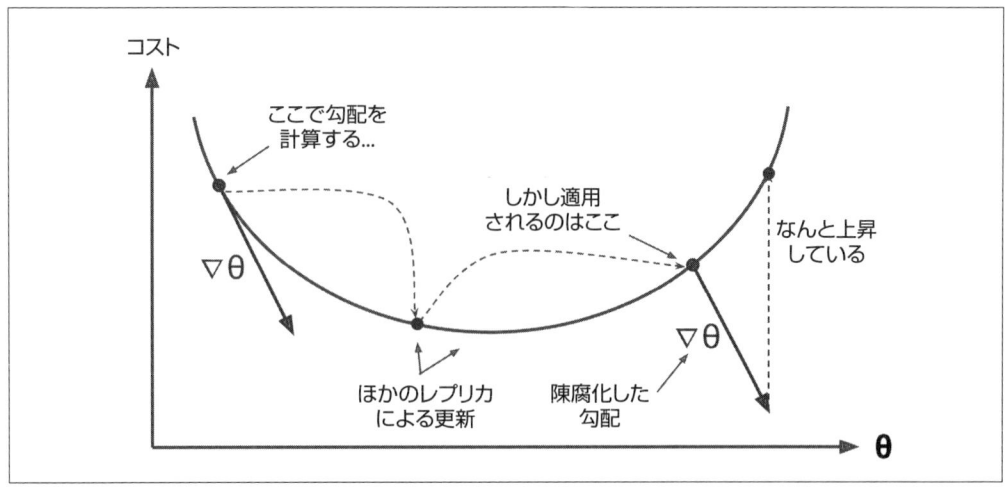

図12-18　非同期更新を使っているときの陳腐化した勾配

陳腐化した勾配の影響を緩和する方法はいくつかある。

- 学習率を下げる。
- 陳腐化した勾配を捨てるかスケールダウンする。
- ミニバッチサイズを調整する。
- 最初の数エポックでは、1個のレプリカだけを使う（**ウォームアップフェーズ**：warmup phase と呼ぶ）。訓練の最初の段階の方が、陳腐化した勾配の悪影響は大きい。勾配が急で、パラメータがまだコスト関数の谷に入っていない段階では、レプリカが複数あると、まったく別の方向にパラメータを押し上げていってしまう場合がある。

Google Brain チームが 2016 年 4 月に発表した論文（http://goo.gl/9GCiPb）は、さまざまなアプローチのベンチマークテストを行った結果、少数のスペアレプリカを使った同期更新のデータ並列がもっとも効果的だとしている。収束が早いだけでなく、性能の高いモデルが作られるというのである。しかし、この分野は活発に研究されているので、まだ非同期更新を捨ててしまうのは早い。

12.3.4.3　帯域幅の飽和

同期更新、非同期更新のどちらを使うかにかかわらず、データ並列は、すべての訓練ステップの最初の時点でパラメータサーバーからすべてのレプリカにモデルパラメータを送り、すべての訓練ステップの最後の時点で逆方向に勾配を送らなければならない。そのため、GPU を追加していくと、どこかでこれ以上追加してもパフォーマンスが上がらなくなるポイントに達することになる。GPU RAM をデータが出入りする（そしてネットワークを行き来する）時間の方が、計算負荷の

分割によって得られる時間短縮効果を上回るポイントが来るのである。そのポイントを過ぎたのに GPU を追加しても、帯域幅が飽和する可能性が高くなり、訓練が遅くなるだけである。

 非常に大規模な訓練セットで訓練される比較的小規模なモデルなどでは、1 個の GPU を搭載した 1 台のマシンでモデルを訓練した方がましだという場合がよくある。

　大規模で密なモデルでは、転送しなければならないパラメータと勾配が大量にあるため、飽和が起きやすい。小規模なモデルや大規模でも大部分の勾配が 0 の疎なモデルでは、パラメータや勾配を効率よく送れる。Google Brain プロジェクトの創始者でリーダーのジェフ・ディーンは、密なモデルのために 50 個の GPU に計算を分散させたときのスピードが 25 倍から 40 倍ほどなのに対し、疎なモデルのために 500 個の GPU に計算を分散させたときのスピードは 300 倍にもなると報告している（http://goo.gl/E4ypxo）。このように、疎なモデルの方がスケーラビリティが高い。具体例を示してみよう。

- Neural Machine Translation: 8 個の GPU で 8 倍
- Inception/ImageNet: 50 個の GPU で 32 倍
- RankBrain: 500 個の GPU で 300 倍

　これらの数字は、2016 年第 1 四半期の時点での技術の最先端を示している。密なモデルの数十個であれ、疎なモデルの数百個であれ、それ以上 GPU を増やしても、飽和のために性能は下がっていく。この問題を解決するための研究は多数進められている（一元管理のパラメータサーバではなく、ピアツーピアアーキテクチャを追求したり、モデルのロスあり圧縮を使ったり、レプリカが通信しなければならないタイミングやものを減らしたりといったもの）ので、今後数年のうちに、ニューラルネットワークの並列化は大幅に進化するだろう。

　それまでは、飽和を緩和するための次のような単純な対策を取るとよい。

- GPU を多数のサーバーに分散させるのではなく、少数のサーバーにまとめる。そうすれば、不要なネットワークホップを避けられる。
- 複数のパラメータサーバーにパラメータをシャーディングする（この章ですでに説明したように）。
- モデルパラメータの浮動小数点精度を 32 ビット（`tf.float32`）から 16 ビット（`tf.float16`）に下げる。こうすれば、収束の速度やモデルの性能に大きな影響を与えることなく、転送されるデータの量を半分にできる。

 ニューラルネットワークの訓練では 16 ビットの精度が下限だが、モデルのサイズを縮小し、計算を高速化するために訓練後に精度を 8 ビットに落とすことはできる。これをニューラルネットワークの**量子化**（quantizing）と呼ぶ。これは、モバイルデバイスに事前訓練済みモデルをデプロイ、実行するときに特に役に立つ。このテーマについてのピート・ウォーデンの優れたブログ投稿（http://goo.gl/09Cb6v）を参照のこと。

12.3.4.4 TensorFlow による実装

TensorFlow を使ってデータ並列を実装したい場合には、まずグラフ内レプリケーションかグラフ間レプリケーションかを選んだ上で、同期更新か非同期更新かを選ばなければならない。個々の組み合わせの実装方法を見ていこう（完全なコード例については、演習問題と Jupyter ノートブックを参照）。

- **グラフ内レプリケーション + 同期更新**：すべてのモデルレプリカ（異なるデバイスに配置）と勾配を集計してオプティマイザに送る少数のノードを包み込むひとつの大きなグラフを構築する。クラスタに対してセッションを開き、単純に訓練オペレーションを繰り返し実行する。
- **グラフ内レプリケーション + 非同期更新**：同じようにひとつの大きなグラフを構築するが、レプリカごとにオプティマイザをひとつずつ用意し、レプリカごとにひとつのスレッドを実行して、レプリカのオプティマイザを繰り返し実行する。
- **グラフ間レプリケーション + 非同期更新**：複数の独立したクライアント（一般に別プロセス）を実行し、それぞれがまるで世界には自分しかいないかのようにモデルレプリカを訓練するが、実際にはパラメータはほかのレプリカとの間で共有される（リソースコンテナを使って）。
- **グラフ間レプリケーション + 同期更新**：ここでも複数のクライアントを実行し、それぞれが共有パラメータに基づいてモデルレプリカを訓練するが、この場合はオプティマイザ（たとえば、`MomentumOptimizer`）を `SyncReplicasOptimizer` でラップする。個々のレプリカは、ほかのオプティマイザを使うのと同じようにこのオプティマイザを使うが、このオプティマイザは水面下で勾配を一連のキュー（変数ごとにひとつ）に送っており、このキューはレプリカの `SyncReplicasOptimizer` のなかのひとつによって読み出される。この `SyncReplicasOptimizer` を**チーフ**（chief）と呼ぶ。チーフは、勾配を集計、適用して、各レプリカの**トークンキュー**（token queue）にトークンを書き込む。このトークンが、先に進んで次の勾配を計算してよいことをレプリカに知らせる信号になる。このアプローチは、**スペアレプリカ**をサポートしている。

すべての演習問題に取り組めば、4 つのソリューションをすべて実装することができる。みなさんが学んだことは、数十ものサーバーと GPU を横断する大規模な深層ニューラルネットワークの

訓練に簡単に応用できる。このあとの章では、いくつかの重要なニューラルネットワーク・アーキテクチャを取り上げてから、強化学習にチャレンジする。

12.4　演習問題

1. TensorFlow プログラムを起動したときに `CUDA_ERROR_OUT_OF_MEMORY` が返される場合、何が起きているのか。この問題にはどのように対処すればよいか。

2. デバイスにオペレーションをピン留めするのとデバイスにオペレーションを配置するのとではどのような違いがあるのか。

3. GPU 対応の TensorFlow インストレーションでデフォルトの配置を使った場合、すべてのオペレーションは最初の GPU に配置されることになるのか。

4. 変数を`"/gpu:0"`にピン留めした場合、`"/gpu:1"`に配置されたオペレーションはその変数を使えるか。`"/gpu:0"`に配置されたオペレーションならどうか。ほかのサーバーのデバイスにピン留めされたオペレーションならどうか。

5. 同じデバイスに配置されたふたつのオペレーションは並列実行できるか。

6. 依存ノード制御（control dependency）とは何で、どのようなときに使うべきか。

7. TensorFlow クラスタで何日もかけて DNN を訓練し、訓練プログラム終了直後に `Saver` を使ってモデルを保存するのを忘れたことに気付いたとする。訓練したモデルは失われてしまうのか？

8. TensorFlow クラスタでハイパーパラメータの値を変えて複数の DNN を並列に訓練しなさい。MNIST 分類の DNN でも、関心のあるほかのタスクでもかまわない。もっとも単純なのは、ひとつの DNN だけを訓練する単一のクライアントプログラムを書き、クライアントごとにハイパーパラメータの値を変えてこのプログラムを複数のプロセスで並列実行するという方法だ。クライアントプログラムは、DNN をどのサーバー、デバイスに配置するか、どのリソースコンテナとハイパーパラメータ値を使うかを指定するコマンドラインオプションを持っていなければならない（DNN ごとに異なるリソースコンテナを使うこと）。検証セットか交差検証を使って、上位 3 モデルを明らかにしなさい。

9. 前問の上位 3 モデルを使ってアンサンブルを作りなさい。アンサンブルをひとつのグラフのなかで定義し、個々の DNN が別々のデバイスで実行されるようにしなさい。検証セットを使ってアンサンブルを評価しなさい。アンサンブルは個別の DNN よりも高い性能を示すか。

10. グラフ間レプリケーションと非同期更新のデータ並列を使って DNN を訓練し、満足できる性能が得られるまでの時間を測定しなさい。次に、同期更新を使いなさい。同期更新の方がよいモデルになっただろうか。訓練のスピードは上がったか。次に、DNN を縦割りにして、個々のスライスを別々のデバイスに配置し、再びモデルを訓練しなさい。訓練のスピードは上がったか。性能に何か違いはあるか。

　演習問題の解答は、**付録 A** を参照のこと。

13章
畳み込みニューラルネットワーク

　IBM の Deep Blue スーパーコンピュータは、1996 年という早い時期にチェスの世界チャンピオン、ガルリ・カスパロフを破っているが、つい最近に至るまで、コンピュータは写真から子犬を見つけ出すとか、話し言葉を認識するといった一見簡単なことでも信頼できる形では実行できなかった。私たち人間は、これらのことをなぜやすやすと行うことができるのだろうか。答えは、私たちの意識の領野の外にある脳内の視覚、聴覚、その他の知覚モジュールのなかで認知が行われることにある。知覚情報は、私たちの意識に到達するまでに、すでに高水準の処理を受けている。たとえば、かわいい子犬の写真を見たとき、子犬を見ないこと、そのかわいさに気付かないことを選択することはできない。かわいい子犬をどのように認識するのかを説明することもない。ただ、自明なこととしてわかるのである。そのため、私たちは自分たちの主観的な経験を信頼することはできない。認知は決して単純なものではなく、認知を理解するためには、知覚モジュールがどのような仕組みで機能しているのかに注目しなければならない。

　畳み込みネットワーク（CNN：convolutional neural network）は、脳の視覚野の研究から生まれたもので、1980 年代から画像の認識で使われてきている。ここ数年は、計算能力の向上、利用できる訓練データの増加、**11 章**で説明した深層ニューラルネットワーク訓練のトリックの発達のおかげで、CNN は、一部の複雑な視覚的タスクで人間を越える性能を達成できるようになっている。CNN は、画像検索サービス、自動運転車、自動ビデオ分類システムなどの原動力となっている。しかも、CNN は視覚的な認識だけに制限されない。**音声認識**（voice recognition）、**自然言語処理**（NLP：natural language processing）などのタスクでも成功を収めている。しかし、さしあたりは視覚的な応用だけに焦点を絞ろう。

　この章では、CNN がどこから生まれたか、その部品はどのようになっているか、TensorFlow を使って CNN をどのように実装するかを説明する。次に、最良の CNN アーキテクチャのいくつかを示す。

13.1 視覚野のアーキテクチャ

デイヴィッド・H・ヒューベルとトルステン・ウィーセルは、1958年 (http://goo.gl/VLxXf9)[†1]と1959年 (http://goo.gl/OYuFUZ)[†2]に猫 (そして数年後 http://goo.gl/95F7QH[†3]に猿) を対象として、一連の実験を行い、視覚野の構造についてきわめて重要な知見を得た (著者たちは、この業績により、1981年にノーベル医学生理学賞を受賞している)。特に、彼らは視覚野の多くのニューロンが小さな**局所受容野** (local receptive field) を持っており、視野のなかの限られた領域の視覚的刺激だけに反応していることを明らかにした (**図13-1**。破線の円で5個のニューロンの局所受容野を示している)。彼らは、一部のニューロンがそれよりも大きな受容野を持っており、下位レベルのパターンが組み合わさった複雑なパターンに反応していることにも気付いた。このような観察結果から、高水準のニューロンは、近隣にある低水準のニューロンの出力を基礎として機能しているという考え方が生まれた (**図13-1**では、各ニューロンが前の層の少数のニューロンとだけつながっていることに注意しよう)。この強力なアーキテクチャは、視野の任意の領域に含まれるあらゆる複雑なパターンを検出することができる。

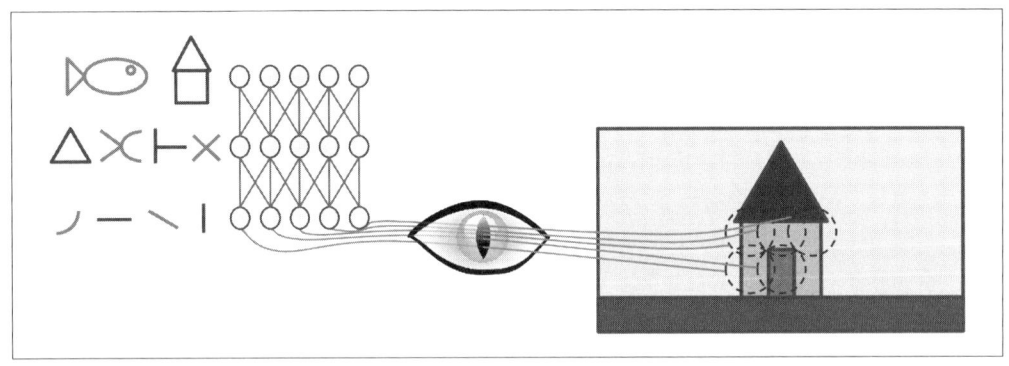

図13-1　視覚野のなかの局所受容野

視覚野についてのこれらの研究が1980年に提唱されたネオコグニトロン (http://goo.gl/XwiXs9)[†4]を触発し、ネオコグニトロンが少しずつ進化して、**畳み込みニューラルネットワーク** (convolutional neural network) と呼ばれるものになった。その過程で重要な節目となったのが、ヤン・ルカン、レオン・ボトゥ、ヨシュア・ベンジオ、パトリック・ハフナーが1998年に発表した論文 (http://goo.gl/A347S4)[†5]である。彼らのこの論文は、手書きのチェックナンバーの認識

---

†1　"Single Unit Activity in Striate Cortex of Unrestrained Cats" D. Hubel and T. Wiesel (1958)

†2　"Receptive Fields of Single Neurones in the Cat's Striate Cortex" D. Hubel and T. Wiesel (1959)

†3　"Receptive Fields and Functional Architecture of Monkey Striate Cortex" D. Hubel and T. Wiesel (1968)

†4　福島邦彦「位置ずれに影響されないパターン認識機構の神経回路のモデル―ネオコグニトロン―」(1979)、"Neocognitron: A Self-organizing Neural Network Model for a Mechanism of Pattern Recognition Unaffected by Shift in Position" K. Fukushima (1980)

†5　"Gradient-Based Learning Applied to Document Recognition" Y. LeCun et al.(1998)

で広く使われている有名な **LeNet-5** アーキテクチャを示した。このアーキテクチャは、全結合層、シグモイド活性化関数などのみなさんがすでに知っている部品を使っているが、さらに**畳み込み層**（convolutional layer）と**プーリング層**（pooling layner）のふたつの新しい部品を導入した。それらについて見てみよう。

画像認識では、なぜ全結合層による通常の深層ニューラルネットワークを使わないのだろうか。この方法は、小さな画像（たとえば MNIST）では機能するが、莫大な数のパラメータを必要とするため、大きな画像を分割してしまう。たとえば、100 × 100 の画像は 10,000 個のピクセルを持ち、最初の層が 1,000 個のニューロンを持つとすると（これでもすでに次の層に送られる情報の量に重大な制約を加えている）、全部で 1 千万の接続が必要になる。最初の層だけでこのようになってしまうのである。CNN は、部分的に接続された層を使ってこの問題を解決する。

13.2　畳み込み層

畳み込み層（convolutional layer）[6]は、CNN でもっとも重要な部品だ。最初の畳み込み層のニューロンは、入力画像のすべてのピクセルと接続されているわけではなく、受容野に含まれるピクセルとだけ接続されている（**図13-2**）。同じように、第 2 の畳み込み層のニューロンは、最初の畳み込み層の小さな矩形に含まれるニューロンとだけ接続されている。このようなアーキテクチャにすると、最初の隠れ層は下位レベルのフィーチャーに集中し、次の隠れ層ではそれらをより高水準のフィーチャーに組み立てることができる。現実世界の画像ではこのような階層構造が一般的であり、CNN が画像認識でうまく機能する理由のひとつになっている。

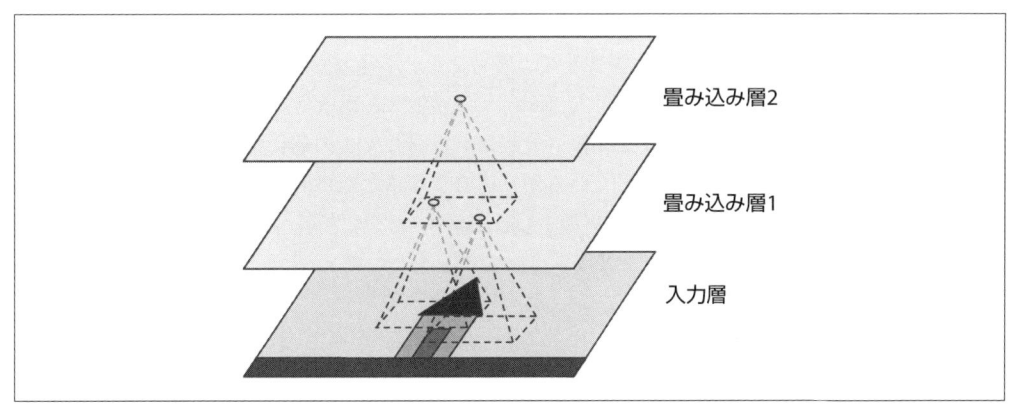

図13-2　矩形の局所受容フィールドを持つCNNの階層構造

---

†6　畳み込みとは、ある関数の上でほかの関数をずらし、点ごとの積を積分する数学的操作のことである。フーリエ変換やラプラス変換と密接な関係を持ち、信号処理で多用されている。畳み込み層は、実際には相互相関を使っているが、相互相関は畳み込みと非常に近い（http://goo.gl/HAfxXd）。

今まで私たちが取り上げてきた多階層ニューラルネットワークはニューロンの数が膨大だったので、ニューラルネットワークに与える前に入力画像を1次元に変換しなければならなかった。しかし、ここでは各層が2次元で表現されるので、ニューロンと対応する入力が簡単に対応付けられる。

　ある層の i 行 j 列のニューロンは、前の層の i 行から $i+f_h-1$、j 行の j 列から $j+f_w-1$ 列までのニューロンの出力と接続される。ここで、f_h と f_w は、それぞれ受容野の高さと幅を表している（**図13-3**）。高さと幅が前の層と同じになるように、一般にこの図に示すように入力の周囲に0を追加する。これを0パディングと呼ぶ。

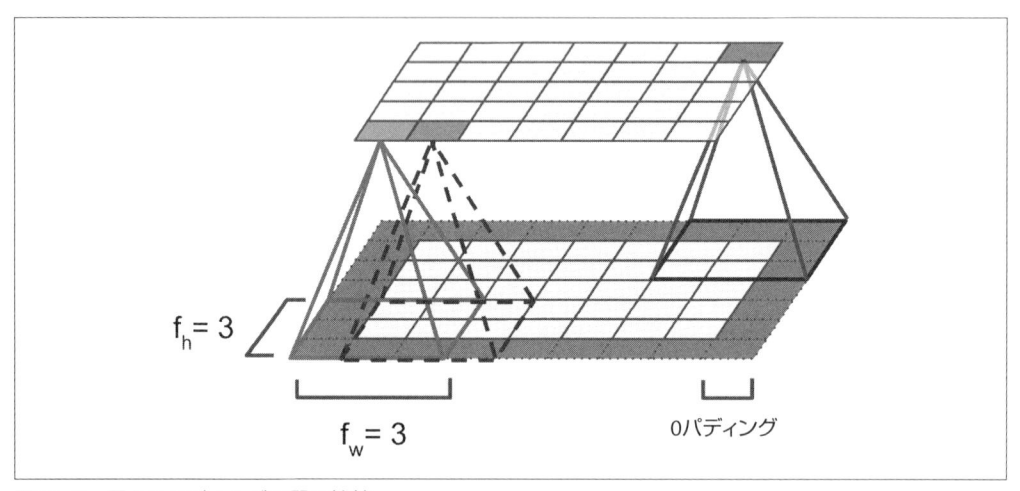

図13-3　層と0パディングの間の接続

　図13-4 のように、受容野を離すと大きな入力層をずっと小さな層に接続できる。ふたつの連続する受容野の距離を**ストライド**（stride）と呼ぶ。この図では、3×3 の受容野と2というストライドを使って、5×7 の入力層（および0パディング）を 3×4 の層に接続している（この例では、縦と横とで同じストライドを使っているが、そのようにしなければならないわけではない）。上位層の i 行 j 列のニューロンは、前の層の $i\times s_h$ 行から $i\times s_h+f_h-1$ 行まで、$j\times s_w$ 列から $j\times s_w+f_w-1$ 列までのニューロンと接続されている。ここで s_h と s_w は、それぞれ縦と横のストライドである。

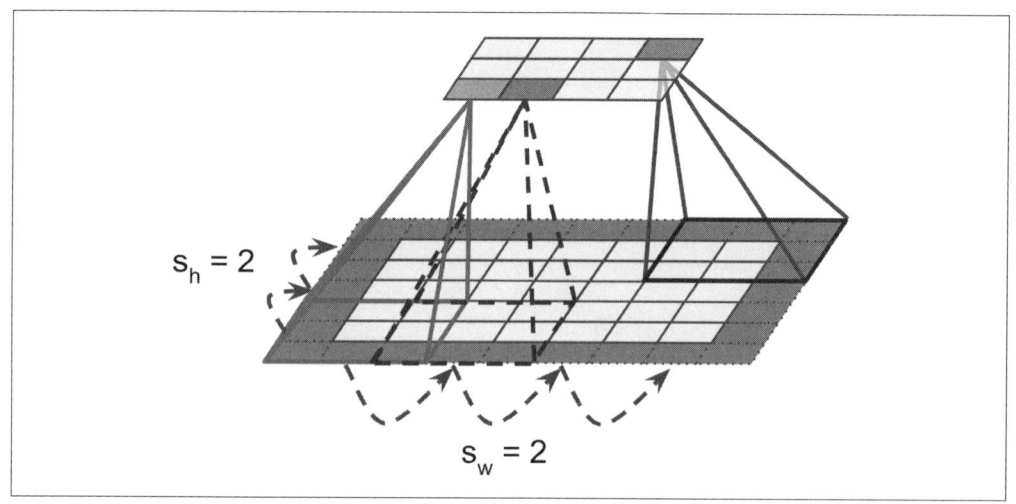

図13-4　ストライド幅2を使った次元削減

13.3　フィルタ

　ニューロンの重みは、受容野のサイズの小さな画像として表現できる。たとえば、**図13-5** は、**フィルタ**（filter、または**畳み込みカーネル**：convolutional kernel）と呼ばれる2つの重みのセットを示している。第1のフィルタは黒い正方形で、中央に白い縦線が入っている（1になっている中央の列以外は0の7×7行列）。この重みを使うニューロンは、中央の縦線以外の受容野をすべて無視する（中央の縦線にある以外の入力には、すべて0が掛けられる）。第2のフィルタは、中央に白い横線が入った黒の正方形である。ここでも、中央の横線以外の受容野はすべて無視される。

　ニューラルネットワークに**図13-5** の下部に示した画像を入力を渡し、最初の層のすべてのニューロンが同じ縦線フィルタ（および同じバイアス項）を使ったとすると、その層は左上の画像を出力する。縦の白線に対応する部分が強調され、それ以外はぼやけることがわかる。同様に、右上の画像は、すべてのニューロンが横線フィルタを使ったときに得られるものである。横の白線に対応する部分が強調され、それ以外はぼやける。このように、同じフィルタを使うニューロンで満たされた層を使うと、画像のなかでフィルタにもっとも近い部分が強調される**特徴量マップ**（feature map）が得られる。CNNは、訓練中に自分のタスクに役立つフィルタを見つけ出し、それらを組み合わせてより複雑なパターンを作ることを学習する（たとえば、縦線フィルタと横線フィルタの両方が有効なら、十字形になる）。

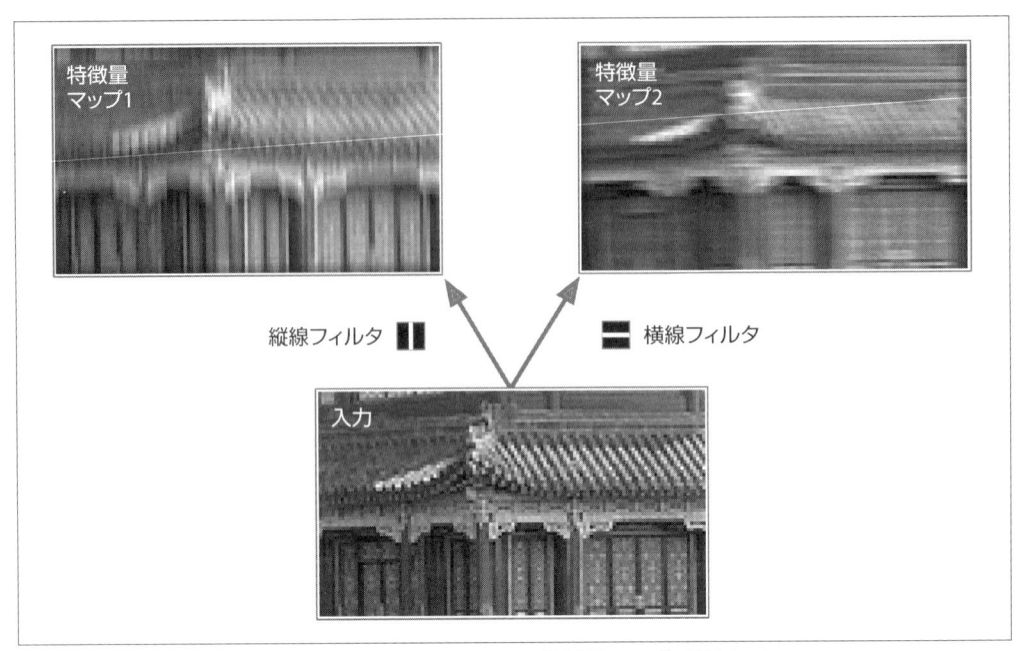

図13-5　ふたつの異なるフィルタを適用するとふたつの特徴量マップが得られる

13.3.1　複数の特徴量マップの積み上げ

　今までは、話を単純にするために、畳み込み層を薄い 2D の層として表現してきたが、実際には、畳み込み層は同じサイズの複数の特徴量マップから構成されており、3D を使った方が正確に表現できる（**図13-6**）。ひとつの特徴量マップのなかでは、すべてのニューロンが同じパラメータ（重みとバイアス項）を共有しているが、異なる特徴量マップは異なるパラメータを持ってよい。ニューロンの受容野は今までの説明と同じだが、前の層のすべてのフィーチャーマップに拡大される。つまり、畳み込み層は、入力に対して複数のフィルタを同時に適用する。それにより、畳み込み層は入力の任意の位置にある複数のフィーチャーを検出することができる。

　特徴量マップのすべてのニューロンが同じパラメータを共有するため、モデル内のパラメータの数は劇的に削減されるが、なによりも大切なことは、CNN がある位置のパターンの認識を学習すると、ほかの位置にあってもそのパターンを認識できることである。それに対し、通常の DNN は、ある位置であるパターンを認識しても、その特定の位置にあるパターンしか認識できない。

　さらに、入力層も複数の下位層から構成される。つまり、カラーチャネルごとにひとつの下位層がある。一般に、カラーチャネルは赤、緑、青（RGB）の 3 つである。グレースケール画像のチャ

ネルはひとつだけだが、もっと多くのチャネルを持つ画像もある。たとえば、衛星画像はそれ以外
の周波数の光（赤外線など）もキャッチする。

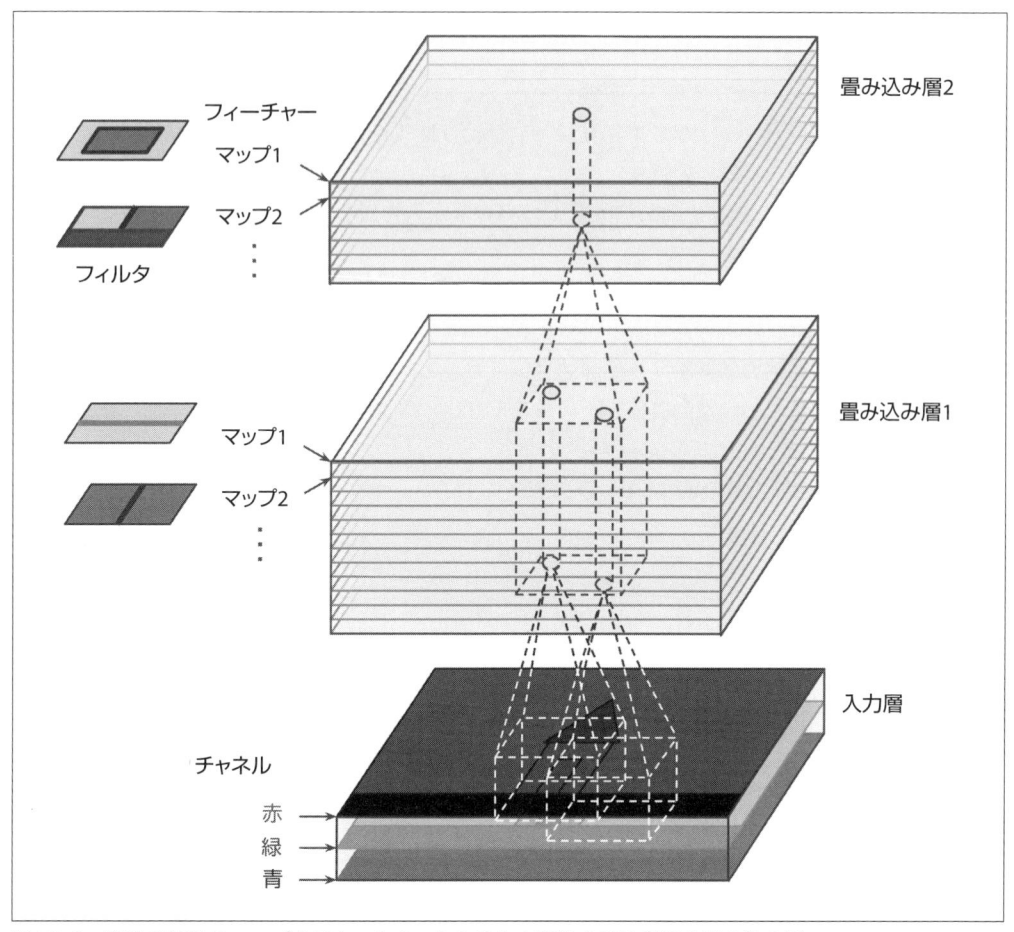

図13-6 複数の特徴量マップを持ち、3チャネルの入力画像を受け付ける畳み込み層

　具体的には、畳み込み層 l の特徴量マップ k の i 行 j 列のニューロンは、前の $l-1$ 層に含まれる
すべての特徴量マップの $i \times s_h$ 行から $i \times s_h + f_h - 1$ 行までの $j \times s_w$ 列から $j \times s_w + f_w - 1$ 列
までのニューロンの出力と接続されている。異なる特徴量マップに含まれる同じ i 行 j 列のニュー
ロンは、すべて前の層の同じニューロンの出力と接続されていることに注意しよう。

　式13-1 は、ひとつの大規模な方程式にまとめたもので、畳み込み層の特定のニューロンの出力
をどのように計算するかを示している。さまざまなインデックスが入り乱れているため、少し醜い
が、すべての入力の加重総和にバイアス項を加えているだけである。

式 13-1　ある畳み込み層のあるニューロンの出力の計算

$$z_{i,j,k} = b_k + \sum_{u=0}^{f_h-1} \sum_{v=0}^{f_w-1} \sum_{k'=0}^{f_{n'}-1} x_{i',j',k'} . w_{u,v,k',k} \quad \text{with} \begin{cases} i' = i \times s_h + u \\ j' = j \times s_w + v \end{cases}$$

- $z_{i,j,k}$ は、畳み込み層（l 層）の特徴量マップ k の i 行 j 列にあるニューロンの出力。

- s_h と s_w は縦と横のストライド、f_h と f_w は受容野の高さと幅、$f_{n'}$ は前の層（$l-1$ 層）の特徴量マップの数（既述の通り）。

- $x_{i',j',k'}$ は、$l-1$ 層の特徴量マップ k'（前の層が入力層ならチャネル k'）の i' 行 j' 列のニューロンからの出力。

- b_k は、特徴量マップ k（l 層）のバイアス項。これは、特徴量マップ k の全体の明るさを操作するためのノブだと考えることができる。

- $w_{u,v,k',k}$ は、l 層の特徴量マップ k のニューロンと、特徴量マップ k' の u 行 v 列（ニューロンの受容野内での相対的な位置）にある入力とを結ぶ接続の重み。

13.3.2　TensorFlow による実装

TensorFlow では、個々の入力画像は shape [height, width, channels]（高さ、幅、チャネル）の 3D テンソル、ミニバッチは shape [mini-batch size, height, width, channels]（ミニバッチサイズ、高さ、幅、チャネル）の 4D テンソルとして表現される。畳み込み層の重みは shape[$f_h, f_w, f_{n'}, f_n$] の 4D テンソル、バイアス項は shape[f_n] の 1D テンソルとして表現される。

単純な例を見てみよう。次のコードは、scikit-learn の load_sample_images() を使ってふたつのサンプル画像（ひとつは中国の寺院、もうひとつは花）をロードする。次に、7×7 のふたつのフィルタ（ひとつは中央に縦の白線があるもので、もうひとつは中央に横の白線があるもの）を作り、TensorFlow の tf.nn.conv2d() 関数（0 パディングを有効にしてストライドを 2 としたもの）で作った畳み込み層を使って両画像にフィルタを適用する。最後に、得られた特徴量マップのひとつ（**図 13-5** の右上の画像とよく似たもの）をプロットする。

```
import numpy as np
from sklearn.datasets import load_sample_images

# サンプル画像のロード
china = load_sample_image("china.jpg")
flower = load_sample_image("flower.jpg")
dataset = np.array([china, flower], dtype=np.float32)
batch_size, height, width, channels = dataset.shape

# 2 個のフィルタの作成
filters = np.zeros(shape=(7, 7, channels, 2), dtype=np.float32)
filters[:, 3, :, 0] = 1  # 縦線
filters[3, :, :, 1] = 1  # 横線
```

```
# 入力 X とふたつのフィルタを適用する畳み込み層のグラフを作る
X = tf.placeholder(tf.float32, shape=(None, height, width, channels))
convolution = tf.nn.conv2d(X, filters, strides=[1,2,2,1], padding="SAME")

with tf.Session() as sess:
    output = sess.run(convolution, feed_dict={X: dataset})

plt.imshow(output[0, :, :, 1], camp="gray")   # 第 1 画像の第 2 特徴量マップをプロット
plt.show()
```

このコードのほとんどの部分は自明だろうが、`tf.nn.conv2d()` の呼び出し行には少し説明が必要だろう。

- `X` は入力ミニバッチ（すでに説明したように 4D テンソルになっている）。
- `filters` は適用するフィルタセット（すでに説明したようにこれも 4D テンソル）。
- `strides` は 4 要素の 1D 配列で、中央のふたつの要素が縦、横のストライド（s_h と s_w）になっている。先頭と末尾の要素は、現在のところ 1 でなければならない。いずれバッチストライド（一部のインスタンスをスキップするため）とチャネルストライド（前の層の一部の特徴量マップまたはチャネルをスキップするため）を指定するために使われるかもしれない。
- `padding` は、`"VALID"` か `"SAME"` でなければならない。
    - `"VALID"` にすると、畳み込み層は 0 パディングを**使わない**。**図13-7** に示すように、ストライド次第では入力画像の下の行と右の列の一部を無視する（単純化のために、ここでは縦方向しか示していないが、もちろん横方向でも同じことが行われる）。
    - `"SAME"` にすると、畳み込み層は必要に応じて 0 パディングを使う。この場合、出力ニューロンの数は、入力ニューロンをストライドで割って切り上げた数と同じになる（この例では、ceil(13/5) = 3）。それから、入力の前後にできる限り均等に 0 を加えていく。

この単純な例では手作業でフィルタを作っているが、実際の CNN では、訓練アルゴリズムに自動的に最良のフィルタを探させることになるだろう。TensorFlow には、自動的にフィルタ変数（`kernel` という名前になる）を作り、無作為に初期化してくれる `tf.layers.conv2d()` 関数がある。この関数は、バイアス変数（`bias` という名前になる）を作って 0 で初期化する作業もしてくれる。たとえば、次のコードは、2 × 2 のストライド（この関数は縦横のストライドしか想定していないことに注意していただきたい）を使って 2 個の 7 × 7 フィーチャーマップによる畳み込み層と `"SAME"` パディングをともなう入力プレースホルダーを作る。

```
X = tf.placeholder(shape=(None, height, width, channels), dtype=tf.float32)
conv = tf.layers.conv2d(X, filters=2, kernel_size=7, strides=[2,2],
                        padding="SAME")
```

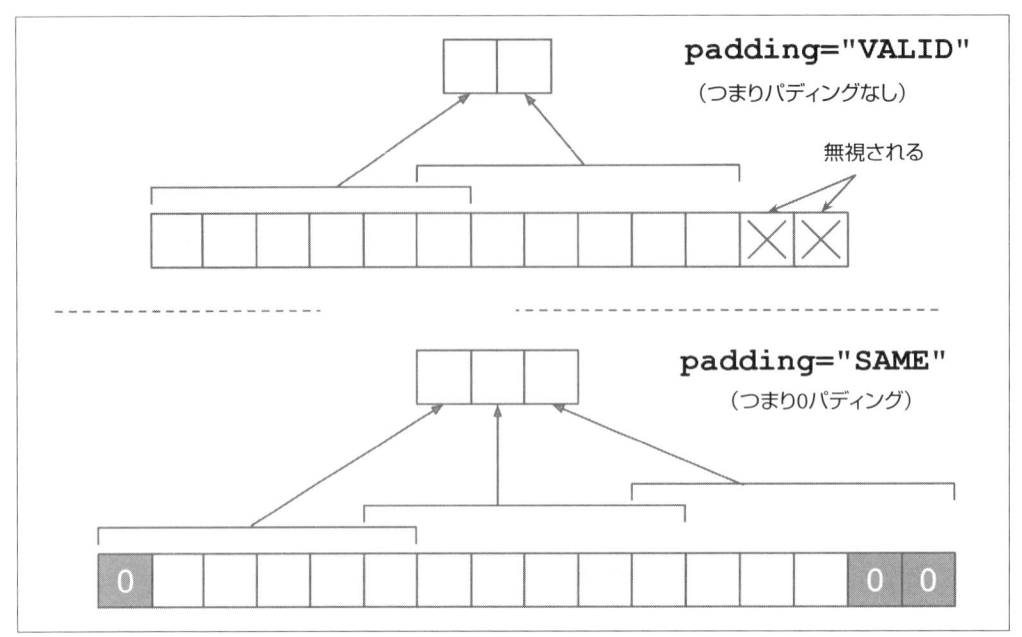

図13-7　パディングオプション（入力幅13、フィルタ幅6、ストライド5）

　畳み込み層には、残念ながらかなりの数のハイパーパラメータがある。フィルタの数、その高さと幅、ストライド、パディングタイプを選択しなければならない。いつものように交差検証を使えば、適切なハイパーパラメータ値を見つけられるが、非常に時間がかかる。しかし、あとで一般的なCNNアーキテクチャについて説明するので、それを読めば実際にはハイパーパラメータをどのようにすればよいかがわかるだろう。

13.3.3　メモリ要件

　CNNには、特に訓練中に非常に多くのRAMが必要になるという問題もある。これは、バックプロパゲーションのパスで、前進パス中に計算した中間値がすべて必要になるからだ。たとえば、5×5のフィルタを使い、ストライド1、SAMEパディングで150×100の特徴量マップを200個出力する畳み込み層について考えてみよう。入力が150×100のRGB画像（3チャネル）なら、パラメータの数は$(5 \times 5 \times 3 + 1) \times 200 = 15,200$になる（+1はバイアス項に対応している）。これは、全結合層と比べればかなり少ない[7]。しかし、200個の特徴量マップのそれぞれが150×100のニューロンを持ち、これら1つひとつのニューロンが$5 \times 5 \times 3 = 75$の入力の加重総和を計算しなければならない。全部で2億2500万回の浮動小数点数乗算である。全結合層よりはましだとはいえ、計算の負荷はかなり重い。さらに、特徴量マップが32ビット浮動小数点数を使って表現

---

[7]　150×100ニューロンでそれぞれが$150 \times 100 \times 3$のすべての入力と接続されている全結合層は、$150^2 \times 100^2 \times 3 = $ 6億7500万のパラメータを必要とする。

されている場合、畳み込み層の出力は、$200 \times 150 \times 100 \times 32 = 9,600$ 万ビット（約 11.4MB）の RAM を占有する[†8]。たったひとつのインスタンスでこれだけの容量である。訓練バッチに 100 個のインスタンスが含まれているなら、この層は 1GB もの RAM を使うことになる。

推論（つまり、新しいインスタンスに対する予測）を行っているときは、ひとつの層が占有する RAM は、次の層の計算終了後ただちに開放できるので、必要な RAM はふたつの連続する層が必要とする容量だけになる。しかし、訓練中は、後退パスのために前進パスで計算したすべての値を残しておかなければならないので、必要な RAM は、（少なくとも）すべての層が必要とする RAM の合計になる。

> メモリを使い切って訓練がクラッシュしたときには、ミニバッチサイズを小さくしてみるとよい。また、ストライドを使ったり層を削減したりして次元削減してみる方法もある。さらに、32 ビット浮動小数点数の代わりに 16 ビット浮動小数点数を試すのもよいだろう。そして、複数のデバイスに CNN を分散するという方法も残っている。

では、CNN の第 2 の構成要素である**プーリング層**（pooling layer）について見てみよう。

13.4　プーリング層

畳み込み層の仕組みがわかれば、プーリング層は簡単に理解できる。プーリング層の目的は、計算の負荷、メモリ使用量、パラメータ数の削減（過学習の緩和を目的とする）のために入力画像を**サブサンプリング**（subsample、縮小）することにある。

プーリング層のニューロンも、畳み込み層と同様に、前の層に含まれるニューロンの出力の一部だけと接続される。サイズ、ストライド、パディングタイプを指定しなければならないのも畳み込み層と同じだ。しかし、プーリング層のニューロンには重みはない。プーリング層のニューロンは、max（最大値）や mean（平均）といった集計関数を使って入力を集計するだけである。**図 13-8** は、プーリング層でもっともよく見られるタイプである**最大値プーリング層**（max pooling layer）を示している。この例では、2×2 の**プーリングカーネル**（pooling kernel）とストライド 2、パディングなしを使っている。各カーネルに対する入力のなかの最大値だけが次の層に進むことに注意しよう。ほかの入力はすべて捨てられる。

これは非常に破壊的な層である。小さな 2×2 のカーネルと 2 というストライドでも、出力は両方向で半分になる（そのため、面積は 1/4 になる）。単純に入力値の 75% が捨てられてしまうのである。

プーリング層は、一般にすべての入力チャネルに対して独立に機能するため、出力の深さは入力の深さと同じである。次に見ていくように深さ方向で圧縮していく方法もあり得るが、その場合、

[†8]　1MB＝1,024KB＝$1,024 \times 1,024$ バイト＝$1,024 \times 1,024 \times 8$ ビット

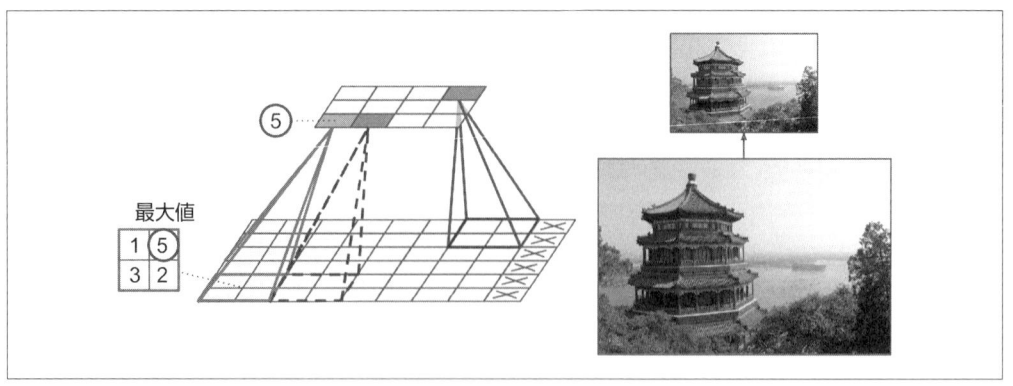

図13-8　最大値プーリング層（2×2のプーリングカーネル、ストライド2、パディングなし）

画像の空間的なサイズ（高さと幅）は変更されず、チャネル数が削減される。

　TensorFlow で最大値プーリング層を実装するのは簡単だ。次のコードは、2×2 のカーネル、ストライド2、パディングなしで最大値プーリング層を作り、それをデータセットに含まれるすべての画像に適用する。

```
[...]  # 先ほどと同様に画像データセットをロードする

# 入力 X と最大値プーリング層のグラフを作る
X = tf.placeholder(tf.float32, shape=(None, height, width, channels))
max_pool = tf.nn.max_pool(X, ksize=[1,2,2,1], strides=[1,2,2,1],padding="VALID")

with tf.Session() as sess:
    output = sess.run(max_pool, feed_dict={X: dataset})

plt.imshow(output[0].astype(np.uint8))   # 最初の画像の出力をプロットする
plt.show()
```

　ksize引数には、入力テンソルの4次元値、[batch size, height, width, channels]の一部としてカーネルの形状が含まれている。TensorFlow は、現在のところ複数のインスタンスのプーリングをサポートしていないので、ksize の第1要素は1でなければならない。また、空間的な圧縮（高さと幅）と深さの圧縮の両方の適用もサポートしていないので、ksize[1] と ksize[2] がともに1になっているか、ksize[3] が1になっているかのどちらかでなければならない。

　平均値プーリング層を作りたければ、max_pool() の代わりに avg_pool() を使えばよい。

　これで畳み込みニューラルネットワークの部品はすべてわかった。次は部品の組み立て方を学ぼう。

13.5 CNN のアーキテクチャ

　よくある CNN アーキテクチャは、いくつかの畳み込み層を積み上げ（一般に個々の畳み込み層の後ろには ReLU 層が続く）、次にプーリング層、さらにいくつかの畳み込み層（および ReLU 層）、別のプーリング層を積み上げていく形である。画像は、ニューラルネットワークを進むうちにどんどん小さくなるが、畳み込み層のおかげで一般にどんどん深くもなっていく（つまり、特徴量マップが増える。**図13-9**）。スタックトップには、いくつかの全結合層（および ReLU 層）から構成される通常の前進するニューラルネットワークが追加される。そして、最後の層（たとえば、クラスに属する推計確率を出力するソフトマックス層）が予測を出力する。

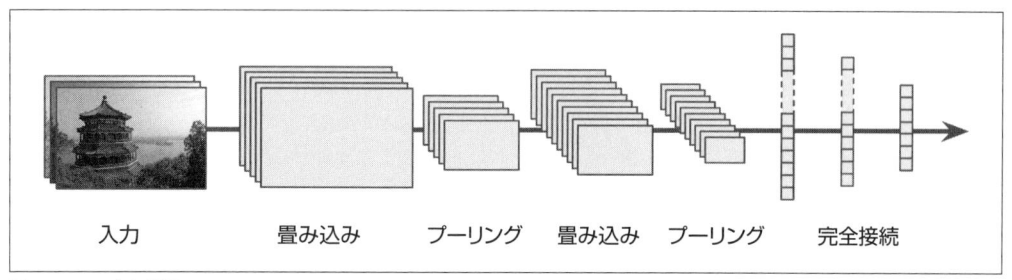

入力　　　　　畳み込み　　　プーリング　　畳み込み　　プーリング　　完全接続

図13-9　ごく普通の CNN のアーキテクチャ

一般的な間違いは、大きすぎる畳み込みカーネルを使用することだ。多くの場合、2 個の 3×3 カーネルを積み重ね合わせれば、計算量を大幅に減らしたうえで 9×9 カーネルとまったく同じ効果が得られることが多い。

　年月がたつとともに、この基本アーキテクチャに対する変種がいくつも開発され、この分野の瞠目すべき進歩をリードしている。この進歩は、ILSVRC ImageNet チャレンジ（http://image-net.org/）などのコンテストの誤差率を見るとよくわかる。画像分類のトップ 5 エラー率は、たった 6 年で 26% から 3% 未満に下がった。トップ 5 エラー率とは、システムの予測の上位 5 つまでのなかに正答が含まれていないテスト画像の頻度である。画像は大きく（高さ 256 ピクセル）、クラスは 1,000 種あり、その一部は非常に見分けにくい（120 の犬種の区別を試してみていただきたい）。勝者の発展を見ると、CNN の仕組みを理解するために役立つ。

　まず、古典的な LeNet-5 アーキテクチャ（1998 年）を見てから、ILSVRC チャレンジの勝者となった AlexNet（2012 年）、GoogLeNet（2014 年）、ResNet（2015 年）を見ていく。

その他の画像関連のタスク

　物体認識と位置特定、画像分割など、画像関連のその他の分野でも、目覚ましい進歩が見られる。物体認識と位置特定では、ニューラルネットワークは一般に画像内のさまざまな物体を囲む一連の境界矩形を出力する。たとえば、CNN で顔を認識し、RNN（再帰型ニューラルネットワーク）で顔を囲む一連の境界矩形を出力するという形で両者の組み合わせを使う Maxine Oquab らの 2015 年の論文（https://goo.gl/ZKuDtv）を参照していただきたい。画像分割では、ニューラルネットワークは、各ピクセルが対応する入力ピクセルを含む物体のクラスを示すような画像（通常は入力と同じサイズ）を出力する。たとえば、Evan Shelhamer らの 2016 年の論文（https://goo.gl/7ReZql）を参照していただきたい。

13.5.1　LeNet-5

　LeNet-5 は、おそらくもっとも広く知られている CNN アーキテクチャだろう。すでに触れたように、ヤン・ルカンが 1998 年に開発し、手書きの数字の認識（MNIST）で広く使われている。LeNet-5 は、**表13-1** の階層で構成されている。

表13-1　LeNet-5アーキテクチャ

層	タイプ	マップ	サイズ	カーネルサイズ	ストライド	活性化関数
出力	完全接続	—	10	—	—	RBF
F6	完全接続	—	84	—	—	tanh
C5	畳み込み	120	1×1	5×5	1	tanh
S4	平均値プーリング	16	5×5	2×2	2	tanh
C3	畳み込み	16	10×10	5×5	1	tanh
S2	平均値プーリング	6	14×14	2×2	2	tanh
C1	畳み込み	6	28×28	5×5	1	tanh
入力	入力	1	32×32	—	—	—

詳細について、いくつか説明を加えておきたい。

- MNIST 画像は 28×28 ピクセルだが、ネットワークに与える前に 0 パディングで 32×32 ピクセルに変換した上で正規化してある。ネットワーク内でさらにパディングを行ったりはしないので、サイズはネットワークの先に進むたびに縮小していく。
- 平均値プーリング層は、通常よりも少し複雑になっている。各ニューロンは入力の平均を計算し、結果に学習可能な係数（マップごとにひとつ）を掛け、学習可能なバイアス項（これもマップごとにひとつ）を加えてから活性化関数を適用している。
- C3 マップのほとんどのニューロンは、3、4 個の S2 マップのニューロンと接続されている

だけである（6 個の S2 マップすべてではなく）。詳細は、原論文の Table1 を参照のこと。

● 出力層は少し特殊なことをしている。各ニューロンは、入力と重みベクトルのドット積を計算するのではなく、入力ベクトルと重みベクトルの間のユークリッド距離の二乗を出力しているのである。各出力は、画像が特定の数字クラスに属する確率を測定している。しかし、現在は、交差エントロピーコスト関数の方がよいとされている。交差エントロピーは、まずい予測にはるかに大きなペナルティを与え、大きな勾配を生み出すため、収束が早い。

ヤン・ルカンのサイト（http://yann.lecun.com/）の LeNet のセクションには、LeNet-5 による数字の分類のすばらしいデモがある。

13.5.2 AlexNet

AlexNet CNN アーキテクチャ（http://goo.gl/mWRBRp）[†9]は、2012 年の ImageNet ILSVRC チャレンジで 2 位に大差をつけて優勝した。AlexNet は 17% というトップ 5 エラー率を達成したが、2 位は 26% だったのである。アレックス・クリジェフスキー（AlexNet の名前の由来）、イリヤ・サツカバー、ジェフリー・ヒントンが開発した。はるかに大規模で深いことを除けば、LeNet-5 とよく似ているが、個々の畳み込み層の上にプーリング層を乗せず、畳み込み層の上に畳み込み層を重ねた最初のアーキテクチャである。**表13-2** は、このアーキテクチャを表している。

表13-2　AlexNet アーキテクチャ

層	タイプ	マップ	サイズ	カーネルサイズ	ストライド	パディング	活性化関数
出力	完全接続	—	1,000	—	—	—	ソフトマックス
F9	完全接続	—	4,096	—	—	—	ReLU
F8	完全接続	—	4,096	—	—	—	ReLU
C7	畳み込み	256	13 × 13	3 × 3	1	SAME	ReLU
C6	畳み込み	384	13 × 13	3 × 3	1	SAME	ReLU
C5	畳み込み	384	13 × 13	3 × 3	1	SAME	ReLU
S4	最大値プーリング	256	13 × 13	3 × 3	2	VALID	—
C3	畳み込み	256	27 × 27	5 × 5	1	SAME	ReLU
S2	最大値プーリング	96	27 × 27	3 × 3	2	VALID	—
C1	畳み込み	96	55 × 55	11 × 11	4	SAME	ReLU
入力	入力	3（RGB）	224 × 224	—	—	—	—

　作者たちは、過学習を緩和するために、今までの章で取り上げてきたふたつの正則化テクニックを使っている。ひとつは、訓練中 F8、F9 層の出力にドロップアウト（50% のドロップアウト率）を行ったこと、もうひとつは、訓練画像を無作為にさまざまなオフセットでシフトし、横方向に反転し、ライティングの条件を変化させてデータ拡張を行ったことである。

　AlexNet は、C1、C3 層の ReLU ステップの直後で、**LRN**（局所応答正規化：local response normalization）と呼ばれる競合正規化ステップも使っている。もっとも強く活性化している

---

†9　"ImageNet Classification with Deep Convolutional Neural Networks" A. Krizhevsky et al.(2012)

ニューロンが近隣の特徴量マップの同じ位置のニューロンを活性化させることを禁止する（生物学的なニューロンでは、このような優位性による活性化が見られる）というものである。こうすると、異なる特徴量マップが特殊化して互いに離れていき、広い範囲のフィーチャーを探って、究極的には汎化性能を上げる。**式 13-2** は、LRN の適用方法を示している。

式 13-2　LRN（局所応答正規化）

$$b_i = a_i \left(k + \alpha \sum_{j=j_{\text{low}}}^{j_{\text{high}}} a_j{}^2 \right)^{-\beta} \quad \text{with} \quad \begin{cases} j_{\text{high}} = \min \left(i + \dfrac{r}{2}, f_n - 1 \right) \\ j_{\text{low}} = \max \left(0, i - \dfrac{r}{2} \right) \end{cases}$$

- b_i は、特徴量マップ i の何らかの u 行、何らかの v 列にあるニューロンの正規化された出力（この式では、この行、列にあるニューロンのことだけを考えるので、u、v は示していない）。
- a_i は、ReLU ステップのあと、正規化される前のニューロンの活性化関数。
- k、α、β、r はハイパーパラメータ。k は**バイアス**（bias）、r は**深さ半径**（depth radius）と呼ばれる。
- f_n は特徴量マップの数。

たとえば、$r = 2$ で、ニューロンが強く活性化している場合、特徴量マップのすぐ上とすぐ下のニューロンの活性化は禁止される。

　AlexNet では、ハイパーパラメータは、$r = 2$、$\alpha = 0.00002$、$\beta = 0.75$、$k = 1$ に設定されている。このステップは、TensorFlow の `tf.nn.local_response_normalization()` オペレーションで実装できる。

　マット・ゼイラーとロブ・ファーガスが開発した **ZF Net** は AlexNet の変種で、2013 年の ILSVRC チャレンジで優勝した。これは、基本的にハイパーパラメータ（フィーチャー数、カーネルサイズ、ストライドなど）を操作した AlexNet である。

13.5.3　GoogLeNet

　GoogLeNet アーキテクチャ（http://goo.gl/tCFzVs）は、Google Research の Christian Szegedy らが開発したもので[10]、2014 年の ILSVRC チャレンジで優勝し、トップ 5 エラー率を 7% まで下げた。この素晴らしい性能は、主として従来の CNN よりもネットワークがはるかに深いことから得られたものである（**図 13-11**）。これは、主として**インセプションモジュール**（inception module）[11]というサブネットワークによって可能になったもので、GoogLeNet

---

[10] "Going Deeper with Convolutions" C. Szegedy et al.(2015)
[11] 2010 年の映画「インセプション」では、登場人物たちは夢の多層構造を深く深く降りていく。モジュールの名前はここから来ている。

は、これによって従来のネットワークよりもはるかに効率的にパラメータを使えるようになった。GoogLeNet は、AlexNet と比べるとパラメータ数が 1/10 以下になっている（約 6 千万ではなく約 6 百万）。

図13-10 は、インセプションモジュールのアーキテクチャを示している。$3 \times 3 + 2(S)$ という記法は、3×3 のカーネル、ストライド 2、SAME パディングを意味する。入力信号は、まずコピーされて 4 つの異なる層に送られる。畳み込み層は、すべて ReLU 活性化関数を使う。第 2 の畳み込み層が異なるカーネルサイズ（1×1、3×3、5×5）を使っていることに注意しよう。これにより、この層はサイズの異なるパターンを見つけられるようになっている。また、すべての層（最大値プーリング層までも）がストライド 1 と SAME パディングを使っていることに注意しよう。こうすることにより、最後の**深さ連結層**（depth concat layer）で深さ次元に沿ってすべての出力を連結する（つまり、最上位の 4 つの畳み込み層から特徴量マップを積み上げる）ことが可能になる。この連結層は、TensorFlow の `tf.concat()` 関数で実装できる（`axis=3` を指定して。この 3 とは深さのことである）。

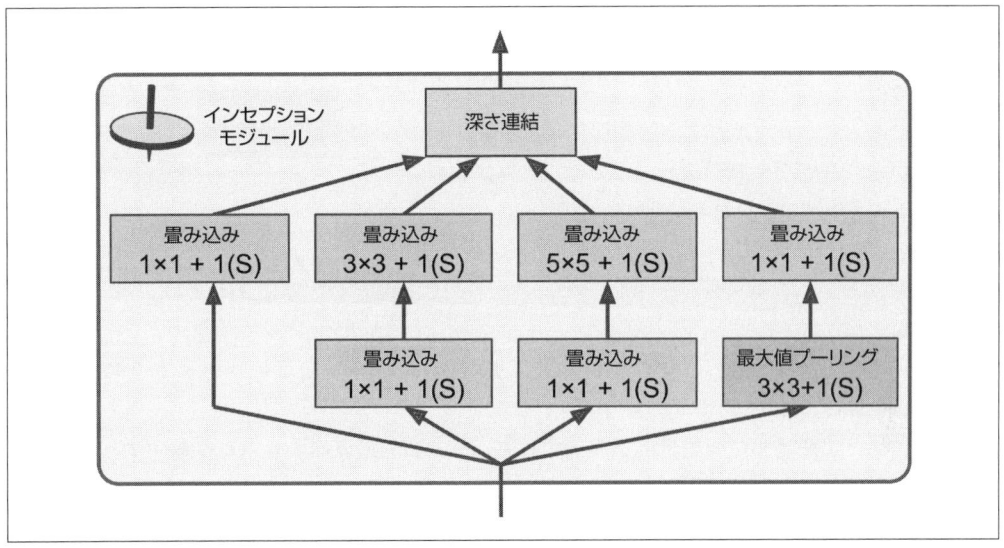

図13-10　インセプションモジュール

　インセプションモジュールが 1×1 カーネルの畳み込み層を持っていることに、不審な感じを受けたかもしれない。たしかに、これらの層は、1 度に 1 ピクセルしか見ていないので、どのようなフィーチャーもキャッチできないはずだ。これらの層の実際の目的は、次のふたつである。

- まず第 1 に、これらの層は入力よりもはるかに少ない特徴量マップを出力するように構成されており、次元削減を行う**ボトルネック層**（bottleneck layer）として機能する。3×3、

5×5 の畳み込み層は、非常に計算コストが高いので、それらの前では特に役に立つ。

- 第2に、1×1 を含む畳み込み層のペア（$[1 \times 1, 3 \times 3]$ と $[1 \times 1, 5 \times 5]$）は、より複雑なパターンをキャッチできる単一の強力な畳み込み層のように機能する。実際、この畳み込み層のペアは、画像全体を単純な線形分類器でなめていくのではなく（単一の畳み込み層のように）、2層のニューラルネットワークで画像をなめていく。

要するに、インセプションモジュールは、全体としてさまざまなサイズの複雑なパターンをキャッチした特徴量マップを出力することができる強化版の畳み込み層と考えることができる。

 個々の畳み込み層の畳み込みカーネルの数はハイパーパラメータになっている。そのため、インセプション層をひとつ追加するたびに、ハイパーパラメータが6個ずつ増えることになってしまう。

では、GoogLeNet CNN のアーキテクチャを見てみよう（**図13-11**）。非常に深いので3行に分けて描かなければならなかったが、実際には、GoogLeNet は9個のインセプションモジュール（上部に独楽の絵が描かれているボックス。実際にはそれぞれ3層ずつになる）を含む1本の高いスタックである。インセプションモジュールのボックスに描かれている6個の数字は、モジュール内の個々の畳み込み層が出力する特徴量マップの数を示す（**図13-10** と同じ順序で）。すべての畳み込み層が ReLU 活性化関数を使っていることに注意しよう。

では、このネットワークを順に見ていこう。

- 最初の2層は、計算負荷を下げるために、画像の高さと幅を4で割る（そのため、画像は16分割になる）。
- 次の LRN 層は、それまでの層がさまざまなフィーチャーを学習できるようにしている（AlexNet で説明したように）。
- そのあとに続くふたつの畳み込み層のうち、最初のものは**ボトルネック層**のように機能する。先ほど説明したように、このペアはひとつの賢い畳み込み層と考えることができる。
- 再び LRN 層によって前の層がさまざまなパターンをキャッチできるようにしている。
- 次の最大値プーリング層は、計算のスピードを上げるために、画像の高さと幅を2で割る。
- そのあとに、次元削減とスピードアップのための最大値プーリング層を間にはさんだ9個のインセプションモジュールの高いスタックが続く。
- 次の平均値プーリング層は、特徴量マップのサイズのカーネルと VALID パディングを使い、1×1 の特徴量マップを出力する。この意外な戦略は、**大域平均値プーリング**（global average pooling）と呼ばれている。この層は、実質的に個々のターゲットクラスに対する自信度のマップになっている特徴量マップをそれまでの層に生成させる意味を持つ（自信度の低いフィーチャーは、平均計算のステップで破棄されるので）。これにより、CNN の上位

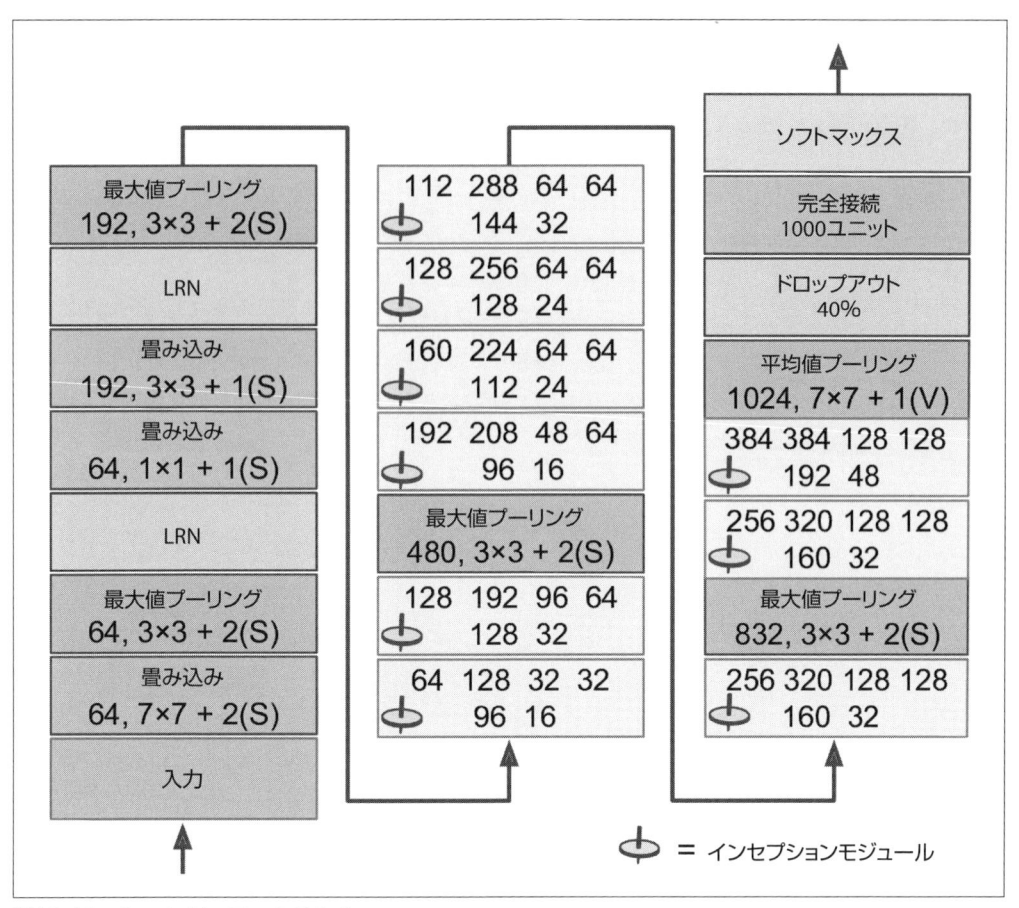

図13-11　GoogLeNet アーキテクチャ

の複数の全結合層（AlexNet が持っていたようなもの）が不要になり、ネットワークのパラメータ数が大幅に減り、過学習のリスクが軽減される。

● 最後は自明だろう。正則化のためのドロップアウト層と、クラスに属する推定確率を出力するソフトマックス活性化関数つきの全結合層である。

　この図はわずかに単純化されている。オリジナルの GoogLeNet には、第 3、第 6 インセプションモジュールの上に補助分類器が含まれていた。これらはどちらも 1 個の平均値プーリング層、1 個の畳み込み層、2 個の全結合層、1 個のソフトマックス活性化層から構成されている。訓練中、これらによるロス（70％ にスケールダウンされたもの）が全体のロスに加えられる。目標は、勾配消失問題を緩和し、ネットワークを正則化することである。しかし、その効果は比較的小さいことがわかっている。

13.5.4 ResNet

最後に取り上げるのは、2015 年の ILSVRC チャレンジの勝者で、Kaiming He らが開発した **ResNet**（Residual Network、http://goo.gl/4puHU5）[†12]である。ResNet は、152 層という極端に深い CNN を使って、3.6% 未満というトップ 5 エラー率を実現した。ここまで深いネットワークを訓練できるようにしたポイントは、ある層に与えられた信号をそれよりも少し上位の層の出力に追加する**スキップ接続**（skip connection、**ショートカット接続**：shortcut connection とも呼ばれる）を使ったことにある。なぜこれが有効なのかを考えてみよう。

ニューラルネットワークの訓練の目標は、ターゲット関数 $h(x)$ をモデリングすることである。ネットワークの出力に入力 x を追加すると（つまり、スキップ接続を追加すると）、ネットワークは $h(x)$ ではなく、$f(x) = h(x) - x$ をモデリングせざるを得なくなる。これを**残差学習**（residual learning）と呼ぶ（**図13-12**）。

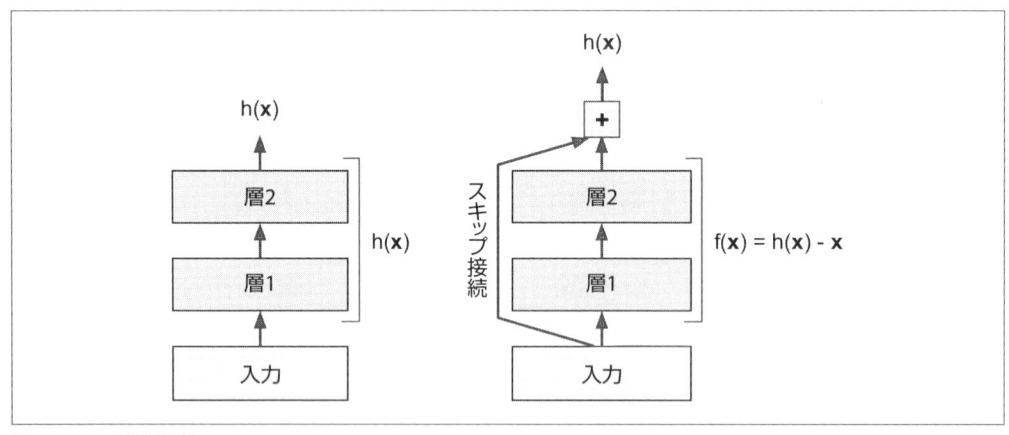

図13-12　残差学習

通常のニューラルネットワークを初期化するとき、その重みは 0 に近いので、ネットワークは 0 に近い値を出力する。スキップ接続を追加すると、ネットワークは入力のコピーを出力するだけになる。言い換えれば、最初は恒等関数をモデリングしている。ターゲット関数が恒等関数にかなり近ければ（そうなることが多い）、これによって訓練はかなりスピードアップする。

さらに、スキップ接続を多数追加すると、ネットワークはいくつかの層がまだ学習を始めていなくても、先に進められるようになる（**図13-13**）。スキップ接続のおかげで、信号はネットワーク全体に簡単に行き渡るようになる。深層残差ネットワークは、**残差ユニット**（residual unit）のスタックと見ることができる。個々の残差ユニットは、スキップ接続を持つ小さなニューラルネットワークである。

[†12] "Deep Residual Learning for Image Recognition" K. He (2015)

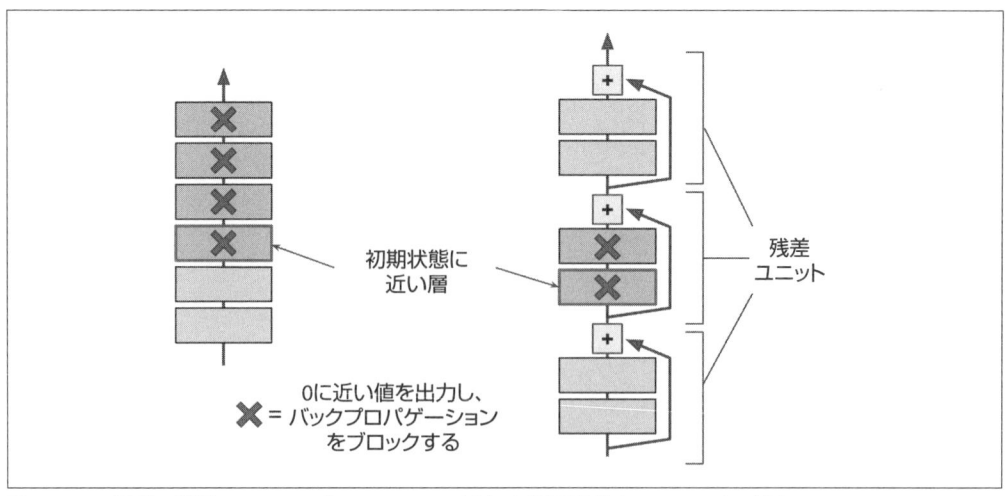

図13-13　通常の深層ニューラルネットワーク（左）と深層残差ネットワーク（右）

　では、ResNet のアーキテクチャを見てみよう（**図13-14**）。実際には驚くほど単純である。最初と最後は GoogLeNet とまったく同じである（ただし、ドロップアウト層はない）。そして、その間に非常に深い単純残差ユニットのスタックが挟まっている。個々の残差ネットは、バッチ正規化、ReLU 活性化関数、3×3 カーネルで空間サイズを維持する（ストライド 1、SAME パディング）ふたつの畳み込み層から構成されている。

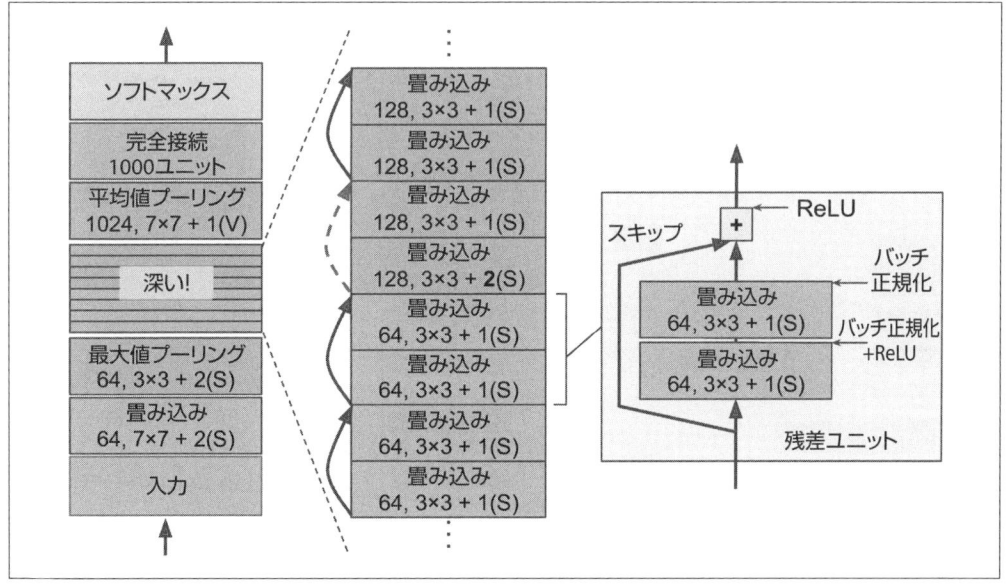

図13-14　ResNet アーキテクチャ

　特徴量マップの数が、残差ユニットを数個通過するごとに倍になり、それと同時に特徴量マップの高さと幅が半分になっている（ストライド2の畳み込み層を使って）ことに注意しよう。これが起きると、入力と残差ユニットの出力の形状が異なるため、残差ユニットの出力に入力を直接追加できなくなる（たとえば、この問題は**図13-14**の破線で示されたスキップ接続に影響を与える）。この問題を解決するために、カーネルが1×1、ストライドが2で出力特徴量マップ数が適切な数の畳み込み層に入力を通す（**図13-15**）。

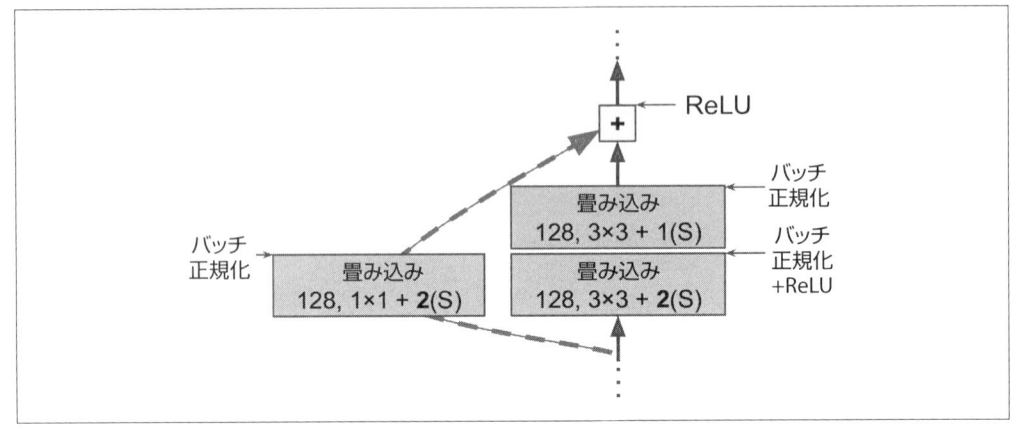

図13-15　特徴量マップのサイズと深さを変更するときのスキップ接続

　ResNet-34は、64個の特徴量マップを出力する3個の残差ユニット、128個のマップを出力する4個の残差ユニット、256個のマップを出力する6個の残差ユニット、512個のマップを出力する3個の残差ユニットを含む34層（畳み込み層と全結合層だけを数えて）のResNetである。

　Res-Net152のようにそれ以上に深いResNetは、わずかに異なる残差ユニットを使う。（たとえば）256個の特徴量マップを出力する3×3の畳み込み層ではなく、3つの畳み込み層を使う。最初の1×1の畳み込み層は特徴量マップが64個だけで（1/4）、ボトルネック層（既述）の役割を果たす。次の3×3の畳み込み層は64個の特徴量マップを出力し、最後の1×1の畳み込み層は、もとの深さを復元する256個の特徴量マップ（64の4倍）を出力する。ResNet-152には、256個のマップを出力する3個のそのような残差ユニット、512個のマップを出力する8個の残差ユニット、1,024個のマップを出力する36個と非常に多い残差ユニット、2,048個のマップを出力する8個の残差ユニットが含まれる。

　ご覧のように、この分野は急速に進んでおり、毎年ありとあらゆるアーキテクチャが生まれている。はっきりしたトレンドは、CNNがどんどん深くなっていることである。また、軽くなって必要なパラメータがどんどん減ってもいる。現在のところ、ResNetアーキテクチャは、もっとも強力であるとともにもっとも単純でもある。そのため、さしあたり使うべきCNNはResNetということになるが、今後も毎年のILSVRCチャレンジに注目し続けなければならない。2016年の優

勝者は、中国の Trimps-Soushen（公安部第 3 研究所）チームで、2.99% という驚異的に低いエラー率を記録している。この数字を実現するために、彼らは従来のモデルを組み合わせ、アンサンブルにしている。もっとも、複雑にした分エラー率を下げた意味があるかどうかは、タスクによるだろう。

　ほかにも、2014 年の ILSVRC チャレンジで 2 位になった VGGNet（http://goo.gl/QcMjXQ）[13]、GoogLeNet と ResNet のアイデアを結合し、ImageNet 分類でトップ 5 エラー率を 3% 近くに引き下げた Inception-v4（http://goo.gl/Ak2vBp）[14]など、注目すべきアーキテクチャはいくつかある。

実際には、今まで取り上げてきたさまざまな CNN アーキテクチャの実装には特別なことはない。個々の部品の作り方はすべて見てきたので、あとはそれを組み立てて目的のアーキテクチャを作るだけだ。章末の演習問題で完全な CNN を実装する予定になっている。Jupyter ノートブックには完全なコードが含まれている。

TensorFlow の畳み込みオペレーション

TensorFlow も、かなりの数の畳み込み層を提供している。

- `tf.layers.conv1d()` は、1D 入力に対する畳み込み層を作る。たとえば、文が単語の 1D 配列として表現され、受容野が近隣の単語を参照する自然言語処理などで役に立つ。
- `tf.layers.conv3d()` は、3D PET 検査などの 3D 入力に対する畳み込み層を作る。
- `tf.nn.atrous_conv2d()` は、**atrous 畳み込み層**（atrous convolutional layer）を作る（"a trous"は、「穴のある」という意味のフランス語）。これは、通常の畳み込み層に、0 の行、列（すなわち穴）を挿入して膨らんだフィルタが付けられたものである。たとえば、1×3 の `[[1,2,3]]` というフィルタを、**膨張率** 4 で膨らませると、`[[1, 0, 0, 0, 2, 0, 0, 0, 3]]` になる。こうすると、計算コストをかけず、余分なパラメータを使わずにより大きな受容野を畳み込み層に持たせることができる。
- `tf.layers.conv2_transpose()` は、画像を**アップサンプリング**（upsampling）する**転置畳み込み層**（transpose convolutional layer）を作る（**逆畳み込み層**：

---

[13] "Very Deep Convolutional Networks for Large-Scale Image Recognition" K. Simonyan and A. Zisserman (2015)

[14] "Inception-v4, Inception-ResNet and the Impact of Residual Connections on Learning" C. Szegedy et al.(2016)

deconvolutional layer と呼ばれることもある）[15]。アップサンプリングは、入力の間にゼロを挿入して行うので、これは分数のストライドを使った通常の畳み込み層だと考えることができる。アップサンプリングは、たとえば画像分割で役に立つ。普通のCNNでは、特徴量マップは先に進むうちにどんどん小さくなっていくので、入力と同じサイズの画像を出力したい場合には、アップサンプリング層が必要になる。

- `tf.nn.depthwise_conv2d()` はすべてのフィルタをすべての入力チャネルに独立して適用する**深さ方向畳み込み層**（depthwise convolutional layer）を作る。f_n 個のフィルタと $f_{n'}$ 個の入力チャネルがある場合、$f_n \times f_{n'}$ 個の特徴量マップを出力する。

- `tf.layers.separable_conv2d()` は、最初に深さ方向畳み込み層のような処理をして、得られた特徴量マップに 1×1 の畳み込み層を適用する**分割可能畳み込み層**（separable convolutional layer）を作る。こうすると、任意の入力チャネルセットにフィルタを適用できるようになる。

13.6　演習問題

1. CNN は、画像分割で完全接続 DNN よりもどのような点で優れているか。

2. それぞれ 3×3 カーネルを持ち、ストライド 2 で SAME パディングの 3 つの畳み込み層を持つ CNN について考えてみよう。下位層は 100 個、中間層は 200 個、上位層は 400 個の特徴量マップを出力する。入力画像は、200×300 ピクセルの RGB 画像である。CNN のパラメータ数は全部でいくつになるか。32 ビット浮動小数点数を使っている場合、このネットワークが単一のインスタンスの予測をするために少なくともどれだけの RAM が必要になるか。50 画像のみにバッチを訓練するときに必要な RAM はどうか。

3. GPU が CNN の訓練中にメモリを使い切ってしまったとき、問題解決のために試せる 5 つのこととは何か。

4. 同じストライドの畳み込み層ではなく、最大値プーリング層を追加した方がよいと考えられるとき、その理由は何か。

5. **LRN**（局所応答正規化）層はどのようなときに追加すべきか。

6. LeNet-5 と比べたとき、AlexNet の最大のイノベーションと呼ぶべきものは何か。同様に、GoogLeNet、ResNet の最大のイノベーションは何か。

7. 独自の CNN を構築し、MNIST でできる限り高い正確度を達成できるように調整してみよう。

8. Inception v3 を使って大規模な画像を分類しよう。

    a. さまざまな動物の画像をまとめてダウンロードする。たとえば `matplotlib.image.`

---

[15] この層は、明確に定義された数学的操作である逆畳み込み（畳み込みの逆）を行うわけでは**ない**ので、このような名前は誤解を招く。

mpimg.imread() 関数か scipy.misc.imread() 関数を使って Python に画像を
ロードし、サイズを 299 × 299、チャネルを 3 つ (RGB)、透明チャネルなしにする。
Inception モデルで訓練された画像は前処理を行われ、その値の範囲は −1.0 から 1.0 で
あるため、ダウンロードした画像も同じように行うことを保証する必要がある。

b. 最新の訓練済み Inception v3 モデルをダウンロードする。チェックポイントは、
https://goo.gl/25uDF7 に掲載されている。クラスの名前は https://goo.gl/brXRtZ
から入手可能であるが、一番はじめに"background"クラスを挿入しなければならない。

c. 次に示すように inception_v3() 関数を呼び出して、Inception v3 モデルを作る。モ
デルは、inception_v3_arg_scope() 関数が作る引数スコープのなかで作らなけれ
ばならない。また、is_training=False と num_classes=1001 も設定しなければ
ならない。

```
from tensorflow.contrib.slim.nets import inception
import tensorflow.contrib.slim as slim

X = tf.placeholder(tf.float32, shape=[None, 299, 299, 3], name="X")
with slim.arg_scope(inception.inception_v3_arg_scope()):
    logits, end_points = inception.inception_v3(
                            X, num_classes=1001, is_training=False)
predictions = end_points["Predictions"]
saver = tf.train.Saver()
```

d. セッションを開き、Saver を使って先ほどダウンロードした訓練済みモデルチェックポ
イントを復元しなさい。

e. モデルを実行して準備した画像を分類しなさい。個々の画像のトップ 5 予測とそれぞれの
推定確率を表示しなさい。モデルの正解率はどれくらいか。

9. 大規模な画像分類のための転移学習をしてみよう。

a. クラスごとに少なくとも 100 個の画像が揃っている訓練セットを作りなさい。たとえ
ば、場所（海岸、山、年など）に基づいて自前の写真を分類するのでも、flowers データ
セット（https://goo.gl/EgJVXZ）や MIT の places データセット（登録が必要で巨大。
http://places.csail.mit.edu/）などの既存のデータセットを使うのでもよい。

b. 画像をサイズ変更、クロッピングして、299 × 299 に揃えるとともに、データ拡張のため
に無作為性を持つ前処理ステップを書きなさい。

c. 前問で事前訓練済みの Inception v3 モデルを取り出し、ボトルネック層（つまり、出力
層の直前の層）までのすべての層を凍結し、出力層を新しい分類タスクに合った出力数を
持つものに交換しなさい（たとえば、flowers データセットは 5 つの相互排他的なクラス
を持つので、出力層は 5 個のニューロンを持ちソフトマックス活性化関数を使わなければ
ならない）。

d. データセットを訓練セットとテストセットに分割しなさい。訓練セットを使ってモデルを
訓練し、テストセットで評価しなさい。

10.　TensorFlow の DeepDream チュートリアル（https://goo.gl/4b2s6g）を読みなさい。これを読むと、CNN で学習したパターンを視覚化するためのさまざまな方法に親しむことができ、深層学習を使ってアートを作ることができる。

演習問題の解答は、**付録 A** を参照のこと。

14章
再帰型ニューラルネットワーク

　バッターがボールを打つと、あなたはすぐにボールの軌跡を予想して走り始める。あなたは走り方を調節しながらボールに追いつきキャッチする（歓声の嵐のもとで）。友だちが言おうとしていることを思い浮かべたり、朝食のコーヒーの匂いを予想したり、人はいつも未来を予測している。この章では、未来を予測できる（もちろん、限界はあるが）タイプのニューラルネットワークである**再帰型ニューラルネットワーク**（RNN：recurrent neural network）を取り上げる。RNNは、株価などの**時系列**（time series）データを分析し、いつ売買すべきかを教えてくれる。自動運転システムでは、クルマの軌跡を予想して衝突を避けられるように支援する。より一般的に言うと、RNNは、今までに取り上げてきたすべてのニューラルネットワークのように長さが決められた入力ではなく、任意の長さの**シーケンス**（sequence）を操作できる。たとえば、入力として文章、文書、オーディオサンプルを受け付け、自動翻訳、音声のテキスト変換、**感情分析**（sentiment analysis：たとえば、映画のレビューを読んで、評価者の映画に対する気持ちを明らかにする）などを行う自然言語処理（NLP：natural language processing）システムで非常に役に立つ形式に変換する。

　予測能力を持つRNNは、驚くべき創造力を発揮することもできる。RNNにメロディのなかの次の音符を予測し、それらのなかからひとつを無作為に選択して再生するように指示する。音が再生されたら、次の音符を予測、再生させる。これを何度も何度も繰り返すと、RNNは、Googleの Magentaプロジェクト（https://magenta.tensorflow.org/）が作曲した http://goo.gl/IxIL1V のようなメロディを作曲する。

　同様に、RNNは文章を生成したり（http://goo.gl/onkPNd）、写真のタイトルを考えたり（http://goo.gl/Nwx7Kh）といったさまざまなことをすることができる。まだシェークスピアやモーツァルトのような域には達していないが、数年後に何ができるようになっているかは誰にもわからない。

　この章では、RNNを支える基本概念を学び、直面している大きな問題（つまり、**11章**で説明した勾配消失／爆発）を示し、その問題の緩和のために広く使われているLSTM、GRUセルについて説明する。その過程で、いつもと同じように、TensorFlowを使ってRNNを実装する方法を示

していく。最後に、機械翻訳システムのアーキテクチャを見ていく。

14.1　再帰ニューロン

　これまでは主として前進していくニューラルネットワーク、活性化の流れが入力層から出力層に向かって一方通行で進んでいくネットワークを見てきた（**付録 E** のいくつかのネットワークを除く）。再帰型ニューラルネットワークは、後ろ向きの接続も持っていることを除けば、このような順伝播型ニューラルネットワークとよく似ている。それでは、可能な限りでもっとも単純な RNN を見てみよう。それは、入力を受け付け、出力を生成するが、その出力を自分自身に送るひとつのニューロンだけから構成される（**図14-1** の左側参照）。この**再帰ニューロン**（recurrent neuron）は、個々の**タイムステップ**（time step）t（**フレーム**：frame とも呼ばれる）で、入力の $x_{(t)}$ と前のタイムステップでの自分の出力、$y_{(t-1)}$ の両方を受け取る。この小さなネットワークを時間軸に沿って表現すると、**図14-1** の右側のようになる。これを**時系列に沿ってネットワークをアンロールする**と表現する（糸巻きに巻かれている、つまりロールされている糸を引っ張り出して、長い糸にするような操作をアンロールと呼ぶ）。

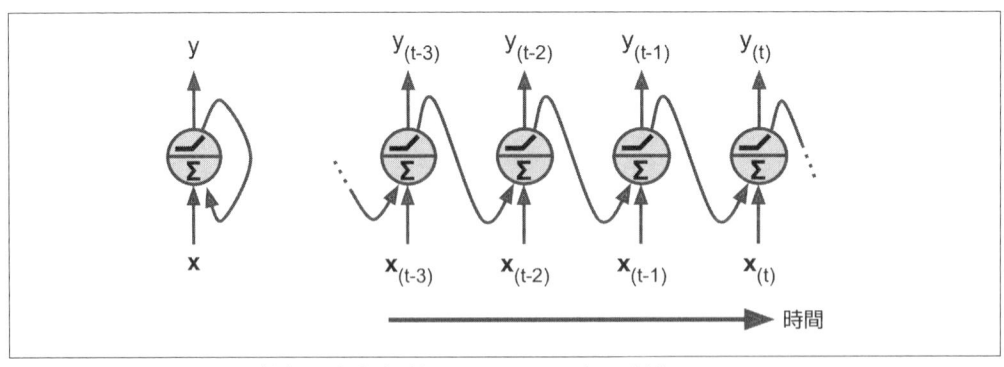

図14-1　再帰ニューロン（左）を時系列に沿ってアンロールする（右）

　このような再帰ニューロンの層は簡単に作れる。個々のタイムステップ t において、すべてのニューロンは、**図14-2** に示すように、入力ベクトルの $x_{(t)}$ と前のタイムステップの出力ベクトル $y_{(t-1)}$ を受け取る。今度は入力と出力の両方がベクトルになることに注意しよう（ニューロンがひとつだけのときには、出力はスカラーだった）。

　個々の再帰ニューロンは、入力 $x_{(t)}$ のものと前のタイムステップの出力 $y_{(t-1)}$ のものとでふたつの重みを持つ。これらふたつの重みベクトルを w_x、w_y と呼ぶことにしよう。すべての重みベクトルを W_x と W_y の 2 つの重み行列に入れることができる。ひとつの再帰層全体の出力ベクトルは、普通に予想するように**式14-1** に示す通りだ（b はバイアスベクトル、$\phi(\cdot)$ はたとえば

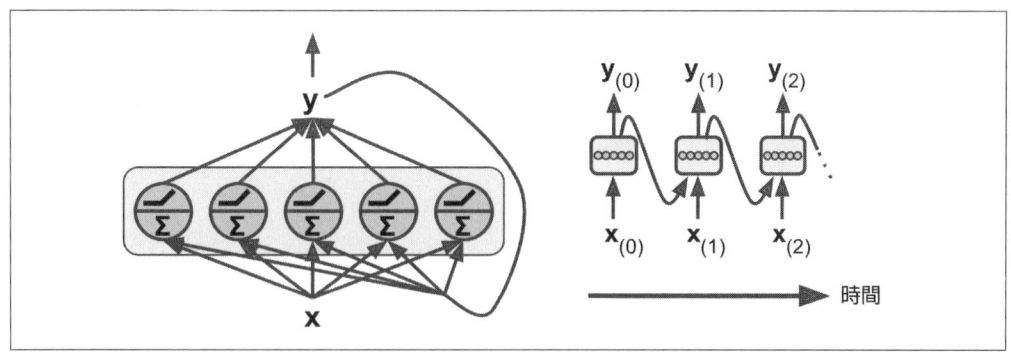

図14-2　再帰ニューロンの層（左）を時系列に沿ってアンロールする（右）

ReLU[†1]などの活性化関数である）。

式14-1　単一のインスタンスに対する再帰ニューロンの出力

$$\boldsymbol{y}_{(t)} = \phi \left(\boldsymbol{W}_x^T \cdot \boldsymbol{x}_{(t)} + \boldsymbol{W}_y^T \cdot \boldsymbol{y}_{(t-1)} + b \right)$$

　順伝播型ニューラルネットワークと同様に、入力行列 $\boldsymbol{X}_{(t)}$ において、全ての入力をタイムステップ t を使えば、ミニバッチ全体に対する再帰層の出力をいちどに計算できる（**式14-2**）。

式14-2　ミニバッチに含まれるすべてのインスタンスに対する再帰ニューロン層の出力

$$\boldsymbol{Y}_{(t)} = \phi \left(\boldsymbol{X}_{(t)} \cdot \boldsymbol{W}_x + \boldsymbol{Y}_{(t-1)} \cdot \boldsymbol{W}_y + \boldsymbol{b} \right)$$

$$= \phi \left(\begin{bmatrix} \boldsymbol{X}_{(t)} & \boldsymbol{Y}_{(t-1)} \end{bmatrix} \cdot \boldsymbol{W} + \boldsymbol{b} \right) \text{ with } \boldsymbol{W} = \begin{bmatrix} \boldsymbol{W}_x \\ \boldsymbol{W}_y \end{bmatrix}$$

- $\boldsymbol{Y}_{(t)}$ は、タイムステップ t におけるミニバッチの各インスタンスに対する層の出力を格納する $m \times n_{\text{neurons}}$ 行列（m はミニバッチのインスタンス数、n_{neurons} はニューロンの数）。
- $\boldsymbol{X}_{(t)}$ は、すべてのインスタンスに対する入力を格納する $m \times n_{\text{inputs}}$ 行列（n_{inputs} は入力フィーチャー数）。
- $\boldsymbol{W}_x$ は、現在のタイムステップの入力に対する接続の重みを格納する $n_{\text{inputs}} \times n_{\text{neurons}}$ の行列。
- $\boldsymbol{W}_y$ は、前のタイムステップの出力に対する接続の重みを格納する $n_{\text{neurons}} \times n_{\text{neurons}}$ の

---

†1　RNNでは、多くの研究者はReLU活性化関数よりもtanh（双曲線正接）活性化関数を使うべきだとしている。たとえば、Vu Phamらの論文、"Dropout Improves Recurrent Neural Networks for Handwriting Recognition"（https://goo.gl/2WSnaj）を参照のこと。しかし、Quoc V. Leらの論文、"A Simple Way to Initialize Recurrent Networks of Rectified Linear Units"（https://goo.gl/NrKAP0）が示すように、ReLUベースのRNNも可能ではある。

行列。

- b は、各ニューロンのバイアス項を格納するサイズ n_{neurons} のベクトル。

- 重み行列の W_x と W_y は連結されて、$(n_{\text{inputs}} + n_{\text{neurons}}) \times n_{\text{neurons}}$ の単一の重み行列にされることが多い（**式14-2**の第2行参照）。

- $[X_{(t)}Y_{(t-1)}]$ という記法は、行列 $X_{(t)}$ と $Y_{(t-1)}$ の結合を表す。

$Y_{(t)}$ は $X_{(t)}$ と $Y_{(t-1)}$ の関数であり、$Y_{(t-1)}$ は $X_{(t-1)}$ と $Y_{(t-2)}$ の関数、$Y_{(t-2)}$ は $X_{(t-2)}$ と $Y_{(t-3)}$ の関数である。このような関係が延々と続く。そのため、$Y_{(t)}$ は、時間 $t = 0$ 以来のすべての入力（つまり、$X_{(0)}, X_{(1)}, \cdots, X_{(t)}$）の関数だということになる。最初のタイムステップである $t = 0$ のときには、前の出力はないので、すべて0として扱われる。

14.1.1　記憶セル

タイプステップ t における再帰ニューロンの出力は前のタイムステップに対するすべての入力の関数なので、再帰ニューロンは、一種の**記憶**を持っていると言えるだろう。タイムステップを越えて何らかの状態情報を保持するニューラルネットワークの部分のことを**記憶セル**（memory cell、または単純に**セル**：cell）と呼ぶ。単一の再帰ニューロンや再帰ニューロンの層は、非常に**基本的なセル**（basic cell）だが、この章の終わりの方では、もっと複雑で強力なセルタイプを紹介する。

一般に、タイムステップ t におけるセルの状態は $h_{(t)}$ と書かれ（h は hidden、すなわち隠れているということを意味する）、そのステップにおける何らかの入力と前のタイムステップが終了した時点での状態の関数、$h_{(t)} = f(h_{(t-1)}, x_{(t)})$ である。今まで説明してきた基本セルの場合、出力は単純に状態と等しいが、もっと複雑なセルでは、**図14-3** に示すように、かならずしもそうはならない。

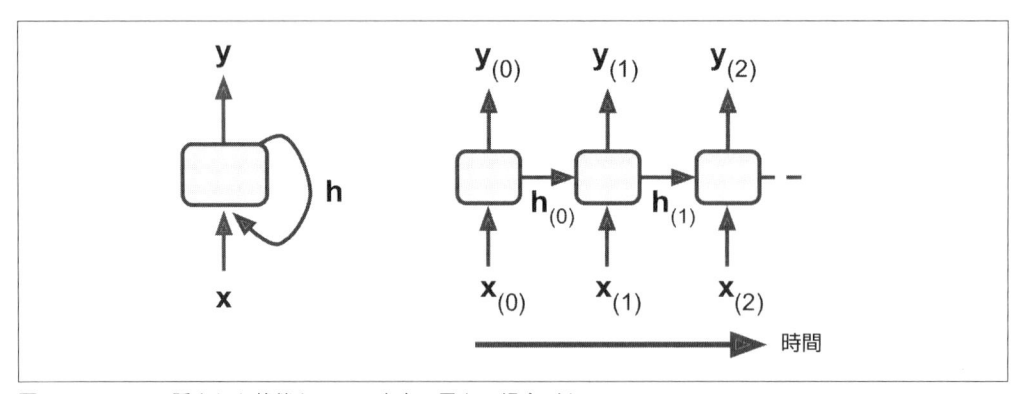

図14-3　セルの隠された状態とセルの出力は異なる場合がある

14.1.2　入出力シーケンス

RNN は、同時に入力シーケンスを受け取り、出力シーケンスを生成する（**図14-4** の左上参照）。この種のネットワークは、たとえば株価などの時系列データの予測に役立つ。過去 N 日の株価を与えると、ネットワークは未来に向かって 1 日ずらした日の株価を出力する（つまり、$N-1$ 日前から明日まで）。

　入力シーケンスを渡しつつ、最後の 1 日以外の出力を無視するという方法もあり得る（**図14-4** の右上参照）。言い換えれば、シーケンスをベクトルに変換するネットワークである。たとえば、ひとつの映画評となっている単語のシーケンスをネットワークに与えると、ネットワークは文のスコア（たとえば嫌いを表す −1 から好きを表す 1 まで）を出力する。

　逆に、最初のタイムステップにひとつ入力を与えるだけで（ほかのタイムステップでは 0 を与える）、シーケンスを出力し続けるという形もある（**図14-4** の左下参照）。これはベクトルをシーケンスに変換するネットワークである。たとえば、イメージをひとつ入力して、そのイメージのタイトルをいくつも出力する場合である。

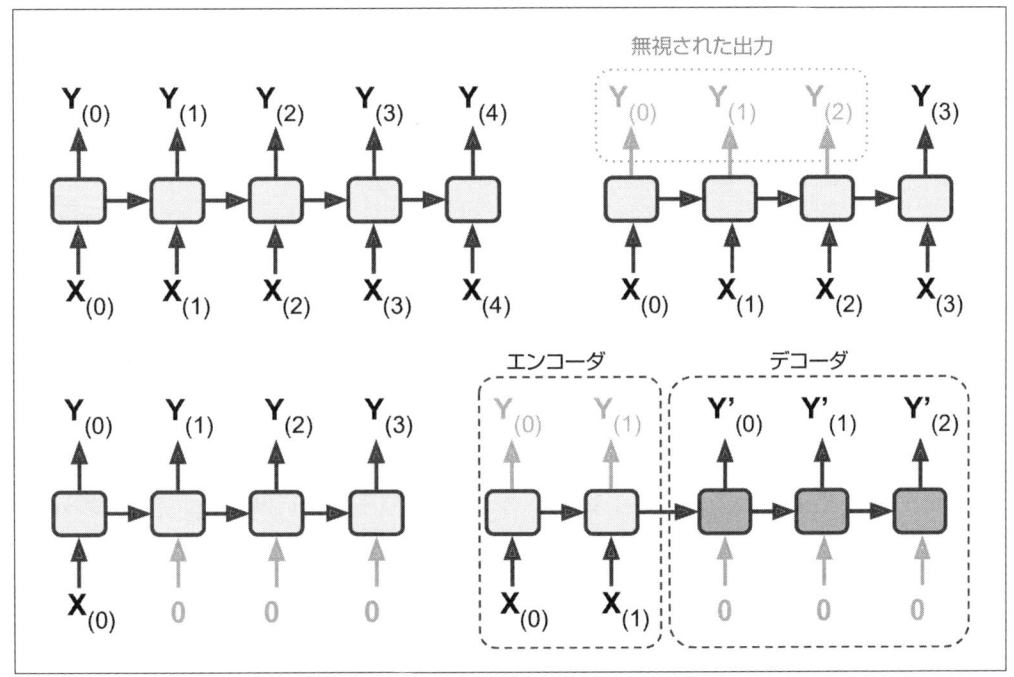

図14-4　シーケンスシーケンス（左上）、シーケンスベクトル（右上）、ベクトルシーケンス（左下）、遅延シーケンスシーケンス（右下）

　最後に、**エンコーダ**（encoder）と呼ばれるシーケンスベクトル変換ネットワークの後ろに**デコーダ**（decoder）と呼ばれるベクトルシーケンス変換ネットワークを配置する方法がある。この

形は、たとえばある言語で書かれた文を別の言語の文に変換するために使える。ネットワークにある言語で書かれた文を与えると、エンコーダがこの文を単一のベクトル表現に変換する。次にデコーダは、与えられたベクトルを別の言語の文に展開する。この 2 ステップのモデルはエンコーダ - デコーダと呼ばれ、ひとつのシーケンス - シーケンス RNN（**図14-4** の左上のようなもの）をその場その場で変換していく方法よりもずっとよい結果を生み出す。翻訳では、文の最後の方の単語が翻訳後の文の最初の方の単語に影響を及ぼすことがあるため、文全体を聞いてから変換しなければならないのである。

　期待できそうな感じがする。ではコーディングに取り掛かろう。

14.2　TensorFlow による初歩的な RNN

　まず、水面下で行われていることの理解を深めるために、TensorFlow の RNN オペレーションを使わずに、非常に単純な RNN モデルを実装してみよう。tanh 活性化関数を使って 5 個の再帰ニューロンによるひとつの層によって構成される RNN を作る（**図14-2** のような RNN）。RNN が処理するタイムステップはふたつだけで、各タイムステップは要素が 3 個の入力ベクトルを受け付ける。次のコードはこの RNN を作り、2 回のタイムステップ分だけアンロールする。

```
n_inputs = 3
n_neurons = 5

X0 = tf.placeholder(tf.float32, [None, n_inputs])
X1 = tf.placeholder(tf.float32, [None, n_inputs])

Wx = tf.Variable(tf.random_normal(shape=[n_inputs, n_neurons],dtype=tf.float32))
Wy = tf.Variable(tf.random_normal(shape=[n_neurons,n_neurons],dtype=tf.float32))
b = tf.Variable(tf.zeros([1, n_neurons], dtype=tf.float32))

Y0 = tf.tanh(tf.matmul(X0, Wx) + b)
Y1 = tf.tanh(tf.matmul(Y0, Wy) + tf.matmul(X1, Wx) + b)

init = tf.global_variables_initializer()
```

　このネットワークは、2 層の順伝播型型ニューラルネットワークと非常によく似ているが、少しひねりが入っている。第 1 に、ふたつの層が同じ重みとバイアス項を共有している。第 2 に、各層に入力を与え、各層から出力を得ている。モデルを実行するためには、次に示すように、両方のタイムステップで入力を与えなければならない。

```
import numpy as np

# ミニバッチ: インスタンス 0、インスタンス 1、インスタンス 2、インスタンス 3
X0_batch = np.array([[0, 1, 2], [3, 4, 5], [6, 7, 8], [9, 0, 1]]) # t = 0
X1_batch = np.array([[9, 8, 7], [0, 0, 0], [6, 5, 4], [3, 2, 1]]) # t = 1

with tf.Session() as sess:
```

```
init.run()
Y0_val, Y1_val = sess.run([Y0, Y1], feed_dict={X0: X0_batch, X1: X1_batch})
```

　このミニバッチには4個のインスタンスが含まれており、個々のインスタンスはちょうど2個の入力から構成される入力シーケンスになっている。Y0_val と Y1_val には、すべてのニューロンとミニバッチのすべてのインスタンスに対する両タイムステップでのネットワークの出力が格納される。

```
>>> print(Y0_val) # t = 1 の時点での出力
[[-0.0664006   0.96257669  0.68105787  0.70918542 -0.89821595]  # インスタンス 0
 [ 0.9977755  -0.71978885 -0.99657625  0.9673925  -0.99989718]  # インスタンス 1
 [ 0.99999774 -0.99898815 -0.99999893  0.99677622 -0.99999988]  # インスタンス 2
 [ 1.         -1.         -1.         -0.99818915  0.99950868]]  # インスタンス 3
>>> print(Y1_val) # t = 1 の時点での出力
[[ 1.         -1.         -1.          0.40200216 -1.        ]  # インスタンス 0
 [-0.12210433  0.62805319  0.96718419 -0.99371207 -0.25839335]  # インスタンス 1
 [ 0.99999827 -0.9999994  -0.9999975  -0.85943311 -0.9999879 ]  # インスタンス 2
 [ 0.99928284 -0.99999815 -0.99990582  0.98579615 -0.92205751]]  # インスタンス 3
```

　このコード自体はそれほど難しいものではないが、100回を越えるタイムステップで RNN を実行できるようにしようと思えば、グラフはかなり大きなものになる。では、TensorFlow の RNN オペレーションを使って同じモデルを作る方法を見てみよう。

14.2.1　時系列に沿った静的なアンロール

　static_rnn() 関数は、セルを連鎖させてアンロールされた RNN ネットワークを作る。次のコードは、前のものとまったく同じモデルを作る。

```
X0 = tf.placeholder(tf.float32, [None, n_inputs])
X1 = tf.placeholder(tf.float32, [None, n_inputs])

basic_cell = tf.contrib.rnn.BasicRNNCell(num_units=n_neurons)
output_seqs, states = tf.contrib.rnn.static_rnn(basic_cell, [X0, X1],
                                                dtype=tf.float32)
Y0, Y1 = output_seqs
```

　まず、前のコードと同じように入力プレースホルダーを作る。次に BasicRNNCell を作る。これは、セルのコピーを作って（タイムステップごとにひとつずつ）アンロールされた RNN を構築するファクトリと考えることができる。次に、static_rnn() 関数にセルファクトリと入力テンソルを与え、入力のデータ型（この情報は、状態行列の初期化のために使われる。デフォルトでは0で初期化される）を知らせて仕事をさせる。static_rnn() 関数は、入力ごとに1度ずつセルファクトリの__call__() 関数を呼び出し、共通の重みとバイアス項を使ってセル（それぞれ5個の再帰ニューロンによるひとつの層から構成される）のコピーを2つ作り、先ほど私たちが行ったように連鎖的に実行していく。static_rnn() 関数はふたつのオブジェクトを返す。ひと

つは、個々のタイムステップの出力テンソルをひとつにまとめた Python リストで、もうひとつは
ネットワークの最終状態を格納するテンソルである。基本セルを使う場合、最終状態は最後の出力
と同じになる。

　タイムステップが 50 ある場合、50 個の入力プレースホルダーと 50 個の出力テンソルを定義し
なければならないのでは面倒だ。しかも、実行時には 50 個のプレースホルダーを 1 つひとつ送り
込み、50 個の出力を操作しなければならない。この部分を単純化しよう。次のコードも同じ RNN
を構築するが、今回は [None, n_steps, n_inputs] という形状のひとつの入力プレースホ
ルダーを受け取る。第 1 次元はミニバッチのサイズである。そして、タイムステップごとに入力
シーケンスのリストを抽出する。X_seqs は、n_steps 個の [None, n_inputs] という形状
のテンソルによる Python リストで、ここでも第 1 次元はミニバッチサイズである。そこで、まず
transpose() 関数を使って最初のふたつの次元をスワップし、タイムステップが第 1 次元にな
るようにする。次に、unstack() 関数を使って第 1 次元に沿って Python リストからテンソル
を抽出する（つまり、タイムステップごとにひとつのテンソルを取り出す）。次の 2 行は以前と同
じである。最後に、stack() 関数を使ってすべての出力テンソルをひとつのテンソルに結合し、
最初の 2 次元をスワップして [None, n_steps, n_neurons] という形状（ここでも第 1 次
元はミニバッチサイズである）の最終的な outputs テンソルを得る。

```
X = tf.placeholder(tf.float32, [None, n_steps, n_inputs])
X_seqs = tf.unstack(tf.transpose(X, perm=[1, 0, 2]))
basic_cell = tf.contrib.rnn.BasicRNNCell(num_units=n_neurons)
output_seqs, states = tf.contrib.rnn.static_rnn(basic_cell, X_seqs,
                                                dtype=tf.float32)
outputs = tf.transpose(tf.stack(output_seqs), perm=[1, 0, 2])
```

　これですべてのミニバッチシーケンスを格納するひとつのテンソルを与えればネットワークを実
行できるようになった。

```
X_batch = np.array([
        # t = 0      t = 1
        [[0, 1, 2], [9, 8, 7]], # インスタンス 0
        [[3, 4, 5], [0, 0, 0]], # インスタンス 1
        [[6, 7, 8], [6, 5, 4]], # インスタンス 2
        [[9, 0, 1], [3, 2, 1]], # インスタンス 3
    ])

with tf.Session() as sess:
    init.run()
    outputs_val = outputs.eval(feed_dict={X: X_batch})
```

　すべてのタイムステップですべてのインスタンスがすべてのニューロンでどのような値になった
かをまとめた outputs_val テンソルが得られた。

```
>>> print(outputs_val)
[[[-0.91279727  0.83698678 -0.89277941  0.80308062 -0.5283336 ]
  [-1.          1.         -0.99794829  0.99985468 -0.99273592]]

 [[-0.99994391  0.99951613 -0.9946925   0.99030769 -0.94413054]
  [ 0.48733309  0.93389565 -0.31362072  0.88573611  0.2424476 ]]

 [[-1.          0.99999875 -0.99975014  0.99956584 -0.99466234]
  [-0.99994856  0.99999434 -0.96058172  0.99784708 -0.9099462 ]]

 [[-0.95972425  0.99951482  0.96938795 -0.969908   -0.67668229]
  [-0.84596014  0.96288228  0.96856463 -0.14777924 -0.9119423 ]]]
```

　しかし、このアプローチでも、タイムステップごとにひとつのセルを含むグラフを構築しなければならないことに変わりはない。タイムステップが 50 あれば、グラフはかなり醜いものになる。これではまるでループを使わずにプログラムを書くようなものだ（たとえば、Y0=f(0, X0); Y1=f(Y0, X1); Y2=f(Y1, X2); ...; Y50=f(Y49, X50)）。そのような大規模なグラフでは、バックプロパゲーションで OOM（out-of-memory）エラーが起きる場合さえある（特に GPU カードの限られたメモリでは）。何しろ、後退パスで勾配を計算するために、前進パスのすべてのテンソル値を保存しておかなければならないのである。

　そこで、dynamic_rnn() 関数というもっとよいソリューションが用意されている。

14.2.2　時系列に沿った動的なアンロール

　dynamic_rnn() 関数は、while_loop() オペレーションを使って、セルを適切な回数だけ実行する。しかも、OOM エラーを避けるために、バックプロパゲーションのときに GPU のメモリと CPU のメモリをスワップしたいときには、swap_memory=True を設定することができる。しかも、すべてのタイムステップのすべての入力をひとつのテンソル（[None, n_steps, n_inputs] という形状の）で受け付けることができ、すべてのタイムステップのすべての出力をひとつのテンソル（[None, n_steps, n_neurons] という形状の）で出力する。stack()、unstack()、transpose() は不要だ。次のコードは、dynamic_rnn() 関数を使って先ほどと同じ RNN を作る。ずっとよくなっている。

```
X = tf.placeholder(tf.float32, [None, n_steps, n_inputs])

basic_cell = tf.contrib.rnn.BasicRNNCell(num_units=n_neurons)
outputs, states = tf.nn.dynamic_rnn(basic_cell, X, dtype=tf.float32)
```

　while_loop() オペレーションは、バックプロパゲーションのために適切な準備を行っている。前進パスでイテレーションごとにテンソルの値を格納し、後退パスでそれらを使って勾配を計算できるようにしているのである。

14.2.3　可変長入力シーケンスの処理

今までは固定長の入力シーケンスを使ってきた（どれも 2 ステップ）。しかし、入力シーケンスの長さが一定しない場合にはどうすればよいのだろうか（たとえば、文のように）。そのようなときには、dynamic_rnn() を呼び出すときに、sequence_length 引数として、インスタンスごとの入力シーケンスの長さを示す 1D テンソルを渡す。たとえば次の通り。

```
seq_length = tf.placeholder(tf.int32, [None])

[...]
outputs, states = tf.nn.dynamic_rnn(basic_cell, X, dtype=tf.float32,
                                    sequence_length=seq_length)
```

たとえば、第 2 入力シーケンスには 2 個ではなく、1 個のインスタンスしか含まれていないものとする。入力テンソル X に合わせてその部分は 0 ベクトルでパディングしなければならない（入力テンソルの第 2 次元は最長のシーケンスの長さ、すなわち 2 なので）。

```
X_batch = np.array([
        # ステップ 0     ステップ 1
        [[0, 1, 2], [9, 8, 7]], # インスタンス 0
        [[3, 4, 5], [0, 0, 0]], # インスタンス 1 (0 ベクトルでパディングされている)
        [[6, 7, 8], [6, 5, 4]], # インスタンス 2
        [[9, 0, 1], [3, 2, 1]], # インスタンス 3
    ])
seq_length_batch = np.array([2, 1, 2, 2])
```

もちろん、今度は X と seq_length の両方のプレースホルダーの値を渡す必要がある。

```
with tf.Session() as sess:
    init.run()
    outputs_val, states_val = sess.run(
        [outputs, states], feed_dict={X: X_batch, seq_length: seq_length_batch})
```

すると、RNN は入力シーケンスの長さを越えるタイムステップでは 0 ベクトルを出力するようになる（第 2 インスタンスの第 2 タイムステップでの出力に注目しよう）。

```
>>> print(outputs_val)
[[[-0.68579948 -0.25901747 -0.80249101 -0.18141513 -0.37491536]
  [-0.99996698 -0.94501185  0.98072106 -0.9689762   0.99966913]]  # 最終状態

 [[-0.99099374 -0.64768541 -0.67801034 -0.7415446   0.7719509 ]  # 最終状態
  [ 0.          0.          0.          0.          0.        ]]  # 0 ベクトル

 [[-0.99978048 -0.85583007 -0.49696958 -0.93838578  0.98505187]
  [-0.99951065 -0.89148796  0.94170523 -0.38407657  0.97499216]]  # 最終状態

 [[-0.02052618 -0.94588047  0.99935204  0.37283331  0.9998163 ]
  [-0.91052347  0.05769409  0.47446665 -0.44611037  0.89394671]]] # 最終状態
```

しかも、states テンソルには、各セルの最終状態が格納されている（0 ベクトルを取り除いて）。

```
>>> print(states_val)
[[-0.99996698 -0.94501185  0.98072106 -0.9689762   0.99966913]   # t = 1
 [-0.99099374 -0.64768541 -0.67801034 -0.7415446   0.7719509 ]   # t = 0 !!!
 [-0.99951065 -0.89148796  0.94170523 -0.38407657  0.97499216]   # t = 1
 [-0.91052347  0.05769409  0.47446665 -0.44611037  0.89394671]]  # t = 1
```

14.2.4　可変長出力シーケンスの処理

　出力シーケンスも可変長ならどうすればよいのだろうか。あらかじめ個々のシーケンスの長さが
わかっている場合（たとえば、入力シーケンスと同じになることがわかっている場合）には、上記
のように sequence_length パラメータを設定すればよい。しかし、いつもそのようにできる
わけではない。たとえば、翻訳後の文の長さは入力の文の長さとは異なるのが普通だろう。その
ような場合、もっともよく使われている方法は、**EOS トークン**（EOS token：end-of-sequence
token）と呼ばれる特殊な出力を定義することである。EOS を越える出力は無視される（これにつ
いては、この章のなかで後述する）。

　これで RNN ネットワークの構築方法 sequence_length（より正確に言えば、時系列に沿っ
てアンロールされた RNN ネットワーク）はわかった。では、これをどのように訓練すればよいの
だろうか。

14.3　RNNの訓練

　RNN の訓練のポイントは、時系列に沿ってアンロールし（今したように）、単純に通常のバッ
クプロパゲーションを行うことである（**図14-5**）。この方法を **BPTT**（backpropagation through
time：通時的逆伝播）と呼ぶ。

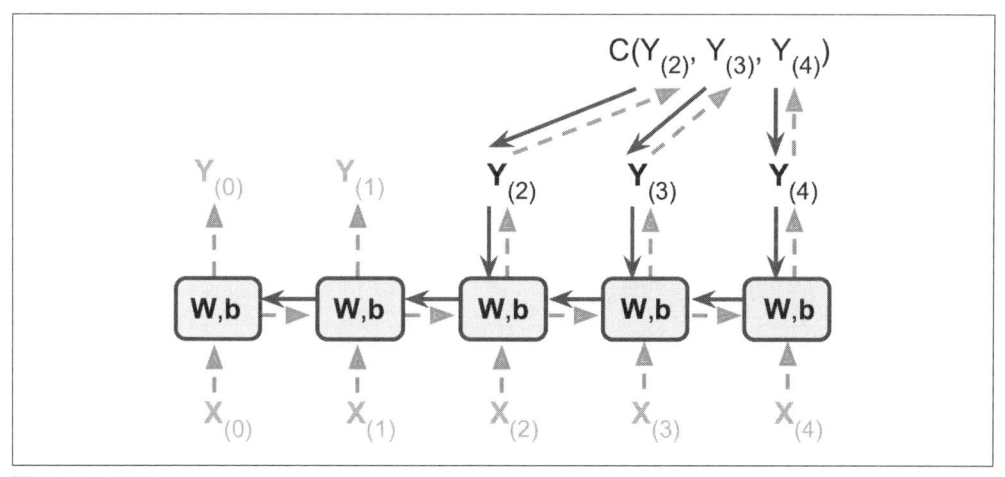

図14-5　BPTT

　通常のバックプロパゲーションと同様に、最初にアンロールされたネットワークを最初から最後まで通り抜ける前進パスがある（図では破線の矢印で示されている）。次に、$C(\boldsymbol{Y}_{(t_{\min})}, \boldsymbol{Y}_{(t_{\min}+1)}, \ldots, \boldsymbol{Y}_{(t_{\max})})$（ただし、$t_{\min}$ と $t_{\max}$ は、無視される出力を勘定に入れない最初と最後の出力タイムステップ）というコスト関数を使って出力シーケンスを評価し、そのコスト関数の勾配をアンロールされたネットワークの先頭に向かって後退しながら伝えていく（実線の矢印で示されている）。そして最後に、BPTT の過程で計算した勾配を使ってパラメータを更新する。勾配は、最後の出力だけでなく、コスト関数が使ったすべての出力に逆伝播されることに注意しよう（たとえば、**図14-5** では、$\boldsymbol{Y}_{(2)}$、$\boldsymbol{Y}_{(3)}$、$\boldsymbol{Y}_{(4)}$ というネットワークの最後の3つの出力を使ってコスト関数を計算しているので、勾配はこれら3つの出力には伝えられるが、$\boldsymbol{Y}_{(0)}$ と $\boldsymbol{Y}_{(1)}$ には伝えられない）。また、各タイムステップで同じ $\boldsymbol{W}$、$\boldsymbol{b}$ パラメータが使われるので、バックプロパゲーションは適切な処理を行い、すべてのタイムステップをひとつにまとめる。

14.3.1　シーケンス分類器の訓練

　では、RNN を訓練して MNIST イメージを分類してみよう。イメージの分類では畳み込みニューラルネットワークの方が適しているが（**13 章**参照）、みなさんがすでによく知っている単純な例が使える。各イメージは、1 行 28 ピクセルの 28 行分のシーケンスとして扱うことにする（個々の MNIST イメージは 28×28 ピクセルなので）。150 個の再帰ニューロンのセルを使い、最後のタイムステップの出力に接続された 10 個のニューロン（クラスごとにひとつ）による全結合層と、その後のソフトマックス層を追加する（**図14-6**）。

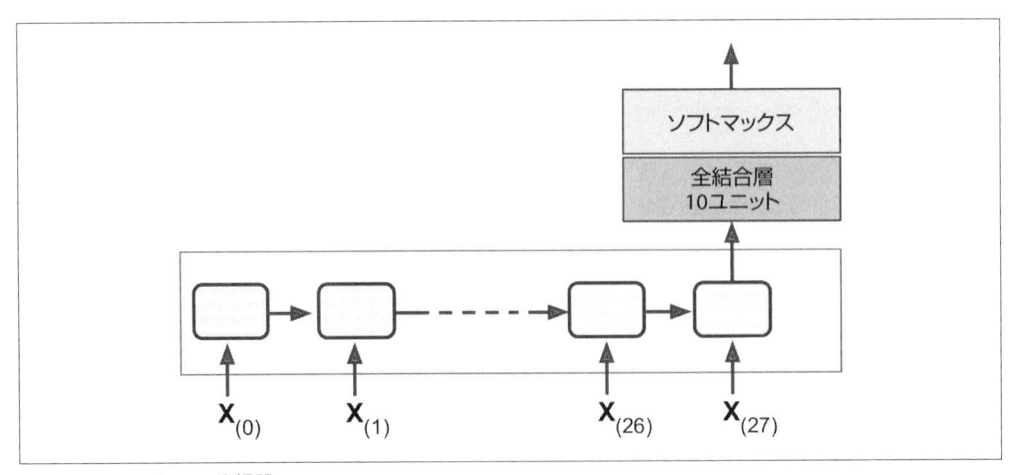

図14-6　シーケンス分類器

　構築フェーズはごく簡単であり、隠れ層の代わりにアンロールされた RNN を使うことを除けば、**10 章**で構築した MNIST 分類器とほぼ同じだ。全結合層が `states` テンソルに接続されていることに注意しよう。`states` には、RNN の最終状態だけが格納されている（つまり、28 番目

の出力)。また、y はターゲットクラスのプレースホルダーになっていることに注意していただきたい。

```
n_steps = 28
n_inputs = 28
n_neurons = 150
n_outputs = 10

learning_rate = 0.001

X = tf.placeholder(tf.float32, [None, n_steps, n_inputs])
y = tf.placeholder(tf.int32, [None])

basic_cell = tf.contrib.rnn.BasicRNNCell(num_units=n_neurons)
outputs, states = tf.nn.dynamic_rnn(basic_cell, X, dtype=tf.float32)

logits = tf.layers.dense(states, n_outputs)
xentropy = tf.nn.sparse_softmax_cross_entropy_with_logits(labels=y,
                                                          logits=logits)

loss = tf.reduce_mean(xentropy)
optimizer = tf.train.AdamOptimizer(learning_rate=learning_rate)
training_op = optimizer.minimize(loss)
correct = tf.nn.in_top_k(logits, y, 1)
accuracy = tf.reduce_mean(tf.cast(correct, tf.float32))
init = tf.global_variables_initializer()
```

では、MNIST データをロードし、ネットワークが想定している [batch_size, n_steps, n_inputs] という形状にテストデータを変換しよう。訓練データの形状変更はすぐあとで行う。

```
from tensorflow.examples.tutorials.mnist import input_data

mnist = input_data.read_data_sets("/tmp/data/")
X_test = mnist.test.images.reshape((-1, n_steps, n_inputs))
y_test = mnist.test.labels
```

これで RNN を訓練するための準備が整った。実行フェーズは、ネットワークに渡す前に訓練バッチの形状変更をすることを除けば、**10 章**の MNIST 分類器とまったく同じである。

```
n_epochs = 100
batch_size = 150

with tf.Session() as sess:
    init.run()
    for epoch in range(n_epochs):
        for iteration in range(mnist.train.num_examples // batch_size):
            X_batch, y_batch = mnist.train.next_batch(batch_size)
            X_batch = X_batch.reshape((-1, n_steps, n_inputs))
            sess.run(training_op, feed_dict={X: X_batch, y: y_batch})
        acc_train = accuracy.eval(feed_dict={X: X_batch, y: y_batch})
        acc_test = accuracy.eval(feed_dict={X: X_test, y: y_test})
```

```
        print(epoch, "Train accuracy:", acc_train, "Test accuracy:", acc_test)
```

出力は、次のようになるはずだ。

```
0 Train accuracy: 0.94 Test accuracy: 0.9308
1 Train accuracy: 0.933333 Test accuracy: 0.9431
[...]
98 Train accuracy: 0.98 Test accuracy: 0.9794
99 Train accuracy: 1.0 Test accuracy: 0.9804
```

98% を越える正確度が得られた。悪くない。ハイパーパラメータを調整し、He 初期化を使って RNN の重みを初期化し、訓練を長くし、正則化（たとえばドロップアウト）を若干加えるなどの工夫をすれば、間違いなくもっとよい結果が得られるだろう。

 RNN の初期化子は、構築コードを変数スコープでラップすれば指定できる（たとえば、He 初期化を使う場合なら、`variable_scope("rnn", initializer=variance_scaling_initializer())` を使う）。

14.3.2　時系列データを予測するための訓練

　では、株価、気温、脳波のパターンなど、時系列データの処理方法を少し見てみよう。この節では、生成された時系列データの次の値を予測できるように RNN を訓練する。個々の訓練インスタンスは、時系列データから無作為に選択した 20 個の連続した値のシーケンスであり、ターゲットシーケンスはタイムステップをひとつ先にずらしていることを除けば入力シーケンスと同じである（図14-7）。

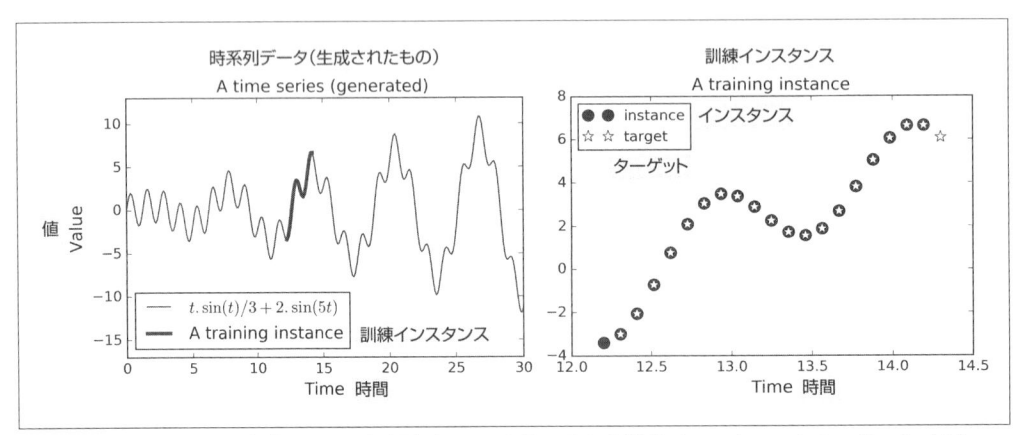

図14-7　時系列データ（左）とその時系列データから取り出した訓練インスタンスとターゲット（右）

　まず、RNN を作ろう。RNN は 100 個の再帰ニューロンから構成され、個々の訓練インスタンスは 20 個の入力のシーケンスなので、20 タイムステップ分アンロールする。個々の入力にはひと

つのフィーチャーしか含まれていない（そのときの値）。ターゲットも、それぞれ1個の値を持つ20個の入力のシーケンスである。コードは今までのものとほぼ同じだ。

```
n_steps = 20
n_inputs = 1
n_neurons = 100
n_outputs = 1

X = tf.placeholder(tf.float32, [None, n_steps, n_inputs])
y = tf.placeholder(tf.float32, [None, n_steps, n_outputs])
cell = tf.contrib.rnn.BasicRNNCell(num_units=n_neurons, activation=tf.nn.relu)
outputs, states = tf.nn.dynamic_rnn(cell, X, dtype=tf.float32)
```

 一般に、入力のフィーチャーは複数になるだろう。たとえば、株価を予測しようとするときには、個々のタイムステップで、競合株の株価、アナリストの評価、その他システムが予測をする上で役に立つさまざまなフィーチャーを使うはずだ。

　個々のタイムステップで、サイズ100のベクトルが出力される。しかし、本当にほしいものは、タイムステップあたり1個の出力値である。この問題のもっとも簡単な解決方法は、OutputProjectionWrapperでセルをラップすることだ。セルラッパは、管理下のセルに対するメソッド呼び出しを代行して通常のセルのように機能するが、何らかの機能を追加してもいる。OutputProjectionWrapperは、個々の出力の上に線形ニューロン（つまり活性化関数のないニューロン）の全結合層を追加する（しかし、セルの状態には影響を与えない）。この全結合層は、すべて同じ重み（訓練可能）とバイアス項を共有する。**図14-8**は、得られるRNNを図示したものである。

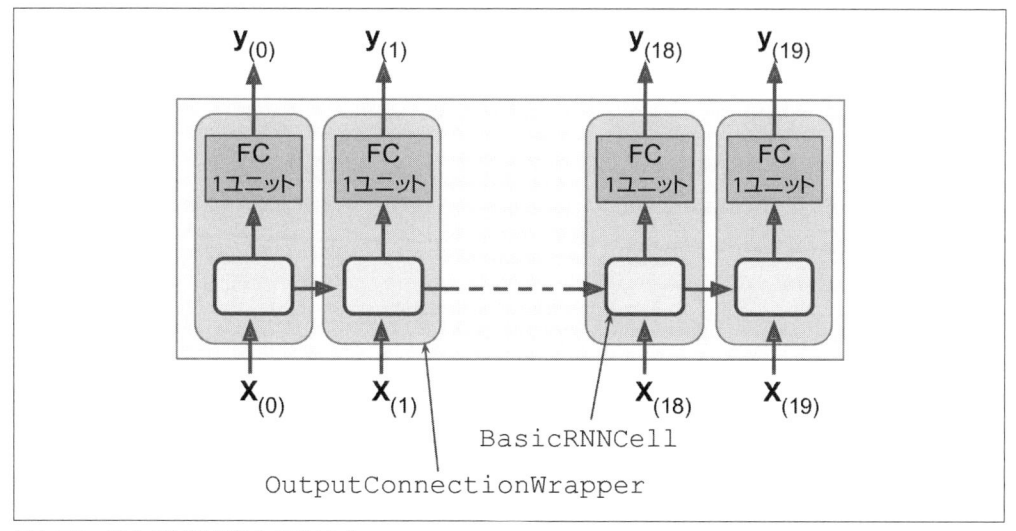

図14-8　出力の射影を使うRNNセル

　セルをラップするのはごく簡単なことだ。BasicRNNCell を OutputProjectionWrapper でラップして、先ほどのコードを少し書き換えてみよう。

```
cell = tf.contrib.rnn.OutputProjectionWrapper(
    tf.contrib.rnn.BasicRNNCell(num_units=n_neurons, activation=tf.nn.relu),
    output_size=n_outputs)
```

　ここまではいい調子だ。ここでコスト関数を定義しなければならない。今までの回帰のタスクで行っていたように MSE（平均二乗誤差）を使うことにしよう。そして、いつもと同じように Adam オプティマイザ、訓練オペレーション、変数初期化オプションを作る。

```
learning_rate = 0.001

loss = tf.reduce_mean(tf.square(outputs - y))
optimizer = tf.train.AdamOptimizer(learning_rate=learning_rate)
training_op = optimizer.minimize(loss)

init = tf.global_variables_initializer()
```

　次は実行フェーズだ。

```
n_iterations = 1500
batch_size = 50

with tf.Session() as sess:
    init.run()
    for iteration in range(n_iterations):
        X_batch, y_batch = [...]   # 次の訓練バッチをフェッチ
        sess.run(training_op, feed_dict={X: X_batch, y: y_batch})
        if iteration % 100 == 0:
            mse = loss.eval(feed_dict={X: X_batch, y: y_batch})
            print(iteration, "\tMSE:", mse)
```

　プログラムの出力は、次のようになるはずである。

```
0       MSE: 13.6543
100     MSE: 0.538476
200     MSE: 0.168532
300     MSE: 0.0879579
400     MSE: 0.0633425
    [...]
```

　モデルを訓練したら、予測をすることができる。

```
X_new = [...]   # 新しいシーケンス
y_pred = sess.run(outputs, feed_dict={X: X_new})
```

　図14-9 は、訓練を 1,000 回繰り返したあとで、以前見た（**図14-7**）インスタンスから予測されたシーケンスを示している。

　OutputProjectionWrapper は、RNN の出力シーケンスを次元削減し、タイムステッ

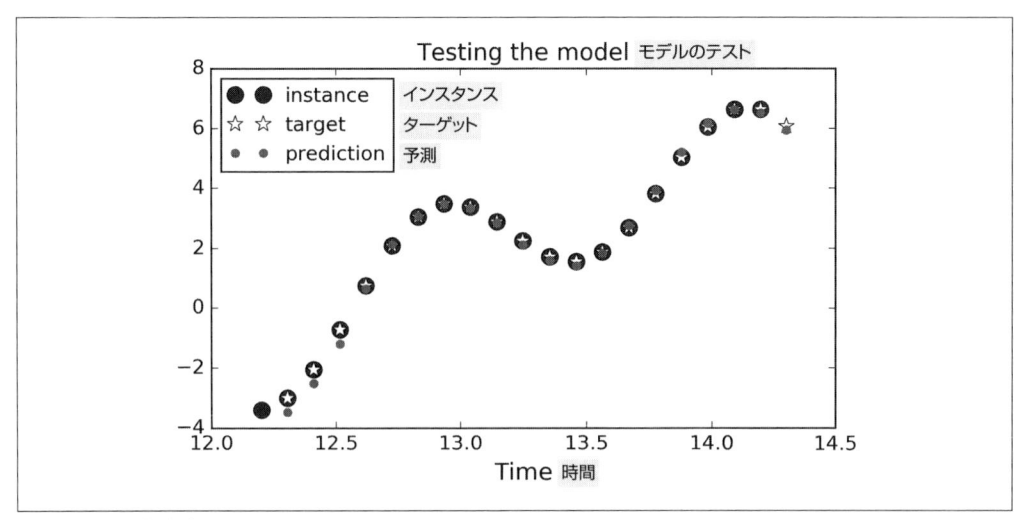

図14-9　時系列データの予測

プ（インスタンス）あたりひとつの値にするためのもっとも単純な方法だが、もっとも効
率のよい方法ではない。これよりも難しいが効率もよい方法がほかにある。RNN の出
力の形状を [batch_size, n_steps, n_neurons] から [batch_size * n_steps,
n_neurons] に変え、適切な出力サイズ（この場合は 1）の全結合層を追加すると、[batch_size
* n_steps, n_outputs] という形の出力テンソルが得られるので、このテンソルの形状を
[batch_size, n_steps, n_outputs] に変えるのである。**図14-10** は、このオペレーショ
ンを示している。

　このソリューションを実装するために、まず OutputProjectionWrapper を使わない基本
のセルに戻ろう。

```
cell = tf.contrib.rnn.BasicRNNCell(num_units=n_neurons, activation=tf.nn.relu)
rnn_outputs, states = tf.nn.dynamic_rnn(cell, X, dtype=tf.float32)
```

　次に、reshape オペレーションですべての出力を積み上げ、全結合層を挟んで（活性化関数を
使わないので、ただの射影である）、最後に reshape を使って出力を元の形状に戻す。

```
stacked_rnn_outputs = tf.reshape(rnn_outputs, [-1, n_neurons])
stacked_outputs = tf.layers.dense(stacked_rnn_outputs, n_outputs)
outputs = tf.reshape(stacked_outputs, [-1, n_steps, n_outputs])
```

　これ以外の部分は、今までと同じである。こうすると、タイムステップあたりひとつずつではな
く、全体でひとつの全結合層を使うだけなので、スピードを大幅に上げることができる。

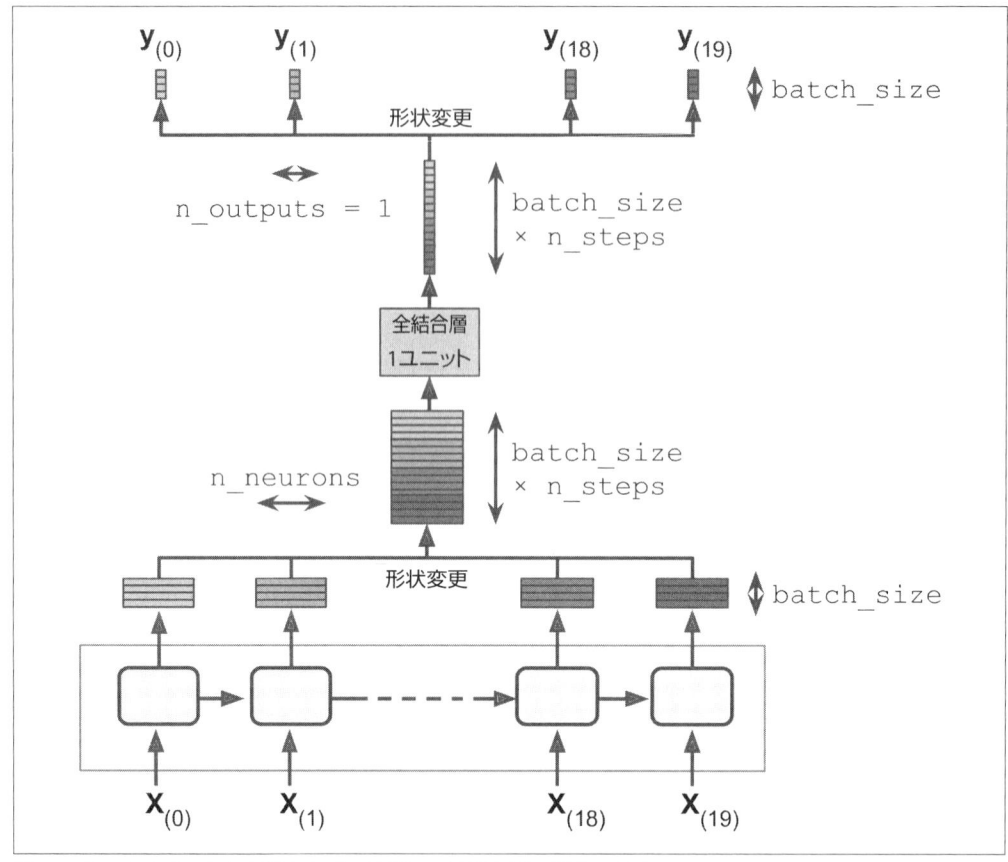

図14-10　すべての出力を積み上げ、射影し、結果を元の形状に戻す

14.3.3　創造的 RNN

　未来を予測できるモデルを作ったので、この章の冒頭で説明したように、それを使って創造的なシーケンスを生成することができる。n_steps 個の値（たとえばすべて 0）を格納するシードシーケンスを与え、モデルを使って次の値を予測し、予測値をシーケンスに追加して、モデルに最後の n_steps 個の値を与えてその次の値を予測するということを繰り返せばよい。このプロセスは、最初の時系列データと少し似た新しいシーケンスを生成する（**図14-11**）。

```
sequence = [0.] * n_steps
for iteration in range(300):
    X_batch = np.array(sequence[-n_steps:]).reshape(1, n_steps, 1)
    y_pred = sess.run(outputs, feed_dict={X: X_batch})
    sequence.append(y_pred[0, -1, 0])
```

　これで、持っているジョン・レノンのアルバムをすべて RNN に与え、RNN が次の「イマジン」

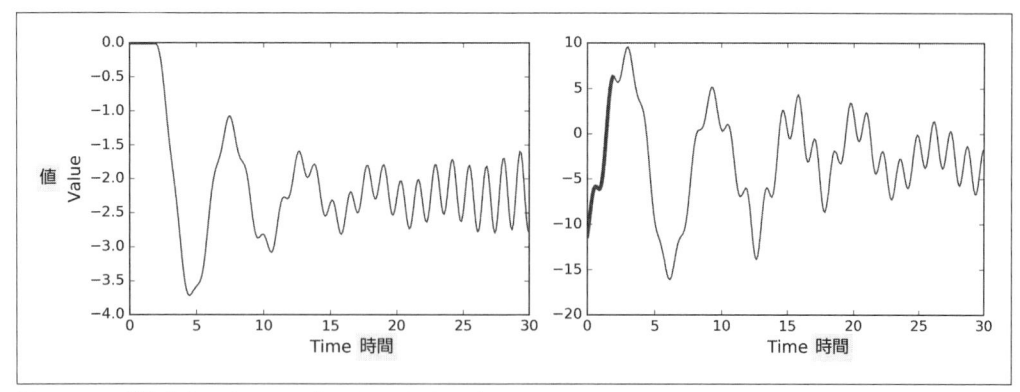

図14-11　創造的シーケンス。左はシードが0、右はインスタンス

を生み出せるかどうかを試すことができる。しかし、ニューロンがもっと多く、層がずっと深いこれよりもはるかに強力な RNN が必要になるに違いない。次は深層 RNN を見てみよう。

14.4　深層 RNN

図14-12 のようにセルの層を積み上げることはよくある。こうすると、**深層 RNN**（deep RNN）が得られる。

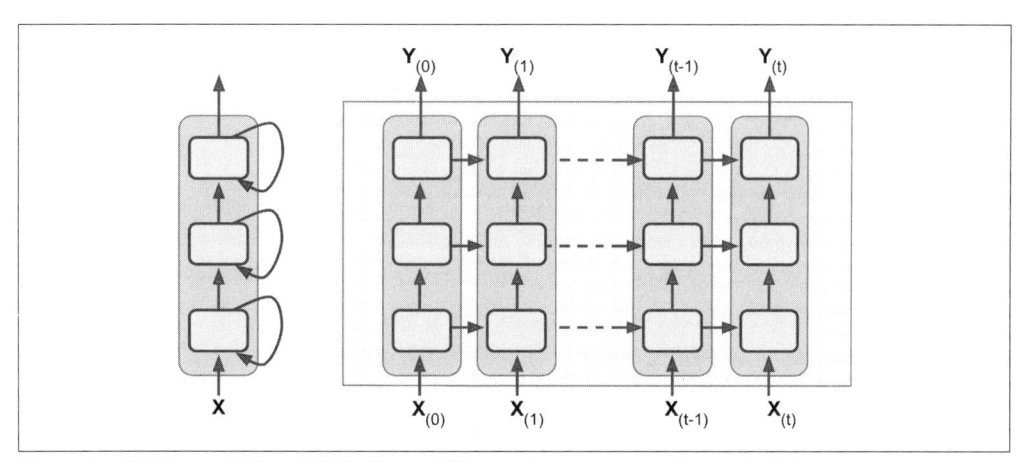

図14-12　深層RNN（左）、時系列に沿って深層RNNをアンロールしたところ（右）

　TensorFlow で深層 RNN を実装するには、複数のセルを作って `MultiRNNCell` で複数の層に積み上げればよい。次のコードは、同じセルを3層に積み上げている（しかし、ニューロン数の異なるさまざまな種類のセルを積み上げることの方が多いだろう）。

```
n_neurons = 100
n_layers = 3

layers = [tf.contrib.rnn.BasicRNNCell(num_units=n_neurons,
                                      activation=tf.nn.relu)
          for layer in range(n_layers)]
multi_layer_cell = tf.contrib.rnn.MultiRNNCell(layers)
outputs, states = tf.nn.dynamic_rnn(multi_layer_cell, X, dtype=tf.float32)
```

　たったこれだけのことだ。states 変数は、ひとつの層にひとつずつのテンソルを集めたタプル
で、個々のテンソルはその層の最終状態を示している（[batch_size, n_neurons] という形
で）。MultiRNNCell を作るときに state_is_tuple=False を指定すると、states はすべ
ての層の状態を列軸に沿って連結した（つまり、[batch_size, n_layers * n_neurons]
という形の）ひとつのテンソルになる。

14.4.1　複数の GPU による深層 RNN の分散処理

　12 章では、個々の層を異なる GPU にピン留めすれば、深層 RNN を複数の GPU で効率的に
分散処理できることを示した。しかし、異なる device() ブロックで個々のセルを作ろうとして
もうまくいかない。

```
with tf.device("/gpu:0"):  # だめ! 無視される
    layer1 = tf.contrib.rnn.BasicRNNCell(num_units=n_neurons)

with tf.device("/gpu:1"):  # だめ! これも無視される
    layer2 = tf.contrib.rnn.BasicRNNCell(num_units=n_neurons)
```

　これは、BasicRNNCell がセルファクトリでセルそのものではないからだ（既述のよう
に）。ファクトリを作ったときにはセルは作られず、そのため変数も作られない。デバイス
ブロックは単純に無視される。セルは実際にはあとで作成される。dynamic_rnn() を呼び
出したとき、dynamic_rnn() が MultiRNNCell を呼び出し、MultiRNNCell が個々のセ
ルのために BasicRNNCell を呼び出して、BasicRNNCell が実際のセルを作る（変数を含
め）。しかし、これらのクラスは、どれも変数の土台となるデバイスを指定できない。デバイ
スブロック内に dynamic_rnn() 呼び出しを入れようとすると、RNN 全体がひとつのデバ
イスにピン留めされてしまう。これで手詰まりになってしまったのだろうか。そんなことは
ない。ポイントは独自のセルラッパを作ることだ（あるいは、TensorFlow 1.1 で追加された
tf.contrib.rnn.DeviceWrapper クラスを使う）。

```
import tensorflow as tf

class DeviceCellWrapper(tf.contrib.rnn.RNNCell):
  def __init__(self, device, cell):
    self._cell = cell
    self._device = device
```

```
@property
def state_size(self):
  return self._cell.state_size

@property
def output_size(self):
  return self._cell.output_size

def __call__(self, inputs, state, scope=None):
  with tf.device(self._device):
      return self._cell(inputs, state, scope)
```

このラッパは、__call__() 関数をデバイスブロック内にラップすることを除けば、ほかのすべてのメソッド呼び出しを内蔵のセルに転送する[†2]。これで各層を別々の GPU に分散処理させられるようになった。

```
devices = ["/gpu:0", "/gpu:1", "/gpu:2"]
cells = [DeviceCellWrapper(dev,tf.contrib.rnn.BasicRNNCell(num_units=n_neurons))
        for dev in devices]
multi_layer_cell = tf.contrib.rnn.MultiRNNCell(cells)
outputs, states = tf.nn.dynamic_rnn(multi_layer_cell, X, dtype=tf.float32)
```

state_is_tuple=False を指定してはならない。指定すると、MultiRNNCell はひとつの GPU の上ですべてのセルの状態をひとつのテンソルに連結してしまう。

14.4.2　ドロップアウトの適用

　非常に深い RNN を作ると、訓練セットに過剰適合してしまうかもしれない。それを防ぐためによく使われているのがドロップアウト（**11 章**参照）である。RNN の前か後ろには、いつもと同じようにドロップアウト層を追加できる。しかし、RNN 層の間でドロップアウトを行いたい場合には、DropoutWrapper を使わなければならない。次のコードは、RNN の各層の入力にドロップアウトを適用する。

```
keep_prob = tf.placeholder_with_default(1.0, shape=())

cells = [tf.contrib.rnn.BasicRNNCell(num_units=n_neurons)
        for layer in range(n_layers)]
cells_drop = [tf.contrib.rnn.DropoutWrapper(cell, input_keep_prob=keep_prob)
        for cell in cells]
multi_layer_cell = tf.contrib.rnn.MultiRNNCell(cells_drop)
rnn_outputs, states = tf.nn.dynamic_rnn(multi_layer_cell, X, dtype=tf.float32)
# 残りの構築フェーズは以前のものと同じようなもの
```

---

†2　このコードは**デコレーター**（decorator）デザインパターンを使っている。

訓練の間、好きな値（通常は 0.5）を keep_prob プレースホルダーに渡すことができる。

```
n_iterations = 1500
batch_size = 50
train_keep_prob = 0.5

with tf.Session() as sess:
    init.run()
    for iteration in range(n_iterations):
    X_batch, y_batch = next_batch(batch_size, n_steps)
    _, mse = sess.run([training_op, loss],
                      feed_dict={X: X_batch, y: y_batch,
                      keep_prob: train_keep_prob})
    saver.save(sess, "./my_dropout_time_series_model")
```

テストの間は、keep_prob をデフォルト値を 1.0 にしてドロップアウトをオフにする必要がある。（訓練の間のみ有効にしておくことを覚えておこう）

```
with tf.Session() as sess:
    saver.restore(sess, "./my_dropout_time_series_model")
    X_new = [...] # テストデータ
    y_pred = sess.run(outputs, feed_dict={X: X_new})
```

put_keep_prob を設定することによって、出力にドロップアウトを適用することも可能である。また、TensorFlow 1.1 以降、state_keep_prob を使用して、セルの状態にドロップアウトを適用することも可能であることに注意しよう。

　こうすれば、あらゆるタイプの RNN を訓練できるようになるはずだ。しかし、長いシーケンスを使って RNN を訓練したい場合には、問題が少し難しくなる。その理由と対処方法を見ていこう。

14.4.3　多数のタイムステップによる訓練の難しさ

　長いシーケンスを使って RNN を訓練するには、多数のタイムステップに渡って実行しなければならない。すると、アンロールされた RNN は非常に深いネットワークになる。すると、深層ニューラルネットワークの常として、勾配消失／爆発問題（**11 章**参照）の影響を受け、訓練のために延々と時間を使わなければならない。パラメータのよい初期化方法、飽和を起こさない活性化関数（たとえば ReLU）、バッチ正規化、勾配クリッピング、高速オプティマイザなど、この問題の緩和方法として取り上げたテクニックはすべてアンロールされた RNN でも使える。しかし、RNN がちょっと長い程度のシーケンスを処理しなければならない場合でも（たとえば 100 個の入力）、訓練は非常に遅くなる。

　この問題を解決するためのもっとも簡単でもっともよく使われている方法は、訓練中には RNN をアンロールするタイムステップ数を制限するというものである。これを**時系列に沿ったバックプロパゲーションの途中打ち切り**（truncated backpropagation through time）と呼ぶ。TensorFlow では、入力シーケンスを途中で切ってしまえばこれを実現できる。たとえば、時系列

データの予測問題では、訓練中の n_steps を小さくすればよい。しかし、もちろんこうすると、長期的なパターンを学習できなくなるという問題がある。この問題の解決方法としては、短縮したシーケンスのなかに古いデータと新しいデータの両方を入れてモデルが両方を学習できるようにすることが考えられる（たとえば、過去 5 か月の月次データ、過去 5 週間の週次データ、過去 5 日間の日次データをシーケンスに入れる）。しかし、この方法にも限界がある。実際に役立つのは去年の詳細データだとしたらどうすればよいだろうか。何年もあとになっても絶対に考慮に入れなければならない短いながら決定的なできごとがあるときにはどうすればよいだろうか。

　長いシーケンスで実行される RNN には、訓練時間が長くなること以外にも、最初の入力の記憶が次第に消えていってしまうという第 2 の問題がある。実際、データが RNN を通過する過程で受ける変形のために、タイムステップを終了するたびに一部の情報は消えていく。しばらくすると、最初の入力の痕跡は RNN の状態にはほとんど残っていない。これは、重大な問題になることがある。たとえば、映画のレビューの感情分析をしようとしているものとする。「私はこの映画が好きだ」という短い言葉で始まりつつ、残りの部分では、映画をさらによいものにするために必要なものを長々と列挙しているレビューが与えられたらどうなるだろうか。RNN が最初の短い文を次第に忘れていってしまうと、レビューの解釈を完全に誤ってしまう。この問題を解決するために、長期記憶を持つさまざまなタイプのセルが考え出された。それらは効果を実証しており、基本セルはもうあまり使われなくなっている。では、そのような長期記憶セルのなかでももっとも人気のあるLSTM セルをまず見てみよう。

14.5　LSTM セル

　LSTM（長期短期記憶：long short-term memory）セルは、Sepp Hochreiter と Jürgen Schmidhuber が 1997 年に提案し（https://goo.gl/j39AGv）[3]、Alex Graves、Haşim Sak（https://goo.gl/6BHh81）[4]、Wojciech Zaremba（https://goo.gl/SZ9kzB）[5]ら多くの人々の研究によって少しずつ改良されてきた。LSTM セルをブラックボックスとして扱うと、恐ろしく性能が高いことを除けば、基本セルとほぼ同じように使うことができる。訓練は短時間で収束し、データ内の長期的な依存関係を検出できる。TensorFlow では、BasicRNNCell の代わりにBasicLSTMCell を使うだけで、LSTM セルを使える。

```
lstm_cell = tf.contrib.rnn.BasicLSTMCell(num_units=n_neurons)
```

　LSTM は、ふたつの状態ベクトルを管理し、パフォーマンス上の理由から、両者はデフォルトで分離されている。このデフォルトは、BasicLSTMCell を作るときに state_is_tuple=False

---

[3]　"Long Short-Term Memory" S. Hochreiter and J. Schmidhuber (1997)
[4]　"Long Short-Term Memory Recurrent Neural Network Architectures for Large Scale Acoustic Modeling" H. Sak et al.(2014)
[5]　"Recurrent Neural Network Regularization" W. Zaremba et al. (2015)

を設定すれば変更できる。

　では、LSTM セルはどのような仕組みになっているのだろうか。基本的な LSTM セルのアーキテクチャは、**図14-13** のようになっている。

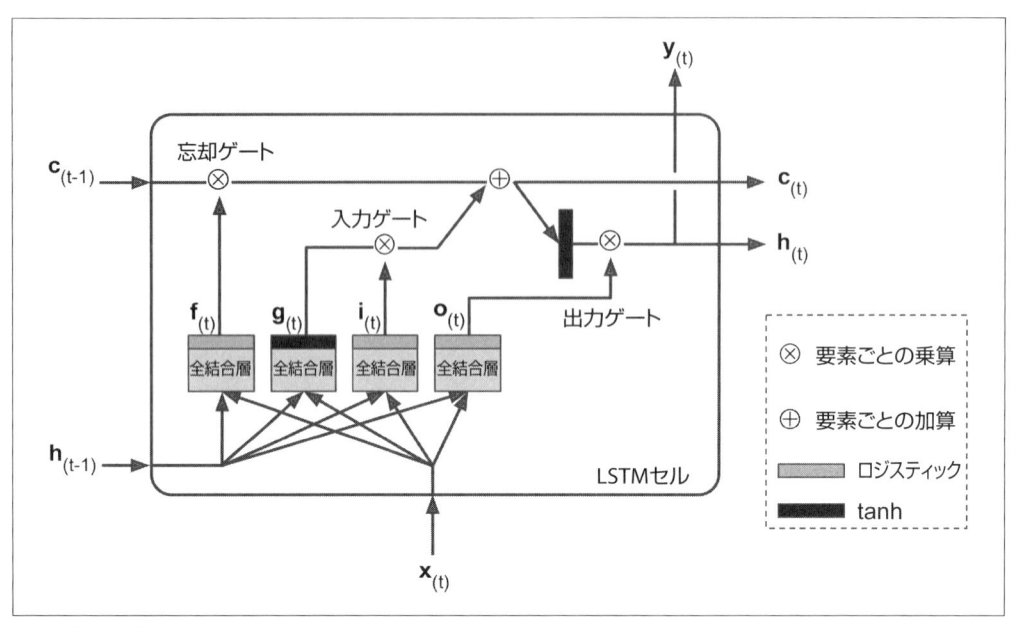

図14-13　LSTM セル

　ボックスの中身を見なければ、状態が $h_{(t)}$ と $c_{(t)}$ （c は cell を意味している）のふたつに分割されていることを除けば、LSTM セルは通常のセルと非常によく似ているように見える。$h_{(t)}$ は短期的な状態、$c_{(t)}$ は長期的な状態と考えることができる。

　では、ボックスを開けてみよう。アイデアとして重要なのは、ネットワークが長期的な状態に格納すべきもの、長期的な状態から捨てるべきもの、読み取るべきものを学習できることだ。長期状態 $c_{(t-1)}$ は、左から右にネットワークを通過する過程で、まず**忘却ゲート**（forget gate）を通過して一部の記憶を捨て、加算オペレーションによって新しい記憶を追加する（記憶に加えるのは、**入力ゲート**（input gate）が選択したものである）。そのようにして得られた $c_{(t)}$ は、それ以上変換を受けずにそのまま外に送り出される。つまり、タイムステップごとに、一部の記憶を捨て、一部の記憶を追加するということである。さらに、加算後の長期状態はコピーされ、tanh 関数を通過し、その結果は**出力ゲート**でフィルタリングされる。こうすると、短期状態の $h_{(t)}$ が作られる（これは、このタイムステップの出力である $y_{(t)}$ と等しい）。では、新しい記憶がどこからやってくるのか、ゲートがどのように機能するのかを見てみよう。

　まず、現在の入力ベクトル $x_{(t)}$ と直前の短期状態（$h_{(t-1)}$）が 4 つの異なる全結合層に与えられる。全結合層にはそれぞれ別々の目的がある。

- メインの層は、$g_{(t)}$ を出力するものである。この層は、現在の入力の $x_{(t)}$ と直前の（短期）状態の $h_{(t-1)}$ を分析するという RNN の通常の役割を果たす。基本セルでは、この層以外のものはなく、出力は $y_{(t)}$ と $h_{(t)}$ に直接送られている。それとは対照的に、LSTM セルではこの層の出力はそのまま出ていくのではなく、部分的に長期状態に格納される。

- ほかの 3 つの層はゲートコントローラ（gate controller）である。ロジスティック活性化関数を使っているので、出力は 0 から 1 までの範囲になる。図からもわかるように、これらの層の出力は要素ごとの乗算オペレーションに与えられているので、0 を出力した場合はゲートを閉じ、1 を出力した場合はゲートを開けることになる。

  - **忘却ゲート**（$f_{(t)}$ によって制御される）は、長期状態のどの部分を消去するかを決める。
  - **入力ゲート**（$i_{(t)}$ によって制御される）は、$g_{(t)}$ のどの部分を長期状態に加えるかを決める（「部分的に格納される」と言っているのはそのためである）。
  - **出力ゲート**（$o_{(t)}$ によって制御される）は、このタイムステップで長期状態のどの部分を読み出し、出力するかを決める（$h_{(t)}$ と $y_{(t)}$ の両方に）。

　要するに、LSTM セルは、重要な入力を認識して（入力ゲートの役割）それを長期状態に格納すること、必要な限りで記憶を保持すること（忘却ゲートの役割）、必要なときに記憶を取り出すことを学習する。LSTM が時系列データ、長い文章、録音データなどから長期的なパターンを取り出すことに驚くほど成功する理由はここから説明できる。

　式 14-3 は、単一のインスタンスに対して各タイムステップでセルの長期状態、短期状態、出力をどのように計算するかをまとめたものである（ミニバッチ全体に対する式もよく似ている）。

式 14-3　LSTM の計算

$$i_{(t)} = \sigma(W_{xi}{}^T \cdot x_{(t)} + W_{hi}{}^T \cdot h_{(t-1)} + b_i)$$

$$f_{(t)} = \sigma(W_{xf}{}^T \cdot x_{(t)} + W_{hf}{}^T \cdot h_{(t-1)} + b_f)$$

$$o_{(t)} = \sigma(W_{xo}{}^T \cdot x_{(t)} + W_{ho}{}^T \cdot h_{(t-1)} + b_o)$$

$$g_{(t)} = \tanh(W_{xg}{}^T \cdot x_{(t)} + W_{hg}{}^T \cdot h_{(t-1)} + b_g)$$

$$c_{(t)} = f_{(t)} \otimes c_{(t-1)} + i_{(t)} \otimes g_{(t)}$$

$$y_{(t)} = h_{(t)} = o_{(t)} \otimes \tanh(c_{(t)})$$

- W_{xi}、W_{xf}、W_{xo}、W_{xg} は、入力ベクトル $x_{(t)}$ と 4 つの全結合層それぞれとの間の重み行列。

- W_{hi}、W_{hf}、W_{ho}、W_{hg} は、直前の短期状態 $h_{(t-1)}$ と 4 つの全結合層それぞれとの間の重み行列。

- b_i、b_f、b_o、b_g は、4 つの全結合層それぞれのバイアス項。TensorFlow は、0 ではなく 1 を集めたベクトルで b_f を初期化することに注意しよう。こうすることによって、訓練の冒頭ですべてを忘れるのを防いでいる。

14.5.1　ピープホール接続

基本 LSTM セルでは、ゲートコントローラは入力の $x_{(t)}$ と直前の短期状態の $h_{(t-1)}$ しか見ることができない。長期状態も覗けるようにしてコンテキストを増やすとよいかもしれない。これは、Felix Gers と Jurgen Schmidhuber が 2000 年に提案した（https://goo.gl/ch8xz3）[†6]アイデアである。彼らは、ピープホール接続という接続を追加した LSTM の変種を提案した。忘却ゲートと入力ゲートのコントローラへの入力として新たに直前の長期状態 $c_{(t-1)}$ が追加され、出力ゲートのコントローラへの入力として新たに現在の長期状態直前の長期状態 $c_{(t)}$ が追加された。

TensorFlow でピープホール接続を実装するには、`BasicLSTMCell` ではなく、`LSTMCell` を使い、`use_peepholes=True` を指定しなければならない。

```
lstm_cell = tf.contrib.rnn.LSTMCell(num_units=n_neurons, use_peepholes=True)
```

LSTM セルにはほかにも多数の変種がある。そのなかでも特に人気のある GRU セルを次に取り上げよう。

14.6　GRU セル

GRU（Gated Recurrent Unit：ゲート付き再帰ユニット）は、Kyunghyun Cho らが 2014 年の論文（https://goo.gl/ZnAEOZ）[†7]で提案したものだ（**図14-14**）。この論文は、この章の前の方で触れたエンコーダ - デコーダネットワークも提案している。

GRU セルは LSTM セルを単純化したもので、まったく同じように機能するように見える[†8]（人気が集まってきている理由でもある）。単純化の主要なポイントは次の通りだ。

- ふたつの状態ベクトルが結合されてひとつのベクトル $h_{(t)}$ になっている。
- ひとつのゲートコントローラで忘却ゲートと入力ゲートの両方を制御している。ゲートコントローラが 1 を出力すると、忘却ゲートは開き、入力ゲートは閉じる。0 を出力するとその逆の動作になる。つまり、記憶を格納しなければならないときには、まずそれが格納される場所を先に消去しておくということである。実際には、これは LSTM セルの変種でよく見られるものである。
- 出力ゲートがない。すべてのタイムステップで完全な状態ベクトルが出力される。しかし、直前の状態のどの部分をメイン層に示すかを制御する新しいゲートコントロールが追加されている。

[†6]　"Recurrent Nets that Time and Count" F. Gers and J. Schmidhuber (2000)

[†7]　"Learning Phrase Representations using RNN Encoder-Decoder for Statistical Machine Translation" K. Cho et al.(2014)

[†8]　Klaus Greff らの 2015 年の論文"LSTM: A Search Space Odyssey"（https://goo.gl/hZB4KW）は、LSTM のすべての変種がおおよそ同じように動作することを示しているように感じられる。

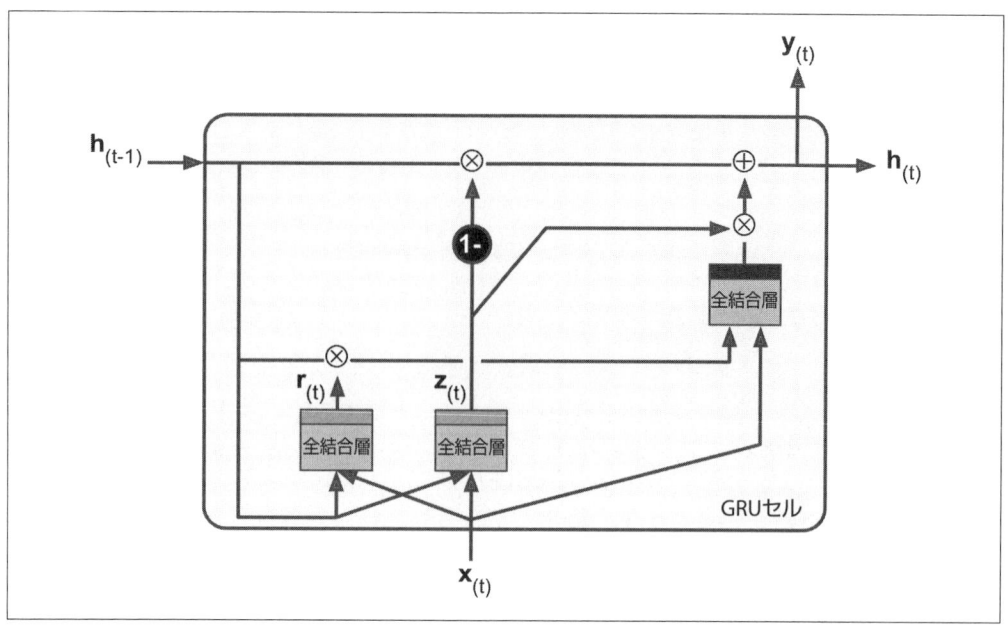

図14-14　GRU セル

　式14-4 は、単一のインスタンスに対して各タイムステップでセルの状態をどのように計算する
かをまとめたものである。

式 14-4　GRU の計算

$$z_{(t)} = \sigma(W_{xz}^{\ T} \cdot x_{(t)} + W_{hz}^{\ T} \cdot h_{(t-1)} + b_z)$$

$$r_{(t)} = \sigma(W_{xr}^{\ T} \cdot x_{(t)} + W_{hr}^{\ T} \cdot h_{(t-1)} + b_r)$$

$$g_{(t)} = \tanh\left(W_{xg}^{\ T} \cdot x_{(t)} + W_{hg}^{\ T} \cdot (r_{(t)} \otimes h_{(t-1)}) + b_g\right)$$

$$h_{(t)} = z_{(t)} \otimes h_{(t-1)} + \left(1 - z_{(t)}\right) \otimes g_{(t)}$$

TensorFlow で GRU セルを作るのは簡単だ。

```
gru_cell = tf.contrib.rnn.GRUCell(num_units=n_neurons)
```

　LSTM、GRU セルは、近年の RNN の成功の大きな理由のひとつになっている。特に注目され
るのは、RNN が**自然言語処理**（natural language processing：NLP）に応用されていることだ。

14.7　自然言語処理

　機械翻訳、自動要約、構文解析、感情分析などの最先端の NLP アプリケーションは、現在、RNN を基礎としている（少なくとも部分的には）。本章の最後の節であるこの節では、機械翻訳モデルがどのようになっているかを簡単に紹介する。このテーマは、TensorFlow の Word2Vec（https://goo.gl/edArdi）、Seq2Seq（https://goo.gl/L82gvS）のふたつのすばらしいチュートリアルで非常にしっかりと説明されているので、是非読んでいただきたい。

14.7.1　単語の埋め込み

　仕事に取り掛かる前に、単語の表現方法を選ばなければならない。たとえば、ワンホットベクトルで個々の単語を表現する方法が考えられる。語彙集に 5 万語が含まれているとき、n 番目の単語は、n 番目の要素が 1 になっている以外はすべて 0 の 5 万次元ベクトルで表現できる。しかし、語彙数がそれだけ大きい場合には、この疎な表現は全然効率的ではない。できれば、同じような単語にはよく似た表現を与え、モデルがある単語について学んだことを類語にも簡単に汎化できるようにしたい。たとえば、モデルに"I drink milk"（私は牛乳を飲む）が正しい文だということを教え、「牛乳」が「水」には近いが「靴」からはかけ離れていることも知っていれば、"I drink water"（水を飲む）もたぶん正しい文だが"I drinke shoes"（靴を飲む）はたぶん正しい文ではないと判断できるだろう。しかし、そのような意味のある表現はどうすれば作れるのだろうか。

　もっとも一般的なソリューションは、**埋め込み**（embedding）と呼ばれるかなり小さくて密なベクトル（たとえば 150 次元）を使って語彙集のなかの個々の単語を表現し、ニューラルネットワークに訓練を通じて個々の単語のよい埋め込みを学習させるというものである。訓練の開始時点では、埋め込みは単純に無作為に選ばれるが、訓練中に、バックプロパゲーションによってニューラルネットワークが仕事をしやすいように埋め込みを自動的に書き換えて行くのである。一般に、こうすると類似する単語は互いに近付き、次第にクラスタを形成して、最終的にはかなり意味のある形で組織される。たとえば、埋め込みは、性別、単複、形容詞／名詞などを表すさまざまな軸に沿って配置される。結果は本当に驚嘆すべきものである[†9]。

　TensorFlow では、まず、語彙集のなかのすべての単語のために埋め込みを表す変数を作らなければならない。

```
vocabulary_size = 50000
embedding_size = 150

init_embeds = tf.random_uniform([vocabulary_size, embedding_size], -1.0, 1.0)
embeddings = tf.Variable(init_embeds)
```

　ここで、ニューラルネットワークに"I drink milk"という文を与えたいものとする。まず、この

[†9]　詳細については、Christopher Olah の優れた投稿（https://goo.gl/5rLNTj）や、Sebastian Ruder の投稿シリーズ（https://goo.gl/ojJjiE）を参照していただきたい。

文を前処理して、既知の単語のリストに分解しなければならない。たとえば、不要な文字を取り除き、未知の単語を"[UNK]"のような定義済みのトークンに置き換え、URL を"[URL]"に置き換えるなどの処理を加える。既知の単語のリストが得られたら、個々の単語は辞書内で使われている整数の識別子（0 から 49999）で参照できる。たとえば、[72, 3335, 288] というような形だ。これでプレースホルダーを使って TensorFlow にこの単語の識別子を与え、embedding_lookup() 関数を呼び出して対応する埋め込みを得ることができる。

```
train_inputs = tf.placeholder(tf.int32, shape=[None])  # 識別子から……
embed = tf.nn.embedding_lookup(embeddings, train_inputs)  # ……埋め込みへ
```

モデルが単語の埋め込みとしてよいものを学習すると、それはあらゆる NLP アプリケーションで効率よく再利用できる。アプリケーションがどのようなものであれ、"milk"は"water"に近く、"shoes"からは遠いことに変わりはないだろう。それどころか、自分で単語の埋め込みを訓練するよりも、訓練済みの埋め込みをダウンロードした方がよいとされている。事前訓練済みの層を再利用する（**11 章**参照）ときと同じように、訓練済みの埋め込みを凍結するか（たとえば、trainable=False を指定して embeddings 変数を作るなど）、バックプロパゲーションによって自分のアプリケーションに合わせて調整するかは自分で決めてよい。凍結すれば訓練のスピードは上がるが、バックプロパゲーションを行えばわずかに性能が上がる場合がある。

埋め込みは、多くの異なる値をとり得るカテゴリ属性の表現にも役立つ。特に、値の間に複雑な類似性があるときはよい。たとえば、職業、趣味、料理、生物の種、ブランドなどだ。

これで機械翻訳システムを実装するために必要なツールがほぼすべて揃った。次は、エンコーダ - デコーダネットワークを見ておこう。

14.7.2　機械翻訳のためのエンコーダ - デコーダネットワーク

では、英語の文をフランス語に翻訳する簡単な機械翻訳モデル（https://goo.gl/0g9zWP）[10]を見てみよう（**図14-15**）。

エンコーダに英語の文を与えると、デコーダが翻訳されたフランス語を出力する。翻訳されたフランス語は、デコーダへの入力としても使われるが、1 ステップ押し戻される。つまり、デコーダは、入力として前のステップで出力**すべきだった**単語を与えられる（実際に何を出力したかにかかわらず）。最初の単語には、文の先頭を表すトークンが与えられる（たとえば、"<go>"）。そして、デコーダは最後に EOS（end-of-sequence）トークン（たとえば、"<eos>"）を出力する約束になっている。

英語の文は、エンコーダに渡される前に逆順になっていることに注意しよう。たとえば、"I drink

---

[10] "Sequence to Sequence learning with Neural Networks" I. Sutskever et al.(2014)

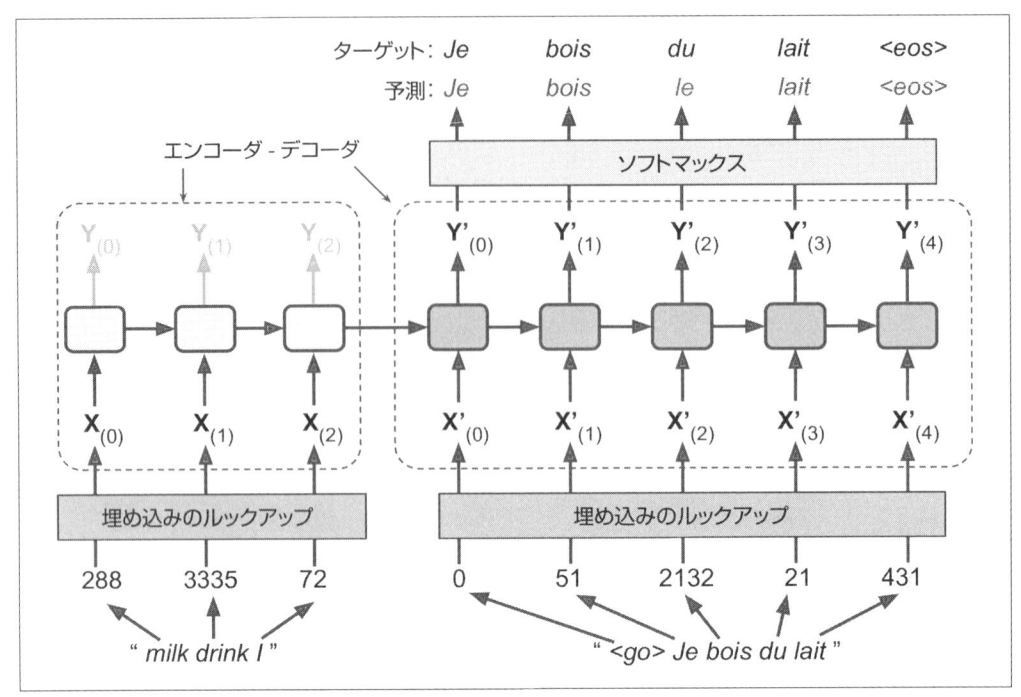

図14-15　単純な機械翻訳モデル

milk"は、逆順にされて"milk drink I"になる。こうすると、英語の文の先頭はエンコーダに最後に渡されることになるが、それは一般にデコーダが最初に翻訳しなければならない単語なので好都合である。

　個々の単語は、初期状態では整数の識別子（たとえば、"milk"という単語なら288）によって表現されている。次に埋め込みのルックアップを行うと、単語の埋め込みが返される（先ほど説明したように、これは密で次数の小さいベクトルである）。実際にエンコーダとデコーダに渡されるのは、この単語の埋め込みである。

　デコーダは各ステップで出力語彙集（つまり、フランス語）の各単語に対するスコアを出力し、ソフトマックス層がこのスコアを確率に変換する。たとえば、最初のステップでは、"Je"という単語の確率が20%であるのに対し、"Tu"という単語の確率は1%であるといった形である。もっとも確率が高い単語が出力される。これは通常の分類のタスクに非常によく似ているので、モデルは`softmax_cross_entropy_with_logits()`関数で訓練できる。

　推論時（訓練後）になると、デコーダに与えるターゲット文はないことに注意しよう。そこで、**図14-16**に示すように、推論時にはデコーダが前のステップで出力した単語を与える（図には描かれていないが、この処理では埋め込みのルックアップが必要になる）。

　これでおおよその見取り図が得られた。しかし、TensorFlow の sequence-to-sequence チュートリアルを読み、`rnn/translate/seq2seq_model.py` のコード（TensorFlow モデ

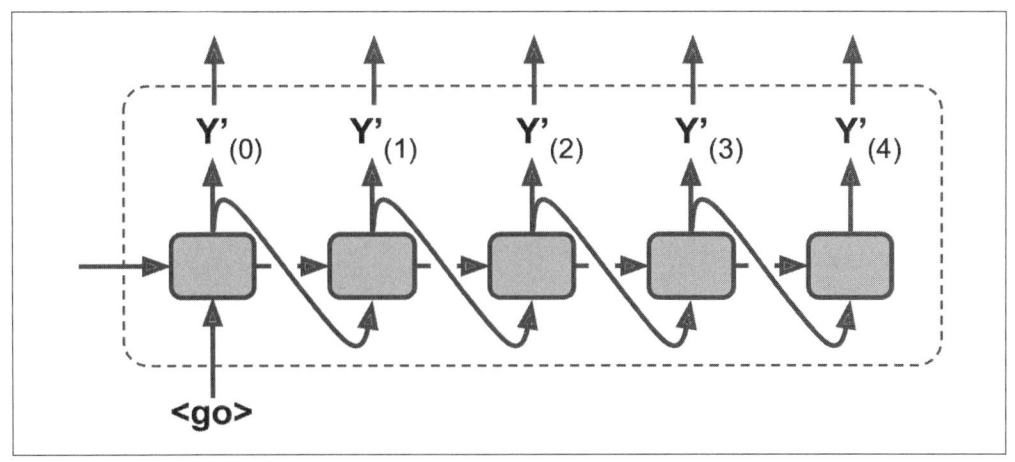

図14-16　推論時には、前回出力した単語を入力として与える

ル。https://github.com/tensorflow/models に含まれている）を見ると、いくつか重要な違いが
あることに気付くだろう。

- まず第1に、今まではすべての入力シーケンス（エンコーダからデコーダへの）が同じ長
  さになっていることを前提としてきたが、当然ながら文の長さはまちまちである。可変長
  シーケンスへの対応には、たとえば既述のように、static_rnn()、dynamic_rnn()
  関数の sequence_length 引数を使って各文の長さを指定すればよいが、チュートリア
  ルでは別のアプローチが使われている（おそらく、パフォーマンス上の理由のため）。文は
  同じような長さのもの同士でバケットに分類される（たとえば、1語から6語までの文の
  バケット、7語から12語までの文のバケットと言うような形で）[†11]。そして、短い文には
  特別なパディングトークン（たとえば、"<pad>"）でパディングが行われる。たとえば、
  "I drink milk"は"<pad> <pad> milk drink I"となり、その翻訳は"Je bois du lait <eos>
  <pad>"となる。もちろん、EOS トークンのあとの出力は無視したい。そこで、チュート
  リアルの実装は、target_weights ベクトルを使っている。たとえば、"Je bois du lait
  <eos> <pad>"というターゲット文には、[1.0, 1.0, 1.0, 1.0, 1.0, 0.0] とい
  う重みが設定される（ターゲット文のパディングトークンには重み 0.0 が対応付けられてい
  ることに注意しよう）。ロスに単純にターゲットの重みを掛ければ、EOS トークンのあとの
  単語に対応するロスはゼロになる。
- 第2に、出力言語の語彙集が大規模なら（この場合はそうである）、すべての単語について確
  率を出力するのでは非常に遅くなってしまう。ターゲットの語彙集にたとえば 50,000 種の
  フランス語の単語が含まれているなら、デコーダは 50,000 次元のベクトルを出力し、それか

---

†11　チュートリアルで実際に使われているバケットサイズはこれとは異なる。

らそのベクトルに対してソフトマックス関数を計算することになり、計算量が非常に多くなる。この問題を避けるためには、たとえばデコーダが出力するベクトルをそれよりもはるかに小さなもの（たとえば、1,000 次元）にして、サンプリングテクニックを使ってターゲット語彙のすべての単語を計算しなくてもロスを推定できるようにすればよい。この**サンプリングソフトマックス**（sampled softmax）は、Sebastien Jean らによって 2015 年に導入された（https://goo.gl/u0GR8k）[†12]。TensorFlow では、`sampled_softmax_loss()` 関数を使えばよい。

- 第 3 に、チュートリアルの実装は**アテンション機構**（attention mechanism）を使ってデコーダが入力シーケンスを覗けるようにしている。本書では、アテンション機構つきのRNN までは取り上げられないが、興味のあるみなさんは、アテンション機構を使った機械翻訳（https://goo.gl/8RCous）[†13]、マシンリーディング（https://goo.gl/X0Nau8）[†14]、イメージタイトル設定（https://goo.gl/xmhvfK）[†15]についての論文を読むとよいだろう。

- 最後に、チュートリアルの実装は、さまざまなエンコーダ - デコーダモデルを簡単に構築するためのツールを提供している `tf.nn.legacy_seq2seq` モジュールを使っている。たとえば、`embedding_rnn_seq2seq()` 関数は、**図14-15** に示したような単語の埋め込みを自動的に処理してくれる単純なエンコーダ - デコーダモデルを作る。このコードは、`embedding_rnn_seq2seq()` を使ったものにすぐに書き換えられるだろう。

これで sequence-to-sequence チュートリアルの実装を理解するために必要な道具はすべて揃った。実際に動かし、みなさん自身の英仏翻訳機を訓練していただきたい。

14.8　演習問題

1. シーケンス - シーケンス RNN の応用方法を考えて提出しなさい。シーケンス - ベクトルRNN、ベクトル - シーケンス RNN ならどうか。
2. 自動翻訳のために通常のシーケンス - シーケンス RNN ではなく、エンコーダ - デコーダRNN を使うのはなぜか。
3. ビデオの分類のために畳み込みニューラルネットワークと RNN を結合するにはどうすればよいか。
4. `static_rnn()` ではなく、`dynamic_rnn()` を使って RNN を構築する利点は何か。
5. 可変長入力シーケンスはどのようにすれば処理できるか、可変長出力シーケンスはどうか。
6. 複数の GPU で深層 RNN の訓練、実行を分散処理するための一般的な方法は何か。

[†12] "On Using Very Large Target Vocabulary for Neural Machine Translation" S. Jean et al.(2015)
[†13] "Neural Machine Translation by Jointly Learning to Align and Translate" D. Bahdanau et al.(2014)
[†14] "Long Short-Term Memory-Networks for Machine Reading" J. Cheng (2016)
[†15] "Show, Attend and Tell: Neural Image Caption Generation with Visual Attention" K. Xu et al.(2015)

7. Hochreiter と Schmidhuber の LSTM 論文では、**ERG**（embedded Reber grammar：埋め込み Reber 文法）が使われていた。ERG は、"BPBTSXXVPSEPE"のような文字列を生成する人工文法である。このテーマについては、Jenny Orr のすばらしい説明（https://goo.gl/7CkNRn）を読むとよい。特定の ERG（たとえば、Jenny Orr のページに掲載されているもの）を選び、文字列がその文法に従っているかどうかを判定する RNN を訓練しなさい。まず、50% の文字列が文法に従い、50% の文字列が文法に従っていない訓練バッチを生成できる関数を書く必要がある。

8. Kaggle の"How much did it rain? II"コンテスト（https://goo.gl/0DS5Xe）に挑戦してみよう。これは時系列データの予測タスクで、偏波レーダーの観測値のスナップショットから時間降水量を予測する。Luis Andre Dutra e Silva のインタビュー（https://goo.gl/fTA90W）を読むと、彼がコンテストで 2 位を獲得するために使ったテクニックについてのヒントが得られる。具体的には、彼はふたつの LSTM 層から構成される RNN を使っている。

9. TensorFlow の Word2Vec チュートリアル（https://goo.gl/edArdi）を読んで単語の埋め込みを作り、次に Seq2Seq チュートリアル（https://goo.gl/L82gvS）を読んで英仏翻訳システムを訓練しなさい。

演習問題の解答は、**付録 A** を参照のこと。

15章
オートエンコーダ

オートエンコーダは、教師なしで（つまり、ラベルのない訓練セットで）**コーディング**（coding）と呼ばれる入力データの効率的な表現を学習できる人工ニューラルネットワークである。コーディングは、一般に入力データよりも次数がずっと少ないため、オートエンコーダは次元削減のために役立つ（**8章**参照）。しかしもっと重要なのは、オートエンコーダが強力な特徴量検出器として機能することであり、深層ニューラルネットワークの教師なしプレトレーニングで使えること（**11章**参照）である。そして、オートエンコーダは訓練データと非常によく似た感じの新しデータを無作為に生成することができる。これを**生成モデル**（generative model）と呼ぶ。たとえば、顔写真でオートエンコーダを訓練すると、新しい顔のイメージを生成できる。

驚くべきことに、オートエンコーダは単純に入力を出力にコピーすることを学ぶことによって機能する。これは、ごくつまらないタスクに聞こえるかもしれないが、これから見ていくように、ネットワークにさまざまな形で制約を与えるとこれが難しくなる。たとえば、内部表現のサイズを制限したり、入力にノイズを加え、オリジナルの入力を復元するようにネットワークを訓練したりすることができる。これらの制約が加わると、オートエンコーダは入力を直接出力にコピーすることができなくなり、データを表現する効率的な方法を学習せざるを得なくなる。つまり、コーディングは、オートエンコーダが何らかの制約のもとで恒等関数を学習したときの副産物なのである。

この章では、目的が次元削減であれ、特徴量の抽出、教師なしプレトレーニング、生成モデルであれ、オートエンコーダがどのような仕組みで機能するのか、どのような制約を加えられるのか、TensorFlow を使ってそれをどのように実装するのかについて深く説明する。

15.1　効率的なデータ表現

次の数列のうち、どちらの方が覚えやすいと思っただろうか。

- 40, 27, 25, 36, 81, 57, 10, 73, 19, 68
- 50, 25, 76, 38, 19, 58, 29, 88, 44, 22, 11, 34, 17, 52, 26, 13, 40, 20

　一見したところ、ずっと短い第 1 の数列の方が覚えやすそうに感じる。しかし、第 2 の数列を じっくりと見ると、ふたつの単純な規則に従っていることがわかる。偶数の後ろにはその半分の値 が続く。奇数の後ろにはその 3 倍に 1 を加えた値が続く（これは、**ヘイルストーン数列** ＝ hailstone sequence と呼ばれる有名な数列である）。このパターンに気付けば、ふたつの規則とひとつの数 値、数列の長さだけを覚えておけばよいので、第 2 の数列の方が第 1 の数列よりもずっと覚えや すい。ここで注意しておきたいのは、非常に長い数列をすばやく苦もなく記憶できれば、第 2 の 数列にパターンがあることなどどうでもよくなってしまうということだ。素ですべての数値を覚え てしまえばそれでよい。パターンを認識すると役に立つのは、長い数列を覚えるのが難しいからで ある。訓練中に制約を加えられたオートエンコーダが、データのなかのパターンを見つけて活用し ないわけにはいかないところに追い込まれる理由は、ここから明らかになるだろう。

　記憶、認識、パターンマッチングの関係では、1970 年代始めのウィリアム・チェイスとハーバー ト・サイモンによる研究が有名だ[†1]。彼らは、優れたチェス棋士がたった 5 秒盤面を見ただけで、 すべての駒の位置を記憶できることを明らかにした。ほとんどの人にはとてもできない芸当だ。し かし、それは駒が実戦上現実的な位置に配置されているときに限られ、駒がデタラメに並べられて いるときには記憶できない。チェスのエキスパートは、私たちよりもずっと優れた記憶力を持って いるわけではなく、試合の経験を積んでいるためにチェスのパターンを簡単に把握できるだけのこ となのだ。パターンに気付けることが情報の効率的な保存を助けているのである。

　この記憶実験のチェス棋士と同じように、オートエンコーダは入力を見て、それを効率のよい内 部表現に変換し、入力と非常に近いものを出力する。オートエンコーダは、かならず**エンコーダ** （encoder、または**認識ネットワーク**：recognition network）と**デコーダ**（decoder、または**生成 ネットワーク**：generative network）のふたつの部分から構成される。エンコーダが入力を内部表 現に変換し、デコーダが内部表現を出力に変換する（**図15-1**）。

　これからもわかるように、オートエンコーダは、出力層のニューロンが入力数と等しくなければ ならないことを除けば、MLP（Multi-Layer Perception：多層パーセプトロン、**10 章**参照）と同 じアーキテクチャになっている。この例では、ふたつのニューロン（エンコーダ）から構成される ひとつの隠れ層と 3 つのニューロン（デコーダ）から構成される出力層があるだけだ。オートエン コーダは入力を作り直そうとするので、出力は**再構築**（reconstruction）と呼ばれることが多い。 そして、コスト関数には、再構築が入力と異なるときにモデルにペナルティを与える**再構築ロス** （reconstruction loss）が含まれる。

　内部表現は、入力データよりも次数が低いため（3D ではなく 2D になっている）、オートエン コーダは**不完備**（undercomplete）だと言われる。不完備なオートエンコーダは、入力を単純に コーディングにコピーしてしまうことはできないので、入力のコピーを出力する方法を探さなけれ ばならない。入力データのなかでもっとも重要な特徴量がどれかを学ばざるを得なくなるのである （そして、そうでない特徴量を捨てる）。

[†1]　"Perception in chess" W. Chase and H. Simon (1973)

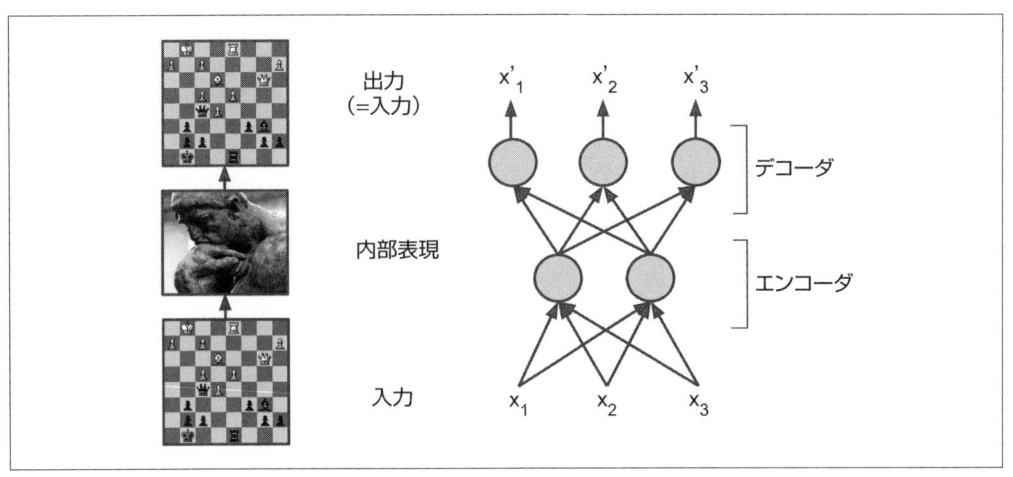

図15-1 チェス棋士のメモリ実験（左）と単純なオートエンコーダ（右）

では、次元削減のために非常に単純な不完備オートエンコーダの作り方を見てみよう。

15.2 不完備線形オートエンコーダによる PCA

オートエンコーダが線形活性化しか使わず、コスト関数が MSE（平均二乗誤差）しか使わないなら、それは結局 PCA（主成分分析、**8 章**参照）を行っているのだということを示すことができる。

次のコードは、3D データセットを対象として PCA を実行し 2D に射影する単純な線形オートエンコーダを作る。

```
import tensorflow as tf

n_inputs = 3   # 3D 入力
n_hidden = 2   # 2D コーディング
n_outputs = n_inputs

learning_rate = 0.01

X = tf.placeholder(tf.float32, shape=[None, n_inputs])
hidden = tf.layers.dense(X, n_hidden)
outputs = tf.layers.dense(hidden, n_outputs)

reconstruction_loss = tf.reduce_mean(tf.square(outputs - X))   # MSE

optimizer = tf.train.AdamOptimizer(learning_rate)
training_op = optimizer.minimize(reconstruction_loss)

init = tf.global_variables_initializer()
```

このコードは、実際には今までの章で作ってきた MLP と大差はない。注意すべきポイントは次

のふたつである。

- 出力数が入力数と等しいこと。
- 単純な PCA を実行するために、活性化関数を作らない（つまり、すべてのニューロンが線形）で、コスト関数が MSE だということ。もっと複雑なオートエンコーダはすぐあとで示す。

では、データセットをロードし、訓練セットでモデルを訓練して、そのモデルでテストセットをエンコード（つまり、2D に射影）してみよう。

```
X_train, X_test = [...] # データセットをロードする

n_iterations = 1000
codings = hidden   # 隠れ層の出力がコーディングとなる

with tf.Session() as sess:
    init.run()
    for iteration in range(n_iterations):
        training_op.run(feed_dict={X: X_train})   # ラベルなし（教師なし）
    codings_val = codings.eval(feed_dict={X: X_test})
```

図15-2 は、左にもとの 3D データセット、右にオートエンコーダの隠れ層（つまり、コーディング層）を示している。ここからもわかるように、オートエンコーダはデータを投影するためにもっとも優れた 2D 平面を見つけ、データ内の分散をできる限り残している（PCA と同じように）。

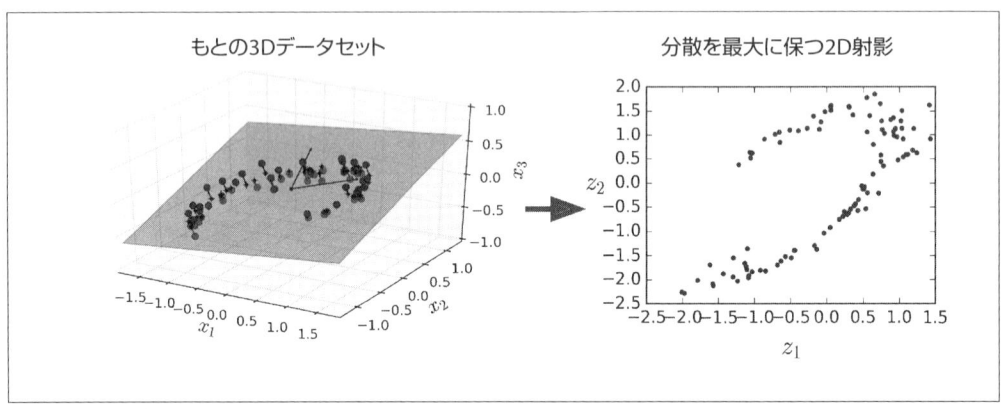

図15-2　不完備線形オートエンコーダが行う PCA

15.3　スタックオートエンコーダ

今まで取り上げてきたほかのニューラルネットワークと同様に、オートエンコーダは複数の隠

れ層を持つことができる。このようなオートエンコーダを**スタックオートエンコーダ**（stacked autoencoder、または**深層オートエンコーダ**：deep autoencoder）と呼ぶ。層を増やせば、オートエンコーダはもっと複雑なコーディングを学習しやすくなる。しかし、オートエンコーダは、あまり強力にしすぎないように注意しなければならない。非常に強力なため、個々の入力を単一の無作為な数値に変換してしまうオートエンコーダを想像してみよう（デコーダは逆の変換を学習する）。そのようなオートエンコーダは訓練データを完全に再構築するだろうが、その過程で使えるデータ表現を学習することはないだろう（そして、新しいインスタンスに対してうまく汎化しないはずだ）。

　スタックオートエンコーダのアーキテクチャは、一般に中央の隠れ層（コーディング層）を中心として対称的に作られる。平たく言えば、サンドイッチのようになる。たとえば、MNIST（**3章**参照）用のオートエンコーダは784個の入力を持ち、300個のニューロンを持つ隠れ層、150個のニューロンを持つ中央の隠れ層、300個のニューロンを持つ第3の隠れ層、最後に794個のニューロンを持つ出力層が続く。**図15-3**は、スタックオートエンコーダを示している。

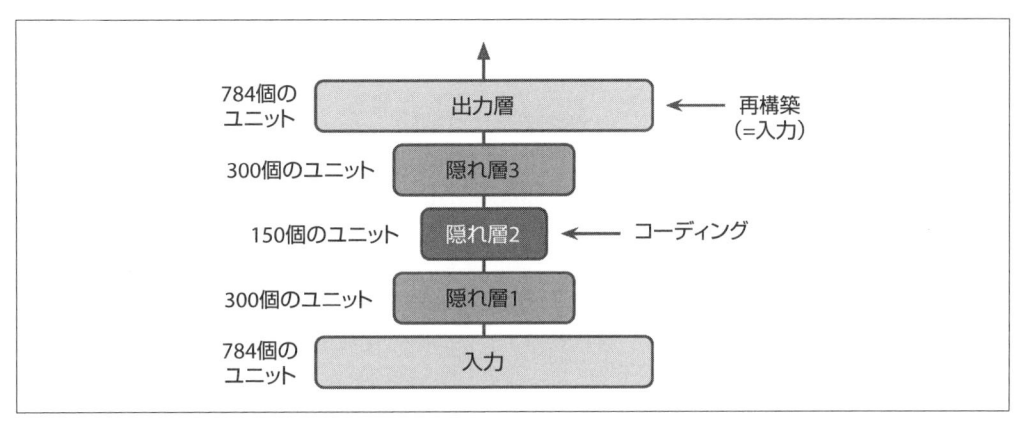

図15-3　スタックオートエンコーダ

15.3.1　**TensorFlowによる実装**

　スタックオートエンコーダは、通常の深層MLPと同じように作ることができる。特に注目すべきは、11章でDNNを訓練するために使ったのと同じテクニックが使えることである。たとえば、次のコードは、He初期化、ELU活性化関数、ℓ_2正則化を使って、MNIST用のスタックオートエンコーダを作っている。ラベルがない（yがない）ことを除けば、見慣れた感じのするコードになっているはずだ。

```
from functools import partial

n_inputs = 28 * 28  # MNIST 用
n_hidden1 = 300
```

```
n_hidden2 = 150   # コーディング
n_hidden3 = n_hidden1
n_outputs = n_inputs

learning_rate = 0.01
l2_reg = 0.0001

X = tf.placeholder(tf.float32, shape=[None, n_inputs])

he_init = tf.contrib.layers.variance_scaling_initializer()
l2_regularizer = tf.contrib.layers.l2_regularizer(l2_reg)
my_dense_layer = partial(tf.layers.dense,
                         activation=tf.nn.elu,
                         kernel_initializer=he_init,
                         kernel_regularizer=l2_regularizer)

hidden1 = my_dense_layer(X, n_hidden1)
hidden2 = my_dense_layer(hidden1, n_hidden2) # コーディング
hidden3 = my_dense_layer(hidden2, n_hidden3)
outputs = my_dense_layer(hidden3, n_outputs, activation=None)


reconstruction_loss = tf.reduce_mean(tf.square(outputs - X))   # MSE

reg_losses = tf.get_collection(tf.GraphKeys.REGULARIZATION_LOSSES)
loss = tf.add_n([reconstruction_loss] + reg_losses)

optimizer = tf.train.AdamOptimizer(learning_rate)
training_op = optimizer.minimize(loss)

init = tf.global_variables_initializer()
```

　モデルは通常のように訓練できる。数字のラベル（y_batch）が使われていないことに注意しよう。

```
n_epochs = 5
batch_size = 150

with tf.Session() as sess:
    init.run()
    for epoch in range(n_epochs):
        n_batches = mnist.train.num_examples // batch_size
        for iteration in range(n_batches):
            X_batch, y_batch = mnist.train.next_batch(batch_size)
            sess.run(training_op, feed_dict={X: X_batch})
```

15.3.2　重みの均等化

　今作ったもののように、オートエンコーダがきちんと対称的に作られている場合には、エンコーダ層の**重みを均等化**（tying weight）する。こうすると、モデルの重みの数が半分になり、訓練のスピードが上がり、過学習のリスクが緩和される。具体的には、オートエンコーダが N 個の層（入

力以外で）を持ち、W_L が L 番目の層の重みを表す場合（たとえば、層 1 は最初の隠れ層、層 $\frac{N}{2}$ はコーディング層、層 N は出力層を表す）、デコーダ層の重みは、単純に $W_{N-L+1} = W_L^T$（ただし $L = 1, 2, \cdots, \frac{N}{2}$）で表される。

　残念ながら、TensorFlow の dense() 関数で重みの均等化を実現するためには、少し煩雑な作業が必要になる。マニュアルで層を定義した方が簡単になってしまうのだ。しかし、そうするとコードはかなり冗長なものになってしまう。

```
activation = tf.nn.elu
regularizer = tf.contrib.layers.l2_regularizer(l2_reg)
initializer = tf.contrib.layers.variance_scaling_initializer()

X = tf.placeholder(tf.float32, shape=[None, n_inputs])

weights1_init = initializer([n_inputs, n_hidden1])
weights2_init = initializer([n_hidden1, n_hidden2])

weights1 = tf.Variable(weights1_init, dtype=tf.float32, name="weights1")
weights2 = tf.Variable(weights2_init, dtype=tf.float32, name="weights2")
weights3 = tf.transpose(weights2, name="weights3")   # 均等化された重み
weights4 = tf.transpose(weights1, name="weights4")   # 均等化された重み

biases1 = tf.Variable(tf.zeros(n_hidden1), name="biases1")
biases2 = tf.Variable(tf.zeros(n_hidden2), name="biases2")
biases3 = tf.Variable(tf.zeros(n_hidden3), name="biases3")
biases4 = tf.Variable(tf.zeros(n_outputs), name="biases4")

hidden1 = activation(tf.matmul(X, weights1) + biases1)
hidden2 = activation(tf.matmul(hidden1, weights2) + biases2)
hidden3 = activation(tf.matmul(hidden2, weights3) + biases3)
outputs = tf.matmul(hidden3, weights4) + biases4

reconstruction_loss = tf.reduce_mean(tf.square(outputs - X))
reg_loss = regularizer(weights1) + regularizer(weights2)
loss = reconstruction_loss + reg_loss

optimizer = tf.train.AdamOptimizer(learning_rate)
training_op = optimizer.minimize(loss)

init = tf.global_variables_initializer()
```

このコードはごく単純なものだが、注意すべき重要ポイントが含まれている。

- まず第 1 に、weight3 と weights4 は変数ではなく、それぞれ weights2 と weights1 の転置である（3、4 は 2、1 に「均等化」されている）。
- 第 2 に、これらは変数ではないので、正則化は不要である。weights1 と weights2 だけを正則化すればよい。
- 第 3 に、バイアス項は均等化されず、正則化されない。

15.3.3　オートエンコーダをひとつずつ訓練する

　今行ったようにスタックオートエンコーダ全体をまとめて訓練するよりも、**図15-4** に示すように、オートエンコーダを１度に１つずつ訓練してから全体をひとつのスタックオートエンコーダに積み上げた方が（名前はここに由来している）ずっと高速になることが多い。これは特に非常に深いオートエンコーダで役に立つ。

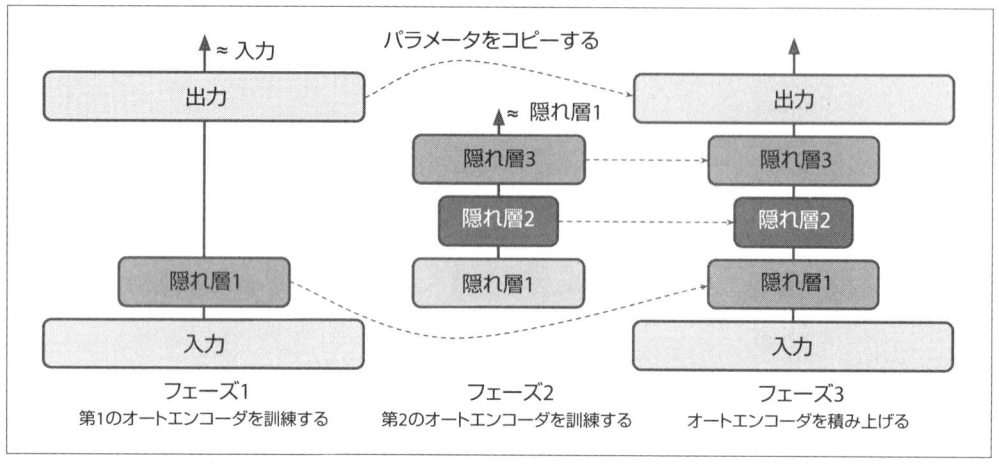

図15-4　1度に1つずつオートエンコーダを訓練する

　訓練の最初のフェーズでは、最初のオートエンコーダが入力を再構築することを学ぶ。第２フェーズでは、第２のオートエンコーダが第１のオートエンコーダの隠れ層の出力を再構築することを学ぶ。最後に、**図15-4** が示すようにこれらすべてのオートエンコーダを使って大きなサンドイッチを作る（つまり、まず各オートエンコーダの隠れ層を積み上げてから出力層を逆順に積み上げる）。これで最終的なスタックオートエンコーダが得られる。このようにすれば、訓練するオートエンコーダを増やして非常に深いスタックオートエンコーダを作るのは簡単だ。

　このマルチフェーズ訓練アルゴリズムをもっとも単純に実装できるのは、フェーズごとに異なるTensorFlow グラフを使うことだ。ひとつのオートエンコーダを訓練したら、訓練セット全体を与えて隠れ層の出力をキャプチャーする。この出力が次のオートエンコーダの訓練セットになる。すべてのオートエンコーダをこのように訓練したら、個々のオートエンコーダの重みとバイアス項をコピーし、スタックオートエンコーダの構築に使う。このアプローチの実装はごく単純なので、ここでは詳しく示さないが、具体例はJupyter ノートブック（https://github.com/ageron/handson-ml）のコードを参照していただきたい。

　もうひとつのアプローチは、**図15-5** に示すように、スタックオートエンコーダ全体を格納するひとつのグラフを作り、個々の訓練フェーズを実行するオペレーションを作るものである。

　これには少し説明が必要だろう。

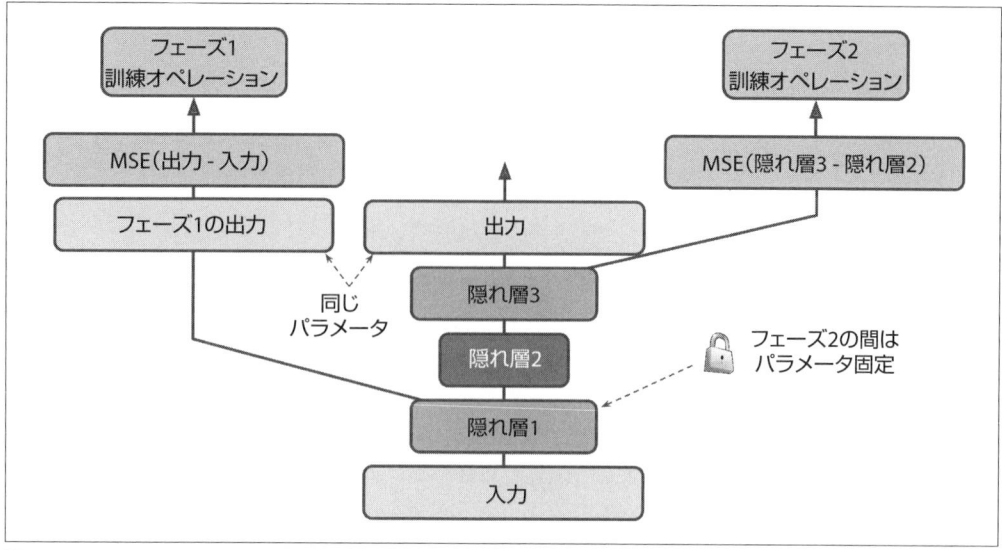

図15-5　ひとつのグラフでスタックオートエンコーダを訓練する

- グラフの中央の列は、スタックオートエンコーダ全体である。訓練後はこの部分を使う。
- グラフの左の列は、訓練の第1フェーズを実行するために必要なオペレーションを示している。このオペレーションは、隠れ層2、3を実行せずに出力層を作る。この出力層は、スタックオートエンコーダの出力層と同じ重みとバイアス項を共有する。その上に、出力をできる限り入力に近づけることを目的とした訓練オペレーションが配置される。つまり、このフェーズは隠れ層1と出力層（つまり、第1オートエンコーダ）の重みとバイアス項を訓練する。
- グラフの右の列は、訓練の第2フェーズを実行するために必要なオペレーションである。隠れ層3の出力をできる限り隠れ層1の出力に近づけることを目的とした訓練オペレーションを追加する。第2フェーズ実行中は、隠れ層1を凍結しなければならないことに注意しよう。このフェーズは、隠れ層2と3の重みとバイアス項を訓練する（つまり、第2オートエンコーダ）。

TensorFlow コードは、次のようになる。

```
[...] # 通常のようにスタックオートエンコーダ全体を作る
      # この例では、重みは均等化されていない

optimizer = tf.train.AdamOptimizer(learning_rate)

with tf.name_scope("phase1"):
    phase1_outputs = tf.matmul(hidden1, weights4) + biases4
    phase1_reconstruction_loss = tf.reduce_mean(tf.square(phase1_outputs - X))
```

```
        phase1_reg_loss = regularizer(weights1) + regularizer(weights4)
        phase1_loss = phase1_reconstruction_loss + phase1_reg_loss
        phase1_training_op = optimizer.minimize(phase1_loss)

    with tf.name_scope("phase2"):
        phase2_reconstruction_loss = tf.reduce_mean(tf.square(hidden3 - hidden1))
        phase2_reg_loss = regularizer(weights2) + regularizer(weights3)
        phase2_loss = phase2_reconstruction_loss + phase2_reg_loss
        train_vars = [weights2, biases2, weights3, biases3]
        phase2_training_op = optimizer.minimize(phase2_loss, var_list=train_vars)
```

第1フェーズは簡単である。隠れ層2、3をスキップして出力層を作り、出力と入力の距離を縮めるための（そしてある程度の正則化のための）訓練オペレーションを組み立てる。

第2フェーズは隠れ層3と隠れ層1の出力の距離を縮めるための（そしてここでもある程度の正則化のための）訓練オペレーションを追加する。大切なのは、minimize()にメソッドに渡す訓練可能変数のリストにweights1とbiases1が入らないようにすることである。それにより、フェーズ2では隠れ層1が実質的に凍結されることになる。

実行フェーズでは、数エポックに渡ってフェーズ1の訓練オペレーションを実行してからさらに数エポックに渡ってフェーズ2の訓練オペレーションを実行すればよい。

> フェーズ2では隠れ層1が凍結されているので、その出力はどの訓練インスタンスに対しても同じになる。エポックごとに隠れ層1の出力を再計算しなくても済むように、フェーズ1の最後で訓練セット全体に対して隠れ層1の出力を計算し、フェーズ2には隠れ層1の出力をキャッシュしたものを渡すとよい。こうすれば、パフォーマンスが上がる。

15.3.4　再構築の可視化

入力と出力の比較は、オートエンコーダが適切に訓練されるようにするための方法のひとつである。両者は十分に近く、異なるのは重要でない細部だけでなければならない。無作為に選んだふたつの数字とその再構築を図示してみよう。

```
n_test_digits = 2
X_test = mnist.test.images[:n_test_digits]

with tf.Session() as sess:
    [...] # オートエンコーダを訓練する
    outputs_val = outputs.eval(feed_dict={X: X_test})

def plot_image(image, shape=[28, 28]):
    plt.imshow(image.reshape(shape), cmap="Greys", interpolation="nearest")
    plt.axis("off")

for digit_index in range(n_test_digits):
    plt.subplot(n_test_digits, 2, digit_index * 2 + 1)
    plot_image(X_test[digit_index])
```

```
plt.subplot(n_test_digits, 2, digit_index * 2 + 2)
plot_image(outputs_val[digit_index])
```

図15-6 は、得られたイメージを示している。

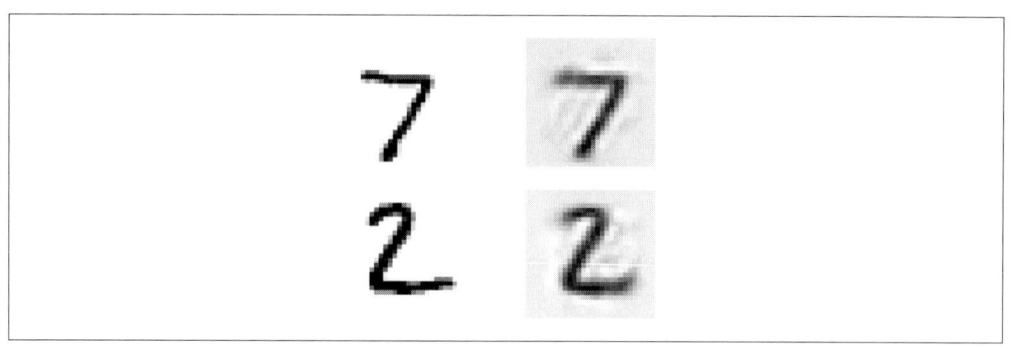

図15-6　オリジナルの数字（左）とその再構築（右）

　十分似ている。オートエンコーダは入力を再構築することを正しく学んだようだ。しかし、役に
立つ特徴量をきちんと学んでいるだろうか。次はそれを見てみよう。

15.3.5　特徴量の可視化

　オートエンコーダがある程度特徴量を学習したら、その内容を見てみたいところだ。そのための
テクニックはたくさんある。おそらくもっとも単純なテクニックは、すべての隠れ層のすべての
ニューロンを対象として、そのニューロンをもっとも強く活性化した訓練インスタンスを見つけて
くるというものである。これは、特に上位の隠れ層で役に立つ。これらの層は、比較的大きな特徴
量をつかまえるはずであり、その特徴量が含まれる訓練インスタンスなら、誰が見てもすぐにその
特徴量がわかるはずだからだ。たとえば、写真のなかに猫が含まれていると強く活性化するニュー
ロンがあるなら、そのニューロンを強く活性化した写真には猫が含まれていることはほぼ間違いな
い。しかし、下位の層では、つかまえられる特徴量がかなり小さく、抽象的なので、ニューロンが
何に反応して興奮しているのかを正確に理解することは難しいことが多い。

　ほかのテクニックも見てみよう。第1隠れ層の個々のニューロンについて、その接続の重みに合
わせてニューロンに対応するピクセルの明度を加減したイメージを作るのである。たとえば、次の
コードは、第1隠れ層の5個のニューロンが学習した特徴量を図示する。

```
with tf.Session() as sess:
    [...] # オートエンコーダを訓練する
    weights1_val = weights1.eval()

for i in range(5):
    plt.subplot(1, 5, i + 1)
    plot_image(weights1_val.T[i])
```

すると、**図15-7** に示すように、低水準の特徴量を見ることができる。

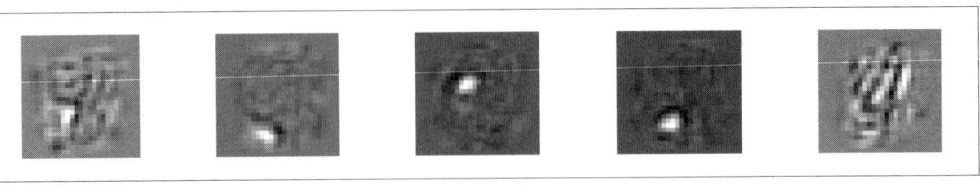

図15-7　第1隠れ層の5個のニューロンが学習した特徴量

　最初の4つの特徴量は小さな斑点に対応しているように見えるのに対し、第5の特徴量は縦線を探しているように見える（これらの特徴量は、後述するノイズ除去のためのスタックオートエンコーダから得られたものである）。

　さらに別なテクニックとして、オートエンコーダに無作為に入力イメージを与え、関心を持っているニューロンの活性化の度合いを測定してから、バックプロパゲーションでニューロンがもっと活性化するような方向にイメージに操作を加えていくというものもある。これ（勾配上昇の実行）を数回繰り返すと、イメージは（そのニューロンにとって）もっとも興奮するようなイメージに変わる。これは、ニューロンが探しているタイプの入力を可視化するために役立つテクニックである。

　最後に、（たとえば分類を目的として）教師なしのプレトレーニングのためにオートエンコーダを使っている場合、オートエンコーダが学習した特徴量が役に立つものかどうかは、分類器の性能を測定すれば簡単に確かめられる。

15.4　スタックオートエンコーダを使った　教師なしプレトレーニング

　11章でも説明したように、複雑な教師ありタスクに取り組んでいるものの、ラベル付きの訓練データがあまりない場合の対処方法のひとつは、同じようなタスクを実行するニューラルネットワークを見つけてきて、その下位層を再利用することだ。すると、あなたのニューラルネットワークは、既存のネットワークが学習した特徴量検出器を再利用して下位特徴量をいちいち学習しなくても済むようになるので、わずかな訓練データで高性能のモデルを作ることができる。

　同様に、大規模なデータセットはあるものの、その大半にラベルがついていない場合には、まずすべてのデータを使ってスタックオートエンコーダを訓練し、実際のタスクを行うニューラルネットワークを作るときにその下位層を再利用してラベル付きデータで訓練すればよい。たとえば、**図15-8** は、スタックオートエンコーダを使って分類用のニューラルネットワークのために教師なしプレトレーニングを行う方法を示している。スタックオートエンコーダ自体は、先ほど説明したように、一般に1度にひとつずつのオートエンコーダを訓練する。分類器を訓練するときに、本当にラベル付き訓練データがあまりない場合には、訓練済みの層（少なくとも下位のいくつかの

層）を凍結するとよい。

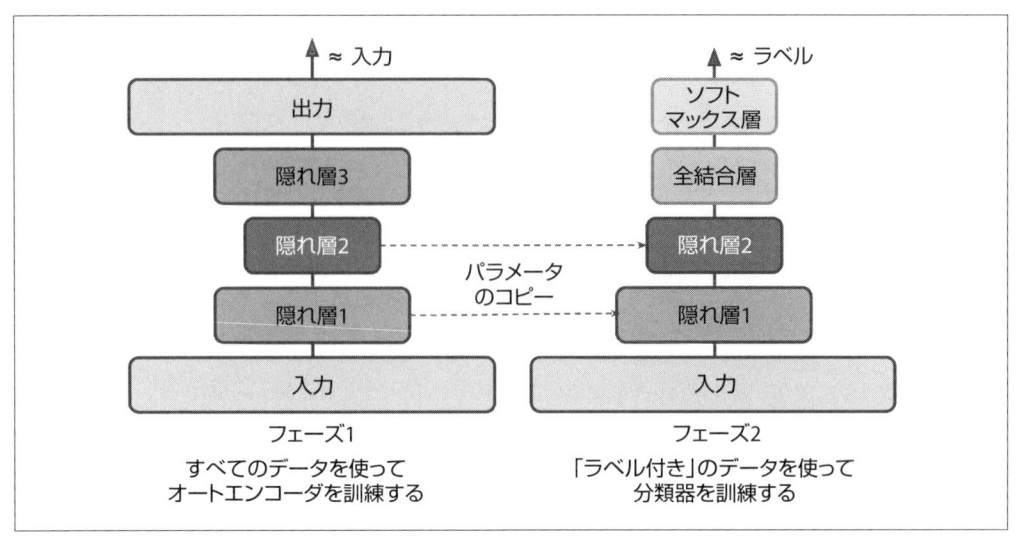

図15-8 オートエンコーダを使った教師なしプレトレーニング

 大規模なラベルなしのデータセットは低コストで作れても（たとえば、簡単なスクリプトを書けば、インターネットから数百万のイメージをダウンロードできる）、確実なラベルは人間でなければ付けられないので（たとえば、イメージがかわいいかどうか）、このような状況は実際によくある。インスタンスにラベルを付けるのは時間とコストがかかる。そのため、ラベル付きインスタンスは数千個しか作らないことはごく普通にある。

　すでに述べたように、現在、深層学習が爆発的に流行しているきっかけのひとつは、2006 年にジェフリー・ヒントンらが DNN を教師なしでプレトレーニングできることを発見したことである。彼らが使ったのは制限付きボルツマンマシン（**付録 E** 参照）だったが、ヨシュア・ベンジオらの 2007 年の論文（https://goo.gl/R5L7HJ）[†2]は、オートエンコーダでも同じように機能することを示した。

　TensorFlow の実装には特別なところは何もない。すべての訓練データを使ってオートエンコーダを訓練し、新しいニューラルネットワークを作るときにそのエンコーダ層を再利用するだけである（事前学習済みの層を再利用するための方法の詳細は **11 章**を参照していただきたい。また、Jupyter ノートブックには、コード例が含まれている）。

　今までは、オートエンコーダにむりやり面白い特徴量を学習させるために、コーディング層の次数を低くして不完備にしていた。しかし、使える制約の種類はほかにもたくさんあり、そのなかに

---

†2 "Greedy Layer-Wise Training of Deep Networks" Y. Bengio et al. (2007)

はコーディング層が入力層と同じサイズだったり、入力層よりも大きい**過完備オートエンコーダ**（overcomplete autoencoder）さえある。次に、そのようなアプローチのなかのいくつかを見てみよう。

15.5　ノイズを除去するオートエンコーダ

　オートエンコーダに役に立つ特徴量を強制的に学習させる方法のなかには、入力にノイズを加えてオリジナルのノイズのない入力を復元できるように訓練するというものがある。この場合、オートエンコーダは単純に入力を出力にコピーするわけにはいかないので、データのなかからパターンを見つけなければならなくなる。

　オートエンコーダを使ってノイズを取り除くという考え方は、1980年代からある（たとえば、ヤン・ルカンが1987年に提出した修士論文で言及されている）。Pascal Vincent らは、2008年の論文（https://goo.gl/K9pqcx）[3]で、オートエンコーダが特徴量の抽出にも使えることを示した。Vincent らは、2010年の論文（https://goo.gl/HgCDIA）[4]では、**スタックノイズ除去オートエンコーダ**（stacked denoising autoencoder）を提唱した。

　ノイズは、入力に加えた純粋なガウスノイズでも、ドロップアウト（**11章**参照）のように無作為に入力をオフにしたものでもよい。**図15-9** は、両方を示している。

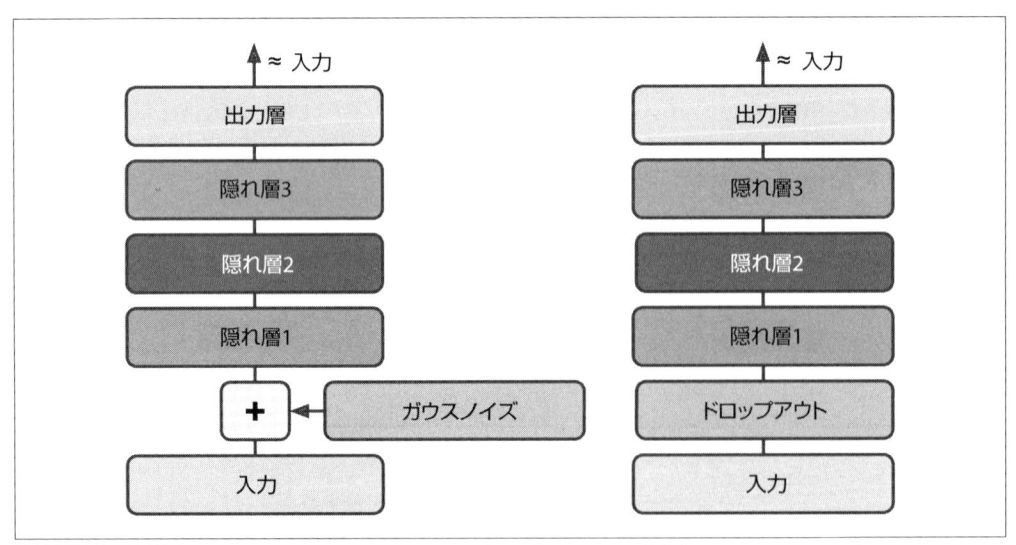

図15-9　ガウスノイズ（左）、ドロップアウト（右）を使ったノイズ除去オートエンコーダ

---

[3]　"Extracting and Composing Robust Features with Denoising Autoencoders" P. Vincent et al.(2008)

[4]　"Stacked Denoising Autoencoders: Learning Useful Representations in a Deep Network with a Local Denoising Criterion" P. Vincent et al.(2010)

15.5.1　TensorFlow による実装

TensorFlow でノイズ除去オートエンコーダを実装するのはそれほど難しくない。まず、ガウスノイズ版から始めよう。入力にノイズを加えることを除けば、通常のオートエンコーダを訓練するのと同じようなものである。再構築ロスは、オリジナルの入力に基づいて計算される。

```
noise_level = 1.0
X = tf.placeholder(tf.float32, shape=[None, n_inputs])
X_noisy = X + noise_level * tf.random_normal(tf.shape(X))

hidden1 = tf.layers.dense(X_noisy, n_hidden1, activation=tf.nn.relu,
                          name="hidden1")
[...]
reconstruction_loss = tf.reduce_mean(tf.square(outputs - X)) # MSE
[...]
```

構築フェーズでは X の形状は部分的にしか定義されないので、X に加えるノイズの形状はあらかじめわからない。X.get_shape() を呼び出すことはできない。X.get_shape() は、X の部分的に定義された形状（[None, n_inputs]）を返すだけだが、random_normal() は完全に定義された形状を受け付けるように作られているので、例外が起きてしまう。そこで、実行時に X の形状を返すオペレーションを作る tf.shape(X) を呼び出す。このオペレーションを実行する頃には、X の形状は完全に定義されている。

ガウスノイズ版よりもよく使われるドロップアウト版もそれほど難しくなるわけではない。

```
dropout_rate = 0.3

training = tf.placeholder_with_default(False, shape=(), name='training')

X = tf.placeholder(tf.float32, shape=[None, n_inputs])
X_drop = tf.layers.dropout(X, dropout_rate, training=training)

hidden1 = tf.layers.dense(X_drop, n_hidden1, activation=tf.nn.relu,
                          name="hidden1")
[...]
reconstruction_loss = tf.reduce_mean(tf.square(outputs - X)) # MSE
[...]
```

訓練中は、**11 章**で説明したように feed_dict を使って、training を True に設定しなければならない。

```
sess.run(training_op, feed_dict={X: X_batch, training: True})
```

placeholder_with_default() 関数を呼び出すときに、training のデフォルトを False にしているので、テスト中に training を False に設定する必要はない。

15.6　スパースオートエンコーダ

特徴量の抽出のために効果的な制約としては、**疎**（sparse）にすること、つまりコスト関数に適切な項を追加して、コーディング層のニューロンのなかで活性化されているものの数を減らすことも含まれる。たとえば、コーディング層のニューロンのうち、優位に活性化されているものを平均でわずか5%に抑えることができる。そうすると、オートエンコーダは、少数の活性化ニューロンの組み合わせで個々の入力を表現しなければならない。その結果、コーディング層の個々のニューロンは、一般に役に立つ特徴量を表現するようになる（月ごとにしゃべってよい単語がわずかなら、聞く意味のあるようなことを話そうとするだろう）。

疎なモデルを作るためには、まず個々の訓練イテレーションでコーディング層がどれくらい疎になっているかを測定しなければならない。そのために、訓練バッチ全体でコーディング層の個々のニューロンについて平均活性度を計算する。バッチサイズが小さすぎて平均が不正確にならないようにしなければならない。

ニューロンごとの平均活性度が計算できたら、コスト関数に**疎性ロス**を加えて、活性度が高すぎるニューロンにペナルティを与える。たとえば、あるニューロンの平均活性度が0.3なのに、疎性のターゲットが0.1なら、活性化される回数を減らすためにペナルティを与えなければならない。そのためにコスト関数に二乗誤差 $(0.3 - 0.1)^2$ を加えるのもひとつの方法だが、実践的には、**図15-10** に示すように、平均二乗誤差よりも勾配が急なカルバック・ライブラー情報量（Kullback-Leibler divergence、**4章**で簡単に説明した）を使った方がよい。

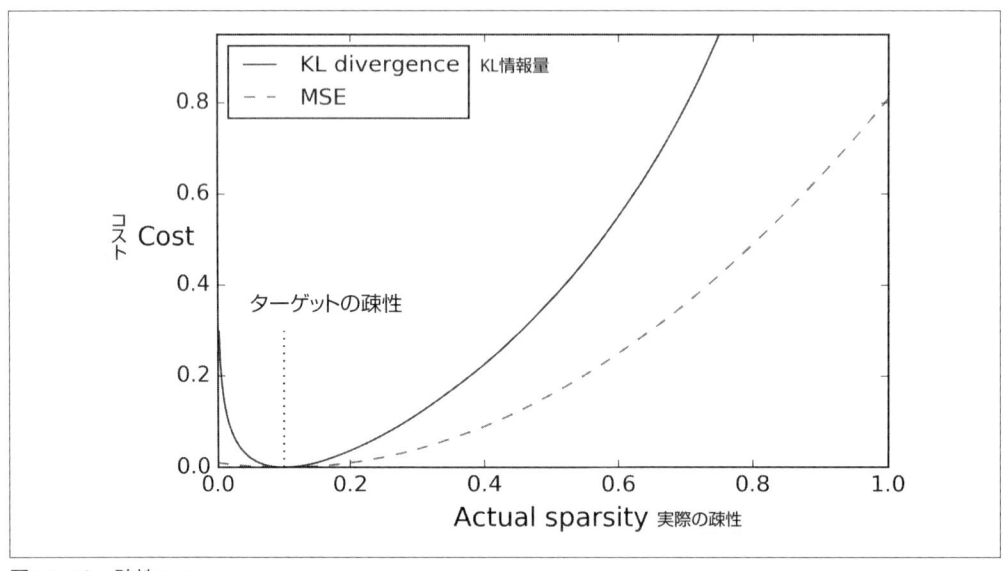

図15-10　疎性ロス

ふたつの離散確率分布 P と Q があるとき、両分布の KL 情報量は $D_{KL}(P \parallel Q)$ と表記され、**式15-1** のようにして計算される。

式 15-1 カルバック・ライブラー情報量

$$D_{\mathrm{KL}}(P \| Q) = \sum_i P(i) \log \frac{P(i)}{Q(i)}$$

私たちの場合、コーディング層のニューロンが活性化する確率のターゲット値 p と実際の確率 q（つまり、訓練バッチ全体での平均活性度）の差を測定したい（**式15-2**）。

式 15-2 ターゲット疎性 p と実際の疎性 q の間の KL 情報量

$$D_{\mathrm{KL}}(p \| q) = p \log \frac{p}{q} + (1 - p) \log \frac{1 - p}{1 - q}$$

コーディング層の個々のニューロンについて疎性ロスを計算したら、それらのロスを合計し、結果をコスト関数に加える。疎性ロスと再構築ロスの相対的な重要性をコントロールするために、疎性ロスに疎性重みハイパーパラメータを掛ける。この重みを大きくすると、モデルはターゲット疎性に近づくが、入力を正しく再構築できなくなることがある。これではモデルとして役に立たない。逆に、重みが小さすぎると、モデルは疎性の目標をほとんど無視してしまい、意味のある特徴量を学習しなくなる。

15.6.1 TensorFlow による実装

TensorFlow でスパースオートエンコーダを実装するために必要なものは揃っている。

```
def kl_divergence(p, q):
    return p * tf.log(p / q) + (1 - p) * tf.log((1 - p) / (1 - q))

learning_rate = 0.01
sparsity_target = 0.1
sparsity_weight = 0.2

[...] # 通常のオートエンコーダを構築する（この例では、コーディング層は隠れ層 1）

hidden1_mean = tf.reduce_mean(hidden1, axis=0) # バッチの平均
sparsity_loss = tf.reduce_sum(kl_divergence(sparsity_target, hidden1_mean))
reconstruction_loss = tf.reduce_mean(tf.square(outputs - X)) # MSE
loss = reconstruction_loss + sparsity_weight * sparsity_loss
optimizer = tf.train.AdamOptimizer(learning_rate)
training_op = optimizer.minimize(loss)
```

細かいことだが、コーディング層の活性度は 0 から 1 までの間でなければならない（ただし、0、1 であってはならない）ことに注意しよう。そうでなければ、kl_divergence は NaN（非数）

を返す。この問題は、コーディング層でロジスティック活性化関数を使えば簡単に解決する。

```
hidden1 = tf.layers.dense(X, n_hidden1, activation=tf.nn.sigmoid)
```

　簡単なトリックで収束を早めることができる。MSE ではなく、もっと勾配が急な最構築ロスを選ぶのである。交差エントロピーを使うとよいことが多い。交差エントロピーを使うためには、入力が 0 から 1 までの値になるように正規化し、出力層でもロジスティック活性化関数を使って出力も 0 から 1 までの値になるようにする。TensorFlow の `sigmoid_cross_entropy_with_logits()` 関数は、効率よく出力にロジスティック（シグモイド）活性化関数を適用し、交差エントロピーを計算してくれる。

```
[...]
logits = tf.layers.dense(hidden1, n_outputs)
outputs = tf.nn.sigmoid(logits)

xentropy = tf.nn.sigmoid_cross_entropy_with_logits(labels=X, logits=logits)
reconstruction_loss = tf.reduce_sum(xentropy)
```

　`outputs` オペレーションは訓練中には不要だということに注意していただきたい（再構築を見たいときに使うだけである）。

15.7　変分オートエンコーダ

　Diederik Kingma と Max Welling が 2014 年にオートエンコーダの新たな重要カテゴリを生み出し[5]、あっという間にオートエンコーダのなかでももっとも人気の高いタイプにのし上がった。それが**変分オートエンコーダ**（variational autoencoder）である。

　変分オートエンコーダは、今までに取り上げてきたどのオートエンコーダとも大きく異なるが、特に目立つのは次のふたつだ。

- 変分オートエンコーダは**確率的オートエンコーダ**（probalilistic autoencoder）である。つまり、変分オートエンコーダの出力は、訓練後であっても、出力が部分的に偶然によって決まる（訓練中のみ無作為性を使うノイズ除去オートエンコーダとはこの部分が異なる）。
- 何よりも重要なのは、変分オートエンコーダが**生成的オートエンコーダ**（generative autoencoder）であり、訓練セットからサンプリングされたかのように見える新しいインスタンスを生成できることだ。

　このふたつの性質により、変分オートエンコーダは、むしろ RBM（**付録 E** 参照）に似たものになっているが、変分オートエンコーダの方が訓練が簡単であり、サンプリングプロセスははるかに

---

[5]　"Auto-Encoding Variational Bayes" D. Kingma and M. Welling (2014)

高速だ（RBM では、ネットワークが安定して「熱平衡」状態になるのを待たなければ新しいインスタンスをサンプリングすることはできない）。

　では、変分オートエンコーダの仕組みを見てみよう。**図15-11**（左）は、変分オートエンコーダを示している。もちろん、ここにはエンコーダのあとにデコーダが続く（この場合、両者ともふたつずつの隠れ層を含んでいる）というあらゆるオートエンコーダの基本構造が認められるが、ちょっとしたひねりが加えられている。入力に対するコーディングを直接作るのではなく、エンコーダは**平均コーディング**（mean coding）の μ と標準偏差の σ を作っている。実際のコーディングは、平均 μ と標準偏差の σ によるガウス分布から無作為にサンプリングされる。そのあとで、デコーダが通常どおりにサンプリングされたコーディングをデコードする。図の右側の部分は、このオートデコーダを通過する訓練インスタンスを示している。まずエンコーダが μ と σ を作ると、コーディングが無作為にサンプリングされる（正確に μ の位置にはないことに注意していただきたい）。そして、最後にこのコーディングがデコードされ、最終出力は訓練インスタンスとよく似たものになる。

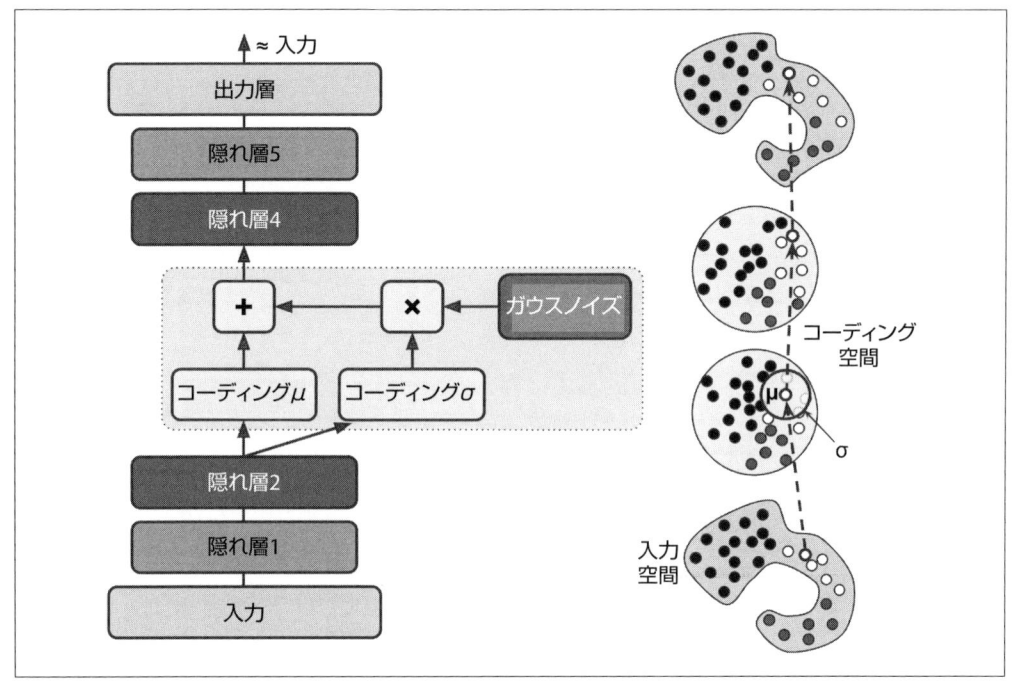

図15-11　変分オートエンコーダ（左）とそれを通過するインスタンス（右）

　図からもわかるように、入力が非常に複雑な分布をしていても、変分オートエンコーダは単純な

ガウス分布からサンプリングされたかのように見えるコーディングを生成する[†6]。訓練中、コスト関数（すぐあとで説明する）は、コーディングが**コーディング空間**（coding space、**潜在空間**：latent space とも呼ぶ）内でガウス点の雲のように見える（超）球領域を占めるように移動していくよう作用していく。これにより、変分オートエンコーダ訓練後、新インスタンスが非常に簡単に生成できるようになるという大きな効果が得られる。ガウス分布から無作為にコーディングをサンプリングしてデコードすると、それが新インスタンスになるのである。

では、コスト関数を見てみよう。コスト関数はふたつの部分から構成されている。第1の部分は、オートエンコーダが入力を再現する方向に働きかける通常の再構築ロスである（先ほど述べたように、この目的では交差エントロピーが使える）。第2の部分は、オートエンコーダが単純なガウス分布からサンプリングされたかのように見えるコーディングを持つ方向に働きかける**潜在ロス**（latent loss）である。この目的のためには、ターゲット分布（ガウス分布）と実際のコーディングの分布の間の KL 情報量を使う。数学的には、特にガウスノイズのおかげで今までよりも少し複雑になるが、これのおかげでコーディング層に移される情報の量が制限される（そのため、オートエンコーダが役に立つ特徴量を学習する方向に機能する）。幸い、潜在ロスの式は、次のコードに単純化される[†7]。

```
eps = 1e-10  # NaN になる log(0) の計算を避けるための平滑化項
latent_loss = 0.5 * tf.reduce_sum(
    tf.square(hidden3_sigma) + tf.square(hidden3_mean)
    - 1 - tf.log(eps + tf.square(hidden3_sigma)))
```

σ ではなく、$\gamma = \log(\sigma^2)$ を出力するようにエンコーダを訓練する変種もよく見られる。この場合、σ が必要とされるところでは、$\sigma = \exp\left(\frac{\gamma}{2}\right)$ を計算すればよい。こうすると、エンコーダは異なる大きさのシグマを捕まえやすくなり、収束を早めるために役立つ。潜在ロスの計算はさらに単純になる。

```
latent_loss = 0.5 * tf.reduce_sum(
    tf.exp(hidden3_gamma) + tf.square(hidden3_mean) - 1 - hidden3_gamma)
```

次のコードは、$\log(\sigma^2)$ 版を使って**図15-11**（左）に示す変分オートエンコーダを構築する。

```
from functools import partial

n_inputs = 28 * 28  # MNIST 用
n_hidden1 = 500
n_hidden2 = 500
n_hidden3 = 20   # コーディング
n_hidden4 = n_hidden2
n_hidden5 = n_hidden1
n_outputs = n_inputs
```

[†6] 変分オートエンコーダは、実際にはもっと一般的である。コーディングはガウス分布に限られない。

[†7] 数学的な詳細については、変分オートエンコーダについてのオリジナルの論文か Carl Doersch が2016年に書いたすばらしいチュートリアル（https://goo.gl/ViiAzQ）を参照していただきたい。

```
learning_rate = 0.001

initializer = tf.contrib.layers.variance_scaling_initializer()
my_dense_layer = partial(
    tf.layers.dense,
    activation=tf.nn.elu,
    kernel_initializer=initializer)

X = tf.placeholder(tf.float32, [None, n_inputs])
hidden1 = my_dense_layer(X, n_hidden1)
hidden2 = my_dense_layer(hidden1, n_hidden2)
hidden3_mean = my_dense_layer(hidden2, n_hidden3, activation=None)
hidden3_gamma = my_dense_layer(hidden2, n_hidden3, activation=None)
noise = tf.random_normal(tf.shape(hidden3_gamma), dtype=tf.float32)
hidden3 = hidden3_mean + tf.exp(0.5 * hidden3_gamma) * noise
hidden4 = my_dense_layer(hidden3, n_hidden4)
hidden5 = my_dense_layer(hidden4, n_hidden5)
logits = my_dense_layer(hidden5, n_outputs, activation=None)
outputs = tf.sigmoid(logits)
xentropy = tf.nn.sigmoid_cross_entropy_with_logits(labels=X, logits=logits)
reconstruction_loss = tf.reduce_sum(xentropy)
latent_loss = 0.5 * tf.reduce_sum(
    tf.exp(hidden3_gamma) + tf.square(hidden3_mean) - 1 - hidden3_gamma)
loss = reconstruction_loss + latent_loss

optimizer = tf.train.AdamOptimizer(learning_rate=learning_rate)
training_op = optimizer.minimize(loss)

init = tf.global_variables_initializer()
saver = tf.train.Saver()
```

15.7.1　数字の生成

　では、変分オートエンコーダを使って、手書きの数字のように見えるイメージを生成してみよう。モデルを訓練し、ガウス分布から無作為なコーディングをサンプリングして、それをデコードすればよい。

```
import numpy as np

n_digits = 60
n_epochs = 50
batch_size = 150

with tf.Session() as sess:
    init.run()
    for epoch in range(n_epochs):
        n_batches = mnist.train.num_examples // batch_size
        for iteration in range(n_batches):
            X_batch, y_batch = mnist.train.next_batch(batch_size)
            sess.run(training_op, feed_dict={X: X_batch})
```

```
codings_rnd = np.random.normal(size=[n_digits, n_hidden3])
outputs_val = outputs.eval(feed_dict={hidden3: codings_rnd})
```

これだけである。では、オートエンコーダが生成した「手書きの」数字がどのようなものかを見てみよう（**図15-12**）。

```
for iteration in range(n_digits):
    plt.subplot(n_digits, 10, iteration + 1)
    plot_image(outputs_val[iteration])
```

図15-12　変分オートエンコーダが生成した手書きの数字のイメージ

　これらの数字の大多数はそれらしいものだが、「独創的」なものも一部含まれている。しかし、あまりオートエンコーダを責めないでいただきたい。学習を始めてからまだ1時間もたっていないのである。もう少し訓練のための時間を与えれば、数字の形はどんどんよくなっていくはずだ。

15.8　その他のオートエンコーダ

　教師あり学習がイメージ認識、音声認識、機械翻訳、その他の分野で目覚ましい成功を収めているため、教師なし学習は目立たなくなっているように見えるが、実際には教師なし学習も目覚ましい発展を遂げている。オートエンコーダ、その他の教師なし学習アルゴリズムの新しいアーキテクチャはコンスタントに発明されており、本書ではそれらすべてを取り上げることはとてもできないほどになっている。ここでは、チェックしておきたいその他のタイプのオートエンコーダについて

簡単に説明しておこう（決して網羅的なものではない）。

CAE（contractive autoencoder：収縮オートエンコーダ、https://goo.gl/U5t9Ux）[8]
訓練中、コーディングの入力についての微分が小さくなるように訓練中のオートエンコーダに制限を加える。つまり、ふたつのよく似た入力は同じようなコーディングを持たなければならない。

スタック畳み込みオートエンコーダ（stacked convolutional auto-encoder、https://goo.gl/PTwsol）[9]
畳み込み層によって処理されたイメージを再構築することにより、視覚的な特徴量を抽出することを学習するオートエンコーダ。

GSN（generative stochastic network：生成的確率的ネットワーク、https://goo.gl/HjON1m）[10]
データ生成機能を加えてノイズ除去オートエンコーダを一般化したもの。

WTA オートエンコーダ（winner-take-all autoencoder：勝者総取りオートエンコーダ、https://goo.gl/I1LvzL）[11]
訓練中、コーディング層のすべてのニューロンの活性化を計算したあと、訓練バッチ全体で活性化後の値が上位 $k\%$ に入るものだけを残し、その他は 0 にリセットする。当然、このような操作を加えるとコーディングは疎なものになる。さらに、WTA で同じようなアプローチを使えば、疎な畳み込みオートエンコーダが作れる。

敵対的生成ネットワーク（Generative Adversarial Network (GAN)、https://goo.gl/qd4Rhn）[12]
「識別ネットワーク」と呼ばれる 1 つのネットワークは、「生成ネットワーク」と呼ばれる第 2 のネットワークによって生成された擬似データと実際のデータを区別するように訓練される。識別ネットワークは、生成ネットワークの欺きを回避することを学んでいる間、生成ネットワークは、識別ネットワークを欺く方法を学ぶ。この競争は現実的な偽のデータを生成することと、非常に堅牢なコーディングにつながる。敵対的な訓練は強力なアイデアであり、現在多くの勢いを得ている。ヤン・ルカンはそれを「スライスパン以来の最もクールなもの」とも呼んでいた。

---

[8] "Contractive Auto-Encoders: Explicit Invariance During Feature Extraction" S. Rifai et al.(2011)
[9] "Stacked Convolutional Auto-Encoders for Hierarchical Feature Extraction" J. Masci et al.(2011)
[10] "GSNs: Generative Stochastic Networks" G. Alain et al.(2015)
[11] "Winner-Take-All Autoencoders" A. Makhzani and B. Frey (2015)
[12] "Generative Adversarial Networks" I. Goodfellow et al.(2014)

15.9　演習問題

1. オートエンコーダの主要な用途は何か。

2. 分類器を訓練したいと思っており、ラベルなしの訓練データは豊富に持っているが、ラベル付きのインスタンスは数千個しかない。このようなときにオートエンコーダはどのように役立つか。どうすれば先に進めるか。

3. オートエンコーダが入力を完全に再構築する場合、それは優れたオートエンコーダだと言い切ってよいか。オートエンコーダの性能を評価するためにはどうすればよいか。

4. 不完備、過完備オートエンコーダとは何か。過度に不完備なオートエンコーダの最大のリスクは何か。過完備オートエンコーダの最大のリスクは何か。

5. スタックオートエンコーダではどのようにして重みを均等化するのか。重みを均等化する理由は何か。

6. スタックオートエンコーダの下位層が学習した特徴量を可視化するために一般的に使われているテクニックは何か。上位層が学習した特徴量についてはどうか。

7. 生成的モデルとは何か。生成的なオートエンコーダとしては何があるか。

8. ノイズ除去オートエンコーダを使ってイメージ分類器をプレトレーニングしよう。

   - MNIST（もっとも単純）を使っても、大きなチャレンジのためにCIFAR10（https://goo.gl/VbsmxG）のような大きなイメージセットを使ってもよい。CIFAR10を使う場合、訓練のためにイメージのバッチをロードするコードを書く必要がある。この部分を省略したい場合には、TensorFlowのmodel zooにその仕事のためのツール（https://goo.gl/3iENgb）が含まれている。

   - データセットを訓練セットとテストセットに分割しなさい。訓練セット全体を対象として深層ノイズ除去オートエンコーダを訓練しなさい。

   - イメージがかなり再構築されているかどうかをチェックし、下位特徴量を可視化しなさい。また、コーディング層の各ニューロンをもっとも活性化させているイメージを可視化しなさい。

   - オートエンコーダの階層を再利用して、分類用の深層ニューラルネットワークを構築しなさい。訓練セットの10%だけを使ってそのDNNを訓練しなさい。訓練セット全体で訓練した同じ分類器と同じ程度の性能が得られているか。

9. ラスラン・サラクトディノフとジェフリー・ヒントンが2008年に導入した**セマンティックハッシング**（semantic hashing）[13]は、効率的な**情報検索**（information retrieval）のためのテクニックで、ドキュメント（たとえばイメージ）をシステム（一般にニューラルネットワーク）に渡すと、かなり次数の少ないバイナリベクトル（たとえば30ビット）を出力する。ふたつのよく似たドキュメントは、同じか非常に近いハッシュを持つことが多い。このハッシュ

---

[13] "Semantic Hashing" R. Salakhutdinov and G. Hinton (2008)

を個々のドキュメントのインデックスにすると、ドキュメントが数十億個あっても、ほぼ瞬時に特定のドキュメントによく似た多数のドキュメントを検索できる。ドキュメントのハッシュを計算し、同じハッシュ（または、1、2 ビットしか違わないハッシュ）を持つすべてのドキュメントを照合するだけだ。スタックオートエンコーダにほんの少しだけひねりを加えてセマンティックハッシングを実装してみよう。

- コーディング層の下にふたつの隠れ層があるスタックオートエンコーダを作り、前問で使ったイメージデータセットで訓練しなさい。コーディング層は 30 個のニューロンを持ち、ロジスティック活性化関数を使って 0 から 1 までの間の値を出力しなければならない。訓練後、イメージのハッシュを作るために、オートエンコーダにイメージを与え、コーディング層の出力を取り出し、丸めによってすべての値をもっとも近い整数（0 か 1）にしなさい。

- サラクトディノフとヒントンは、訓練中に限り、コーディング層の入力にガウスノイズを加えるという巧妙なトリックを提案している。オートエンコーダは、高い SN 比（signal-to-noise ratio）を維持するために、コーディング層に高い値を与えることを学習する（ノイズを無視できるようにするために）。裏を返せば、コーディング層のロジスティック関数は、0 か 1 で飽和するということである。そのため、コーディングを 0 か 1 に丸めても、コーディングを大きく歪めることにはならず、ハッシュの信頼性が上がる。

- すべてのイメージのハッシュを計算し、同じハッシュを持つイメージが似ているかどうかを確かめなさい。MNIST と CIFAR10 にはラベルがつけられているので、ハッシュが同じイメージが同じクラスに属しているかどうかをチェックすれば、オートエンコーダのセマンティックハッシュの性能をより客観的に測定できる。たとえば、同じ（または非常に近い）ハッシュを持つイメージセットのジニ不純度（**6 章**参照）の平均を計算すればよい。

- 交差検証を使ってハイパーパラメータを調整しなさい。

- ラベル付きデータセットの場合、分類用の畳み込みニューラルネットワーク（**13 章**参照）を訓練し、出力層の直前の層を使ってハッシュを使うという方法もある。Jinma Gua と Jianmin Li の 2015 年の論文（https://goo.gl/i9FTln）[14]を参照していただきたい。また、こちらの方が性能が高いかどうかを確かめなさい。

10. 前問で使ったイメージデータセット（MNIST か CIFAR10）を使って変分オートエンコーダを訓練し、イメージを生成しなさい。興味のあるラベルなしデータセットを見つけてきて、新しいサンプルを生成できるかどうかを確かめてもよい。

演習問題の解答は、**付録 A** を参照のこと。

---

[14] "CNN Based Hashing for Image Retrieval" J. Gua and J. Li (2015)

16章
強化学習

　強化学習（reinforcement learning：RL）は、現在の機械学習でもっとも刺激的な分野のひとつであると同時に、もっとも古い分野のひとつでもある。強化学習は 1950 年代から存在し、長年に渡って、特にゲーム（たとえば、**バックギャモン**をプレイする **TD-Gammon** プログラム）や機械制御の分野などで多くの面白いアプリケーションを生み出してきた[†1]が、新聞の見出しを飾るようなことはまずなかった。しかし、2013 年になって、イギリスの DeepMind（https://goo.gl/hceDs5）というスタートアップの研究者たちが、ほぼすべてのアタリゲームを 0 から学習できるシステムを作り（https://goo.gl/hceDs5）[†2]、最終的にはほとんどのゲームで人間を越える力をつけた（https://goo.gl/hgpvz7）[†3]ところを実演してみせたときに地殻変動が起きた。そのシステムは、入力として未加工のピクセルだけを使い、ゲームのルールについての知識を事前に持たずにそこまでの力をつけたのである[†4]。しかし、これは一連の驚くべき偉業の第 1 歩に過ぎなかった。2017 年5 月には、AlphaGo が**囲碁**の世界チャンピオンである Ke Jie に対して勝利を収めた。それまで囲碁の達人と接戦を演じることができたプログラムなどなかった。まして、世界チャンピオンと戦えるものなどなかったのである。今では、強化学習の分野全体で新しいアイデアが次々に生まれ、さまざまな形で応用されている。ちなみに、DeepMind は 2014 年に Google に 5 億ドルで買収された。

　彼らは一体何をしたのだろうか。後知恵で言えば、かなり単純なことである。彼らは強化学習の分野に深層学習のパワーを導入しただけだが、それが彼らのもっとも大きな夢を越える成果を出したのである。この章では、まず強化学習とは何か、何が得意なのかを説明してから、**方策勾配法**（policy gradient）と **DQN**（deep Q-networks）という深層強化学習でもっとも重要なふたつのテ

[†1]　詳しくは、リチャード・サットン（Richard Sutton）とアンドリュー・バルト（Andrew Barto）の著書"Reinforcement Learning: An Introduction"（MIT Press）か、デビッド・シルバーがユニバーシティ・カレッジ・ロンドンで開講している無料のオンライン RL 講座（https://goo.gl/AWcMFW）を参照していただきたい。

[†2]　"Playing Atari with Deep Reinforcement Learning" V. Mnih et al.(2013)

[†3]　"Human-level control through deep reinforcement learning" V. Mnih et al.(2015)

[†4]　https://goo.gl/yTsH6X に行けば、DeepMind のシステムがスペースインベーダー、ブロック崩しなどのプレイを学習しているところを示す動画が見られる。

クニックを紹介し、**マルコフ決定過程**（Markov decision process）も取り上げる。これらを使って、動くカートにポールを立てて倒れないようにするモデルやアタリのゲームをプレイするモデルを訓練する。同じテクニックが歩くロボットから自動運転車までの広い範囲のタスクで使えるのである。

16.1　報酬の最適化の学習

　強化学習では、**エージェント**（agent）というソフトウェアが**環境**（environment）内で**観察**（observation）に基づいて**行動**（action）を取り、それと引き換えに**報酬**（reward）を受け取る。エージェントの目標は、長期的に期待できる報酬を最大化するように行動することを学ぶことである。ちょっと擬人法を使うことを躊躇しなければ、正の報酬は喜び、負の報酬は苦しみ（この場合「報酬」という用語は少し誤解を招く）だと考えることができるだろう。つまり、エージェントは環境内で行動し、試行錯誤を通じて喜びを最大化し、苦しみを最小化することを学習する。

　これはかなり広い範囲を表す用語法であり、さまざまなタスクに応用できる。いくつか例を示そう（**図16-1**）。

a.　歩くロボットを制御するプログラムはエージェントになり得る。この場合、環境は実世界であり、エージェントはカメラやタッチセンサーなどの一連の**センサー**（sensor）を通じて環境を観察し、行動はモーターを起動するためのシグナルの送出である。目的地に近づければいつでも正の報酬を与えられ、時間を浪費したり、間違った方向に向かったり、倒れたりしたら負の報酬を受け取るようにプログラムされる。

b.　パックマンを制御するプログラムはエージェントになり得る。この場合、環境はアタリゲームのシミュレーションであり、行動はジョイスティックの9種類のポジション（左上、下、中央など）であり、観察は画面ショット、報酬はゲームのポイントである。

c.　同様に、囲碁などのボードゲームをプレイするプログラムもエージェントになり得る。

d.　エージェントは、物理的に（あるいはバーチャルに）動くものを制御しなくてもよい。たとえば、スマートサーモスタットはエージェントになり得る。ターゲットの温度に近く、電力を節約しているときには報酬を受け取り、人間が温度を操作してエージェントが人間のニーズの予測を学習しなければならないときには負の報酬を受け取る。

e.　毎秒株価を観察して、どの程度の売買をするかを判断するシステムもエージェントになり得る。報酬は、当然利益と損失の金額である。

　正の報酬はない場合もあることに注意しよう。たとえば、エージェントが迷路のなかを動き回っていて、タイムステップごとに負の報酬を与えられるため、できる限り早く抜け出した方がよい場合などだ。ほかにも、自動運転車、ウェブページへの広告の表示、イメージ分類システムが注意を集中させるべき場所の制御など、強化学習が適しているタスクの例は非常にたくさんある。

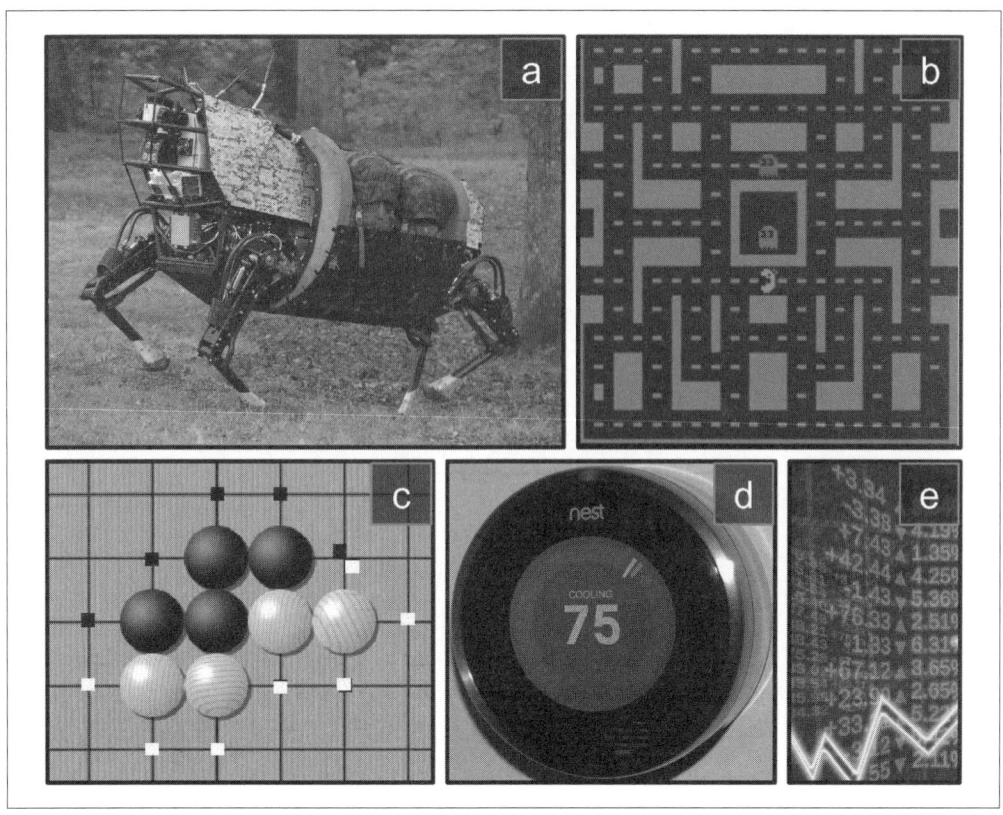

図16-1 強化学習の例：(a) 歩くロボット、(b) パックマン、(c) 囲碁をプレイするプログラム、(d) サーモスタット、(e) 自動トレーダー[†5]

16.2　方策探索

　エージェントが行動を決めるために使うアルゴリズムを**方策**（policy）と呼ぶ。たとえば、方策は観察を入力とし、取るべき行動を出力するニューラルネットワークになる（**図16-2**）。

　方策は、考えられるどのようなアルゴリズムでもよく、決定論的である必要さえない。たとえば、30分で吸い込んだゴミの量が報酬というロボットクリーナーについて考えてみよう。方策は、毎秒何らかの確率 p で前進するか、$1 - p$ の確率で無作為に左か右に回転することである。回転角度は、$-r$ から r までの無作為な角度である。この方策には無作為な部分が含まれているので、**確**

[†5]　イメージ (a)、(c)、(d) は、Wikipedia から転載。(a) と (d) はパブリックドメイン、(c) は Stevertigo で作ったもので、Creative Commons BY-SA 2.0 (https://creativecommons.org/licenses/by-sa/2.0/) のもとでリリース。(b) はパックマンゲームのスクリーンショットで、Atari に著作権がある（私は、この章でこの画面を使うことは公正使用に当たると考えている）。(e) は Pixabay から転載したもので、Creative Commons CC0 (https://creativecommons.org/publicdomain/zero/1.0/) のもとでリリース。

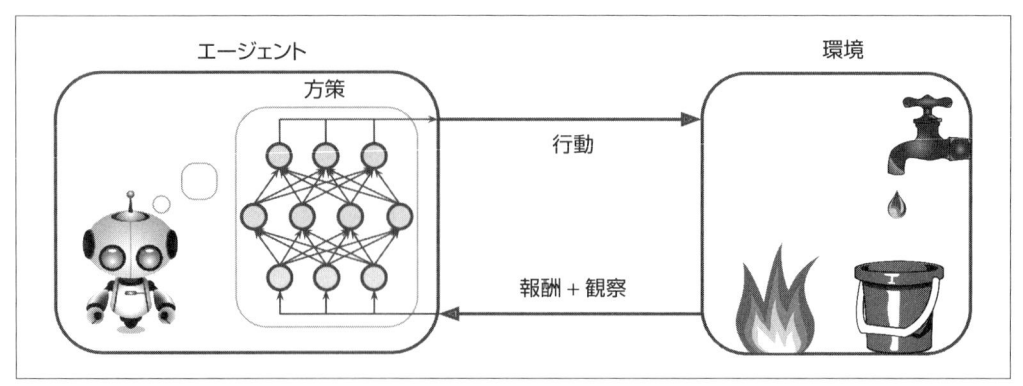

図16-2　ニューラルネットワークの方策を使った強化学習

率的方策（stochastic policy）と呼ばれる。ロボットは不規則な軌跡をたどるため、最終的には到達できるすべての場所を網羅し、すべてのゴミを吸引する。問題は、30 分でどれだけ多くのゴミを吸引できるかだ。

　そのようなロボットはどのように訓練すればよいのだろうか。操作できる**方策パラメータ**（policy parameter）は、確率 p と角度の範囲 r しかない。これらのパラメータとしてさまざまな値を試し、もっとも効果的だった値の組み合わせを取り出せば、学習アルゴリズムとして成り立つ（**図16-3**）。これは、**方策探索**（policy search）の例であり、この場合はブルートフォース方式を使っている。しかし、**方策空間**（policy space）が広すぎる場合（一般にそうである）、このような方法でよいパラメータを見つけるのは、超巨大な干し草の山から針を探すようなものだ。

　方策探索には、**遺伝的アルゴリズム**（genetic algorithm：GA）を使う方法もある。たとえば、まず第 1 世代として 100 種の方策を無作為に生成して試し、悪い方から数えて 80 番目までを「殺し」[†6]、生き残った 20 種にそれぞれ 4 個の子孫を作らせる。子孫というのは、単純に親[†7]のコピーを無作為に少し変えたものである。生き残った方策とその子孫が第 2 世代を構成する。よい方策が見つかるまで、このような形で何度でも世代を重ねていってよい。

　方策パラメータについて報酬の勾配を評価し、より高い報酬に向かう勾配をたどるようにしてパラメータを修正する（**勾配上昇法**：gradient ascent）という最適化テクニックを使う方法もある。この方法は、**方策勾配法**（policy gradients：PG）と呼ばれ、この章のあとの方で詳しく説明する。たとえばロボットクリーナーの例に戻ると、p をわずかに増やし、それによってロボットが 30 分に吸引するゴミの量が増えるかどうかを評価する。増える場合には、p を少し増やし、そうでなければ p を減らす。本書では、TensorFlow を使って人気のある PG アルゴリズムを実装する予定だが、その前に、エージェントが暮らす環境を作らなければならない。そこで、OpenAI Gym につ

---

†6　「遺伝子プール」にある程度の多様性を与えるために、性能の低いものにも生き残りのわずかなチャンスを与えるようにした方がよいことが多い。

†7　親がひとつだけなら**無性生殖**（asexual reproduction）、親がふたつ（以上）なら**有性生殖**（sexual production）と呼ぶ。子孫のゲノム（この場合は一連の方策パラメータ）は親のゲノムから無作為に選んだ部分から構成される。

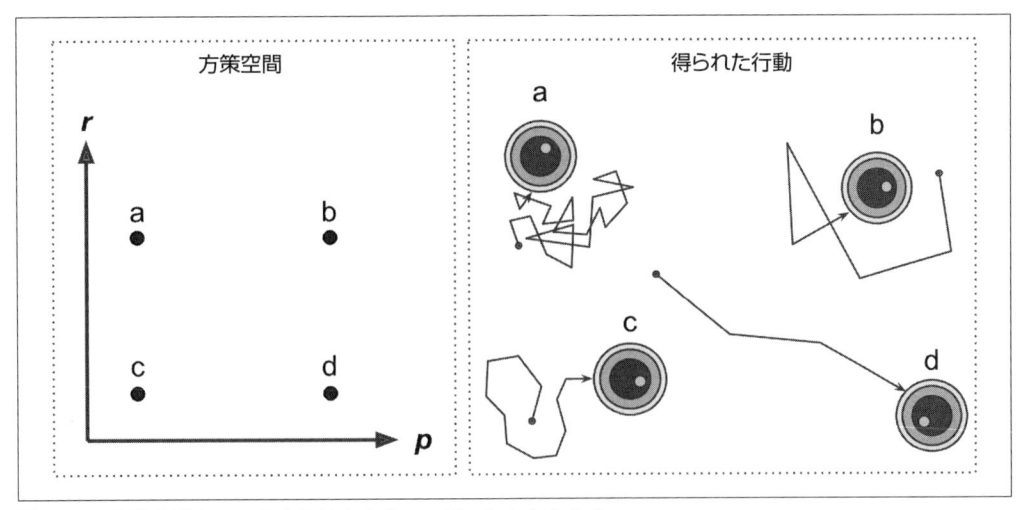

図16-3　方策空間の4つの点と対応するエージェントのふるまい

いて学んでおこう。

16.3　OpenAI Gym 入門

　エージェントを訓練するためには、まずエージェントが暮らす環境をを用意しなければならないというところが強化学習の面倒なところだ。アタリゲームのプレイを学習するエージェントをプログラムしたければ、アタリゲームシミュレーターが必要だ。作業ロボットをプログラムしたい場合は、環境は実世界であり、その環境のなかで直接ロボットを訓練できるが、この方法には限界がある。ロボットが崖から落ちたからといって「取り消し」ボタンを押せば済む話ではない。それに時間を早送りすることもできない。計算能力を挙げてもロボットが速く動けるようになるわけではない。それに、一般にコストがかかり過ぎて、千台のロボットを並列で訓練することなどとてもできない。要するに、実世界で訓練しようとすると大変な上に遅いので、少なくとも訓練に取り掛かるために**シミュレート環境**（simulated environment）が必要になる。

　OpenAI Gym（https://gym.openai.com/）[8]は、エージェントを訓練、比較し、新しい RL アルゴリズムを開発するために使うさまざまなシミュレート環境（アタリゲーム、ボードゲーム、2D、3D 物理空間など）を提供してくれるツールキットである。

　では、OpenAI Gym をインストールしよう。virtualenv で独立した環境を作っているなら、はじめにそれをアクティベートしよう。

---

†8　OpenAIは、イーロン・マスクが設立に関わった非営利の人工知能研究団体で、人類を助ける（絶滅させるのではなく）フレンドリーな AI を奨励、開発することを目的としている。

```
$ cd $ML_PATH                    # 機械学習のワーキングディレクトリ (例: $HOME/ml)
$ source env/bin/activate
```

続いて、OpenAI Gym をインストールする（virtualenv を使っていないのであれば、管理者権限もしくは--user を加える必要がある）。

```
$ pip3 install --upgrade gym
```

次に、Python シェルか Jupyter ノートブックを開き、最初の環境を作る。

```
>>> import gym
>>> env = gym.make("CartPole-v0")
[2017-08-27 11:08:05,742] Making new env: CartPole-v0
>>> obs = env.reset()
>>> obs
array([-0.03799846, -0.03288115,  0.02337094,  0.00720711])
>>> env.render()
```

make() 関数は環境を作る。この場合は、ポールを載せ、そのポールを倒さないように左右に加速度をかけられるカートのための 2D シミュレーションである CartPole 環境を作っている（**図16-4**）。環境を作ったら、reset() メソッドで初期化しなければならない。すると、最初の観察が返される。観察は環境のタイプによって変わる。CartPole 環境では、個々の観察は 4 個の浮動小数点数を含む 1D の NumPy 配列である。これらの浮動小数点数は、カートの左右の位置（0.0＝中央）、速度、ポールの角度（0.0＝垂直）、ポールの角速度である。最後に、render() メソッドが**図16-4** のように環境を表示する。

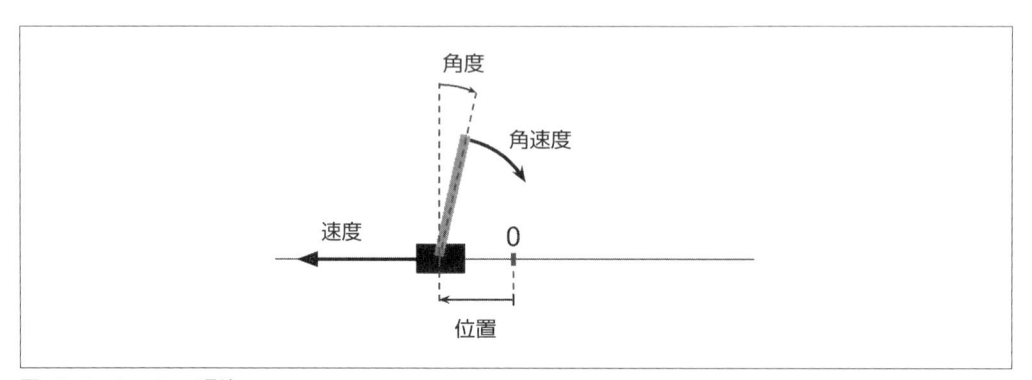

図16-4　CartPole環境

render() に NumPy 配列形式で表現されたイメージを返させたい場合には、mode パラメータを rgb_array に設定すればよい（環境によってサポートするモードは変わる）。

```
>>> img = env.render(mode="rgb_array")
>>> img.shape  # height, width, channels (3=RGB)
(400, 600, 3)
```

 残念ながら、CartPole（およびほかのいくつかの環境）は、モードを rgb_array にしても画面にイメージを表示する。これを防ぐためには、Xvfb や Xdummy などの偽の X サーバーを使う。たとえば、Xvfb をインストールし、xvfb-run -s "-screen 0 1400x900x24" python というコマンドで Python を起動する。そうでなければ、xvfbwrapper パッケージ（https://goo.gl/wR1oJl）を使う。

どのような行動が取れるかを環境に尋ねてみよう。

```
>>> env.action_space
Discrete(2)
```

Discrete(2) は、取れる行動が整数の 0 と 1 だということを示している。これらは、左への加速（0）、右への加速（1）を表している。ほかの環境はもっと多くの離散行動を持っているかもしれないし、ほかのタイプの行動（たとえば連続行動）を持っているかもしれない。ポールが右に傾いているので、カートに右方向の加速度を加えよう。

```
>>> action = 1  # 右方向に加速度をかける
>>> obs, reward, done, info = env.step(action)
>>> obs
array([-0.03865608,  0.16189797,  0.02351508, -0.27801135])
>>> reward
1.0
>>> done
False
>>> info
{}
```

step() メソッドは、指定された行動を実行し、4 個の値を返す。

obs

　新しい観察である。カートは右に動いている（obs[1]>0）。ポールはまだ右に傾いている（obs[2]>0）が、角速度が負になっている（obs[3]>0）ので、次のステップのあとは左に傾くだろう。

reward

　この環境では、何をしてもステップごとに 1.0 の報酬が与えられる。そのため、目標はできる限り長い間走り続けることになる。

done

　エピソード（episode）が終わると、この値が True になる。この場合、ポールが傾きすぎる

とエピソードが終わる。エピソードが終わった環境は、リセットしなければ使えなくなる。

info
> ほかの環境では、この辞書が補助的なデバッグ情報を提供する場合がある。このデータを訓練のために使ってはならない（ずるになってしまう）。

それでは、ポールが左に傾いたら左に加速度をかけ、右に傾いたら右に加速度をかける簡単な方策をハードコートしてみよう。この方策を実行すると、平均の報酬は500エピソードを越えることがわかる。

```
def basic_policy(obs):
    angle = obs[2]
    return 0 if angle < 0 else 1

totals = []
for episode in range(500):
    episode_rewards = 0
    obs = env.reset()
    for step in range(1000): # 最大で1000ステップ。無限実行は避ける
        action = basic_policy(obs)
        obs, reward, done, info = env.step(action)
        episode_rewards += reward
        if done:
            break
    totals.append(episode_rewards)
```

このコードがしていることは、おそらく自明だろう。結果を見てみよう。

```
>>> import numpy as np
>>> np.mean(totals), np.std(totals), np.min(totals), np.max(totals)
(42.125999999999998, 9.1237121830974033, 24.0, 68.0)
```

500回試してみても、この方策では68連続ステップを越えてポールを直立に保つことはできなかった。今ひとつ物足りない。Jupyterノートブック（https://github.com/ageron/handson-ml）でシミュレーションを見ると、カートは左右に次第に大きく揺れていき、最終的にポールが大きく傾いてしまうことがわかる。ニューラルネットワークがもっとよい方策を生み出せるかどうかを見てみよう。

16.4　ニューラルネットワークによる方策

ニューラルネットワークの方策を作ってみよう。今ハードコードで作った方策と同じように、このニューラルネットワークは、観察を入力とし、実行すべき行動を出力する。もう少し正確に言うと、個々の行動の確率を推定し、推定確率に従って行動を無作為に選んでいる（**図16-5**）。CartPole環境の場合、可能な行動はふたつ（左か右か）しかないので、出力ニューロンはひとつあ

ればよい。このニューロンは、行動 0（左）の確率 p を出力する。当然ながら、行動 1（右）の確率は $1-p$ である。たとえば、0.7 を出力した場合、70% の確率で行動 0、30% の確率で行動 1 を選択する。

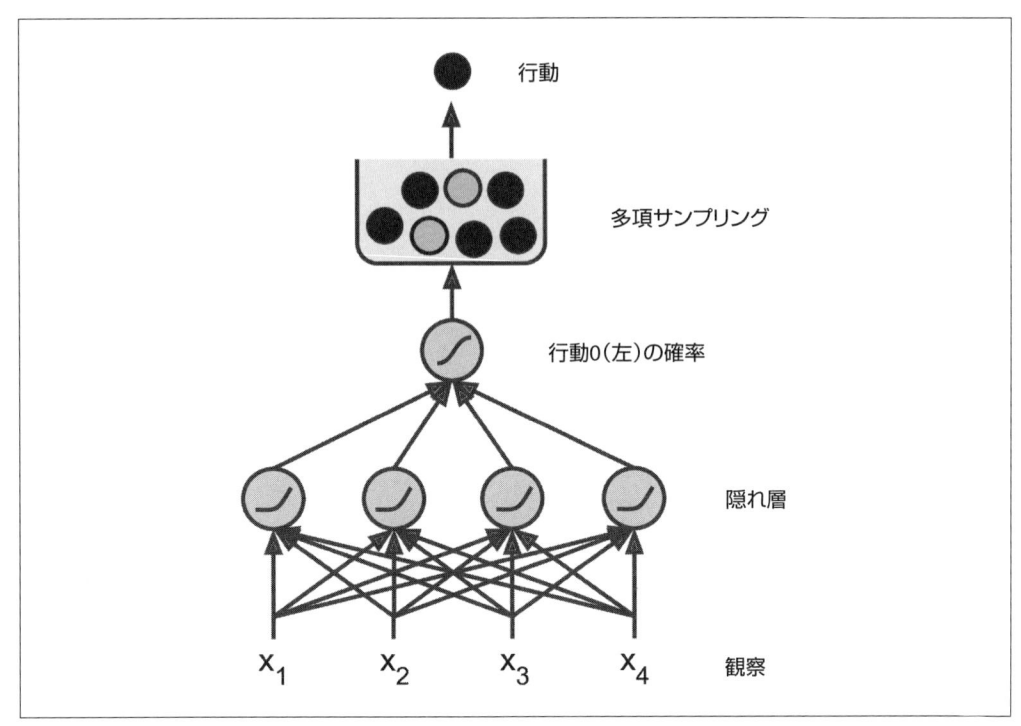

図16-5　ニューラルネットワークによる方策

　もっとも高いスコアを持つ行動を選ぶのではなく、ニューラルネットワークが出力した確率に基づいて行動を無作為に選んでいるのはなぜなのだろうか。このアプローチだと、エージェントは、新しい行動の**探究**（exploring）とうまく機能するとわかっている行動の**利用**（exploiting）の間でバランスを取ることができる。たとえ話で考えてみよう。初めてあるレストランに行ったときには、どの料理も同じように魅力的に見えるので、無作為に食べるものを選ぶ。それがおいしいことがわかれば、次に行ったときにもそれを注文する確率は上がるが、その確率を 100 まで上げてしまうと、ほかの料理を試さないことになるので、そうしない方がよい。ほかの料理のなかには、いつも選ぶ料理よりもさらにおいしいものが含まれているかもしれないのだ。

　この環境では、個々の観察に環境のすべての状態が含まれているため、過去の行動と観察を無視しても問題はないことにも注意しよう。隠された状態がある場合には、過去の行動と観察も考慮に入れなければならないかもしれない。たとえば、環境がカートの位置を知らせてくるだけで速度を知らせてこない場合、現在の速度を推定するために、現在の観察だけでなく、以前の観察も考慮

に入れなければならないだろう。観察にノイズが混ざる場合も、過去の観察や行動が必要になる。この場合、過去数回の観察を使って現在の状態を推定することになる。つまり CartPole 問題は、もっとも単純な問題である。観察には環境の状態全体が含まれていて、ノイズは混ざっていない。

　次に示すのは、TensorFlow を使ってこのニューラルネットワークの方策を構築するコードである。

```python
import tensorflow as tf

# 1．ニューラルネットワーク・アーキテクチャを指定する
n_inputs = 4  # == env.observation_space.shape[0]
n_hidden = 4  # 単純なタスクなので、これ以上の隠れ層ニューロンは不要
n_outputs = 1 # 出力は、左に加速度をかける確率だけである
initializer = tf.contrib.layers.variance_scaling_initializer()

# 2．ニューラルネットワークを構築する
X = tf.placeholder(tf.float32, shape=[None, n_inputs])
hidden = tf.layers.dense(X, n_hidden, activation=tf.nn.elu,
                         kernel_initializer=initializer)
logits = tf.layers.dense(hidden, n_outputs,
                         kernel_initializer=initializer)
outputs = tf.nn.sigmoid(logits)

# 3．推定確率に基づき、無作為に行動を選択する
p_left_and_right = tf.concat(axis=1, values=[outputs, 1 - outputs])
action = tf.multinomial(tf.log(p_left_and_right), num_samples=1)

init = tf.global_variables_initializer()
```

　では、このコードをじっくり読んでみよう。

1.　インポートしてからニューラルネットワーク・アーキテクチャを定義する。入力数は、観察空間のサイズである（CartPole の場合、4）。隠れ層のユニットは 4 個だけで、それ以上は不要である。出力する確率値はひとつだけ（左に加速度をかけるべき確率）である。

2.　次に、ニューラルネットワークを構築する。この例では出力がひとつだけの平凡な MLP（多層パーセプトロン）である。出力層が 0.0 から 1.0 までの確率を出力するために、ロジスティック（シグモイド）活性化関数を使っていることに注意しよう。可能な行動が 3 つ以上なら、行動あたり 1 個の出力ニューロンを作り、ソフトマックス活性化関数を使うことになる。

3.　最後に、行動を無作為に選ぶために `multinomial()` 関数を呼び出す。この関数は、出力する可能性のある個々の整数の対数確率を取り、ひとつ（以上）の整数を独立に抽出する。たとえば、`[np.log(0.5), np.log(0.2), np.log(0.3)]` という配列を入力とし、`num_samples=5` を指定すると、毎回確率 50% で 0、確率 20% で 1、確率 30% で 2 を選んで、5 個の整数を出力する。私たちの例では、取るべき行動を表す 1 個の整数があればよい。`outputs` テンソルには、左に加速度をかける確率しか含まれていないので、まず `1-outputs` を連結して、左右の両方の行動の確率を含むテンソルを作らなければならない。3 つ以上の行

動がある場合、ニューラルネットワークは行動ごとにひとつずつの確率を出力しなければならないので、連結のステップは不要だということに注意しよう。

これで、観察を入力とし、行動を出力するニューラルネットワークによる方策が得られた。しかし、この方策をどのように訓練すればよいのだろうか。

16.5　行動の評価：信用割当問題

個々のステップの最良の行動が何かがわかっていれば、いつものように推定確率とターゲット確率の間の交差エントロピーを最小化することによってニューラルネットワークを訓練できる。それは普通の教師あり学習だ。しかし、強化学習では、エージェントが得られる手がかりは報酬だけであり、報酬は一般に疎で遅れてやってくる。たとえば、エージェントが 100 ステップに渡ってポールのバランスを取れたとして、100 の行動のうちどれがよくてどれが悪かったかはどうすればわかるだろうか。エージェントが知っているのは、最後の行動のあとでポールが倒れたことだけだが、この最後の行動に全責任があるわけではない。このような状況を**信用割当問題**（credit assignment problem）と呼ぶ。報酬をもらったときのエージェントには、どの行動に称賛（または非難。なお、称賛、信用とも credit の訳語）を与えるべきかが容易にはわからない。いい子にしてから何時間もたってからご褒美をもらった犬のことを考えてみよう。そのご褒美が何のご褒美なのか犬にわかるだろうか。

この問題を解くために一般的に使われている方法は、ある行動を取ってからの報酬の合計に基づいて行動を評価するというものである。ただし、通常はあとの行動の報酬には、ステップごとに**割引率**（discount rate）をかけていく。たとえば（**図16-6**）、あるエージェントが 3 回連続で右に加速度をかけることを選択し、最初のステップでは +10、第 2 のステップでは 0、第 3 のステップでは −50 の報酬を受け取ったとする。割引率 $r = 0.8$ とすると、最初の行動のスコア合計は、$10 + r \times 0 + r^2 \times (-50) = -22$ となる。割引率が 0 に近ければ、ずっとあとの報酬は直後の報酬ほど考慮されないということになる。逆に、割引率が 1 に近ければ、あとの報酬も直後の報酬と同じくらい考慮されることになる。一般によく使われる割引率は 0.95 か 0.99 である。割引率を 0.95 にすると、13 ステップ後の報酬は、直後の報酬の半分ほどとして扱われる（$0.95^{13} \approx 0.5$ なので）。それに対し、割引率を 0.99 にすると、69 ステップ後の報酬が、直後の報酬の半分ほどに扱われる。CartPole 環境では、行動の影響は短期的なものなので、割引率は 0.95 がよいだろう。

もちろん、適切な行動のあとにダメな行動が数回続けば、ポールはあっという間に倒れてしまい、よい行動に与えられるスコアが低くなる（同様に、優れた俳優がすばらしい演技をしてもひどい映画はある）。しかし、ゲームを十分な回数プレイすると、よい行動は、平均して悪い行動よりも高いスコアを得るようになる。そのため、行動のスコアとして信頼できる値を得るためには、多数のエピソードを実行し、すべての行動のスコアを正規化（平均を引き、標準偏差で割る）しなければならない。そこまですれば、スコアが負の行動は悪くスコアが正の行動はよかったと考えること

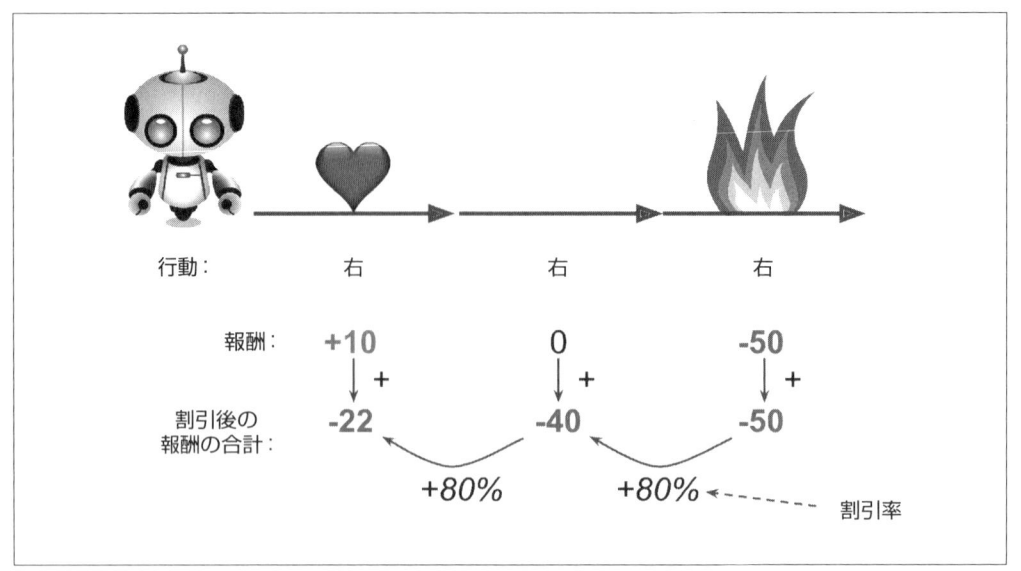

図16-6　割引報酬

ができる。これで個々の行動の評価方法が得られたので、方策勾配法を使って私たちの最初のエージェントを訓練することができる。その方法を説明しよう。

16.6　方策勾配法

　すでに説明したように、PG（policy gradient）アルゴリズムは、より高い報酬に向かう勾配をたどって方策のパラメータを最適化する。方策勾配法アルゴリズムのなかでも人気のあるタイプである **REINFORCE** アルゴリズムは、遠く 1992 年に Ronald Williams が導入したものだ（https://goo.gl/tUe4Sh）[†9]。次に説明するのは、よく使われているこれの変種のひとつである。

1. まず、ニューラルネットワークの方策に数回ゲームをプレイさせ、各ステップで選ばれた行動がより確実に選ばれるような勾配を計算するが、まだその勾配を適用しない。
2. 数エピソードを実行したら、個々の行動のスコアを計算する（前節で説明した方法を使う）。
3. 行動のスコアが正なら、行動はよかったということであり、以前に計算した勾配を適用して、将来その行動がさらに選ばれやすくなるようにする。しかし、スコアが負なら、その行動はよくないということであり、この行動が将来わずかに選ばれにくくなるように逆の勾配を適用する。単純に勾配ベクトルに対応する行動のスコアを掛ければよい。

[†9] "Simple Statistical Gradient-Following Algorithms for Connectionist Reinforcement Learning" R. Williams (1992)

4. 最後に、得られたすべての勾配ベクトルの平均を計算し、それを使って勾配降下法ステップを実行する。

　TensorFlow を使ってこのアルゴリズムを実装しよう。カート上のポールのバランスを保てるように先ほど構築したニューラルネットワークの方策を訓練する。まず、ターゲット確率、コスト関数、訓練オペレーションを追加して、先ほど書いた構築フェーズを完成させる。私たちは選ばれた行動を考えられる最良の行動であるかのように扱っているので、ターゲット確率は、選ばれた行動が行動 0（左）なら 1.0、行動 1（右）なら 0.0 でなければならない。

```
y = 1. - tf.to_float(action)
```

　ターゲット確率が得られたので、コスト関数（交差エントロピー）を定義して勾配を計算することができる。

```
learning_rate = 0.01

cross_entropy = tf.nn.sigmoid_cross_entropy_with_logits(labels=y,
                                                        logits=logits)
optimizer = tf.train.AdamOptimizer(learning_rate)
grads_and_vars = optimizer.compute_gradients(cross_entropy)
```

　オプティマイザの minimize() メソッドではなく、compute_gradients() メソッドを呼び出していることに注意しよう。これは勾配を適用する前に勾配に操作を加えたいからである[10]。compute_gradients() メソッドは、勾配ベクトルと変数のペアのリストを返す（訓練できる変数ごとにひとつのペア）。勾配の値を取得しやすくするために、すべての勾配をひとつのリストにまとめよう。

```
gradients = [grad for grad, variable in grads_and_vars]
```

　難しい部分にさしかかってきた。実行フェーズでは、アルゴリズムは方策を実行し、各ステップで勾配テンソルを評価して値を格納する。何度かエピソードを実行したあと、先ほど説明したように勾配に操作を加え（つまり、行動のスコアと掛け合わせ、正規化する）、操作後の勾配の平均を計算する。次に、得られた勾配をオプティマイザに与え、最適化ステップを実行できるようにしなければならない。これは、勾配ベクトルごとにひとつずつのプレースホルダーが必要だということである。さらに、更新された勾配を適用するオペレーションを作らなければならない。そのために、オプティマイザの apply_gradients() メソッドを呼び出し、勾配ベクトルと変数のペアのリストを与える。このメソッドには、オリジナルの勾配ベクトルではなく、更新後の勾配のリスト（つまり、勾配プレースホルダーを通じて作ったもの）を与える。

---

[10] 11 章で勾配クリッピングを取り上げたときにすでに同じようなことをしている。まず勾配を計算し、クリッピングしてからクリッピング後の勾配を適用したのである。

```
gradient_placeholders = []
grads_and_vars_feed = []
for grad, variable in grads_and_vars:
    gradient_placeholder = tf.placeholder(tf.float32, shape=grad.get_shape())
    gradient_placeholders.append(gradient_placeholder)
    grads_and_vars_feed.append((gradient_placeholder, variable))

training_op = optimizer.apply_gradients(grads_and_vars_feed)
```

ここで1歩下がり、構築フェーズ全体を見てみよう。

```
n_inputs = 4
n_hidden = 4
n_outputs = 1
initializer = tf.contrib.layers.variance_scaling_initializer()

learning_rate = 0.01

X = tf.placeholder(tf.float32, shape=[None, n_inputs])
hidden = tf.layers.dense(X, n_hidden, activation=tf.nn.elu,
                         kernel_initializer=initializer)
logits = tf.layers.dense(hidden, n_outputs,
                         kernel_initializer=initializer)
outputs = tf.nn.sigmoid(logits)
p_left_and_right = tf.concat(axis=1, values=[outputs, 1 - outputs])
action = tf.multinomial(tf.log(p_left_and_right), num_samples=1)

y = 1. - tf.to_float(action)
cross_entropy = tf.nn.sigmoid_cross_entropy_with_logits(
                    labels=y, logits=logits)
optimizer = tf.train.AdamOptimizer(learning_rate)
grads_and_vars = optimizer.compute_gradients(cross_entropy)
gradients = [grad for grad, variable in grads_and_vars]
gradient_placeholders = []
grads_and_vars_feed = []
for grad, variable in grads_and_vars:
    gradient_placeholder = tf.placeholder(tf.float32, shape=grad.get_shape())
    gradient_placeholders.append(gradient_placeholder)
    grads_and_vars_feed.append((gradient_placeholder, variable))
training_op = optimizer.apply_gradients(grads_and_vars_feed)

init = tf.global_variables_initializer()
saver = tf.train.Saver()
```

　これで実行フェーズが見えてくる。未加工の報酬から割引後の報酬の合計を計算する関数と、複数のエピソードを通じて結果を正規化する関数のふたつの関数が必要だ。

```
def discount_rewards(rewards, discount_rate):
    discounted_rewards = np.empty(len(rewards))
    cumulative_rewards = 0
    for step in reversed(range(len(rewards))):
        cumulative_rewards = rewards[step] + cumulative_rewards * discount_rate
        discounted_rewards[step] = cumulative_rewards
```

```
        return discounted_rewards

def discount_and_normalize_rewards(all_rewards, discount_rate):
    all_discounted_rewards = [discount_rewards(rewards, discount_rate)
                                for rewards in all_rewards]
    flat_rewards = np.concatenate(all_discounted_rewards)
    reward_mean = flat_rewards.mean()
    reward_std = flat_rewards.std()
    return [(discounted_rewards - reward_mean)/reward_std
            for discounted_rewards in all_discounted_rewards]
```

ふたつの関数が正しく動作することをチェックしよう。

```
>>> discount_rewards([10, 0, -50], discount_rate=0.8)
array([-22., -40., -50.])
>>> discount_and_normalize_rewards([[10, 0, -50], [10, 20]], discount_rate=0.8)
[array([-0.28435071, -0.86597718, -1.18910299]),
 array([ 1.26665318,  1.0727777 ])]
```

discount_rewards() 呼び出しは、まさに私たちが求めているものを返してくる（**図16-6**）。discount_and_normalize_rewards() 関数がふたつのエピソードの個々の行動に対して本当に正規化されたスコアを返してくることも確かめられる。最初のエピソードは第2のエピソードよりもかなりひどい成績だったので、正規化されたスコアはすべて負数になっていることに注目しよう。最初のエピソードのすべての行動は悪かったと考えられている。それに対し、第2のエピソードのすべての行動はよかったと考えられている。

これで、方策を訓練するために必要なものがすべて揃った。

```
n_iterations = 250        # 訓練のイテレーション数
n_max_steps = 1000        # エピソードごとのステップの上限
n_games_per_update = 10   # 10 エピソードごとに方策を訓練する
save_iterations = 10      # 訓練を 10 回繰り返すたびにモデルを保存する
discount_rate = 0.95

with tf.Session() as sess:
    init.run()
    for iteration in range(n_iterations):
        all_rewards = []      # 各エピソードの未加工報酬のシーケンス
        all_gradients = []    # 各エピソードの各ステップで保存された勾配
        for game in range(n_games_per_update):
            current_rewards = []    # 現在のエピソードのすべての未加工報酬
            current_gradients = []  # 現在のエピソードのすべての勾配
            obs = env.reset()
            for step in range(n_max_steps):
                action_val, gradients_val = sess.run(
                    [action, gradients],
                    feed_dict={X: obs.reshape(1, n_inputs)}) # 1 個の観察
                obs, reward, done, info = env.step(action_val[0][0])
                current_rewards.append(reward)
                current_gradients.append(gradients_val)
                if done:
```

```
            break
    all_rewards.append(current_rewards)
    all_gradients.append(current_gradients)

# この時点ですでにポリシーを 10 エピソード分実行しており、
# 先ほど説明したアルゴリズムを使ってポリシーを更新する準備ができている
all_rewards = discount_and_normalize_rewards(all_rewards,discount_rate)
feed_dict = {}
for var_index, grad_placeholder in enumerate(gradient_placeholders):
    # 勾配と高度のスコアを掛けて平均を計算する
    mean_gradients = np.mean(
        [reward * all_gradients[game_index][step][var_index]
            for game_index, rewards in enumerate(all_rewards)
            for step, reward in enumerate(rewards)],
        axis=0)
    feed_dict[grad_placeholder] = mean_gradients
sess.run(training_op, feed_dict=feed_dict)
if iteration % save_iterations == 0:
    saver.save(sess, "./my_policy_net_pg.ckpt")
```

　個々の訓練イテレーションは、まず 10 エピソード分だけ方策を実行し（無限実行を防ぐために、エピソードあたりのステップ数には 1,000 回という上限が設けてある）。各ステップでは、選択された行動がベストだというふりをして勾配の計算をする。10 エピソード分の実行を終えると、discount_and_normalize_rewards() 関数を使って行動のスコアを計算する。次に、すべてのエピソードのすべてのステップの訓練可能変数ごとに勾配ベクトルと対応する行動のスコアを掛け合わせ、得られた勾配の平均を計算する。最後に訓練オペレーションを実行し、平均勾配を与える（訓練可能変数ごとに）。また、訓練オペレーション 10 回ごとにモデルを保存する。

　これで完成だ。このコードは、ニューラルネットワークの方策を訓練し、カート上のポールのバランスの取り方を正しく学習する（Jupyter ノートブックで試せる）。実際には、エージェントの負け方にはふたつの形があることに注意しよう。ポールが傾きすぎるか、カートが画面から完全に消えてしまうかである。訓練を 250 回繰り返して、方策はポールのバランスの取り方については十分に学習したが、画面から飛び出すのを防ぐことについてはまだ学習が足りない。訓練をさらに数百回繰り返せば、この問題は解決するだろう。

研究者たちは、エージェントが最初の時点で環境について何も知らなくてもうまく機能するアルゴリズムを見つけようと努力している。しかし、論文を書くつもりでなければ、エージェントにできる限り多くの予備知識を与えた方がよい。そうすれば、訓練のスピードが劇的に上がる。たとえば、画面中央からの距離に比例して負の報酬を与え、ポールの角度の負の報酬に加えるとよい。また、すでにかなりよい方策があるなら（たとえば、ハードコードされたもの）、まずそれを真似るようにニューラルネットワークを訓練してから、方策勾配法を使ってそれを改良するとよい。

　このアルゴリズムは、比較的単純ながらなかなか強力である。カートの上のポールのバランスを

取る問題よりもずっと難しい問題でもこのアルゴリズムが使える。実際、AlphaGo は、これとよく似た PG アルゴリズム（それと本書では取り上げないモンテカルロ木検索）を使っている。

次に、もうひとつのよく使われているアルゴリズムファミリを見てみたい。PG アルゴリズムは報酬を増やすために直接方策を最適化しようとするが、これから見ようとしているアルゴリズムはそのようには直接的ではない。エージェントは、各状態、あるいは各状態の個々の行動が将来得る報酬の合計（割引後のもの）を推計することを学習する。このようなアルゴリズムを理解するためには、まず**マルコフ決定過程**（Markov decision process：MDP）を知らなければならない。

16.7　マルコフ決定過程

20 世紀の初め、数学者のアンドレイ・マルコフは、**マルコフ連鎖**（Markov chain）と呼ばれる記憶なしの確率過程を研究した。そのような過程には決まった数の状態があり、各ステップで無作為にある状態から別の状態に遷移していく。ある状態 s が別の状態 s' に遷移する確率は固定されており、それは過去の状態ではなく（このシステムに記憶はない）、(s, s') のペアだけによって決まる。

図16-7 は、4 つの状態を持つマルコフ連鎖の例を示している。過程は状態 s_0 から始まり、次のステップでその状態にとどまる確率は 70% である。いずれ、過程はその状態から離れ、s_0 に戻ってくる状態はほかにないので、離れてしまえば s_0 に戻ってくることはない。次の状態が s_1 なら、次は非常に高い確率（90%）で s_2 に行き、すぐに s_1 に戻ってくる（100% の確率）。このふたつの状態で何度か行き来を繰り返すかもしれないが、最終的に s_3 に分岐し、そこに永遠にとどまる（s_3 は**終了状態**：terminal state である）。マルコフ連鎖は非常に異なる動態を持つことができ、熱力学、化学、統計学などのさまざまな分野で多用されている。

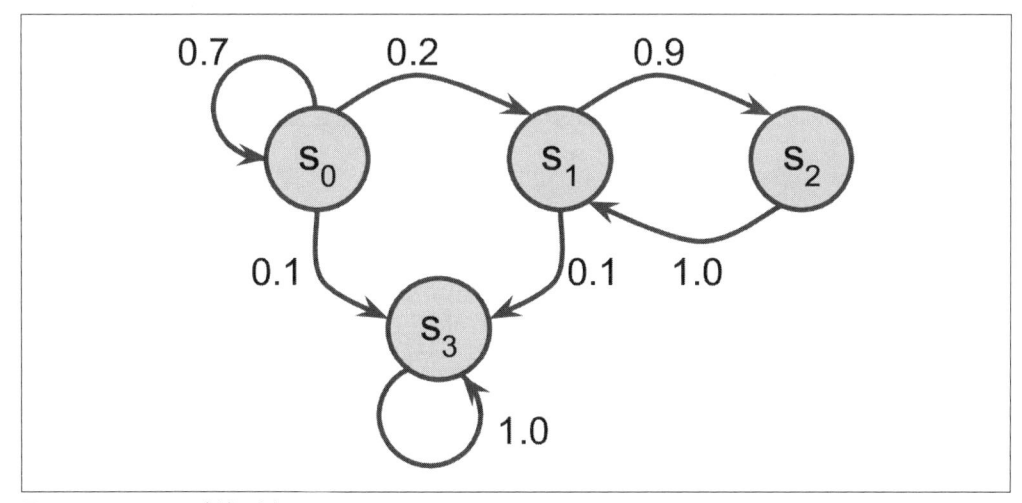

図16-7　マルコフ連鎖の例

　マルコフ決定過程は、1950 年代にリチャード・ベルマンが初めて論じた（https://goo.gl/wZTVIN）[†11]。マルコフ連鎖によく似ているが、少し修正が加えられている。エージェントは、各ステップで複数の取り得る行動のなかのどれかを選ぶことができ、状態遷移の確率は選んだ行動によって決まる。さらに、一部の状態遷移は報酬（正負の両方）を返し、エージェントは長期的な報酬を最大化する方策を見つけることを目標とする。

　たとえば、図16-8 が表している MDP は、3 つの状態を持ち、各ステップは 3 種類までの異なる行動を取り得る。s_0 からスタートすると、エージェントは a_0、a_1、a_2 の 3 種類の行動からどれかを選ぶことができる。a_1 を選ぶと確実に s_0 にとどまるが、報酬はない。そのため、エージェントはその気になればいつまでも s_0 にとどまることができる。しかし、a_0 を選ぶと、70% の確率で +10 の報酬を獲得し、s_0 にとどまることができる。そのため、できる限り多くの報酬を獲得するためにそれを何度も試すことができる。しかし、a_0 を選び続けるといずれ s_1 に行かざるを得なくなる。状態 s_1 で取り得る行動は、a_0 と a_2 の 2 種類だけだ。繰り返し a_1 を選べばずっとそこにいることができるが、s_2 に遷移することを選ぶこともでき、そうすると -50 という負の報酬を得ることになる。状態 s_2 では、a_1 以外に取り得る行動はない。この行動は非常に高い確率で s_0 に戻り、その過程で +40 という報酬を獲得する。イメージがつかめただろうか。この MDP を見て、長期的にもっとも多くの報酬を得られる戦略はどのようなものか推測できるだろうか。s_0 では a_0 という行動が明らかに最高のオプションになり、s_2 では a_1 以外に取れる行動はないが、s_1 では現状維持すべきか（a_0）、火に焼かれるべきか（a_2）はすぐには決められない。

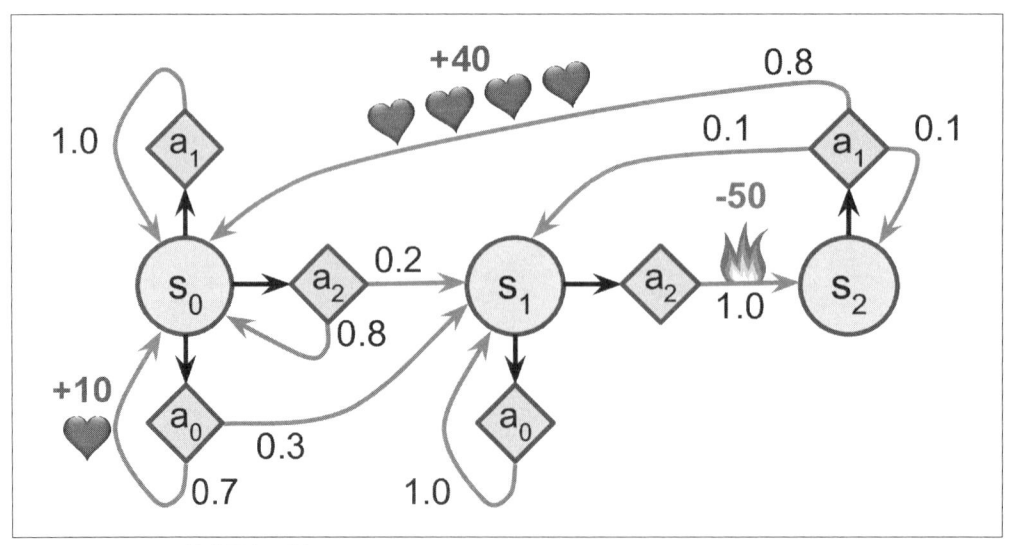

図16-8　マルコフ決定過程の例

†11　"A Markovian Decision Process" R. Bellman (1957)

　ベルマンは、任意の状態の**最適状態価値**（optimal state value：$V^*(s)$ と表記される）の推定方法を見つけた。最適状態価値とは、エージェントが最適に行動したことを前提として、ある状態 s に達したあと、平均的に期待できる未来の報酬の合計（割引後の）のことである。ベルマンは、エージェントが最適に行動すれば、**ベルマン最適方程式**（Bellman optimality equation：**式 16-1**）が当てはまることを示した。この再帰的な方程式は、エージェントが最適に行動すれば、現在の状態の最適価値は、最適な行動を取ったあと平均して得られる報酬と、その行動から次に導かれ得る状態の最適価値を加えたものになるということを表現している。

式 16-1　ベルマン最適方程式

$$V^*(s) = \max_a \sum_{s'} T(s, a, s')[R(s, a, s') + \gamma.V^*(s')] \quad \text{for all } s$$

- $T(s, a, s')$ は、エージェントが行動 a を選んだときに、状態 s が状態 s' に遷移する確率である。
- $R(s, a, s')$ は、エージェントが行動 a を選択し、状態 s から状態 s' に遷移したときに得る報酬である。
- γ は割引率である。

　この方程式は、すべての可能な状態の最適状態価値を正確に推計できるアルゴリズムを直接導き出す。最初に、すべての状態価値を 0 で初期化してから、**価値反復法**（value iteration）アルゴリズム（**式 16-2**）を使って反復的に更新していく。注目すべきは、十分な時間があれば、推計値は最適な方策に対応する最適状態価値に収束することだ。

式 16-2　価値反復法のアルゴリズム

$$V_{k+1}(s) \leftarrow \max_a \sum_{s'} T(s, a, s')[R(s, a, s') + \gamma.V_k(s')] \quad \text{for all } s$$

- $V_k(s)$ は、アルゴリズムを k 回反復したときの状態 s の推計価値。

　このアルゴリズムは**動的計画法**（dynamic programming：DP）の例である。動的計画法は、複雑な問題（この場合は将来得る割引後の報酬の合計という無限になり得る値の推計）を反復的に取り組める下位問題（この場合は、平均的な報酬と次の状態の割引後の価値の和が最大になるような行動の検出）に分解して解決する。

　最適状態価値がわかれば、特に方策を評価するために役立つが、エージェントに何をすべきかを明示的に教えるわけではない。幸い、ベルマンは最適な**状態行動価値**（state-action value：一般に Q 値、Q-value と呼ばれている）を推計する非常によく似たアルゴリズムを見つけた。状態と

行動のペア (s, a) の最適な Q 値は、$Q^*(s, a)$ と表記され、エージェントが状態 s に達し、行動 a を選んだあと、その行動を取ったあとは最適に行動するものとして、その行動の結果がわかる前に平均的に期待できる将来の割引後の報酬の合計である。

これがどのように機能するのかを見てみよう。ここでも再びすべての Q 値推計値を 0 で初期化し、**Q 値反復**（Q-value iteration）アルゴリズム（**式 16-3**）でこの値を更新していく。

式 16-3　Q 値反復アルゴリズム

$$Q_{k+1}(s, a) \leftarrow \sum_{s'} T(s, a, s')[R(s, a, s') + \gamma . \max_{a'} Q_k(s', a')] \quad \text{for all } (s, a)$$

最適な Q 値が得られれば、最適な方策（$\pi^*(s)$ と表記される）の定義は簡単だ。その状態で最高の Q 値、$\pi^*(s) = \underset{a}{\operatorname{argmax}} Q^*(s, a)$ を得られる行動を選べばよい。

このアルゴリズムを**図 16-8** の MDP に当てはめてみよう。まず、MDP を定義しなければならない。

```
nan=np.nan   # 不可能な行動を表す
T = np.array([   # shape=[s, a, s']
        [[0.7, 0.3, 0.0], [1.0, 0.0, 0.0], [0.8, 0.2, 0.0]],
        [[0.0, 1.0, 0.0], [nan, nan, nan], [0.0, 0.0, 1.0]],
        [[nan, nan, nan], [0.8, 0.1, 0.1], [nan, nan, nan]],
    ])
R = np.array([   # shape=[s, a, s']
        [[10., 0.0, 0.0], [0.0, 0.0, 0.0], [0.0, 0.0, 0.0]],
        [[0.0, 0.0, 0.0], [nan, nan, nan], [0.0, 0.0, -50.]],
        [[nan, nan, nan], [40., 0.0, 0.0], [nan, nan, nan]],
    ])
possible_actions = [[0, 1, 2], [0, 2], [1]]
```

Q 値反復アルゴリズムを実行する。

```
Q = np.full((3, 3), -np.inf)   # 不可能な行動に対しては負の無限大
for state, actions in enumerate(possible_actions):
    Q[state, actions] = 0.0   # すべての可能な行動について、初期値は 0.0

discount_rate = 0.95
n_iterations = 100

for iteration in range(n_iterations):
    Q_prev = Q.copy()
    for s in range(3):
        for a in possible_actions[s]:
            Q[s, a] = np.sum([
                T[s, a, sp] * (R[s, a, sp] + discount_rate * np.max(Q_prev[sp]))
                for sp in range(3)
            ])
```

得られた Q 値は次のようになる。

```
>>> Q
array([[ 21.89498982,  20.80024033,  16.86353093],
       [  1.11669335,         -inf,   1.17573546],
       [        -inf,  53.86946068,         -inf]])
>>> np.argmax(Q, axis=1)   # 各状態に対する最適な行動
array([0, 2, 1])
```

これで、割引率 0.95 を使ったときのこの MDP の最適な方策がわかる。状態 s_0 では行動 a_0 を選び、状態 s_1 では行動 a_2 を選び、状態 s_2 では行動 a_1 を選ぶことである。面白いことに、割引率を 0.9 に下げると、最適な方策は変わる。状態 s_1 の最良の行動は a_0 になるのである（同じ状態にとどまり、火中の栗を拾いに行かない）。将来の価値よりも現在の価値を高く評価すれば、目前に迫った危険を冒してまで将来の報酬を求める意味はないということになるので、これは納得できることだ。

16.8　TD 学習と Q 学習

別々の行動から構成される強化学習問題の多くはマルコフ決定過程でモデリングできることが多いが、エージェントは、初期状態でどのような遷移の可能性があるかを知らず（つまり、$T(s, a, s')$ がわからない）、報酬がどうなるかも知らない（$R(s, a, s')$ がわからない）。個々の状態とすべての遷移を少なくとも 1 度ずつ経験しなければ報酬がどうなるかはわからないし、状態と繊維を何度も経験しなければ遷移の確率を合理的に推計することはできない。

TD 学習（temporal difference learning：TD learning）アルゴリズムは、価値反復アルゴリズムと非常によく似ているが、エージェントが MDP について部分的な知識しか持っていないということを計算に入れるように修正されている。一般に、エージェントは初期状態で可能な状態と行動しか知らず、それ以上のことを知らないということを前提とする。エージェントは**探索方策**（exploration policy = たとえば純粋無作為方策）を使って MDP を探索し、作業が進捗すると、TD 学習アルゴリズムが実際に観察された遷移と報酬に基づいて推定状態価値を更新する（**式 16-4**）。

式 16-4　TD 学習のアルゴリズム

$$V_{k+1}(s) \leftarrow (1 - \alpha)V_k(s) + \alpha\left(r + \gamma.V_k(s')\right)$$

- α は学習率（たとえば、0.01）。

 TD 学習には、SGD（確率的勾配降下法）に似ているところが多数ある。特に注目すべきは 1 度に 1 サンプルずつ処理することだ。また、SGD と同様に、学習率を少しずつ下げていかなければ、本当の意味で収束しない（そうでなければ、最適値の前後で振動し続ける）。

　このアルゴリズムは、個々の状態 s について、エージェントがその状態を離れたときに得る報酬と（最適に行動したとして）あとで得られるはずの報酬を加えたものの移動平均しか管理しない。

　同様に、Q 学習アルゴリズムは、初期状態で遷移の確率と報酬がわからないときに合わせて Q 値反復アルゴリズムを修正したものである（**式 16-5**）。

式 16-5　Q 学習のアルゴリズム

$$Q_{k+1}(s, a) \leftarrow (1 - \alpha)Q_k(s, a) + \alpha \left(r + \gamma . \max_{a'} Q_k(s', a') \right)$$

　個々の状態 - 行動ペア (s, a) について、このアルゴリズムは、エージェントが行動 a を取って状態 s を離れるときに得る報酬 r と将来得られるはずの報酬の和の移動平均を管理する。ターゲット方策は最適に行動するはずなので、次の状態の推定 Q 値の最大値を使えばよい。

　Q 学習は、次のようにして実装できる。

```
learning_rate0 = 0.05
learning_rate_decay = 0.1
n_iterations = 20000

s = 0 # 状態 0 からスタートする

Q = np.full((3, 3), -np.inf)   # 不可能な行動に対しては負の無限大
for state, actions in enumerate(possible_actions):
    Q[state, actions] = 0.0   # すべての可能な行動について、初期値は 0.0

for iteration in range(n_iterations):
    a = np.random.choice(possible_actions[s]) # 行動を選択する（無作為に）
    sp = np.random.choice(range(3), p=T[s, a]) # T[s, a] を使って次の状態を得る
    reward = R[s, a, sp]
    learning_rate = learning_rate0 / (1 + iteration * learning_rate_decay)
    Q[s, a] = ((1 - learning_rate) * Q[s, a] +
               learning_rate * (reward + discount_rate * np.max(Q[sp]))
    s = sp # 次の状態に遷移する
```

　このアルゴリズムは、十分に反復すれば最適な Q 値に収束する。訓練中の方策は実行されている方策と異なるので、**方策オフアルゴリズム**と呼ばれる。この方策が無作為に行動するエージェントを観察するだけで最適な方策を学習できるのは驚くべきことだ（へべれけに酔っ払った先生にゴルフを習うところを想像してみよう）。もっとよい方法はないのだろうか。

16.8.1　探索方策

　もちろん、Q 学習は探索方策が MDP を十分徹底的に探索しなければ機能しない。純粋に無作為な方策でも、最終的にすべての状態とすべての遷移を多数回経験することは保証されるが、それまでに非常に長い時間がかかる。それよりも、**ε-greedy 方策**（ε-greedy policy）を使った方がよい。この方策は、確率 ε で無作為に行動し、確率 $1 - \varepsilon$ でどん欲に行動する（つまり、もっとも Q

値が高い行動を選ぶ）。ε-greedy 方策の利点（完全に無作為な方策と比べて）は、推定 Q 値が高くなればなるほど、環境の面白い部分の探索にかける時間が長くなり、しかも MDP の未知の領域の訪問にもある程度の時間を使うところである。一般に ε は非常に高い値（たとえば 1.0）からスタートし、次第に下げていく（たとえば、0.05 まで）。

　偶然に頼って探索するのではなく、まだあまり試していない行動を試すように探索方策に働きかけるアプローチもある。これは、**式16-6** に示すように、推定 Q 値にボーナスを加えれば実現できる。

式 16-6　探索関数を使う Q 学習

$$Q(s,a) \leftarrow (1-\alpha)Q(s,a) + \alpha\left(r + \gamma.\max_{a'} f(Q(s',a'), N(s',a'))\right)$$

- $N(s',a')$ は、状態 s' で行動 a' が選ばれた回数を数える。
- $f(q,n)$ は、$f(q,n) = q + K/(1+n)$ などの**探索関数**である。ただし、K はエージェントが未知のものに引かれる度合いを示す好奇心ハイパーパラメータである。

16.8.2　近似的 Q 学習と深層 Q 学習

　Q 学習の最大の問題は、状態と行動が多い大規模な（あるいは中規模な）MDP に対するスケーラビリティが低いことである。Q 学習を使ってエージェントにパックマンのプレイを訓練するところを投げてみよう。パックマンが食べられるペレットは 250 個を越え、ペレットはあるかないかのどちらか（つまり、すでに食べられているかどうか）の状態を取り得る。そのため、取り得る状態は $2^{250} \approx 10^{75}$ よりも大きい（しかも、これはペレットがとり得る値だけを考慮したものである）。これは観察できる宇宙にある原子の数よりも多いので、すべての Q 値に対して推定値を管理することはどうあがいても、無理だ。

　この問題は、管理できる程度の数のパラメータ（パラメータベクトル θ として与えられる）で Q 値の全ての状態 - 行動ペア (s,a) 近似値を示せる関数 $Q_\theta(s,a)$ を見つければ解決できる。これを**近似的 Q 学習**（approximate Q-learning）と呼ぶ。長年に渡って Q 値の推定には、状態から手作業で抽出したフィーチャー（たとえば、もっとも近い幽霊との距離、その向きなど）を線形結合したものを使うことが推奨されていたが、DeepMind は、特に複雑な問題では、深層ニューラルネットワークを使えば、はるかにうまく機能し、フィーチャーエンジニアリングも不要になることを示した。Q 値を推定するための DNN を DQN（deep Q-network：深層 Q ネットワーク）と呼ぶ。そして、DQN を使った近似的 Q 学習を**深層 Q 学習**（deep Q-learning）と呼ぶ。

　どのように DQN を訓練することができるのだろうか。状態 - 行動ペア (s,a) が与えられた DQN で計算された近似の Q 値を考えてみる。ベルマンのおかげで、近似の Q 値は、状態 s で行動 a を行った後に観察される報酬 r にそれ以降の行動の割引値を加えたものと可能な限り近いことが望ましいことを知っている。将来の割引値を見積もるために、次の状態 s' および取りうる行動 a'

で DQN を実行することができる。それぞれの行動について、おおよその将来取りうる Q 値を得て、その中で最も高いものを選び（最適なプレイをしているという想定しているため）、割り引く。これによって、将来の割引値の見積もりを得ることができる。報酬 r と将来の割引値の見積もりを合計することにより、**式16-7** に示した通り、状態 - 行動ペア (s, a) の目標 Q 値 $y(s, a)$ を得る。

式 16-7　Target Q-Value

$$y(s, a) = r \quad + \quad \gamma \cdot \max_{a'} Q_\theta(s', a')$$

　このターゲット Q 値を利用し、任意の勾配降下アルゴリズムで訓練イテレーションを実行できる。具体的には、推定の Q 値とターゲット Q 値の二乗誤差を最小化させる。これが基本的な深層Q 学習のアルゴリズムの全てである。

　しかしながら、DeepMind の DQN アルゴリズムでは、2 つの重要な変更が導入されている。

- DeepMind の DQN アルゴリズムでは、最新の経験に基づく DQN の学習ではなく、大規模なリプレイメモリに経験を保存しておき、各訓練イテレーションで、トレーニングバッチをランダムにサンプリングする。これは、訓練バッチでの経験同士の相関を減らすことができるため、訓練を進める上でに非常に役立つ。
- DeepMind の DQN アルゴリズムでは、1 つではなく 2 つの DQN が使用される。1 つ目は、オンライン DQN と呼ばれ、各訓練イテレーションでプレイし、その結果から学習を行う。2 つ目は、ターゲット DQN と呼ばれ、ターゲット Q 値（**式16-7**）を計算するためにのみ使われる。一定の間隔で、オンライン DQN の重みがターゲット DQN にコピーされる。DeepMind は、この変更がアルゴリズムの性能を劇的に向上させることを示したのである。実際に、この変更を行わない場合、ターゲットを設定し、それに到達しようとする 1 つのネットワークがあるだけである。これは、犬が自分の尻尾を追いかけるようなものである。フィードバックループを引き起こし、ネットワークを不安定（発散や振動、停止など）にする。2 つのネットワークを持つことで、これらのフィードバックループは減少し、訓練プロセスの安定につながる。

　この章のこれからの部分では、DeepMind の DQN アルゴリズムを使って、2013 年の DeepMindと同じように、パックマンをプレイするエージェントを訓練する。大多数のアタリゲームをうまくプレイできるように訓練するためのコードの修正は簡単なものであるが、十分に長い時間訓練させる必要がある（ハードウェアによっては数日から数週間かかる場合がある）。ほとんどのアクションゲームでは人間を越えるスキルを実現できる。しかし、時間のかかるストーリーを持つゲームではそこまでの力は得られない。

16.9　DQNアルゴリズムを使ったパックマンのプレイの学習

　これからはアタリ環境を使うことになるので、まず OpenAI Gym のアタリ用ファイルをインストールしなければならない。ついでに、ほかの OpenAI Gym 環境のファイルもいじってみたくなるかもしれないのでインストールしておこう。macOS の場合、すでに Homebrew (http://brew.sh/) がインストールされていることを前提とすると、次のコマンドを実行する必要がある。

```
$ brew install cmake boost boost-python sdl2 swig wget
```

　Ubuntu では、次のコマンドを入力する（Python 2 を使っている場合は、python3 の部分を python に置き換える）。

```
$ apt-get install -y python3-numpy python3-dev cmake zlib1g-dev libjpeg-dev\
    xvfb libav-tools xorg-dev python3-opengl libboost-all-dev libsdl2-dev swig
```

　そして、追加の Python モジュールをインストールする（virtualenv を使用している場合は、まず active にする）。

```
$ pip3 install --upgrade 'gym[all]'
```

　すべてがうまくいっていれば、パックマンの環境を作れるはずだ。

```
>>> env = gym.make("MsPacman-v0")
>>> obs = env.reset()
>>> obs.shape  # [height, width, channels]
(210, 160, 3)
>>> env.action_space
Discrete(9)
```

　ご覧のように、9種類の行動を取ることができるが、これはジョイスティックの9つのポジション（中央、上、右、左、下、右上、右下、左上、左下）に対応している。観察は単純にアタリ画面のスクリーンショットで（**図16-9**）、3D の NumPy 配列として表現される。このイメージは少々大きいので、イメージを切り取り、88 × 80 ピクセルに縮小し、グレースケールに変換して、パックマンのコントラストを強調する小さな前処理関数を作る。こうすると、DQN で必要な計算量が削減され、訓練のスピードが上がる。

```
mspacman_color = np.array([210, 164, 74]).mean()

def preprocess_observation(obs):
    img = obs[1:176:2, ::2] # クロッピングと縮小
    img = img.mean(axis=2) # グレイスケール化
    img[img==mspacman_color] = 0 # コントラスト強調
    img = (img - 128) / 128 - 1 # -1. から 1. までに正規化
    return img.reshape(88, 80, 1)
```

図16-9（右）は、前処理の結果を示している。

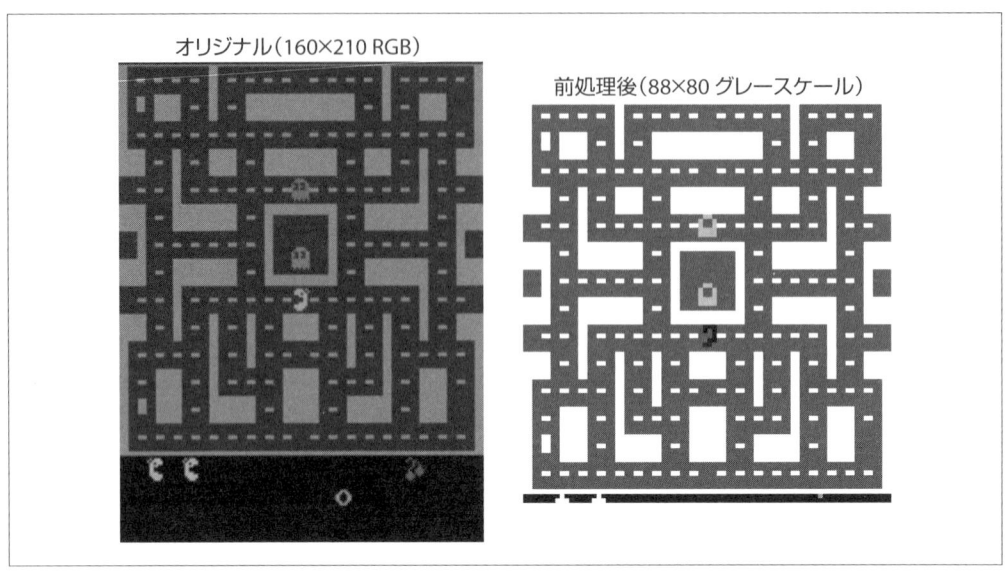

図16-9　パックマンの観察。左がオリジナルで右が前処理後

では、DQN を作っていこう。入力として状態と行動のペア (s, a) を取り、対応する Q の推定値 $Q(s, a)$ を出力するというのでもよいのだが、行動が非連続なので、入力として状態だけを取り、行動ごとにひとつずつ Q 値の推定値を出力するニューラルネットワークを使う方が都合がよい。DQN は、3 つの畳み込み層とその後ろにふたつの全結合層（出力層を含む）が続く形である（**図16-10**）。

以前に議論したように、DeepMind によって設計された DQN の訓練アルゴリズムは、同じアーキテクチャ（しかし、パラメータの異なる）ふたつの DQN を必要とする。オンライン DQN はパックマンを動かすことを学び、ターゲット DQN はオンライン DQN のためのターゲット Q 値を構築するために使われる。一定の間隔でオンライン DQN をターゲット DQN へコピーし、パラメータを置き換える。同じアーキテクチャの DQN を 2 つ必要とするので、これらを作る q_network() 関数を作る。

```
input_height = 88
input_width = 80
input_channels = 1
conv_n_maps = [32, 64, 64]
conv_kernel_sizes = [(8,8), (4,4), (3,3)]
conv_strides = [4, 2, 1]
conv_paddings = ["SAME"] * 3
conv_activation = [tf.nn.relu] * 3
n_hidden_in = 64 * 11 * 10   # conv3 はそれぞれ 11 × 10 の 64 個のマップを持つ
```

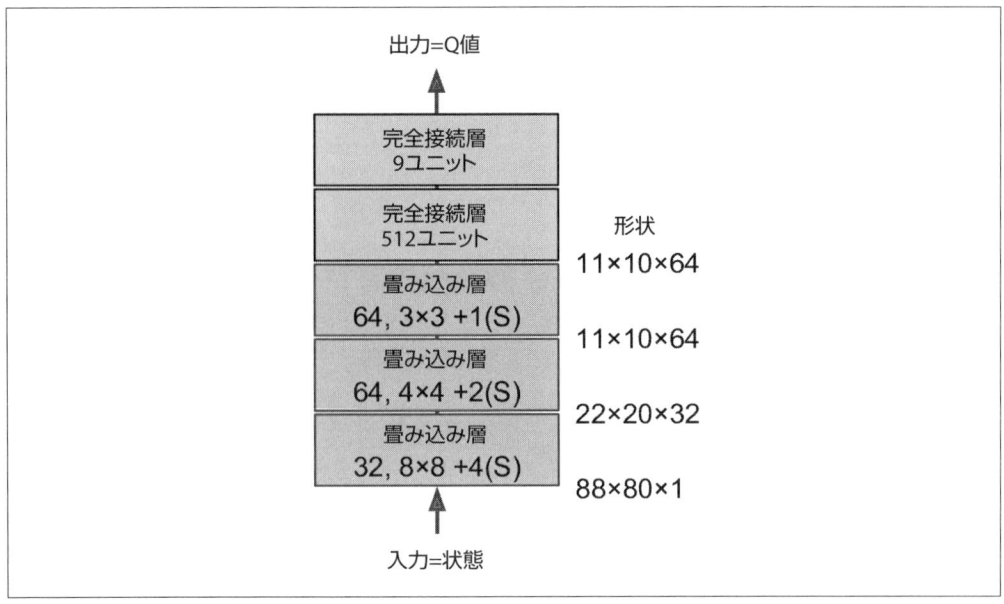

図16-10 パックマンをプレイするDQN

```
n_hidden = 512
hidden_activation = tf.nn.relu
n_outputs = env.action_space.n  # 9 種類の非連続の行動がある
initializer = tf.contrib.layers.variance_scaling_initializer()

def q_network(X_state, name):
    prev_layer = X_state
    conv_layers = []
    with tf.variable_scope(name) as scope:
        for n_maps, kernel_size, strides, padding, activation in zip(
                conv_n_maps, conv_kernel_sizes, conv_strides,
                conv_paddings, conv_activation):
            prev_layer = tf.layers.conv2d(
                prev_layer, filters=n_maps, kernel_size=kernel_size,
                stride=stride, padding=padding, activation=activation,
                kernel_initializer=initializer)
        last_conv_layer_flat = tf.reshape(prev_layer, shape=[-1, n_hidden_in])
        hidden = tf.layers.dense(last_conv_layer_flat, n_hidden,
                                 activation=hidden_activation,
                                 kernel_initializer=initializer)
        outputs = tf.layers.dense(hidden, n_outputs,
                                  kernel_initializer=initializer)
    trainable_vars = tf.get_collection(tf.GraphKeys.TRAINABLE_VARIABLES,
                                       scope=scope.name)
    trainable_vars_by_name = {var.name[len(scope.name):]: var
                              for var in trainable_vars}
    return outputs, trainable_vars_by_name
```

　このコードの最初の部分は DQN アーキテクチャのハイパーパラメータを定義する。次に、環境の状態の X_state と変数スコープ名を入力として DQN を作る q_network() 関数を定義する。隠されている状態はほとんどないので（点滅するオブジェクトと幽霊の向きを除く）、環境の状態を表現するためにひとつの観察だけを使うことに注意しよう。

> Pong や Breakout のようなゲームには、1 度の観測で方向と速度が定まらない動くボールが含まれているため、最後の数回の観測を環境の状態に組みあわせる必要がある。これを実現するひとつの方法としては、最後の数回の観測毎に 1 つのチャネルで画像を作成することである。あるいは、最後の数回の観測値の最大値を計算するなどして、最後の数回の観測値を 1 つのチャネルの画像にマージすることができる（前の観測値は薄暗くすると、最終画像の時間の方向性が明確になる）。

　trainable_vars_by_name 辞書は、この DQN のすべての訓練可能変数を集めたものである。これは、すぐあとでオンライン DQN をターゲット DQN にコピーするオペレーションを作るときに役に立つ。辞書のキーは、スコープ名に対応するプレフィックスを取り除いた変数名である。内容は次のようになっている。

```
>>> trainable_vars_by_name
{'/conv2d/bias:0': <tf.Variable... shape=(32,) dtype=float32_ref>,
 '/conv2d/kernel:0': <tf.Variable... shape=(8, 8, 1, 32) dtype=float32_ref>,
 '/conv2d_1/bias:0': <tf.Variable... shape=(64,) dtype=float32_ref>,
 '/conv2d_1/kernel:0': <tf.Variable... shape=(4, 4, 32, 64) dtype=float32_ref>,
 '/conv2d_2/bias:0': <tf.Variable... shape=(64,) dtype=float32_ref>,
 '/conv2d_2/kernel:0': <tf.Variable... shape=(3, 3, 64, 64) dtype=float32_ref>,
 '/dense/bias:0': <tf.Variable... shape=(512,) dtype=float32_ref>,
 '/dense/kernel:0': <tf.Variable... shape=(7040, 512) dtype=float32_ref>,
 '/dense_1/bias:0': <tf.Variable... shape=(9,) dtype=float32_ref>,
 '/dense_1/kernel:0': <tf.Variable... shape=(512, 9) dtype=float32_ref>}
```

　では、入力プレースホルダーを作ろう。ふたつの DQN とオンライン DQN をターゲット DQN にコピーするオペレーションである。

```
X_state = tf.placeholder(tf.float32, shape=[None, input_height, input_width,
                                            input_channels])
online_q_values, online_vars = q_network(X_state, name="q_networks/online")
target_q_values, target_vars = q_network(X_state, name="q_networks/target")

copy_ops = [target_var.assign(online_vars[var_name])
            for var_name, target_var in target_vars.items()]
copy_online_to_target = tf.group(*copy_ops)
```

　このコードの意味をよく見ておこう。環境の状態（この例では 1 つの前処理された観察）を入力とし、状態内の可能な個々の行動ごとに Q 値の推定値を出力するふたつの DQN を持つことになる。それに加えて、オンライン DQN からターゲット DQN にすべての訓練可能な変数の値をコピーする copy_online_to_target というオペレーションがある。TensorFlow の

`tf.group()` 関数を使って、すべての代入オペレーションをひとつの便利なオペレーションにまとめている。

では、オンライン DQN の訓練オペレーションを追加しよう。まず、メモリバッチに含まれる 1 つひとつの状態 - 行動に対して予測される Q 値を計算できるようにする必要がある。しかし、DQN はすべての可能な行動に対してひとつずつ Q 値を出力するので、このメモリで実際に選択された行動に対応する Q 値だけを残すようにしたい。そのために、行動をワンホットベクトル（以前も説明したように、i 番目の要素だけ 1 でほかは 0 になっているベクトル）に変換して、それと Q 値を掛け合わせる。そうすると、記録した行動に対応する Q 値以外はすべて 0 になる。あとは第 1 軸に沿って合計を計算すれば、個々のメモリについて、ほしいと思っている予測 Q 値だけが得られる。

```
X_action = tf.placeholder(tf.int32, shape=[None])
q_value = tf.reduce_sum(target_q_values * tf.one_hot(X_action, n_outputs),
                        axis=1, keep_dims=True)
```

次に、ターゲット Q 値を与えるためのプレースホルダー y を作成し、損失を計算する。1.0 よりも小さい場合は二乗誤差を使い、平方誤差が 1.0 よりも大きな時は絶対誤差の 2 倍を利用する。言い換えると、損失は小さい誤差については 2 次の値となっており、大きな場合は線形の値となっている。これは、大きなエラーの影響を軽減し、訓練の安定に役立つ。

```
y = tf.placeholder(tf.float32, shape=[None, 1])
error = tf.abs(y - q_value)
clipped_error = tf.clip_by_value(error, 0.0, 1.0)
linear_error = 2 * (error - clipped_error)
loss = tf.reduce_mean(tf.square(clipped_error) + linear_error)
```

最後に、損失を最小化するために、Nesterov Accelerated Gradient オプティマイザを作成する。また、`global_step` と呼ばれる訓練できない変数を作成し、訓練ステップを追いかける。さらに、通常の `init` オペレーションと `Saver` を作成する。

```
learning_rate = 0.001
momentum = 0.95

global_step = tf.Variable(0, trainable=False, name='global_step')
optimizer = tf.train.MomentumOptimizer(learning_rate, momentum, use_nesterov=True)
training_op = optimizer.minimize(loss, global_step=global_step)

init = tf.global_variables_initializer()
saver = tf.train.Saver()
```

それは構築フェーズのためである。実行フェーズを見ていく前に、いくつかのツールが必要になるだろう。まず、再生メモリを実装することから始めよう。アイテムをキューにプッシュし、最大のメモリサイズに達した時に最も古いものをポップすることは非常に効率的であるため、デキューリストを使用する。また、リプレイメモリから経験バッチをランダムサンプリングするための小さ

な関数を作成する。それぞれの経験は、5つのタプル（状態、アクション、報酬、次の状態、継続）になり、「継続」のアイテムはゲームが終了すると0.0になり、それ以外の場合は1.0となる。

```python
from collections import deque

replay_memory_size = 500000
replay_memory = deque([], maxlen=replay_memory_size)

def sample_memories(batch_size):
    indices = np.random.permutation(len(replay_memory))[:batch_size]
    cols = [[], [], [], [], []] # 状態, 行動, 報酬, 次の状態, 継続
    for idx in indices:
        memory = replay_memory[idx]
        for col, value in zip(cols, memory):
            col.append(value)
    cols = [np.array(col) for col in cols]
    return (cols[0], cols[1], cols[2].reshape(-1, 1), cols[3],
            cols[4].reshape(-1, 1))
```

次に、ゲームを探索するエージェントが必要である。ε-greedy方策を使い、200万訓練ステップをかけてεを1.0から0.1まで少しずつ減らしていく。

```python
eps_min = 0.1
eps_max = 1.0
eps_decay_steps = 2000000

def epsilon_greedy(q_values, step):
    epsilon = max(eps_min, eps_max - (eps_max-eps_min) * step/eps_decay_steps)
    if np.random.rand() < epsilon:
        return np.random.randint(n_outputs) # 無作為な行動
    else:
        return np.argmax(q_values) # 最適な行動
```

これで訓練を始めるために必要なものがすべて揃った。実行フェーズには複雑過ぎるものは含まれていないが少々長いので、まず深呼吸をしておこう。準備はよいだろうか。では、始めよう。まず、いくつかのパラメータをセットする。

```python
n_steps = 4000000   # 訓練ステップの総数
training_start = 10000   # 10,000回ゲームをプレイしてから訓練を始める
training_interval = 4   # 4回ゲームをプレイするたびに訓練を開始する
save_steps = 1000   # 1,000訓練ステップごとにモデルを保存する
copy_steps = 10000   # 10,000訓練ステップごとにオンラインDQNをターゲットDQNにコピーする
discount_rate = 0.99
skip_start = 90   # すべてのゲームの冒頭（ただの待ち時間）をスキップする
batch_size = 50
iteration = 0   # ゲームイテレーション
checkpoint_path = "./my_dqn.ckpt"
done = True # 環境のリセットが必要
```

次に、セッションを開き、メインの訓練ループを実行する。

```python
with tf.Session() as sess:
    if os.path.isfile(checkpoint_path + ".index"):
        saver.restore(sess, checkpoint_path)
    else:
        init.run()
        copy_online_to_target.run()
    while True:
        step = global_step.eval()
        if step >= n_steps:
            break
        iteration += 1
        if done: # ゲームオーバー、最初からやり直し
            obs = env.reset()
            for skip in range(skip_start): # 各ゲームのはじめにスキップ
                obs, reward, done, info = env.step(0)
            state = preprocess_observation(obs)

        # オンライン DQL を評価する
        q_values = online_q_values.eval(feed_dict={X_state: [state]})
        action = epsilon_greedy(q_values, step)

        # オンライン DQN がプレイする
        obs, reward, done, info = env.step(action)
        next_state = preprocess_observation(obs)

        # 起きたことを記録する
        replay_memory.append((state, action, reward, next_state, 1.0 - done))
        state = next_state

        if iteration < training_start or iteration % training_interval != 0:
            continue # ウォームアップ期間の後で、かつ一定の間隔で訓練する

        # 記憶をサンプリングし、ターゲット Q 値を作るためにターゲット DQN を使う
        X_state_val, X_action_val, rewards, X_next_state_val, continues = (
            sample_memories(batch_size))
        next_q_values = target_q_values.eval(
            feed_dict={X_state: X_next_state_val})
        max_next_q_values = np.max(next_q_values, axis=1, keepdims=True)
        y_val = rewards + continues * discount_rate * max_next_q_values

        # オンライン DQN を訓練する
        training_op.run(feed_dict={X_state: X_state_val,
                                   X_action: X_action_val, y: y_val})

        # 定期的にオンライン DQN をターゲット DQN にコピーする
        if step % copy_steps == 0:
            copy_online_to_target.run()

        # 定期的に保存する
        if step % save_steps == 0:
            saver.save(sess, checkpoint_path)
```

　まず、チェックポイントファイルがあるときにはモデルを復元し、そうでなければ通常通りに変数を初期化する、そしてオンライン DQN をターゲット DQN にコピーする。次に、メインループを開始する。ここで、iteration はプログラム開始以降のすべてのゲームステップ数を数えるのに対し、step は訓練開始以降の訓練ステップの数を数える（チェックポイントを復元した場合、global_step_variables のおかげでグローバルなステップ数も復元される）。その次に、コードはゲームをリセットし、何も起きない最初の退屈な部分をスキップする。そして、オンライン DQN が何をすべきかを評価し、ゲームをプレイして、その経験がリプレイメモリに記録される。ウォームアップ期間が過ぎると、一定の間隔でオンライン DQN が訓練ステップを実行する。はじめに、メモリバッチをサンプリングし、各メモリの「次の状態」に関して、ターゲット DQN に次の状態で取れるすべての行動の Q 値を評価させ、**式 16-7** を適用して状態 - 行動ペアのターゲット Q 値を含む y_val を計算する。ここで少々厄介なのは、max_mext_q_values に continues ベクトルを掛け合わせてゲームオーバーになったときのメモリに対応する Q 値を 0 で消し込まなければならないことだが、面倒なのはそれだけである。ここで訓練オペレーションを実行して、オンライン DQN の Q 値予測能力を磨く。最後に、定期的にオンライン DQN をターゲット DQN にコピーし、モデルを保存する。

残念ながら、訓練にはとても時間がかかる。ラップトップで訓練すると、パックマンをうまくプレイできるようになるまで何日もかかってしまう。学習曲線を見ることができ、例えば、ゲームごとの平均報酬を測定したり、あるいは、各ゲームステップでオンライン DQN により推定される最大の Q 値を計算したり、ゲームを通じての最大 Q 値の平均を確認することができる。これらの曲線にはかなりノイズが大きいことがわかる。目立った進歩が見られない時期が長く続いたかと思うと、突然エージェントがかなりまとまった形で生き残りを学習するということがある。訓練の遅さに対処するには、すでに述べたように、モデルにできる限り多くの事前知識を注入する（たとえば、前処理、報酬などを通じて）とともに、最初に基本戦略を真似る訓練をしてモデルをブートストラップするようにしてみるとよい。いずれにしても、RL では大変な忍耐と多数の細かい調整が必要だ。しかし、最終的に得られる結果は、非常にすばらしいものである。

16.10　演習問題

1. 強化学習はどのように定義したらよいか。通常の教師あり、教師なし学習とはどのようなところが異なるか。
2. この章で取り上げていない RL の応用分野を 3 つ考えてみよう。それぞれについて、環境、エージェント、行動、報酬は何かを答えなさい。
3. 割引率とは何か。割引率を変えると、最適な方策は変わるか。
4. 強化学習エージェントの性能はどのようにして測定するか。
5. 信用割当問題とは何か。この問題はいつ起き、どのようにすれば緩和できるか。

6. リプレイメモリを使うメリットは何か。

7. 方策オフ RL アルゴリズムとは何か。

8. DQN を使って OpenAI Gym の"BypedalWalker-v2"に挑戦しなさい。このタスクでは、Q ネットワークはそれほど深くなくてよい。

9. DQN アルゴリズムを使ってアタリの有名なゲーム、**ブロック崩し**（Pong）をプレイするエージェントを訓練しなさい（OpenAI Gym には、Pong-v0 が含まれている）。

   注意: ボールの向きとスピードを伝えるためには、1 個の観察では足りない。

10. 自由に使えるお金が 100 ドルあるなら、Raspberry Pi 3 と安いロボットの部品を買い、Pi に TensorFlow をインストールしてロボットを動かすことができる。たとえば、Lukas Biewald の投稿（https://goo.gl/Eu5u28）を読んだり、GoPiGo、BrickPi などを調べたりするとよい。どうせなら、方策勾配法を使ってロボットを訓練し、本物のカートポールを作ってみてはどうだろうか。歩くことを学習するロボットの蜘蛛も面白い。何らかの目的地に近づくたびに報酬を与えるのである（目的地との距離を測定するためにはセンサーが必要になる）。あなたの想像力次第で何でもできる。

演習問題の解答は、**付録 A** を参照のこと。

16.11　ありがとう！

　本書の最後の章を締めくくる前に、この最後の節まで読んでくれたみなさんに感謝の言葉を捧げたいと思います。本書を読んで、私が執筆中に感じたのと同じくらいみなさんが楽しいと感じてくれたら、そして大小を問わずみなさんのプロジェクトのためにお役に立てたらとてもうれしいです。

　誤りを見つけたら、いやそれだけでなく、みなさんが考えていることを是非教えてください。私には、オライリー経由で、あるいは GitHub の ageron/handson-ml プロジェクト経由やツイッター@aureliengeron で連絡を取ることができます。

　これからについては、とにかく練習を重ねてくださいということです。もしまだであれば、すべての演習問題を実際に解き、Jupyter ノートブックで動かし、Kaggle.com やその他の ML コミュニティに参加し、ML の講座を受講し、論文を読み、カンファレンスに出席し、エキスパートに会いましょう。推薦システム、クラスタリングアルゴリズム、異常検知アルゴリズム、遺伝的アルゴリズムなど、本書で取り上げていないテーマも学習してください。

　本書を読んだことが、私たちすべてのために役立つすばらしい ML アプリケーションを構築するきっかけになれば、著者としてそれに勝る喜びはありません。さてそれは、いったいどのようなものになるのでしょうか。

2016 年 11 月 26 日

オーレリアン・ジェロン

付録A
演習問題の解答

 コードを書く演習問題の解答は、https://github.com/ageron/handson-ml のオンライン Jupyter ノートブックに掲載されている。

A.1 1章：機械学習の現状

1. 機械学習は、データから学習できるシステムを作ることである。学習とは、何らかの測定手段に基づいて判断したときに、あるタスクを処理した成績が上がるという意味である。

2. 機械学習は、アルゴリズムを使ったソリューションがない複雑な問題を解決したり、手作業でチューニングした規則が延々と続くようなプログラムを書き換えたり、変動する環境に合わせて自分を修正できるシステムを作ったり、人間の学習を支援したり（たとえばデータマイニング）するために役立つ。

3. ラベル付きの訓練セットとは、個々のインスタンスに問題の答え（これをラベルと呼ぶ）が含まれている訓練セットのことである。

4. 教師あり学習がよく使われるのは、回帰と分類である。

5. 教師なし学習がよく使われるのは、クラスタリング、可視化、次元削減、相関ルール学習である。

6. 未知の領域を探索して学習するロボットというのは、強化学習が解決しようとしているタイプの問題の典型例であり、強化学習がもっとも適しているだろう。教師あり学習、教師なし学習の問題としてこの問題を表現することもできるが、強化学習よりも不自然になる。

7. 集団の定義方法がわからない場合は、似ている顧客のクラスタに顧客をセグメント化するクラスタリングアルゴリズム（教師なし学習）を使う。しかし、どのように分類すべきかがわかっている場合には、分類アルゴリズム（教師あり学習）に各集団のデータ例を多数与えれば、すべての顧客をその集団に分類できるようになる。

8. スパム検出は、典型的な教師あり学習問題である。ラベル（スパムかハムか）を付けたメールの例を多数アルゴリズムに与えて訓練する。

9. オンライン学習システムは、バッチ学習システムとは異なり、少しずつ学習できる。変化するデータに自律的に対応するシステムは、機敏に修正できる。極端に大きなデータを使って訓練するシステムも作れる。

10. アウトオブコアアルゴリズムは、コンピュータのメインメモリに収まりきらないくらい大量のデータを処理できる。アウトオブコア学習アルゴリズムは、データをミニバッチに分割し、オンライン学習のテクニックを使ってそのミニバッチから学習する。

11. インスタンスベース学習システムは、訓練データを丸暗記学習する。そのあとで新しいインスタンスを与えると、類似度の尺度を使って学習したインスタンスのなかでもっとも近いものを見つけ、それを使って予測をする。

12. モデルは、新しいインスタンスが与えられたときに予測を得るために、ひとつ以上のモデルパラメータ（たとえば、線形モデルの直線の傾斜）を持っている。学習アルゴリズムは、モデルが新しいインスタンスに対してうまく汎化するように、これらのパラメータの最適値を探す。ハイパーパラメータ（たとえば、適用する正則化の程度）は、学習アルゴリズム自体のパラメータで、モデルのパラメータではない。

13. モデルベースの学習アルゴリズムは、モデルが新しいインスタンスに対してうまく汎化するように、モデルパラメータの最適な値を探す。通常は、訓練データに対するシステムの予測のまずさを測定する費用関数が返す値に、モデルが正則化されている場合はモデルの複雑度にペナルティを加えて、値が最小になるようにシステムを訓練する。予測をするときには、学習アルゴリズムが見つけたパラメータ値を使ってモデルの予測関数に新インスタンスの特徴量を与える。

14. 機械学習が抱える主要な難問は、データの欠落、データの品質の低さ、全体を適切に代表しているとは言えないデータ、関係のない特徴量、訓練データに過小適合する過度に単純なモデル、訓練データに過学習する過度に複雑なモデルなどである。

15. モデルが訓練データに対しては高い性能を発揮するのに、新インスタンスにはうまく汎化しないなら、そのモデルは訓練データに過学習している（または、極端に好都合な訓練データが与えられた）。過学習を解決するには、訓練データを増やすか、モデルを単純化するか（より単純なアルゴリズムを選ぶ、使うパラメータや特徴量の数を減らす、モデルを正則化するなど）、訓練データのノイズを減らす。

16. テストセットは、モデルを本番稼働させる前に、モデルが新しいインスタンスに対して示す汎化誤差を推定するために使われる。

17. 検証セットはモデルの比較に使われる。最良のモデルを選択したり、ハイパーパラメータをチューニングしたりすることを可能にする。

18. テストセットを使ってハイパーパラメータをチューニングすると、テストセットに過学習し、測定される汎化誤差が楽観的過ぎるものになる場合がある（予想よりも性能の低いモデルを本

番稼働してしまう危険がある）。

19.　交差検証を使えば、別個に検証セットを作らなくてもモデルを比較できる（モデルの選択とハイパーパラメータのチューニングのために）ようになる。すると、貴重な訓練データを節約できる。

A.2　2章：エンドツーエンドの機械学習プロジェクト

https://github.com/ageron/handson-ml の Jupyter ノートブックを参照。

A.3　3章：分類

https://github.com/ageron/handson-ml の Jupyter ノートブックを参照。

A.4　4章：モデルの訓練

1.　数百万個もの特徴量を持つ訓練セットがある場合、確率的勾配降下法やミニバッチ勾配降下法が使える。訓練セットがメモリに収まりきる場合には、おそらくバッチ勾配降下法も使えるだろう。しかし、正規方程式は、特徴量数の増加とともに計算量があっという間に大きくなるので（2次関数以上）使えない。

2.　訓練セットの特徴量のスケールがまちまちだと、コスト関数が引き延ばされた丼のような形になり、勾配降下法が収束するまでの時間が長くなる。この問題を解決するには、モデルを訓練する前にデータをスケーリングしなければならない。なお、正規方程式は、スケーリングせずに正しく動作する。さらに、正規化されたモデルは、特徴量がスケーリングされていない場合、準最適解に収束する可能性がある。実際、正規化は大きな重みを不利にするため、値が小さい特徴量は、より大きな値を持つ特徴量に比べて無視されがちである。

3.　ロジスティック回帰モデルの訓練では、コスト関数が凸関数[1]なので、勾配降下法は局所的な最小値から抜け出せなくなることはない。

4.　最適化モデルが凸関数で（線形回帰やロジスティック回帰のように）、学習率があまり高すぎなければ、すべての勾配降下法アルゴリズムが全体の最適値に近づき、同じようなモデルを作る。しかし、学習率を次第に小さくしていかない限り、確率的 GD やミニバッチ GD は決して収束せず、全体の最適値の上下を飛び回ることになる。つまり、非常に長時間実行したとしても、これらの勾配降下法アルゴリズムはわずかに異なるモデルを作り出すということである。

5.　検証セットに対する誤差がエポックごとに上がっていく場合、考えられる可能性のひとつは、学習率が高すぎてアルゴリズムが発散しているということである。訓練誤差も上がっているよ

---

[1]　曲線上の任意の2点を結ぶ直線を引いたときに、その直線が曲線と交わることはない。

うなら、学習率に明らかに問題があるので下げる必要がある。しかし、訓練誤差が上がらない
なら、モデルが訓練セットに過学習しているということなので、訓練を中止すべきだ。

6. 確率的勾配降下法とミニバッチ勾配降下法は、無作為にインスタンスを選択しているため、訓
練するたびによくなるという保証はない。そのため、検証セットに対する誤差が上がったとき
にすぐに訓練を中止しても、最適値に達する前に終了している危険性がある。それよりも、定
期的にモデルを保存し、長期に渡って進歩がなくなったら（つまり、最高記録を抜く可能性が
なさそうになったら）、保存しているモデルのなかでもっともよいものに戻ればよい。

7. 確率的勾配降下法は、1度に1個の訓練インスタンスしか使わないため、訓練イテレーション
がもっとも短時間で終わり、全体の最適値の近くに達するのも一般にもっとも速い（ミニバッ
チサイズが非常に小さいミニバッチ GD が最速になる場合もある）。しかし、十分な訓練時間
を与えたときに実際に収束するのはバッチ勾配降下法だけである。すでに何度も触れたよう
に、学習率を次第に下げない限り、確率的 GD とミニバッチ GD は、最適値の周辺で上下に
変動する。

8. 検証誤差が訓練誤差よりもかなり大きい場合、モデルが訓練セットに過学習していると考えら
れる。この問題の解決のために試してみるべきことのひとつは、多項回帰モデルの次数を下げ
ることだ。次数が低く自由度が低いモデルは、過学習を起こしにくい。モデルの正則化も試し
てみるとよい。たとえば、コスト関数に ℓ_2 ペナルティ（リッジ）か ℓ_1 ペナルティ（Lasso）を
加える。これもモデルの自由度を下げる。最後に、訓練セットのサイズを大きくするという方
法もある。

9. 訓練誤差と検証誤差がほぼ同じでかなり高い場合、モデルは訓練セットに対して過小適合して
おり、バイアスが高い。正則化ハイパーパラメータの α は下げてみるべきだ。

10. ひとつずつ考えてみよう。

- 正則化されているモデルは、一般に正則化されていないモデルよりも性能が高くなるの
  で、一般にプレーンな線形回帰よりもリッジ回帰を使った方がよい[†2]。

- Lasso 回帰は ℓ_1 ペナルティを使うが、これは重みを 0 に引き下げる効果があり、もっと
  も重要な重み以外のすべての重みを 0 にして疎なモデルに導く。これは、自動的に特徴
  量選択を行うための方法であり、実際に意味のある特徴量はわずかだけなのではないかと
  いうことが疑われるときに役に立つ。そういうときでなければ、リッジ回帰を使った方が
  よい。

- Lasso 回帰は、不規則にふるまうことがあるので（複数の特徴量に強い相関がある場合や
  訓練インスタンスの数よりも特徴量の数が多い場合）、一般に Lasso よりも Elastic Net
  の方がよい。しかし、Elastic Net を使うと、チューニングしなければならないハイパー
  パラメータが増える。不規則なふるまいのない Lasso を使いたい場合には、ll_ratio

[†2] さらに、正規方程式は逆行列を計算しなければならないが、もとの行列はいつも逆行列を求められるとは限らない。それに
対し、リッジ回帰の行列はいつも逆行列を求められる。

を 1 に近付けて Elastic Net を使えばよい。

11. 屋外と屋内、日中と夜間に写真を分類したい場合、これらは相互排他的なクラスではない（つまり、4 種類の組み合わせがすべてあり得る）ので、ふたつのロジスティック回帰分類器を訓練すべきである。

12. https://github.com/ageron/handson-ml の Jupyter ノートブックを参照。

A.5　5章：サポートベクトルマシン（SVM）

1. サポートベクトルマシンの根本は、クラスとクラスの間にできる限り太い「道」を通そうとすることである。つまり、訓練インスタンスをふたつのクラスに分ける決定境界の間にできる限り大きいマージンを確保することを目標とする。ソフトマージン分類では、SVM はふたつのクラスの完全な分離とできる限り太い道を作ることとの間で妥協点を見つける（つまり、一部のインスタンスは道に入り込んでしまう）。非線形データセットを訓練するときにカーネルを使うのも重要なポイントである。

2. **サポートベクトル**（support vector）とは、SVM を訓練したあとに「道」（前問の解答参照）のなか（境界線を含む）に入るインスタンスのことである。サポートベクトル**ではない**インスタンス（つまり、道の外にある）は、影響を持たない。そういったインスタンスはいくつ追加、削除、移動しても、道の外（の同じサイド）である限り、決定境界は変わらない。予測の計算に関わるのはサポートベクトルだけであり、訓練セット全体ではない。

3. SVM は、クラスの間にできるかぎり太い「道」を通そうとする（第 1 問の解答参照）ので、訓練セットがスケーリングされていないと、SVM は小さな特徴量を無視しがちになる（**図5-2**参照）。

4. SVM 分類器は、テストインスタンスと決定境界の距離を出力できるので、それを自信度のスコアとして使うことができる。しかし、このスコアを直接そのクラスに属する推定確率に変換することはできない。scikit-learn で SVM を作るときに `probability=True` を設定すると、SVM を訓練したあとで、ロジスティック回帰（訓練データに対する 5 フォールド交差検証で訓練されている）を使って SVM のスコアを確率に較正する。この場合、SVM に `predict_proba()`、`predict_log_proba()` メソッドが追加される。

5. カーネル化 SVM が使えるのは双対形式だけなので、この問は、線形 SVM だけに当てはまる。SVM 問題の主形式の計算量は訓練インスタンスの数 m に比例するのに対し、双対形式の計算量は m^2 と m^3 の間の数値に比例する。そのため、インスタンス数が数百万もあるのなら、双対形式は遅すぎて耐えられないので、迷わず主形式を使うべきだ。

6. RBF カーネル付きの SVM 分類器を訓練したものの、訓練セットに過小適合する場合、それは正則化し過ぎているということである。正則化を緩めるためには、`gamma` か C（またはその両方）を増やす必要がある。

7. ハードマージン問題の QP パラメータを H'、f'、A'、b' と呼ぶことにする（**5章**「5.4.3 二次計画

法」参照）。ソフトマージン問題の QP パラメータは、m 個の追加パラメータ（$n_p = n+1+m$）
と m 個の追加制約（$n_c = 2m$）を持つ。これらは次のように定義できる。

- H は、H' の右に m 個の 0 の列、下に m 個の 0 の行を追加したものと等しい。

$$H = \begin{pmatrix} H' & 0 & \cdots \\ 0 & 0 & \\ \vdots & & \ddots \end{pmatrix}$$

- f は、値がハイパーパラメータ C に等しい m 個の要素を追加した f' と等しい。
- b は、値が 0 の m 個の要素を追加した b' と等しい。
- A は、A' の右に $m \times m$ の単位行列 I_m、その真下に、
  - I_m、その他の部分を 0 で埋めたものと等しい。$A = \begin{pmatrix} A' & I_m \\ 0 & -I_m \end{pmatrix}$

演習問題 8、9、10 の解答は、https://github.com/ageron/handson-ml の Jupyter ノートブッ
クを参照。

A.6　6章：決定木

1. m 個の葉を持つよくバランスの取れた二分木の深さは、$\log_2(m)$[†3]を端数切り上げしたもの
   になる。二分決定木（イエスかノーかしか判断しない決定木。scikit-learn の木はすべてこれ
   である）は、制限なしで訓練すると、訓練インスタンスごとにひとつの葉を持つことになり、
   訓練終了時にある程度平衡したものになる。そのため、訓練セットのインスタンスが 100 万個
   なら、決定木の深さは $\log_2(10^6) \approx 20$ になる（一般に木は完全な平衡木にならないので、実
   際にはこれよりも少し多くなる）。

2. ノードのジニ不純度は、一般に親よりも低い。これは、子のジニ不純度の加重総和が最小にな
   るようにノードを分割する CART 訓練アルゴリズムのコスト関数のためである。しかし、そ
   の子のジニ不純度は親のジニ不純度よりも高くなることがある。それは、ほかの子が全体とし
   てのジニ不純度を引き下げる以上にその子のジニ不純度が高い場合だ。たとえば、クラス A
   のインスタンスを 4 個、クラス B のインスタンスを 1 個含むノードについて考えてみよう。
   そのジニ不純度は、$1 - \frac{1}{5}^2 - \frac{4}{5}^2 = 0.32$ である。ここで、データセットは 1 次元で、インスタ
   ンスは A、B、A、A、A の順で並んでいるものとする。アルゴリズムは、第 2 インスタンス
   のあとでこのノードを分割し、A、B を含む子ノードと A、A、A を含む子ノードが作られる
   ことが確かめられる。最初の子ノードのジニ不純度は、$1 - \frac{1}{2}^2 - \frac{1}{2}^2 = 0.5$ で親よりも高い。
   これは、もうひとつのノードが純粋だということによって補償され、重みをかけたジニ不純度

---

†3　$\log_2$ は 2 進対数であり、$\log_2(m) = \log(m)/\log(2)$ である。

の総和は $\frac{2}{5} \times 0.5 + \frac{3}{5} \times 0 = 0.2$ となり、親のジニ不純度よりも低くなっている。

3. 決定木が訓練セットに過学習している場合、max_depth を下げるとモデルに制約を加え正則化することになるのでよい。

4. 決定木は、訓練データのスケーリングやセンタリングの影響を受けない。これは決定木の長所のひとつである。そのため、決定木が訓練セットに過小適合している場合、入力特徴量を増やしても時間の無駄である。

5. 決定木の訓練の計算量は、$O(n \times m \log(m))$ である。そこで、訓練セットのサイズを 10 倍にすると、訓練時間は、$K = (n \times 10m \times \log(10m))/(n \times m \times \log(m)) = 10 \times \log(10m)/\log(m)$ 倍になる。$m = 10^6$ なら、$K \approx 11.7$ となり、訓練時間は約 11.7 時間ということになる。

6. 訓練セットのプレソートによって訓練のスピードが上がるのは、訓練セットのインスタンス数が数千個未満のときだけである。インスタンスが 100,000 個もあるなら、presort=True をセットすると、訓練のスピードはかなり下がる。

　演習問題 7、8 の解答は、https://github.com/ageron/handson-ml の Jupyter ノートブックを参照。

A.7　7章：アンサンブル学習とランダムフォレスト

1. 5 個の異なるモデルを訓練し、それらがすべて 95% の精度を達成した場合、それらを組み合わせて多数決アンサンブルを作ると、もとの個別のモデルよりもよい結果を生むことが多い。モデルが大きく異なる場合（たとえば、SVM 分類器、決定木分類器、ロジスティック回帰分類器など）に高い性能を示すことが多い。異なる訓練インスタンスで訓練するとさらに性能は上がる（バギングやペースティングといったアンサンブルのポイントはここにある）が、そうでなくても、モデルが大きく異なれば、性能は上がる。

2. ハード投票分類器は、アンサンブルに含まれる個々の分類器の投票をただ数えて、もっとも投票の多かったクラスを返す。ソフト投票分類器は、個々のクラスが推計した個々のクラスに属する確率の平均を計算し、もっとも高い確率が得られたクラスを返す。こうすると、信頼性の高い投票に重みがかかり、性能が上がることが多いが、すべての分類器がクラスに属する確率を推計できなければ使えない（たとえば、scikit-learn で SVM 分類機を使うときには、probability=True をセットしなければならない）。

3. バギングアンサンブルに含まれる個々の予測器は互いに独立しているため、バギングアンサンブルの訓練は、複数のサーバーで分散処理すればスピードを上げられる可能性がある。同じ理由で、ペースティングアンサンブルやランダムフォレストもスピードが上がる可能性がある。しかし、ブースティングアンサンブルの個々の予測器は前の予測器を基礎として作られるため、逐次的な訓練が必要とされ、複数のサーバーの間で訓練を分散処理しても何も得られない。スタッキングアンサンブルの場合、個々の層の予測器はどれも互いに独立しているので、

それらを複数のサーバーで並列に訓練することはできる。ただし、ある層の予測器を訓練できるのは、前の層の予測器がすべて訓練されてからである。

4. OOB 検証では、バギングアンサンブルに含まれる個々の予測器は、訓練で使われていないインスタンス（それらは取り分けられている）を使って検証される。そのため、別に検証セットを用意しなくても、かなりバイアスの低い形でアンサンブルを検証できる。そのため、訓練のために使えるインスタンスが多くなり、アンサンブルの性能が少し上がる。

5. ランダムフォレストで木を育てているとき、特徴量から無作為に取り出したサブセットだけで個々のノードの分割を判断する。Extra-Trees は、この部分でランダムフォレストと同じであるだけでなく、もう 1 歩先に進んで、通常のランダムフォレストのように個々の特徴量で可能な限り最良のしきい値を探すのではなく、無作為なしきい値を使う。Extra-Trees は最良のしきい値を探そうとしない分、ランダムフォレストよりも速く訓練できる。しかし、予測を行うときには、ランダムフォレストより速くも遅くもない。

6. アダブーストアンサンブルが訓練データに過小適合しているなら、推定器を増やすか、ベース推定器の正則化ハイパーパラメータを下げればよい。また、学習率を少し上げることも試してみるとよいだろう。

7. 勾配ブースティングアンサンブルが訓練セットに過学習しているなら、学習率を下げてみるとよい。また、予測器の適切な数を見つけるために（たぶん、多過ぎる）早期打ち切りも使ってみるとよい。

　演習問題 8、9 の解答は、https://github.com/ageron/handson-ml の Jupyter ノートブックを参照。

A.8　8章：次元削減

1. 理由と欠点は次の通りである。
   - 次元削減する主要な理由は、次の通りである。
     - その後の訓練アルゴリズムの高速化（場合によってはノイズや重複する特徴量を取り除いて、訓練アルゴリズムの性能が上がる）。
     - データを可視化し、もっとも重要な特徴量についての洞察を得る。
     - 単純にスペースを節約する（圧縮）。
   - 次元削減の主要な欠点は次の通りである。
     - 重要な情報が消失し、おそらくその後の訓練アルゴリズムの性能を引き下げる。
     - 計算量が多くなることがある。
     - 機械学習パイプラインをある程度複雑化する。
     - 変換後の特徴量が解釈しにくくなることが多い。
2. 次元の呪いとは、低次元空間では存在しない多くの問題が高次元空間では顕在化することを言

う。機械学習でもっとも顕著なのは、無作為抽出した高次ベクトルが一般に非常に疎で、過学習のリスクが上がるだけでなく、訓練データが相当豊富になければデータのなかのパターンを見つけにくくなることである。

3. この章で取り上げたアルゴリズムのどれかを使ってデータセットの次元を削減すると、次元削減の操作中に一部の情報が失われるので、その操作を完全に復元することはほとんど常に不可能である。一部のアルゴリズム（たとえば PCA）はオリジナルに比較的近い状態にデータを再建できる単純な逆変換手続きを持っているが、そのようなものさえ持たないアルゴリズム（たとえば t-SNE）もある。

4. PCA は、少なくとも不要な次元を取り除けるので、高度に非線形なものも含め、ほとんどのデータセットの次元を大幅に削減できる。しかし、不要な次元がない（たとえば Swiss roll のように）場合には、PCA による次元削減は失う情報が多すぎる。Swiss roll は押しつぶすのではなく、展開して広げたいところだ。

5. この問題には罠が仕掛けてあり、実際にはデータセットによって変わる。ふたつの極端な例を見てみよう。まず、データセットがほとんど完全に 1 列に並んでいる点から構成されているものとする。この場合、PCA は、95% の分散を維持しながらデータセットを 1 次元に削減できる。次に、データセットが完全に無作為で 1,000 のすべての次元でバラバラな点から構成されているものとする。この場合、95% の分散を維持するためには、大まかに言って 950 次元ほどが必要になるだろう。そこで、答えはデータセットにより、1 から 950 までのあらゆる値になるということになる。次数の関数として説明されている分散をプロットすると、データセットの本来の次元をおおよそのところでつかめる。

6. 通常の PCA はデフォルトだが、データセットがメモリに収まりきらなければ動作しない。追加学習型 PCA はメモリに収まりきらない大規模なデータセットでも使えるが、通常の PCA よりも遅いので、データセットがメモリに収まりきるなら通常の PCA を使った方がよい。ランダム化 PCA は、データセットがメモリに収まり、次元を大幅に削減したいときに役に立つ。そのような場合、ランダム化 PCA は通常の PCA よりもはるかに高速である。最後に、カーネル PCA は、非線形データセットで役に立つ。

7. 直観的に言って、次元削減アルゴリズムは、情報をあまり失わずに大幅に次元を削減できれば性能が高い。たとえば、逆変換を実行して再建誤差を計算すればそれを測定できる。ほかの機械学習アルゴリズム（たとえば、ランダムフォレスト分類器）を実行するための前処理として次元削減を行っている場合には、第 2 のアルゴリズムの性能を測定するという方法もある。次元削減によって失われた情報があまり多くなければ、第 2 のアルゴリズムはもとのデータセットを使ったときに匹敵する性能を発揮するはずだ。

8. ふたつの次元削減アルゴリズムを連鎖的に使うことにはしっかりとした意味がある。よくある例は、PCA を使って不要な次元を手っ取り早く大量に取り除いてから、LLE などの時間のかかる次元削減アルゴリズムを使うというものである。この 2 ステップアプローチは、LLE 単独の場合にほぼ匹敵する性能を引き出せるが、処理時間は数分の 1 になる。

　演習問題 9、10 の解答は、https://github.com/ageron/handson-ml の Jupyter ノートブックを参照。

A.9　9章：TensorFlowを立ち上げる

1. 計算を直接実行せず、計算グラフを作る方法の主要な利点と欠点は、次の通りである。
   - 主要な利点
     - TensorFlow が自動的に勾配を計算できる（リバースモード自動微分を使って）。
     - 複数のスレッドで並列にオペレーションを実行するために必要なことを TensorFlow が処理できる。
     - 異なるデバイスで同じモデルを実行しやすくなる。
     - たとえば、TensorBoard でモデルを表示するなど、イントロスペクションが単純になる。
   - 主要な欠点
     - 習得が難しい。
     - ステップ・バイ・ステップでデバッグするのが難しくなる。

2. 同じである。a_val = a.eval(session=sess) という文は、本当に a_val = sess.run(a) という文と同じ意味である。

3. 同じではない。a_val, b_val = a.eval(session=sess), b.eval(session=sess) という文は、a_val, b_val = sess.run([a, b]) という文と異なる。第 1 の文はグラフを 2 回実行するのに対し（a を計算するために 1 回、b を計算するために 1 回）、第 2 の文はグラフを 1 回しか実行しない。これらのオペレーション（または依存オペレーション）に副作用（たとえば、変数の変更、キューへのアイテムの挿入、リーダーによるファイルの読み出しなど）がある場合には、実行結果も変わる。副作用がない場合は、どちらの文も同じ結果を返すが、第 2 の文の方が第 1 の文よりも高速になる。

4. 同じセッションでふたつのグラフを実行することはできない。まず、ふたつのグラフをマージしてひとつのグラフにしなければならない。

5. ローカル TensorFlow では、セッションが変数の値を管理するので、変数 w を含むグラフ g を作り、ふたつのスレッドを起動して、各スレッドで同じグラフ g を使ってローカルセッションを開いたときには、各セッションが w 変数の自分専用のコピーを持つ。しかし、分散 TensorFlow では、変数の値はクラスタが管理するコンテナに格納されるので、両セッションが同じクラスタに接続し、同じコンテナを使っている場合には、w 変数の同じコピーを共有する。

6. 変数は、コードが初期化子を呼び出したときに初期化され、セッションが終了したときに破棄される。分散 TensorFlow では、変数はクラスタのコンテナに格納されるので、セッションを閉じても変数は破棄されない。変数を破棄するためには、コンテナをクリアしなければなら

ない。

7. 変数とプレースホルダーは大きく異なるが、初心者は両者を混同しやすい。

- 変数は、値を保持するオペレーションである。変数を実行すると、変数は値を返す。変数を実行するためには、あらかじめ初期化する必要がある。変数の値は変更できる（たとえば、代入オペレーションを使って）。変数はステートフルである。グラフを連続的に実行したとき、変数は同じ値を保持する。変数は一般にモデルのパラメータを保持するために使われるが、ほかの目的のためにも使える（たとえば、グローバルな訓練ステップを数えるため）。

- プレースホルダーは、技術的には大したことをしない。表現するテンソルの型と形状についての情報こそ保持しているが、自分で値を保持しているわけではない。実際、プレースホルダーに依存するオペレーションを評価しようとするときには、TensorFlow にプレースホルダーの値を与えなければならない（feed_dict 引数を使って）。与えなければ、例外が生成される。プレースホルダーは、一般に実行フェーズで TensorFlow に訓練データやテストデータを供給するために使われる。代入ノードに値を渡したり、変数の値（たとえば、モデルの重みなど）を変更したりするときにも使える。

8. プレースホルダーに依存するオペレーションを評価するためにグラフを実行したものの、プレースホルダーの値を与えなければ、例外が生成される。オペレーションがプレースホルダーに依存しない場合、例外が生成されることはない。

9. グラフを実行するときには、プレースホルダーの値だけでなく、オペレーションの出力値を渡すことができる。しかし、実際にはこれを行うことはまずない（たとえば、凍結された層の出力をキャッシングするときには役に立つ）。詳細は **11 章**を参照のこと。

10. グラフの構築時に変数の初期値を指定することはできる。変数が初期化されるのは、実行フェーズに入って変数の初期化子を実行したときである。実行フェーズに入ってから、変数の値を任意のものに変えたい場合、もっとも単純な方法は、tf.assign() 関数を使って代入ノードを作る（構築フェーズのうちに）ことである。実行フェーズでその代入オペレーションを実行すれば、プレースホルダーを使って変数に新しい値を供給できる。

```
import tensorflow as tf

x = tf.Variable(tf.random_uniform(shape=(), minval=0.0, maxval=1.0))
x_new_val = tf.placeholder(shape=(), dtype=tf.float32)
x_assign = tf.assign(x, x_new_val)

with tf.Session():
    x.initializer.run()  # 「この時点で」乱数がサンプリングされる。
    print(x.eval())      # 0.646157 (何らかの乱数)
    x_assign.eval(feed_dict={x_new_val: 5.0})
    print(x.eval())      # 5.0
```

11. リバースモード自動微分（TensorFlow が実装しているもの）は、グラフをたった 2 回トラ

バースするだけで、任意の個数の変数についてコスト関数の勾配を計算することができる。それに対し、フォワードモード自動微分は、変数ごとに 1 度ずつグラフをトラバースする必要がある（そのため、10 個の異なる変数について、勾配を知りたい場合には、10 回トラバースしなければならない）。数式微分は、勾配を計算するために別のグラフを構築するので、もとのグラフのトラバースはいっさいしない（新しい勾配グラフを構築するときを除き）。高度に最適化された数式微分システムなら、すべての変数について勾配を計算するために、新しい勾配グラフを 1 度だけ実行すれば済む。しかし、新しいグラフは、オリジナルのグラフと比べて、極端に複雑で効率の悪いものになることがある。

12.　https://github.com/ageron/handson-ml の Jupyter ノートブックを参照。

A.10　10章：人工ニューラルネットワーク入門

1.　$A \oplus B = (A \wedge \neg B) \vee (\neg A \wedge B)$ という事実を利用してオリジナルの人工ニューロンで $A \oplus B$（ここで $\oplus$ は XOR 演算を表す）を計算するニューラルネットワークは次の通りである。たとえば、$A \oplus B = (A \vee B) \wedge \neg(A \wedge B)$ や $A \oplus B = (A \vee B) \wedge (\neg A \vee \wedge B)$ といった事実を利用した別解もある。

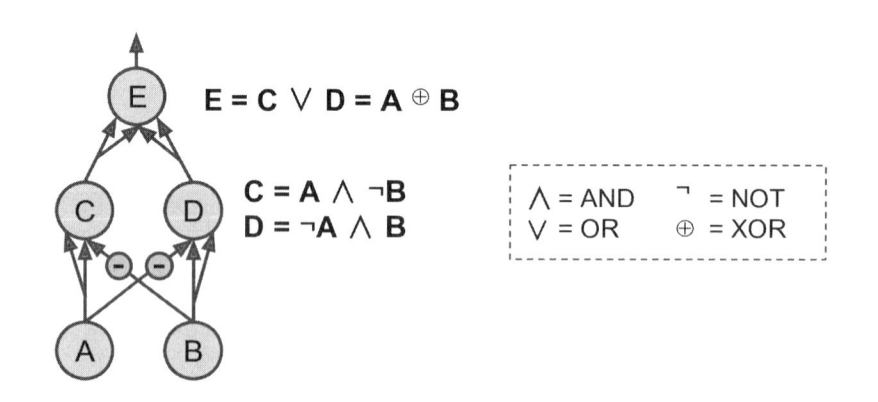

2.　古典的なパーセプトロンは、データセットが線形分離可能なときに限り収束し、クラスに属する確率を推計することができない。それに対し、ロジスティック回帰分類器は、データセットが線形分離可能でなくてもよい解に収束し、クラスに属する確率を出力する。活性化関数をロジスティック活性化関数（複数のニューロンがある場合には、ソフトマックス活性化関数）に変え、勾配降下法（または、交差エントロピーなど、コスト関数を最小化するその他の最適化アルゴリズム）を使って訓練すれば、パーセプトロンはロジスティック回帰分類器と同等になる。

3.　ロジスティック活性化関数が最初の MLP の訓練で重要な構成要素とされていたのは、導関数が常に非 0 で、勾配降下法がいつも勾配を下っていけたからである。活性化関数がステップ関

数だったときには、勾配というものがないので、勾配降下法は身動きが取れなかった。

4. ステップ関数、ロジスティック関数、双曲線正接関数、ReLU 関数（**図10-8** 参照）。ELU や ReLU のさまざまな変種などのほかの例については **11 章**を参照。

5. 問題の MLP は、10 個のパススルーニューロンを持つ 1 個の入力層、50 個の人工ニューロン を持つひとつの隠れ層、3 個の人工ニューロンを持つひとつの出力層から構成され、すべての 人工ニューロンが ReLU 活性化関数を使うというものである。

   - 入力行列 X の形は、m を訓練バッチのサイズとして、$m \times 10$ になる。
   - 隠れ層の重みベクトル W_h の形は 10×50、バイアスベクトル b_h の長さは 50 になる。
   - 出力層の重みベクトル W_o の形は 50×3、バイアスベクトル b_o の長さは 3 になる。
   - ニューラルネットワークの出力行列 Y の形は $m \times 3$ になる。
   - $Y = \text{LeRU}(\text{LeRU}(X \cdot W_h + b_h) \cdot W_o + b_o)$、ReLU 関数は行列内の全ての負の値をゼ ロにセットすることを思い出すこと。行列にバイアスベクトルを加えるときには、行列の すべての行に加えられる。これを**ブロードキャスト**（broadcasting）と呼ぶ。

6. 電子メールをスパムかハムかに分類するとき、たとえば、メールがスパムである確率を示すた めにニューラルネットワークの出力層で必要なニューロンはひとつだけである。確率を推計す るときには、出力層ではロジスティック活性化関数を使うことになるだろう。MNIST を分類 したいときには、出力層に 10 個のニューロンが必要で、活性化関数としては、ロジスティッ ク関数ではなく、ソフトマックス関数を使う。ソフトマックス関数なら、複数のクラスを処理 でき、クラスごとに確率を出力できる。ニューラルネットワークに **2 章**の住宅価格を計算させ たい場合には、出力ニューロンはひとつだけでよく、出力層では活性化関数を使わない[†4]。

7. バックプロパゲーション（誤差逆伝播法）は、人工ニューラルネットワークの訓練に使われる テクニックである。まず、すべてのモデルパラメータ（すべての重みとバイアス）について勾 配を計算し、次にそれらの勾配を使って勾配降下ステップを行う。バックプロパゲーションス テップは、一般に多くの訓練バッチを使って、モデルパラメータが願わくばコスト関数を最小 化する値に収束するまで、数千から数百万回も実行される。バックプロパゲーションは、勾配 を計算するために、リバースモード自動微分を使う（バックプロパゲーションが考え出された 当時は、リバースモード自動微分はそのような名前では呼ばれていなかったし、バックプロ パゲーションは何度も別々に発明されているが）。リバースモード自動微分は、計算グラフを 使ってフォワードパスを実行し、現在の訓練バッチに対する各ノードの値を計算してから、す べての勾配を 1 度に計算してリバースパスを実行する（詳細は**付録 D** を参照）。では両者の違 いは何か。バックプロパゲーションは、複数のバックプロパゲーションステップを使って人工 ニューラルネットワークを訓練するプロセス全体を指す。個々のバックプロパゲーションス テップは、勾配を計算し、それを使って勾配降下ステップを実行する。それに対し、リバース

[†4]　予測しようとしている値が何桁も異なる値になり得る場合には、ターゲット値を直接予測するのではなく、ターゲット値 の自然対数を予測するとよい。ニューラルネットワークの出力だけネイピア数を累乗すれば、ターゲット値が得られる （$\exp(\log v) = v$ なので）。

モード自動微分は、単純に勾配を効率よく計算するためのテクニックであり、バックプロパ
ゲーションがたまたま使っているだけである。

8. 基本的な MLP で操作できるハイパーパラメータは、隠れ層の数、隠れ層のニューロンの数、
個々の隠れ層と出力層で使われる活性化関数である[†5]。一般に、隠れ層の活性化関数のデフォ
ルトとしては ReLU（またはその変種。**11 章**参照）がよい。出力層では、2 項分類ならロジス
ティック関数、多クラス分類ならソフトマックス関数、回帰なら活性化関数なしがよい。
MLP が訓練データに過学習している場合には、隠れ層の数を減らしたり、隠れ層あたりの
ニューロン数を減らすとよい。

9. https://github.com/ageron/handson-ml の Jupyter ノートブックを参照。

A.11　11 章：深層ニューラルネットの訓練

1. よくない。重みの初期値はすべて独立にサンプリングすべきで、同じ初期値にまとめてしまっ
てはよくない。重みを無作為にサンプリングすることには、重要な目的がある。たとえ 0 以
外であってもすべての重みの初期値が同じだと、バックプロパゲーションでも破れない対称性
（つまり、与えられた層のすべてのニューロンが等しい）が生まれてしまう。具体的に言うと、
ある層のすべてのニューロンがいつも同じ重みになってしまう。これでは、層ごとにひとつの
ニューロンしかないのと同じになり、遅くなってしまう。そして、そのような構成では、よい
解に収束することはほとんど不可能になる。

2. バイアス項の初期値を 0 にするのはまったく問題ない。重みと同じような初期化を好む人もい
るが、それはそれでよい。どちらにしても、大差はない。

3. ELU 関数が ReLU 関数よりも優れているのは、次のようなところである。

- 負数を返すことができるので、ひとつの層に属するすべてのニューロンの平均が、ReLU
関数（負数を返さない）を使ったときよりも、0 に近くなる。これは、勾配消失問題の緩
和に役立つ。

- かならず 0 以外の勾配を持つため、dying ReLU の問題を避けられる。

- ReLU の勾配が $z = 0$ で唐突に 0 から 1 になるのに対し、ELU はどこでも滑らかであ
る。勾配降下法は、勾配の急激な変化があると、$z = 0$ の前後ではねまわってしまい、収
束が遅れてしまう。

4. ELU はデフォルトとして優れている。ニューラルネットワークをできる限り高速に実行した
い場合は、何らかの leaky ReLU を使った方がよい（たとえば、デフォルトのハイパーパラ

[†5] **11 章**では、新たなハイパーパラメータを導入するようなテクニックを多数説明する。それらのハイパーパラメータは、重
みの初期化タイプ、活性化関数のハイパーパラメータ（たとえば、leaky ReLU のリーク量）、勾配クリッピングのしきい
値、オプティマイザのタイプとそのハイパーパラメータ（たとえば、`MomentumOptimizer` を使うときの慣性ハイパーパ
ラメータ）、各層の正則化のタイプ、正則化ハイパーパラメータ（たとえば、ドロップアウトを使うときのドロップアウト率）
などである。

メータ値を使った単純な leaky ReLU）。ReLU は単純なので多くの人々が好んで使っているが、一般に ELU や leaky ReLU よりも性能が低い。しかし、ReLU の正確な 0 を出力できるところが役に立つ場合がある（たとえば、**15 章**を参照）。双曲線正接関数（tanh）は、-1 から 1 までの値を出力しなければならないときには、出力層で役に立つことがあるが、現在では、隠れ層ではまず使われない。ロジスティック関数も、確率を推計しなければならないとき（たとえば 2 項分類）には出力層で使われるが、隠れ層ではまず使われない（ただし例外がある。たとえば、変分オートエンコーダのコーディング層など。**15 章**参照）。最後に、ソフトマックス関数は、相互排他的なクラスに属する確率を出力するために出力層で使われるが、隠れ層ではまず使われない。

5. `MomentumOptimizer` を使うときに、`momentum` ハイパーパラメータを 1 に近付けすぎると（たとえば、0.99999）、アルゴリズムは非常に高速化し、おおよそ全体の最小値の方に向かっていくが、その慣性の強さのために最小値を通り過ぎてしまう。オプティマイザは、その後スローダウンし、最小値の方に戻り始め、再び加速し、最小値を通り過ぎるということを繰り返す。収束するまでにこのような振動を何度も繰り返すため、全体としては、`momentum` を小さくしたときよりも収束までにかかる時間が長くなる。

6. 疎なモデル（つまり、ほとんどの重みが 0）を作るためのひとつの方法は、普通にモデルを訓練し、小さな重みを 0 に置き換えるものである。もっと疎なモデルが必要なら、訓練中にオプティマイザを疎なモデルに導く ℓ_1 正則化を行う。第 3 の方法は、TensorFlow の `FTRLOptimizer` クラスを使って、ℓ_1 正則化と**双対平均化法**（dual averaging）を組み合わせるものである。

7. ドロップアウトは訓練をスローダウンさせる。一般に、2 倍遅くなる。しかし、ドロップアウトがオンになるのは訓練中だけなので、推論には影響を与えない。

演習問題 8、9、10 の解答は、https://github.com/ageron/handson-ml の Jupyter ノートブックを参照。

A.12　12章：複数のデバイス、サーバーを使った 分散 TensorFlow

1. TensorFlow プログラムは、起動時に自分から見えるすべての GPU デバイスの利用可能メモリをすべて確保してしまうので、TensorFlow プログラムを実行したときに `CUDA_ERROR_OUT_OF_MEMORY` が返されるということは、少なくともひとつの見える GPU デバイスのメモリをすべて確保したほかのプロセスがおそらく実行されている（たぶん、ほかの TensorFlow プログラムだろう）。この問題を簡単に解決したいなら、ほかのプロセスを終了し、もう 1 度試してみればよい。しかし、すべてのプロセスを同時実行しなければならないのなら、個々のデバイスに対して `CUDA_VISIBLE_DEVICES` 環境変数を設定して、各プロセスに

別々の専用デバイスを与える方法が簡単である。同じ目的で、TensorFlow が GPU のすべての
メモリではなく、一部のメモリだけを確保するように構成するという方法もある。この場合、
`ConfigProto` を作り、その `gpu_options.per_process_gpu_memory_fraction`
にプロセスが確保するメモリの割合（たとえば 0.4）を設定して、セッションを開くときにこ
の `ConfigProto` を使う。第 3 の方法として、`gpu_options.allow_growth` に `True`
を設定し、必要なときに限りメモリを確保するように TensorFlow に指示するというものもあ
る。しかし、この最後の方法は、あまりお勧めできない。TensorFlow が確保したメモリは決
して開放されず、再現可能な動作を保証することができないのである（どのプロセスを先に実
行するか、訓練中それらのプロセスがどの程度のメモリを必要とするかなどによっては競合が
起きる場合がある）。

2. デバイスにオペレーションをピン留めするということは、このオペレーションをそのデバイス
に配置したいと思っているということを TensorFlow に伝えることである。しかし、いくつか
の制約のために、その希望が叶えられない場合もある。たとえば、オペレーションがその特
定のデバイスタイプで使える実装（**カーネル**：kernel と呼ばれる）を持っていないかもしれ
ない。その場合、TensorFlow はデフォルトで例外を生成するが、代わりに CPU にフォール
バックするように設定することもできる（**ソフト配置**：soft placement と呼ぶ）。変数を書き
換えられるオペレーションも、希望と矛盾することがある。このようなオペレーションは、変
数と同じ場所に配置しなければならない。そういうわけで、オペレーションのピン留めとオペ
レーションの配置の違いは、ピン留めが TensorFlow に対するお願い、「どうかこのオペレー
ションを GPU 1 に配置してください」であるのに対し、配置は TensorFlow が最終的に行う
こと、「ごめん、CPU にフォールバックするよ」だということである。

3. GPU 対応の TensorFlow インストレーションを使っていて、デフォルトの配置を受け入れて
おり、さらにすべてのオペレーションが GPU カーネル（つまり GPU 実装）を持っている
なら、答えはイエスであり、すべてのオペレーションが最初の GPU に配置される。しかし、
GPU カーネルを持たないオペレーションが 1 つ以上ある場合、TensorFlow はデフォルトで
例外を生成する。設定をいじって CPU にフォールバックするようにした場合（ソフト配置）、
GPU カーネルを持たないオペレーションとそれらと同じ位置に配置しなければならないオペ
レーション以外のすべてのオペレーションが最初の GPU に配置される（前問の解答を参照）。

4. `/gpu:0` に変数をピン留めした場合、`/gpu:1` に配置されたオペレーションはそれを使える。
デバイス間で変数の値を転送するための適切なオペレーションは、TensorFlow が自動的に追
加してくれる。異なるサーバーにあるデバイスにも同じことが当てはまる（サーバーが同じク
ラスタの一部である限り）。

5. 答えはイエスで、同じデバイスに配置されたふたつのオペレーションは並列実行できる。ほか
のオペレーションの出力に依存するオペレーションが存在しない限り、オペレーションの並列
実行（異なる CPU コアを使うか、異なる GPU スレッドを使う）は、TensorFlow が自動的
にサポートしてくれる。さらに、並列実行されるスレッド（またはプロセス）で複数のセッ

ションを起動し、各スレッドでオペレーションを評価することもできる。セッションは独立なので、TensorFlow は、ほかのセッションのオペレーションと並列にオペレーションを実行できる。

6. 依存ノード制御は、オペレーション X の評価を、X の計算が不要なほかのオペレーションの実行後まで先延ばししたいときに使われるものである。これは、X が大量のメモリを占有するものの、計算グラフのあとの方になるまで X が不要な場合や、X が大量の I/O を行い（たとえば、別のデバイスやサーバーに配置された大きな変数の値を必要とするとき）、帯域幅の飽和を防ぐために、ほかの I/O を多用するオペレーションと同時に実行したくない場合などに特に役に立つ。

7. あなたは幸運だ。分散 TensorFlow では、変数値はクラスタが管理しているコンテナに格納されているため、セッションを閉じてクライアントプログラムを終了しても、モデルパラメータはまだクラスタにまともな状態で残っている。クラスタに対して新しいセッションを開き、モデルを保存すればよい（変数の初期化子を呼び出したり、以前のモデルを復元したりしないように。そのようなことをすれば貴重な新モデルが破壊されてしまう）。

演習問題 8、9、10 の解答は、https://github.com/ageron/handson-ml の Jupyter ノートブックを参照。

A.13　13章：畳み込みニューラルネットワーク

1. CNN がイメージ分類で完全接続 DNN よりも優れている点は次のようにまとめられる。
   - CNN では、連続する層が部分的にしか接続されず、重さの再利用を進めるので、完全接続の DNN よりもパラメータが大幅に減り、訓練をスピードアップでき、過学習のリスクが軽減され、必要な訓練データが大幅に減る。
   - CNN は、特定の特徴量を検出するカーネルを学習すると、その特徴量がイメージのどこにあっても検出できる。それに対し、DNN はある位置で特徴量を学習しても、その位置にある特徴量しか検出できない。一般に、イメージには特徴量が繰り返し現れるので、CNN は、DNN よりも少ない訓練例を使って分類などのイメージ処理タスクで高い汎化性能を示す。
   - DNN は、ピクセルがどのように組織されているかについての事前知識を持たない。近隣のピクセルが近くにあることを知らない。それに対し、CNN のアーキテクチャには、このような事前知識が組み込まれている。一般に、下位層はイメージの小さな領域に含まれる特徴量を識別し、上位層は下位レベルの特徴量を組み合わせて大きな特徴量を認識する。自然にあるほとんどのイメージでは、これがうまく機能するため、CNN は最初の時点で DNN よりも非常に有利である。
2. 3つの問いに順に答えていく。

a. まず、CNN が持つパラメータの数を計算しよう。最初の畳み込み層は 3×3 カーネルで、入力が 3 チャネル（赤、緑、青）なので、個々の特徴量マップは $3 \times 3 \times 3 = 27$ 個の重みと 1 個のバイアス項を持つ。特徴量マップごとにその 28 個のパラメータがある。最初の畳み込み層は 100 個の特徴量マップを出力するので、2,800 個のパラメータを持つ。第 2 の畳み込み層は 3×3 カーネルで前の層が出力した 100 個の特徴量マップを入力として受け付けるので、個々の特徴量マップは $3 \times 3 \times 100 = 900$ 個の重みと 1 個のバイアス項を持つ。200 個の特徴量マップを出力するので、この層は $901 \times 200 = 180,200$ 個のパラメータを持つ。第 3 の畳み込み層は同じく 3×3 カーネルで前の層が出力した 200 個の特徴量マップを入力として受け付けるので、個々の特徴量マップは $3 \times 3 \times 200 = 1,800$ 個の重みと 1 個のバイアス項を持つ。400 個の特徴量マップを出力するので、この層は $1,801 \times 400 = 720,400$ 個のパラメータを持つ。これらを合計すると、この CNN は $2,800 + 180,200 + 720,400 = 903,400$ 個のパラメータを持つ。

b. では次に、単一のインスタンスの予測をするときにこのニューラルネットワークで必要とされる RAM の大きさを計算しよう。まず、各層の特徴量マップのサイズを計算する。ストライド 2、SAME パディングを使っているので、各層で特徴量マップの幅と高さは 2 で割られる（必要に応じて切り上げられる）。入力チャネルは 200×300 ピクセルなので、第 1 層の特徴量マップは 100×150 ピクセル、第 2 層の特徴量マップは 50×75 ピクセル、第 3 層の特徴量マップは 25×38 ピクセルになる。32 ビットは 4 バイトで、最初の畳み込み層は 100 個の特徴量マップを出力するので、第 1 層が必要とするメモリは、$4 \times 100 \times 150 \times 100 = 600$ 万バイト（1MB＝1,024kB で 1kB＝1,024 バイトなので、約 5.7MB）になる。第 2 層は、$4 \times 50 \times 75 \times 200 = 300$ 万バイト（約 2.9MB）、第 3 層は $4 \times 25 \times 38 \times 400 = 1,520,000$ バイト（約 1.4MB）となる。しかし、ひとつの層の計算が終わると、その前の層が占有していたメモリは開放できるので、すべてが適切に最適化されていれば、$6 + 3 = 900$ 万バイト（約 8.6MB）の RAM があれば足りる（第 2 層の計算が終わったとき、第 1 層が占有していたメモリはまだ開放されていないので）。ただし、特徴量マップだけでなく、CNN のパラメータが占有するメモリのサイズも追加しなければならない。先ほど計算したように、パラメータの数は 903,400 個で、それぞれ 4 バイトを消費するので、全部で 3,613,600 バイト（約 3.4MB）になる。そのため、必要とされる RAM は、合計で（少なくとも）12,613,600 バイト（約 12.0MB）である。

c. 最後に、50 イメージのミニバッチで CNN を訓練するときに最低限必要な RAM を計算しよう。訓練中の TensorFlow はバックプロパゲーションを使うため、後退パスが始まるまでに前進パスで計算したすべての値が必要になる。そのため、ひとつのインスタンスのためにすべての層で必要になる RAM の合計量を計算した上でそれを 50 倍しなければならない。ここでは、最初からバイトではなく MB を使って計算しよう。先ほど計算したように、各インスタンスのために 3 つの層がそれぞれ 5.7、2.9、1.4MB を必要とする。合計すると、インスタンスあたりで 10.0MB が必要である。すると、50 インスタンスで

500MBとなる。これに入力イメージが必要とする $50 \times 40 \times 200 \times 300 \times 3 = 3,600$ 万バイト（約34.3MB）という容量を加える。バックプロパゲーションで必要なRAM容量もあるが、バックプロパゲーションが後退パスで層を下がっていく過程で少しずつ開放できるので、ここでは無視する。すると、$500.0 + 34.3 + 3.4 = 537.7\text{MB}$ となる。楽観的に考えたときの最低限でこれだけの容量が必要になる。

3. CNNの訓練中にGPUがメモリを使い切った場合、問題解決のためにできる5つのこととは次の通りである（もっと多くのRAMを積んでいるGPUを買ってくるというものを除く）。
   - ミニバッチサイズを小さくする。
   - ひとつ以上の層でストライドを大きくして次元削減する。
   - 1つ以上の層を取り除く。
   - 32ビット浮動小数点数ではなく、16ビット浮動小数点数を使う。
   - CNNを複数のデバイスで分散処理する。

4. 最大値プーリング層はパラメータをいっさい持たないが、畳み込み層はかなりの数のパラメータを持つ（今までの問題を参照）。

5. LRN層は、特に強く活性化しているニューロンによって近隣の特徴量マップの同じ位置のニューロンが活性化されることを禁止する。こうすると、異なる特徴量マップが専門分化してかけ離れたものになり、広い範囲の特徴量を探らざるを得なくなる。LRN層は、一般に上位層が部品として使う下位レベルの特徴量の大きなプールを抱える下位層で使われる。

6. LeNet-5と比べたときのAlexNetの最大のイノベーションは、次のふたつである。
   - ずっと大規模で深いこと。
   - 個々の畳み込み層の上にプーリング層を重ねるのではなく、畳み込み層を直接積み上げたこと。

   GoogLeNetの最大のイノベーションは、**インセプションモジュール**（inception module）の導入により、従来のCNNアーキテクチャよりも少ないパラメータで従来よりもずっと深いニューラルネットワークを作れるようにしたことである。

   最後に、ResNetの最大のイノベーションは、スキップ接続を導入し、100層を越えるネットワークを作れるようにしたことである。単純なところと一貫性があるところもイノベーティブだと言ってよい。

演習問題7、8、9、10の解答は、https://github.com/ageron/handson-ml のJupyter ノートブックを参照。

A.14　14章：再帰型ニューラルネットワーク

1. RNNの応用方法をいくつか挙げておこう。
   - シーケンス - シーケンス RNN：天気（その他あらゆる時系列データ）の予測、機械翻訳

（エンコーダ - デコーダアーキテクチャを使う）、ビデオのタイトル設定、音声のテキスト起こし、音楽生成（その他のシーケンス生成）、曲の和音の識別。

- シーケンス - ベクトル RNN：音楽サンプルのジャンルによる分類、書評の感情分析、脳内インプラントの読み出しからの失語症患者が考えている単語の予測、映画鑑賞歴に基づくユーザーが映画を見たいと思う確率の予測（これは、協調フィルタリング ＝ collaborative filtering のさまざまな実装の一例である）。

- ベクトル - シーケンス RNN：イメージのタイトル設定、現在再生中のアーティストの埋め込みに基づく音楽再生リストの作成、一連のパラメータに基づくメロディの生成、写真（たとえば、車載カメラのビデオフレーム）内の歩行者の検出。

2. 一般に、1度にひとつの単語を翻訳するという形で文を翻訳すると、とんでもない結果になる。たとえば、フランス語の"Je vous en prie"は"You are welcome"（どういたしまして）という意味だが、1度に1語ずつ訳すと"I you in pray"になってしまう。先に文全体を読んでからそれを翻訳する方がはるかによい。普通のシーケンス - シーケンス RNN は、最初の単語を読み込むとただちに文の翻訳を始めようとするが、エンコーダ - デコーダ RNN は文全体を読んでから翻訳に取り掛かる。とは言え、次に何と言うかがはっきりしないときには「無言」を出力する（人間の同時通訳者のように）シーケンス - シーケンス RNN を考えることはできるだろう。

3. 内容に基づいて動画を分類するためのアーキテクチャとしては、（たとえば）1秒に1フレームずつを読み込み、個々のフレームを CNN に送り、その出力をシーケンス - ベクトル RNN に与えて、その出力をソフトマックス層で処理し、クラスに所属する確率を出力するというものが考えられる。訓練では、コスト関数として交差エントロピーを使う。分類のためにオーディオも使いたい場合は、1秒分のオーディオをスペクトルグラフに変換し、このスペクトルグラフを CNN に与え、その出力を RNN に与える（ほかの CNN の対応する出力とともに）。

4. `static_rnn()` ではなく `dynamic_rnn()` を使って RNN を構築すると、複数の利点が得られる。

- `dynamic_rnn()` は、バックプロパゲーション中に GPU のメモリと CPU のメモリをスワップできる `while_loop()` オペレーションを基礎としているので、OOM エラーを避けられる。

- 引数としてテンソルのリスト（タイムステップごとにひとつ）を受け付けるのではなく、入出力としてひとつのテンソルを受け付ける（それですべてのタイムステップに対応できる）ので使いやすい。

- 生成されるグラフが小さいので、TensorBoard で視覚化しやすい。

5. 可変長入力シーケンスのもっとも簡単な処理方法は、`static_rnn()`、`dynamic_rnn()` を呼び出すときに `sequence_length` 引数を設定するものである。小さな入力にパディングして（たとえば0で）最大の入力と同じ長さになるようにする方法もある（入力シーケンスがどれも非常に短い場合には、最初の方法よりも高速になることがある）。可変長出力シーケンス

の処理でも、あらかじめ出力シーケンスの長さがわかっている場合は、sequence_length 引数が使える（たとえば、動画のすべてのフレームに暴力度スコアのラベルを付けるシーケンス - シーケンス RNN の場合、出力シーケンスは入力シーケンスとまったく同じ長さである）。出力シーケンスの長さがあらかじめわかっていない場合には、パディングのトリックが使える。いつも同じサイズのシーケンスを出力し、EOS トークンよりもあとの部分を無視するのである（コスト関数を計算するときに、EOS 以降を無視する）。

6. 深層 RNN の訓練、実行を複数の GPU で分散処理するために一般的に使われているテクニックは、単純に各層を別々の GPU に配置するものである（**12 章**参照）。

　演習問題 7、8、9 の解答は、https://github.com/ageron/handson-ml の Jupyter ノートブックを参照。

A.15　15章：オートエンコーダ

1. オートエンコーダの主要な用途は次のようなものである。
   - 特徴量の抽出
   - 教師なしの事前訓練
   - 次元削減
   - インスタンスの生成
   - 異常値検出（一般に、オートエンコーダは外れ値の再現が苦手である）

2. 分類器を訓練したいと思っており、ラベルなしの訓練データは豊富に持っているが、ラベル付きのインスタンスは数千個しかないようなときには、まず、データセット全体（ラベル付きのものもラベルなしのものも含めて）で深層オートエンコーダを訓練してから、その下位半分の層を分類器で再利用し（つまり、コーディング層を含め、それまでの層を再利用する）、ラベル付きデータを使って分類器を訓練する。ラベル付きデータがわずかしかない場合は、分類器を訓練するときに、再利用された層を凍結した方がよいだろう。

3. 入力を完全に再構築するからといって、オートエンコーダはかならずしも優れたものだとは言えない。おそらく、それは入力をコーディング層にコピーし、そのコーディング層を出力にコピーすることを学んだ過完備オートエンコーダなのだろう。実際、コーディング層のニューロンがひとつだけでも、非常に深いオートエンコーダが個々の訓練インスタンスを別々のコーディングにマッピングすることを覚え（たとえば、第 1 インスタンスは 0.001、第 2 インスタンスは 0.002、第 3 インスタンスは 0.003 にマッピングする）、それらのコーディングに対応する正しい訓練インスタンスを「丸暗記」で再構築することを覚えることはできる。そのようなオートエンコーダは、入力を完璧に再構築しても、データに含まれる意味のあるパターンを学習しない。実際にそのようなマッピングが生まれることはあまり考えられないが、入力を完全に再構築できるからといってオートエンコーダが役に立つことを学習したとは限らないとい

うことは言える。しかし、再構築後の出力がひどければ、そのオートエンコーダの性能が低いことはほぼ間違いない。オートエンコーダの性能は、たとえば最高値クロスを測定すれば評価できる（たとえば、出力と入力の差の二乗の平均である MSE を計算する）。この場合も、再構築ロスが高ければオートエンコーダの性能が低いことを示す兆候になるが、再構築ロスが低いからといってかならずしもオートエンコーダの性能が高いわけではない。オートエンコーダは、その用途に基づいて評価することも大切だ。たとえば、分類器の教師なし事前学習のために使う場合には、分類器の性能も評価すべきである。

4. 不完備オートエンコーダとは、コーディング層が入力、出力層よりも小さいオートエンコーダである。コーディング層が入力、出力層よりも大きい場合には過完備オートエンコーダになる。過度に不完備なオートエンコーダの最大のリスクは、入力の再構築に失敗する場合があることだ。それに対し、過完備オートエンコーダの最大のリスクは、役に立つ特徴量を学習せずに、入力をただ出力にコピーしてしまうことだ。

5. エンコーダ層と対応するデコーダ層の重みを均等化するためには、デコーダの重みをエンコーダの重みの転置に等しくすればよい。こうすると、モデルのパラメータ数が半減し、訓練データが少なくても訓練は早く収束するようになる。また、訓練セットに過学習するリスクが軽減される。

6. スタックオートエンコーダの下位層が学習した特徴量を可視化するためによく使われているテクニックは、重みベクトルの形状を入力イメージのサイズに合わせて変え（たとえば、MNIST の場合は、重みベクトルの形状を [784] から [28, 28] に変更する）、単純に各ニューロンの重みをプロットするものである。上位層が学習した特徴量の可視化では、各ニューロンをもっとも活性化させている訓練インスタンスを表示するというテクニックがある。

7. 生成的モデルとは、訓練インスタンスによく似た出力を無作為に生成できるモデルのことである。たとえば、MNIST データセットによる訓練が成功した生成的モデルは、リアルな数字イメージを無作為に生成できる。出力の分散は、訓練データの分散とほぼ同じになる。たとえば、MNIST には個々の数字のイメージが多数含まれているので、生成的モデルも 1 つひとつの数字についてほぼ同数のイメージを出力する。一部の生成的モデルは、たとえば生成する出力のタイプの制限などのパラメータを指定できるものがある。生成的なオートエンコーダの例としては、変分オートエンコーダが挙げられる。

演習問題 8、9、10 の解答は、https://github.com/ageron/handson-ml の Jupyter ノートブックを参照。

A.16　16章：強化学習

1. 強化学習は、長期的に報酬を最大化できるように環境のなかで行動を選択できるエージェントを作ることを目標とする機械学習の一分野である。RL と通常の教師あり、教師なし学習には

多くの違いがあるが、その一部を挙げておこう。

- 教師あり、教師なし学習の目標は、一般にデータに含まれるパターンを見つけることである。一般にデータに含まれるパターンを見つけることと、それを使って予測することである。しかし、RL の目標は、優れた方策を見つけることである。

- 教師あり学習とは異なり、エージェントには明示的に「正解」が与えられない。エージェントは試行錯誤を通じて解を学習しなければならない。

- 教師なし学習とは異なり、報酬という教師的な存在がある。エージェントに対してタスクのしかたを教えたりはしないが、上達したり失敗したりしたときにはそのことを伝える。

- RL エージェントは、環境の探索、報酬を得るための新しい方法の開発、すでに知っている報酬源の活用の間でバランスを取る必要がある。それに対し、教師あり、教師なし学習システムは、一般に探索について考える必要がない。ただ、与えられた訓練データを消費するだけである。

- 教師あり学習、教師なし学習では、訓練インスタンスは一般に独立している（実際には、一般にシャッフルされる）。強化学習では、隣接する観察は、一般に独立ではない。エージェントはしばらく環境の同じ領域にとどまってから移動するので、隣接する観察には非常に強い相関関係がある。そこで、訓練アルゴリズムに独立した観察を与えるために、リプレイメモリが使われることがある。

2. **16 章**で触れた以外の強化学習の応用分野をいくつか挙げておこう。

音楽のパーソナライゼーション

環境はユーザーのウェブラジオ、エージェントはユーザーのために次に再生する曲を決めるソフトウェア、行動はカタログ内の曲を再生するか（ユーザーが喜びそうな曲を選ぶよう努力しなければならない）、広告を再生するか（ユーザーが興味を持ちそうな広告を選ぶよう努力しなければならない）である。ユーザーが曲を聞いたら小さな報酬、広告を聞いたら大きな報酬を獲得し、ユーザーが曲や広告をスキップしたら負の報酬、ユーザーが聞くのを止めたら非常に大きな負の報酬を受ける。

マーケティング

環境は会社の販売促進部門、エージェントはプロフィールと購入履歴に基づいてキャンペーンメールを送る顧客を決めるソフトウェアである。顧客ごとに送信、非送信のふたつの行動を選ぶことになる。キャンペーンのコストという負の報酬とキャンペーンから生み出されると推測される売上という正の報酬を受け取る。

商品のデリバリ

エージェントは、配達用トラックを制御する。具体的には、エージェントは倉庫で何を積み込むか、トラックをどこに向かって走らせるか、何を置いていくかなどを決める。商品が期限内に配達できるたびに正の報酬、遅れるたびに負の報酬を受け取る。

3. 強化学習アルゴリズムは、行動の価値を推定するときに、その行動から得られる報酬の合計を計算する。このとき、一般にすぐに得られる報酬には多めの重み、将来の報酬には少なめの重みを与える（行動は遠い未来よりも近未来に多くの影響を与えることを考慮している）。これをモデリングするために、一般にタイムステップごとに割引率を掛ける。たとえば、割引率が 0.9 なら、2 タイムステップ先に受け取る 100 の報酬は、行動の価値を評価するときには $0.9^2 \times 100 = 81$ として扱われる。割引率は、現在と比べて未来にどの程度の価値を置くかの尺度だと考えることができる。1 に近ければ、未来に現在とほぼ同じ価値を与えている。0 に近ければ、目の前の報酬だけが大事だということになる。もちろん、割引率は最適な方策の評価に非常に大きな影響を与える。未来に価値を置くなら、未来に得られるはずの報酬のために短期的に大きな痛みがあっても我慢するだろう。しかし、未来に価値を置かないなら、未来への投資など考えずに目の前にある報酬に飛びつくだろう。

4. 強化学習エージェントの性能は、単純に得られる報酬を合計すれば測定できる。シミュレートされた環境では、多くのエピソードを実行して、平均の合計報酬を見ることができる（さらに、最小、最大の報酬、標準偏差などにも注目することになるだろう）。

5. 信用割当問題とは、強化学習エージェントが報酬を受け取ったときに、過去の行動がその報酬にどれだけ貢献したかを直接知る方法がないことである。行動してから報酬を受け取るまでに長い間が入るときによく起きる（たとえば、アタリの**ブロック崩し** = Pong では、エージェントがブロックにボールを当ててからポイントを獲得するまでに数 10 タイムステップかかる場合がある）。この問題は、可能ならエージェントに短期的な報酬を与えるようにすれば緩和できる。そのためには、通常タスクについての事前知識が必要になる。たとえば、チェスのプレイを学習するエージェントを作りたいときには、試合に勝ったときだけ報酬を与えるのではなく、敵の駒を取るたびに報酬を与えるとよい。

6. エージェントは、環境の同じ領域にしばらく留まることが多く、その間の経験は互いによく似たものになる。これは、学習アルゴリズムに何らかの偏りをもたらす危険がある。環境のその領域に合わせて方策を最適化しても、その領域から外れた途端に方策の性能は下がってしまう。リプレイメモリは、この問題を解決するために使われる。エージェントは、もっとも新しい経験だけではなく、最近のものもそうでないものも含む過去の経験のバッチに基づいて学習する（私たちが夜に夢を見るのはそのためではないだろうか。その日の経験をリプレイして、そこからよりよく学習するのではないか）。

7. 方策オフ RL アルゴリズムは、エージェントが異なるポリシーに従っても最適な方策の価値（つまり、エージェントが最適に行動したときに個々の状態から期待できる割引後報酬の合計）を学習する。Q 学習は、そのようなアルゴリズムの好例である。それに対し、方策オンアルゴリズムは、エージェントが実際に実行している方策（探索と利用の両方を含む）の価値を学習する。

　演習問題 8、9、10 の解答は、https://github.com/ageron/handson-ml の Jupyter ノートブックを参照。

付録B
機械学習プロジェクト
チェックリスト

　このチェックリストは、みなさんの機械学習プロジェクトの手引として使えるもので、大きなステップは8つある。

1. 問題の枠組みを明らかにし、全体の構図をつかむ。
2. データを手に入れる。
3. データを探って洞察を得る。
4. 機械学習アルゴリズムがデータからパターンを見つけやすくなるようにデータを準備する。
5. 異なるさまざまなモデルを探り、最良の数個に絞り込む。
6. モデルを微調整し、それらを組み合わせて優れたソリューションにまとめる。
7. ソリューションをプレゼンテーションする。
8. システムを本番稼働、モニタリング、メンテナンスする。

　当然ながら、このチェックリストはみなさんのニーズに合わせて自由に修正してよい。

B.1　問題の枠組みを明らかにし、全体の構図をつかむ

1. ビジネスの用語で目標を定義する。
2. ソリューションはどのようにして使われるか。
3. 現在のソリューション／代替ソリューション（もしあれば）は何か。
4. この問題はどのような枠組みで処理すべきか（教師あり／教師なし、オンライン／オフラインなど）。
5. 性能をどのようにして測定すべきか。
6. その性能測定手段はビジネス目標に一致しているか。
7. ビジネス目標に到達するために必要な最小限の性能はどのようなものか。
8. 類似問題は何か。経験やツールを再利用できるか。

9. 専門知識を持つ人はいるか。

10. 手作業で問題をどのように解決するか。

11. あなた（またはほかの人々）が今までに立ててきた前提条件をリストにまとめる。

12. 可能なら、前提条件をチェックする。

B.2 データを手に入れる

注意：新鮮なデータを簡単に入手できるようにするために、できる限り自動化しよう。

1. 必要なデータと必要度をリストにまとめる。

2. そのデータを入手できるドキュメントを見つける。

3. どれだけのスペースが必要になるかをチェックする。

4. 法的な義務をチェックし、必要なら権限を獲得する。

5. アクセス権限を獲得する。

6. 作業空間（十分な格納スペースとともに）を作る。

7. データを入手する。

8. 簡単に操作できる形式にデータを変換する（データ自体を変更せずに）。

9. 機密情報を確実に削除または保護する（たとえば匿名化する）。

10. データのサイズとタイプをチェックする（時系列、サンプル、地理など）。

11. テストセットを抽出して別に管理し、決して中身を見ない（カンニングはだめ）。

B.3 データを探る

注意：このステップでは、分野の専門家の知見を取り入れるように努力しよう。

1. 探索のためにデータのコピーを作る（必要なら、扱えるサイズに縮小する）。

2. データ探索の記録を残すために Jupyter ノートブックを作る。

3. データの属性とその特徴を調べる。

   - 名前
   - タイプ（カテゴリ、整数／浮動小数点数、有界／無界、テキスト、構造化データなど）
   - 欠損値の割合
   - ノイズの有無とタイプ（確率的、外れ値、丸め誤差など）
   - タスクにとって役に立ちそうか
   - 分布のタイプ（ガウス、一様、対数）

4. 教師あり学習タスクの場合、ターゲット属性を明らかにする。

5. データを可視化する。

6. 属性の相関関係を調べる。

7. マニュアルで問題を解決する方法を調べる。

8.　適用するとよさそうな変換を明らかにする。
9.　役に立ちそうなほかのデータを明らかにする（**付録 B**「B.2 データを手に入れる」に戻る）。
10.　学んだことをドキュメントにまとめる。

B.4　データを準備する

注意：

- データのコピーを使って作業しよう（オリジナルのデータセットには手を付けない）。
- すべてのデータ変換のための関数を書こう（理由は 5 つ）。
  - 次に新しいデータセットを入手したときにデータを簡単に準備できるようにするため。
  - 将来のプロジェクトで同じ変換をできるようにするため。
  - テストセットをクリーニング、準備するため。
  - ソリューションを稼働したときに新しいデータインスタンスをクリーニング、準備するため。
  - 準備のための選択肢をハイパーパラメータとして簡単に扱えるようにするため。

1.　データのクリーニング
- 外れ値を修正または除去する（オプション）。
- 欠損値を埋める（たとえば 0、平均値、中央値などで）かその行（または列）を取り除く。
2.　フィーチャーの選択（オプション）
- タスクのために役に立つ情報を提供しない属性を取り除く。
3.　フィーチャーの操作（適宜）
- 連続値のフィーチャーを離散化する。
- フィーチャーを分解する（たとえば、カテゴリカル、日時など）。
- フィーチャーに効果が期待できる変換を加える（たとえば、$\log(x)$、$\sqrt{x}$、x^2 など）。
- 複数のフィーチャーを集計したりまとめたりして効果が期待できる新フィーチャーを作る。
4.　フィーチャーをスケーリングする：標準化または正規化する。

B.5　有望なモデルを絞り込む

注意：

- データが膨大なものなら、まずまずの時間で異なるさまざまなモデルを訓練できるように、小さな訓練セットを抽出するとよい（大規模なニューラルネットやランダムフォレストなどの複雑なモデルには悪影響がおよぶので注意すること）。
- ここでも、できる限りすべてのステップを自動化するよう努力しよう。

1. 少々乱暴でも、さまざまなタイプ（線形、単純ベイズ、SVM、ランダムフォレスト、ニューラルネットなど）のモデルをすばやく訓練する。
2. 性能を測定、比較する。
   - 個々のモデルについて、N フォールド交差検証を行い、N 個のフォールドの平均と標準偏差を計算する。
3. 個々のアルゴリズムでもっとも重要な変数を分析する。
4. モデルが犯す誤りのタイプを分析する。
   - 人間ならそのような誤りを防ぐためにどのデータを使うか。
5. 簡単なフィーチャーの選択と操作を行う。
6. これらの 5 ステップをさらに 1、2 回手早く繰り返す。
7. 3 種類から 5 種類のもっとも有望なモデルを残す。同程度のもののなかでは、異なるタイプの誤りを犯すモデルを選ぶ。

B.6　システムを微調整する

注意：
- このステップ、特に微調整の最後の局面では、できる限り多くのデータを使うようにしよう。
- ほかのステップと同様に、自動化できるものは自動化しよう。

1. 交差検証を使ってハイパーパラメータを微調整する。
   - データ変換方法、特にどうすべきかがはっきりとわからないもの（たとえば、欠損値は 0 に置き換えるか中央値に置き換えるか、それとも行を取り除くか）はハイパーパラメータとして扱う。
   - 探らなければならなハイパーパラメータの値が非常に少ない場合を除き、グリッドサーチではなくランダムサーチを行うようにする。訓練に非常に時間がかかるなら、ベイズ最適化を使った方がよいかもしれない（たとえば、Jasper Snoek、Hugo Larochelle、Ryan Adams らが論じているガウス処理を使ったもの。 https://goo.gl/PEFfGr）[1]。
2. アンサンブルメソッドを試す。最良のモデルを組み合わせると、それらを単独で実行するよりも高い性能が得られることが多い。
3. 最終的なモデルに自信が持てたら、テストセットを対象として性能を計測し、汎化誤差を推計する。

---

[1] "Practical Bayesian Optimization of Machine Learning Algorithms" J. Snoek, H. Larochelle, R. Adams (2012)

　汎化誤差の測定後にはモデルに修正を加えてはならない。テストセットへの過学習に向かってどんどん進むだけになってしまう。

B.7　ソリューションをプレゼンテーションする

1. 今までに行ってきたことをドキュメントする。

2. すばらしいプレゼンテーションを作る。

   - まず、全体的な構図を明らかにすることを忘れないようにする。

3. ソリューションがビジネス目標を達成する理由を説明する。

4. 作業の過程で気づいた面白いポイントを紹介するのを忘れないように。

   - うまく機能したものとそうでないものを説明する。

   - 前提条件とシステムの限界をリストにまとめる。

5. 重要な発見は、見栄えのよいビジュアライゼーションか覚えやすい言葉、たとえば、「住宅価格の予測では、収入の中央値がナンバーワンの予測子です」と伝える。

B.8　本番稼働！

1. ソリューションを本番稼働できる状態にする（本番データの入力を受け付けられるようにしたり、ユニットテストを書いたりすることなど）。

2. 定期的にシステムの性能をチェックし、性能が落ちたらアラートを生成するモニタリングコードを書く。

   - 緩やかな性能の降下に注意する。モデルは、データの発展とともに「腐って」いくことが多い。

   - 性能の測定は、人間の関与を必要とすることがある（たとえば、クラウドソーシングサービスを介したもの）。

   - 入力の品質もモニタリングすること（たとえば、故障したセンサーがでたらめな値を送っていないか、ほかのチームの出力が陳腐化していないか）。オンライン学習システムではこれが特に重要になる。

3. 新しいデータで定期的にモデルを訓練し直す（できる限り自動化する）。

付録C
SVM双対問題

双対性（duality）を理解するためには、まず**ラグランジュの未定乗数法**（Lagrange multipliers method）を理解しなければならない。一般的な考え方は、目的関数に制約を移して、制約付きの最適化問題を制約なしの最適化問題に変換するということだ。単純な例を見てみよう。$3x + 2y + 1 = 0$ という**等式制約**（equality constraint）のもとで、$f(x, y) = x^2 + 2y$ 関数を最小化する x と y の値を見つけたいものとする。ラグランジュの未定乗数法を使って、まず、**ラグランジュ関数**（Lagrange function、Lagrangian）と呼ばれる新しい関数、$g(x, y, \alpha) = f(x, y) - \alpha(3x + 2y + 1)$ を定義する。もとの目的関数から個々の制約（この場合はひとつ）を引き、ラグランジュ乗数と呼ばれる新しい変数を掛ける。

ジョゼフ・ルイ・ラグランジュ（Joseph-Louis Lagrange）は、制約付き最適化問題の解が $(\hat{x}, \hat{y})$ なら、$(\hat{x}, \hat{y}, \hat{\alpha})$ がラグランジュ関数の**停留点**（stationary point）となるような $\hat{\alpha}$ が必ず存在することを示した（停留点とは、すべての偏微分が 0 に等しくなる点のことである）。言い換えれば、$g(x, y, \alpha)$ の x、y、α についての偏微分が計算でき、それらの偏微分がすべて 0 になる点が見つかるなら、制約付き最適化問題の解は（存在するならの話だが）このような停留点のなかにある。

この例では、偏微分は次のようになる。
$$\begin{cases} \frac{\partial}{\partial x} g(x, y, \alpha) = 2x - 3\alpha \\ \frac{\partial}{\partial y} g(x, y, \alpha) = 2 - 2\alpha \\ \frac{\partial}{\partial \alpha} g(x, y, \alpha) = -3x - 2y - 1 \end{cases}$$

これらすべての偏微分が 0 に等しいとき、$2\hat{x} - 3\hat{\alpha} = 2 - 2\hat{\alpha} = -3\hat{x} - 2\hat{y} - 1 = 0$ だということであり、$\hat{x} = \frac{3}{2}$、$\hat{y} = -\frac{11}{4}$、$\hat{\alpha} = 1$ が簡単に見つかる。これが唯一の停留点であり、この停留点は制約を満たすので、制約付き最適化問題の解でなければならない。

しかし、この方法が使えるのは、等式制約だけである。幸い、ある正規条件（SVM の目的関数はこの条件を満たしている）のもとでは、この方法は、**不等式制約**（inequality constraint、たとえば $3x + 2y + 1 \geq 0$）にも一般化できる。ハードマージン問題のための**一般化ラグランジュ関数**（generalized Lagrangian）は、**式C-1** に示すようになる。ここで、$\alpha^{(i)}$ 変数は、**カルーシュ・**

クーン・タッカー（Karush-Kuhn-Tucker、KKT）乗数と呼ばれ、0 以上でなければならない。

式 C-1 ハードマージン問題のための一般化ラグランジュ関数

$$\mathcal{L}(\boldsymbol{w}, b, \boldsymbol{\alpha}) = \frac{1}{2} \boldsymbol{w}^T \cdot \boldsymbol{w} - \sum_{i=1}^{m} \alpha^{(i)} \left(t^{(i)} (\boldsymbol{w}^T \cdot \boldsymbol{x}^{(i)} + b) - 1 \right)$$
$$\text{with} \quad \alpha^{(i)} \geqq 0 \quad \text{for } i = 1, 2, \ldots, m$$

ラグランジュの未定乗数法と同じように、偏微分を計算して停留点を探すことができる。解があるなら、それは **KKT 条件**（KKT condition）を満たす停留点 $(\hat{\boldsymbol{w}}, \hat{b}, \hat{\boldsymbol{\alpha}})$ のなかにある。

- 問題の制約を満たす。つまり、$i = 1, 2, \ldots, m$ について $\quad t^{(i)} \left((\hat{\boldsymbol{w}})^T \cdot \boldsymbol{x}^{(i)} + \hat{b} \right) \geqq 1$
- $i = 1, 2, \ldots, m$ について $\quad \hat{\alpha}^{(i)} \geqq 0$ を確認する。
- $\hat{\alpha}^{(i)} = 0$ か i 番目の制約が**有効制約**（active constraint）でなければならない。後者は、$t^{(i)}((\hat{\boldsymbol{w}})^T \cdot \boldsymbol{x}^{(i)} + \hat{b}) = 1$ という等式を満たすという意味である。この条件を**相補スラック条件**（complementary slackness condition）と呼ぶ。これは、$\hat{\alpha}^{(i)} = 0$ か i 番目のインスタンスが境界上にある（サポートベクトルになっている）ということである。

KKT 条件は、停留点が制約付き最適化問題の解であるための必要条件だということに注意しよう。一定の条件のもとでは、KKT 条件は十分条件でもある。幸い、SVM 最適化問題は、この条件を満たすので、KKT 条件を満たす停留点は、制約付き最適化問題の解であることが保証される。

一般からグランジュ関数の $\boldsymbol{w}$、b についての偏微分は、**式C-2** で計算できる。

式 C-2 一般化ラグランジュ関数の偏微分

$$\nabla_{\boldsymbol{w}} \mathcal{L}(\boldsymbol{w}, b, \boldsymbol{\alpha}) = \boldsymbol{w} - \sum_{i=1}^{m} \alpha^{(i)} t^{(i)} \boldsymbol{x}^{(i)}$$
$$\frac{\partial}{\partial b} \mathcal{L}(\boldsymbol{w}, b, \boldsymbol{\alpha}) = - \sum_{i=1}^{m} \alpha^{(i)} t^{(i)}$$

これらの偏微分が 0 に等しいとき、**式C-3** が満たされる。

式 C-3 停留点の性質

$$\hat{\boldsymbol{w}} = \sum_{i=1}^{m} \hat{\alpha}^{(i)} t^{(i)} \boldsymbol{x}^{(i)}$$
$$\sum_{i=1}^{m} \hat{\alpha}^{(i)} t^{(i)} = 0$$

これらの結果と一般化ラグランジュ関数の定義を組み合わせると、いくつかの項が消えて**式C-4**が得られる。

式 C-4　SVM 問題の双対形式

$$\mathcal{L}(\hat{\boldsymbol{w}}, \hat{b}, \boldsymbol{\alpha}) = \frac{1}{2} \sum_{i=1}^{m} \sum_{j=1}^{m} \alpha^{(i)} \alpha^{(j)} t^{(i)} t^{(j)} \boldsymbol{x}^{(i)^T} \cdot \boldsymbol{x}^{(j)} \quad - \quad \sum_{i=1}^{m} \alpha^{(i)}$$

$$\text{with} \quad \alpha^{(i)} \geqq 0 \quad \text{for } i = 1, 2, \ldots, m$$

これで目標は、すべてのインスタンスについて $\hat{\alpha}^{(i)} \geqq 0$ で、この関数を最小化させるベクトル $\hat{\boldsymbol{\alpha}}$ を見つけることになった。

最適な $\hat{\boldsymbol{\alpha}}$ が見つかったら、**式C-3** の最初の行を使って $\hat{\boldsymbol{w}}$ を計算できる。$\hat{b}$ の計算では、サポートベクトルが $t^{(i)}(\hat{\boldsymbol{w}}^T \cdot \boldsymbol{x}^{(i)} + \hat{b}) = 1$ を満たすことを利用できるので、k 番目のインスタンスがサポートベクトルなら（つまり、$\hat{\alpha}^{(k)} > 0$）、それを使って $\hat{b} = t^{(k)} - \hat{\boldsymbol{w}}^T \cdot \boldsymbol{x}^{(k)}$ を計算できる。しかし、より安定していて正確な値を得るために、**式C-5** のようにすべてのサポートベクトルの平均を計算する方がよい場合が多い。

式 C-5　双対形式を使ったバイアス項の推計

$$\hat{b} = \frac{1}{n_s} \sum_{\substack{i=1 \\ \hat{\alpha}^{(i)} > 0}}^{m} \left[t^{(i)} - \hat{\boldsymbol{w}}^T \cdot \boldsymbol{x}^{(i)} \right]$$

付録D
自動微分

この付録では、TensorFlow の自動微分機能の仕組みを説明し、ほかのソリューションと比較する。

$f(x, y) = x^2y + y + 2$ という関数を定義し、勾配降下法（またはその他の最適化アルゴリズム）を実行するために、その偏微分 $\frac{\partial f}{\partial x}$ と $\frac{\partial f}{\partial y}$ が必要になったとする。その場合、選択肢は、マニュアルで微分するか、数式微分、数値微分、フォワードモード自動微分、リバースモード自動微分である。TensorFlow が実装しているのは、この最後のオプションだ。それでは、これらのオプションをひとつずつ見ていこう。

D.1　マニュアルの微分

第1のアプローチは、紙と鉛筆を取り出し、自分の解析学の知識を使って、マニュアルで偏導関数を導き出すことだ。今定義した $f(x, y)$ 関数なら、それほど難しいことではない。5つの規則に従えばよい。

- 定数の導関数は 0。
- λx の導関数は λ （$lambda$ は定数）。
- x^λ の導関数は $\lambda x^{\lambda-1}$ なので、x^2 の導関数は $2x$。
- 関数の和の導関数は、これらの関数の導関数の和。
- 関数の λ 倍の導関数は、導関数の λ 倍。

これらの規則から、式D-1 が導かれる。

式 D-1　$f(x, y)$ の偏導関数

$$\frac{\partial f}{\partial x} = \frac{\partial (x^2 y)}{\partial x} + \frac{\partial y}{\partial x} + \frac{\partial 2}{\partial x} = y \frac{\partial (x^2)}{\partial x} + 0 + 0 = 2xy$$

$$\frac{\partial f}{\partial y} = \frac{\partial (x^2 y)}{\partial y} + \frac{\partial y}{\partial y} + \frac{\partial 2}{\partial y} = x^2 + 1 + 0 = x^2 + 1$$

このアプローチは、複雑な関数では非常に煩雑であり、ミスを犯すリスクがある。しかし、今私たちが行ったように関数から偏導関数を導く作業は、**数式微分**（symbolic differentiation）という方法で自動化できる。

D.2　数式微分

図D-1 は、数式微分が先ほどのものよりもさらに単純な関数、$g(x, y) = 5 + xy$ をどのように処理するかを示している。左は原関数のグラフで、数式微分を行うと、偏導関数 $\frac{\partial g}{\partial x} = 0 + (0 \times x + y \times 1) = y$ を表す右のグラフが得られる（同じようにして y についての偏導関数も得られる）。

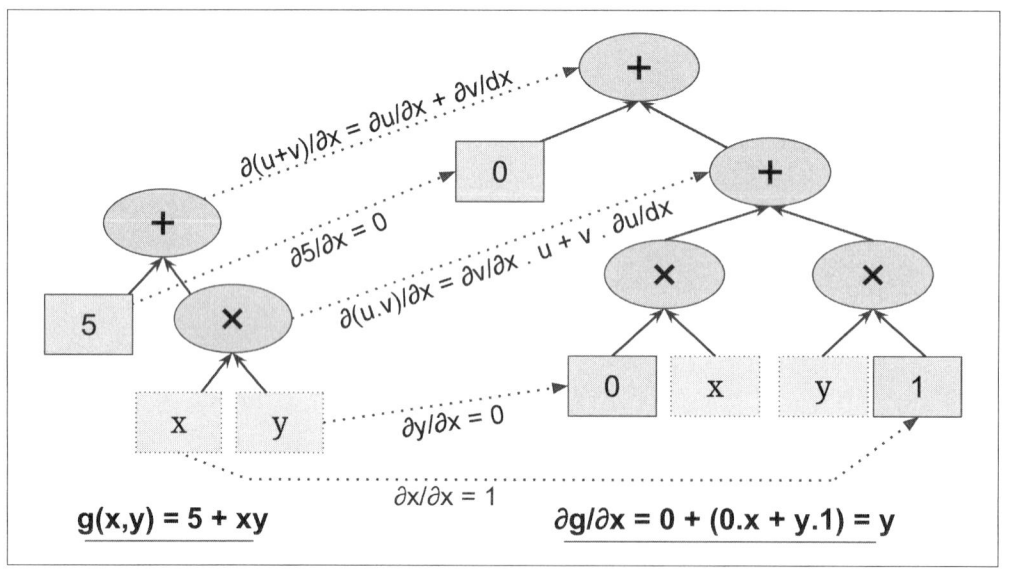

図D-1　数式微分

アルゴリズムは、葉ノードの偏導関数を得るところからスタートする。定数の導関数は常に 0 なので、定数ノード（5）は定数 0 を返す。$\frac{\partial x}{\partial x} = 1$ なので、変数 x は定数 1 を返し、変数 y は定数 0 を返す（y についての偏導関数を求めているときには、結果は逆になる）。

これで、グラフをひとつ上がって関数 g の乗算ノードを処理するために必要なものはすべて揃った。解析学によれば、ふたつの関数、u と v の積の導関数は、$\frac{\partial(u \times v)}{\partial x} = \frac{\partial v}{\partial x} \times u + v \times \frac{\partial u}{\partial x}$ である。そこで、グラフの右側の大きな部分は、$0 \times x + y \times 1$ ということになる。

最後に関数 g の加算ノードに上がる。すでに説明したように、関数の和の導関数は、これらの関数の導関数の和である。そこで、加算ノードを作り、グラフのすでに計算した部分をつなげばよい。そして、正しい偏導関数、$\frac{\partial g}{\partial x} = 0 + (0 \times x + y \times 1)$ が得られる。

しかし、この偏導関数は単純化できる（大幅に）。このグラフを刈り込んで、不要な演算をすべて取り除くと、ノードがひとつだけのずっと小さなグラフ、$\frac{\partial g}{\partial x} = y$ が得られる。

この場合、単純化は非常に簡単に行えるが、もっと複雑な関数では、数式微分は単純化しにくい巨大なグラフを作って、パフォーマンスが低くなることがある。何よりも重大なのは、数式微分では、任意のコードが定義した関数（たとえば、**9 章**で取り上げた次の関数）を処理できないことである。

```python
def my_func(a, b):
    z = 0
    for i in range(100):
        z = a * np.cos(z + i) + z * np.sin(b - i)
    return z
```

D.3　数値微分

導関数の近似値を数値的に計算してしまえば、話は単純だ。x_0 という点における関数 $h(x)$ の導関数 $h'(x_0)$ は、その点での関数の勾配であり、より正確に言えば**式 D-2** である。

式 D-2　点 x_0 における関数 $h(x)$ の導関数

$$
\begin{aligned}
h'(x_0) &= \lim_{x \to x_0} \frac{h(x) - h(x_0)}{x - x_0} \\
&= \lim_{\varepsilon \to 0} \frac{h(x_0 + \varepsilon) - h(x_0)}{\varepsilon}
\end{aligned}
$$

そこで、関数 $f(x, y)$ の $x = 3$ と $y = 4$ についての偏導関数を計算したければ、ε として非常に小さな値を使って単純に $f(3 + \varepsilon, 4) - f(3, 4)$ を計算し、その結果を ε で割ればよい。

```python
def f(x, y):
    return x**2*y + y + 2

def derivative(f, x, y, x_eps, y_eps):
    return (f(x + x_eps, y + y_eps) - f(x, y)) / (x_eps + y_eps)
```

```
df_dx = derivative(f, 3, 4, 0.00001, 0)
df_dy = derivative(f, 3, 4, 0, 0.00001)
```

残念ながら、結果は正確ではない（そして、関数が複雑になればなるほど、不正確になる）。正しい結果はそれぞれ 24 と 10 だが、実際に得られる結果は次のようになる。

```
>>> print(df_dx)
24.000039999805264
>>> print(df_dy)
10.000000000331966
```

ふたつの偏導関数を計算するために f() を少なくとも 3 回呼び出さなければならないことに注意しよう（上のコードでは 4 回呼び出しているが、最適化すれば 3 回になる）。1,000 個のパラメータがあれば、f() を少なくとも 1,001 回呼び出さなければならない。このようなことから、大きなニューラルネットワークを相手にするときには、数値微分は効率が悪すぎる。

しかし、数値微分は簡単に実装できるので、ほかの方法が正しく実装できているかどうかをチェックするための優れたツールになる。たとえば、マニュアルで導いた導関数と一致しない場合は、作業に誤りがある。

D.4　フォワードモード自動微分

フォワードモード自動微分（forward-mode autodiff）は、数値微分でも数式微分でもなく、ある意味ではこのふたつから生まれた子どもである。この方法は、**二重数**と呼ばれるものを使う。これは、a と b を実数、ε を $\varepsilon^2 = 0$ が満たされるような極微数（ただし、$\varepsilon \neq 0$）として、$a + b\varepsilon$ という形で表される（奇妙だが魅力的な）数のことである。$42 + 24\varepsilon$ という二重数は、無限の 0 を間に挟んだ $42.0000\cdots000024$ のようなものだと考えることができる（もちろん、これは二重数とはどのようなものかをイメージしやすくするために単純化した話である）。二重数は、メモリ内では 2 個の浮動小数点数として表すことができる。たとえば、$42 + 24\varepsilon$ は、(42.0, 24.0) で表現できる。

二重数は、**式 D-3** に示すように、加算、乗算することができる。

式 D-3　二重数の演算

$$\lambda(a + b\varepsilon) = \lambda a + \lambda b\varepsilon$$

$$(a + b\varepsilon) + (c + d\varepsilon) = (a + c) + (b + d)\varepsilon$$

$$(a + b\varepsilon) \times (c + d\varepsilon) = ac + (ad + bc)\varepsilon + (bd)\varepsilon^2 = ac + (ad + bc)\varepsilon$$

何よりも重要なのは、$h(a + b\varepsilon) = h(a) + b \times h'(a)\varepsilon$ となることであり、そのため $h(a + \varepsilon)$ を計算すると、$h(a)$ とその導関数 $h'(a)$ が 1 度に得られる。**図 D-2** は、フォワードモードの自動微分が $x = 3$、$y = 4$ で $f(x, y)$ の x についての偏導関数を計算する仕組みを示している。ただ単に、

$f(3+\varepsilon, 4)$ を計算すればよい。すると、$a + b\varepsilon$ の a を $f(3,4)$、b を $\frac{\partial f}{\partial x}(3,4)$ とする二重数が出力される。

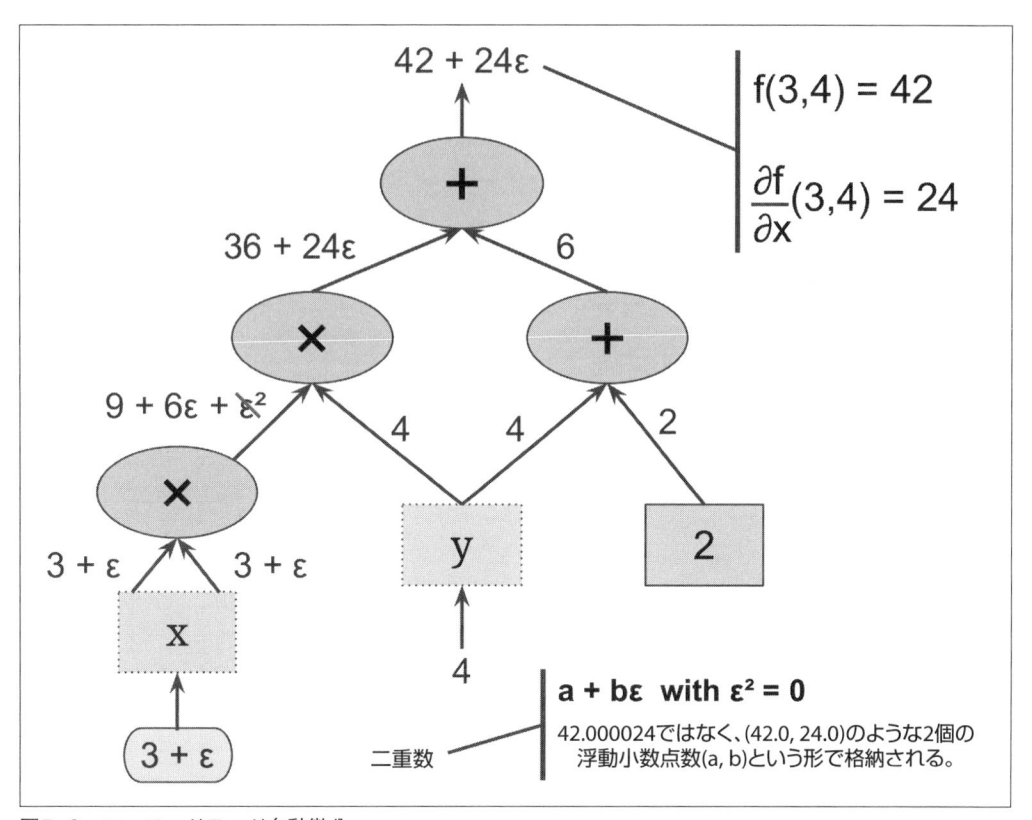

図D-2 フォワードモード自動微分

$\frac{\partial f}{\partial y}(3,4)$ を計算するには、もう1度グラフをたどらなければならないが、今度は $x = 3$、$y = 4+\varepsilon$ とする。

フォワードモード自動微分は数値微分よりもはるかに正確だが、同じ大きな欠点を抱えている。1,000個のパラメータがあるときには、グラフを1,000回たどらなければすべての偏微分を計算できないのである。リバースモード自動微分が輝いて見えるのはここだ。リバースモードなら、グラフを2度たどるだけで同じ値を計算できる。

D.5　リバースモード自動微分

TensorFlow が実装しているのはリバースモード自動微分である。まず、前進方向で（つまり、入力から出力に向かって）グラフをたどり、各ノードの値を計算する。次に、今度は逆方向で（つま

り、出力から入力に向かって）グラフをたどり、すべての偏微分を計算する。**図 D-3** は、この 2 度目のパスを表している。第 1 パスでは、$x = 3$ と $y = 4$ を起点としてすべてのノードの値を計算する。これらの値は各ノードの右下に書かれている（たとえば、$x \times x = 9$）。ノードには、明確にするために n_1 から n_7 までの番号がつけられている。出力ノードは $n_7 : f(3,4) = n_7 = 42$ である。

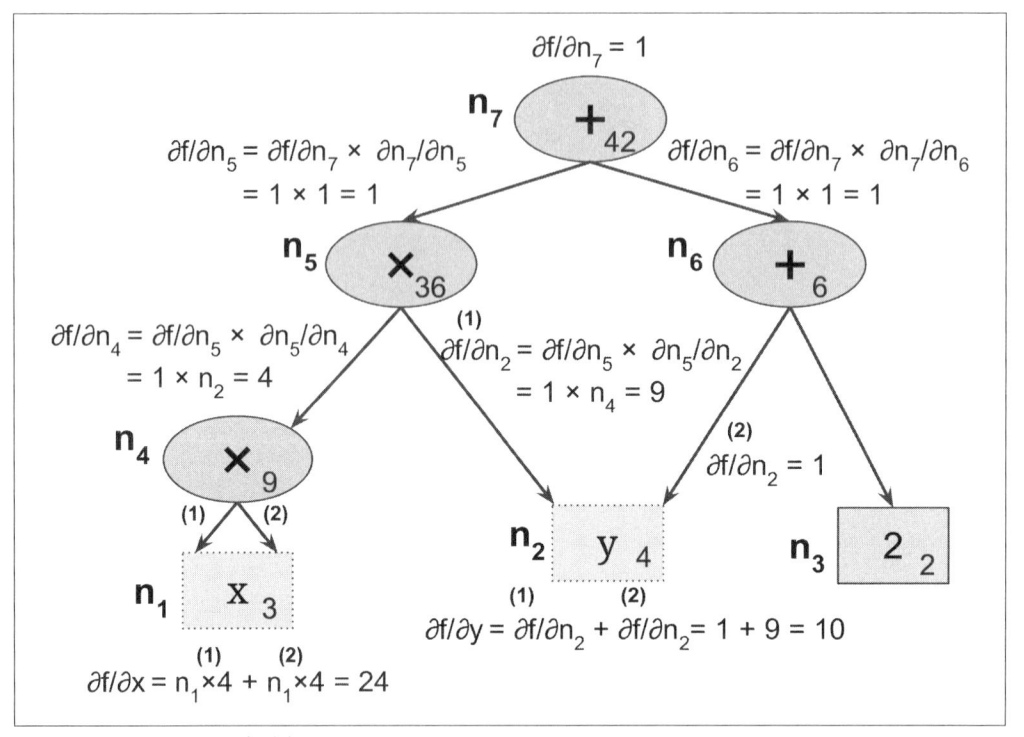

図 D-3　リバースモード自動微分

ポイントはグラフを降りながら、変数ノードに達するまで、個々のノードについて $f(x, y)$ の偏微分を計算するところである。そのために、リバースモード自動微分は、**式 D-4** の**連鎖率**（chain rule）を酷使している。

式 D-4　連鎖率

$$\frac{\partial f}{\partial x} = \frac{\partial f}{\partial n_i} \times \frac{\partial n_i}{\partial x}$$

n_7 は出力ノードなので、$f = n_7$ であり、$\frac{\partial f}{\partial n_7} = 1$ がすぐに出てくる。

引き続き、グラフを n_5 まで降りていこう。n_5 が変化すると f はどれくらい変わるだろうか。答えは $\frac{\partial f}{\partial n_5} = \frac{\partial f}{\partial n_7} \times \frac{\partial n_7}{\partial n_5}$ である。すでに $\frac{\partial f}{\partial n_7} = 1$ ということはわかっているので、$\frac{\partial n_7}{\partial n_5}$ がわかればよい。n_7 は、単純に $n_5 + n_6$ の加算をしているだけなので、$\frac{\partial n_7}{\partial n_5} = 1$ であり、$\frac{\partial f}{\partial n_5} = 1 \times 1 = 1$ である。

これで n_4 に進める。n_4 が変化すると f はどれくらい変わるだろうか。答えは、$\frac{\partial f}{\partial n_4} = \frac{\partial f}{\partial n_5} \times \frac{\partial n_5}{\partial n_4}$ である。$n_5 = n_4 \times n_2$ なので、$\frac{\partial n_5}{\partial n_4} = n_2$ であり、$\frac{\partial f}{\partial n_4} = 1 \times n_2 = 4$ ということになる。

グラフの底辺に達するまでこのプロセスを続ける。すると、$x = 3$、$y = 4$ という点における $f(x, y)$ のすべての偏微分が計算できている。この例では、$\frac{\partial f}{\partial x} = 24$ と $\frac{\partial f}{\partial y} = 10$ だ。見事正解である。

リバースモード自動微分は、すべての入力についてのすべての出力の偏導関数を計算するために、1回のフォワードパスと出力ごとに1回ずつのリバースパスを必要とするだけなので、特に入力が多く出力が少ないときに非常に強力で正確なテクニックである。何よりも重要なのは、コードで定義された関数を処理できることだ。微分不可能な部分を含む関数でも、微分可能な点であれば偏導関数を計算できる。

TensorFlow で新しいタイプのオペレーションを実装するときに自動微分互換にしたいときには、入力についての偏微分を計算するために、サブグラフを構築する関数を与える必要がある。たとえば、入力の二乗を計算する関数を実装するものとする。その場合、対応する導関数の $f'(x) = 2x$ を提供する必要がある。この関数は数値としての結果を計算するのではなく、あとで結果を計算するサブグラフを構築することに注意しよう。これは勾配の勾配を計算できる（2次導関数、あるいはそれ以上の高次導関数を計算するために）ということであり、非常に便利である。

付録E
その他の広く知られている
ANNアーキテクチャ

　この付録では、今でこそ深層 MLP（**10章**）、CNN（**11章**）、RNN（**12章**）、オートエンコー
ダ（**15章**）と比べて使われることは少なくなったが、歴史的に重要な意味を持つニューラルネッ
トワーク・アーキテクチャのいくつかについて簡単に説明する。これらは文献のなかでよく言及
され、一部は多くのアプリケーションでまだ使われているので、知っておいて損はない。このな
かには、2010 年代初頭まで深層学習の最先端だった **DBN**（deep belief network）も含まれてい
る。DBN は、今でも非常に活発に研究されているテーマであり、近い将来に復活してくるかもし
れない。

E.1　ホップフィールドネットワーク

　ホップフィールドネットワーク（Hopefield network）は、1974 年に W. A. Little が初めて導
入し、1982 年にジョン・ホップフィールド（John Hopfield）が広めたものである。これは**連想記
憶**（associative memory）ネットワークで、最初に何らかのパターンを教えておくと、新しいパ
ターンを与えたときにそれにもっとも近い学習済みパターンを出力する。そのため、ほかのアプ
ローチに追い越されるまでは、特に文字認識でよく使われていた。文字画像の例（ひとつのニュー
ロンに個々の 2 値ピクセル）を示してネットワークを訓練し、新しい文字画像を示すと、数イテ
レーションののちに、学習した文字のなかでもっとも近いものを出力する。

　ホップフィールドネットワークは完全接続グラフ（**図E-1**）である。つまり、すべてのニューロ
ンがほかのすべてのニューロンと接続されている。図では、画像は 6 × 6 ピクセルなので、左側の
ネットワークには 36 個のニューロン（そして 648 の接続）が含まれていなければならないところ
だが、見てわかりやすいようにそれよりもずっと小さいネットワークを示している。

　訓練アルゴリズムは、ヘッブの法則（Hebb's rule）を使っている。個々の訓練画像で、ふたつ
のニューロンの間の重みは、対応するピクセルがともにオン、またはともにオフなら増やされ、片
方がオン、片方がオフなら減らされる。

　ネットワークに新しい画像を示すと、使われているピクセルに対応するニューロンが活性化され

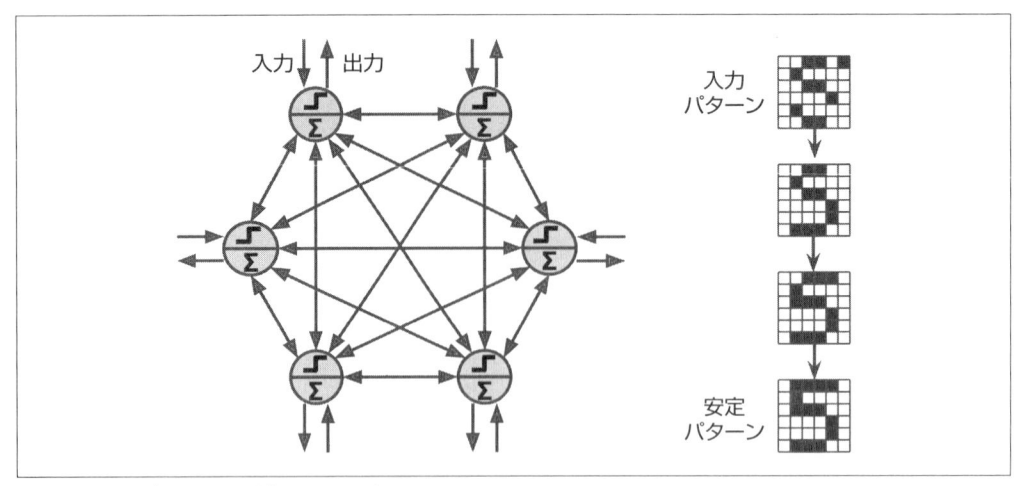

図E-1 ホップフィールドネットワーク

る。すると、ネットワークはすべてのニューロンの出力を計算し、それによって新しい画像の情報がわかる。そして、この新画像について、プロセス全体を繰り返す。しばらくすると、ネットワークは安定した状態に達する。一般に、これは入力画像にもっとも似ている訓練画像に対応している。

ホップフィールドネットワークには、いわゆる**エネルギー関数**（energy function）が対応付けられている。エネルギーは、イテレーションごとに減っていくので、ネットワークは最終的に低エネルギー状態に安定することが保証されている。訓練アルゴリズムは、訓練パターンのエネルギーレベルを下げる方向に重みを操作するので、ネットワークは低エネルギー構成のなかのどれかに安定化する。しかし、訓練セットに含まれていなかったパターンも低エネルギー状態に落ち着くので、ネットワークは学習していない構成に安定することがある。これを**疑似パターン**（spurious pattern）と呼ぶ。

ホップフィールドネットワークには、スケーラビリティが低いというもうひとつの大きな欠点がある。ホップフィールドネットワークの記憶容量は、ニューロン数の 14% 程度である。たとえば、28×28 の画像を分類するには、784 個の完全接続ニューロンと 306,936 個の重みが必要になる。そのようなネットワークは、約 110 種類（784 の 14%）の文字しか学習できない。たったそれだけのことしか覚えられない割には、パラメータ数が多すぎる。

E.2 ボルツマンマシン

ボルツマンマシン（Boltzmann machine）は、ジェフリー・ヒントンとテリー・セジュノスキーが 1985 年に発明した。ホップフィールドネットワークと同様に完全接続の ANN だが、**確率的ニューロン**（stochastic neuron）を基礎としている。確率的ニューロンは、出力する値を決める

ために決定論的な関数を使わず、一定の確率で1か0を出力する。使っている確率関数がボルツマン分布（統計力学で使われている）を基礎としているため、それが名前の由来になっている。特定のニューロンが1を出力する確率は、**式E-1**によって与えられる。

式 E-1　i番目のニューロンが1を出力する確率

$$p\left(s_i^{(\text{next step})} = 1\right) = \sigma\left(\frac{\sum\limits_{j=1}^{N} w_{i,j} s_j + b_i}{T}\right)$$

- s_j は j 番目のニューロンの状態（0または1）。
- $w_{(i,j)}$ は i 番目のニューロンと j 番目のニューロンの接続の重み。$w_{(i,i)}$ は0とすることに注意。
- b_i は i 番目のニューロンのバイアス項。バイアス項は、ネットワークにバイアスニューロンを追加して実現する。
- N はネットワーク内のニューロン数。
- T はネットワークの**温度**（temperature）と呼ばれる数値。温度が高ければ高いほど、出力の無作為性が高くなる（つまり、確率が50%に近づく）。
- σ はロジスティック関数。

ボルツマンマシン内のニューロンは、**可視ユニット**（visible unit）と**隠れユニット**（hidden unit、**不可視ユニット**: invisible unit とも言う）に分けられる（**図E-2**）。すべてのニューロンが同じように確率論的に機能するが、入力を受け付け、出力の読み出しに対象になるのは可視ユニットである。

ボルツマンマシンは、その確率論的な性質から、決まった構成に安定化することはなく、多くの構成の間で絶えず変動し続ける。十分に長い間実行していると、特定の構成が観察される確率は、もとの構成ではなく、接続の重みとバイアス項の関数になっていく（トランプを十分長い間シャッフルすると、デッキの構成が初期状態の影響を受けなくなるように）。このようにもとの構成が「忘れられた」状態にネットワークが達すると、**熱平衡**（thermal equlibrium）に達したと言われる（構成はいつも変わり続けるが）。ネットワークのパラメータを適切に設定し、しばらく放置してネットワークが熱平衡に達してからネットワークの状態を観察すると、さまざまな確率分布をシミュレートできる。これを**生成モデル**（generative model）と呼ぶ。

ボルツマンマシンの訓練とは、ネットワークを訓練セットの確率分布に近似させるパラメータを見つけることである。たとえば、3個の可視ニューロンと個々のインスタンスが3つの値を持つ訓練セットがあって、そのうちの75%が $(0, 1, 1)$、10%が $(0, 0, 1)$、15%が $(1, 1, 1)$ だとしたとき、この訓練セットで訓練したボルツマンマシンは、ほぼ同じ確率分布で無作為に3つのバイナリ

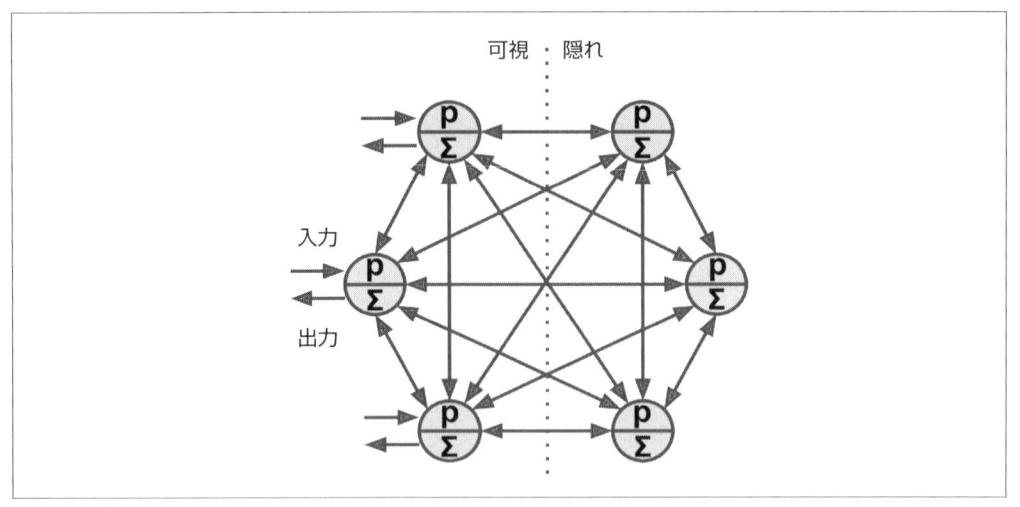

図E-2　ボルツマンマシン

値を生成できる。たとえば、75% の確率で (0, 1, 1) を出力するだろう。

　このような生成モデルには、さまざまな使い道がある。たとえば、画像を対象として訓練し、ネットワークに不完全な画像やノイズのある画像を与えると、ネットワークは自動的に妥当な方法で画像を**修復する**。生成モデルは分類にも使える。訓練画像のクラスをエンコードするために、可視ニューロンをいくつか追加すればよい（たとえば、10 個の可視ニューロンを追加し、訓練画像が5 を表すときは、5 番目のニューロンだけをオンにする）。その後、新しい画像を与えると、ネットワークは、画像のクラスを示す適切な可視ニューロンを自動的にオンにする（たとえば、画像が5 を表す場合は、5 番目の可視ニューロンをオンにする）。

　残念ながら、ボルツマンマシンには効率のよい訓練テクニックがない。しかし、**制限付きボルツマンマシン**（restricted Boltzmann machine：RBM）には、かなり効率のよい訓練アルゴリズムが開発されている。

E.3　制限付きボルツマンマシン

　RBM とは、可視ユニット間、隠れユニット間には接続がなく、可視ユニットと隠れユニットの間だけに接続が設けられているボルツマンマシンのことである。たとえば、**図E-3** は、3 個の可視ユニットと 4 個の隠れユニットを持つ RBM を表している。

　ミゲル・カレイラ・ペルピニャンとジェフリー・ヒントンが、2005 年に**コントラスティブダイバージェンス法**（constrastive divergence：CD）という非常に効率のよい訓練アルゴリズム[1]を導入した。その仕組みを説明しよう。個々の訓練インスタンス x について、CD 法はまず $x_1, x_2, \cdots, x_n$

---

[1]　"On Contrastive Divergence Learning" M. A. Carreira-Perpinan and G. Hinton (2005)

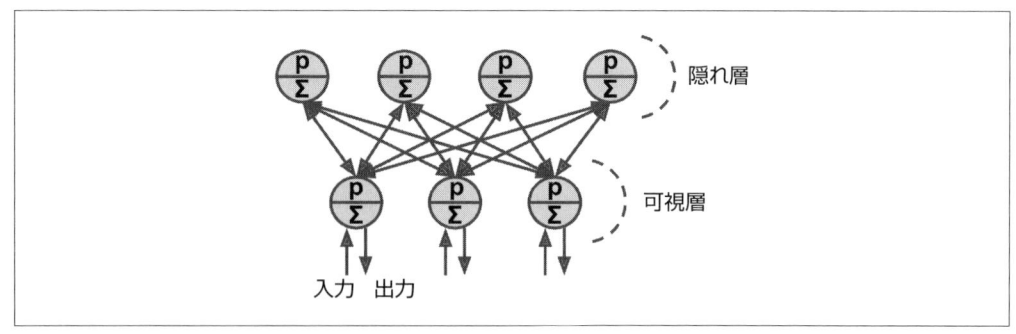

図E-3　制限付きボルツマンマシン

を可視ユニットの状態として設定する。次に、先ほど説明した（**式E-1**）確率方程式を使って隠れ層の状態を計算する。すると、隠れベクトル h が得られる（h_i は i 番目のユニットの状態になっている）。次に、同じ確率方程式を使って、可視ユニットの状態を計算すると、ベクトル x' が得られる。ここで再び隠れ層の状態を計算すると、ベクトル h' が得られる。これで**式E-2** のルールを適用して接続重みを更新できるようになった。ここで、η は学習率である。

式 E-2　コントラスティブダイバージェンス法の重みの更新

$$w_{i,j} \leftarrow w_{i,j} + \eta(\boldsymbol{x} \cdot \boldsymbol{h}^T - \boldsymbol{x}' \cdot \boldsymbol{h}'^T)$$

　このアルゴリズムには、ネットワークが熱平衡に達するのを待たなくて済むという大きなメリットがある。前進し、後退し、もう 1 度前進するだけである。これは、今までのアルゴリズムでは比べものにならないくらい効率がよく、RBM を多数積み上げた深層学習の最初の成功の大きな要因になった。

E.4　DBN

　RBM の層は複数積み上げることができる。第 1 レベルの RBM の隠れユニットは、第 2 レベルの RBM の可視ユニットとなり、そのような関係が最後のレベルまでずっと続く。このような RBM スタックを **DBN**（deep belief network）と呼ぶ。

　ジェフリー・ヒントンの学生だったイーワイ・ティは、下位層から上位層に向かって層ごとにコントラスティブダイバージェンス法を使えば、DBN を訓練できることに気付いた。ここから、深層学習の怒涛の発展のきっかけとなった画期的な論文（http://goo.gl/BcZQrH）[2]が生まれた。

　DBN は、RBM と同様に、教師なしで入力の確率分布を再現することを学習する。しかし、深層ニューラルネットワークが浅いニューラルネットワークよりも強力なのとまったく同じ理由か

[2]　"A Fast Learning Algorithm for Deep Belief Nets" G. Hinton, S. Osindero, Y. Teh (2006)

ら、DBN は RBM よりもはるかに性能が高い。実世界のデータは階層的なパターンに組織されていることが多く、DBN はそれを利用している。下位層は入力データの低水準特徴量を学習し、上位層は高水準特徴量を学習する。

DBN は、RBM と同様に基本的に教師なしアルゴリズムだが、ラベルを表す可視ユニットを追加すれば、教師ありアルゴリズム的に訓練することもできる。しかも、DBN は、半教師あり学習的に訓練することもできるという優れた特徴を持っている。**図E-4** は、半教師あり学習を使うように構成された DBN を表している。

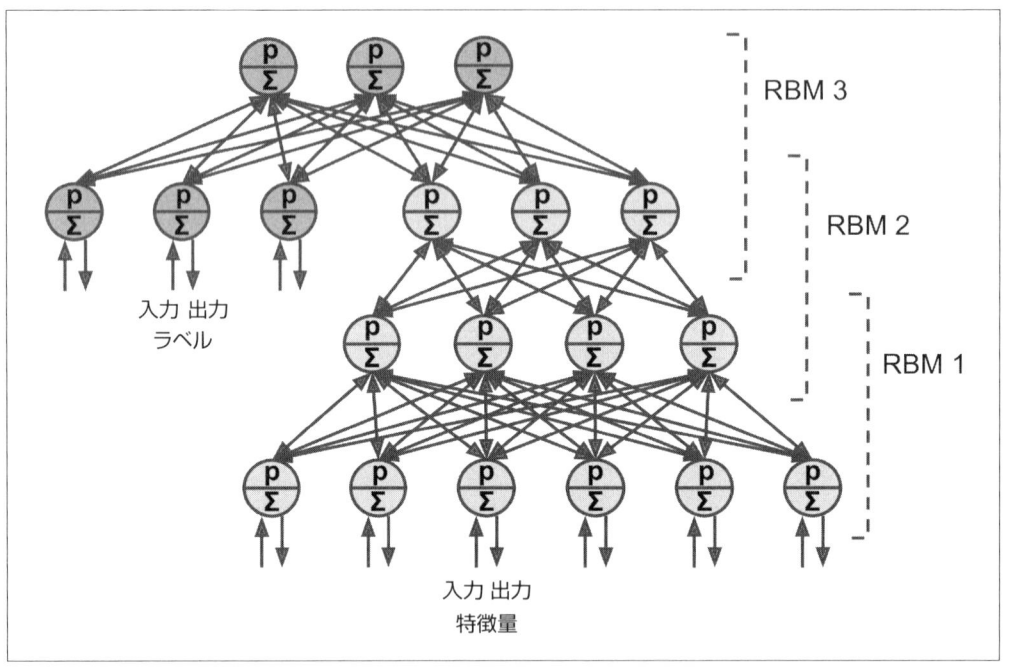

図E-4　半教師あり学習を使うように構成されたDBN

まず、RBM 1 が教師なしで訓練される。RBM 1 は、訓練データの低水準特徴量を学習する。次に、RBM 1 の隠れ層を入力として、再び教師なしで RBM 2 を訓練する（RBM 2 の隠れ層には、ラベルユニットは含まれず、右の3つのユニットしか含まれないことに注意していただきたい）。このような形の RBM をさらにいくつか積み上げることができるが、ここまでの訓練は 100% 教師なしである。そして最後に、RBM 2 の隠れ層とともに、ターゲットラベル（たとえば、インスタンスのクラスを表すワンホットベクトル）を表す新たな可視ユニットを入力として、RBM 3 を訓練する。すると、RBM 3 は、高水準特徴量と訓練ラベルの対応付けを学習する。ここが教師ありのステップである。

訓練終了後、RBM 1 に新しいインスタンスを与えると、信号は RBM 2 の上に伝播し、RBM

3 の上に伝播してから、ラベルユニットに戻ってくる。すると、適切なラベルがつくだろう。このようにすれば、DBN を分類に使うことができる。

この半教師ありアプローチには、ラベル付きの訓練データがたくさんいらないという大きなメリットがある。教師なし RBM が十分な性能を示すなら、クラスごとにごく少数のラベル付き訓練インスタンスがあればよい。赤ちゃんはこれと同じようにして教師なしでものの認識を学習するため、椅子を指さして「椅子」と言うと、赤ちゃんは「椅子」という単語と、すでに自分で認識方法を学習していたもののクラスを結びつけることができる。だから、あらゆる椅子を指さして「椅子」と言う必要はない。ごくわずかな例があれば十分なのである（あなたが椅子の色や部品のひとつではなく、椅子のことを言っているということが赤ちゃんにわかる程度でよい）。

驚くべきことに、DBN は逆向きにも機能する。ラベルユニットのどれかを活性化させると、信号は RBM 3 の隠れ層に上がり、RBM 2、RBM 1 と降りてくる。そして、RBM 1 の可視ユニットが新しいインスタンスを出力する。このようにして出力された新インスタンスは、活性化させたラベルユニットに対応するクラスの通常のインスタンスとよく似ていることが多い。DBN のこのような生成能力はきわめて強力だ。たとえば、この能力は、画像のタイトルの自動生成とその逆のために使われてきている。まず、画像内の特徴量を学習するように DBN を訓練する（教師なしで）。次に、一連のタイトルに含まれている特徴量を学習する（たとえば、「自動車」にはクルマが写っていることが多い）。最後に、ふたつの DBN の上に RBM を積み上げ、一連の画像とタイトルで訓練すると、高水準特徴量と高水準特徴量のタイトルに含まれる画像を結びつけることを学習する。次に、画像 DBN にクルマの写真を与えると、信号がネットワークを伝わって RBM の最上位レベルに達し、タイトル DBN の最下層まで戻ってタイトルを生成する。RBM と DBN の確率論的な性質により、タイトルは絶えず無作為に変わっていくはずだが、一般に画像に合ったものになるはずだ。数百個のタイトルを生成すると、もっともひんぱんに生成されたタイトルは、画像をよく説明するものになっているだろう[†3]。

E.5　自己組織化マップ

自己組織化マップ（self-organizing map：SOM）は、今までに取り上げてきたほかのタイプのニューラルネットワークとは大きく異なる。SOM は、可視化、クラスタ化、分類などのために、高次元データセットを低次元で表現したものを生み出すために使われる。ニューロンは、**図 E-5** に示すように、マップ全体に広がっており（可視化のために一般に 2 次元のものが使われるが、次数はいくつでもよい）。各ニューロンはすべての重みとの間に重みつきの接続を持っている（**図 E-5** では入力はふたつだけしか描かれていないが、SOM の目的は次元削減なので、一般に非常に多くの入力がある）。

ネットワークを訓練したあとで新しいインスタンスを与えると、活性化するニューロンはひとつ

---

†3　詳細とデモは、ジェフリー・ヒントンによる http://goo.gl/7Z5QiS のビデオを参照のこと。

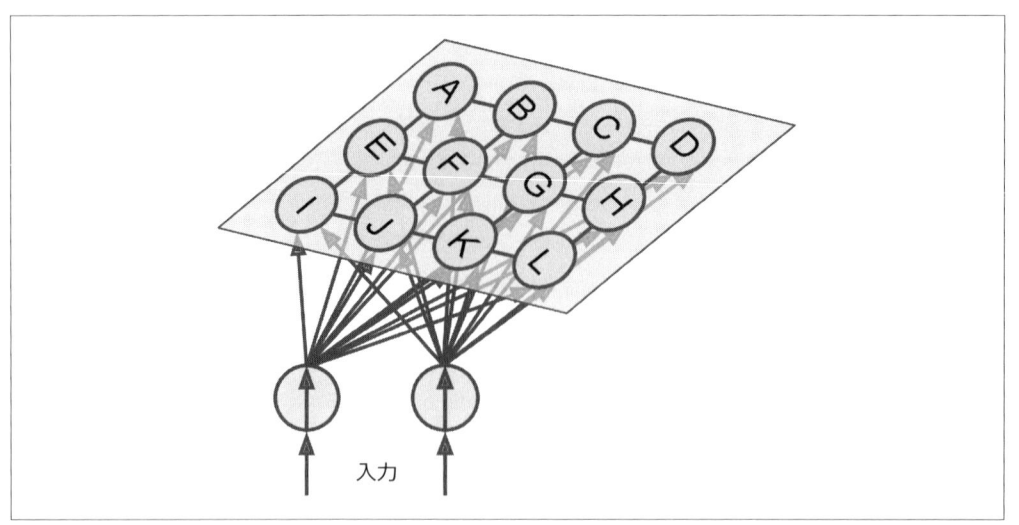

図E-5　自己組織化マップ

だけ（つまり、マップ上のひとつの点）になる。それは、入力ベクトルにもっとも重みベクトルが近いニューロンである。一般に、もとの入力空間で近接するインスタンス同士は、マップでも近接するニューロンを活性化させる。そのため、SOM は可視化のために役立つが（特に、マップ上のクラスタは簡単に見つけられる）、音声認識のようなアプリケーションでも役に立つ。たとえば、人が母音を発音したものの録音が個々のインスタンスになっている場合、母音 a のインスタンス群はマップの同じ領域のニューロンを活性化させ、母音 e のインスタンス群は a とは別の領域のニューロンを活性化させる。そして、a と e の間の発音は、一般にマップ上の両者の中間にあるニューロンを活性化させる。

8 章で取り上げたほかの次元削減テクニックと大きく異なるのは、すべてのインスタンスが低次元空間の別々の数の点にマッピングされることである（ニューロンあたり 1 個の点）。ニューロンが非常に少ない場合は、次元削減というよりもクラスタリングと言った方が適切だろう。

　訓練アルゴリズムは教師なしである。すべてのニューロンを互いに競わせて動作する。まず、すべての重みが無作為に初期化される。次に、無作為に訓練インスタンスを選び、ネットワークに与える。すべてのニューロンは、自分の重みベクトルと入力ベクトルの距離を計算する（これは、私たちが今まで見てきた人工ニューロンとはかなり異なる）。測定した距離がもっとも短いものが勝利し、あとわずかだけ入力ベクトルに近づくように自分の重みベクトルを操作して、将来これとよく似た入力が与えられたときの競争に勝ちやすくなるようにする。また、近隣のニューロンにも声をかけ、それらも入力ベクトルに近づくように自分の重みを操作する（ただし、勝者のニューロンほど大きく重みを変えない）。これらが終わると、アルゴリズムは新たな訓練インスタンスを選び、

　以上のプロセスを延々と繰り返す。このアルゴリズムは、次第に近隣のニューロンに同様の入力に対して勝ちやすい専門性を与えていくようになる[†4]。

[†4] ほぼ同じようなスキルを持った小さな子どもたちのクラスを想像してみよう。ある子がたまたまほかの子よりもわずかにバスケットボールが上手だったとする。すると、彼女は特に自分の友人たちといっしょにもっと練習しようと思うようになるだろう。しばらくすると、この友人グループはバスケットボールが非常に得意になり、ほかの子たちは歯が立たなくなる。しかし、ほかの子はほかの子でほかのテーマで専門的なスキルを獲得するので問題はない。しばらくすると、クラスは小さな専門グループでいっぱいになる。

索引

● 著者紹介

Aurélien Géron（オーレリアン・ジュロン）

機械学習のコンサルタント。もと Googler で、2013 年から 2016 年にかけて YouTube ビデオ分類チームのリーダーだった。フランスの主要な無線 ISP のひとつである Wifirst の設立者でもあり、2002 年から 2012 年まで CTO を務めていた。また、電気自動車シェアサービスの Autolib' を運営する Polyconseil の設立者として、2001 年には CTO を務めた。

それ以前は、金融（JP Morgan と Société Générale）、防衛（カナダ DOD）、医療（輸血）などのさまざまな分野でエンジニアを経験している。技術書を数冊出版し（C++、WiFi、インターネットアーキテクチャ）、フランスの技術学校でコンピュータ科学を教えていた。

3 人の子どもたちには、指を使った 2 進法の数え方（1023 まで）を教えている。ソフトウェア工学の世界に入る前は、微生物学と進化遺伝学を研究していた。2 度目のジャンプではパラシュートが開かなかった。

● 監訳者紹介

下田 倫大（しもだ のりひろ）

元データ分析の会社のエンジニアリングマネージャーで、現在は外資系 IT 企業のカスタマーエンジニア。『アナリティクス×エンジニアリング』の領域で日々奮闘しており、データ分析や深層学習、機械学習を活用した案件に積極的に携わっている。

● 訳者紹介

長尾 高弘（ながお たかひろ）

1960 年千葉県生まれ。東京大学教育学部卒、株式会社ロングテール（http://www.longtail.co.jp/）社長。訳書に『入門 Python 3』、『Python ではじめるデータラングリング』、『RStudio ではじめる R プログラミング入門』（以上、オライリー・ジャパン）、『AI は心を持てるのか』、『SOFT SKILLS ソフトウェア開発者の人生マニュアル』（以上、日経 BP 社）、『Scala スケーラブルプログラミング第 3 版』（インプレス）、『The Art of Computer Programming Third Edition 日本語版』（KADOKAWA）、『R による機械学習』（翔泳社）など、100 冊以上。『縁起でもない』、『頭の名前』（以上、書肆山田）などの詩集もある。

● 表紙の説明

　表紙の動物は、中東に生息する両生類のムジハラファイアサラマンダー（Salamandra infraimmaculata）。体は黒く、背中と頭部に大きな黄色い斑点があるのが特徴で、これらの斑点は捕食者を寄せつけないためのものである。成長したサラマンダーは体長 30 センチ以上になる。

　ムジハラファイアサラマンダーは、亜熱帯の川や水辺近くの森に住んでいる。地上で生活しているが、産卵は水の中で行う。主に昆虫、虫、小型甲殻類を食べるが、時には他のサラマンダーを食べることもある。オスは 23 年ほど、メスは 21 年ほど生きる。

　絶滅の危機には瀕していないが、サラマンダーは減少傾向にある。繁殖を妨げる要因となる川の堰き止めと汚染がもっとも大きな脅威になっている。また、カダヤシ（mosquitofish）のような捕食魚もサラマンダーを脅かす存在だ。捕食魚は蚊の個体数を調整するだけでなく、若いサラマンダーも餌としてしまうためだ。

scikit-learn と TensorFlow による実践機械学習

2018 年 4 月 25 日　初版第 1 刷発行
2018 年 9 月 14 日　初版第 3 刷発行

著　　　者	Aurélien Géron（オーレリアン・ジュロン）	
監 訳 者	下田 倫大（しもだ のりひろ）	
訳　　　者	長尾 高弘（ながお たかひろ）	
発 行 人	ティム・オライリー	
編 集 協 力	株式会社ドキュメントシステム	
制　　　作	株式会社トップスタジオ	
印 刷・製 本	日経印刷株式会社	
発 行 所	株式会社オライリー・ジャパン	
	〒 160-0002　東京都新宿区四谷坂町 12 番 22 号	
	Tel　（03）3356-5227	
	Fax　（03）3356-5263	
	電子メール　japan@oreilly.co.jp	
発 売 元	株式会社オーム社	
	〒 101-8460　東京都千代田区神田錦町 3-1	
	Tel　（03）3233-0641（代表）	
	Fax　（03）3233-3440	

Printed in Japan　（ISBN978-4-87311-834-5）
乱丁、落丁の際はお取り替えいたします。